21世纪高等院校教材

经济管理类·数学基础课教材系列

大学数学教程

丛玉豪　主编

科　学　出　版　社

北　京

内 容 简 介

本书内容包括一元及多元微积分、无穷级数、微分方程及差分方程、行列式、矩阵及线性方程组、线性规划、概率基础知识、统计基础知识与数据整理、图论等. 书末附有部分习题参考答案及附表. 书中概念清晰, 语言通俗, 注重逻辑思维、抽象分析及实际应用能力的培养.

本书适合高等院校经济管理类及部分理工科专业一年级大学生使用.

图书在版编目(CIP)数据

大学数学教程/丛玉豪主编. —北京: 科学出版社, 2005
(21 世纪高等院校教材(经济管理类·数学基础课教材系列))
ISBN 978-7-03-016011-9

I. 大⋯　II. 丛⋯　III. 高等数学－高等学校-教材　IV. O13

中国版本图书馆 CIP 数据核字(2005) 第 084195 号

责任编辑: 姚莉丽 / 责任校对: 鲁　素
责任印制: 张克忠 / 封面设计: 陈　敬

科 学 出 版 社 出版
北京东黄城根北街 16 号
邮政编码: 100717
http://www.sciencep.com
源海印刷有限责任公司 印刷
科学出版社发行　　各地新华书店经销

*

2005 年 9 月第 一 版　　开本: B5 (720 × 1000)
2015 年 7 月第九次印刷　　印张: 27
字数: 516 000
定价: **41.00 元**
(如有印装质量问题, 我社负责调换)

前　　言

　　随着社会的迅猛发展，人们越来越感到数学在人类社会发展进程中有着不可替代的重要作用．数学是科学的语言，是许多学科和技术的工具，许多学科用数学表达其定量与定性的规律，便能深刻揭示事物的本质．数学方法作为人们思考和解决问题的工具，在人类活动的领域中有着广泛且有效的运用．大学数学教育也是培养学生理性思维能力和创新能力的重要载体．

　　本教材通过接近生活的实例，用通俗易懂的语言把数学的基本概念、方法讲清楚，内容涉及微积分、高等代数、概率统计、运筹与图论等．在编写中努力做到突出数学思想的阐述，而不是数学内容的简单介绍．教材也着重讲述在不同学科中如何应用数学方法解决实际问题．希望通过本教材的学习，使学生在数学思想的理解、数学运算基本技能的掌握及用数学方法去解决实际问题的能力上有所得益．

　　在编写中，我们在紧扣内容的科学性和系统性的同时，注意让有些内容保持相对的独立性，以利于教师根据不同学时对教材内容进行取舍．建议用54学时或72学时或104学时讲授教材的部分或全部内容．

　　本书由丛玉豪任主编，第1~7章由王家声、吴承勋、车崇龙和朱嗣筼等讨论编写，第8~10章由丛玉豪编写，第11、14章由施永兵编写，第12、13章由刘荣官编写．加"*"号节为非基本要求内容，供选用．全书由费鹤良统稿．书的最后附上了部分习题参考答案及附表．

　　限于我们的水平，书中不足之处，恳请专家和读者不吝赐教．

编　者

2004 年 12 月

目　录

第1章 函数与极限

1.1 函 数

1. 绝对值

绝对值的概念在本书的学习中, 经常用到, 特别对极限理论的建立, 有着重要的作用. 任何实数 a 的绝对值, 记为 $|a|$, 定义为

$$|a| = \begin{cases} a, & a \geqslant 0, \\ -a, & a < 0. \end{cases}$$

绝对值有以下基本性质:

(1) $|a| \geqslant 0$.

(2) $|a| \geqslant \pm a$.

(3) $|-a| = |a|$.

(4) $|a \cdot b| = |a| \cdot |b|$.

(5) $\left| \dfrac{a}{b} \right| = \dfrac{|a|}{|b|}$.

以上这些性质, 由绝对值的定义, 容易得到证明.

(6) $|a + b| \leqslant |a| + |b|$.

证 若 $a + b \geqslant 0$, 则 $|a + b| = a + b \leqslant |a| + |b|$; 若 $a + b < 0$, 则 $|a + b| = -(a + b) = (-a) + (-b) \leqslant |a| + |b|$. 因此, $|a + b| \leqslant |a| + |b|$.

(7) $|a - b| \geqslant |a| - |b|$.

证 由性质 (6), $|a| = |a - b + b| \leqslant |a - b| + |b|$. 因此, $|a - b| \geqslant |a| - |b|$.

实数与数轴上的点是一一对应的, 今后, 我们把以 a 为坐标的点 A, 简称为点 a, $|a|$ 就是点 a 到原点的距离, 点 a 与点 b 之间的距离就是 $|a - b|$.

设 δ 为实数, 且 $\delta > 0$, 满足不等式 $|x| < \delta$ 的点 x 就是到原点的距离小于 δ 的点, 满足条件的点的全体用集合表示为: $\{x \mid |x| < \delta\}$, 即为开区间 $(-\delta, \delta)$. 满足不等式 $|x - x_0| < \delta$ 的点 x, 就是到点 x_0 的距离小于 δ 的点, 满足条件的点的全体用集合表示为 $\{x \mid |x - x_0| < \delta\}$, 即开区间 $(x_0 - \delta, x_0 + \delta)$. 我们也称这样的集合为以 x_0 为中心, 以 δ 为半径的邻域, 记为 $\bigcup_{(x_0, \delta)}$.

例 1 证明 $||a| - |b|| \leqslant |a - b|$.

证 由性质 (7), $|a| - |b| \leqslant |a - b|$. 又 $|a| = |b - (b - a)| \geqslant |b| - |b - a| = |b| - |a - b|$, $|a| - |b| \geqslant -|a - b|$.

因此, $-|a - b| \leqslant |a| - |b| \leqslant |a - b|$, 即 $||a| - |b|| \leqslant |a - b|$.

例 2   写出以点 $x_0 = 1$ 为中心, $\delta = 0.01$ 为半径的邻域, 并用集合及开区间表示.

解   以 1 为中心, 以 0.01 为半径的邻域是 $\bigcup_{(1,0.01)}$, 用集合表示为 $\{x | |x - 1| < 0.01\}$, 用开区间表示为 $(0.99, 1.01)$.

2. 函数的概念

(1) 函数的定义

我们考察与研究自然现象与社会现象时, 碰到种种不同的量. 在研究过程中保持常值的量称为常量. 在研究过程中可以取不同数值的量称为变量. 常量常用英文字母开头的几个字母 a, b, c 等表示. 变量用英文字母后面几个字母 x, y, z 等表示.

在研究某个问题的过程中有两个变量, 如果每一个都可以独立地给一个特定的值, 称这两个变量为独立变量, 例如矩形的长和宽是两个独立的变量, 如果两个变量中的一个变量给定一个值后, 另一个变量的取值受制于前一个变量的值, 则称这两个变量之间存在着依从关系. 例如在进行圆柱体的底面积的讨论中, 圆柱体底面积 s 与底面半径 r 这两个变量之间存在依从关系, 而底面积 s 与圆柱体的高 h, 这两个变量之间不存在依从关系.

例 3   公式 $y = x^2 + 2x - 4$ 给出了变量 x 与 y 间的依从关系, 对 x 取几个特殊的值, 变量 y 有对应的值. 见表 1-1.

表 1-1

x	-3	-2	-1	0	1	2	3
y	-1	-4	-5	-4	-1	4	11

例 4   变量 x 与 y 的依从关系用下面的叙述表示:

如果 x 取无理数, y 就取 0; 如果 x 取有理数, y 就取 1.

定义 1.1   设 D 是一个非空的数集, 对于变量 x 在 D 中的每一个取值, 通过某个对应法则 f, 变量 y 有唯一确定的值和它对应, 则称变量 y 是变量 x 的**函数**, 记作

$$y = f(x), \qquad x \in D.$$

称法则 f 为联系变量 y 与 x 的**函数关系**, x 称为**自变量**, y 称为**因变量**或函数, 称数集 D 为**函数的定义域**. 当 x 取定某一值时, 称 $f(x)$ 为与 x 对应的函数值. 函数值的全体构成函数的**值域**.

变量 y 是 x 的函数, 也可以记为 $y = g(x)$, $y = h(x)$, $y = y(x)$ 等, 特别在 $y = y(x)$ 中, 等号左边的 y 是因变量, 等号右边的 y 是对应法则, 例如: 前面例 3 可

以记为 $y = f(x) = x^2 + 2x - 4, x \in \mathbf{R}$, 例 4 可以记为

$$y = D(x) = \begin{cases} 0, & x \text{ 取无理数}, \\ 1, & x \text{ 取有理数}. \end{cases}$$

这个函数称为狄利克雷函数.

　　如果变量 x 与 y 之间的精确关系不知道或者不需要详细表示, 这时, 记号 $y = f(x)$ 就显得十分重要, 这既表示 x 和 y 有依从关系; 又表示把法则 f 作用到 x 上就可以得到对应的 y 值. 由函数的定义可以知道, 当两个函数具有相同的定义域及相同的对应法则时, 这两个函数才能称为相等. 例如函数 $y = f(x) = \sqrt{x^2}$ 与函数 $y = g(x) = |x|$ 是相等的, 而函数 $y = f(x) = \sqrt{x^2}$ 与 $y = h(x) = x$ 虽然它们有相同的定义域 $(-\infty, +\infty)$ 但对应法则 f 与 h 是不相同的, 例如取 $x = -1, f(-1) = 1$, $h(-1) = -1$, 因此 $f(x) \neq h(x)$.

　　例 5　设

$$y = f(x) = \begin{cases} x^2 + 1, & x < 0, \\ 0, & x = 0, \\ x - 1, & x > 0. \end{cases}$$

上式表示的是当自变量 $x < 0$ 时, y 的值用对应法则 $y = x^2 + 1$ 来计算, 当 $x = 0$ 时, 对应的 $y = 0$, 当 $x > 0$ 时, y 的值用对应法则 $y = x - 1$ 来计算. 例如 $f(-1) = (-1)^2 + 1 = 2, f(2) = 2 - 1 = 1$, 见图 1-1. 如果一个函数, 在定义域的不同部分, 用不同的式子来表示对应法则, 称这个函数是分段函数, 例 5 就是一个分段函数.

　　例 6　"y 是不超过 x 的最大整数", 这是用一句话表示 y 是 x 的函数.

　　对于任何实数 x, 总可以把它表示为一个整数和一个非负小数之和: $x = [x] + (x)$, 这里 $[x]$ 是一个整数, (x) 是一个非负小数, $0 \leqslant (x) < 1$. 例如 $x = \dfrac{7}{2}, [x] = 3$, $(x) = 0.5; x = -\dfrac{5}{2}, [x] = -3, (x) = 0.5; x = 4, [x] = 4, (x) = 0$. 称这个函数为取整函数, 记为 $y = [x]$, 见图 1-2.

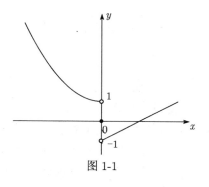

图 1-1

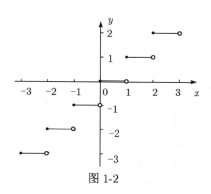

图 1-2

(2) 复合函数

如果给出两个函数 $y = f(x) = \sin x$, $y = g(x) = x^2$, 通过对两个函数进行四则运算, 可以得到一个新的函数, $f(x) \pm g(x) = \sin x \pm x^2$, $f(x) \cdot g(x) = x^2 \cdot \sin x$, $\dfrac{f(x)}{g(x)} = \dfrac{\sin x}{x^2}$. 但是, 函数 $y = \sin x^2$ 却不能由 $f(x)$ 及 $g(x)$ 通过四则运算获得, 这个函数可以这样获得: 先把法则 g 作用在 x 上, 得到 $g(x) = x^2$, 再把法则 f 作用在 $g(x)$ 上, 得到 $f[g(x)] = \sin x^2$, 称这种 "函数套函数" 的运算为复合运算, 所得到的函数称为 $f(x)$ 与 $g(x)$ 的复合函数.

定义 1.2　设有函数 $y = f(u)$ 及 $u = \varphi(x)$, 如果将 $u = \varphi(x)$ 代入 $y = f(u)$ 中, 得到 $y = f[\varphi(x)]$, 则称 $y = f[\varphi(x)]$ 为**复合函数**, 复合函数的**自变量**是 x, **因变量**为 y, 称 u 为**中间变量**. $f(u)$ 为**外层函数**, $\varphi(x)$ 为**内层函数**, 复合函数的定义域是由 $u = \varphi(x)$ 的定义域中使得 $\varphi(x)$ 属于 $f(u)$ 的定义域的那些 x 构成, 因此, 在 $\varphi(x)$ 的值域与 $f(u)$ 的定义域的交集非空时, 两个函数才能复合, 两个函数的复合过程用图 1-3 表示.

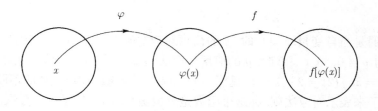

图 1-3

例 7　设 $f(x) = 2^x$, $\varphi(x) = x^2$, 求 $(1) f[\varphi(x)]$; $(2) \varphi[f(x)]$.
解　(1) $f[\varphi(x)] = 2^{x^2}$.
　　　(2) $\varphi[f(x)] = (2^x)^2 = 4^x$.

例 8　设 $F(x) = \lg(x+1)$, 证明 $F(x^2 - 2) - F(x - 2) = F(x)$.

证　$F(x^2 - 2) - F(x - 2) = \lg(x^2 - 1) - \lg(x - 1) = \lg \dfrac{x^2 - 1}{x - 1} = \lg(x + 1) = F(x)$.

(3) 隐函数

变量 x 和 y 的关系用一个联系 x 和 y 的方程表示, 例如方程 $x^2 + y^2 = 9 (y \geqslant 0)$, 表示了变量 x 和 y 的关系, 它确定变量 y 是另一个变量 x 的函数.

定义 1.3　由方程 $F(x, y) = 0$ 确定的函数 $y = f(x)$ 称为**隐函数**.

因为 $y = f(x)$ 是方程的解, 因此有 $F[x, f(x)] \equiv 0$. 对于某个含 x, y 的方程, 如果把 y 解出, 则隐函数就变成显函数了, 但不是每个方程都能把一个变量显化, 例如

$xy + 2^x - 2^y = 0.$ 有时, 用方程表示函数关系对问题的研究反而方便.

(4) 反函数

在函数 $y = f(x)$ 中, 自变量 x 是主动变化的量, 因变量 y 依从于 x 的变化而变化, 是被动变化的量. 我们把 $y = f(x)$ 称为直接函数. 如果在研究中把 y 作为主动变化的量, 让 x 依从于 y 的变化而变化, 这就得到了一个新的函数.

定义 1.4　设函数 $y = f(x)$ 的定义域为 D, 值域为 R, 对变量 y 在 R 中的每一个取值, 通过某个法则 f^{-1}, 使变量 x 有唯一确定的值与之对应, 且满足 $y = f(x)$, 则变量 x 是 y 的函数, 称它为直接函数 $y = f(x)$ 的**反函数**, 记为 $x = f^{-1}(y)$. 习惯中自变量用字母 x 表示, 因变量用字母 y 表示, 我们把 $x = f^{-1}(y)$ 改写成 $y = f^{-1}(x)$, 这样并不改变函数的定义域及对应法则, 因此 $x = f^{-1}(y)$ 与 $y = f^{-1}(x)$ 是同一个函数.

例如, $y = f(x) = x^3$ 的反函数是 $x = f^{-1}(y) = \sqrt[3]{y}$, 也可记为 $y = f^{-1}(x) = \sqrt[3]{x}$.
在同一个坐标平面内, 函数 $y = f(x)$ 与 $x = f^{-1}(y)$ 表示的是同一条曲线, 函数 $y = f(x)$ 与 $y = f^{-1}(x)$ 表示的是对称于直线 $y = x$ 的两条曲线.

3. 基本初等函数及初等函数

基本初等函数指下面 5 类函数:

幂函数　　　$y = x^\alpha$　　（α 为任何实数）
指数函数　　$y = a^x$　　（$a > 0$,　$a \neq 1$）
对数函数　　$y = \log_a x$　　（$a > 0$,　$a \neq 1$）
三角函数　　$y = \sin x$,　$y = \cos x$,　$y = \tan x$,　$y = \cot x$,　$y = \sec x$,　$y = \csc x$
反三角函数　　$y = \arcsin x$,　$y = \arccos x$,　$y = \arctan x$,　$y = \text{arccot}\, x$

这些函数的定义、性质、图像在中学数学课程中已作过详细讨论, 这里不再重复.

由常数及基本初等函数, 经过有限次四则运算及复合运算得到的用一个式子表示的函数称为**初等函数**, 在理论研究与实际应用中, 初等函数是我们经常碰到的一类函数.

4. 几种特殊的函数

(1) 有界函数

定义 1.5　函数 $f(x)$ 在区间 I 上有定义, 如果存在 $M > 0$, 对任意 $x \in I$, 有 $|f(x)| \leqslant M$, 则称 $f(x)$ 在 I 上**有界**.

函数 $f(x)$ 在区间 I 上有界, 它的几何意义是曲线 $y = f(x)$ 在区间 I 上的部分介于直线 $y = -M$ 与 $y = M$ 为边界的带形区域内, 在 $I = [a, b]$ 情形下, 见图 1-4.

例如, $y = \sin x$, $y = \cos x$ 都是（$-\infty$, $+\infty$）上的有界函数.

如果存在数 A, 使 $f(x) \leqslant A$, 则称 A 为 $f(x)$ 的**上界**. 若存在数 B, 使 $B \leqslant f(x)$, 称 B 为 $f(x)$ 的**下界**.

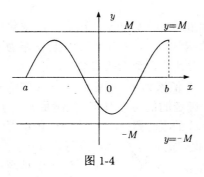

图 1-4

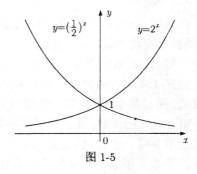

图 1-5

(2) 单调函数

定义 1.6　函数 $f(x)$ 在区间 I 上有定义, 如果对于 I 上任意两点 x_1, x_2, 且 $x_1 < x_2$, 有 $f(x_1) < f(x_2)$, 则称函数 $f(x)$ 在 I 上是**单调递增函数**, 记为 $f(x) \nearrow$, $x \in I$, 如果有 $f(x_1) > f(x_2)$, 则称函数 $f(x)$ 在 I 上是**单调递减函数**, 记为 $f(x) \searrow$, $x \in I$, 递增函数和递减函数通称为**单调函数**.

例如, $y = 2^x$ 在 $(-\infty, +\infty)$ 上单调增加, $y = \left(\dfrac{1}{2}\right)^x$ 在 $(-\infty, +\infty)$ 上单调减少, 见图 1-5.

(3) 偶函数与奇函数

定义 1.7　函数 $f(x)$ 在区间 I 上定义, 且对任意 $x \in I$, 有 $-x \in I$(称 I 为对称区间), 如果 $f(-x) = -f(x)$, 则称 $f(x)$ 是**奇函数**; 如果 $f(-x) = f(x)$, 则称 $f(x)$ 是**偶函数**.

在几何上, 奇函数的图像关于原点对称, 偶函数的图像关于 y 轴对称.

例如, $y = x^2$ 是 $(-\infty, +\infty)$ 上的偶函数, $y = x^3$ 是 $(-\infty, +\infty)$ 上的奇函数, 它们的图像见图 1-6 及图 1-7.

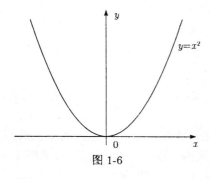

图 1-6

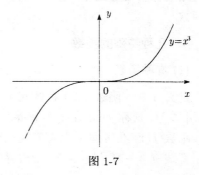

图 1-7

5. 经济学中几个常用的函数

(1) 需求函数

当消费者愿意并有能力在当前市场价格的水平上购买一定数量的商品时, 消费者对这种商品的需求称为有效需求. 消费者收入、替代品价格、商品价格等都是影响需求的因素. 在一个特定时期内, 只把商品价格作为影响需求量的因素, 即把商品价格 P 作为自变量, 需求量 Q 作为因变量, 则需求量 Q 是价格 P 的函数, 称为需求函数, 记为 $Q = f(P)$. 它的反函数 $P = f^{-1}(Q)$ 也称为需求函数. 一般情形下, 需求函数是单调递减的函数.

(2) 成本函数

某产品的总成本是指生产一定数量的产品所需的全部经济资源 (如劳力、原料、设备等) 投入的费用总额. 总成本由两部分构成, 一部分是不随产量变化的成本, 如设备租金、广告费、管理人员薪金等, 称为固定成本, 记为 C_1, 另一部分随产量变化而变化的成本, 如直接材料、直接人工等, 称为可变成本, 记为 $C_2(Q)$, 其中 Q 表示产量. 总成本函数 C 可表示为 $C = C_1 + C_2(Q)$.

(3) 总收益函数

设某种产品的价格为 P, 相应的销售量为 Q, 销售产品的总收益 R, 则 $R = PQ$. 如果需求函数用 $P = f^{-1}(Q)$ 表示, 则 $R = Q \cdot f^{-1}(Q)$. 在总收益函数及总成本函数分别用 $R = R(Q)$, $C = C(Q)$ 表示时, 总利润函数 $L(Q)$ 可以表示为

$$L(Q) = R(Q) - C(Q).$$

习　题　1.1

1. 解不等式: (1) $|x| < 4$; (2) $|x - 1| < 0.1$; (3) $0 < |x + 2| < 0.2$.

2. $f(x) = x^2 + 1$, 求 $f(-1)$, $f(0)$, $f(1)$, $f(a + b)$.

3. $f(x) = \lg x^2$, 求 $f(-1)$, $f(-0.001)$, $f(100)$.

4. 设 $f(x) = \begin{cases} 1 + x, & -\infty < x \leqslant 0, \\ 2^x, & 0 < x < +\infty, \end{cases}$ 求 $f(-2)$, $f(-1)$, $f(0)$, $f(1)$, $f(2)$.

5. $f(x) = \dfrac{1 - x}{1 + x}$, 求 $f(0)$, $f(-x)$, $f(x + 1)$, $f(x) + 1$, $f\left(\dfrac{1}{x}\right)$, $\dfrac{1}{f(x)}$.

6. 设 $f(x) = \begin{cases} 0, & 0 \leqslant x < 1, \\ \dfrac{1}{2}, & x = 1, \\ 1, & 1 < x \leqslant 2, \end{cases}$ 求 $f(0)$, $f\left(\dfrac{1}{2}\right)$, $f(1)$, $f\left(\dfrac{5}{4}\right)$.

7. 设 $\varphi(x) = \begin{cases} 2^x, & -1 < x < 0, \\ 2, & 0 \leqslant x < 1, \\ x - 1, & 1 \leqslant x \leqslant 3, \end{cases}$ 求 $\varphi(3)$, $\varphi(2)$, $\varphi(0)$.

8. 求下列函数的定义域:

(1) $y = \sqrt{3x + 4}$;

(2) $y = \dfrac{1}{\lg(1 - x)}$;

(3) $y = \sqrt{\sin x} + \sqrt{16 - x^2}$;

(4) $y = \arcsin \dfrac{x - 3}{2}$;

(5) $y = \begin{cases} x^2 + 1, & -1 < x < 2, \\ x^3 - 3, & 2 < x \leqslant 4. \end{cases}$

9. 设 $f(x) = \dfrac{1}{1 - x}$, 求 $f[f(x)]$, $f\{f[f(x)]\}$.

10. 设 $f(x + 1) = x^2 - 3x + 2$, 求 $f(x)$.

11. 设 $f\left(x + \dfrac{1}{x}\right) = x^2 + \dfrac{1}{x^2}$, 求 $f(x)$.

12. 设 $f(x) = x^2$, $\varphi(x) = 2^x$, 求 $f[\varphi(x)]$, $\varphi[f(x)]$.

13. 若 $f(\sin x) = 3 - \cos 2x$, 求 $f(\cos x)$.

14. 设 $g(x) = 1 + x$, 且当 $x \neq 0$ 时, $f[g(x)] = \dfrac{1 - x}{x}$, 求 $f\left(\dfrac{1}{2}\right)$.

15. 求下列函数的反函数:

(1) $y = 2x + 3$, $\quad -\infty < x < +\infty$;

(2) $y = \dfrac{1 - x}{1 + x}$, $\quad x \neq -1$;

(3) $y = \begin{cases} x, & -\infty < x < 1, \\ x^2, & 1 \leqslant x \leqslant 4, \\ 2^x, & 4 < x < +\infty. \end{cases}$

16. 确定下列函数中哪些是奇函数, 哪些是偶函数?

(1) $f(x) = a^x + a^{-x}$ $\quad (a > 0)$;

(2) $f(x) = e^{-x^2}$;

(3) $f(x) = \log_a(x + \sqrt{1 + x^2})$.

17. 证明, 对任意 x, 恒成立不等式 $|\sin x| \leqslant |x|$, 又当 $-\dfrac{\pi}{2} < x < \dfrac{\pi}{2}$ 时, $|x| \leqslant |\tan x|$, 两个不等式中等号只在 $x = 0$ 时成立.

1.2 数列的极限

1. 数列及其性质

无穷多个数, 依照某一个法则排列起来, 形成数列. 例如,

$$1, \quad \frac{1}{2}, \quad \frac{1}{3}, \quad \cdots, \quad \frac{1}{n}, \quad \cdots$$

$$2, \quad 4, \quad 6, \quad \cdots, \quad 2n, \quad \cdots$$

$$1, \quad -1, \quad 1, \quad \cdots, \quad (-1)^{n-1}, \quad \cdots$$

数列中第一项记为 x_1, 第二项记为 x_2, $\cdots$, 第 n 项记为 x_n, $\cdots$. 数列记成 $x_1, x_2, \cdots$, $x_n, \cdots$, 简记为 $\{x_n\}$, 称 x_n 为数列的**通项**, x_n 代表数列 $\{x_n\}$ 中第 n 项的值, 它的下标 n 表示 x_n 这一项在数列中处于第 n 项的位置, 如果知道了 x_n 的表示式, 一般它是 n 的一个关系式, 只要给出 $n = 1, 2, 3, \cdots$ 依次可得到 $x_1, x_2, x_3, \cdots$, 例如知道数列 $\{x_n\}$ 的通项 $x_n = \dfrac{1}{2^n}$, 当 $n = 5$ 时, 得到这个数列第 5 项的值是 $\dfrac{1}{2^5}$.

根据实数与数轴上的点的一一对应, 可以把数列 $\{x_n\}$ 看成数轴上的一个点列, 见图 1-8.

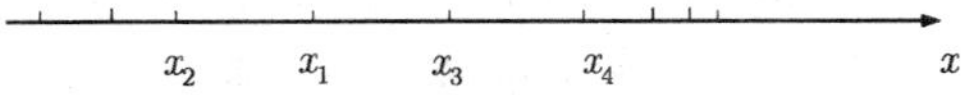

图 1-8

如果一个数列的后项总不小于它的前项, 即

$$x_1 \leqslant x_2 \leqslant \cdots \leqslant x_n \leqslant \cdots,$$

则称这个数列是**单调递增**的.

如果一个数列的前项总不小于它的后项, 即

$$x_1 \geqslant x_2 \geqslant \cdots \geqslant x_n \geqslant \cdots,$$

则称这个数列是**单调递减**的.

单调递增或单调递减的数列称为**单调数列**.

如果存在一个正数 M, 对于数列中的一切项, 都有 $-M \leqslant x_n \leqslant M$, $n = 1, 2, \cdots$, 则称数列 $\{x_n\}$ 是**有界数列**.

例如, 数列 $1, \dfrac{1}{2}, \dfrac{1}{3}, \cdots, \dfrac{1}{n}, \cdots$ 是单调递减且有界的数列; 数列 $1, 0, 2, 0, \cdots$, $n, 0, \cdots$ 不是单调数列, 也不是有界数列.

2. 数列的极限

例 1 考察数列 $\left\{\dfrac{n+1}{n}\right\}$, 在 n 无限变大时 (记为 $n \to \infty$) 它的变化趋势.

数列 $\left\{\dfrac{n+1}{n}\right\}$ 即为 $2, \dfrac{3}{2}, \dfrac{4}{3}, \cdots, \dfrac{n+1}{n}, \cdots$, 在数轴上用点列表示出来, 见图 1-9. 由图 1-9 可见, 随着 n 的无限变大, 数列中的对应项越来越靠近点 1, 也就是对应的项与点 1 之间的距离在无限变小, 而点 x_n 与点 1 间的距离用 $|x_n - 1|$ 表示, 也就是 n 无限变大时, $|x_n - 1|$ 在无限变小, 我们称常数 1 为数列 $\left\{\dfrac{n+1}{n}\right\}$ 的极限.

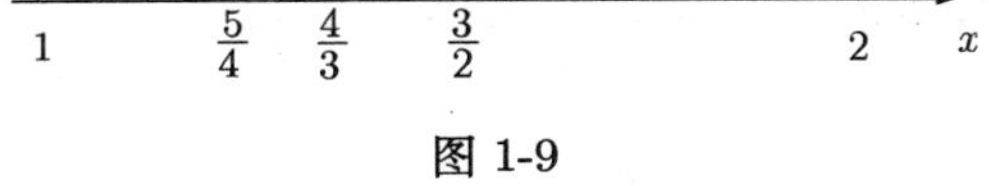

图 1-9

定义 1.8(数列 $\{x_n\}$ 以 A 为极限的描述性定义)　当 $n \to \infty$ 时, $|x_n - A|$ 无限变小, 则称常数 A 为**数列**$\{x_n\}$ 的**极限**. 记作

$$\lim_{n\to\infty} x_n = A.$$

无论在理论上或是计算中, 都需要我们用精确的数学语言刻画 $|x_n - A|$ 无限变小这一事实, 继续上面例子的讨论来说明如何做到这一点.

给出一个数 $\frac{1}{10}$, 要使 $|x_n - 1| = \frac{1}{n} < \frac{1}{10}$, 只要 $n > 10$, 也就是我们找到一个正整数 $N=10$, $n > N = 10$ 表示数列中第 10 项以后的一切项, 即项 $x_{11}, x_{12}, \cdots$ 与 1 的距离都小于 $\frac{1}{10}$. 再给出一个比 $\frac{1}{10}$ 小的数 $\frac{1}{100}$, 要使 $|x_n - 1| = \frac{1}{n} < \frac{1}{100}$, 只要 $n > 100$, 也就是我们找到一个正整数 $N = 100$, $n > N = 100$, 表示数列中第 100 项以后的一切项, 即项 $x_{101}, x_{102}, \cdots$ 与 1 的距离都小于 $\frac{1}{100}$.

如果给出诸如 $\frac{3}{10}$ 这样的数, 要使 $|x_n - 1| = \frac{1}{n} < \frac{3}{10}$, 只要 $n > \frac{10}{3}$, 因为项的下标是正整数, 我们不能取 $N = \frac{10}{3}$, 可以取 $N = \left[\frac{10}{3}\right] = 3$, 当 $n > N = 3$, 表示数列中第 3 项以后的一切项即 $x_4, x_5, \cdots$ 与 1 的距离都小于 $\frac{3}{10}$. 对于任何一个给定的小的正数, $|x_n - 1|$ 小于这个小正数, 仅是描述了 $|x_n - 1|$ 无限变小全过程中所达到的一个程度. 为了把 $|x_n - 1|$ 无限变小的全过程刻画出来, 我们用字母 ε 表示任意给定的一个小正数, 要使 $|x_n - 1| = \frac{1}{n} < \varepsilon$, 只要 $n > \frac{1}{\varepsilon}$, 取 $N = \left[\frac{1}{\varepsilon}\right]$, 当 $n > N$ 时, 数列第 N 项后的一切项, 即 $x_{N+1}, x_{N+2}, \cdots$ 与 1 的距离都能小于 ε.

定义 1.9(数列 $\{x_n\}$ 以 A 为极限的精确定义)　对于数列 $\{x_n\}$, 如果存在一个常数 A, 对于任意给定的正数 ε, 总存在正整数 N, 当 $n > N$ 时, 有 $|x_n - A| < \varepsilon$, 则称常数 A 为 $\{x_n\}$ 的极限, 记作

$$\lim_{n\to\infty} x_n = A.$$

图 1-10

这个定义又称为数列极限的 "ε-N" 定义.

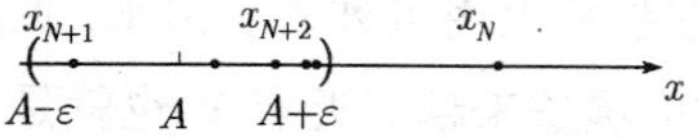

数列 $\{x_n\}$ 以 A 为极限的几何解释: $\{x_n\}$ 在数轴上表示一个点列, 图 1-10, 任意给出一个开区间 $(A-\varepsilon, A+\varepsilon)$, 总找得到数列中的一项 x_N, 在这一项以后的一切项 $x_{N+1}, x_{N+2}, \cdots$, 都落在这个开区间内.

数列 $\{x_n\}$ 以 A 为极限, 也称数列 $\{x_n\}$ 收敛于 A. 数列 $\{x_n\}$ 不存在极限, 称 $\{x_n\}$ 为**发散数列**, 例如数列 $1, -1, 1, \cdots$ 是发散数列.

例 2　验证

$$\lim_{n\to\infty} \frac{n^2+1}{n^2} = 1.$$

分析 任给 $\varepsilon > 0$, 要使 $\left|\dfrac{n^2+1}{n^2} - 1\right| = \dfrac{1}{n^2} < \varepsilon$, 只要 $n^2 > \dfrac{1}{\varepsilon}$, 即 $n > \dfrac{1}{\sqrt{\varepsilon}}$, 可以取 $N = \left[\dfrac{1}{\sqrt{\varepsilon}}\right]$.

证 任给 $\varepsilon > 0$, 存在 $N = \left[\dfrac{1}{\sqrt{\varepsilon}}\right]$, 当 $n > N$ 时, 有 $n > \dfrac{1}{\sqrt{\varepsilon}}$, 于是 $\dfrac{1}{n^2} < \varepsilon$, 即 $\left|\dfrac{n^2+1}{n^2} - 1\right| = \dfrac{1}{n^2} < \varepsilon$, 因此 $\left\{\dfrac{n^2+1}{n^2}\right\}$ 的极限是 1.

例 3 验证 $\lim\limits_{n\to\infty} q^n = 0 \quad (|q| < 1)$.

分析 任给 $\varepsilon > 0$, 要使 $|q^n - 0| = |q|^n < \varepsilon$, 即 $n\lg|q| < \lg\varepsilon$ 只要 $n > \dfrac{\lg\varepsilon}{\lg|q|}$, 可以取 $N = \left[\dfrac{\lg\varepsilon}{\lg|q|}\right]$.

证 任给 $\varepsilon > 0$, 存在 $N = \left[\dfrac{\lg\varepsilon}{\lg|q|}\right]$, 当 $n > N$ 时, 有 $n > \dfrac{\lg\varepsilon}{\lg|q|}$, $\lg|q|^n < \lg\varepsilon$, 于是 $|q|^n < \varepsilon$. 即 $|q^n - 0| = |q|^n < \varepsilon$, 因此 $\{q^n\}$ $(|q| < 1)$ 的极限为 0.

3. 数列极限的性质

定理 1.1 若 $\lim\limits_{n\to\infty} x_n = A$, 且 $A < B$ (或 $A > B$), 则存在正整数 N, 当 $n > N$ 时, 有 $x_n < B$ (或 $x_n > B$).

证 只证明 $A < B$ 的情形 ($A > B$ 的证明类似).

由 $\lim\limits_{n\to\infty} x_n = A$, 取定 $\varepsilon_0 = B - A$, 由定义, 对于 $\varepsilon_0 = B - A$, 存在 N, 当 $n > N$, 有 $|x_n - A| < \varepsilon_0 = B - A$,

$$-(B - A) < x_n - A < B - A,$$
$$2A - B < x_n < B.$$

因此 $n > N$ 时, 有 $x_n < B$.

推论 (极限的保号性) 若 $\lim\limits_{n\to\infty} x_n = A$, 且 $A < 0$ (或 $A > 0$), 则存在正整数 N, 当 $n > N$ 时, 有 $x_n < 0$ (或 $x_n > 0$).

定理 1.2 若 $\{x_n\}$ 有极限, 则它的极限是唯一的.

证 (用反证法) 若 $\lim\limits_{n\to\infty} x_n = A$, $\lim\limits_{n\to\infty} x_n = B$, $A \neq B$. 不妨设 $A > B$, 任取数 $r \in (B, A)$, 因为 $\lim\limits_{n\to\infty} x_n = A > r$. 由定理 1.1, 存在 N_1, 当 $n > N_1$, 有 $x_n > r$, 又因为 $\lim\limits_{n\to\infty} x_n = B < r$, 由定理 1.1, 存在 N_2, 当 $n > N_2$, 有 $x_n < r$. 今取 $N = \max\{N_1, N_2\}$, 当 $n > N$ 时, 同时成立 $x_n > r$ 及 $x_n < r$, 这是不可能的, 因此只能 $A = B$, 定理得证.

定理 1.3 若 $\{x_n\}$ 有极限, 则 $\{x_n\}$ 是有界数列.

证 设 $\lim\limits_{n\to\infty} x_n = A$, 取 $\varepsilon_0 = 1$, 存在 N, 当 $n > N$, 有 $|x_n - A| < 1$,

$$|x_n| = |(x_n - A) + A| \leqslant |x_n - A| + |A| < 1 + |A|.$$

取 $M = \max\{|x_1|, |x_2|, \cdots, |x_N|, 1 + |A|\}$,　对于 $\{x_n\}$ 中的一切项, 满足 $|x_n| \leqslant M$, 因此 $\{x_n\}$ 是有界数列.

4. 数列极限的运算法则

定理 1.4　若数列 $\{x_n\}$ 与 $\{y_n\}$ 都收敛, 则 $\{x_n + y_n\}$ 也收敛, 且 $\lim\limits_{n \to \infty} (x_n + y_n)$ $= \lim\limits_{n \to \infty} x_n + \lim\limits_{n \to \infty} y_n$.

证　设 $\lim\limits_{n \to \infty} x_n = A$, $\lim\limits_{n \to \infty} y_n = B$, 由数列极限定义, 任给 $\varepsilon > 0$, 存在 N_1, 当 $n > N_1$ 时, 有 $|x_n - A| < \dfrac{\varepsilon}{2}$. 存在 N_2, 当 $n > N_2$ 时, 有 $|y_n - B| < \dfrac{\varepsilon}{2}$.

取 $N = \max\{N_1, N_2\}$, 当 $n > N$ 时, $|(x_n + y_n) - (A + B)| \leqslant |x_n - A| + |y_n - B|$ $< \dfrac{\varepsilon}{2} + \dfrac{\varepsilon}{2} = \varepsilon$.

因此, $\lim\limits_{n \to \infty} x_n + y_n = A + B = \lim\limits_{n \to \infty} x_n + \lim\limits_{n \to \infty} y_n$.

定理 1.5　若数列 $\{x_n\}$ 与 $\{y_n\}$ 都收敛, 则 $\{x_n \cdot y_n\}$ 也收敛, 且 $\lim\limits_{n \to \infty} (x_n \cdot y_n)$ $= (\lim\limits_{n \to \infty} x_n) \cdot (\lim\limits_{n \to \infty} y_n)$ (证明略).

特别　$\lim\limits_{n \to \infty} C x_n = C \cdot \lim\limits_{n \to \infty} x_n$　(C 为常数).

定理 1.6　若数列 $\{x_n\}$ 与 $\{y_n\}$ 都收敛, 且 $\lim\limits_{n \to \infty} y_n \neq 0$, 则 $\left\{\dfrac{x_n}{y_n}\right\}$ 也收敛, 且

$$\lim_{n \to \infty} \frac{x_n}{y_n} = \frac{\lim\limits_{n \to \infty} x_n}{\lim\limits_{n \to \infty} y_n} \text{ (证明略)}.$$

例 4　求 $\lim\limits_{n \to \infty} \dfrac{n^2 + 1}{3n^2 + n + 1}$.

解　$\lim\limits_{n \to \infty} \dfrac{n^2 + 1}{3n^2 + n + 1} = \lim\limits_{n \to \infty} \dfrac{1 + \dfrac{1}{n^2}}{3 + \dfrac{1}{n} + \dfrac{1}{n^2}} = \dfrac{\lim\limits_{n \to \infty} \left(1 + \dfrac{1}{n^2}\right)}{\lim\limits_{n \to \infty} \left(3 + \dfrac{1}{n} + \dfrac{1}{n^2}\right)}$

$$= \frac{\lim\limits_{n \to \infty} 1 + \lim\limits_{n \to \infty} \dfrac{1}{n^2}}{\lim\limits_{n \to \infty} 3 + \lim\limits_{n \to \infty} \dfrac{1}{n} + \lim\limits_{n \to \infty} \dfrac{1}{n^2}} = \frac{1}{3}.$$

例 5　求 $\lim\limits_{n \to \infty} (\sqrt{n + 1} - \sqrt{n})$.

解　$\lim\limits_{n \to \infty} (\sqrt{n + 1} - \sqrt{n}) = \lim\limits_{n \to \infty} \dfrac{1}{\sqrt{n + 1} + \sqrt{n}} = \lim\limits_{n \to \infty} \dfrac{\dfrac{1}{\sqrt{n}}}{\sqrt{1 + \dfrac{1}{n}} + 1} = 0$.

例 6　求 $\lim\limits_{n \to \infty} \dfrac{1 + \dfrac{1}{2} + \dfrac{1}{2^2} + \cdots + \dfrac{1}{2^n}}{1 + \dfrac{1}{3} + \dfrac{1}{3^2} + \cdots + \dfrac{1}{3^n}}$.

解 . $\lim\limits_{n\to\infty} \dfrac{1+\frac{1}{2}+\frac{1}{2^2}+\cdots+\frac{1}{2^n}}{1+\frac{1}{3}+\frac{1}{3^2}+\cdots+\frac{1}{3^n}} = \lim\limits_{n\to\infty} \dfrac{\frac{1-\frac{1}{2^{n+1}}}{1-\frac{1}{2}}}{\frac{1-\frac{1}{3^{n+1}}}{1-\frac{1}{3}}} = \dfrac{4}{3}\lim\limits_{n\to\infty} \dfrac{1-\frac{1}{2^{n+1}}}{1-\frac{1}{3^{n+1}}} = \dfrac{4}{3}.$

定理 1.7 若 $\{x_n\}$，$\{y_n\}$，$\{z_n\}$ 有下面的不等式 $x_n \leqslant y_n \leqslant z_n (n=1,2,\cdots)$,
且 $\lim\limits_{n\to\infty} x_n = A$, $\lim\limits_{n\to\infty} z_n = A$, 则

$$\lim_{n\to\infty} y_n = A.$$

证 由 $\lim\limits_{n\to\infty} x_n = A$, 任给 $\varepsilon > 0$, 存在 N_1, 当 $n > N_1$, 有 $|x_n - A| < \varepsilon$ 即 $A - \varepsilon < x_n < A + \varepsilon$;

由 $\lim\limits_{n\to\infty} z_n = A$ 对上述给出的 $\varepsilon > 0$, 存在 N_2, 当 $n > N_2$, 有 $|z_n - A| < \varepsilon$, 即 $A - \varepsilon < z_n < A + \varepsilon$.

取 $N = \max\{N_1, N_2\}$, 则当 $n > N$, 有

$$A - \varepsilon < x_n \leqslant y_n \leqslant z_n < A + \varepsilon.$$

即：任给 $\varepsilon > 0$, 存在 N, 当 $n > N$, 有 $|y_n - A| < \varepsilon$.

因此, $\lim\limits_{n\to\infty} y_n = A$.

可以用定理 1.7 来求某些数列的极限.

例 7 求 $\lim\limits_{n\to\infty} \left(\dfrac{1}{\sqrt{n^2+1}} + \dfrac{1}{\sqrt{n^2+2}} + \cdots + \dfrac{1}{\sqrt{n^2+n}} \right)$.

解 设 $y_n = \dfrac{1}{\sqrt{n^2+1}} + \dfrac{1}{\sqrt{n^2+2}} + \cdots + \dfrac{1}{\sqrt{n^2+n}}$,

$$\frac{n}{\sqrt{n^2+n}} \leqslant y_n = \frac{1}{\sqrt{n^2+1}} + \frac{1}{\sqrt{n^2+2}} + \cdots + \frac{1}{\sqrt{n^2+n}} \leqslant \frac{n}{\sqrt{n^2+1}}.$$

因为

$$\lim_{n\to\infty} \frac{n}{\sqrt{n^2+1}} = 1, \qquad \lim_{n\to\infty} \frac{n}{\sqrt{n^2+n}} = 1.$$

由定理 1.7, 得 $\lim\limits_{n\to\infty} y_n = 1$.

在数列 x_1, x_2, $\cdots$, x_n, $\cdots$ 中, 按原有次序从左往右任意选取无穷多项, 排列起来得到的数列称为**子列**.

由数列 $\{x_n\}$, 可以构造它的无穷多个子列.

定理 1.8 如果 $\lim\limits_{n\to\infty} x_n = A$, 则 $\{x_n\}$ 的任何子列都收敛, 且子列的极限也是 A (证明略).

用这个定理可以判别某些数列不收敛.

例 8　判别数列 $1, -1, 1, -1, \cdots, (-1)^{n-1}, \cdots$ 发散.

解　选出原数列的奇数下标的项, 得到子列

$$1, 1, 1, \cdots, 1, \cdots.$$

选出原数列的偶数下标的项, 得到子列

$$-1, -1, -1, \cdots, -1, \cdots.$$

这两个子列分别收敛于 1 及 -1, 因此数列 $\{(-1)^{n-1}\}$ 发散.

习　题　1.2

1. 写出下列数列的前五项:

(1) $\left\{\dfrac{1}{2^n}\right\}$;　　(2) $\left\{\dfrac{(-1)^n}{n}\right\}$;　　(3) $\left\{\dfrac{1}{n}\sin\dfrac{\pi}{n}\right\}$;

(4) $\left\{\dfrac{m(m-1)(m-2)\cdots(m-n+1)}{n!}\right\}$;

(5) $\left\{\dfrac{1}{\sqrt{n^2+1}} + \dfrac{1}{\sqrt{n^2+2}} + \cdots + \dfrac{1}{\sqrt{n^2+n}}\right\}$.

2. 设 $u_1 = 0.9, u_2 = 0.99, u_3 = 0.999\cdots, u_n = \underbrace{0.99\cdots9}_{n\text{个}}$, 问:

(1) $\displaystyle\lim_{n\to\infty} u_n = ?$

(2) n 应取何值时, 才能使 u_n 与其极限值之差的绝对值小于 0.0001?

3. 作出下面各数列在数轴上的点, 并说出它们的极限.

(1) $\left\{\dfrac{1}{\sqrt{n}}\right\}$;　　(2) $\left\{\dfrac{n}{2n+1}\right\}$;　　(3) $\left\{\dfrac{n}{n+1}\right\}$.

4. 对上题中的各数列, 填下表:

$\|x_n - A\| <$	0.1	0.01	0.001	0.0001
$n >$				

5. 根据极限的定义, 证明下列极限:

(1) $\displaystyle\lim_{n\to\infty}\dfrac{1}{n^2} = 0$;　　(2) $\displaystyle\lim_{n\to\infty}\dfrac{(-1)^n}{n} = 0$;　　(3) $\displaystyle\lim_{n\to\infty}\left(1 - \dfrac{1}{2n}\right) = 1$;

(4) $\displaystyle\lim_{n\to\infty}\dfrac{\sin n}{n} = 0$;　　(5) $\displaystyle\lim_{n\to\infty}\dfrac{2}{3n+10} = 0$;　　(6) $\displaystyle\lim_{n\to\infty}\left(\dfrac{1}{5}\right)^n = 0$;

(7) $\displaystyle\lim_{n\to\infty}\dfrac{n+3}{n-3} = 1$;　　(8) $\displaystyle\lim_{n\to\infty}\dfrac{2n^2}{n^2+n-9} = 2$;　　(9) $\displaystyle\lim_{n\to\infty}\dfrac{\sqrt{n}}{3\sqrt{n}+1} = \dfrac{1}{3}$;

(10) $\displaystyle\lim_{n\to\infty}\dfrac{\sqrt{n^2+1}-1}{\sqrt{n^2+1}+1} = 1$.

6. 求下列极限:

(1) $\lim\limits_{n \to \infty} \dfrac{n^3 + 2}{2n^3 + 1}$;

(2) $\lim\limits_{n \to \infty} \dfrac{6n^2 + (-1)^n n}{5n^2 + n}$;

(3) $\lim\limits_{n \to \infty} (\sqrt{n^2 + 1} - n)$;

(4) $\lim\limits_{n \to \infty} (\sqrt{n + 2} - \sqrt{n - 1})\sqrt{n}$;

(5) $\lim\limits_{n \to \infty} \left[\dfrac{1}{1.2} + \dfrac{1}{2.3} + \cdots + \dfrac{1}{n(n+1)} \right]$;

(6) $\lim\limits_{n \to \infty} \dfrac{1 + a + a^2 + \cdots + a^n}{1 + b + b^2 + \cdots + b^n}$ $(|a| < 1, |b| < 1)$;

(7) $\lim\limits_{n \to \infty} \left(\dfrac{1 + 2 + 3 + \cdots + n}{n + 2} - \dfrac{n}{2} \right)$;

(8) $\lim\limits_{n \to \infty} \dfrac{(-2)^n + 3^n}{(-2)^{n+1} + 3^{n+1}}$;

(9) $\lim\limits_{n \to \infty} \dfrac{1 - x^{2n+1}}{2 + x^{2n}}$.

1.3　函数的极限

1. $x \to +\infty$ 时函数的极限

数列可以看成是定义在自然数集上的一个函数, 称为整标函数, 记为 $x_n = f(n)$, $n = 1, 2, \cdots$. 把 $\lim\limits_{n \to \infty} x_n = A$ 的定义形式改写为: 任给 $\varepsilon > 0$, 存在 N, 当 $n > N$, 有 $|f(n) - A| < \varepsilon$.

例 1　考察函数 $f(x) = \dfrac{x + 1}{x}$, $x > 0$, 当自变量 x 取正值连续地无限变大时 (记为 $x \to +\infty$), 对应的函数值 $f(x)$ 的变化趋势, 函数图像见图 1-11.

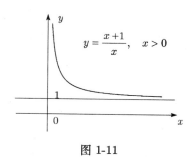

图 1-11

当自变量取自然数且无限变大时, 函数值的变化趋势就是数列 $\left\{ \dfrac{n + 1}{n} \right\}$ 的变化趋势, 当自变量 x 取正值连续地趋于无穷大时, 由图 1-11 可见, 对应的函数值也是越来越靠近 1, 即 $|f(x) - 1|$ 无限变小, 我们称常数 1 为 $f(x)$ 在 $x \to +\infty$ 时的极限.

定义 1.10(函数极限描述性定义)　函数 $f(x)$, 当 $x \to +\infty$ 时, $|f(x) - A|$ 无限变小, 我们称常数 A 为 $f(x)$ 在 $x \to +\infty$ 时的极限, 记为 $\lim\limits_{x \to +\infty} f(x) = A$.

为了得到函数极限的精确定义, 仿照数列极限的 "ε-N" 定义的讨论方法, 任给 $\varepsilon > 0$, 要使 $|f(x) - 1| = \left| \dfrac{x + 1}{x} - 1 \right| = \dfrac{1}{|x|} = \dfrac{1}{x} < \varepsilon$, 只要 $x > \dfrac{1}{\varepsilon}$, 可以取 $X = \dfrac{1}{\varepsilon}$. 因此, 任给 $\varepsilon > 0$, 存在 $X = \dfrac{1}{\varepsilon}$, 当 $x > X$, 有 $\left| \dfrac{x + 1}{x} - 1 \right| = \dfrac{1}{x} < \varepsilon$.

定义 1.11(函数极限的精确定义)　函数 $f(x)$ 在 $(a, +\infty)$ 上定义, 任给 $\varepsilon > 0$, 存在 $X > 0$, 当 $x > X$, 有 $|f(x) - A| < \varepsilon$, 则称常数 A 为 $f(x)$ 当 $x \to +\infty$ 时的极限.

例 2　验证 $\lim\limits_{x \to +\infty} \dfrac{x-2}{x+2} = 1$.

分析　任给 $\varepsilon > 0$, 要使 $\left| \dfrac{x-2}{x+2} - 1 \right| = \dfrac{4}{|x+2|} = \dfrac{4}{x+2} < \varepsilon$, 只要 $x + 2 > \dfrac{4}{\varepsilon}$, $x > \dfrac{4}{\varepsilon} - 2$, 取 $X = \dfrac{4}{\varepsilon} - 2$.

证　任给 $\varepsilon > 0$, 存在 $X = \dfrac{4}{\varepsilon} - 2$, 当 $x > X$ 时, 有 $\left| \dfrac{x-2}{x+2} - 1 \right| < \varepsilon$. 因此, $\lim\limits_{x \to +\infty} \dfrac{x-2}{x+2} = 1$.

2. $x \to -\infty$ 时函数的极限

例 3　考察函数 $f(x) = \dfrac{x+1}{x}(x < 0)$, 当 x 取负值且绝对值无限变大时 (记 $x \to -\infty$), 对应函数值 $f(x)$ 的变化趋势, 由图 1-12 可见, 当 $x \to -\infty$ 时, $|f(x) - 1|$ 无限变小, 称 1 为 $f(x)$ 在 $x \to -\infty$ 时的极限.

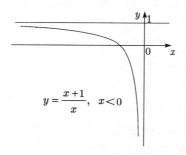

$$y = \frac{x+1}{x}, \quad x < 0$$

图 1-12

定义 1.12(函数极限描述性定义)　函数 $f(x)$, 当 $x \to -\infty$ 时, $|f(x) - A|$ 无限变小, 称常数 A 为 $f(x)$ 在 $x \to -\infty$ 时的极限. 记为 $\lim\limits_{x \to -\infty} f(x) = A$.

定义 1.13(函数极限的精确定义)　$f(x)$ 在 $(-\infty, b)$ 上定义, 任给 $\varepsilon > 0$, 存在 $X > 0$, 当 $x < -X$ 时, 有 $|f(x) - A| < \varepsilon$, 则称常数 A 为 $f(x)$ 当 $x \to -\infty$ 时的极限.

例 4　验证 $\lim\limits_{x \to -\infty} 10^x = 0$.

分析　任给 $\varepsilon > 0$, 不妨设 $0 < \varepsilon < 1$, 要使 $|10^x - 0| = 10^x < \varepsilon$, 只要 $x \lg 10 < \lg \varepsilon$, $x < \lg \varepsilon$, 取 $X = -\lg \varepsilon$.

证　任给 $\varepsilon > 0$, 存在 $X = -\lg \varepsilon$, 当 $x < -X$, 有 $|10^x - 0| < \varepsilon$. 因此, $\lim\limits_{x \to -\infty} 10^x = 0$.

3. $x \to \infty$ 时函数 $f(x)$ 的极限

例 5 考察函数 $f(x) = \dfrac{x+1}{x}$, $x \neq 0$, 当 x 的绝对值无限变大时 (记为 $x \to \infty$), 对应函数值 $f(x)$ 的变化趋势, 由图 1-13 可见, 当 $x \to \infty$ 时, $|f(x) - 1|$ 无限变小, 称 1 为 $f(x)$ 在 $x \to \infty$ 时的极限.

定义 1.14(函数极限的描述性定义) 函数 $f(x)$, 当 $x \to \infty$ 时, $|f(x) - A|$ 无限变小, 则称常数 A 为 $f(x)$ 当 $x \to \infty$ 时的极限, 记为 $\lim\limits_{x \to \infty} f(x) = A$.

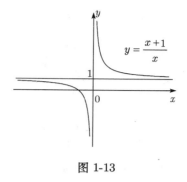

图 1-13

定义 1.15(函数极限的精确定义) 设 $f(x)$ 在 $|x| > a$, $a > 0$ 上定义, 任给 $\varepsilon > 0$, 存在 $X > 0$, 当 $|x| > X$ 时, 有 $|f(x) - A| < \varepsilon$, 则称常数 A 为 $f(x)$ 当 $x \to \infty$ 时的极限.

例 6 验证 $\lim\limits_{x \to \infty} (\sqrt{x^2 + 1} - \sqrt{x^2}) = 0$.

分析 任给 $\varepsilon > 0$, 要使 $|(\sqrt{x^2 + 1} - \sqrt{x^2}) - 0| = \dfrac{1}{\sqrt{x^2 + 1} + \sqrt{x^2}} < \dfrac{1}{\sqrt{x^2}} = \dfrac{1}{|x|} < \varepsilon$. 只要 $|x| > \dfrac{1}{\varepsilon}$, 取 $X = \dfrac{1}{\varepsilon}$.

证 任给 $\varepsilon > 0$, 存在 $X = \dfrac{1}{\varepsilon}$, 当 $|x| > X$, 有 $|\sqrt{x^2 + 1} - \sqrt{x^2} - 0| < \varepsilon$.

因此, $\lim\limits_{x \to \infty} (\sqrt{x^2 + 1} - \sqrt{x^2}) = 0$.

定理 1.9 $\lim\limits_{x \to \infty} f(x) = A$ 的充要条件是 $\lim\limits_{x \to +\infty} f(x) = \lim\limits_{x \to -\infty} f(x) = A$.

4. $x \to x_0$ 时函数的极限

例 7 设函数 $f(x) = \dfrac{9x^2 - 1}{3x - 1}$, 考察当自变量 x 趋近于 $\dfrac{1}{3}$, 而不等于 $\dfrac{1}{3}$ 时 $\left(\text{记为 } x \to \dfrac{1}{3}\right)$, 对应函数值 $f(x)$ 的变化趋势.

由图 1-14 可见, 当横坐标的值越来越靠近 $\dfrac{1}{3}$ 时, 直线上点的纵坐标越来越靠近 2, 这个结论也可从表 1-2 中得到.

因此, 当 $x \to \dfrac{1}{3}$ 时, $\left|\dfrac{9x^2 - 1}{3x - 1} - 2\right|$ 无限变小, 称常数 2 为 $f(x)$ 在 $x = \dfrac{1}{3}$ 处的极限.

定义 1.16(函数极限的描述性定义) 函数 $f(x)$ 在点 x_0 附近有定义 (在 x_0 点可除外), 当 $x \to x_0$ 时, $|f(x) - A|$ 无限变小, 则称常数 A 为 $f(x)$ 在点 x_0 处的极限, 记为 $\lim\limits_{x \to x_0} f(x) = A$.

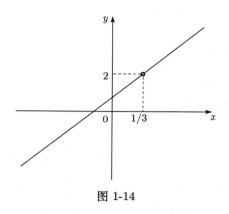

图 1-14

表 1-2	
x	y
0.320	1.960
0.325	1.975
0.328	1.984
$\vdots$	$\vdots$
0.334	2.002
0.338	2.014

为了得到函数 $f(x)$ 在点 x_0 极限的精确定义, 仿照数列极限 1.2 节例 1 的讨论方法, 继续讨论例 7.

给定一个数 $\dfrac{1}{10}$, 要使

$$\left|\frac{9x^2-1}{3x-1}-2\right|=|3x-1|=3\left|x-\frac{1}{3}\right|<\frac{1}{10},$$

只要 $\left|x-\dfrac{1}{3}\right|<\dfrac{1}{30}$, 也就是对于区间 $\left(\dfrac{1}{3}-\dfrac{1}{30},\dfrac{1}{3}+\dfrac{1}{30}\right)$ 内的每一个不等于 $\dfrac{1}{3}$ 的 x 值, 对应的函数值 $f(x)$ 满足 $|f(x)-2|<\dfrac{1}{10}$. 对于给出的一个更小的数 $\dfrac{1}{100}$, 要使

$$\left|\frac{9x^2-1}{3x-1}-2\right|=3\left|x-\frac{1}{3}\right|<\frac{1}{100},$$

只要 $\left|x-\dfrac{1}{3}\right|<\dfrac{1}{300}$, 也就是对于区间 $\left(\dfrac{1}{3}-\dfrac{1}{300},\dfrac{1}{3}+\dfrac{1}{300}\right)$ 内的每一个不等于 $\dfrac{1}{3}$ 的 x 值, 对应的函数值 $f(x)$ 满足 $|f(x)-2|<\dfrac{1}{100}$, 为了刻画 $|f(x)-2|$ 无限变小的全过程, 我们任意取一个小正数 ε, 要使

$$|f(x)-2|=\left|\frac{9x^2-1}{3x-1}-2\right|=3\left|x-\frac{1}{3}\right|<\varepsilon,$$

只要 $\left|x-\dfrac{1}{3}\right|<\dfrac{\varepsilon}{3}$, 也就是对于区间 $\left(\dfrac{1}{3}-\dfrac{\varepsilon}{3},\dfrac{1}{3}+\dfrac{\varepsilon}{3}\right)$ 内的每一个不等于 $\dfrac{1}{3}$ 的 x 值, 对应的函数值 $f(x)$ 满足 $|f(x)-2|<\varepsilon$, 由于 ε 的任意性, 就把 $|f(x)-2|$ 无限变小的全过程刻画出来了.

定义 1.17(函数极限的精确定义)　函数 $f(x)$ 在 x_0 附近有定义 (在 x_0 可以没有定义), 任给 $\varepsilon>0$, 存在 $\delta>0$, 当 $0<|x-x_0|<\delta$ 时, 有 $|f(x)-A|<\varepsilon$, 则称常

数 A 为 $f(x)$ 在点 x_0 处的极限, 也称函数 $f(x)$ 在点 x_0 收敛于 A. 如果函数 $f(x)$ 在点 x_0 处不存在极限, 则称 $f(x)$ 在点 x_0 处**发散**.

$f(x)$ 在点 x_0 处以 A 为极限的几何意义:

在图 1-15 中作两条直线 $y = A - \varepsilon$ 及 $y = A + \varepsilon$ 为边界的带形区域, 不管带形区域宽度 2ε 多小, 总能找到 x 轴上的开区间 $(x_0 - \delta, x_0)$ 与 $(x_0, x_0 + \delta)$, 曲线在区间上的相应部分落在这个带形区域内.

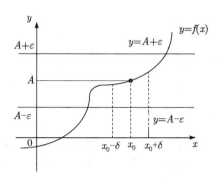

图 1-15

例 8 验证 $\lim\limits_{x \to 2}(3x - 1) = 5$.

分析 任给 $\varepsilon > 0$, 要使 $|(3x-1)-5| = 3|x-2| < \varepsilon$, 只要 $|x-2| < \dfrac{\varepsilon}{3}$, 可以取 $\delta = \dfrac{\varepsilon}{3}$.

证 任给 $\varepsilon > 0$, 存在 $\delta = \dfrac{\varepsilon}{3}$, 当 $0 < |x-2| < \delta$, 有 $|(3x-1)-5| < \varepsilon$, 因此 $\lim\limits_{x \to 2}(3x-1) = 5$.

例 9 验证 $\lim\limits_{x \to x_0} \sin x = \sin x_0$.

分析 任给 $\varepsilon > 0$, 要使

$$
\begin{aligned}
|\sin x - \sin x_0| &= \left| 2\cos\frac{x+x_0}{2}\sin\frac{x-x_0}{2} \right| \\
&= 2\left|\cos\frac{x+x_0}{2}\right| \cdot \left|\sin\frac{x-x_0}{2}\right| \leqslant |x-x_0| < \varepsilon,
\end{aligned}
$$

可以取 $\delta = \varepsilon$.

证 任给 $\varepsilon > 0$, 存在 $\delta = \varepsilon$, 当 $0 < |x-x_0| < \delta$, 有 $|\sin x - \sin x_0| < \varepsilon$. 因此 $\lim\limits_{x \to x_0} \sin x = \sin x_0$.

同样可验证 $\lim\limits_{x \to x_0} \cos x = \cos x_0$.

例 10 验证 $\lim\limits_{x \to x_0} x = x_0$.

分析 任给 $\varepsilon > 0$, 要使 $|x - x_0| < \varepsilon$, 可以取 $\delta = \varepsilon$.

证 任给 $\varepsilon > 0$, 存在 $\delta = \varepsilon$, 当 $0 < |x-x_0| < \delta$, 有 $|x-x_0| < \varepsilon$, 因此 $\lim\limits_{x \to x_0} x = x_0$.

5. 单侧极限

例 11 设函数

$$
f(x) = \begin{cases} x + 1, & x > 0, \\ x^2, & x \leqslant 0. \end{cases}
$$

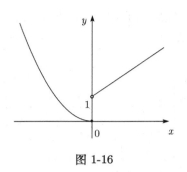

图 1-16

考察当自变量 x 大于 0 且趋于 0 时 (记为 $x \to 0^+$) 以及小于 0 且趋于 0 时 (记为 $x \to 0^-$), 函数值 $f(x)$ 的变化趋势.

由图 1-16 可见, 在横坐标 x 的值大于 0 且趋于 0 时, 对应曲线 $y = f(x)$ 上点的纵坐标值趋近于 1, 在横坐标 x 的值小于 0 且趋于 0 时, 对应曲线上点的纵坐标值 $f(x)$ 趋于 0. 我们称数 1 与 0 分别为函数 $f(x)$ 在点 $x = 0$ 处的右极限与左极限.

定义 1.18(单侧极限的描述性定义)   函数 $f(x)$ 在 x_0 点右边附近有定义, 当 $x > x_0$ 且趋于 x_0 时 (记为 $x \to x_0 +0$), $|f(x) - A|$ 无限变小, 则称常数 A 为 $f(x)$ 在点 x_0 的右极限, 记为 $\lim\limits_{x \to x_0+0} f(x) = A$.

函数 $f(x)$ 在 x_0 点左边附近有定义, 当 $x < x_0$ 且趋于 x_0 时 (记为 $x \to x_0 - 0$), $|f(x) - A|$ 无限变小, 则称常数 A 为 $f(x)$ 在点 x_0 的左极限, 记为 $\lim\limits_{x \to x_0-0} f(x) = A$.

为了得到函数单侧极限的精确定义, 对例 11 进一步讨论, 任意给定 $\varepsilon > 0$, 在 $x > 0$ 时, 要使 $|f(x) - 1| = |(x + 1) - 1| = |x| = x < \varepsilon$, 可以取 $\delta = \varepsilon$.

当 $0 < x < \delta$ 时, 有 $|f(x) - 1| < \varepsilon$.

当 $x < 0$ 时, 要使 $|f(x) - 0| = x^2 < \varepsilon$, 只要 $|x| = -x < \sqrt{\varepsilon}$, 即 $-\sqrt{\varepsilon} < x < 0$. 可以取 $\delta = \sqrt{\varepsilon}$.

当 $-\delta < x < 0$, 有 $|f(x) - 0| < \varepsilon$.

定义 1.19(函数单侧极限的精确定义)   函数 $f(x)$ 在 (x_0, b) 内定义, 任给 $\varepsilon > 0$, 存在 $\delta > 0$, 当 $x_0 < x < x_0 + \delta$ 时, 有 $|f(x) - A| < \varepsilon$, 则称常数 A 为 $f(x)$ 在点 x_0 处的**右极限**.

函数 $f(x)$ 在 (a, x_0) 内定义, 任给 $\varepsilon > 0$, 存在 $\delta > 0$, 当 $x_0 - \delta < x < x_0$ 时, 有 $|f(x) - A| < \varepsilon$, 则称常数 A 为 $f(x)$ 在点 x_0 处的**左极限**.

例 12   验证 $\lim\limits_{x \to 0^-} 10^{\frac{1}{x}} = 0$.

分析   任给 $\varepsilon > 0$, 要使

$$|10^{\frac{1}{x}} - 0| = 10^{\frac{1}{x}} < \varepsilon,$$

只要 $\dfrac{1}{x} \lg_{10} < \lg \varepsilon$, $\dfrac{1}{x} < \lg \varepsilon$, 即 $\dfrac{1}{\lg \varepsilon} < x < 0$, 可以取 $\delta = -\dfrac{1}{\lg \varepsilon}$.

证   任给 $\varepsilon > 0$, 存在 $\delta = -\dfrac{1}{\lg \varepsilon}$, 当 $-\delta < x < 0$ 时, 有 $|10^{\frac{1}{x}} - 0| = 10^{\frac{1}{x}} < \varepsilon$. 因此 $\lim\limits_{x \to 0^-} 10^{\frac{1}{x}} = 0$.

例 13 设

$$f(x) = \begin{cases} 3x, & x > 1, \\ 3, & x = 1, \\ 2x-1, & x < 1. \end{cases}$$

验证 (1) $\lim\limits_{x \to 1+0} f(x) = 3$;　　(2) $\lim\limits_{x \to 1-0} f(x) = 1$.

(1) **分析**　当 $x > 1$, 任给 $\varepsilon > 0$, 要使 $|f(x)-3| = |3x-3| = 3|x-1| = 3(x-1) < \varepsilon$, 只要 $x-1 < \dfrac{\varepsilon}{3}$, 可以取 $\delta = \dfrac{\varepsilon}{3}$.

证　任给 $\varepsilon > 0$, 存在 $\delta = \dfrac{\varepsilon}{3}$, 当 $1 < x < 1+\delta$, 有

$$|f(x)-3| = |3x-3| = 3(x-1) < \varepsilon,$$

因此 $\lim\limits_{x \to 1+0} f(x) = 3$.

(2) **分析**　当 $x < 1$, 任给 $\varepsilon > 0$, 要使 $|f(x)-1| = |(2x-1)-1| = 2|x-1| = 2(1-x) < \varepsilon$, 只要 $0 < 1-x < \dfrac{\varepsilon}{2}$, 可取 $\delta = \dfrac{\varepsilon}{2}$.

证　任给 $\varepsilon > 0$, 存在 $\delta = \dfrac{\varepsilon}{2}$, 当 $1-\delta < x < 1$ 有

$$|f(x)-1| = |(2x-1)-1| = 2(1-x) < \varepsilon,$$

因此 $\lim\limits_{x \to 1-0} f(x) = 1$.

定理 1.10　函数 $f(x)$ 在点 x_0 存在极限且极限为 A 的充分必要条件是函数 $f(x)$ 在点 x_0 左右极限存在且等于 A(证明略).

习　题　1.3

1. 用函数极限的定义验证下列极限:

(1) $\lim\limits_{x \to \infty} \dfrac{1}{x^3} = 0$;

(2) $\lim\limits_{x \to +\infty} \dfrac{\sin x}{\sqrt{x}} = 0$;

(3) $\lim\limits_{x \to +\infty} \dfrac{2}{x^2+1} = 0$;

(4) $\lim\limits_{x \to +\infty} \dfrac{\sqrt{x^2+x}}{x} = 1$;

(5) $\lim\limits_{x \to +\infty} (\sqrt{x+1} - \sqrt{x}) = 0$;

(6) $\lim\limits_{x \to -\infty} a^x = 0 \quad (a > 1)$;

(7) $\lim\limits_{x \to -1} (5x+2) = -3$;

(8) $\lim\limits_{x \to 5} \dfrac{x^2-6x+5}{x-5} = 4$;

(9) $\lim\limits_{x \to 4} \sqrt{x} = 2$;

(10) $\lim\limits_{x \to 0} \cos x = 1$;

(11) $\lim\limits_{x \to 2} x^2 = 4$;

(12) $\lim\limits_{x \to 1} \dfrac{x^3-1}{x-1} = 3$.

2. 设 $f(x) = \begin{cases} 2x, & x > 1, \\ 10, & x = 1, \\ \dfrac{1}{x-1}, & x < 1, \end{cases}$　证明: $\lim\limits_{x \to 1+0} f(x) = 2$.

3. 设 $f(x) = \begin{cases} \dfrac{1}{x}, & x > 0, \\ \sqrt[3]{x}, & x \leqslant 0, \end{cases}$ 证明：$\lim\limits_{x \to 0^-} f(x) = 0$.

4. 设 $g(x) = \dfrac{1}{1 + 10^{\frac{1}{x}}}$, 证明：$\lim\limits_{x \to 0^+} g(x) = 0, \quad \lim\limits_{x \to 0^-} g(x) = 1$.

1.4 函数极限的性质及运算法则

以下仅就 $x \to x_0$ 时, 讨论函数极限的性质及运算法则, 在 $x \to \pm\infty$, $x \to \infty$, $x \to x_0 \pm 0$ 时的情形类同, 不再另外列出.

1. 函数极限的性质

定理 1.11 若 $\lim\limits_{x \to x_0} f(x) = A$, 且 $A < B$ (或 $A > B$), 则存在 $\delta > 0$, 当 $0 < |x - x_0| < \delta$ 时, 有 $f(x) < B$(或 $f(x) > B$).

证 (只证 $A < B$ 的情形) 取 $\varepsilon_0 = B - A$, 因为 $\lim\limits_{x \to x_0} f(x) = A$, 于是, 对于这个取定的 $\varepsilon_0 > 0$ 存在 $\delta > 0$, 当 $0 < |x - x_0| < \delta$, 有 $|f(x) - A| < B - A, 2A - B < f(x) < B$.

因此, 当 $0 < |x - x_0| < \delta$, 有 $f(x) < B$.

特别, 当 $B = 0$ 时得到以下推论.

推论 (极限的保号性) 若 $\lim\limits_{x \to x_0} f(x) = A$, 且 $A < 0$(或 $A > 0$) 则存在 $\delta > 0$, 当 $0 < |x - x_0| < \delta$, 有 $f(x) < 0$(或 $f(x) > 0$).

定理 1.12 如果存在 $\delta > 0$, 在 $(x_0 - \delta, x_0) \bigcup (x_0, x_0 + \delta)$ 内 $f(x) \leqslant 0$ (或 $f(x) \geqslant 0$) 且 $\lim\limits_{x \to x_0} f(x) = A$. 则 $A \leqslant 0$ (或 $A \geqslant 0$).

证 (用反证法) 设 $f(x) \leqslant 0$, 假设 $A > 0$, 由定理 1.11 的推论: 存在 $\delta > 0$, 当 $0 < |x - x_0| < \delta$ 有 $f(x) > 0$, 这与 $f(x) \leqslant 0$ 矛盾, 因此 $A \leqslant 0$.

定理 1.13 如果 $f(x)$ 在 x_0 处极限存在, 则极限是唯一的.

证 (用反证法) 如果 $\lim\limits_{x \to x_0} f(x) = A$, $\lim\limits_{x \to x_0} f(x) = B$, 且 $A \neq B$, 不妨设 $A < B$, 取 $\varepsilon_0 = \dfrac{B - A}{2}$, 由 $\lim\limits_{x \to x_0} f(x) = A$, 存在 δ_1, 当 $0 < |x - x_0| < \delta_1$, 有 $|f(x) - A| < \dfrac{B - A}{2}$, 即

$$\frac{3A - B}{2} < f(x) < \frac{A + B}{2}. \tag{1.4.1}$$

由 $\lim\limits_{x \to x_0} f(x) = B$, 存在 δ_2, 当 $0 < |x - x_0| < \delta_2$, 有 $|f(x) - B| < \dfrac{B - A}{2}$ 即

$$\frac{A + B}{2} < f(x) < \frac{3B - A}{2}. \tag{1.4.2}$$

取 $\delta = \min\{\delta_1, \delta_2\}$. 当 $0 < |x - x_0| < \delta$, 式 (1.4.1) 与 (1.4.2) 应同时成立, 这是不可能的, 因此只有 $A = B$.

定理 1.14 如果 $\lim\limits_{x \to x_0} f(x)$ 存在, 则存在 $\delta > 0$, $f(x)$ 在 $(x_0 - \delta, x_0) \bigcup (x_0, x_0 + \delta)$ 内有界.

证 设 $\lim\limits_{x \to x_0} f(x) = A$, 对于 $\varepsilon_0 = 1$, 存在 $\delta > 0$, 当 $0 < |x - x_0| < \delta$, 有 $|f(x) - A| < 1$, 可知

$$|f(x)| - |A| \leqslant |f(x) - A| < 1, \quad |f(x)| < |A| + 1.$$

取 $M = |A| + 1$, 于是, 存在 $\delta > 0$, 当 $x \in (x_0 - \delta, x_0) \bigcup (x_0, x_0 + \delta)$ 有 $|f(x)| \leqslant M$, 因此 $f(x)$ 在区间内有界.

2. 函数极限的运算法则

设 $\lim\limits_{x \to x_0} f(x) = A$, $\lim\limits_{x \to x_0} g(x) = B$.

定理 1.15 $\lim\limits_{x \to x_0} [f(x) + g(x)] = A + B = \lim\limits_{x \to x_0} f(x) + \lim\limits_{x \to x_0} g(x)$.

定理 1.16 $\lim\limits_{x \to x_0} [f(x) \cdot g(x)] = A \cdot B = (\lim\limits_{x \to x_0} f(x)) \cdot (\lim\limits_{x \to x_0} g(x))$.

特别 $\lim\limits_{x \to x_0} C \cdot f(x) = C \cdot \lim\limits_{x \to x_0} f(x)$ (C 为常数).

定理 1.17 $\lim\limits_{x \to x_0} \dfrac{f(x)}{g(x)} = \dfrac{A}{B} = \dfrac{\lim\limits_{x \to x_0} f(x)}{\lim\limits_{x \to x_0} g(x)}$ ($\lim\limits_{x \to x_0} g(x) = B \neq 0$).

(以上运算法则的证明略去)

例 1 求 $\lim\limits_{x \to 2} (x^2 - x - 2)$.

解 $\lim\limits_{x \to 2} (x^2 - x - 2) = \lim\limits_{x \to 2} x^2 - \lim\limits_{x \to 2} x - \lim\limits_{x \to 2} 2$
$$= (\lim\limits_{x \to 2} x)^2 - \lim\limits_{x \to 2} x - \lim\limits_{x \to 2} 2 = 2^2 - 2 - 2 = 0.$$

例 2 求 $\lim\limits_{x \to 2} \dfrac{x^2 + x - 6}{x^2 - x - 2}$.

解 $\lim\limits_{x \to 2} \dfrac{x^2 + x - 6}{x^2 - x - 2} = \lim\limits_{x \to 2} \dfrac{(x + 3)(x - 2)}{(x + 1)(x - 2)} = \lim\limits_{x \to 2} \dfrac{x + 3}{x + 1} = \dfrac{\lim\limits_{x \to 2} (x + 3)}{\lim\limits_{x \to 2} (x + 1)}$
$$= \dfrac{\lim\limits_{x \to 2} x + \lim\limits_{x \to 2} 3}{\lim\limits_{x \to 2} x + \lim\limits_{x \to 2} 1} = \dfrac{2 + 3}{2 + 1} = \dfrac{5}{3}.$$

例 3 求 $\lim\limits_{x \to \infty} \dfrac{5x^2 + 2x + 3}{x^3 - 3x^2 + 4}$.

解 $\lim\limits_{x \to \infty} \dfrac{5x^2 + 2x + 3}{x^3 - 3x^2 + 4} = \lim\limits_{x \to \infty} \dfrac{\dfrac{5}{x} + \dfrac{2}{x^2} + \dfrac{3}{x^3}}{1 - \dfrac{3}{x} + \dfrac{4}{x^3}} = \dfrac{0}{1} = 0.$

例 4　设 $f(x) = \begin{cases} 0, & x > 1, \\ 1, & x = 1, \\ x^2 + 2, & x < 1, \end{cases}$　讨论 $f(x)$ 在点 $x = 1$ 处的极限.

解　$\lim\limits_{x \to 1+0} f(x) = \lim\limits_{x \to 1+0} 0 = 0,$

　　　　$\lim\limits_{x \to 1-0} f(x) = \lim\limits_{x \to 1-0} (x^2 + 2) = 3.$

因为 $\lim\limits_{x \to 1+0} f(x) \neq \lim\limits_{x \to 1-0} f(x)$, 由定理 1.10,　因此, $f(x)$ 在点 $x = 1$ 处极限不存在.

习　题　1.4

1. 求下列极限:

(1)　$\lim\limits_{x \to 2} \dfrac{x^2 + 5}{x - 3}$;

(2)　$\lim\limits_{x \to \sqrt{3}} \dfrac{x^2 + 3}{x^4 + x^2 + 1}$;

(3)　$\lim\limits_{x \to 2} \dfrac{x^2 - 4}{x - 2}$;

(4)　$\lim\limits_{x \to 0} \dfrac{\sqrt{1 + x} - 1}{x}$;

(5)　$\lim\limits_{x \to 1} \dfrac{\sqrt{3 - x} - \sqrt{1 + x}}{x^2 - 1}$;

(6)　$\lim\limits_{x \to 4} \dfrac{\sqrt{2x + 1} - 3}{\sqrt{x - 2} - \sqrt{2}}$;

(7)　$\lim\limits_{h \to 0} \dfrac{\sqrt{x + h} - \sqrt{x}}{h}$;

(8)　$\lim\limits_{x \to 1} \dfrac{x^n - 1}{x - 1}$;

(9)　$\lim\limits_{x \to \infty} (\sqrt{x^2 + 1} - \sqrt{x^2 - 1})$;

(10)　$\lim\limits_{x \to +\infty} \dfrac{x^2 + x - 1}{(x - 1)^2}$;

(11)　$\lim\limits_{x \to \infty} \dfrac{(2x - 1)(3x - 2)}{(2x + 1)^2}$;

(12)　$\lim\limits_{x \to +\infty} \dfrac{\sqrt[3]{x} - 9x^2}{3x - \sqrt[4]{81x^8 + 1}}$;

(13)　$\lim\limits_{x \to +\infty} \dfrac{\sqrt[4]{x^4 + 2} + \sqrt{4x - 2}}{\sqrt{x^4 + 2} + \sqrt{x - 2}}$;

(14)　$\lim\limits_{x \to 1} \dfrac{x^m - 1}{x^n - 1}$　(m, n 为正整数);

(15)　$\lim\limits_{x \to 1} \left(\dfrac{2}{x^2 - 1} - \dfrac{1}{x - 1} \right)$.

2. 设

$$f(x) = \begin{cases} \dfrac{-1}{x - 1}, & x < 0, \\ 0, & x = 0, \\ x, & 0 < x < 1, \\ 1, & 1 \leqslant x < 2, \end{cases}$$

求 $f(x)$ 在 $x \to 0$ 及 $x \to 1$ 时的左极限与右极限, 并说明在这两点的极限是否存在.

3. 设

$$f(x) = \begin{cases} 3x + 2, & x \leqslant 0, \\ x^2 + 1, & 0 < x \leqslant 1, \\ \dfrac{2}{x}, & x > 1, \end{cases}$$

分别讨论 $f(x)$ 在 $x \to 0$, $x \to 1$ 及 $x \to 2$ 时的极限是否存在.

1.5 极限存在的两个准则, 两个重要极限

极限存在准则 I 若在区间 $(x_0 - \delta_0, x_0) \bigcup (x_0, x_0 + \delta_0)$ 内有 $f(x) \leqslant g(x) \leqslant h(x)$, 且 $\lim\limits_{x \to x_0} f(x) = \lim\limits_{x \to x_0} h(x) = A$, 则 $\lim\limits_{x \to x_0} g(x) = A$.

证 由 $\lim\limits_{x \to x_0} f(x) = A$, 任给 $\varepsilon > 0$, 于是存在 $\delta_1 > 0$, 当 $0 < |x - x_0| < \delta_1$, 有 $|f(x) - A| < \varepsilon$, 即 $A - \varepsilon < f(x) < A + \varepsilon$. 由 $\lim\limits_{x \to x_0} h(x) = A$, 于是对上述 $\varepsilon > 0$ 存在 $\delta_2 > 0$, 当 $0 < |x - x_0| < \delta_2$, 有 $|h(x) - A| < \varepsilon$, 即 $A - \varepsilon < h(x) < A + \varepsilon$.

取 $\delta = \min\{\delta_0, \delta_1, \delta_2\}$, 当 $0 < |x - x_0| < \delta$, 有 $A - \varepsilon < f(x) \leqslant g(x) \leqslant h(x) < A + \varepsilon$, 即 $|g(x) - A| < \varepsilon$, 因此 $\lim\limits_{x \to x_0} g(x) = A$.

例 1 证明 $\lim\limits_{x \to 0} \dfrac{\sin x}{x} = 1$.

证 对于第一象限的弧 x(按弧度计算), 有 $\sin x < x < \tan x$, 从而 $1 < \dfrac{x}{\sin x} < \dfrac{1}{\cos x}$, 于是 $\cos x < \dfrac{\sin x}{x} < 1$.

又 $\lim\limits_{x \to 0^+} \cos x = 1$, 由极限存在准则 I, 得 $\lim\limits_{x \to 0^+} \dfrac{\sin x}{x} = 1$.

用 $(-x)$ 代替 x, 得 $\dfrac{\sin(-x)}{-x} = \dfrac{\sin x}{x}$. 令 $t = -x$, $\lim\limits_{x \to 0^-} \dfrac{\sin x}{x} = \lim\limits_{x \to 0^-} \dfrac{\sin(-x)}{(-x)} = \lim\limits_{t \to 0^+} \dfrac{\sin t}{t} = 1$.

因此 $\lim\limits_{x \to 0} \dfrac{\sin x}{x} = 1$.

例 2 求 $\lim\limits_{x \to 0} \dfrac{\tan x}{x}$.

解 $\lim\limits_{x \to 0} \dfrac{\tan x}{x} = \lim\limits_{x \to 0} \dfrac{\sin x}{x \cos x} = \left(\lim\limits_{x \to 0} \dfrac{\sin x}{x} \right) \cdot \left(\lim\limits_{x \to 0} \dfrac{1}{\cos x} \right) = 1$.

例 3 求 $\lim\limits_{x \to 0} \dfrac{1 - \cos 2x}{x^2}$.

解 $\lim\limits_{x \to 0} \dfrac{1 - \cos 2x}{x^2} = \lim\limits_{x \to 0} \dfrac{2 \sin^2 x}{x^2} = 2 \lim\limits_{x \to 0} \left(\dfrac{\sin x}{x} \right)^2 = 2 \left(\lim\limits_{x \to 0} \dfrac{\sin x}{x} \right)^2 = 2$.

极限存在准则 II 单调有界数列必有极限(证明略).

它的几何意义是: 若数列 $\{x_n\}$ 单调增加有上界, 当 n 无限增大时, 点 x_n 在数轴上向右方运动, 因为有上界, 所以这些点必定无限趋近于某个点 A, 则 A 就是 $\{x_n\}$ 的极限, 见图 1-17.

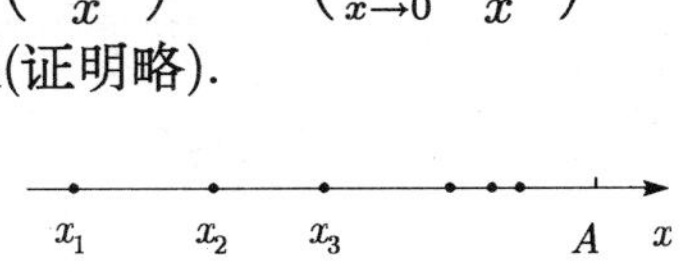

若数列 $\{x_n\}$ 单调减少有下界, 可作类似的说明.

图 1-17

例 4   证明数列 $\left\{\left(1+\dfrac{1}{n}\right)^{n+1}\right\}$ 存在极限.

证   (1) 设 $x_n = \left(1+\dfrac{1}{n}\right)^{n+1}$, $x_n > 0$, $n = 1, 2, \cdots$, 因此数列有下界.

(2) 证明 $\left\{\left(1+\dfrac{1}{n}\right)^{n+1}\right\}$ 是单调减少的.

$$\frac{x_{n+1}}{x_n} = \frac{\left(1+\dfrac{1}{n+1}\right)^{n+2}}{\left(1+\dfrac{1}{n}\right)^{n+1}} = \frac{\left(\dfrac{n+2}{n+1}\right)^{n+2}}{\left(\dfrac{n+1}{n}\right)^{n+1}}$$

$$= \left[\frac{n(n+2)}{(n+1)^2}\right]^{n+2} \cdot \left(1+\frac{1}{n}\right) = \frac{1}{\left[1+\dfrac{1}{n(n+2)}\right]^{n+2}}\left(1+\frac{1}{n}\right),$$

由二项展开式 $(1+b)^k > 1 + kb$ $(b > 0, k > 1$ 的自然数),

$$\frac{1}{\left[1+\dfrac{1}{n(n+2)}\right]^{n+2}} < \frac{1}{1+(n+2)\dfrac{1}{n(n+2)}} = \frac{1}{1+\dfrac{1}{n}}.$$

于是

$$\frac{x_{n+1}}{x_n} < \frac{1}{1+\dfrac{1}{n}}\left(1+\frac{1}{n}\right) = 1, \quad x_{n+1} < x_n.$$

因此, $\left\{\left(1+\dfrac{1}{n}\right)^{n+1}\right\}$ 是单调递减数列, 由极限存在准则 II, $\left\{\left(1+\dfrac{1}{n}\right)^{n+1}\right\}$ 存在极限 (见表 1-3).

表 1-3

n	10	100	1000	10000	$\cdots$
$\left(1+\dfrac{1}{n}\right)^{n+1}$	2.853	2.732	2.720	2.718	$\cdots$

由表 1-3 可见, 当 $n \to \infty$ 时, $\left\{\left(1+\dfrac{1}{n}\right)^{n+1}\right\}$ 趋于 e, 即 $\lim\limits_{n\to\infty}\left(1+\dfrac{1}{n}\right)^{n+1} = e$, 其中 e 是一个无理数 $(e \approx 2.718)$, 以 e 为底的对数称为自然对数, 把 $\log_e N$ 简记为 $\ln N$.

由 $\left(1+\dfrac{1}{n}\right)^n = \dfrac{\left(1+\dfrac{1}{n}\right)^{n+1}}{1+\dfrac{1}{n}}$, 可知

$$\lim_{n\to\infty}\left(1+\frac{1}{n}\right)^n = \lim_{n\to\infty}\frac{\left(1+\dfrac{1}{n}\right)^{n+1}}{1+\dfrac{1}{n}} = e.$$

可以证明: 就是在变量连续地取值且趋于正无穷大时, $\left(1+\dfrac{1}{n}\right)^n$ 的极限与 n 取正整数趋于无穷大时极限相同, 因此, 有

$$\lim_{x\to+\infty}\left(1+\frac{1}{x}\right)^x = e.$$

也可证得 $\lim\limits_{x \to -\infty} \left(1 + \dfrac{1}{x}\right)^x = e$.

例 5　求 $\lim\limits_{x \to \infty} \left(1 + \dfrac{2}{x}\right)^x$.

解　令 $t = \dfrac{x}{2}$, 则 $\lim\limits_{x \to \infty} \left(1 + \dfrac{2}{x}\right)^x = \lim\limits_{x \to \infty} \left[\left(1 + \dfrac{1}{\frac{x}{2}}\right)^{\frac{x}{2}}\right]^2 = \left[\lim\limits_{t \to \infty} \left(1 + \dfrac{1}{t}\right)^t\right]^2 = e^2$.

例 6　求 $\lim\limits_{x \to 0} (1 + x)^{\frac{1}{x}}$.

解　令 $t = \dfrac{1}{x}$, 则 $\lim\limits_{x \to 0} (1 + x)^{\frac{1}{x}} = \lim\limits_{t \to \infty} \left(1 + \dfrac{1}{t}\right)^t = e$.

习　题　1.5

1. 求下列极限:

(1)　$\lim\limits_{x \to 0} \dfrac{\sin 3x}{x}$;

(2)　$\lim\limits_{x \to 0} \dfrac{\tan 5x}{x}$;

(3)　$\lim\limits_{x \to 0} \dfrac{\tan 3x}{\sin 4x}$;

(4)　$\lim\limits_{x \to 0+} \dfrac{x}{\sqrt{1 - \cos x}}$;

(5)　$\lim\limits_{x \to 0} \dfrac{\sqrt{1 - \cos x^2}}{1 - \cos x}$;

(6)　$\lim\limits_{x \to \frac{\pi}{2}} \dfrac{\cos x}{\frac{\pi}{2} - x}$;

(7)　$\lim\limits_{x \to 0} \dfrac{\sqrt{1 + x \sin x} - \cos x}{\sin^2 \frac{x}{2}}$;

(8)　$\lim\limits_{x \to 0} \dfrac{1 + \sin x - \cos x}{1 + \sin \beta x - \cos \beta x}$;

(9)　$\lim\limits_{x \to \infty} \left(1 + \dfrac{3}{x}\right)^x$;

(10)　$\lim\limits_{x \to \infty} \left(1 - \dfrac{2}{x}\right)^x$;

(11)　$\lim\limits_{x \to \infty} \left(\dfrac{x - 2}{x + 2}\right)^x$;

(12)　$\lim\limits_{x \to \infty} \left(1 - \dfrac{1}{x^2}\right)^x$;

(13)　$\lim\limits_{x \to 0} (1 + 3x)^{\frac{1}{x}}$;

(14)　$\lim\limits_{x \to 0} \sqrt[x]{1 - 2x}$.

1.6　无穷小量与无穷大量

1. 无穷小量

例 1　设 $f(x) = \dfrac{1}{x + 1}$, 当 $x \to \infty$ 时, 易见它的极限是 0, 即 $\lim\limits_{x \to \infty} \dfrac{1}{x + 1} = 0$. 我们称, 当 $x \to \infty$ 时, 函数 $\dfrac{1}{x + 1}$ 是无穷小量.

定义 1.20　如果 $\lim\limits_{x \to x_0} f(x) = 0$, 则称当 $x \to x_0$ 时, $f(x)$ 是**无穷小量**, 简称**无穷小**.

对于 $x \to x_0 \pm 0$, $x \to \pm\infty$ 及 $x \to \infty$ 时, $f(x)$ 为无穷小有类似的定义.

定理 1.18　当 $x \to x_0$ 时, $f(x)$ 的极限为 A 的充分必要条件是, 当 $x \to x_0$ 时, $f(x) - A$ 是无穷小量.

这是因为 $\lim\limits_{x \to x_0} f(x) = A$ 与 $\lim\limits_{x \to x_0} (f(x) - A) = 0$, 它们的极限精确定义的表述是一样的.

定理 1.19 若当 $x \to x_0$ 时, $f(x)$ 是无穷小量, $g(x)$ 是有界函数, 则当 $x \to x_0$ 时, 它们的积 $f(x) \cdot g(x)$ 仍是无穷小量.

证 由 $g(x)$ 有界, 于是存在 $M > 0$, 有 $|g(x)| \leqslant M$.

由 $\lim\limits_{x \to x_0} f(x) = 0$, 于是任给 $\varepsilon > 0$, 存在 $\delta > 0$, 当 $0 < |x - x_0| < \delta$, 有 $|f(x)| < \dfrac{\varepsilon}{M}$, 就有 $|f(x) \cdot g(x)| \leqslant M|f(x)| < M \cdot \dfrac{\varepsilon}{M} = \varepsilon$.

因此 $\lim\limits_{x \to x_0} f(x) \cdot g(x) = 0$.

例 2 求 $\lim\limits_{x \to 2}(x^2 - 4) \cdot \sin \dfrac{1}{x - 2}$.

解 因为 $\lim\limits_{x \to 2}(x^2 - 4) = 0$, $\left| \sin \dfrac{1}{x - 2} \right| \leqslant 1$. 由定理 1.19,

$$\lim_{x \to 2}(x^2 - 4) \cdot \sin \frac{1}{x - 2} = 0.$$

2. 无穷大量

例 3 设 $f(x) = \dfrac{1}{x - 2}$, 考察当 $x \to 2$ 时, 对应的函数值 $f(x)$ 的变化趋势.

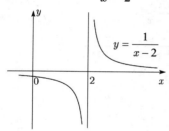

$$y = \frac{1}{x - 2}$$

图 1-18

由图 1-18 可见, 当 $x \to 2$ 时, $|f(x)| = \dfrac{1}{|x - 2|}$ 无限变大, 也就是对于任意给定的正数 A, 只要 x 充分靠近 2, 就有 $|f(x)| > A$.

定义 1.21(无穷大量的描述性定义) 函数 $f(x)$ 在点 x_0 附近有定义, 当 $x \to x_0$ 时, $|f(x)|$ 无限变大, 则称 $x \to x_0$ 时, $f(x)$ 是无穷大量, 记为 $\lim\limits_{x \to x_0} f(x) = \infty$. 为了用精确的数学语言刻画这一事实, 对例 3, 任给一个正数 A, 为使得 $\left| \dfrac{1}{x - 2} \right| > A$, 只要 $0 < |x - 2| < \dfrac{1}{A}$ 可以取 $\delta = \dfrac{1}{A}$. 因此, 任给 $A > 0$, 存在 $\delta = \dfrac{1}{A}$, 当 $0 < |x - 2| < \delta$, 有 $\left| \dfrac{1}{x - 2} \right| > A$.

定义 1.22(无穷大量的精确定义) 任给 $A > 0$, 存在 $\delta > 0$, 当 $0 < |x - x_0| < \delta$, 有 $|f(x)| > A$, 则称当 $x \to x_0$ 时, $f(x)$ 是**无穷大量**. 对于 $x \to x_0 \pm 0$, $x \to x_0 \pm \infty$ 及 $x \to \infty$ 时, $f(x)$ 为无穷大量有类似的定义.

例 4 验证 $x \to 0$ 时, $f(x) = \dfrac{1}{x^2}$ 是无穷大量.

分析 任给 $A > 0$, 要使 $|f(x)| = \dfrac{1}{x^2} > A$, 只需 $x^2 < \dfrac{1}{A}$, $|x| < \dfrac{1}{\sqrt{A}}$, 可以取 $\delta = \dfrac{1}{\sqrt{A}}$.

证 任给 $A > 0$, 存在 $\delta = \dfrac{1}{\sqrt{A}}$, 当 $0 < |x| < \dfrac{1}{\sqrt{A}}$, 有 $|f(x)| = \dfrac{1}{x^2} > A$, 因此,

$x \to 0$ 时, $f(x) = \dfrac{1}{x^2}$ 是无穷大量.

无穷大量的性质如下.

定理 1.20 如果 $x \to x_0$ 时, $f(x)$ 与 $g(x)$ 都是无穷大量, 则当 $x \to x_0$ 时, $f(x) \cdot g(x)$ 也是无穷大量 (证明略).

定理 1.21 如果 $x \to x_0$ 时, $f(x)$ 是无穷大量, $g(x)$ 在 x_0 的附近有界, 则当 $x \to x_0$ 时, $f(x) + g(x)$ 也是无穷大量 (证明略).

定理 1.22 如果 $x \to x_0$ 时, $f(x)$ 是无穷大量, 存在 $\delta_0 > 0$, 当 $0 < |x - x_0| < \delta_0$ 时 $|g(x)| \geqslant C > 0$, 则当 $x \to x_0$ 时 $f(x) \cdot g(x)$ 是无穷大量.

证 由 $x \to x_0$ 时, $f(x)$ 是无穷大量, 于是, 任给 $A > 0$, 存在 δ_1, 当 $0 < |x - x_0| < \delta_1$ 时, $|f(x)| > \dfrac{A}{C}$.

取 $\delta = \min\{\delta_0, \delta_1\}$, 当 $0 < |x - x_0| < \delta$ 时, 有 $|f(x) \cdot g(x)| > \dfrac{A}{C} \cdot C = A$, 因此 $x \to x_0$ 时, $f(x) \cdot g(x)$ 是无穷大量.

定理 1.23 如果 $x \to x_0$ 时, $f(x)$ 是无穷小量, 且 $f(x) \neq 0$, 则 $\dfrac{1}{f(x)}$ 是无穷大量, 如果 $f(x)$ 是无穷大量, 则 $\dfrac{1}{f(x)}$ 是无穷小量.

证 由 $\lim\limits_{x \to x_0} f(x) = 0$, 于是任给 $\varepsilon > 0$, 存在 $\delta > 0$, 当 $0 < |x - x_0| < \delta$, 有 $|f(x)| < \varepsilon$, 又因为 $f(x) \neq 0$, 于是 $\left|\dfrac{1}{f(x)}\right| > \dfrac{1}{\varepsilon}$, 即对任给 $A = \dfrac{1}{\varepsilon}$, 总存在 $\delta > 0$, 当 $0 < |x - x_0| < \delta$, 有 $\left|\dfrac{1}{f(x)}\right| > A$. 因此, 当 $x \to x_0$ 时, $\dfrac{1}{f(x)}$ 是无穷大量.

同理可证, $f(x)$ 是无穷大量时, $\dfrac{1}{f(x)}$ 是无穷小量.

例 5 求 $\lim\limits_{x \to \infty} \dfrac{a_0 x^n + a_1 x^{n-1} + \cdots + a_n}{b_0 x^m + b_1 x^{m-1} + \cdots + b_m}$ ($a_0 \neq 0$, $b_0 \neq 0$, m, n 为正整数).

解 原式 $= \lim\limits_{x \to \infty} x^{n-m} \dfrac{a_0 + \dfrac{a_1}{x} + \cdots + \dfrac{a_n}{x^n}}{b_0 + \dfrac{b_1}{x} + \cdots + \dfrac{b_m}{x^m}} = \begin{cases} \dfrac{a_0}{b_0}, & n = m, \\ 0, & n < m, \\ \infty, & n > m. \end{cases}$

3. 无穷小量的比较

例 6 当 $x \to 0$ 时, x^2, $100x^3$ 及 $1000x^4$, 都是无穷小量.

我们在表 1-4 中看哪个无穷小趋于 0 的速度快:

表 1-4

x	1	10^{-1}	10^{-3}	10^{-5}	10^{-7}	$\cdots$
x^2	1	10^{-2}	10^{-6}	10^{-10}	10^{-14}	$\cdots$
$100x^3$	10^2	10^{-1}	10^{-7}	10^{-13}	10^{-19}	$\cdots$
$1000x^4$	10^3	10^{-1}	10^{-9}	10^{-17}	10^{-25}	$\cdots$

由表 1-4 可见, 在 $x \to 0$ 时, $1000x^4$ 趋于 0 的速度最快, $100x^3$ 其次, x^2 最慢.

定义 1.23   当 $x \to x_0$ 时, $\alpha(x)$, $\beta(x)$ 是无穷小量. 如果 $\lim\limits_{x \to x_0} \dfrac{\alpha(x)}{\beta(x)} = 0$, 则称 $\alpha(x)$ 是阶比 $\beta(x)$ 高的无穷小量, 记为 $\alpha(x) = o(\beta(x))$ $(x \to x_0)$. 如果 $\lim\limits_{x \to x_0} \dfrac{\alpha(x)}{\beta(x)} = c$ $(c \neq 0)$, 则称 $\alpha(x)$ 与 $\beta(x)$ 是同阶的无穷小量, 特别, 当 $c = 1$ 时, 称 $\alpha(x)$ 与 $\beta(x)$ 是等价的无穷小量, 记为 $\alpha(x) \sim \beta(x)$ $(x \to x_0)$. 如果 $\lim\limits_{x \to x_0} \dfrac{\alpha(x)}{\beta(x)} = \infty$, 则称 $\alpha(x)$ 是阶比 $\beta(x)$ 低的无穷小量.

例 7   证明 $x \to 0^+$ 时, $\alpha(x) = x\sin\sqrt{x}$, $\beta(x) = \sqrt{x^3}$ 是等价无穷小量.

证   由于 $\lim\limits_{x \to 0^+} \dfrac{\alpha(x)}{\beta(x)} = \lim\limits_{x \to 0^+} \dfrac{x\sin\sqrt{x}}{\sqrt{x^3}} = 1$, 所以, $\alpha(x) \sim \beta(x)$ $(x \to 0^+)$.

习　题　1.6

1. 下列函数在什么情况下是无穷小量? 在什么情况下是无穷大量?

   (1) $y = \dfrac{1}{x-1}$;   (2) $y = \ln x$;   (3) $y = 2^{\frac{1}{x}}$;   (4) $y = \tan x$.

2. 根据无穷小量的定义, 证明下列函数在给定的过程中是无穷小量.

   (1) $y = x \cdot \sin \dfrac{1}{x}$,   当 $x \to 0$ 时为无穷小量;

   (2) $y = \dfrac{x-3}{x}$,   当 $x \to 3$ 时为无穷小量;

   (3) $y = \dfrac{x-1}{x^2+1}$,   当 $x \to \infty$ 时为无穷小量;

   (4) $y = (1-x)^3$,   当 $x \to 1$ 时为无穷小量.

3. 根据无穷大量的定义, 证明下列函数在给定的过程中是无穷大量.

   (1) $y = \dfrac{1}{x^2}$,   当 $x \to 0$ 时为无穷大量;

   (2) $y = \dfrac{5}{x-2}$,   当 $x \to 2$ 时为无穷大量.

4. 当 $x \to 0$ 时, 下列函数中哪些是 x 的高阶无穷小, 哪些是 x 同阶的无穷小, 那些是 x 的低阶无穷小.

   (1) $x^3 + 1000x^2$;   (2) $2\sin^3 x$;   (3) $\ln(1+x)$;
   (4) $1 - \cos x$;   (5) $x + \sin x$;   (6) $\sqrt[3]{\tan x}$.

1.7   连 续 函 数

在我们所研究的函数中, 连续函数是一类重要的函数.

1. 增量

例 1   函数 $y = f(x) = x^2$, 当自变量取值 $x_1 = 1$ 时, 对应的函数值 $f(1) = 1$;

当自变量取值 $x_2 = 1.1$ 时, 对应的函数值 $f(1.1) = 1.21$. 称

$$x_2 - x_1 = 1.1 - 1 = 0.1$$

为自变量的增量, 称

$$f(1.1) - f(1) = 1.21 - 1 = 0.21$$

为对应的函数的增量.

定义 1.24 函数 $y = f(x)$, 称自变量第一次取值 x_1 为自变量的初值, 第二次取值 x_2 为自变量的终值. 终值与初值之差 $x_2 - x_1$ 为**自变量的增量**, 记为 $\Delta x = x_2 - x_1$. 对应于自变量取值 x_2 与 x_1 的函数值 $f(x_2)$ 与 $f(x_1)$ 的差 $f(x_2) - f(x_1)$ 称为对应的**函数增量**. 记为 $\Delta y = f(x_2) - f(x_1)$.

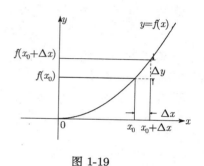

图 1-19

如果自变量的初值为 x_0, 终值为 x, 则 $\Delta x = x - x_0$ 对应的 $\Delta y = f(x) - f(x_0) = f(x_0 + \Delta x) - f(x_0)$. Δx 及 Δy 在几何图形上的表示见图 1-19.

2. 连续函数的概念

观察图 1-20 及图 1-21, 这两个图中曲线 $y = f(x)$ 与 $y = g(x)$ 在点 x_0 处有着不同的特征.

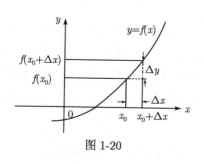

图 1-20

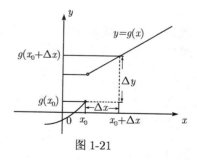

图 1-21

曲线 $y = f(x)$ 在点的横坐标 x 经过 x_0 点时, 是连续不断的, 而曲线 $y = g(x)$ 在点的横坐标 x 经过 x_0 点时是断开的. 我们用数学语言来刻画这一区别. 在图 1-20 中, 在点 x_0 附近取点 $x_0 + \Delta x$, 对应于自变量的增量 Δx, 得到函数的增量 $\Delta y = f(x_0 + \Delta x) - f(x_0)$. 在图 1-21 中, 对应于 Δx, 得到 $\Delta y = g(x_0 + \Delta x) - g(x_0)$. 由

图 1-20 可见, 当 $\Delta x \to 0$ 时, $\Delta y \to 0$, 在图 1-21 中, 当 $\Delta x \to 0$ 时, Δy 不趋于 0, 由此我们得出函数 $f(x)$ 在一点 x_0 连续的定义.

定义 1.25 函数 $f(x)$ 在点 x_0 的某邻域内有定义, 如果

$$\lim_{\Delta x \to 0} \Delta y = \lim_{\Delta x \to 0} [f(x_0 + \Delta x) - f(x_0)] = 0,$$

则称函数 $f(x)$ 在点 x_0 处**连续**.

令 $x = x_0 + \Delta x$, 可以得到连续定义的另一形式.

定义 1.26 如果 $\lim\limits_{x \to x_0} f(x) = f(x_0)$, 则 $f(x)$ 在 x_0 点连续.

用 "$\varepsilon - \delta$" 语言表达上述定义如下.

定义 1.27 任给 $\varepsilon > 0$, 存在 $\delta > 0$, 当 $|x - x_0| < \delta$, 有 $|f(x) - f(x_0)| < \varepsilon$, 则称 $f(x)$ 在点 x_0 连续.

例 2 验证 $y = f(x) = x^2$ 在点 x_0 处连续.

证 在点 x_0 处, 给自变量 x 一个增量 Δx, 对应的函数增量

$$\Delta y = f(x_0 + \Delta x) - f(x_0) = (x_0 + \Delta x)^2 - x_0^2 = 2x_0 \Delta x + (\Delta x)^2,$$

$$\lim_{\Delta x \to 0} \Delta y = \lim_{\Delta x \to 0} [2x_0 \Delta x + (\Delta x)^2] = 0.$$

因此, $y = x^2$ 在点 x_0 连续.

例 3 证明 $f(x) = \begin{cases} x \cdot \sin \dfrac{1}{x}, & x \neq 0, \\ 0, & x = 0, \end{cases}$ 在点 $x = 0$ 连续.

证 $\lim\limits_{x \to 0} f(x) = \lim\limits_{x \to 0} x \cdot \sin \dfrac{1}{x} = 0$, $f(0) = 0$, 由连续函数的定义, 因此 $f(x)$ 在点 $x = 0$ 连续.

定义 1.28 如果函数 $f(x)$ 在 (a, b) 内每一点连续, 则称 $f(x)$ **在 (a, b) 内连续**. 如果 $f(x)$ 在 (a, b) 内连续且有 $\lim\limits_{x \to a+0} f(x) = f(a)$(称 $f(x)$ **在点 a 右连续**), $\lim\limits_{x \to b-0} f(x) = f(b)$ (称 $f(x)$ **在点 b 左连续**) 则称 $f(x)$ **在闭区间 $[a, b]$ 上连续**.

定理 1.24 函数 $f(x)$ 在点 x_0 连续的充要条件为函数 $f(x)$ 在点 x_0 处既左连续又右连续.

例 4 设 $f(x) = \begin{cases} \sin x, & 0 \leqslant x \leqslant \pi, \\ 1, & -\pi \leqslant x < 0, \end{cases}$ 讨论在 $x = 0$ 点的连续性.

解

$$\lim_{x \to 0^+} f(x) = \lim_{x \to 0^+} \sin x = 0 = f(0),$$

$$\lim_{x \to 0^-} f(x) = \lim_{x \to 0^-} 1 = 1 \neq 0 = f(0),$$

于是, $f(x)$ 在点 $x = 0$ 右连续, 在点 $x = 0$ 不是左连续, 因此, $f(x)$ 在点 $x = 0$ 不连续.

如果 $f(x)$ 在点 x_0 不连续, 称 x_0 是 $f(x)$ 的间断点.

3. 连续函数的运算法则

定理 1.25 两个连续函数的和是连续函数.

定理 1.26 两个连续函数的积是连续函数.

定理 1.27 两个连续函数的商 (假定除数不为 0) 是连续函数.

上述定理用连续函数定义容易得到证明.

定理 1.28 如果函数 $f(x)$ 在 $[a,b]$ 上连续, 且是单调递增 (或单调递减) 的函数. 设 $f(a) = \alpha, f(b) = \beta$, 则 $y = f(x)$ 存在反函数 $x = f^{-1}(y)$, 且反函数 $x = f^{-1}(y)$ 在 $[\alpha, \beta]$ 上 (或 $[\beta, \alpha]$ 上) 也连续 (证明略).

例 5 $y = \sin x$ 在 $\left[-\dfrac{\pi}{2}, \dfrac{\pi}{2} \right]$ 上单调递增且连续, 由定理 1.28, 它的反函数 $y = \arcsin x$ 在 $[-1, 1]$ 上也是单调递增且连续的.

定理 1.29 如果函数 $u = \varphi(x)$ 在点 x_0 连续, 且 $u_0 = \varphi(x_0)$, 函数 $y = f(u)$ 在点 u_0 连续, 则复合函数 $f[\varphi(x)]$ 在点 x_0 也连续.

证 由 $y = f(u)$ 在点 u_0 连续, 于是任给 $\varepsilon > 0$, 存在 $\eta > 0$, 当 $|u - u_0| < \eta$, 有 $|f(u) - f(u_0)| < \varepsilon$.

由 $\varphi(x)$ 在点 x_0 连续且 $u_0 = \varphi(x_0)$, 于是对上述 $\eta > 0$, 存在 $\delta > 0$, 当 $|x - x_0| < \delta$, 有 $|\varphi(x) - \varphi(x_0)| < \eta$, 因此, 对任给 $\varepsilon > 0$, 存在 $\delta > 0$, 当 $|x - x_0| < \delta$, 有 $|f(\varphi(x)) - f(\varphi(x_0))| = |f(u) - f(u_0)| < \varepsilon$, 即 $f(\varphi(x))$ 在点 x_0 连续.

可以证明基本初等函数在其定义域内都是连续函数, 一般初等函数在其定义区间内都是连续的. 这个结论对判别函数的连续性和计算极限提供了简便的方法.

4. 复合函数求极限

定理 1.30 如果 $\lim\limits_{x \to x_0} \varphi(x) = u_0$, $f(u)$ 在点 u_0 连续则 $\lim\limits_{x \to x_0} f(\varphi(x)) = f(\lim\limits_{x \to x_0} \varphi(x))$.

证 由 $f(u)$ 在点 u_0 连续, 于是任给 $\varepsilon > 0$, 存在 $\eta > 0$, 当 $|u - u_0| < \eta$, 有 $|f(u) - f(u_0)| < \varepsilon$.

又由 $\lim\limits_{x \to x_0} \varphi(x) = u_0$, 对于上面的 $\eta > 0$, 存在 $\delta > 0$, 当 $0 < |x - x_0| < \delta$, 有 $|\varphi(x) - u_0| = |u - u_0| < \eta$.

因此, 任给 $\varepsilon > 0$, 存在 $\delta > 0$, 当 $0 < |x - x_0| < \delta$, 有

$$|f(u) - f(u_0)| = |f[\varphi(x)] - f(u_0)| < \varepsilon.$$

因此

$$\lim_{x \to x_0} f[\varphi(x)] = f(u_0) = f(\lim_{x \to x_0} \varphi(x)).$$

定理表示, 在外层函数是连续函数的条件下, 函数符号与极限符号可以交换次序.

定理的结果也可写成 $\lim\limits_{x \to x_0} f[\varphi(x)] = \lim\limits_{u \to u_0} f(u)$.

在极限运算中常用的对自变量代换求极限, 就是依据这个定理.

例 6　求 $\lim\limits_{x \to 3} \sqrt{\dfrac{x-1}{x+1}}$.

解　$y = \sqrt{\dfrac{x-1}{x+1}}$ 可看作由 $y = f(u) = \sqrt{u}$, $u = \varphi(x) = \dfrac{x-1}{x+1}$ 复合而得.

$\lim\limits_{x \to 3} \varphi(x) = \lim\limits_{x \to 3} \dfrac{x-1}{x+1} = \dfrac{1}{2}$ 并且 $f(u) = \sqrt{u}$, 在点 $u = \dfrac{1}{2}$ 处连续. 由定理 1.30,

$$\lim_{x \to 3} \sqrt{\frac{x-1}{x+1}} = \sqrt{\lim_{x \to 3} \frac{x-1}{x+1}} = \sqrt{\frac{1}{2}} = \frac{\sqrt{2}}{2}.$$

5. 闭区间上连续函数的性质

以下列出的定理给出它们的几何说明, 而不证明.

定理 1.31　如果 $f(x)$ 在 $[a, b]$ 上连续, 则它在 $[a, b]$ 上有界.

图 1-22 表示, 在闭区间 $[a, b]$ 上的连续函数 $f(x)$ 所表示的曲线位于区间 $[a, b]$ 上的部分必在直线 $y = M > 0$ 及直线 $y = -M$ 为边界的带形区域内.

定理 1.32　如果 $f(x)$ 在 $[a, b]$ 上连续, 则 $f(x)$ 在 $[a, b]$ 上能取到最小值 m 与最大值 M, 即在 $[a, b]$ 上存在点 x_1 及 x_2, 使 $f(x_1) = m$, $f(x_2) = M$, 对任意 $x \in [a, b]$, 有

$$m \leqslant f(x) \leqslant M.$$

见图 1-23.

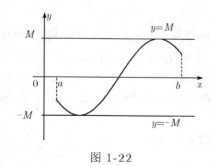

图 1-22

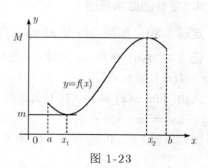

图 1-23

定理 1.33　如果 $f(x)$ 在 $[a, b]$ 上连续, 且 $f(a)$ 与 $f(b)$ 异号, 则在 (a, b) 内至少存在一点 ξ, 使 $f(\xi) = 0$. 称 ξ 为函数 $f(x)$ 的零点.

这个定理称为零点存在定理.

在几何上 (见图 1-24) 表示在 $[a, b]$ 上的连续曲线 $y = f(x)$, 当两个端点的纵坐标异号时, 曲线至少与 x 轴有一个交点. 图 1-24 中的曲线与 x 轴有 3 个交点, 在 x 轴上坐标分别为 ξ_1, ξ_2 及 ξ_3.

定理 1.34　如果 $f(x)$ 在 $[a, b]$ 上连续, m, M 分别为函数 $f(x)$ 在 $[a, b]$ 上的最小值与最大值. C 是 m 与 M 间的任意数, 则在 $[a, b]$ 上至少存在一点 ξ, 使 $f(\xi) = C$, 在几何上 (见图 1-25) 表示直线 $y = C$ 与连续曲线 $y = f(x)$ 至少相交一点.

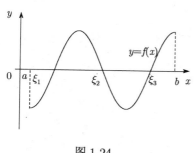

图 1-24

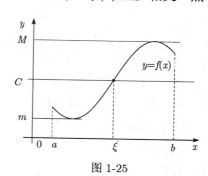

图 1-25

例 7　证明 $f(x) = 4x - 2^x$ 在 $\left(0, \dfrac{1}{2}\right)$ 内必有零点.

证　$f(x) = 4x - 2^x$ 在 $\left[0, \dfrac{1}{2}\right]$ 上连续, $f(0) = -1 < 0$, $f\left(\dfrac{1}{2}\right) = 2 - \sqrt{2} > 0$. 由定理 1.33, 在 $\left(0, \dfrac{1}{2}\right)$ 内至少存在一点 ξ, 使 $f(\xi) = 4\xi - 2^\xi = 0$, ξ 即为 $f(x)$ 在 $\left(0, \dfrac{1}{2}\right)$ 内的零点.

习　题　1.7

1. 若 x 由 0.01 变到 0.001, 求自变量 x 的增量 Δx 和函数 $y = \dfrac{1}{x^2}$ 的对应增量 Δy.

2. 若 x 由 1 变到 1000, 求自变量 x 的增量 Δx 和函数 $y = \lg x$ 的对应增量 Δy.

3. 设 $y = ax + b$, 若变量 x 得到增量 Δx, 求增量 Δy.

4. 证明函数 $y = \sin x$ 在任意点 x_0 处都连续的.

5. 证明函数 $y = x^n (n$ 为正整数$)$ 在 $(-\infty, +\infty)$ 内连续.

6. 设 $f(x) = \begin{cases} x - 1, & 0 < x \leqslant 1, \\ 2 - x, & 1 < x \leqslant 3, \end{cases}$ 　讨论 $f(x)$ 在点 $x = 1$ 处的连续性.

7. 设 $f(x) = \begin{cases} x, & 0 < x < 1, \\ 1, & 1 \leqslant x < 2, \end{cases}$ 　讨论 $f(x)$ 在点 $x = 1$ 处的连续性.

8. 设 $f(x) = \begin{cases} x^2 - 1, & 0 \leqslant x \leqslant 1, \\ x + 3, & x > 1, \end{cases}$ 　讨论 $f(x)$ 在点 $x = \dfrac{1}{2}, 1, 2$ 处的连续性.

9. 求下列函数的间断点:

$$(1)\ y = \frac{x^2 - 1}{x^2 - 3x + 2};\qquad (2)\ y = \frac{x}{\sin x};\qquad (3)\ y = \frac{\tan 2x}{x}.$$

10. 设 $f(x) = \begin{cases} a + x + x^2, & x \leqslant 0, \\ \dfrac{\sin 3x}{x}, & x > 0, \end{cases}$　求 a 的值, 使 $f(x)$ 在 $x = 0$ 连续.

11. 设 $f(x) = \begin{cases} 3x + a, & x \leqslant 0, \\ x^2 + 1, & 0 < x < 1, \\ \dfrac{b}{x}, & x \geqslant 1, \end{cases}$　若 $f(x)$ 在 $(-\infty, +\infty)$ 内连续求 a, b 的值.

12. 设 $f(x) = \lim\limits_{n \to \infty} \dfrac{1 - x^{2n}}{1 + x^{2n}} x$, 讨论 $f(x)$ 的连续性.

13. 求下列极限:

(1) $f(x) = \sqrt{x - 4} + \sqrt{6 - x}$, 求 $\lim\limits_{x \to 5} f(x)$;

(2) $\lim\limits_{x \to 1} \log_a(x^2 + \sqrt{x} + 1)$;

(3) $\lim\limits_{x \to +\infty} x[\ln(x + 1) - \ln x]$;

(4) $\lim\limits_{x \to 0^+} \dfrac{e^x - 1}{x}$.

14. 计算:

(1) $\lim\limits_{x \to 0} (1 + 3\tan^2 x)^{\cot^2 x}$;　　　　(2) $\lim\limits_{x \to 0} (1 - x)^{\frac{1}{\sin x}}$;

(3) $\lim\limits_{x \to 0^+} \sqrt[x]{\cos\sqrt{x}}$;　　　　　　(4) $\lim\limits_{x \to 0} (\cos x)^{\csc^2 x}$.

15. 根据连续函数的性质, 验证方程 $x^5 - 3x = 1$ 至少有一个根介于 1 和 2 之间.

16. 设 $f(x)$ 和 $g(x)$ 在 $[a, b]$ 上连续, 且 $f(a) < g(a)$, $f(b) > g(b)$, 试证在 (a, b) 内必有一点 x, 使 $f(x) = g(x)$.

*1.8　问题及其解

例 1　证明 $\lim\limits_{x \to -1} (5x + 2) = -3$.

分析　任给 $\varepsilon > 0$, 要使 $|(5x + 2) - (-3)| = 5|x - (-1)| < \varepsilon$, 只要 $|x - (-1)| < \dfrac{\varepsilon}{5}$, 可以取 $\delta = \dfrac{\varepsilon}{5}$.

证　任给 $\varepsilon > 0$, 存在 $\delta = \dfrac{\varepsilon}{5}$, 当 $0 < |x - (-1)| < \delta$ 时, 有 $|(5x + 2) - (-3)| < \varepsilon$, 因此 $\lim\limits_{x \to -1} (5x + 2) = -3$.

例 2　证明 $\lim\limits_{x \to 3} \dfrac{x - 3}{x} = 0$.

分析　任给 $\varepsilon > 0$, 先对 x 的取值进行限制, 使 x 满足 $|x - 3| < 1$, $2 < x < 4$, 要使 $\left|\dfrac{x - 3}{x}\right| = \dfrac{|x - 3|}{|x|} < \dfrac{|x - 3|}{2} < \varepsilon$, 只要 $|x - 3| < 2\varepsilon$, 可以取 $\delta_0 = 2\varepsilon$.

证　任给 $\varepsilon > 0$, 存在 $\delta = \min\{2\varepsilon, 1\}$, 当 $0 < |x - 3| < \delta$, 有 $\left|\dfrac{x - 3}{x}\right| < \varepsilon$, 因此 $\lim\limits_{x \to 3} \dfrac{x - 3}{x} = 0$.

例 3 求 $\lim\limits_{x \to 0} \dfrac{\sqrt{1 + x \sin x} - 1}{e^{x^2} - 1}$.

解 $\lim\limits_{x \to 0} \dfrac{\sqrt{1 + x \sin x} - 1}{e^{x^2} - 1} = \lim\limits_{x \to 0} \dfrac{(\sqrt{1 + x \sin x} - 1)(\sqrt{1 + x \sin x} + 1)}{(e^{x^2} - 1)(\sqrt{1 + x \sin x} + 1)}$

$$= \lim_{x \to 0} \frac{x \sin x}{(e^{x^2} - 1)(\sqrt{1 + x \sin x} + 1)}$$

$$= \lim_{x \to 0} \frac{\dfrac{\sin x}{x}}{\dfrac{e^{x^2} - 1}{x^2} \cdot (\sqrt{1 + x \sin x} + 1)} = \frac{1}{2}.$$

例 4 设 $f(x) = \lim\limits_{n \to \infty} \dfrac{x^{2n-1} + ax^2 + bx}{x^{2n} + 1}$ 为连续函数, 试确定 a 和 b.

解

$$f(x) = \begin{cases} \dfrac{1}{x}, & |x| > 1, \\[2mm] ax^2 + bx, & |x| < 1, \\[2mm] \dfrac{a + b + 1}{2}, & x = 1, \\[2mm] \dfrac{a - b - 1}{2}, & x = -1. \end{cases}$$

$$\lim_{x \to 1+0} f(x) = \lim_{x \to 1+0} \frac{1}{x} = 1, \qquad \lim_{x \to 1-0} f(x) = \lim_{x \to 1-0} (ax^2 + bx) = a + b.$$

因为 $f(x)$ 在 $x = 1$ 连续, 所以 $a + b = 1$.

$$\lim_{x \to -1+0} f(x) = \lim_{x \to -1+0} (ax^2 + bx) = a - b, \qquad \lim_{x \to -1-0} f(x) = \lim_{x \to -1-0} \frac{1}{x} = -1.$$

因为 $f(x)$ 在 $x = -1$ 连续, 所以 $a - b = -1$.

由 $\begin{cases} a + b = 1, \\ a - b = -1, \end{cases}$ 解得 $a = 0, b = 1, f(-1) = -1, f(1) = 1$.

因此当 $a = 0, b = 1$ 时, $f(x)$ 是连续函数.

例 5 试证方程 $x = a \sin x + b$(其中 $0 < a < 1, b > 0$) 至少有一正根, 而且不超过 $b + a$.

证 设 $f(x) = x - a \sin x - b$, $f(x)$ 在 $[0, a + b]$ 上连续. $f(0) = -b < 0$, $f(a + b) = a[1 - \sin(a + b)]$.

当 $\sin(a + b) = 1$ 时, $x = a + b$ 就是方程 $x = a \sin x + b$ 的根.

当 $\sin(a + b) \neq 1$ 时, $f(a + b) > 0$, 由定理 1.33, 在 $(0, a + b)$ 内至少有一点 ξ, 使 $f(\xi) = 0$ 即方程 $x = a \sin x + b$ 至少有一个不超过 $b + a$ 的正根.

习 题 1.8

1. 按定义证明: 若 $a_n \to a$ $(n \to \infty)$, 则对任一自然数 k, $a_{n+k} \to a$ $(n \to \infty)$.

2. 按定义证明: 若 $a_n \to a$ $(n \to \infty)$, 则 $|a_n| \to |a|$. 又反之是否成立?

3. 若 $|a_n| \to 0$, 试问 $a_n \to 0$ 是否成立?

4. 若 $\{x_n \cdot y_n\}$ 收敛, 能否断定 $\{x_n\}$, $\{y_n\}$ 亦收敛? 举例说明.

5. 举出满足下列要求的数列:

    (1) 无界数列、但不是无穷大量;

    (2) 有界数列, 但发散;

    (3) 发散数列, 但含有若干收敛子列.

6. 对于数列 $\{x_n\}$, 若 $x_{2k} \to a$ $(k \to \infty)$, $x_{2k+1} \to a$ $(k \to \infty)$, 证明 $x_n \to a$ $(n \to \infty)$.

7. 若 $\lim\limits_{x \to x_0} f(x)$ 存在, $\lim\limits_{x \to x_0} g(x)$ 不存在, 问

    (1) 为什么 $\lim\limits_{x \to x_0} [f(x) \pm g(x)]$ 一定不存在?

    (2) $\lim\limits_{x \to x_0} [f(x) \cdot g(x)]$ 是否一定不存在? 举例说明.

8. 设 $y = \begin{cases} x^{\alpha} \sin \dfrac{1}{x}, & x > 0, \\ e^x + \beta, & x \leqslant 0, \end{cases}$ 根据 α, β 的不同情形, 讨论 y 在 $x = 0$ 处的连续性.

9. 试证明: 若 $f(x)$ 在 $(-\infty, +\infty)$ 上连续, 且 $\lim\limits_{x \to \infty} f(x)$ 存在, 则 $f(x)$ 在 $(-\infty, +\infty)$ 上必有界.

10. 证明: 若 $f(x)$ 在区间 (a, b) 内连续, 且 $x_1, x_2, \cdots, x_n$, 为此区间的任意点, 则在它们之间必存在点 ξ, 使 $f(\xi) = \dfrac{1}{n} [f(x_1) + f(x_2) + \cdots + f(x_n)]$ 成立.

第 2 章 导数与微分

2.1 导数的概念

例 1 求自由落体的运动速度.

从塔顶自由落下一只小球, 运动开始
时刻 $t = 0$ 时, 小球位于图 2-1 中的 0 点,
经过时间 t 后, 也就是在时刻 t 时, 小球到
达 p 点, 这时小球经过的路程 s 与时间 t
的关系由下列公式给出:

$$s = f(t) = \frac{1}{2}gt^2,$$

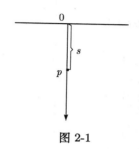

图 2-1

其中 $g = 9.81 米/秒^2$ 是重力加速度.

我们取时刻 t_0, 给自变量 t 一个增量 Δt, 我们能够计算从 t_0 到 $t_0 + \Delta t$ 这一时
间段 Δt 内, 小球落下的平均速度.

在时间段 Δt 内, 小球通过的路程为 Δs,

$$\Delta s = f(t_0 + \Delta t) - f(t_0) = \frac{1}{2}g(t_0 + \Delta t)^2 - \frac{1}{2}gt_0{}^2 = \frac{1}{2}g\Delta t(2t_0 + \Delta t),$$

于是平均速度

$$\bar{v} = \frac{\Delta s}{\Delta t} = \frac{\frac{1}{2}g\Delta t(2t_0 + \Delta t)}{\Delta t} = \frac{1}{2}g(2t_0 + \Delta t).$$

$\bar{v}$ 与时刻 t_0 及增量 Δt 有关. 我们求 $t = 1$ 秒到 $t = 1 + \Delta t$ 秒 (Δt 分别为 0.5 秒, 0.3
秒, 0.1 秒, 0.05 秒, 0.03 秒, 0.01 秒) 内小球的平均速度, 见表 2-1.

平均速度表示在 t_0 到 $t_0 + \Delta t$ 的时间段内, 单位时间内小球经过的路程是相同
的, 这与我们观察小球下落过程中, 越来越快地下落这一事实不相符合, 这说明用平
均速度已经不能确切地描述小球在时刻 t_0 的运动的 "快慢", 要求我们有一个新的
量来刻画小球在时刻 t_0 的运动状态, 这个量的概念和它的计算方法将同时给出. 由
表 2-1 可见, 当 Δt 越来越小时, 得到的平均速度越来越靠近常数 g, 我们用极限

$$\lim_{\Delta t \to 0} \frac{\Delta s}{\Delta t} = \lim_{\Delta t \to 0} \frac{1}{2}g(2 + \Delta t) = g$$

作为小球在时刻 $t = 1$ 的运动 "快慢" 的度量. 把它称为小球在时刻 $t = 1$ 的即时速度. 在 $t = t_0$ 时刻, 小球的即时速度是

$$\lim_{\Delta t \to 0} \frac{\Delta s}{\Delta t} = \lim_{\Delta t \to 0} \frac{1}{2} g(2t_0 + \Delta t) = gt_0,$$

用函数的增量与自变量的增量之比的极限作为变量在某一时刻变化 "快慢" 的度量, 在物理、化学、生物、经济、几何等学科中都有广泛的应用.

表 2-1

Δt(秒)	Δs(米) $\left(\Delta s = \dfrac{1}{2} g \Delta t(2 + \Delta t)\right)$	$\bar{v} = \dfrac{\Delta s}{\Delta t}$(米/秒) $\left(\bar{v} = \dfrac{1}{2} g(2 + \Delta t)\right)$
$1.5 - 1 = 0.5$	$0.625g$	$1.25g$
$1.3 - 1 = 0.3$	$0.345g$	$1.15g$
$1.1 - 1 = 0.1$	$0.105g$	$1.05g$
$1.05 - 1 = 0.05$	$0.05125g$	$1.025g$
$1.03 - 1 = 0.03$	$0.03045g$	$1.015g$
$1.01 - 1 = 0.01$	$0.01005g$	$1.005g$

1. 导数的定义

定义 2.1　设函数 $y = f(x)$ 在点 x_0 附近定义. 在点 x_0 处给自变量 x 一个增量 Δx, 对应于 Δx 函数有增量 $\Delta y = f(x_0 + \Delta x) - f(x_0)$. 如果

$$\lim_{\Delta x \to 0} \frac{\Delta y}{\Delta x} = \lim_{\Delta x \to 0} \frac{f(x_0 + \Delta x) - f(x_0)}{\Delta x}$$

存在, 则称函数 $y = f(x)$ 在点 x_0 可导. 极限值称为函数 $y = f(x)$ 在点 x_0 的导数. 记为 $f'(x_0)$ 或 $f'(x)|_{x=x_0}$, $y'|_{x=x_0}$, $\dfrac{dy}{dx}\Big|_{x=x_0}$ 即

$$f'(x_0) = \lim_{\Delta x \to 0} \frac{f(x_0 + \Delta x) - f(x_0)}{\Delta x}.$$

当函数 $f(x)$ 在区间 I 内任何一点 x 处可导时, 对于 I 内的每一个 x 值, 都唯一确定一个值 $f'(x)$. 因此 $f'(x)$ 仍然可以看成是 x 的函数, 称之为 $f(x)$ 的导函数, 简称导数. 函数 $f(x)$ 在点 x_0 的导数是它的导函数 $f'(x)$ 在点 x_0 的函数值.

例 2　求函数 $y = f(x) = x^2$ 在点 $x = 2$ 的导数.

解　分下面三步进行运算.

(1) 在点 $x = 2$ 给自变量 x 一个增量 Δx, 函数的对应增量 $\Delta y = f(2 + \Delta x) - f(2) = (2 + \Delta x)^2 - 2^2 = 4 \cdot \Delta x + (\Delta x)^2$;

(2) 作增量的比 $\dfrac{\Delta y}{\Delta x} = \dfrac{4 \cdot \Delta x + (\Delta x)^2}{\Delta x} = 4 + \Delta x$;

(3) 求 $\lim\limits_{\Delta x \to 0} \dfrac{\Delta y}{\Delta x} = \lim\limits_{\Delta x \to 0} (4 + \Delta x) = 4$, 因此 $f'(x)|_{x=2} = 4$.

也可以先求出 $y = x^2$ 的导函数 $f'(x)$, 再求 $f'(x)$ 在 $x = 2$ 的值:

$$f'(x) = \lim_{\Delta x \to 0} \frac{f(x + \Delta x) - f(x)}{\Delta x} = \lim_{\Delta x \to 0} \frac{(x + \Delta x)^2 - x^2}{\Delta x} = 2x,$$

$$f'(2) = f'(x)|_{x=2} = 2x|_{x=2} = 4.$$

例 3 设 $f(x)$ 在点 x_0 可导, 导数是 $f'(x_0)$, 求 $\lim\limits_{\Delta x \to 0} \dfrac{f(x_0 + 2\Delta x) - f(x_0)}{\Delta x}$.

解 在点 x_0 给自变量 x 一个增量 $(2\Delta x)$, 函数的对应增量是 $f(x_0 + 2\Delta x) - f(x_0)$, 函数增量与自变量增量之比为 $\dfrac{f(x_0 + 2\Delta x) - f(x_0)}{2\Delta x}$,

$$\lim_{\Delta x \to 0} \frac{f(x_0 + 2\Delta x) - f(x_0)}{2\Delta x} = f'(x_0),$$

因此,

$$\lim_{\Delta x \to 0} \frac{f(x_0 + 2\Delta x) - f(x_0)}{\Delta x} = 2 \lim_{\Delta x \to 0} \frac{f(x_0 + 2\Delta x) - f(x_0)}{2\Delta x} = 2f'(x_0).$$

在导数的定义中, 如果设 $x = x_0 + \Delta x$, $\Delta x = x - x_0$, 则

$$f'(x_0) = \lim_{\Delta x \to 0} \frac{f(x_0 + \Delta x) - f(x_0)}{\Delta x} = \lim_{x \to x_0} \frac{f(x) - f(x_0)}{x - x_0}.$$

因此, 导数的定义也可以用形式 $f'(x_0) = \lim\limits_{x \to x_0} \dfrac{f(x) - f(x_0)}{x - x_0}$ 来表示.

定义 2.2 如果

$$\lim_{\Delta x \to 0^+} \frac{\Delta y}{\Delta x} = \lim_{\Delta x \to 0^+} \frac{f(x_0 + \Delta x) - f(x_0)}{\Delta x}$$

存在, 称极限值为 $f(x)$ 在点 x_0 的右导数, 记为 $f'_+(x_0)$. 如果

$$\lim_{\Delta x \to 0^-} \frac{\Delta y}{\Delta x} = \lim_{\Delta x \to 0^-} \frac{f(x_0 + \Delta x) - f(x_0)}{\Delta x}$$

存在, 称极限值为 $f(x)$ 在点 x_0 的左导数, 记为 $f'_-(x_0)$. 左、右导数也可以用形式

$$f'_-(x_0) = \lim_{x \to x_0 - 0} \frac{f(x) - f(x_0)}{x - x_0},$$

$$f'_+(x_0) = \lim_{x \to x_0 + 0} \frac{f(x) - f(x_0)}{x - x_0}$$

来表示.

根据 1.3 节定理 1.10 可得: $f(x)$ 在点 x_0 可导的必要充分条件是 $f(x)$ 在点 x_0 的左右导数存在且相等.

例 4 证明 $f(x) = |x|$ 在点 $x = 0$ 连续, 在点 $x = 0$ 不可导.

证 $f(x) = |x| = \begin{cases} -x, & x \leqslant 0, \\ x, & x > 0; \end{cases}$

由 $f(0) = 0$, $\lim\limits_{x \to 0^-} f(x) = \lim\limits_{x \to 0^-} (-x) = 0$, $\lim\limits_{x \to 0^+} f(x) = \lim\limits_{x \to 0^+} x = 0$, 得到 $\lim\limits_{x \to 0} f(x) = 0 = f(0)$, 因此 $f(x)$ 在 $x = 0$ 连续;

$$f'_-(0) = \lim_{x \to 0^-} \frac{f(x) - f(0)}{x} = \lim_{x \to 0^-} \frac{-x}{x} = -1,$$

$$f'_+(0) = \lim_{x \to 0^+} \frac{f(x) - f(0)}{x} = \lim_{x \to 0^+} \frac{x}{x} = 1, \qquad f'_-(0) \neq f'_+(0).$$

因此, $f(x)$ 在 $x = 0$ 不可导.

2. 可导与连续的关系

定理 2.1 如果 $y = f(x)$ 在点 x_0 可导, 则 $y = f(x)$ 在点 x_0 连续.

证 $f(x)$ 在点 x_0 可导, 即 $\lim\limits_{x \to x_0} \dfrac{f(x) - f(x_0)}{x - x_0} = f'(x_0)$.

$$\begin{aligned}
\lim_{x \to x_0} [f(x) - f(x_0)] &= \lim_{x \to x_0} \frac{f(x) - f(x_0)}{x - x_0} \cdot (x - x_0) \\
&= \lim_{x \to x_0} \frac{f(x) - f(x_0)}{x - x_0} \cdot \lim_{x \to x_0} (x - x_0) \\
&= f'(x_0) \cdot 0 = 0,
\end{aligned}$$

因此, $y = f(x)$ 在点 x_0 连续.

由例 4 知道 $y = f(x)$ 在点 x_0 连续, $y = f(x)$ 在点 x_0 不一定可导, 因此 $y = f(x)$ 在点 x_0 连续是 $y = f(x)$ 在点 x_0 可导的必要条件而不是充分条件.

3. 导数的几何意义

在图 2-2 中, 函数 $y = f(x)$ 的图像为曲线 L, 在曲线 L 上取横坐标为 x_0 及 $x_0 + \Delta x$ 的点 M_0 及 M, 曲线的割线 M_0M 的斜率

$$\tan\beta = \frac{GM}{M_0G} = \frac{\Delta y}{\Delta x} = \frac{f(x_0 + \Delta x) - f(x_0)}{\Delta x}.$$

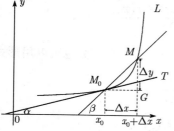

图 2-2

当动点 M 沿曲线 L 趋于 M_0 时, 割线 M_0M 的极限位置 M_0T 称为曲线上点 M_0 处的切线. 这时, 切线 M_0T 的斜率为

$$\tan\alpha = \lim_{\Delta x \to 0} \tan\beta = \lim_{\Delta x \to 0} \frac{\Delta y}{\Delta x} = f'(x_0).$$

因此, 函数 $y = f(x)$ 在点 x_0 的导数 $f'(x_0)$ 就是曲线 $y = f(x)$ 在点 $(x_0, f(x_0))$ 处的切线的斜率.

习　题　2.1

1. 若质点作直线运动, 已知路程 s 与时间 t 的关系是 $s = 3t^2 + 2t + 1$, 计算从 $t = 2$ 到 $t = 2 + \Delta t$ 之间的平均速度, 并计算当 $\Delta t = 1$, $\Delta t = 0.1$ 与 $\Delta t = 0.01$ 的平均速度, 再计算在 $t = 2$ 时的即时速度.

2. 设曲线 $y = x^2$,

　　(1) 求过曲线上二点 $A(2, 4)$ 和 $A'(2+\Delta x, 4+\Delta y)$ 的割线 AA' 的斜率. 设 1) $\Delta x = 1$; 2) $\Delta x = 0.1$; 3) $\Delta x = 0.01$.

　　(2) 求过曲线上点 $A(2, 4)$ 的切线的斜率.

3. 根据导数的定义, 求下列函数的导函数:

　　(1) $f(x) = \dfrac{1}{x}$; 　　　　　(2) $f(x) = \sqrt{x}$;

　　(3) $f(x) = \sin 3x$; 　　　　(4) $f(x) = mx + b$.

4. 若函数 $y = f(x)$ 在点 a 可导, 计算:

　　(1) $\lim\limits_{\Delta x \to 0} \dfrac{f(a - \Delta x) - f(a)}{\Delta x}$; 　　　　(2) $\lim\limits_{\Delta x \to 0} \dfrac{f(a + 3\Delta x) - f(a)}{\Delta x}$.

5. 若函数 $y = f(x)$ 在点 a 可导, 求 $\lim\limits_{n \to \infty} n \left[f\left(a + \dfrac{1}{n}\right) - f(a) \right]$.

6. 设 $y = f(x) = 2 + x - x^2$, 求 $y'(0)$, 　　$y'\left(\dfrac{1}{2}\right)$, 　　$y'(1)$, 　　$y'(-10)$.

7. 设 $f(x) = \begin{cases} 1 - x^2, & |x| < 1, \\ 0, & |x| \geqslant 1, \end{cases}$ 　求 $f'_-(1)$.

8. 设 $f(x) = \begin{cases} x^2 + 2x, & x \leqslant 0, \\ 2x, & 0 < x < 1, \\ \dfrac{1}{x}, & 1 \leqslant x, \end{cases}$ 　求 $y = f(x)$ 的不可导的点.

9. 设 $f(x) = \begin{cases} \ln(1 + x), & -1 < x \leqslant 0, \\ \sqrt{1 + x} - \sqrt{1 - x}, & 0 < x < 1, \end{cases}$ 　讨论 $y = f(x)$ 在 $x = 0$ 处的连续性与可导性.

10. 设 $f(x) = 2^{|x-1|}$, 　求 $f'(x)$.

2.2 导数的基本公式及运算法则

1. 用导数的定义求导数

用导数定义求出一些常用的函数的导数.

例 1   求 $y = f(x) = C$ (C 为常数) 的导数.

解 $\Delta y = f(x + \Delta x) - f(x) = C - C = 0, \dfrac{\Delta y}{\Delta x} = 0.$ 因此,

$$(C)' = 0.$$

例 2   求 $y = f(x) = x^n$ (n 为正整数) 的导数.

解 $\Delta y = f(x + \Delta x) - f(x) = (x + \Delta x)^n - x^n$

$$= nx^{n-1} \cdot \Delta x + \frac{n(n-1)}{2!} x^{n-2} \cdot (\Delta x)^2 + \cdots + (\Delta x)^n,$$

$$\frac{\Delta y}{\Delta x} = nx^{n-1} + \frac{n(n-1)}{2!} x^{n-2} \cdot (\Delta x) + \cdot + (\Delta x)^{n-1},$$

$$\lim_{\Delta x \to 0} \frac{\Delta y}{\Delta x} = nx^{n-1}.$$

因此,

$$(x^n)' = nx^{n-1}.$$

例 3   求 $y = f(x) = \sin x$ 的导数.

解 $\Delta y = f(x + \Delta x) - f(x) = \sin(x + \Delta x) - \sin x = 2 \cos \left(x + \dfrac{\Delta x}{2} \right) \cdot \sin \dfrac{\Delta x}{2},$

$$\frac{\Delta y}{\Delta x} = \frac{2 \cos \left(x + \dfrac{\Delta x}{2} \right) \cdot \sin \dfrac{\Delta x}{2}}{\Delta x} = \frac{\cos \left(x + \dfrac{\Delta x}{2} \right) \cdot \sin \dfrac{\Delta x}{2}}{\dfrac{\Delta x}{2}},$$

$$\lim_{\Delta x \to 0} \frac{\Delta y}{\Delta x} = \lim_{\Delta x \to 0} \cos \left(x + \frac{\Delta x}{2} \right) \cdot \lim_{\Delta x \to 0} \frac{\sin \dfrac{\Delta x}{2}}{\dfrac{\Delta x}{2}} = \cos x.$$

因此,

$$(\sin x)' = \cos x.$$

类似可以求得

$$(\cos x)' = -\sin x.$$

例 4   求 $y = f(x) = \log_a x$ ($a > 0, \quad a \neq 1$) 的导数.

解 $\Delta y = f(x + \Delta x) - f(x) = \log_a (x + \Delta x) - \log_a x$

$$= \log_a \frac{x + \Delta x}{x} = \log_a \left(1 + \frac{\Delta x}{x} \right),$$

$$\frac{\Delta y}{\Delta x} = \frac{\log_a \left(1 + \dfrac{\Delta x}{x}\right)}{\Delta x} = \frac{1}{x} \cdot \frac{\log_a \left(1 + \dfrac{\Delta x}{x}\right)}{\dfrac{\Delta x}{x}} = \frac{1}{x} \cdot \log_a \left(1 + \frac{\Delta x}{x}\right)^{\frac{x}{\Delta x}},$$

$$\begin{aligned}
\lim_{\Delta x \to 0} \frac{\Delta y}{\Delta x} &= \lim_{\Delta x \to 0} \frac{1}{x} \cdot \log_a \left(1 + \frac{\Delta x}{x}\right)^{\frac{x}{\Delta x}} = \lim_{\Delta x \to 0} \frac{1}{x} \cdot \frac{\ln \left(1 + \dfrac{\Delta x}{x}\right)^{\frac{x}{\Delta x}}}{\ln a} \\
&= \frac{1}{x \ln a} \cdot \lim_{\Delta x \to 0} \ln \left(1 + \frac{\Delta x}{x}\right)^{\frac{x}{\Delta x}} \\
&= \frac{1}{x \ln a} \cdot \ln \left[\lim_{\Delta x \to 0} \left(1 + \frac{\Delta x}{x}\right)^{\frac{x}{\Delta x}}\right] = \frac{1}{x \ln a} \cdot \ln e = \frac{1}{x \ln a}.
\end{aligned}$$

因此,

$$(\log_a x)' = \frac{1}{x \, \ln a}.$$

特别, 当 $a = e$ 时, 得

$$(\ln x)' = \frac{1}{x}.$$

例 5 求 $y = C \cdot u(x)$ 的导数, 其中 $u(x)$ 在点 x 可导, C 为常数.

解 $\Delta y = C \, u(x + \Delta x) - C \, u(x) = C[u(x + \Delta x) - u(x)],$

$$\frac{\Delta y}{\Delta x} = C \cdot \frac{u(x + \Delta x) - u(x)}{\Delta x},$$

$$\begin{aligned}
\lim_{\Delta x \to 0} \frac{\Delta y}{\Delta x} &= \lim_{\Delta x \to 0} C \cdot \frac{u(x + \Delta x) - u(x)}{\Delta x} \\
&= C \lim_{\Delta x \to 0} \frac{u(x + \Delta x) - u(x)}{\Delta x} = C \cdot u'(x).
\end{aligned}$$

因此 $[Cu(x)]' = C \cdot u'(x).$

即常数因子可以提到导数符号的外面.

2. 导数的运算法则

(1) 代数和的导数

定理 2.2 若 $u = u(x), v = v(x)$ 在点 x 可导, 则 $u \pm v$ 在点 x 也可导, 且 $(u \pm v)' = u' \pm v'.$

证 设 $y = u(x) \pm v(x),$

$$\begin{aligned}
\Delta y &= [u(x + \Delta x) \pm v(x + \Delta x)] - [u(x) \pm v(x)] \\
&= [u(x + \Delta x) - u(x)] \pm [v(x + \Delta x) - v(x)] \\
&= \Delta u \pm \Delta v,
\end{aligned}$$

$$\frac{\Delta y}{\Delta x} = \frac{\Delta u \pm \Delta v}{\Delta x} = \frac{\Delta u}{\Delta x} \pm \frac{\Delta v}{\Delta x},$$

$$\lim_{\Delta x \to 0} \frac{\Delta y}{\Delta x} = \lim_{\Delta x \to 0} \frac{\Delta u}{\Delta x} \pm \lim_{\Delta x \to 0} \frac{\Delta v}{\Delta x} = u' \pm v'.$$

因此

$$(u \pm v)' = u' \pm v'.$$

例 6　设 $u = u(x) = x^2, v = v(x) = \sin x$, 求 $x^2 + \sin x$ 的导数.

解　$(x^2 + \sin x)' = (x^2)' + (\sin x)' = 2x + \cos x.$

(2) 复合函数的导数

设 y 是 u 的函数 $y = f(u)$, 而 u 又是自变量 x 的函数 $u = \varphi(x)$, 如何用 $f(u)$ 及 $\varphi(x)$ 的导数求复合函数 $f(\varphi(x))$ 的导数?

给 x 一个增量 Δx, u 的对应的增量 Δu, 同时函数 y 对应的增量是 Δy, 由定义

$$y' = \lim_{\Delta x \to 0} \frac{\Delta y}{\Delta x} = \lim_{\Delta x \to 0} \frac{\Delta y}{\Delta u} \cdot \frac{\Delta u}{\Delta x} = \lim_{\Delta u \to 0} \frac{\Delta y}{\Delta u} \cdot \lim_{\Delta x \to 0} \frac{\Delta u}{\Delta x},$$

其中, $\lim\limits_{\Delta u \to 0} \dfrac{\Delta y}{\Delta u}$ 是把中间变量 u 看成自变量时, 函数 $f(u)$ 的导数, 即 $f'(u)$, $\lim\limits_{\Delta x \to 0} \dfrac{\Delta u}{\Delta x}$ 是函数 $\varphi(x)$ 的导数, 即 $\varphi'(x)$. 因此,

$$y' = f'(u) \cdot \varphi'(x) = f'(\varphi(x)) \cdot \varphi'(x).$$

定理 2.3　复合函数 $y = f(\varphi(x))$ 的导数等于把 u 看成自变量时, 外层函数 $y = f(u)$ 的导数 $f'(u)$ 与内层函数 $\varphi(x)$ 的导数 $\varphi'(x)$ 的积.

例 7　求函数 $y = \sin x^2$ 的导数.

解　函数 $y = \sin x^2$ 是由函数 $y = f(u) = \sin u$ 与 $u = \varphi(x) = x^2$ 复合而得.

$$f'(u) = (\sin u)' = \cos u, \qquad \varphi'(x) = (x^2)' = 2x.$$

由复合函数求导法则,　$(\sin x^2)' = (\sin u)' \cdot (x^2)' = 2x \, \cos u = 2x \, \cos x^2.$

例 8　求函数 $y = (3x - 2)^{50}$ 的导数.

解　$y = (3x - 2)^{50}$ 由 $y = u^{50}$ 与 $u = 3x - 2$ 复合而得,

$$y' = (u^{50})' \cdot (3x - 2)' = 50u^{49} \cdot 3 = 150 \, (3x - 2)^{49}.$$

类似有三个函数复合所得到的复合函数求导法则

$$\{f[g(\varphi(x))]\}' = f'[g(\varphi(x))] \cdot g'(\varphi(x)) \cdot \varphi'(x).$$

(3) 隐函数的导数

在 1.1 节中已给出了隐函数的概念, 也就是变量 x 和 y 的关系用一个联系 x 和 y 的方程 $F(x,y) = 0$ 表示出来, 称 y 是 x 的隐函数. 因为 $F(x,y) = 0$ 确定隐函数 $y = f(x)$, 因此有 $F[x, f(x)] \equiv 0$. 应用复合函数求导法则, 对恒等式两边同时求导, 可以得到隐函数的导数, 我们通过例题来说明求导的方法.

例 9　求由方程 $y^2 = 4px$ 确定的隐函数的导数 y'.

解 方程两边同时对 x 求导 (注意方程左端 y^2 是 x 的复合函数)

$$2y \cdot y' = 4p,$$

$$y' = \frac{2p}{y}.$$

例 10 $y = x^\alpha$, α 是任意实数, 求 y'.

解 对 $y = x^\alpha$, 两边同时取对数, 得 $\ln y = \alpha \cdot \ln x$. 方程两边同时对 x 求导 (注意方程左端 $\ln y$ 是 x 的复合函数):

$$\frac{1}{y} \cdot y' = \frac{\alpha}{x}, \qquad y' = \alpha \cdot y \cdot \frac{1}{x} = \alpha\, x^{\alpha-1}.$$

例 11 求曲线 $x^{\frac{2}{3}} + y^{\frac{2}{3}} = 1$ 在点 $\left(\frac{\sqrt{2}}{4}, \frac{\sqrt{2}}{4} \right)$ 的切线方程.

解 方程 $x^{\frac{2}{3}} + y^{\frac{2}{3}} = 1$ 确定隐函数 $y = f(x)$, 方程两边同时对 x 求导, 得

$$\frac{2}{3} x^{-\frac{1}{3}} + \frac{2}{3} y^{-\frac{1}{3}} \cdot y' = 0, \qquad y' = -\sqrt[3]{\frac{y}{x}},$$

$$y' \bigg|_{\substack{x=\frac{\sqrt{2}}{4} \\ y=\frac{\sqrt{2}}{4}}} = -1,$$

因此切线方程为

$$y - \frac{\sqrt{2}}{4} = (-1)\left(x - \frac{\sqrt{2}}{4} \right),$$

即

$$x + y = \frac{\sqrt{2}}{2}.$$

(4) 乘积的导数

设 $u = u(x)$, $v = v(x)$, $y = u \cdot v$, 将 $y = u \cdot v$ 两边取对数, 得

$$\ln y = \ln u + \ln v.$$

上式两边同时对 x 求导, $(\ln y)'_x = (\ln u)'_x + (\ln v)'_x$ (上式中 y, u, v 均为 x 的函数, $\ln y$, $\ln u$, $\ln v$ 都是 x 的复合函数, $(\ln y)'_x$ 表示 $\ln y$ 看成 x 的复合函数时对 x 求导, $(\ln u)'_x$, $(\ln v)'_x$ 类似), 得

$$\frac{1}{y} y' = \frac{1}{u} \cdot u' + \frac{1}{v} \cdot v',$$

两端同乘以 u, v 得

$$y' = u' \cdot v + u \cdot v'.$$

定理 2.4　两个因子积的导数等于第一个因子的导数乘以第二个因子, 加上第一个因子乘以第二个因子的导数.

例 12　$y = x^2 \cdot \sin x$, 求 y'.

解　$y' = (x^2 \cdot \sin x)' = (x^2)' \cdot \sin x + x^2 \cdot (\sin x)'$

$\qquad = 2x \sin x + x^2 \cdot \cos x = x(2 \sin x + x \cos x).$

例 13　$y = 5\sqrt{x} \cdot \ln x$, 求 y'.

解　$y' = (5\sqrt{x} \cdot \ln x)' = 5(\sqrt{x} \cdot \ln x)' = 5[(\sqrt{x})' \ln x + \sqrt{x} \cdot (\ln x)']$

$\qquad = 5\left(\dfrac{\ln x}{2\sqrt{x}} + \dfrac{1}{\sqrt{x}} \right) = \dfrac{5}{\sqrt{x}} \left(\dfrac{1}{2} \ln x + 1 \right).$

(5) 商的导数

设 $u = u(x)$, $v = v(x)$, $y = \dfrac{u}{v}$, 则

$$\ln y = \ln u - \ln v.$$

上式两边同时对 x 求导, $(\ln y)'_x = (\ln u)'_x - (\ln v)'_x$, 即

$$\frac{1}{y} y' = \frac{1}{u} \cdot u' - \frac{1}{v} v'.$$

上式两边同乘 y, 得

$$y' = \frac{1}{v} \cdot u' - \frac{u}{v^2} \cdot v' = \frac{u'v - uv'}{v^2}.$$

定理 2.5　函数商的导数等于分子的导数乘分母, 减去分子乘分母的导数, 然后除以分母的平方.

例 14　$y = \tan x$, 求 y'.

解　$y' = (\tan x)' = \left(\dfrac{\sin x}{\cos x} \right)' = \dfrac{(\sin x)' \cos x - \sin x (\cos x)'}{\cos^2 x}$

$\qquad = \dfrac{\cos^2 x + \sin^2 x}{\cos^2 x} = \dfrac{1}{\cos^2 x} = \sec^2 x,$

$$(\tan x)' = \sec^2 x.$$

类似可求得

$$(\cot x)' = -\csc^2 x.$$

例 15　$y = \sec x$, 求 y'.

解　$y' = (\sec x)' = \left(\dfrac{1}{\cos x} \right)' = \dfrac{(1)' \cdot \cos x - 1 \cdot (\cos x)'}{\cos^2 x} = \dfrac{\sin x}{\cos^2 x} = \tan x \cdot \sec x.$

因此,

$$(\sec x)' = \tan x \cdot \sec x.$$

类似可求得

$$(\csc x)' = -\cot x \cdot \csc x.$$

(6) 反函数的导数

定理 2.6　如果 $x = \varphi(y)$ 在区间 I_y 内单调、可导, 且 $\varphi'(y) \neq 0$, 则它的反函数 $y = f(x)$ 在对应区间 I_x 内也单调、可导, 且有 $f'(x) = \dfrac{1}{\varphi'(y)}$ (证明略).

例 16　$x = \sin y$ 在 $\left(-\dfrac{\pi}{2}, \ \dfrac{\pi}{2} \right)$ 内单调可导, 且 $(\sin y)' = \cos y > 0$. 则它的反函数 $y = \arcsin x$ 在 $(-1, \ 1)$ 内可导, 且 $y' = \dfrac{1}{(\sin y)'} = \dfrac{1}{\cos y} = \dfrac{1}{\sqrt{1 - \sin^2 y}} = \dfrac{1}{\sqrt{1 - x^2}}$. 因此,

$$(\arcsin x)' = \frac{1}{\sqrt{1 - x^2}}.$$

类似可以得到

$$(\arccos x)' = \frac{-1}{\sqrt{1 - x^2}}, \qquad (\arctan x)' = \frac{1}{1 + x^2}, \qquad (\text{arc} \cot x)' = \frac{-1}{1 + x^2}.$$

例 17　$y = a^x \ (a > 0, \quad a \neq 1)$, 求 y'.

解　$x = \log_a y$ 的反函数是 $y = a^x$. 由 $(\log_a y)' = \dfrac{1}{y \ln a}$, 则

$$(a^x)' = \frac{1}{(\log_a y)'} = \frac{1}{\dfrac{1}{y \ln a}} = y \ln a = a^x \ln a.$$

因此,

$$(a^x)' = a^x \ln a.$$

特别当 $a = e$ 时

$$(e^x)' = e^x.$$

(7) 参数方程表示的函数的导数

例 18　设方程组 $\begin{cases} x = 2t & (1) \\ y = 3t + 4t^2 & (2) \end{cases}$, 如果从方程组的式 (1) 中解出 $t, t = \dfrac{x}{2}$, 把它代入到第 (2) 式中, 得到 $y = \dfrac{3}{2}x + x^2$, 可见 y 是 x 的函数.

一般情形, 由方程组 $\begin{cases} x = \varphi(t), \\ y = \psi(t) \end{cases}$ 确定 y 是 x 的函数. 称此方程组为参数方程, t 为参数.

有时从 $x = \varphi(t)$ 解出 t, 再把它代入 $y = \psi(t)$ 得到 y 是 x 的表达式, 而这个表达式形式要比 $x = \varphi(t)$ 及 $y = \psi(t)$ 复杂, 因此, 我们研究 x 和 y 的关系就直接研究参数方程反而方便.

设 $\begin{cases} x = \varphi(t), \\ y = \psi(t), \end{cases}$ 确定 y 是 x 的函数, 求 y'.

由 $x = \varphi(t)$ 得到反函数 $t = \varphi^{-1}(x)$ 把它代入 $y = \psi(t)$ 得 $y = \psi(t) = \psi[\varphi^{-1}(x)]$. 利用反函数及复合函数求导法则

$$y' = \psi'(t) \cdot \frac{1}{\varphi'(t)} = \frac{\psi'(t)}{\varphi'(t)}.$$

例 19 $\begin{cases} x = t^4, \\ y = 4t, \end{cases}$ 求 y'.

解 $y' = \dfrac{(4t)'}{(t^4)'} = \dfrac{1}{t^3}$.

3. 导数的基本公式

我们把前面已经求得的常数及基本初等函数的导数公式集中列出如下:

1. $(c)' = 0$;

2. $(x^\alpha)' = \alpha x^{\alpha-1}$;

3. $(a^x)' = a^x \ln a \quad (a > 0, \quad a \neq 1)$;

4. $(e^x)' = e^x$;

5. $(\log_a x)' = \dfrac{1}{x \ln a} \quad (a > 0, \quad a \neq 1)$;

6. $(\ln x)' = \dfrac{1}{x}$;

7. $(\sin x)' = \cos x$;

8. $(\cos x)' = -\sin x$;

9. $(\tan x)' = \sec^2 x$;

10. $(\cot x)' = -\csc^2 x$;

11. $(\sec x)' = \sec x \cdot \tan x$;

12. $(\csc x)' = -\csc x \cdot \cot x$;

13. $(\arcsin x)' = \dfrac{1}{\sqrt{1 - x^2}}$;

14. $(\arccos x)' = \dfrac{-1}{\sqrt{1 - x^2}}$;

15. $(\arctan x)' = \dfrac{1}{1 + x^2}$;

16. $(\text{arccot}\, x)' = \dfrac{-1}{1 + x^2}$.

初等函数是由常数及基本初等函数经过有限次四则运算及复合运算得到的用一个式子表示的函数, 有了基本求导公式及运算法则, 我们就可以计算初等函数的导数.

例 20 $y = \dfrac{1}{2} \ln(1 + e^{2x}) - x + e^{-x} \cdot \arctan e^x$, 求 y'.

解 $y' = \dfrac{1}{2}\dfrac{1}{1+e^{2x}} \cdot 2e^{2x} - 1 + \left(-e^x \arctan e^x + e^{-x} \cdot \dfrac{e^x}{1+e^{2x}} \right)$

$\qquad = \dfrac{e^{2x}}{1+e^{2x}} - 1 + \left(-e^{-x} \arctan e^x + \dfrac{1}{1+e^{2x}} \right)$

$\qquad = -e^{-x} \cdot \arctan e^x.$

习　题　2.2

1. 求下列函数的导数：

　(1) $y = \cos x + x^2$;　　　　　　　　(2) $y = x^3 + \log_3 x$;

　(3) $y = \sin x + x + \cos e$;　　　　　(4) $y = 5x^6 + \ln \pi$;

　(5) $y = \cos^2 \dfrac{x}{2}$;　　　　　　　　(6) $y = (2x+1)^6$;

　(7) $y = \sin 3x$;　　　　　　　　　(8) $y = \ln(\sin x)$;

　(9) $y = \sin(x^2 + x + 1)$;　　　　　(10) $y = \ln(\ln x)$;

　(11) $y = \ln \sqrt{x} + \ln x^3$;　　　　(12) $y = \cos^5 3x$.

2. 在下列方程中，求隐函数的导数：

　(1) $y = \cos(x+y)$;　　　　　　　　(2) $x^{\frac{2}{3}} + y^{\frac{2}{3}} = a^{\frac{2}{3}}$;

　(3) $y = x + \ln y$;　　　　　　　　　(4) $y = \sin(x+y)$.

3. 求反函数的导数：

　(1) $y = x + \ln x$;　　　　　　　　(2) $y = x + e^x$;

　(3) $y = e^{\arcsin x}$;　　　　　　　　(4) $y = \dfrac{1}{2} \ln \dfrac{1-x}{1+x}$.

4. 求下列函数的导数：

　(1) $y = x^2 \cdot \sin x$;　　　　　　　(2) $y = \sin x \cdot \cos x$;

　(3) $y = x^3 \cdot \ln x$;　　　　　　　(4) $y = \dfrac{x+1}{x-1}$;

　(5) $y = \dfrac{1-\ln x}{1+\ln x}$;　　　　　(6) $y = \dfrac{1-\sin x}{1+\sin x}$;

　(7) $y = x^2 \cdot \cos \dfrac{1}{x}$;　　　　(8) $y = (\arcsin x)^2$;

　(9) $y = \ln(x + \sqrt{x^2-4})$;　　　(10) $y = x^2 \cdot e^{\frac{1}{x}} - \dfrac{a^x}{\sqrt{x}}$　$(a>0)$;

　(11) $y = \dfrac{\arccos x}{x} - \ln \dfrac{1+\sqrt{1-x^2}}{x}$;　(12) $y = (\sin x)^x$;

　(13) $y = x^{\ln x}$;　　　　　　　　(14) $y = (\sin x)^{\cos x}$;

　(15) $y = x \cdot \sqrt{\dfrac{1-x}{1+x}}$;　　　　(16) $y = \left(\dfrac{b}{a} \right)^x \cdot \left(\dfrac{b}{x} \right)^a \cdot \left(\dfrac{x}{a} \right)^b$　$(a>0, \quad b>0)$.

5. 求下列参数方程的导数 y'：

　(1) $\begin{cases} x = \dfrac{1}{t+1}, \\ y = \dfrac{t}{(t+1)^2}; \end{cases}$　　　　(2) $\begin{cases} x = \dfrac{3at}{1+t^3}, \\ y = \dfrac{3at^2}{1+t^3}; \end{cases}$

(3) $\begin{cases} x = \ln(1 + t^2), \\ y = t - \arctan t; \end{cases}$　　　　(4) $\begin{cases} x = a(t - \sin t), \\ y = a(1 - \cos t). \end{cases}$

2.3　高阶导数

由 2.1 节的自由落体的路程函数 $s = f(t) = \frac{1}{2}gt^2$, 可求得即时速度 $v = f'(t) = \left(\frac{1}{2}gt^2\right)' = gt$. 如果再要求小球落下时, 在时刻 t 速度变化的快慢 (称为即时加速度), 可以用下面的方法: 当时间从 t 变到 $t + \Delta t$, 速度对应的增量 $\Delta v = v(t + \Delta t) - v(t) = g \cdot (t + \Delta t) - g \cdot t = g \cdot \Delta t$, 在时间段 Δt 内的速度平均变化率 (称为平均加速度) 是 $\dfrac{\Delta v}{\Delta t} = \dfrac{g \cdot \Delta t}{\Delta t} = g$. 小球在时刻 t 的速度的变化率 (即时加速度) $a(t) = \lim\limits_{\Delta t \to 0} \dfrac{\Delta v}{\Delta t} = \lim\limits_{\Delta t \to 0} g = g$. $a(t)$ 等于常数 g, 说明自由落体运动是匀加速运动, 我们对 $f(t)$ 连续求二次导数, 可得到 $a(t) = g$, 即先求 $f'(t) = \left(\frac{1}{2}gt^2\right)' = gt$, 再求 $[f'(t)]' = (gt)' = g$.

一般情形 $y = f(x)$ 的导数 $y' = f'(x)$ 称为一阶导数.

再求一次导数, 即 $(f'(x))'$ 称为二阶导数, 记为 $f''(x)$, 或 $\dfrac{d^2y}{dx^2}$.

$f(x)$ 的 $(n-1)$ 阶导数的导数称为 $f(x)$ 的 n 阶导数. 记为 $f^{(n)}(x)$, 即 $f^{(n)}(x) = \left(f^{(n-1)}(x)\right)'$.

例 1　$y = f(x) = e^{-x}$, 求 $y^{(n)}$.

解　$y' = -e^{-x}, y'' = e^{-x}, \cdots, y^{(n)} = (-1)^n e^{-x}$.

例 2　$y = f(x) = \sin x$, 求 $y^{(n)}$.

解　$y' = (\sin x)' = \cos x = \sin\left(x + \dfrac{\pi}{2}\right)$;

$y'' = \left[\sin\left(x + \dfrac{\pi}{2}\right)\right]' = \cos\left(x + \dfrac{\pi}{2}\right) = \sin\left(x + 2 \cdot \dfrac{\pi}{2}\right)$,

$\cdots\cdots$

$y^{(n)} = \sin\left(x + n \cdot \dfrac{\pi}{2}\right)$.

类似可求得 $(\cos x)^{(n)} = \cos\left(x + n \cdot \dfrac{\pi}{2}\right)$.

习　题　2.3

求下列函数的高阶导数:

1. $y = x \cdot \sqrt{1 + x^2}$, 求 y''.

2. $y = e^{-x^2}$, 求 y''.

3. $y = x \cdot \ln x$, 求 y''.

4. $y = a^x$, 求 $y^{(n)}$.

5. $y = \dfrac{1-x}{1+x}$, 求 $y^{(n)}$.

6. $y = a_0 x^n + a_1 x^{n-1} + \cdots + a_n$, 求 $y^{(n)}$.

2.4 微 分

1. 微分的概念

例 1 考察正方形面积的变化情形.

正方形面积 s 是边长 x 的函数 $s = s(x) = x^2$, 当边长为 x_0 时, 给自变量 x 一个增量 Δx, 面积对应的增量是 Δs (图 2-3),

$$\Delta s = (x_0 + \Delta x)^2 - x_0^2 = 2x_0 \Delta x + (\Delta x)^2.$$

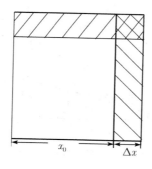

图 2-3

上式等号右边第一项 $2x_0 \Delta x$ 是 Δx 的线性函数, 第二项 $(\Delta x)^2$, 当 $\Delta x \to 0$ 时是阶比 Δx 高的无穷小, 即 $(\Delta x)^2 = o(\Delta x)$. 在图 2-3 中, 带斜线的矩形面积的和是 $2 \cdot x_0 \cdot \Delta x$, 右上角小块正方形面积是 $(\Delta x)^2$. 当 $|\Delta x|$ 很小时, 面积的增量 Δs 可以用 $2 \cdot x_0 \cdot \Delta x$ 近似地代替, $\Delta s \approx 2 \cdot x_0 \cdot \Delta x$. 一般情形, 如果函数 $y = f(x)$ 在点 x_0 可导, $f'(x_0) = \lim\limits_{\Delta x \to 0} \dfrac{\Delta y}{\Delta x}$. 由 1.6 节定理 1.18,

$$\lim_{\Delta x \to 0} \left(\frac{\Delta y}{\Delta x} - f'(x_0) \right) = 0, \qquad \frac{\Delta y}{\Delta x} - f'(x_0) = \alpha \qquad (\text{当 } \Delta x \to 0 \text{ 时 } \alpha \to 0),$$

从而

$$\Delta y = f'(x_0) \cdot \Delta x + \alpha \cdot \Delta x.$$

上式第一项是 Δx 的线性函数, 第二项是阶比 Δx 高的无穷小, 当 $\Delta x \to 0$ 时, 即 $\alpha \cdot \Delta x = o(\Delta x)$ $(\Delta x \to 0)$.

定义 2.3 设 $y = f(x)$ 在点 x_0 可导, 称 $f'(x_0) \Delta x$ 为函数 $f(x)$ 在点 x_0 关于自变量增量 Δx 相对应的函数的微分. 记为 dy. 即 $dy = f'(x_0) \cdot \Delta x$.

对于函数 $y = x$, $dx = (x)' \Delta x = \Delta x$. 即函数 $y = x$ 的微分与增量相等, 因此在微分表达式中可以用 dx 代替 Δx, 于是 $dy = f'(x)dx$, 也可得到 $\dfrac{dy}{dx} = f'(x)$.

例 2　求函数 $y = f(x) = x^2$ 在点 $x = 1$, $\Delta x = 0.01$ 时的增量与微分.

解　函数的增量为 $\Delta y = (x + \Delta x)^2 - x^2 = 2x \cdot \Delta x + (\Delta x)^2$. 当 $x = 1$, $\Delta x = 0.01$ 时, $\Delta y = 2 \cdot 1 \cdot 0.01 + (0.01)^2 = 0.0201$. 函数在 $x = 1$ 与 $\Delta x = 0.01$ 相对应的微分

$$dy \Big|_{\substack{x=1 \\ \Delta x=0.01}} = (x^2)' \cdot \Delta x \Big|_{\substack{x=1 \\ \Delta x=0.01}} = 2x \cdot \Delta x \Big|_{\substack{x=1 \\ \Delta x=0.01}} = 0.02.$$

2. 微分的几何意义

曲线 $y = f(x)$ 在点 $M_0(x_0, f(x_0))$ 处的切线 M_0T 的倾角为 α, $\tan \alpha = f'(x_0)$. 由图 2-4, $\Delta y = NM$. 在直角三角形 M_0NP 中, $M_0N = \Delta x$, $NP = M_0N \cdot \tan \alpha = f'(x_0) \cdot \Delta x = dy$. 表明曲线上一点 M_0 的横坐标为 x_0 时, 给横坐标一个增量 Δx, 微分 dy 是曲线在点 M_0 处切线 M_0T 的纵坐标相对应的增量.

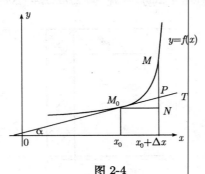

图 2-4

3. 微分基本公式及运算法则

由导数基本公式及运算法则, 按照微分的定义, 容易得到微分的基本公式及运算法则.

微分基本公式举例:

$dc = 0$;

$dx^\alpha = \alpha x^{\alpha-1} dx$;

$d \sin x = \cos x \, dx$;

$d \arctan x = \dfrac{1}{1+x^2} dx$;

设 $u = u(x)$, $v = v(x)$, 则 $d(u \pm v) = du \pm dv$;

$d(u \cdot v) = v \, du + u \, dv$;

$d\left(\dfrac{u}{v}\right) = \dfrac{v \, du - u \, dv}{v^2}$.

当 x 是自变量时, $y = f(x)$ 的微分是 $dy = f'(x)dx$; 当 x 是 t 的函数时, $x = \varphi(t)$, 复合函数 $f(\varphi(t))$ 的微分是

$$dy = df(\varphi(t)) = (f(\varphi(t)))' dt = f'(\varphi(t)) \cdot \varphi'(t) \cdot dt = f'(\varphi(t)) \, d\varphi(t) = f'(x)dx.$$

因此, $dy = f'(x)dx$.

说明不论 x 是自变量还是中间变量, 函数 $y = f(x)$ 的微分形式都是一样的, 这个性质称为微分形式的不变性. 因此, 在求微分时, 无需指明对哪一个变量的微分.

例 3 求由方程 $e^y - xy = 0$ 确定的隐函数的导数.

解 对 $e^y = xy$ 两端求微分:

$$de^y = d(xy),$$
$$e^y dy = xdy + ydx,$$
$$(e^y - x)dy = ydx,$$
$$\frac{dy}{dx} = \frac{y}{e^y - x} = \frac{y}{xy - x} = \frac{y}{x(y-1)}.$$

习 题 2.4

1. 设 $f(x) = x^3 - 2x + 1$, (1) $\Delta x = 1$; (2) $\Delta x = 0.1$; (3) $\Delta x = 0.01$, 求函数在 $x = 1$ 处对应于 Δx 的函数增量及函数的微分.

2. 运动方程是 $x = 5t^2$, 其中 t 的单位为秒, x 的单位为米. 设 (1) $\Delta t = 1$ 秒; (2) $\Delta t = 0.1$ 秒; (3) $\Delta t = 0.001$ 秒. 对 $t = 2$ 秒的时刻, 求出路程的增量 Δx 及微分 dx, 并作比较.

3. 求下列函数的微分:

(1) $y = \arcsin \dfrac{x}{a} \quad (a \neq 0)$; 　　(2) $y = xe^x$;

(3) $y = \sin x - x\cos x$; 　　(4) $y = \dfrac{\ln x}{\sqrt{x}}$;

(5) $y = 1 + xe^y$; 　　(6) $y^2 \cos x = a^2 \sin 3x$.

4. 半径为 10 厘米的金属圆片加热后, 其半径伸长了 0.05 厘米. 问: 其面积增大的精确值是多少? 近似值又为多少?

*2.5　问题及其解

例 1 设 $f(x) = \begin{cases} x^2, & x \leqslant 2, \\ ax + b, & x > 2, \end{cases}$ 函数 $f(x)$ 在 $x = 2$ 处连续且可导, 应如何选取常数 a 和 b.

解 $\displaystyle\lim_{x \to 2+0} f(x) = \lim_{x \to 2+0} (ax+b) = 2a+b$, $\displaystyle\lim_{x \to 2-0} f(x) = \lim_{x \to 2-0} x^2 = 4$, $f(2) = 4$.

为了使 $f(x)$ 在 $x = 2$ 连续, 应有 $2a + b = 4$.

$$f'_+(2) = \lim_{x \to 2+0} \frac{f(x) - f(2)}{x - 2} = \lim_{x \to 2+0} \frac{(ax + b) - 4}{x - 2} = \lim_{x \to 2+0} \frac{(ax + b) - (2a + b)}{x - 2}$$

$$= \lim_{x \to 2+0} \frac{a(x - 2)}{x - 2} = \lim_{x \to 2+0} a = a,$$

$$f'_-(2) = \lim_{x \to 2-0} \frac{f(x) - f(2)}{x - 2} = \lim_{x \to 2-0} \frac{x^2 - 4}{x - 2} = \lim_{x \to 2-0} (x + 2) = 4,$$

为了使 $f(x)$ 在 $x = 2$ 处可导, 应有 $a = 4$.

由 $a = 4$ 及 $2a + b = 4$ 解得 $a = 4$, $b = -4$.

例 2 若函数 $f(x)$ 在 x_0 的导数为 $f'(x_0)$, 计算 $\lim\limits_{\Delta x \to 0} \dfrac{f(x_0 + 2\Delta x) - f(x_0 + \Delta x)}{2\Delta x}$.

解 $\quad \lim\limits_{\Delta x \to 0} \dfrac{f(x_0 + 2\Delta x) - f(x_0 + \Delta x)}{2\Delta x}$

$$= \lim_{\Delta x \to 0} \frac{[f(x_0 + 2\Delta x) - f(x_0)] - [f(x_0 + \Delta x) - f(x_0)]}{2\Delta x}$$

$$= \lim_{\Delta x \to 0} \frac{f(x_0 + 2\Delta x) - f(x_0)}{2\Delta x} - \lim_{\Delta x \to 0} \frac{f(x_0 + \Delta x) - f(x_0)}{2\Delta x}$$

$$= f'(x_0) - \frac{1}{2} f'(x_0) = \frac{1}{2} f'(x_0).$$

例 3 $\quad y = x - \ln(2e^x + 1 + \sqrt{e^{2x} + 4e^x + 1})$, 求 y'.

解

$$y' = 1 - \frac{1}{2e^x + 1 + \sqrt{e^{2x} + 4e^x + 1}} \cdot \left(2e^x + \frac{2e^{2x} + 4e^x}{2\sqrt{e^{2x} + 4e^x + 1}} \right)$$

$$= 1 - \left[\frac{1}{2e^x + 1 + \sqrt{e^{2x} + 4e^x + 1}} \cdot \frac{2e^x \cdot \sqrt{e^{2x} + 4e^x + 1} + e^{2x} + 2e^x}{\sqrt{e^{2x} + 4e^x + 1}} \right]$$

$$= 1 - \frac{2e^x \sqrt{e^{2x} + 4e^x + 1} + e^{2x} + 2e^x}{(2e^x + 1 + \sqrt{e^{2x} + 4e^x + 1}) \cdot \sqrt{e^{2x} + 4e^x + 1}}$$

$$= \frac{(2e^x + 1 + \sqrt{e^{2x} + 4e^x + 1}) \cdot \sqrt{e^{2x} + 4e^x + 1} - (2e^x \sqrt{e^{2x} + 4e^x + 1} + e^{2x} + 2e^x)}{(2e^x + 1 + \sqrt{e^{2x} + 4e^x + 1}) \sqrt{e^{2x} + 4e^x + 1}}$$

$$= \frac{2e^x \sqrt{e^{2x} + 4e^x + 1} + \sqrt{e^{2x} + 4e^x + 1} + e^{2x} + 4e^x + 1 - 2e^x \sqrt{e^{2x} + 4e^x + 1} - e^{2x} - 2e^x}{(2e^x + 1 + \sqrt{e^{2x} + 4e^x + 1}) \sqrt{e^{2x} + 4e^x + 1}}$$

$$= \frac{1}{\sqrt{e^{2x} + 4e^x + 1}}.$$

例 4 证明双曲线 $xy = a^2$ 上任一点的切线与两坐标轴围成的三角形面积等于常数.

解 设 (x_0, y_0) 为双曲线 $xy = a^2$ 上任一点, 则

$$x_0 \cdot y_0 = a^2. y = \frac{a^2}{x}, y' = -\frac{a^2}{x^2} = -\frac{xy}{x^2} = -\frac{y}{x}.$$

因此, 过点 (x_0, y_0) 切线斜率

$$k = -\frac{y_0}{x_0}.$$

切线方程

$$y - y_0 = -\frac{y_0}{x_0}(x - x_0) \quad \text{或} \quad \frac{x}{2x_0} + \frac{y}{2y_0} = 1.$$

此切线与两坐标轴围成的三角形面积 $S = \frac{1}{2}|2x_0 \cdot 2y_0| = 2|x_0 y_0| = 2a^2 =$ 常数.

例 5 注水入深 8 米, 上顶的直径为 8 米之锥形漏斗中, 其速度为每分钟 4 米³, 当水深为 5 米时, 其表面上升的速度为多少?

解 设在时刻 t 时, 容器中水深为 $h(t)$, 水的容积为 $v(t)$ (图 2-5). 由 $\frac{r}{4} = \frac{h}{8}$, 得 $r = \frac{h}{2}$, $v = \frac{1}{3}\pi r^2 \cdot h = \frac{\pi h^3}{12}$, $v'(t) = \frac{\pi}{12} \cdot 3h^2 \cdot h' = \frac{\pi}{4}h^2 \cdot h'$. 已知 $v'(t) = 4$, 当 $h = 5$ 时, $h' = \frac{16}{25\pi} \approx 0.204$ 米/分.

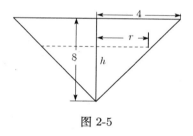

图 2-5

习　题　2.5

1. 按定义证明: 可导的偶函数的导数是奇函数, 而可导的奇函数的导数是偶函数.

2. 若 $F(x)$ 在点 a 连续, 且 $F(x) \neq 0$. 问
   (1) $f(x) = |x - a| \cdot F(x)$,   (2) $f(x) = (x - a) \cdot F(x)$
   在点 $x = a$ 是否可导?

3. 在什么条件下 $f(x) = x^\alpha \cdot \sin\frac{1}{x}$ $(x \neq 0)$, $f(0) = 0$ 在 $x = 0$ 处
   (1) 连续?   (2) 可导?   (3) 导函数连续?

4. 设 $f(x)$: (1) 在 $[a, b]$ 上连续, (2) $f(a) = f(b) = 0$, (3) $f'_+(a) \cdot f'_-(b) > 0$, 试证: $f(x)$ 在 (a, b) 内至少有一个零点.

5. 设 $f(x) = \begin{cases} x^4 \cdot \sin\frac{1}{x} + \cos x, & x \neq 0, \\ 1, & x = 0, \end{cases}$ 求 $f''(x)$.

6. 对任意的非零 x_1, x_2, 有 $f(x_1 x_2) = f(x_1) + f(x_2)$, 且 $f'(1) = 1$ 试证: 当 $x \neq 0$ 时,
$f'(x) = \dfrac{1}{x}$.

7. 设 $f(x) = \varphi(-\alpha + \beta x) - \varphi(-\alpha - \beta x)$, 其中 $\varphi(x)$ 定义在 $(-\infty, +\infty)$ 上, 且在点 $x = -\alpha$
可导, α, β 为常数, 求 $f'(0)$.

8. 曲线 $y = \dfrac{1}{\sqrt{x}}$ 的切线与 x 轴和 y 轴围成一个图形, 记切点的横坐标为 α, 试求切线方程
和这个图形的面积, 当切点沿曲线趋于无穷远时, 该面积的变化趋势如何?

9. 适当地选定参数 A 和 C 用立方抛物线 $y = A(x-a)(x-b)(x-C)$ 在区间 $a \leqslant x \leqslant b$
上把两条半直线: $y = K_1(x-a)$, $(-\infty < x < a)$ 及 $y = K_2(x-b)$, $(b < x < +\infty)$ 光滑地连
接起来.

10. 用抛物线 $y = a + bx^2$, $(|x| \leqslant c)$ 去补充曲线 $y = \dfrac{m^2}{|x|}$, $(|x| > c)$ 的部分, 使所得的曲
线为一光滑曲线. 试确定参数 a 和 b.

第3章　中值定理与导数的应用

3.1　中值定理

微分中值定理是用导数对函数进行研究的桥梁.

定理 3.1(费马定理)　如果 $f(x)$ 在 (a,b) 内的一点 x_0 达到最大值 (或最小值) 且 $f(x)$ 在点 x_0 可导, 则 $f'(x_0) = 0$.

证　仅对 $f(x)$ 在 x_0 达到最大值的情形证明 (在 x_0 达到最小值情形的证明方法类似).

只要 $x_0 + \Delta x \in (a,b)$, 就有 $f(x_0 + \Delta x) - f(x_0) \leqslant 0$.

当 $\Delta x > 0$ 时, 有

$$\frac{f(x_0 + \Delta x) - f(x_0)}{\Delta x} \leqslant 0;$$

当 $\Delta x < 0$ 时, 有

$$\frac{f(x_0 + \Delta x) - f(x_0)}{\Delta x} \geqslant 0.$$

由单侧导数的定义 2.2 及定理 1.12, 得

$$f'_+(x_0) = \lim_{\Delta x \to 0^+} \frac{f(x_0 + \Delta x) - f(x_0)}{\Delta x} \leqslant 0;$$

$$f'_-(x_0) = \lim_{\Delta x \to 0^-} \frac{f(x_0 + \Delta x) - f(x_0)}{\Delta x} \geqslant 0.$$

因为 $f(x)$ 在点 x_0 可导, 必有 $f'_-(x_0) = f'_+(x_0) = 0$, 则 $f'(x_0) = 0$.

定理 3.2(罗尔定理)　如果 $f(x)$ 满足下列条件:

(1) 在 $[a,b]$ 上连续;

(2) 在 (a,b) 内可导;

(3) $f(a) = f(b)$.

则在 (a,b) 内至少存在一点 ξ, 使 $f'(\xi) = 0$.

先看定理的几何意义: 在图 3-1 中曲线 $y = f(x)$ 是一条以 A, B 为端点的连续曲线, 曲线上处处有切线, 因为 $f(a) = f(b)$, 于是曲线上连接点 $A(a, f(a))$ 与点 $B(b, f(b))$ 的弦 AB 平行于 x 轴, 罗尔定理指出, 在曲线弧 $\overset{\frown}{AB}$ 上必能找到一点 $P(\xi, f(\xi))$, 过 P 点的切线平行于 x 轴, 这时切线的斜率 $f'(\xi) = 0$.

证　由定理 1.32, $f(x)$ 在 $[a,b]$ 上有最大值和最小值, 不妨设 $f(x_1)$ 是最大值, $f(x_2)$ 是最小值.

(1) 如果 $f(x_1) = f(x_2)$, 那么 $f(x)$ 在 $[a, b]$ 上恒为一个常数, 这时对 (a, b) 内任一点 x, 有 $f'(x) = 0$. 于是 (a, b) 内任意点可以作为 ξ, 有 $f'(\xi) = 0$.

(2) 如果 $f(x_1) \neq f(x_2)$, 那么 x_1, x_2 中必有一点在 (a, b) 内, 不妨设 x_1 在 (a, b) 内, 于是取 $\xi = x_1$ 由定理 3.1 得 $f'(\xi) = 0$.

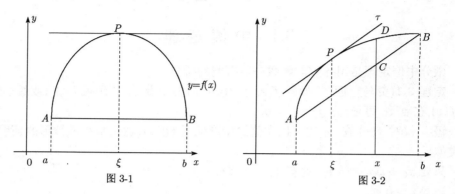

图 3-1   图 3-2

定理 3.3(拉格朗日中值定理)   如果 $f(x)$ 满足下列条件:

(1) 在 $[a, b]$ 上连续;

(2) 在 (a, b) 内可导.

则在 (a, b) 内至少存在一点 ξ, 使得

$$f'(\xi) = \frac{f(b) - f(a)}{b - a}.$$

先看定理的几何意义. 在图 3-2 中, 曲线 $y = f(x)$ 是一条以 A, B 为端点的连续曲线, 曲线上处处有切线, 连接点 A 与点 B 的弦为 AB, 弦 AB 的斜率是

$$\frac{f(b) - f(a)}{b - a}.$$

定理指出, 我们在曲线弧 $\overset{\frown}{AB}$ 上必能找到一点 $P(\xi, f(\xi))$ 过点 P 的切线 τ 平行于弦 AB, 而切线 τ 的斜率是 $f'(\xi)$, 两条平行直线斜率相等, 因此

$$f'(\xi) = \frac{f(b) - f(a)}{b - a}.$$

弦 AB 的方程是

$$y = f(a) + \frac{f(b) - f(a)}{b - a}(x - a).$$

曲线弧 $\overset{\frown}{AB}$ 及弦 AB 在同一横坐标 x 处, 纵坐标分别为 $f(x)$ 及 $f(a) + \dfrac{f(b) - f(a)}{b - a}(x - a)$, 有向线段 CD 的值等于 $f(x) - \left[f(a) + \dfrac{f(b) - f(a)}{b - a}(x - a) \right]$, 它是 x 的函数, 记为 $F(x)$. 在 $x = a$ 及 $x = b$ 时, 有 $F(a) = F(b) = 0$. 这就可以对函数 $F(x)$ 应用罗尔定理, 使我们得到定理 3.3 的证明.

证 作辅助函数

$$F(x) = f(x) - \left[f(a) + \frac{f(b) - f(a)}{b - a}(x - a) \right],$$

显然 $F(a) = F(b) = 0$. 对 $F(x)$, 应用罗尔定理, 必能找到一点 $\xi \in (a, b)$, 有 $F'(\xi) = 0$. 而

$$F'(x) = f'(x) - \frac{f(b) - f(a)}{b - a},$$

于是 $F'(\xi) = f'(\xi) - \dfrac{f(b) - f(a)}{b - a} = 0,$

$$f'(\xi) = \frac{f(b) - f(a)}{b - a}, \qquad \xi \in (a, b).$$

推论 1 如果在 (a, b) 内, $f'(x) \equiv 0$, 则在 (a, b) 内 $f(x)$ 为一常数.

证 设 x_1, x_2 是 (a, b) 内任意两点, 且 $x_1 < x_2$. 在 $[x_1, x_2]$ 上用拉格朗日中值定理

$$f(x_2) - f(x_1) = f'(\xi)(x_2 - x_1), \qquad \xi \in (x_1, x_2).$$

由 $f'(x) \equiv 0$, 得 $f'(\xi) = 0$, 于是 $f(x_2) = f(x_1)$. 而 x_1, x_2 是 (a, b) 内任意两点, 因此 $f(x)$ 在 (a, b) 内是一个常数.

推论 2 如果在 (a, b) 内, $f'(x) \equiv g'(x)$, 则在 (a, b) 内有 $f(x) \equiv g(x) + c$ (c 为一常数).

证 令 $h(x) = f(x) - g(x)$, 则

$$h'(x) = f'(x) - g'(x) = 0.$$

由推论 1, $h(x)$ 为一常数, 因此 $f(x) \equiv g(x) + c$.

定理 3.4(柯西中值定理) 若 $\psi(t), \phi(t)$ 满足下列条件:

(1) $\phi(t), \psi(t)$ 都在 $[a, b]$ 上连续;

(2) $\phi(t), \psi(t)$ 都在 (a, b) 内可导;

(3) $\phi'(t) \neq 0, t \in (a, b)$.

则在 (a, b) 内至少存在一点 ξ, 使得

$$\frac{\psi(b) - \psi(a)}{\phi(b) - \phi(a)} = \frac{\psi'(\xi)}{\phi'(\xi)}, \qquad \xi \in (a, b).$$

先看定理的几何意义. 在图 3-3 中, 曲线弧 $\overset{\frown}{AB}$ 用参数方程 $\begin{cases} x = \phi(t), \\ y = \psi(t), \end{cases}$ $a \leqslant t \leqslant b$ 来表示. 连接点 $A(\phi(a), \psi(a))$ 与 $B(\phi(b), \psi(b))$ 的弦 AB 的斜率是 $\dfrac{\psi(b) - \psi(a)}{\phi(b) - \phi(a)}$, 由参数方程所确定的函数的导数公式 $y' = \dfrac{\psi'(t)}{\phi'(t)}$, 从而 $y'|_{t=\xi} = \dfrac{\psi'(\xi)}{\phi'(\xi)}$. 定理指出, 在

曲线弧 $\overset{\frown}{AB}$ 上一定能找到一点 $P(\phi(\xi), \psi(\xi))$, 过 P 的切线平行于弦 AB. 两条直线平行, 斜率相等, 因此有 $\dfrac{\psi(b) - \psi(a)}{\phi(b) - \phi(a)} = \dfrac{\psi'(\xi)}{\phi'(\xi)}$.

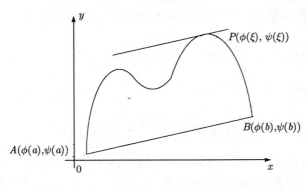

图 3-3

证　作辅助函数

$$F(t) = \psi(t) - \left[\psi(a) + \frac{\psi(b) - \psi(a)}{\phi(b) - \phi(a)} \cdot \left(\phi(t) - \phi(a) \right) \right].$$

显然, $F(a) = F(b)$. 对 $F(t)$ 用罗尔定理, 在 (a, b) 内存在一点 ξ, 使得 $F'(\xi) = 0$, 即

$$\psi'(\xi) - \frac{\psi(b) - \psi(a)}{\phi(b) - \phi(a)} \cdot \phi'(\xi) = 0.$$

由 $\phi'(\xi) \neq 0$, 得

$$\frac{\psi(b) - \psi(a)}{\phi(b) - \phi(a)} = \frac{\psi'(\xi)}{\phi'(\xi)}, \qquad \xi \in (a, b).$$

例 1　验证罗尔定理对函数 $f(x) = \dfrac{3}{2x^2 + 1}$, 在区间 $[-1, 1]$ 上是否成立.

解　$f(x) = \dfrac{3}{2x^2 + 1}$ 是初等函数, 它在 $[-1, 1]$ 上连续, 在 $(-1, 1)$ 内可导,

$$f'(x) = \frac{-12x}{(2x^2 + 1)^2}, \qquad f(-1) = f(1) = 1.$$

由罗尔定理, 在 $(-1, 1)$ 内必存在点 ξ, 使 $f'(\xi) = 0$. 由 $\dfrac{-12\xi}{(2\xi^2 + 1)^2} = 0$, 解得 $\xi = 0$.

例 2　验证拉格朗日中值定理对函数 $f(x) = \ln x$, 在区间 $[1, e]$ 上是否成立.

解　$f(x) = \ln x$ 是基本初等函数, 在 $[1, e]$ 上连续, 在 $(1, e)$ 内可导, $f'(x) = \dfrac{1}{x}$, 由拉格朗日中值定理在 $(1, e)$ 内必存在点 ξ, 使 $f'(\xi) = \dfrac{\ln e - \ln 1}{e - 1}$. 即 $\dfrac{1}{\xi} = \dfrac{1}{e - 1}$, 解得 $\xi = e - 1$.

例 3　验证柯西中值定理对函数 $\phi(t) = t^2 + 1$, $\psi(t) = t^3$, 在区间 $[1,2]$ 上是否成立.

解　显然 $\phi(t)$, $\psi(t)$ 在 $[1,2]$ 上连续, 在 $(1,2)$ 内可导, $\phi'(t) = 2t \neq 0$, $t \in (1,2)$, $\psi'(t) = 3t^2$. 由柯西中值定理

$$\frac{\psi(2) - \psi(1)}{\phi(2) - \phi(1)} = \frac{3\xi^2}{2\xi},$$

即 $\dfrac{8-1}{5-2} = \dfrac{3\xi}{2}$. 解得 $\xi = \dfrac{14}{9}$.

例 4　证明：在 $(-1,1)$ 内, $\arcsin x + \arccos x = \dfrac{\pi}{2}$ 恒成立.

证　设 $f(x) = \arcsin x + \arccos x$, $x \in (-1,1)$. 由于

$$f'(x) = \frac{1}{\sqrt{1-x^2}} + \left(\frac{-1}{\sqrt{1-x^2}} \right) \equiv 0,$$

由定理 3.3 推论 1, $f(x) \equiv C$, C 为常数, $x \in (-1,1)$. 为了确定常数 C, 令 $x = 0$, 则 $C = \arcsin 0 + \arccos 0 = \dfrac{\pi}{2}$. 即 $\arcsin x + \arccos x = \dfrac{\pi}{2}$.

习　题　3.1

1. 验证罗尔定理对函数 $y = \ln(\sin x)$ 在 $\left[\dfrac{\pi}{6}, \dfrac{5\pi}{6} \right]$ 上的正确性.
2. 验证拉格朗日中值定理, 对于函数 $y = \arctan x$ 在区间 $[0,1]$ 上的正确性.
3. 验证柯西中值定理对 $f(x) = x^2$, $\phi(x) = \sqrt{x}$ 在区间 $[1,4]$ 上的正确性.
4. 证明不等式 $|\arctan a - \arctan b| \leqslant |a - b|$.
5. 若 $x > 0$, 试证 $\dfrac{x}{1+x} < \ln(1+x) < x$.
6. 求证 $4ax^3 + 3bx^2 + 2cx = a + b + c$ 在 $(0,1)$ 内至少有一个根.

3.2　洛必达法则

假设 $\lim\limits_{x \to x_0} f(x) = 0$ (或 ∞), $\lim\limits_{x \to x_0} g(x) = 0$ (或 ∞), 称 $\lim\limits_{x \to x_0} \dfrac{f(x)}{g(x)}$ 为 $\dfrac{0}{0}$ 型未定式 $\left(\text{或 } \dfrac{\infty}{\infty} \text{ 型未定式}\right)$.

例如 $\lim\limits_{x \to 0} \dfrac{\sin 3x}{\sin 5x}$ 是 $\dfrac{0}{0}$ 型未定式, 我们不能用商的极限运算法则来求它的值. 柯西中值定理能够推导出求未定式极限的法则, 即洛必达法则.

以下定理 3.5 ～ 定理 3.8 均称为洛必达法则.

定理 3.5　设 $f(x)$ 与 $g(x)$ 满足条件：

(1) $\lim\limits_{x \to x_0} f(x) = \lim\limits_{x \to x_0} g(x) = 0$;

(2) 存在 $\delta > 0$, 它们在 $(x_0 - \delta, x_0) \bigcup (x_0, x_0 + \delta)$ 内可导且 $g'(x) \neq 0$;

(3) $\lim\limits_{x \to x_0} \dfrac{f'(x)}{g'(x)} = A$ (或 ∞).

则 $\lim\limits_{x \to x_0} \dfrac{f(x)}{g(x)} = \lim\limits_{x \to x_0} \dfrac{f'(x)}{g'(x)} = A$ (或 ∞).

证　函数 $f(x)$, $g(x)$ 在 $(x_0 - \delta, x_0) \bigcup (x_0, x_0 + \delta)$ 内可导, 因而在其中每一点连续, 但它们在 x_0 点未给出连续的条件, 为此作辅助函数

$$F(x) = \begin{cases} f(x), & x \in (x_0 - \delta, x_0) \bigcup (x_0, x_0 + \delta), \\ 0, & x = x_0; \end{cases}$$

$$G(x) = \begin{cases} g(x), & x \in (x_0 - \delta, x_0) \bigcup (x_0, x_0 + \delta), \\ 0, & x = x_0. \end{cases}$$

于是函数 $F(x)$, $G(x)$ 在点 x_0 连续, 任取 $x \in (x_0 - \delta, x_0) \bigcup (x_0, x_0 + \delta)$, 在 $[x_0, x]$ (或 $[x, x_0]$) 上 $F(x)$, $G(x)$ 满足柯西中值定理条件

$$\frac{F(x)}{G(x)} = \frac{F(x) - F(x_0)}{G(x) - G(x_0)} = \frac{F'(\xi)}{G'(\xi)}, \qquad \xi \in (x_0, x).$$

由 $F(x)$ 及 $G(x)$ 的定义, 上式即为

$$\frac{f(x)}{g(x)} = \frac{f'(\xi)}{g'(\xi)},$$

两端令 $x \to x_0$, 从而 $\xi \to x_0$, 又 $\lim\limits_{x \to x_0} \dfrac{f'(x)}{g'(x)} = A$ (或 ∞), 因此有

$$\lim_{x \to x_0} \frac{f(x)}{g(x)} = \lim_{\xi \to x_0} \frac{f'(\xi)}{g'(\xi)} = \lim_{x \to x_0} \frac{f'(x)}{g'(x)} = A(或\infty).$$

例 1　求 $\lim\limits_{x \to 0} \dfrac{2^x - 3^x}{x}$.

解　$\lim\limits_{x \to 0}(2^x - 3^x) = 0$, $\lim\limits_{x \to 0} x = 0$, $\lim\limits_{x \to 0} \dfrac{2^x - 3^x}{x}$ 为 $\dfrac{0}{0}$ 型未定式, 由洛必达法则

$$\lim_{x \to 0} \frac{2^x - 3^x}{x} = \lim_{x \to 0} \frac{(2^x - 3^x)'}{x'} = \lim_{x \to 0} \frac{2^x \ln 2 - 3^x \ln 3}{1} = \ln 2 - \ln 3 = \ln \frac{2}{3}.$$

定理 3.6　设 $f(x)$ 与 $g(x)$ 满足条件:

(1) $\lim\limits_{x \to +\infty} f(x) = 0$, $\lim\limits_{x \to +\infty} g(x) = 0$;

(2) 存在 $A > 0$, $f(x)$ 与 $g(x)$ 在 $(A, +\infty)$ 内可导, 且 $g'(x) \neq 0$;

(3) $\lim\limits_{x \to +\infty} \dfrac{f'(x)}{g'(x)} = A(或 \infty)$.

则

$$\lim_{x \to +\infty} \frac{f(x)}{g(x)} = \lim_{x \to +\infty} \frac{f'(x)}{g'(x)} = A(或 \infty).$$

(证明略)

例 2 求 $\lim\limits_{x\to+\infty}\dfrac{\dfrac{\pi}{2}-\arctan x}{\dfrac{1}{x}}$.

解 $\lim\limits_{x\to+\infty}\left(\dfrac{\pi}{2}-\arctan x\right)=0$, $\lim\limits_{x\to+\infty}\dfrac{1}{x}=0$. 因此

$$\lim_{x\to+\infty}\frac{\dfrac{\pi}{2}-\arctan x}{\dfrac{1}{x}}$$

是 $\dfrac{0}{0}$ 型, 由洛必达法则,

$$\text{原式}=\lim_{x\to+\infty}\frac{\left(\dfrac{\pi}{2}-\arctan x\right)'}{\left(\dfrac{1}{x}\right)'}=\lim_{x\to+\infty}\frac{-\dfrac{1}{1+x^2}}{-\dfrac{1}{x^2}}=\lim_{x\to+\infty}\frac{x^2}{1+x^2}=1.$$

定理 3.7 $f(x)$ 与 $g(x)$ 满足下列条件:

(1) $\lim\limits_{x\to x_0}f(x)=\infty$, $\lim\limits_{x\to x_0}g(x)=\infty$;

(2) 存在 $\delta>0$, 它们在 $(x_0-\delta,x_0)\bigcup(x_0,x_0+\delta)$ 内可导, 且 $g'(x)\neq0$;

(3) $\lim\limits_{x\to x_0}\dfrac{f'(x)}{g'(x)}=A$ (或为 ∞).

则 $\lim\limits_{x\to x_0}\dfrac{f(x)}{g(x)}=\lim\limits_{x\to x_0}\dfrac{f'(x)}{g'(x)}=A$ (或为 ∞).(证明略)

定理 3.8 $f(x)$ 与 $g(x)$ 满足下列条件:

(1) $\lim\limits_{x\to+\infty}f(x)=\infty$, $\lim\limits_{x\to+\infty}g(x)=\infty$;

(2) 存在 $A>0$, 它们在 $(A,+\infty)$ 内可导, 且 $g'(x)\neq0$;

(3) $\lim\limits_{x\to+\infty}\dfrac{f(x)}{g(x)}=A$(或为 ∞).

则 $\lim\limits_{x\to+\infty}\dfrac{f(x)}{g(x)}=\lim\limits_{x\to+\infty}\dfrac{f'(x)}{g'(x)}=A$ (或 $+\infty$). (证明略)

对于 $x\to x_0+0$, $x\to x_0-0$, $x\to-\infty$, $x\to\infty$ 时也都有类似的定理, 不再另外叙述.

例 3 求 $\lim\limits_{x\to0^+}\dfrac{\ln\sin3x}{\ln\sin2x}$.

解 $\lim\limits_{x\to0^+}\ln\sin3x=-\infty$, $\lim\limits_{x\to0^+}\ln\sin2x=-\infty$, $\lim\limits_{x\to0^+}\dfrac{\ln\sin3x}{\ln\sin2x}$ 是 $\dfrac{\infty}{\infty}$ 型未定式. 由洛必达法则

$$\lim_{x\to0^+}\frac{\ln\sin3x}{\ln\sin2x}=\lim_{x\to0^+}\frac{(\ln\sin3x)'}{(\ln\sin2x)'}$$

$$=\lim_{x\to0^+}\frac{\dfrac{1}{\sin3x}\cdot\cos3x\cdot3}{\dfrac{1}{\sin2x}\cdot\cos2x\cdot2}=\frac{3}{2}\left(\lim_{x\to0^+}\frac{\sin2x}{\sin3x}\right)\cdot\left(\lim_{x\to0^+}\frac{\cos3x}{\cos2x}\right)$$

$$=\frac{3}{2}\cdot\frac{2}{3}\cdot1=1.$$

如果 $\lim\limits_{x \to x_0} f(x) = 0$, $\lim\limits_{x \to x_0} g(x) = \infty$, 称 $\lim\limits_{x \to x_0} [f(x) \cdot g(x)]$ 为 $0 \cdot \infty$ 型未定式. 类似还有 $\infty - \infty$ 型, 1^{∞} 型, 0^0 型, ∞^0 型等未定式. 将这些未定式变形为 $\dfrac{0}{0}$ 型及 $\dfrac{\infty}{\infty}$ 型未定式, 就可以用洛必达法则.

例 4　求 $\lim\limits_{x \to 0^+} x^2 \cdot \ln x$.

解　$\lim\limits_{x \to 0^+} x^2 = 0$, $\lim\limits_{x \to 0^+} \ln x = -\infty$, 故 $\lim\limits_{x \to 0^+} x^2 \cdot \ln x$ 为 $0 \cdot \infty$ 型未定式, 因为 $\lim\limits_{x \to 0^+} x^2 \cdot \ln x = \lim\limits_{x \to 0^+} \dfrac{\ln x}{\dfrac{1}{x^2}}$ 为 $\dfrac{\infty}{\infty}$ 型未定式, 由洛必达法则

$$\lim\limits_{x \to 0^+} x^2 \ln x = \lim\limits_{x \to 0^+} \frac{\ln x}{\dfrac{1}{x^2}} = \lim\limits_{x \to +0} \frac{(\ln x)'}{\left(\dfrac{1}{x^2}\right)'} = \lim\limits_{x \to +0} \frac{\dfrac{1}{x}}{\dfrac{-2}{x^3}} = 0.$$

例 5　$\lim\limits_{x \to 1} x^{\frac{1}{1-x}}$.

解　$\lim\limits_{x \to 1} x = 1$, $\lim\limits_{x \to 1} \dfrac{1}{1-x} = \infty$, 故 $\lim\limits_{x \to 1} x^{\frac{1}{1-x}}$ 为 1^{∞} 型未定式. 由于

$$\lim\limits_{x \to 1} x^{\frac{1}{1-x}} = \lim\limits_{x \to 1} e^{\ln x^{\frac{1}{1-x}}} = \lim\limits_{x \to 1} e^{\frac{\ln x}{1-x}} = e^{\lim\limits_{x \to 1} \frac{\ln x}{1-x}},$$

其中, $\lim\limits_{x \to 1} \dfrac{\ln x}{1-x}$ 是 $\dfrac{0}{0}$ 型未定式. 由洛必达法则

$$\lim\limits_{x \to 1} \frac{\ln x}{1-x} = \lim\limits_{x \to 1} \frac{(\ln x)'}{(1-x)'} = \lim\limits_{x \to 1} \frac{\dfrac{1}{x}}{-1} = -1.$$

因此, $\lim\limits_{x \to 1} x^{\frac{1}{1-x}} = e^{-1} = \dfrac{1}{e}$.

习　题　3.2

1. 求下列极限:

(1)　$\lim\limits_{x \to 0} \dfrac{\sin 3x}{x}$;

(2)　$\lim\limits_{x \to a} \dfrac{x^m - a^m}{x^n - a^n}$;

(3)　$\lim\limits_{t \to 0} \dfrac{\ln(1+t)}{t}$;

(4)　$\lim\limits_{t \to 0} \dfrac{e^t - 1}{t}$;

(5)　$\lim\limits_{x \to \frac{\pi}{2}} \dfrac{\tan x}{\tan 3x}$;

(6)　$\lim\limits_{x \to 0^+} \dfrac{\ln x}{\ln(\sin x)}$;

(7)　$\lim\limits_{x \to +\infty} \dfrac{x^2}{3^x}$;

(8)　$\lim\limits_{x \to 0} x^2 \cdot e^{\frac{1}{x^2}}$;

(9)　$\lim\limits_{x \to \infty} \left[x(e^{\frac{1}{x}} - 1) \right]$;

(10)　$\lim\limits_{x \to 1} (1-x) \tan \dfrac{\pi}{2} x$;

(11)　$\lim\limits_{x \to 1} \left(\dfrac{x}{x-1} - \dfrac{1}{\ln x} \right)$;

(12)　$\lim\limits_{x \to 1} \left(\dfrac{2}{x^2 - 1} - \dfrac{1}{x-1} \right)$;

(13) $\lim\limits_{x\to 0}\left(\dfrac{1}{x}-\dfrac{1}{\sin x}\right)$;

(14) $\lim\limits_{x\to 0^+} x^{\sin x}$;

(15) $\lim\limits_{x\to\infty}(1+x^2)^{\frac{1}{x}}$;

(16) $\lim\limits_{x\to 0^+} x^{\frac{1}{\ln(e^x-1)}}$;

(17) $\lim\limits_{x\to 0^+}\left(\dfrac{\sin x}{x}\right)^{\frac{1}{x^2}}$;

(18) $\lim\limits_{x\to\infty}\left(\cos\dfrac{m}{x}\right)^x$.

3.3　导数在研究函数中的应用

导数是研究函数性态的有力工具.

1. 函数的单调性

如果曲线 $y=f(x)$ 在 (a,b) 内每一点存在切线, 且这些切线与 x 轴正向夹角为锐角, 此时曲线在 $[a,b]$ 上是单调递增的, 见图 3-4. 如果切线与 x 轴正向夹角为钝角, 此时曲线 $y=f(x)$ 在 $[a,b]$ 上是单调递减的, 见图 3-5.

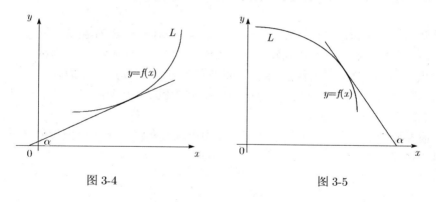

图 3-4　　　　　　　　　　　　　　　　　　图 3-5

由导数的几何意义知道, 切线斜率即为 $f'(x)$. 因此可由 $f'(x)$ 的符号判别函数在区间上的单调性.

定理 3.9　如果 $f(x)$ 在 $[a,b]$ 上连续, $f'(x)$ 在 (a,b) 内存在, 则当 $f'(x)>0$ 时, $f(x)$ 在 $[a,b]$ 上单调递增, 当 $f'(x)<0$ 时, $f(x)$ 在 $[a,b]$ 上单调递减.

证　在 $[a,b]$ 上任取两点 x_1,x_2 且 $x_1<x_2$, 在 $[x_1,x_2]$ 上用拉格朗日中值定理

$$f(x_2)-f(x_1)=f'(\xi)(x_2-x_1),\qquad \xi\in(x_1,x_2),$$

因为在 (a,b) 内 $f'(x)>0$, 于是 $f'(\xi)>0$, 可得到 $f(x_2)-f(x_1)>0$, 即 $f(x_2)>f(x_1)$. 由 x_1,x_2 在 $[a,b]$ 的任意性, 因此, $f(x)$ 在 $[a,b]$ 上单调递增. 当 $f'(x)<0$ 时, 证明方法类似.

例 1　讨论函数 $f(x)=2+x-x^2$ 的单调性.

解　$f'(x)=1-2x$, 令 $f'(x)=0$ 得 $x=\dfrac{1}{2}$. 点 $x=\dfrac{1}{2}$ 把 $f(x)$ 的定义域

$(-\infty, +\infty)$ 分为两部分, 即 $\left(-\infty, \dfrac{1}{2}\right]$ 及 $\left[\dfrac{1}{2}, +\infty\right)$, 列表讨论 $f'(x)$ 在各区间内的符号及 $f(x)$ 的单调性.

x	$\left(-\infty, \dfrac{1}{2}\right)$	$\left(\dfrac{1}{2}, +\infty\right)$
$f'(x)$	$+$	$-$
$f(x)$	↗	↘

因此, 函数 $f(x)$ 在 $\left(-\infty, \dfrac{1}{2}\right]$ 内单调递增, 在 $\left[\dfrac{1}{2}, +\infty\right)$ 内单调递减.

2. 函数的极值

我们观察图 3-6 中的曲线 $y = f(x)$, 这条曲线如同起伏跌宕的山脉, 它有时达到峰顶, 如在横坐标为 x_1, x_3, x_5, x_7 处; 有时达到谷底, 如在横坐标为 x_2, x_4, x_6 处. 我们把达到峰顶时的函数值称为函数的极大值, 达到谷底时的函数值称为函数的极小值.

定义 3.1(极值的定义)　$f(x)$ 在 $[a, b]$ 上连续, 若对于点 x_0 存在某一邻域 $(x_0 - \delta, x_0 + \delta)$, $(\delta > 0)$, 对于邻域中不等于 x_0 的点 x, 总有 $f(x) < f(x_0)$, 则称 $f(x_0)$ 为 $f(x)$ 的极大值, x_0 称为极大值点. 同样, 如果有 $f(x) > f(x_0)$, 则称 $f(x_0)$ 为 $f(x)$ 的极小值, x_0 称为极小值点, 极大值与极小值统称为极值, 极大值点与极小值点统称为极值点.

极值是函数的局部性质, 因此在图 3-6 中出现极小值 $f(x_2)$ 比极大值 $f(x_5)$ 大就不足为奇了.

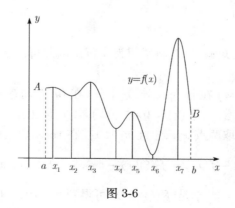

图 3-6

定理 3.10　如果 $f(x)$ 在 x_0 点有极值, 且 $f'(x_0)$ 存在, 则 $f'(x_0) = 0$.

定理的证明由本章定理 3.1 费马定理立刻得到.

由此可见, 对于可导函数而言, $f'(x_0) = 0$ 是函数在 x_0 点有极值的必要条件, 但并非充分条件, 这用例子 $y = f(x) = x^3$ 可以说明. 虽然 $(x^3)'|_{x=0} = 3x^2|_{x=0} = 0$,

但 $x = 0$ 不是它的极值点, 此外对于导数不存在的点, 可能是极值点, 例如 $y = |x|$, 在 $x = 0$ 不可导, 但 $x = 0$ 显然是它的极小值点, 见图 3-7. 对于导数不存在的点, 函数也可能在此不取极值, 例如 $y = \sqrt[3]{x}$, 在 $x = 0$ 不可导, 且 $x = 0$ 不是极值点, 见图 3-8.

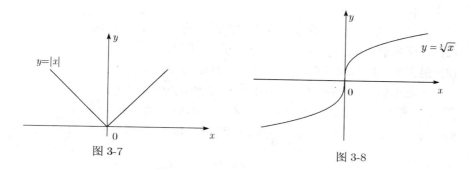

图 3-7 　　　　　　　　　　　　图 3-8

如果 $f'(x) = 0$, 称 x 为函数的驻点.

因此, 我们应从导数等于零的点及不可导的点中找极值点. 这两类点统称为有极值嫌疑的点, 对于有极值嫌疑的点可用下面判别极值点的充分条件.

定理 3.11 设 $f(x)$ 在 $(x_0 - \delta, x_0 + \delta)$ 内 (x_0 可以除外) 可导,

(1) 若 $f'(x)$ 在 x_0 左边附近是正号, 在 x_0 右边附近是负号, 则 x_0 是极大值点.

(2) 若 $f'(x)$ 在 x_0 左边附近是负号, 在 x_0 右边附近是正号, 则 x_0 是极小值点.

(3) 若 $f'(x)$ 在点 x_0 左右附近, 它的符号不变化, 则 x_0 不是极值点.

证 (1) 因为 $f'(x) > 0$, $x \in (x_0 - \delta, x_0)$, 由定理 3.9, $f(x)$ 在 $[x_0 - \delta, x_0]$ 上是单调递增的, 有 $f(x_0) > f(x)$, $x \in (x_0 - \delta, x_0)$. 因为 $f'(x) < 0$, $x \in (x_0, x_0 + \delta)$. 由定理 3.9, $f(x)$ 在 $[x_0, x_0 + \delta]$ 上是单调递减的, 有 $f(x) < f(x_0)$, $x \in (x_0, x_0 + \delta)$, 因此 $f(x) < f(x_0)$, $x \in (x_0 - \delta, x_0) \bigcup (x_0, x_0 + \delta)$, x_0 是极大值点.

(2) 证明类似 (1).

(3) 因为 $f'(x)$ 在 $(x_0 - \delta, x_0) \bigcup (x_0, x_0 + \delta)$ 内符号不变化, 例如 $f'(x) > 0$, 则 $f(x)$ 是单调递增的. 在 x_0 左边任意近处总有点 x, 使 $f(x) < f(x_0)$, 在 x_0 右边任意近处, 总有点 x, 使 $f(x) > f(x_0)$, 因此点 x_0 不是极值点.

例 2 求函数 $y = 2x^3 - 6x^2 - 18x + 7$ 的极值.

解 $y' = 6x^2 - 12x - 18 = 6(x + 1)(x - 3)$, $f'(-1) = f'(3) = 0$.

x	$(-\infty, -1)$	-1	$(-1, 3)$	3	$(3, +\infty)$
y'	$+$	0	$-$	0	$+$
y	↗	17	↘	-47	↗

极大值 $f(-1) = 17$, 极小值 $f(3) = -47$.

在 $[a,b]$ 上连续的函数一定有最大值及最小值, 最大值最小值是函数在区间上的整体性质, 而极大值与极小值是局部性质, 因此极大 (小) 值不一定是最大 (小) 值. 如果最大 (小) 值在 (a,b) 内取得, 那么它必是极大 (小) 值. 最大 (小) 值也可能在区间端点求得. 这时, 它不是极大 (小) 值. 因此, 我们可以按以下步骤来求函数在 $[a,b]$ 上的最大 (小) 值.

(1) 求 $f(x)$ 在 (a,b) 内导数等于零的点及不可导的点: $x_1, x_2, \cdots, x_l$.

(2) 求函数值 $f(x_1), f(x_2), \cdots, f(x_l), f(a), f(b)$.

(3) 最大值 $M = \max\{f(x_1), f(x_2), \cdots, f(x_l), f(a), f(b)\}$,

　　　最小值 $m = \min\{f(x_1), f(x_2), \cdots, f(x_l), f(a), f(b)\}$.

例 3　求 $f(x) = \sqrt[3]{2x^2(x-6)}$ 在 $[-2, 4]$ 上的最大值与最小值.

解　$y = \sqrt[3]{2x^2(x-6)}$, $\ln y = \dfrac{1}{3}[\ln 2 + 2\ln x + \ln(x-6)]$, $\dfrac{1}{y}y' = \dfrac{1}{3}\left(\dfrac{2}{x} + \dfrac{1}{x-6}\right)$,

$$y' = \sqrt[3]{2x^2(x-6)} \cdot \frac{(3x-12)}{3x(x-6)} = \frac{\sqrt[3]{2}(x-4)}{\sqrt[3]{x\cdot(x-6)^2}}.$$

$x = 0$ 为不可导的点. $f(0) = 0$, $f(-2) = -4$, $f(4) = -4$. 最大值 $M = \max\{0, -4\} = 0$, 最小值 $m = \min\{0, -4\} = -4$.

因此, 最大值 $f(0) = 0$, 最小值 $f(-2) = f(4) = -4$.

3. 曲线的凸性与拐点

在图 3-9 及图 3-10 中, 曲线 $y = f(x)$ 及 $y = g(x)$ 都是单调递增的, 但是它们的弯曲情况不同. 曲线 $y = f(x)$ 是向下凸的, 曲线 $y = g(x)$ 是向上凸的. 曲线向下凸的弧段位于这弧段上任意一点的切线的上方, 曲线向上凸的弧段位于这弧段上任意一点切线的下方. 称向下凸与向上凸的曲线为凸性曲线.

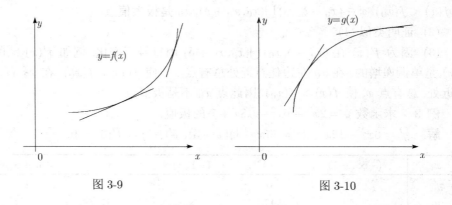

图 3-9　　　　　　　　　　　　　　　　　　图 3-10

如果某一函数的曲线是凸性曲线, 则称函数为凸性函数. 曲线为上凸, 称函数为上凸函数, 曲线下凸, 称函数为下凸函数.

定理 3.12 如果 $f(x)$ 在 (a,b) 内具有二阶导数, 则于 (a,b) 内的任意两点 x_0, x_1 都有 η (η 位于 x_0, x_1 之间), 使 $f(x_1) = f(x_0) + f'(x_0)(x_1 - x_0) + \frac{1}{2}f''(\eta)(x_1 - x_0)^2$.

证 设 $\psi(x) = f(x) - f(x_0) - f'(x_0)(x - x_0)$, $\phi(x) = \frac{1}{2}(x - x_0)^2$. 由柯西中值定理

$$\frac{f(x_1) - f(x_0) - f'(x_0)(x_1 - x_0)}{\frac{1}{2}(x_1 - x_0)^2} = \frac{f'(\xi) - f'(x_0)}{\xi - x_0},$$

其中 ξ 位于 x_1 与 x_0 之间, 对上式右端, 用拉格朗日中值定理得 $\dfrac{f'(\xi) - f'(x_0)}{\xi - x_0} = f''(\eta)$ (η 位于 x_0 与 ξ 之间). 因此,

$$f(x_1) - f(x_0) - f'(x_0)(x_1 - x_0) = \frac{1}{2}f''(\eta)(x_1 - x_0)^2,$$

即

$$f(x_1) = f(x_0) + f'(x_0)(x_1 - x_0) + \frac{1}{2}f''(\eta)(x_1 - x_0)^2.$$

定理 3.13 如果函数 $f(x)$ 在 (a,b) 内具有二阶导数, 且 $f''(x) > 0$(或 $f''(x) < 0$), 则 $f(x)$ 是 (a,b) 内的下凸函数 (或上凸函数).

证 设 $P(x_0, f(x_0))$ 为曲线 $y = f(x)$ 上任一点, 过点 P 的切线方程是 $y - f(x_0) = f'(x_0)(x - x_0)$. 对于横坐标 x_1, 切线上对应点的纵坐标是 $y_1 = f(x_0) + f'(x_0)(x_1 - x_0)$, 曲线上对应点的纵坐标为 $f(x_1)$. 由式

$$f(x_1) = f(x_0) + f'(x_0)(x_1 - x_0) + \frac{1}{2}f''(\eta)(x_1 - x_0)^2$$
$$\geqslant f(x_0) + f'(x_0)(x_1 - x_0) = y_1,$$

因此, 对于横坐标 x_1, 切线上对应的点总是位于曲线上对应点的下侧, 也就是曲线位于切线的上方, 曲线是向下凸的.

对于上凸函数的证明方法类似.

曲线 L 上向上凸与向下凸的分界点称为**拐点**. 图 3-11 中, P 点为拐点.

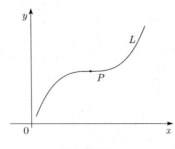

图 3-11

例 4　求曲线 $y = 3x^4 - 4x^3 + 1$ 的凸向及拐点.

解　$y' = 12x^3 - 12x^2$, $y'' = 36x\left(x - \dfrac{2}{3}\right)$. 令 $y'' = 0$, 可知方程的解为 $x_1 = 0$, $x_2 = \dfrac{2}{3}$. 以 $x_1 = 0$ 及 $x_2 = \dfrac{2}{3}$ 为分界点把 $(-\infty, +\infty)$ 分为 3 个部分, $f''(x)$ 在各部分上符号和 $f(x)$ 的凸向见下表.

x	$(-\infty, 0)$	0	$\left(0, \dfrac{2}{3}\right)$	$\dfrac{2}{3}$	$\left(\dfrac{2}{3}, +\infty\right)$
y''	$+$	0	$-$	0	$+$
y	向下凸	拐点 $(0, 1)$	向上凸	拐点 $\left(\dfrac{2}{3}, \dfrac{11}{27}\right)$	向下凸

因此曲线在 $(-\infty, 0) \bigcup \left(\dfrac{2}{3}, +\infty\right)$ 内向下凸, 在 $\left(0, \dfrac{2}{3}\right)$ 内向上凸, 拐点是 $(0, 1)$ 及 $\left(\dfrac{2}{3}, \dfrac{11}{27}\right)$.

4. 曲线的渐近线

为了掌握连续曲线在无限延伸时的走向与趋势, 必须讨论曲线的渐近线.

定义 3.2　当曲线 S 上的动点 P 沿曲线 S 无限远离原点时, 如果动点 P 到某一条直线 L 的距离无限趋于 0, 则称直线 L 是曲线 S 的一条渐近线, 见图 3-12.

(1) 垂直渐近线

如果图 3-12 中直线 L 垂直于 x 轴, 则称直线 L 是 S 的一条垂直渐近线, 见图 3-13.

如果有 $\lim\limits_{x \to x_0 + 0} f(x) = \infty$ 或 $\lim\limits_{x \to x_0 - 0} f(x) = \infty$, 则直线 $x = x_0$ 就是曲线 $y = f(x)$ 的一条垂直渐近线.

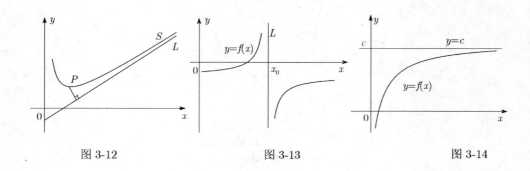

图 3-12　　　　　　　　　　　图 3-13　　　　　　　　　　　图 3-14

(2) 水平渐近线

如果图 3-12 中直线 L 平行于 x 轴, 则称直线 L 是 S 的一条水平渐近线, 见图 3-14.

如果 $\lim\limits_{x \to +\infty} f(x) = c$ 或 $\lim\limits_{x \to -\infty} f(x) = c$, 则直线 $y = c$ 就是曲线 $y = f(x)$ 的一条水平渐近线.

(3) 斜渐近线

如果图 3-12 中直线 L 的方程为 $y = ax + b \, (a \neq 0)$ 称 L 是曲线 S 的斜渐近线.

曲线 S 上动点 P 到直线 L 的距离趋于 0 (P 远离原点时) 与当 $x \to \infty$ 时, 曲线 $y = f(x)$ 与直线 L 上点的纵坐标之差 (在同一横坐标下) 趋于 0 是一致的. 于是 $0 = \lim\limits_{x \to \infty} [f(x) - (ax + b)] = \lim\limits_{x \to \infty} \dfrac{1}{x} (f(x) - ax - b) = \lim\limits_{x \to \infty} \left(\dfrac{f(x)}{x} - a - \dfrac{b}{x} \right)$, 得

$$a = \lim_{x \to \infty} \frac{f(x)}{x};$$

由 $0 = \lim\limits_{x \to \infty} [(f(x) - ax) - b]$, 得

$$b = \lim_{x \to \infty} (f(x) - ax).$$

例 5 求曲线 $y = \dfrac{1}{x^2 - 4x + 3}$ 的渐近线.

解 由 $\dfrac{1}{x^2 - 4x + 3} = \dfrac{1}{(x-1)(x-3)}$, 于是

$$\lim_{x \to 1} \frac{1}{x^2 - 4x + 3} = \infty, \qquad \lim_{x \to 3} \frac{1}{x^2 - 4x + 3} = \infty.$$

因此直线 $x = 1$ 及 $x = 3$ 是垂直渐近线.

$$\lim_{x \to \infty} \frac{1}{x^2 - 4x + 3} = 0,$$

因此直线 $y = 0$ 是水平渐近线.

例 6 求曲线 $y = \dfrac{x^2}{1 + x}$ 的渐近线.

解 $\lim\limits_{x \to -1} \dfrac{x^2}{1 + x} = \infty$, 因此直线 $x = -1$ 是垂直渐近线. 又

$$\lim_{x \to \infty} \frac{f(x)}{x} = \lim_{x \to \infty} \frac{x^2}{x(1 + x)} = 1, \qquad \lim_{x \to \infty} (f(x) - x) = \lim_{x \to \infty} \left(\frac{x^2}{1 + x} - x \right) = -1,$$

因此直线 $y = x - 1$ 为斜渐近线.

5. 函数作图

我们已用导数讨论了函数的重要特性, 并讨论了函数曲线的渐近线, 这样可更准确、更有效地作出函数的图形.

函数作图的主要步骤如下:

(1) 确定函数的定义域;

(2) 讨论函数的奇偶性、周期性;

(3) 讨论函数的单调性与极值;

(4) 讨论曲线的凸性与拐点;

(5) 讨论曲线的渐近线.

例 7　作函数 $y = \dfrac{x}{1 + x^2}$ 的图形.

解　函数 $f(x) = \dfrac{x}{1 + x^2}$ 定义域为 $(-\infty, +\infty)$.

由于 $f(-x) = -f(x)$, 因此 $f(x)$ 是奇函数. 奇函数的图形关于原点对称, 作图时先作 x 轴正向的那部分曲线, 再利用曲线关于原点的对称性, 作出曲线的另一部分.

$$y' = \frac{1 - x^2}{(1 + x^2)^2} = \frac{(1 - x)(1 + x)}{(1 + x^2)^2}, \qquad y'|_{x=-1} = 0, \quad y'|_{x=1} = 0.$$

$$y'' = \frac{2x(x^2 - 3)}{(1 + x^2)^3} = \frac{2x(x + \sqrt{3})(x - \sqrt{3})}{(1 + x^2)^3}, \qquad y''|_{x=0} = 0, \quad y''|_{x=\pm\sqrt{3}} = 0.$$

用 $x = 1$, $x = \sqrt{3}$ 把 $(0, \infty)$ 分为三个部分区间, 在各个部分区间上讨论 y', y'' 的符号, 见下表.

x	$(0, 1)$	1	$(1, \sqrt{3})$	$\sqrt{3}$	$(\sqrt{3}, +\infty)$
y'	$+$	0	$-$		$-$
y''	$-$		$-$	0	$+$
y	↗	极大值	↘	拐点	↘
	向上凸	$f(1) = \dfrac{1}{2}$	向上凸	$\left(\sqrt{3}, \dfrac{\sqrt{3}}{4}\right)$	向下凸

由 $\lim\limits_{x \to \infty} \dfrac{x}{1 + x^2} = 0$, 得到水平渐近线 $y = 0$. 作图, 图 3-15 中的曲线即为所求.

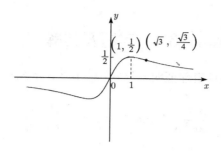

图 3-15

习 题 3.3

1. 求函数 $y = x^3 - 3x^2 - 9x + 14$ 的单调区间.

2. 求函数 $y = 2x^2 - \ln x$ 的单调区间.

3. 证明不等式 (1) $x > \ln(1+x)$ $(x > 0)$; (2) $x > \sin x > x - \dfrac{x^3}{6}$ $(x > 0)$.

4. 求函数的极值:

(1) $y = (x-3)^2(x-2)$; (2) $y = x^2 \cdot e^{-x}$;

(3) $y = x - \ln(1 + x^2)$; (4) $y = x + \tan x$;

(5) $y = \dfrac{(x-2)(3-x)}{x^2}$.

5. 求函数在所给区间上的最大值和最小值:

(1) $y = x^4 - 2x^2 + 5$, $[-2, 2]$;

(2) $y = \sin 2x - x$, $\left[-\dfrac{\pi}{2}, \dfrac{\pi}{2}\right]$;

(3) $y = \dfrac{x-1}{x+1}$, $[0, 4]$;

(4) $y = 3 - x - \dfrac{4}{(x+2)^2}$, $[-1, 2]$.

6. 求函数图形的拐点及向上凸、向下凸的区间:

(1) $y = x^3 - 5x^2 + 3x - 5$; (2) $y = a - \sqrt[3]{x-b}$;

(3) $y = \ln(x^2 + 1)$; (4) $y = e^{\arctan x}$.

7. 求曲线的渐近线:

(1) $y = \dfrac{1}{x^2 - 4x + 5}$; (2) $y = 3 + \dfrac{8}{(x-1)^2}$;

(3) $y = e^{\frac{1}{x}} - 1$.

8. 作函数的图形:

(1) $y = \dfrac{1}{1 + x^2}$; (2) $y = e^{2x - x^2}$;

(3) $y = \dfrac{4x + 4}{x^2} - 2$; (4) $y = \dfrac{1}{\sqrt{2\pi}} e^{-\frac{x^2}{2}}$.

*3.4　问题及其解

例 1　利用拉格朗日定理证明不等式: 若 $0 < \alpha < \beta < \dfrac{\pi}{2}$, 有

$$\frac{\beta - \alpha}{\cos^2 \alpha} < \tan \beta - \tan \alpha < \frac{\beta - \alpha}{\cos^2 \beta}.$$

证　设 $f(x) = \tan x$, 在 $[\alpha, \beta]\left(0 < \alpha < \beta < \dfrac{\pi}{2}\right)$ 上连续, 在 (α, β) 内可导, 由拉格朗日定理

$$\frac{\tan \beta - \tan \alpha}{\beta - \alpha} = \frac{1}{\cos^2 \xi}, \qquad \alpha < \xi < \beta.$$

由于 $\cos^2 \alpha > \cos^2 \xi > \cos^2 \beta$, 所以

$$\frac{1}{\cos^2 \alpha} < \frac{1}{\cos^2 \xi} < \frac{1}{\cos^2 \beta},$$

从而

$$\frac{\beta - \alpha}{\cos^2 \alpha} < \tan \beta - \tan \alpha < \frac{\beta - \alpha}{\cos^2 \beta}.$$

例 2　求 $\lim\limits_{x \to 0^+} \left[\dfrac{(1+x)^{\frac{1}{x}}}{e}\right]^{\frac{1}{x}}$.

解　设 $u = \left[\dfrac{(1+x)^{\frac{1}{x}}}{e}\right]^{\frac{1}{x}}$, $\ln u = \dfrac{1}{x} \ln \dfrac{(1+x)^{\frac{1}{x}}}{e}$,

$$\lim_{x \to 0^+} \ln u = \lim_{x \to 0^+} \frac{\dfrac{1}{x}\ln(1+x) - 1}{x} = \lim_{x \to 0^+} \frac{\ln(1+x) - x}{x^2}$$

$$= \lim_{x \to 0^+} \frac{\dfrac{1}{1+x} - 1}{2x} = \lim_{x \to 0^+} \frac{-x}{2x(1+x)} = \lim_{x \to 0^+} \frac{-1}{2(1+x)} = -\frac{1}{2}.$$

于是 $-\dfrac{1}{2} = \lim\limits_{x \to 0^+} \ln u = \ln(\lim\limits_{x \to 0^+} u)$, 因此 $\lim\limits_{x \to 0^+} u = e^{-\frac{1}{2}}$.

例 3　求内接于半径为 R 的已知球内的圆锥的最大体积.

解　如图 3-16 所示, $\dfrac{r}{h} = \dfrac{2R - h}{r}$, $r^2 = h(2R - h)$. 球内的圆锥体体积

$$V = \frac{1}{3}\pi r^2 \cdot h = \frac{\pi}{3} h^2 (2R - h) \quad (0 < h < 2R),$$

$$V' = \frac{\pi}{3}(4R - 3h) \cdot h,$$

$h = \dfrac{4}{3}R$ 为 $(0, 2R)$ 唯一驻点, 且

$$V''\left(\frac{4}{3}R\right) = \frac{\pi}{3}(4R - 8R) < 0,$$

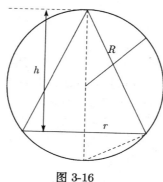

图 3-16

V 在 $(0, 2R)$ 内只有一个极大值而无极小值, 因而它就是最大值, 最大值为 $V\left(\dfrac{4}{3}R\right) = \dfrac{32}{81}\pi R^3$.

例 4 设 $f(x)$ 在 $[0, +\infty)$ 上连续, $f(0) = 0$, 且 $f'(x)$ 在 $(0, +\infty)$ 内单调增加, 证明 $\dfrac{f(x)}{x}$ 在 $(0, +\infty)$ 内也单调增加.

证 设 $\varphi(x) = \dfrac{f(x)}{x}$, 则 $\varphi'(x) = \dfrac{xf'(x) - f(x)}{x^2}$.

设 $F(x) = x$, $F(x)$ 及 $f(x)$ 在 $[0, +\infty)$ 连续, 在 $(0, +\infty)$ 内可导. 在 $(0, +\infty)$ 内 $F'(x) = 1 \neq 0$, 任取 $x \in (0, +\infty)$, 在 $[0, x]$ 上由柯西中值定理, 存在 ξ, 使 $\dfrac{f(x) - f(0)}{x} = \dfrac{f'(\xi)}{1}$ $(0 < \xi < x)$. 又 $f(0) = 0$, $f'(\xi) < f'(x)$, 故有 $\dfrac{f(x)}{x} < f'(x)$. 即 $xf'(x) - f(x) > 0$, 得 $\varphi'(x) > 0$, 因此 $\varphi(x) = \dfrac{f(x)}{x}$ 在 $(0, +\infty)$ 内单调增加.

习 题 3.4

1. 不求出函数 $f(x) = (x - 1)(x - 2)(x - 3)(x - 4)$ 的导数, 说明方程 $f'(x) = 0$ 有 n 个实根, 并指出它们所在的区间.

2. 设 $\dfrac{a_0}{n+1} + \dfrac{a_1}{n} + \cdots + \dfrac{a_{n-1}}{2} + a_n = 0$, 证明: $a_0 x^n + a_1 x^{n-1} + \cdots + a_{n-1}x + a_n = 0$ 在 0 与 1 之间至少有一实根.

3. 设函数 $f(x)$ 在 $[0, 1]$ 上连续, 在 $(0, 1)$ 内可导, $f(0) = f(1) = 0$, $f\left(\dfrac{1}{2}\right) = 1$. 试证: (1) 存在 $\eta \in \left(\dfrac{1}{2}, 1\right)$, 使 $f(\eta) = \eta$; (2) 对任意实数 λ, 必存在 $\xi \in (0, \eta)$, 使得 $f'(\xi) - \lambda[f(\xi) - \xi] = 1$.

4. 设 $f(x)$ 在 $[0,1]$ 上连续, 在 $(0,1)$ 内可导, $f(0) = 0$, $f(1) = 1$, 试证明: 对于任意给定的正数 a 和 b, 在 $(0,1)$ 内存在不同的 ξ, η, 使 $\dfrac{a}{f'(\xi)} + \dfrac{b}{f'(\eta)} = a + b$.

5. 设 $f(x)$ 具有二阶连续导数, 且 $f(a) = 0$.

$$g(x) = \begin{cases} \dfrac{f(x)}{x - a}, & x \neq a, \\ f'(a), & x = a, \end{cases}$$

求 $g'(x)$, 并证明 $g'(x)$ 在 $x = a$ 上连续.

6. 设 $f(x)$ 在 $[0, +\infty)$ 上连续, 在 $[0, +\infty)$ 内二阶可导, 且 $f''(x) < 0$. $f(0) = 0$. 试证: 对任意 $x_1 > 0$, $x_2 > 0$, 恒有 $f(x_1 + x_2) < f(x_1) + f(x_2)$.

7. 设 $\lim\limits_{x \to 0} \dfrac{f(x)}{x} = 1$, 且 $f''(x) > 0$, 证明 $f(x) \geqslant x$.

8. 设

$$f(x) = \begin{cases} \dfrac{g(x) - e^{-x}}{x}, & x \neq 0, \\ 0, & x = 0, \end{cases}$$

其中 $g(x)$ 有二阶连续导数, 且 $g(0) = 1, g'(0) = -1$,

    (1) 求 $f'(x)$;

    (2) 讨论 $f'(x)$ 在 $(-\infty, +\infty)$ 上的连续性.

9. 设 $f(x)$ 在 $[a,b]$ 上连续, 在 (a,b) 内可导, 且 $f'(x) \neq 0$, 试证存在 $\xi, \eta \in (a,b)$, 使得

$$\frac{f'(\xi)}{f'(\eta)} = \frac{e^b - e^a}{b - a} \cdot e^{-\eta}.$$

10. 设 $f(x)$ 在 $[a,b]$ 上可微, 且 $f'(x)$ 严格单调增加, 试证: 当 $a < x < b$ 时, 有 $\dfrac{f(x) - f(a)}{x - a} < \dfrac{f(b) - f(a)}{b - a}$.

第 4 章　积　　分

4.1　不定积分的概念与性质

1. 原函数与不定积分的概念

我们已经会求一个函数的导数, 例如函数 $F(x) = \dfrac{x^3}{3}$ 的导数是 $\left(\dfrac{1}{3}x^3\right)' = x^2$. 反过来, 已知一个函数 x^2, 问它是哪个函数 $F(x)$ 求导得到的, 这是求导运算的逆运算, 即由 $F'(x) = x^2$, 要求 $F(x)$. 易知函数 $\dfrac{1}{3}x^3$ 符合我们的要求, 称 $\dfrac{1}{3}x^3$ 是 x^2 的一个原函数. 显然 $\dfrac{1}{3}x^3 + 1, \dfrac{1}{3}x^3 - 10, \cdots$ 都是符合要求的函数, 只要 $\dfrac{1}{3}x^3$ 加上任意常数 C, 即 $\dfrac{1}{3}x^3 + C$ 都称为 x^2 的原函数.

定义 4.1　如果在区间 I 上 $F'(x) = f(x)$, 则称 $F(x)$ 是 $f(x)$ 的一个**原函数**.

如果 $F(x)$ 是 $f(x)$ 的一个原函数, 那么 $F(x) + C$ (C 为任意常数) 也是 $f(x)$ 的原函数. $f(x)$ 有无穷多个原函数, 如果 $F(x)$ 与 $G(x)$ 都是 $f(x)$ 的原函数, 那么由 3.1 节定理 3.3 的推论 2, 可以知道 $F(x) = G(x) + C$, 也就是它们之间只相差一个常数. 这就告诉我们, 如果知道了 $f(x)$ 的一个原函数是 $F(x)$, 那么它的原函数必具有形式 $F(x) + C$, 其中 C 是任意常数.

定义 4.2　$f(x)$ 在区间 I 上的全部原函数, 称为 $f(x)$ 的不定积分. 记为 $\displaystyle\int f(x)dx$. $\displaystyle\int$ 是积分号, 称 $f(x)$ 为被积函数, $f(x)dx$ 为被积表达式, x 为积分变量.

由不定积分定义可以知道, $\displaystyle\int f(x)dx$ 是一个函数集合的记号, 这个集合中的任何一个元素是函数, 并且它的导数是 $f(x)$. 如果 $F'(x) = f(x)$, 那么 $\displaystyle\int f(x)dx = F(x) + C$.

例 1　求 $\displaystyle\int \cos x\,dx$.

解　因为 $(\sin x)' = \cos x$, 所以 $\displaystyle\int \cos x\,dx = \sin x + C$.

例 2　求 $\displaystyle\int \dfrac{1}{\sqrt{x}}dx$.

解　因为 $(2\sqrt{x})' = \dfrac{1}{\sqrt{x}}$, 所以 $\displaystyle\int \dfrac{1}{\sqrt{x}}dx = 2\sqrt{x} + C$.

2. 不定积分的性质

性质 1　不定积分的导数等于被积函数, 即

$$\left(\int f(x)dx\right)' = f(x).$$

由不定积分定义, 立即得到.

性质 2　一个函数的导数的不定积分与这个函数相差一个任意常数, 即

$$\int F'(x)dx = F(x) + C.$$

证　因为 $F(x)$ 是 $F'(x)$ 的一个原函数, 所以 $\int F'(x)dx = F(x) + c$.

性质 3　被积函数的常数因子可以移到积分号外边,

$$\int Kf(x)dx = K\int f(x)dx,$$

其中 K 是常数, $K \neq 0$.

证　因为 $\left(K\int f(x)dx\right)' = K\left(\int f(x)dx\right)' = Kf(x)$, 所以 $\int Kf(x)dx = K\int f(x)dx$.

性质 4　两个函数代数和的不定积分等于每个函数不定积分的代数和.

$$\int [f(x) \pm g(x)]dx = \int f(x)dx \pm \int g(x)dx.$$

证　$\left[\int f(x)dx \pm \int g(x)dx\right]' = \left(\int f(x)dx\right)' \pm \left(\int g(x)dx\right)' = f(x) \pm g(x),$

因此 $\int [f(x) \pm g(x)]dx = \int f(x)dx \pm \int g(x)dx$.

例 3　求 $\int (\arcsin \sqrt{x})'dx$.

解　由性质 2, $\int (\arcsin \sqrt{x})'dx = \arcsin \sqrt{x} + C$.

例 4　求 $\left(\int \dfrac{1}{1+x^2}dx\right)'$.

解　由性质 1, $\left(\int \dfrac{1}{1+x^2}dx\right)' = \dfrac{1}{1+x^2}$.

例 5　求 $\int \left(3\cos x - \dfrac{1}{\sqrt{x}}\right)dx$.

解　由性质 3 及性质 4,

$$\int \left(3\cos x - \frac{1}{\sqrt{x}}\right)dx = \int 3\cos xdx - \int \frac{1}{\sqrt{x}}dx = 3\int \cos xdx - \int \frac{1}{\sqrt{x}}dx$$
$$= 3\sin x - 2\sqrt{x} + C.$$

3. 不定积分的基本公式

由不定积分的定义及导数的基本公式, 可以得到下列不定积分的基本公式:

1. $\displaystyle\int 0dx = C;$

2. $\displaystyle\int x^{\alpha}dx = \frac{1}{\alpha+1}x^{\alpha+1} + C \quad (\alpha \neq -1);$

3. $\displaystyle\int \frac{1}{x}dx = \ln|x| + C;$

4. $\displaystyle\int a^x dx = \frac{1}{\ln a}a^x + C \quad (a > 0,\ a \neq 1);$

5. $\displaystyle\int e^x dx = e^x + C;$

6. $\displaystyle\int \sin x dx = -\cos x + C;$

7. $\displaystyle\int \cos x dx = \sin x + C;$

8. $\displaystyle\int \sec^2 x dx = \tan x + C;$

9. $\displaystyle\int \csc^2 x dx = -\cot x + C;$

10. $\displaystyle\int \sec x \cdot \tan x dx = \sec x + C;$

11. $\displaystyle\int \csc x \cdot \cot x dx = -\csc x + C;$

12. $\displaystyle\int \frac{1}{\sqrt{1-x^2}}dx = \arcsin x + C \quad 或 = -\arccos x + C;$

13. $\displaystyle\int \frac{1}{1+x^2}dx = \arctan x + C \quad 或 = -\operatorname{arccot} x + C.$

例 6 求 $\displaystyle\int \sqrt{x\sqrt{x}}dx.$

解 $\displaystyle\int \sqrt{x\sqrt{x}}dx = \int x^{\frac{3}{4}}dx = \frac{1}{\frac{3}{4}+1}x^{\frac{3}{4}+1} + C = \frac{4}{7}x^{\frac{7}{4}} + C.$

例 7 求 $\displaystyle\int \cos^2 \frac{x}{2}dx.$

解 $\displaystyle\int \cos^2 \frac{x}{2}dx = \int \frac{1+\cos x}{2}dx = \frac{1}{2}\int dx + \frac{1}{2}\int \cos xdx$

$$= \frac{1}{2}x + \frac{1}{2}\sin x + C = \frac{1}{2}(x + \sin x) + C.$$

例 8 求 $\displaystyle\int \tan^2 xdx.$

解 $\displaystyle\int \tan^2 xdx = \int (\sec^2 x - 1)dx = \int \sec^2 xdx - \int dx = \tan x - x + C.$

例 9 求通过点 $(2, 10)$ 且斜率为 $3x^2$ 的曲线方程.

解 设所求曲线为 $y = f(x)$, 由已知条件

$$y' = 3x^2, \qquad \int 3x^2 dx = x^3 + C.$$

设所求曲线为

$$y = x^3 + C_0 \quad (C_0 为某一个常数),$$

把 $x = 2$, $y = 10$ 代入上式解得 $C_0 = 2$.

因此所求曲线是 $y = x^3 + 2$.

习 题 4.1

1. $\displaystyle\int f(x)dx = 2^x + x^2 + C$, 求 $f(x)$.

2. 求 $\displaystyle\int d\sin(1 - 2x)$.

3. 求 $d\left(\displaystyle\int a^{x^2 - 3x}dx\right)$.

4. 求 $\dfrac{d}{dx}\left[\displaystyle\int f(2x)dx\right]$.

5. 求 $\displaystyle\int f'(2x)dx$.

6. 设 $f(x)$ 的一个原函数是 $\sin x$, 求 $\displaystyle\int f'(x)dx$.

7. 设 $\left(\displaystyle\int f(x)dx\right)' = \sin x$, 求 $f(x)$.

8. 求下列积分：

(1) $\displaystyle\int (2^x + x^3)dx$;   (2) $\displaystyle\int \dfrac{x^2}{x^2 + 1}dx$;

(3) $\displaystyle\int \sqrt{x\sqrt{x\sqrt{x}}}dx$;   (4) $\displaystyle\int \dfrac{\cos 2x}{\sin x + \cos x}dx$;

(5) $\displaystyle\int \dfrac{\cos 2x}{\sin^2 x \cdot \cos^2 x}dx$;   (6) $\displaystyle\int \dfrac{\sqrt{1 + x^2}}{\sqrt{1 - x^4}}dx$.

9. 已知在曲线上任一点切线的斜率为 $2x$, 并且曲线经过点 $(1, 2)$, 求此曲线方程.

10. 已知质点在时刻 t 的加速度为 $t^2 + 1$, 且当 $t = 0$ 时速度 $v = 1$, 距离 $s = 0$. 求此质点的运动方程.

4.2 不定积分的换元积分法和分部积分法

1. 第一类换元法

对于求 $\displaystyle\int e^{2x}dx$ 这样形式简单的不定积分, 我们并不能从基本公式及性质立即得到它的解, 如果我们令 $u = 2x$, 则 $e^{2x} = e^u$. $du = 2dx$, 那么 $\displaystyle\int e^{2x}dx = \dfrac{1}{2}\int e^u du$

$= \dfrac{1}{2}e^u + C = \dfrac{1}{2}e^{2x} + C.$ 把求得的结果求导数: $\left(\dfrac{1}{2}e^{2x} + C\right)' = e^{2x}.$ 可见用这样的方法得到的函数 $\dfrac{1}{2}e^{2x} + C$ 确实是 e^{2x} 的不定积分. 在这里, 我们仅构造了一个变换 $u = 2x$, 即 u 是 x 的函数, 把 u 看作新的变元. 把这种想法推广到一般的情况, 设 $u = \varphi(x)$, 有下面的定理, 称为第一类换元法.

定理 4.1　设 $f(x)$ 可化为 $f(x) = g[\varphi(x)]\varphi'(x)$, 且 $g(u)$, $\varphi(x)$, $\varphi'(x)$ 都是连续函数, 且 $\displaystyle\int g(u)du = G(u) + C$, 则 $\displaystyle\int f(x)dx = G[\varphi(x)] + C.$

证　因为

$$\{G[\varphi(x)]\}' = G'[\varphi(x)] \cdot \varphi'(x) = g[\varphi(x)] \cdot \varphi'(x) = f(x),$$

所以, $\displaystyle\int f(x)dx = G[\varphi(x)] + C.$

在应用第一类换元法求 $\displaystyle\int f(x)dx$ 时, 先把被积表达式 $f(x)dx$ 转化为 $g[\varphi(x)]$ $\cdot\varphi'(x)dx$. 这时, 在积分号下可把 $\varphi'(x)dx$ 就看成 $d\varphi(x)$, 再进行变量代换, 令 $u = \varphi(x)$ 即可. 第一类换元法的运用可按如下步骤进行:

$$\int f(x)dx = \int g[\varphi(x)]\varphi'(x)dx = \int g[\varphi(x)]d\varphi(x)$$
$$= \int g(u)du = G(u) + C = G[\varphi(x)] + C,$$

其中 $u = \varphi(x)$.

例 1　求 $\displaystyle\int x \cdot e^{x^2} dx.$

解　令 $u = x^2$,

$$\int x \cdot e^{x^2} dx = \int \frac{1}{2}e^{x^2} \cdot (x^2)' dx = \frac{1}{2}\int e^{x^2} dx^2 = \frac{1}{2}\int e^u du = \frac{1}{2}e^u + C = \frac{1}{2}e^{x^2} + C.$$

例 2　求 $\displaystyle\int \tan x dx.$

解　令 $u = \cos x$,

$$\int \tan x dx = \int \frac{\sin x}{\cos x} dx = \int \frac{(-1)}{\cos x}(\cos x)' dx = -\int \frac{1}{\cos x} d\cos x$$
$$= -\int \frac{1}{u} du = -\ln|u| + C = -\ln|\cos x| + C.$$

例 3　求 $\displaystyle\int \frac{\sin\sqrt{x}}{\sqrt{x}} dx.$

解　令 $u = \sqrt{x}$,

$$\int \frac{\sin \sqrt{x}}{\sqrt{x}} dx = \int 2\sin\sqrt{x}(\sqrt{x})' dx = 2\int \sin\sqrt{x}\, d\sqrt{x}$$

$$= 2\int \sin u\, du = -2\cos u + C = -2\cos\sqrt{x} + C.$$

例 4　求 $\displaystyle\int \frac{\sqrt{\tan x}}{\cos^2 x} dx$.

解　令 $u = \tan x$,

$$\int \frac{\sqrt{\tan x}}{\cos^2 x} dx = \int (\tan x)^{\frac{1}{2}} \cdot \sec^2 x\, dx = \int (\tan x)^{\frac{1}{2}}(\tan x)'dx = \int (\tan x)^{\frac{1}{2}} d\tan x$$

$$= \int u^{\frac{1}{2}} du = \frac{1}{\frac{1}{2}+1} u^{\frac{1}{2}+1} + C = \frac{2}{3} u^{\frac{3}{2}} + C = \frac{2}{3}\sqrt{\tan^3 x} + C.$$

例 5　求 $\displaystyle\int (4x-1)^{50} dx$.

解　令 $u = 4x - 1$,

$$\int (4x-1)^{50}dx = \int \frac{1}{4}(4x-1)^{50} \cdot (4x-1)'dx = \frac{1}{4}\int (4x-1)^{50}d(4x-1) = \frac{1}{4}\int u^{50}du$$

$$= \frac{1}{4} \cdot \frac{1}{50+1} u^{50+1} + C = \frac{1}{204} u^{51} + C = \frac{1}{204}(4x-1)^{51} + C.$$

例 6　设 $f(x) = e^{-x}$, 求 $\displaystyle\int \frac{f'(\ln x)}{x} dx$.

解　令 $u = \ln x$,

$$\int \frac{f'(\ln x)}{x} dx = \int f'(\ln x)(\ln x)'dx = \int f'(\ln x)d\ln x$$

$$= \int f'(u)du = f(u) + C = f(\ln x) + C.$$

因为 $f(x) = e^{-x}$, 所以 $f(\ln x) = e^{-\ln x} = e^{\ln\frac{1}{x}} = \frac{1}{x}$. 因此,

$$\int \frac{f'(\ln x)}{x} dx = \frac{1}{x} + C.$$

2. 第二类换元法

对于 $\displaystyle\int \frac{dx}{1+\sqrt{x}}$, 令 $\sqrt{x} = t$, 找到一个函数 $x = \varphi(t) = t^2$, $dx = \varphi'(t)dt = 2t\,dt$,
于是

$$\int \frac{dx}{1+\sqrt{x}} = \int \frac{2t\,dt}{1+t} = 2\int \frac{t+1-1}{t+1} dt = 2\left[\int dt - \int \frac{1}{t+1}dt\right]$$

$$= 2[t - \ln(t+1)] + C = 2[\sqrt{x} - \ln(1+\sqrt{x})] + C.$$

把得到的结果求导：$\{2[\sqrt{x} - \ln(1+\sqrt{x})] + C\}' = \dfrac{1}{1+\sqrt{x}}$. 可见, 用这样的方法得到的函数 $2[\sqrt{x} - \ln(1+\sqrt{x})] + C$ 确实是 $\dfrac{1}{1+\sqrt{x}}$ 的不定积分. 一般情形, 有下面的不定积分第二类换元法则.

定理 4.2 设 $f(x)$ 连续, $x = \varphi(t)$ 有异于零的连续导数, 且 $\displaystyle\int f(\varphi(t))\,\varphi'(t)\,dt = F(t) + C$, 则 $\displaystyle\int f(x)dx = F[\varphi^{-1}(x)] + C$.

证 因为 $\varphi'(t) \neq 0$ 且连续, 所以 $\varphi'(t) > 0$ (或 $\varphi'(t) < 0$). 由 2.2 节定理 2.6, $\varphi(t)$ 有单调可导的反函数 $t = \varphi^{-1}(x)$, 于是

$$\{F[\varphi^{-1}(x)] + C\}' = F'[\varphi^{-1}(x)] \cdot [\varphi^{-1}(x)]' = F'(t) \cdot \frac{1}{\varphi'(t)} = f[\varphi(t)]\varphi'(t) \cdot \frac{1}{\varphi'(t)}$$

$$= f[\varphi(t)] = f(x).$$

利用第二类换元法求解 $\displaystyle\int f(x)dx$ 要找合适的变换函数 $x = \varphi(t)$, 把积分号下的 dx 看成 $\varphi'(t)dt$ 再进行运算. 具体的步骤如下：令 $x = \varphi(t)$,

$$\int f(x)dx = \int f[\varphi(t)] \cdot \varphi'(t)dt = F(t) + C = F[\varphi^{-1}(x)] + C.$$

例 7 求 $\displaystyle\int \frac{dx}{\sqrt{(x^2 + 4)^3}}$.

解 令 $x = 2\tan t$, 那么

$$\sqrt{(x^2 + 4)^3} = \sqrt{(4\tan^2 t + 4)^3} = 8\sec^3 t, \quad dx = 2\sec^2 t\,dt.$$

于是

$$\int \frac{dx}{\sqrt{(x^2+4)^3}} = \int \frac{2\sec^2 t\,dt}{8\sec^3 t} = \frac{1}{4}\int \cos t\,dt = \frac{1}{4}\sin t + C.$$

为了把 $\dfrac{1}{4}\sin t$ 用 x 的表达式表示, 可作小直角三角形 ABC, 如图 4-1, 其中边长 $AB = x$, $BC = 2$. 由图中边与角的三角函数关系可得

$$\sin t = \frac{x}{\sqrt{4 + x^2}}.$$

因此,

$$\int \frac{dx}{\sqrt{(x^2+4)^3}} = \frac{x}{4\sqrt{4+x^2}} + C.$$

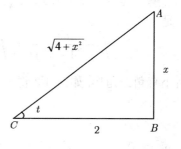

图 4-1

例 8　求 $\displaystyle\int \frac{\sqrt{x^2-4}}{x}dx$.

解　令 $x = 2\sec t$, 那么 $\sqrt{x^2-4} = 2\sqrt{\sec^2 t - 1} = 2\tan t$, $dx = 2\sec t \cdot \tan t dt$. 于是

$$\int \frac{\sqrt{x^2-4}}{x}dx = \int \frac{2\tan t}{2\sec t} \cdot 2\sec t \cdot \tan t dt = 2\int \tan^2 t dt$$

$$= 2\int (\sec^2 t - 1)dt = 2(\tan t - t) + C.$$

由小直角三角形如图 4-2, 得

$$\tan t = \frac{\sqrt{x^2-4}}{2}.$$

因此,

$$\int \frac{\sqrt{x^2-4}}{x}dx = 2\left(\frac{\sqrt{x^2-4}}{2} - \arccos\frac{2}{x}\right) + C.$$

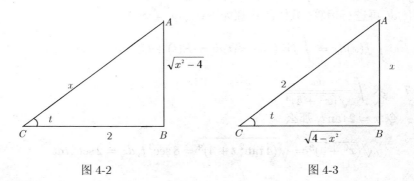

图 4-2　　　　　　　　　　　　　　　　图 4-3

例 9　求 $\displaystyle\int \frac{dx}{\sqrt{(4-x^2)^3}}$.

解　令 $x = 2\sin t$, 那么 $\sqrt{(4-x^2)^3} = 8\sqrt{(1-\sin^2 t)^3} = 8\cos^3 t$, $dx = 2\cos t dt$, 于是

$$\int \frac{dx}{\sqrt{(4-x^2)^3}} = \int \frac{2\cos t dt}{8\cos^3 t} = \frac{1}{4}\int \sec^2 t dt = \frac{1}{4}\tan t + C.$$

由小直角三角形, 如图 4-3 得

$$\tan t = \frac{x}{\sqrt{4-x^2}}.$$

因此,

$$\int \frac{\sqrt{4-x^2}}{x}dx = \frac{x}{4\sqrt{4-x^2}} + C.$$

3. 分部积分法

设 $u = u(x)$, $v = v(x)$, 由导数乘法公式 $(uv)' = u'v + uv'$, 可得到 $uv' = (uv)' - u'v$ 上式两边同时求不定积分, 得到

$$\int uv'dx = \int (uv)'dx - \int u'vdx = uv - \int u'vdx, \tag{4.2.1}$$

或写成形式

$$\int udv = uv - \int vdu. \tag{4.2.2}$$

(4.2.1) 式或 (4.2.2) 式称为不定积分的分部积分公式.

例 10 求 $\int x \cdot e^x dx$.

解 设 $u = x$, $v' = e^x$, 则 $u' = 1$, $v = e^x$. 由分部积分公式 (4.2.1)

$$\int xe^x dx = x \cdot e^x - \int e^x dx = xe^x - e^x + C = e^x(x-1) + C.$$

例 11 求 $\int \ln x dx$.

解 设 $u = \ln x$, $v' = 1$, 则 $u' = \dfrac{1}{x}$, $v = x$. 由分部积分公式 (4.2.1)

$$\int \ln x dx = x \cdot \ln x - \int \frac{1}{x} \cdot x dx = x \ln x - \int dx = x \ln x - x + C = x(\ln x - 1) + C.$$

例 12 求 $\int e^x \cdot \cos x dx$.

解 设 $u = \cos x$, $v = e^x$. 由分部积分公式 (4.2.2)

$$\int e^x \cos x dx = \int \cos x de^x = e^x \cos x - \int e^x d\cos x = e^x \cos x + \int e^x \sin x dx. \tag{4.2.3}$$

再对 $\int e^x \sin x dx$ 用分部积分, 得到

$$\int e^x \sin x dx = \int \sin x de^x = e^x \sin x - \int e^x \cos x dx. \tag{4.2.4}$$

将 (4.2.4) 代入 (4.2.3), 得到

$$\int e^x \cos x dx = e^x \cos x + e^x \sin x - \int e^x \cos x dx.$$

即

$$2 \int e^x \cos x dx = e^x(\cos x + \sin x).$$

所以，

$$\int e^x \cos x dx = \frac{1}{2} e^x (\cos x + \sin x) + C.$$

习　题　4.2

1. 求下列不定积分：

(1) $\int e^{-x} dx$;

(2) $\int (2x - 1)^6 dx$;

(3) $\int e^{5x+1} dx$;

(4) $\int \cos 5x dx$;

(5) $\int \dfrac{\ln x}{x} dx$;

(6) $\int \dfrac{1}{\sin^2 4x} dx$;

(7) $\int \sin^3 x \cdot \cos x dx$;

(8) $\int \sqrt{\cos x} \cdot \sin x dx$;

(9) $\int x^2 e^{x^3} dx$;

(10) $\int \dfrac{\sqrt{\tan x - 1}}{\cos^2 x} dx$;

(11) $\int \dfrac{\sqrt[3]{\cot x - 1}}{\sin^2 x} dx$;

(12) $\int \dfrac{dx}{\cos^2 x \cdot \sqrt{(\tan x + 2)^3}}$;

(13) $\int \dfrac{\arcsin x}{\sqrt{1 - x^2}} dx$;

(14) $\int \dfrac{dx}{(1 + x^2) \arctan x}$;

(15) $\int \dfrac{dx}{x \sqrt{\ln x}}$;

(16) $\int e^{-\sin x} \cdot \cos x dx$;

(17) $\int \dfrac{dx}{\sin^2 x + 2\cos^2 x}$;

(18) $\int \dfrac{x - 2}{x^2 + 2x + 3} dx$;

(19) $\int \dfrac{x + 1}{x^2 + 4x + 13} dx$;

(20) $\int \dfrac{x}{\sqrt{4 - x^2}} dx$;

(21) $\int \dfrac{x dx}{\sqrt{x^2 - 9}}$;

(22) $\int \dfrac{x^2}{\sqrt{16 - x^2}} dx$;

(23) $\int \dfrac{\sqrt{x^2 - 25}}{x} dx$;

(24) $\int \dfrac{dx}{\sqrt{a^2 + x^2}}$　$(a > 0)$;

(25) $\int \dfrac{x + 1}{\sqrt[3]{3x + 1}} dx$;

(26) $\int \dfrac{dx}{x^2 \sqrt{x^2 - 9}}$;

(27) $\int \dfrac{x^3}{(1 + x^2)^{\frac{3}{2}}} dx$;

(28) $\int \dfrac{\sqrt{(9 - x^2)^3}}{x^6} dx$;

(29) $\int x \sin x dx$;

(30) $\int x^2 e^{-x} dx$;

(31) $\int e^{-x} \sin x dx$;

(32) $\int e^{\sqrt[3]{x}} dx$;

(33) $\int \dfrac{\ln^3 x}{x^2} dx$;

(34) $\int x \tan^2 x dx$;

(35) $\int (\arcsin x)^2 dx$;

(36) $\int \ln(x + \sqrt{1 + x^2}) dx$.

2. 求: (1) $\displaystyle\int \frac{xe^x}{(e^x-1)^2}dx$; (2) $\displaystyle\int \frac{1}{1-x^2}\ln\frac{1+x}{1-x}dx$.

3. 已知 $f(x^2-1)=\ln\dfrac{x^2}{x^2-2}$ 且 $f[\varphi(x)]=\ln x$, 求 $\displaystyle\int \varphi(x)dx$.

4. 求 $\displaystyle\int [\ln f(x)+\ln f'(x)]\cdot[f'^2(x)+f(x)\cdot f''(x)]dx$.

5. 设 $y=y(x)$ 是由方程 $y(x-y)^2=x$ 确定的隐函数, 求 $\displaystyle\int \frac{dx}{x-3y}$.

4.3　定积分的概念与性质

在研究曲边梯形的面积、变速直线运动所经过的路程等许多实际问题的复杂计算中经过许多数学家的研究积累, 产生了定积分的概念, 找到了定积分与不定积分的关系, 并取得了广泛的应用. 本节由曲边梯形面积引进定积分概念.

1. 曲边梯形的面积

在直角坐标系中, 由连续曲线 $y=f(x)$ 和直线 $x=a$, $x=b$ 及 x 轴所围成的图形 $AabB$ 称为**曲边梯形**, 如图 4-4.

任意曲线所围成的平面图形的面积计算, 往往依赖于曲边梯形面积的计算.

现在讨论图 4-4 所示曲边梯形的面积:

(1) 用分点 $a=x_0<x_1<x_2<\cdots<x_{n-1}<x_n=b$ 将区间 $[a,b]$ 分成 n 个小区间 $[x_0,x_1]$, $[x_1,x_2]$, $\cdots$, $[x_{n-1},x_n]$, 这些小区

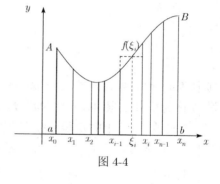

图 4-4

间的长度分别为 $\Delta x_1=x_1-x_0$, $\Delta x_2=x_2-x_1$, $\cdots$, $\Delta x_n=x_n-x_{n-1}$. 过每一分点 x_i $(i=1,2,\cdots,n-1)$ 作 x 轴垂线, 把曲边梯形 $AabB$ 分成 n 个窄曲边梯形.

(2) 在每个小区间 $[x_{i-1},x_i]$ $(i=1,2,\cdots,n)$ 内任取一点 ξ_i $(x_{i-1}\leqslant\xi_i\leqslant x_i)$, 以 $[x_{i-1},x_i]$ 为底, $f(\xi_i)$ 为高的窄矩形近似代替第 i 个窄曲边梯形 $(i=1,2,\cdots,n)$, 把这 n 个窄矩形面积之和作为所求曲边梯形面积 S 的近似值, 即

$$S\approx f(\xi_1)\Delta x_1+f(\xi_2)\Delta x_2+\cdots+f(\xi_n)\Delta x_n=\sum_{i=1}^{n}f(\xi_i)\Delta x_i.$$

(3) 若记 $\lambda=\max\{\Delta x_1,\Delta x_2,\cdots,\Delta x_n\}$, 当 $\lambda\to 0$, 即当分点不断增加, 所有小区间的长度都无限缩小趋于零时, 上述和式的极限定义为曲边梯形的面积, 即

$$S=\lim_{\lambda\to 0}\sum_{i=1}^{n}f(\xi_i)\Delta x_i.$$

这种归结为项数不断增加的和式的极限的实际问题很多, 于是我们概括出下述定积分的定义.

2. 定积分定义

定义 4.3 设函数 $f(x)$ 在 $[a,b]$ 上有界, 在 $[a,b]$ 中任意插入若干个分点 $a = x_0 < x_1 < x_2 < \cdots < x_{n-1} < x_n = b$, 把区间 $[a,b]$ 分成 n 个小区间 $[x_0, x_1]$, $[x_1, x_2]$, $\cdots$, $[x_{n-1}, x_n]$, 各小区间的长度依次为 $\Delta x_1 = x_1 - x_0$, $\Delta x_2 = x_2 - x_1$, $\cdots$, $\Delta x_n = x_n - x_{n-1}$. 在每一小区间 $[x_{i-1}, x_i]$ 上任取一点 $\xi_i (x_{i-1} \leqslant \xi_i \leqslant x_i)$, 作函数值 $f(\xi_i)$ 与小区间长度 Δx_i 的乘积 $f(\xi_i)\Delta x_i$ $(i = 1, 2, \cdots, n)$, 并作和 $S = \sum\limits_{i=1}^{n} f(\xi_i)\Delta x_i$, 称 S 为积分和, 记 $\lambda = \max\{\Delta x_1, \Delta x_2, \cdots, \Delta x_n\}$, 如果不论对 $[a,b]$ 如何分法, 也不论在小区间 $[x_{i-1}, x_i]$ 上点 ξ_i 如何取法, 只要当 $\lambda \to 0$ 时, 和 S 总趋于确定的极限 I, 这时我们称这个极限 I 为函数 $f(x)$ 在区间 $[a,b]$ 上的**定积分**(简称**积分**), 记作 $\int_a^b f(x)dx$. 即

$$I = \int_a^b f(x)dx = \lim_{\lambda \to 0} \sum_{i=1}^{n} f(\xi_i)\Delta x_i,$$

其中 $f(x)$ 称为被积函数, $f(x)dx$ 称为被积表达式, x 称为积分变量, a 称为积分下限, b 称为积分上限, $[a,b]$ 称为积分区间.

$f(x)$ 在 $[a,b]$ 上的定积分存在, 称 $f(x)$ 在 $[a,b]$ **可积**, 函数 $f(x)$ 可积条件是 $f(x)$ 在 $[a,b]$ 上连续或 $f(x)$ 在 $[a,b]$ 上有界, 且只有有限个间断点.

上述曲边梯形面积可以表示为 $A = \int_a^b f(x)dx$. 由定义可知, 定积分值仅与被积函数 $f(x)$ 及积分区间 $[a,b]$ 有关, 而与积分变量无关, 即

$$\int_a^b f(x)dx = \int_a^b f(t)dt = \int_a^b f(u)du.$$

例 1 利用定义 4.3 计算定积分 $\int_0^1 x^2 dx$.

解 不妨把 $[0,1]$ 分为 n 等份, 分点为 $x_i = \dfrac{i}{n}$ $(i = 1, 2, \cdots, n-1)$. 这样每个小区间 $[x_{i-1}, x_i]$ 的长度 $\Delta x_i = \dfrac{1}{n}$ $(i = 1, 2, \cdots, n-1)$. 取 $\xi_i = x_i = \dfrac{i}{n}$ $(i = 1, 2, \cdots, n)$, 于是

$$\sum_{i=1}^{n} f(\xi_i)\Delta x_i = \sum_{i=1}^{n} \xi_i^2 \Delta x_i = \sum_{i=1}^{n} \left(\frac{i}{n}\right)^2 \cdot \frac{1}{n} = \frac{1}{n^3} \sum_{i=1}^{n} i^2$$

$$= \frac{1}{n^3} \cdot \frac{1}{6} n(n+1)(2n+1) = \frac{1}{6} \left(1 + \frac{1}{n} \right) \left(2 + \frac{1}{n} \right).$$

因为等分区间所以当 $\lambda \to 0$ 时, $n \to \infty$, 于是

$$\lim_{\lambda \to 0} \sum_{i=1}^{n} f(\xi_i) \Delta x_i = \lim_{n \to \infty} \frac{1}{6} \left(1 + \frac{1}{n} \right) \left(2 + \frac{1}{n} \right) = \frac{1}{3},$$

即 $\int_0^1 x^2 dx = \frac{1}{3}$.

3. 定积分的几何意义

由曲边梯形面积引进的定积分定义可知: 在 $[a,b]$ 上 $f(x) \geqslant 0$ 时, $\int_a^b f(x)dx$ 在几何上表示由曲线 $y = f(x)$, 直线 $x = a$, $x = b$ 与 x 轴所围成的曲边梯形面积; 在 $[a,b]$ 上, $f(x) \leqslant 0$ 时, $y = f(x)$, $x = a$, $x = b$ 与 x 轴所围曲边梯形在 x 轴下方, 则 $\int_a^b f(x)dx$ 在几何上表示这曲边梯形面积的负值; 在 $[a,b]$ 上 $f(x)$ 既取得正值又取得负值时, $f(x)$ 图形一部分在 x 轴上方, 其余部分在 x 轴下方, $\int_a^b f(x)dx$ 则是介于 $f(x)$ 与 x 轴间的图形及两条直线 $x = a$, $x = b$ 之间的各部分面积的代数和 (如图 4-5).

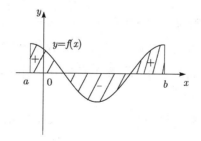

图 4-5

4. 定积分性质

先作二条规定:

(1) $\int_a^b f(x)dx = - \int_b^a f(x)dx$;

(2) $a = b$ 时 $\int_a^b f(x)dx = 0$.

显然二条规定是符合定积分定义的.

以下性质都可用定义证明, 或用几何意义解释, 这里不一一证明.

(1) $\displaystyle\int_a^b Kf(x)dx = K\int_a^b f(x)dx.$

(2) $\displaystyle\int_a^b [f(x) \pm g(x)]dx = \int_a^b f(x)dx \pm \int_a^b g(x)dx.$

(3) $\displaystyle\int_a^b f(x)dx = \int_a^c f(x)dx + \int_c^b f(x)dx.$ (由图 4-6, 你能说明理由吗? 当 c 在 ab 或 ba 延长线上呢?)

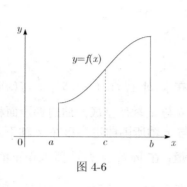

图 4-6

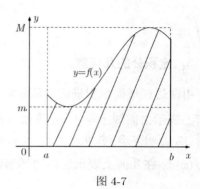

图 4-7

(4) 如果函数 $f(x), g(x)$ 在区间 $[a,b]$ 上总满足 $f(x) \leqslant g(x)$, 则 $\displaystyle\int_a^b f(x)dx \leqslant \int_a^b g(x)dx.$ (你能画图用几何意义说明吗?)

(5) 如果 $f(x) = 1$, 则 $\displaystyle\int_a^b f(x)dx = \int_a^b dx = b - a.$

(6) 如果 $f(x)$ 在区间 $[a,b]$ 上的最大值与最小值分别为 M 与 m, 则 $m(b-a) \leqslant \displaystyle\int_a^b f(x)dx \leqslant M(b-a).$ (a,b 间曲边梯形面积介于分别以 m, M 为高的矩形面积之间, 如图 4-7.)

(7) **定积分中值定理**　如果 $f(x)$ 在 $[a,b]$ 上连续, 则在 $[a,b]$ 上至少存在一点 ξ, 使 $\displaystyle\int_a^b f(x)dx = f(\xi)(b-a) \quad (a \leqslant \xi \leqslant b).$

这可由性质 (6) 中不等式各边除以 $(b-a)$, 得到

$$m \leqslant \frac{1}{b-a}\int_a^b f(x)dx \leqslant M.$$

根据闭区间上连续函数的介值定理, 在 $[a,b]$ 上至少存在一点 ξ, 使 $f(x)$ 在点 ξ 的值 $f(\xi)$ 与 $f(x)$ 的最大值与最小值间的确定值 $\dfrac{1}{b-a}\displaystyle\int_a^b f(x)dx$ 相等, 即

$$\frac{1}{b-a}\int_a^b f(x)dx = f(\xi).$$

从几何意义上, 即 $f(x)$ 在 $[a, b]$ 内至少存在一点 ξ, 使以 $[a, b]$ 为底, $f(\xi)$ 为高的矩形面积与曲边梯形面积相等 (见图 4-8).

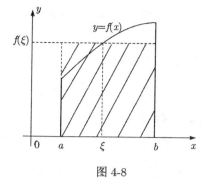

图 4-8

例 2 估计积分 $\displaystyle\int_1^3 (2 + x^2)dx$.

解 $f(x) = 2 + x^2$ 在 $[1, 3]$ 上的最大值 $M = 11$, 最小值 $m = 3$, $b - a = 2$. 由性质 (6)

$$6 \leqslant \int_1^3 (2 + x^2)dx \leqslant 22.$$

例 3 $\displaystyle\int_0^1 xdx$ 与 $\displaystyle\int_0^1 x^2dx$ 哪个积分值大?

解 因为在积分区间 $[0, 1]$ 上, $x \geqslant x^2$, 所以

$$\int_0^1 xdx > \int_0^1 x^2dx.$$

习 题 4.3

1. 利用定积分定义计算下列积分:

    (1) $\displaystyle\int_a^b xdx$ $(a < b)$;   (2) $\displaystyle\int_0^1 e^xdx$.

2. 不计算积分, 比较下列各组积分值的大小:

    (1) $\displaystyle\int_0^1 x^2dx$ 和 $\displaystyle\int_0^1 x^3dx$;

    (2) $\displaystyle\int_1^2 x^2dx$ 和 $\displaystyle\int_1^2 x^3dx$;

    (3) $\displaystyle\int_0^{\frac{\pi}{2}} xdx$ 和 $\displaystyle\int_0^{\frac{\pi}{2}} \sin xdx$.

4.4 微积分基本公式

我们知道, 不定积分的原函数概念与作为积分和的极限的定积分概念是从两个完全不同的角度引进来的, 那么它们之间有什么关系呢? 本节讨论定积分与不定积分的关系, 并得出用不定积分计算定积分的公式.

1. 积分上限函数及其导数

设函数 $f(x)$ 在区间 $[a,b]$ 上连续, x 为区间 $[a,b]$ 上的任意一点, 则定积分 $\int_a^x f(t)dt$ 对每一 $x \in [a,b]$ 都有一个确定的值与之对应, 因此它是定义在 $[a,b]$ 上的函数, 记作 $\phi(x) = \int_a^x f(t)dt \quad (a \leqslant x \leqslant b)$. $\phi(x)$ 称为积分上限函数, 这个函数具有如下重要性质.

定理 4.3　如果函数 $f(x)$ 在区间 $[a,b]$ 上连续, 则积分上限函数 $\phi(x) = \int_a^x f(t)dt$ 在 $[a,b]$ 上具有导数, 其导数是 $\phi'(x) = \dfrac{d}{dx}\int_a^x f(t)dt = f(x) \quad (a \leqslant x \leqslant b)$.

证　设 $\Delta\phi$ 为函数 $\phi(x)$ 由 x 到 $x+\Delta x$ 的函数的增量, 于是

$$\Delta\phi = \phi(x + \Delta x) - \phi(x) = \int_a^{x+\Delta x} f(t)dt - \int_a^x f(t)dt$$

$$= \int_a^x f(t)dt + \int_x^{x+\Delta x} f(t)dt - \int_a^x f(t)dt = \int_x^{x+\Delta x} f(t)dt = f(\xi)\Delta x,$$

这里 ξ 在 x 与 $x + \Delta x$ 之间 (见图 4.9), 最后一步用了定积分中值定理.

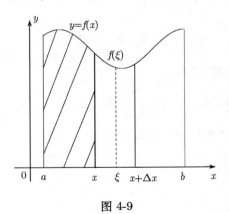

图 4-9

由 $f(x)$ 在 $[a,b]$ 上连续, 可知

$$\lim_{\Delta x \to 0} \frac{\Delta\phi}{\Delta x} = \lim_{\Delta x \to 0} f(\xi) = f(x) \qquad (\Delta x \to 0\text{时}, \xi \to x).$$

定理 4.4　如果函数 $f(x)$ 在区间 $[a,b]$ 上连续, 则函数

$$\phi(x) = \int_a^x f(t)dt$$

就是 $f(x)$ 在 $[a,b]$ 上的一个原函数.

这是因为 $\phi'(x) = f(x)$, 所以 $\phi(x)$ 即为 $f(x)$ 的一个原函数. 此定理称为原函数存在定理.

2. 牛顿–莱布尼茨公式

定理 4.5 如果 $F(x)$ 是连续函数 $f(x)$ 在区间 $[a,b]$ 上的一个原函数, 则

$$\int_a^b f(x)dx = F(b) - F(a). \tag{4.4.1}$$

证 因为 $F(x)$ 是 $f(x)$ 的一个原函数, 而由定理 4.3 知, $\phi(x) = \int_a^x f(t)dt$ 也是 $f(x)$ 的一个原函数, 所以

$$F(x) - \phi(x) = C \quad (a \leqslant x \leqslant b).$$

令 $x = a$, 则 $F(a) - \phi(a) = C$, 而其中 $\phi(a) = \int_a^a f(t)dt = 0$, 于是 $C = F(a)$, 即 $\phi(x) = F(x) - F(a)$, 所以

$$\int_a^x f(t)dt = F(x) - F(a).$$

当 $x = b$ 时, 上式可写成 $\int_a^b f(x)dx = F(b) - F(a)$. 为了方便, 有时把 $F(b) - F(a)$ 写成 $[F(x)]_a^b$, 即

$$\int_a^b f(x)dx = [F(x)]_a^b = F(b) - F(a), \tag{4.4.2}$$

这公式称为牛顿 – 莱布尼茨 (Newton-Leibniz) 公式, 也称为微积分基本公式.

它揭示了定积分与不定积分 (原函数) 之间的联系, 给定积分提供了一个有效而简便的计算方法, 大大简化了定积分的计算. 现在用公式 (4.4.2) 计算例 1, 将会显得相当简便.

例 1 计算 $\int_0^1 x^2 dx$.

解 $\dfrac{x^3}{3}$ 是 x^2 的一个原函数, 所以

$$\int_0^1 x^2 dx = \left[\frac{x^3}{3}\right]_0^1 = \frac{1}{3} - 0 = \frac{1}{3}.$$

例 2 计算 $\int_1^2 \left(e^x - \dfrac{1}{x} + 1\right)dx$.

解

$$\int_1^2 \left(e^x - \frac{1}{x} + 1\right) dx = [e^x - \ln x + x]_1^2$$
$$= (e^2 - \ln 2 + 2) - (e + 1) = e^2 - e - \ln 2 + 1.$$

例 3　计算 $\displaystyle\int_0^{2\pi} \sin x dx$.

解　$\displaystyle\int_0^{2\pi} \sin x dx = [-\cos x]_0^{2\pi} = -1 - (-1) = 0.$

如求曲线 $y = \sin x$ 在 $[0, 2\pi]$ 内与 x 轴所围面积, 那应该是 $S = 2\displaystyle\int_0^\pi \sin x dx = 2[-\cos x]_0^\pi = 2(1 + 1) = 4.$ (请读者考虑这是为什么?)

例 4　计算 $\displaystyle\int_{-1}^3 |2 - x| dx$.

解　因为 $|2 - x| = \begin{cases} 2 - x, & x \leqslant 2, \\ x - 2, & x > 2, \end{cases}$ 所以

$$\int_{-1}^3 |2 - x| dx = \int_{-1}^2 (2 - x) dx + \int_2^3 (x - 2) dx$$
$$= \left[2x - \frac{x^2}{2}\right]_{-1}^2 + \left[\frac{x^2}{2} - 2x\right]_2^3 = \frac{9}{2} + \frac{1}{2} = 5.$$

下面再举几个有关积分上限函数的例子:

1. $\dfrac{d}{dx} \displaystyle\int_0^x e^{t^2} dt = e^{x^2}.$

2. $\dfrac{d}{dx} \displaystyle\int_x^{-1} \cos^2 t dt = \dfrac{d}{dx} \left[-\int_{-1}^x \cos^2 t dt\right] = -\cos^2 x.$

3. 求 $\dfrac{d}{dx} \displaystyle\int_0^{x^2} \sin t dt$.

解　令 $u = x^2$, 则由复合函数求导法

$$\frac{d}{dx} \int_0^{x^2} \sin t dt = \frac{d}{du} \int_0^u \sin t dt \cdot \frac{du}{dx} = 2x \sin x^2.$$

4. 求 $\displaystyle\lim_{x \to 0} \dfrac{\displaystyle\int_{\cos x}^1 e^{-t^2} dt}{x^2}$.

解　这是个 $\dfrac{0}{0}$ 型的极限问题, 用洛必达法则, 并令 $u = \cos x$, 于是

$$\frac{d}{dx} \int_{\cos x}^1 e^{-t^2} dt = \frac{d}{du} \left[-\int_1^u e^{-t^2} dt\right] \frac{du}{dx} = -e^{-u^2} \cdot (-\sin x) = \sin x e^{-\cos^2 x},$$

所以

$$\lim_{x \to 0} \frac{\int_{\cos x}^{1} e^{-t^2} dt}{x^2} = \lim_{x \to 0} \frac{\sin x \cdot e^{-\cos^2 x}}{2x} = \frac{1}{2e}.$$

5. 设 $f(x) = \begin{cases} x^2, & \text{当 } x \in [0,1) \text{ 时,} \\ x, & \text{当 } x \in [1,2] \text{ 时,} \end{cases}$ 求 $\varphi(x) = \int_0^x f(t)dt$ 在 $[0,2]$ 上的表达式, 并讨论 $\varphi(x)$ 在 $(0,2)$ 内的连续性.

解 当 $x < 1$ 时, $\int_0^x f(t)dt = \int_0^x t^2 dt = \frac{t^3}{3}\Big|_0^x = \frac{x^3}{3}$;

当 $x \geqslant 1$ 时, $\int_0^x f(t)dt = \int_0^1 t^2 dt + \int_1^x t dt = \frac{1}{3} + \left[\frac{t^2}{2}\right]_1^x = \frac{x^2}{2} + \frac{1}{3} - \frac{1}{2} = \frac{x^2}{2} - \frac{1}{6}$.

所以, $\varphi(x) = \int_0^x f(t)dt = \begin{cases} \dfrac{x^3}{3}, & 0 \leqslant x < 1, \\ \dfrac{x^2}{2} - \dfrac{1}{6}, & 1 \leqslant x \leqslant 2. \end{cases}$

由于 $\lim\limits_{x \to 1^+} \varphi(x) = \frac{1}{2} - \frac{1}{6} = \frac{1}{3}$, $\lim\limits_{x \to 1^-} \varphi(x) = \frac{1}{3}$, 即 $\lim\limits_{x \to 1^+} \varphi(x) = \lim\limits_{x \to 1^-} \varphi(x) = \frac{1}{3}$ $= \varphi(1)$. 所以, $\varphi(x)$ 在 $(0,2)$ 内连续.

习 题 4.4

1. 计算下列各导数:

(1) $\dfrac{d}{dx} \int_x^{-1} t e^{-t} dt$; (2) $\dfrac{d}{dx} \int_0^{x^2} \dfrac{dt}{\sqrt{1+t^2}}$;

(3) $\dfrac{d}{dx} \int_{x^3}^{x^2} e^t dt$.

2. 求下列极限:

(1) $\lim\limits_{x \to 0} \dfrac{\int_0^x \cos t^2 dt}{x}$; (2) $\lim\limits_{x \to +\infty} \dfrac{\left[\int_0^x e^{t^2} dt\right]^2}{\int_0^x e^{2t^2} dt}$.

3. 设 $f(x)$ 在 $[a,b]$ 上连续, 在 (a,b) 可导, 且 $f'(x) \leqslant 0$, $F(x) = \dfrac{1}{x-a} \int_a^x f(t)dt$, 证明: 在 (a,b) 内有 $F'(x) \leqslant 0$.

4. 设 $f(x)$ 在 $[a,b]$ 上连续, 且 $f(x) > 0$, $F(x) = \int_a^x f(t)dt + \int_b^x \dfrac{dt}{f(t)}$. 证明: (1) $F'(x) \geqslant 2$; (2) 方程 $F(x) = 0$ 在 (a,b) 内有且仅有一个根.

5. 设 $f(x) = \begin{cases} \dfrac{1}{2} \sin x, & \text{当 } 0 \leqslant x \leqslant \pi \text{ 时,} \\ 0, & \text{当 } x < 0 \text{ 或 } x > \pi \text{ 时,} \end{cases}$ 求 $\varphi(x) = \int_0^x f(t)dt$ 在 $(-\infty, +\infty)$ 内的表达式.

6. 计算下列定积分:

(1) $\displaystyle\int_{-1}^{1}(x^3-3x^2)dx$;

(2) $\displaystyle\int_{1}^{27}\frac{dx}{\sqrt[3]{x}}$;

(3) $\displaystyle\int_{\frac{1}{\sqrt{3}}}^{\sqrt{3}}\frac{dx}{1+x^2}$;

(4) $\displaystyle\int_{0}^{1}\frac{dx}{\sqrt{4-x^2}}$;

(5) $\displaystyle\int_{0}^{2\pi}|\sin x|dx$;

(6) $\displaystyle\int_{0}^{\pi}\cos^2\frac{x}{2}dx$;

(7) 设$f(x)=\begin{cases} x+1, & \text{当 } x\leqslant 1 \text{ 时}, \\ \dfrac{1}{2}x^2, & \text{当 } x>1 \text{ 时}, \end{cases}$ 求 $\displaystyle\int_{0}^{2}f(x)dx$.

4.5   定积分的换元法与分部积分法

1. 定积分的换元法

在不定积分中我们常用换元法求原函数, 定积分中也可用换元法计算.

定理 4.6   若函数 $f(x)$ 在区间 $[a,b]$ 上连续; 函数 $x=\varphi(t)$ 在区间 $[\alpha,\beta]$ 上是单值的且有连续导数; 当 t 在区间 $[\alpha,\beta]$ 上变化时, $x=\varphi(t)$ 的值在 $[a,b]$ 上变化, 且 $\varphi(\alpha)=a$, $\varphi(\beta)=b$, 则

$$\int_a^b f(x)dx=\int_\alpha^\beta f[\varphi(t)]\varphi'(t)dt.$$

这个公式就是定积分的换元公式 (证明略).

这里我们可以看到, 在应用换元公式时, 只要把 x 换成 $\varphi(t)$, 这时原积分变成新变量 t 的积分, 并把 x 的积分限换成相应的 t 的积分限. 所以在求出 $f[\varphi(t)]\varphi'(t)$ 的原函数 $\phi(t)$ 后, 不必像不定积分那样要把 $\phi(t)$ 变换成原来变量 x 的函数, 而只要把新变量 t 的上、下限分别代入 $\phi(t)$ 中, 然后相减就行了. 换元公式由左到右用时, 是相应于不定积分的第二换元法, 由右向左用, 可写成

$$\int_a^b f[\varphi(x)]\varphi'(x)dx=\int_\alpha^\beta f(t)dt.$$

这就相应于不定积分的第一换元法.

例 1   计算 $\displaystyle\int_0^a\sqrt{a^2-x^2}dx$ $(a>0)$.

解   令 $x=a\sin t$, 则 $dx=a\cos tdt$. 当 $x=0$ 时 $t=0$; 当 $x=a$ 时 $t=\dfrac{\pi}{2}$. 于是

$$\int_0^a\sqrt{a^2-x^2}dx=a^2\int_0^{\frac{\pi}{2}}\cos^2 tdt=a^2\int_0^{\frac{\pi}{2}}\frac{1+\cos 2t}{2}dt=\frac{a^2}{2}\left[t+\frac{\sin 2t}{2}\right]_0^{\frac{\pi}{2}}=\frac{\pi a^2}{4}.$$

例 2 计算 $\displaystyle\int_{-1}^{1} \frac{xdx}{\sqrt{5-4x}}$.

解 令 $\sqrt{5-4x} = t$, 即 $x = \dfrac{5-t^2}{4}$, $dx = -\dfrac{t}{2}dt$. 当 $x=1$ 时, $t=1$; 当 $x=-1$ 时, $t=3$. 于是

$$\int_{-1}^{1} \frac{xdx}{\sqrt{5-4x}} = \int_{3}^{1} \frac{5-t^2}{4t}\left(-\frac{t}{2}\right)dt = \frac{1}{8}\left[\frac{t^3}{3} - 5t\right]_{3}^{1} = \frac{1}{6}.$$

例 3 计算 $\displaystyle\int_{0}^{\frac{\pi}{2}} \cos^5 x \sin x dx$.

解 令 $\cos x = t$, 于是

$$\int_{0}^{\frac{\pi}{2}} \cos^5 x \sin x dx = -\int_{0}^{\frac{\pi}{2}} \cos^5 x d\cos x = -\int_{1}^{0} t^5 dt = -\left[\frac{t^6}{6}\right]_{1}^{0} = \frac{1}{6}.$$

若不明显写出新变量 t, 那么定积分的上、下限就不要变更, 计算如下:

$$\int_{0}^{\frac{\pi}{2}} \cos^5 x \sin x dx = -\int_{0}^{\frac{\pi}{2}} \cos^5 x d\cos x = -\left[\frac{\cos^6 x}{6}\right]_{0}^{\frac{\pi}{2}} = \frac{1}{6}.$$

例 4 证明:

(1) 若 $f(x)$ 在 $[-a, a]$ 上连续, 且为偶函数, 则 $\displaystyle\int_{-a}^{a} f(x)dx = 2\int_{0}^{a} f(x)dx$.

(2) 若 $f(x)$ 在 $[-a, a]$ 上连续, 且为奇函数, 则 $\displaystyle\int_{-a}^{a} f(x)dx = 0$.

证 因为 $\displaystyle\int_{-a}^{a} f(x)dx = \int_{-a}^{0} f(x)dx + \int_{0}^{a} f(x)dx$, 对积分 $\displaystyle\int_{-a}^{0} f(x)dx$ 作代换 $x = -t$, 于是

$$\int_{-a}^{0} f(x)dx = \int_{a}^{0} f(-t) \cdot (-dt) = \int_{0}^{a} f(-t)dt = \int_{0}^{a} f(-x)dx,$$

$$\int_{-a}^{a} f(x)dx = \int_{0}^{a} f(-x)dx + \int_{0}^{a} f(x)dx = \int_{0}^{a} [f(-x) + f(x)]dx.$$

(1) 当 $f(x)$ 为偶函数时, $f(-x) = f(x)$, 则 $f(-x) + f(x) = 2f(x)$, 所以

$$\int_{-a}^{a} f(x)dx = 2\int_{0}^{a} f(x)dx;$$

(2) 当 $f(x)$ 为奇函数时, $f(-x) = -f(x)$, 则 $f(-x) + f(x) = 0$, 所以

$$\int_{-a}^{a} f(x)dx = 0.$$

例 5 若 $f(x)$ 在 $[0, 2a]$ 上连续, 证明:

(1) $\displaystyle\int_0^{2a} f(x)dx = \int_0^a [f(x)+f(2a-x)]dx,$

(2) 计算 $\displaystyle\int_0^\pi \frac{x\sin x}{1+\cos^2 x}dx.$

证 (1) $\displaystyle\int_0^{2a} f(x)dx = \int_0^a f(x)dx + \int_a^{2a} f(x)dx,$ 令 $x = 2a - t, dx = -dt,$ 于是

$$\int_a^{2a} f(x)dx = -\int_a^0 f(2a-t)dt = \int_0^a f(2a-x)dx,$$

所以

$$\int_0^{2a} f(x)dx = \int_0^a f(x)dx + \int_0^a f(2a-x)dx = \int_0^a [f(x)+f(2a-x)]dx.$$

(2) 利用上述结果

$$\int_0^\pi \frac{x\sin x}{1+\cos^2 x}dx = \int_0^{\frac{\pi}{2}} \left[\frac{x\sin x}{1+\cos^2 x} + \frac{(\pi-x)\sin(\pi-x)}{1+\cos^2(\pi-x)} \right] dx$$

$$= \pi \int_0^{\frac{\pi}{2}} \frac{\sin x}{1+\cos^2 x}dx = -\pi \int_0^{\frac{\pi}{2}} \frac{d\cos x}{1+\cos^2 x}$$

$$= -\pi \arctan\cos x \Big|_0^{\frac{\pi}{2}} = \frac{\pi^2}{4}.$$

例 6 设函数 $f(x) = \begin{cases} xe^{-x^2}, & \text{当 } x \geqslant 0 \text{ 时,} \\ \dfrac{1}{1+\cos x}, & \text{当 } -1 < x < 0 \text{ 时,} \end{cases}$ 计算 $\displaystyle\int_1^4 f(x-2)dx.$

解 设 $x - 2 = t, dx = dt.$ 当 $x = 1$ 时, $t = -1$; $x = 4$ 时, $t = 2$. 于是

$$\int_1^4 f(x-2)dx = \int_{-1}^2 f(t)dt = \int_{-1}^0 \frac{1}{1+\cos t}dt + \int_0^2 te^{-t^2}dt$$

$$= \left[\tan\frac{t}{2}\right]_{-1}^0 + \left[-\frac{1}{2}e^{-t^2}\right]_0^2 = \tan\frac{1}{2} - \frac{1}{2}e^{-4} + \frac{1}{2}.$$

2. 定积分的分部积分法

设 $u(x)$ 和 $v(x)$ 在 $[a,b]$ 具有一阶连续导数, 我们有导数公式

$$(u\cdot v)' = u'v + uv',$$

上式两边分别在 $[a,b]$ 上求定积分

$$\int_a^b (uv)'dx = \int_a^b u'vdx + \int_a^b uv'dx,$$

即

$$[u \cdot v]_a^b = \int_a^b u'v dx + \int_a^b uv' dx,$$

移项后

$$\int_a^b uv' dx = [uv]_a^b - \int_a^b vu' dx,$$

可简写为

$$\int_a^b u dv = [uv]_a^b - \int_a^b v du,$$

这就是定积分的分部积分法.

例 7 计算 $\int_0^1 xe^{-x}dx$.

解

$$\int_0^1 xe^{-x}dx = -\int_0^1 x de^{-x} = [-xe^{-x}]_0^1 + \int_0^1 e^{-x}dx = -e^{-1} - [e^{-x}]_0^1 = 1 - \frac{2}{e}.$$

例 8 计算 $\int_0^1 \arctan x dx$.

解

$$\int_0^1 \arctan x dx = [x\arctan x]_0^1 - \int_0^1 \frac{x}{1+x^2}dx = \frac{\pi}{4} - \left[\frac{1}{2}\ln(1+x^2)\right]_0^1 = \frac{\pi}{4} - \frac{1}{2}\ln 2.$$

例 9 计算 $\int_0^{\frac{\pi^2}{4}} \sin\sqrt{x}dx$.

解 此题先换元再分部积分, 令 $\sqrt{x} = t$, $x = t^2$, $dx = 2t dt$, 于是

$$\int_0^{\frac{\pi^2}{4}} \sin\sqrt{x}dx = \int_0^{\frac{\pi}{2}} 2t\sin t dt = -2\int_0^{\frac{\pi}{2}} t d\cos t$$

$$= [-2t\cos t]_0^{\frac{\pi}{2}} + 2\int_0^{\frac{\pi}{2}} \cos t dt = [2\sin t]_0^{\frac{\pi}{2}} = 2.$$

例 10 求 $I_n = \int_0^{\frac{\pi}{2}} \sin^n x dx$ 和 $J_n = \int_0^{\frac{\pi}{2}} \cos^n x dx$.

解

$$I_n = \int_0^{\frac{\pi}{2}} \sin^n x dx = -\int_0^{\frac{\pi}{2}} \sin^{n-1} x d\cos x$$

$$= -[\sin^{n-1} x \cos x]_0^{\frac{\pi}{2}} + (n-1)\int_0^{\frac{\pi}{2}} \sin^{n-2} x \cos^2 x dx$$

$$= (n-1)\int_0^{\frac{\pi}{2}} \sin^{n-2} x(1-\sin^2 x)dx = (n-1)I_{n-2} - (n-1)I_n,$$

于是得递推公式
$$I_n = \frac{n-1}{n}I_{n-2},$$

经递推得
$$I_n = \begin{cases} \dfrac{n-1}{n} \cdot \dfrac{n-3}{n-2} \cdot \dfrac{n-5}{n-4} \cdots \dfrac{1}{2} \cdot \dfrac{\pi}{2} & (n \text{ 为偶数时}), \\ \dfrac{n-1}{n} \cdot \dfrac{n-3}{n-2} \cdot \dfrac{n-5}{n-4} \cdots \dfrac{2}{3} & (n \text{ 为奇数时}). \end{cases}$$

令 $t = \dfrac{\pi}{2} - x$, 则
$$J_n = \int_0^{\frac{\pi}{2}} \sin^n\left(\frac{\pi}{2} - x\right) dx = -\int_{\frac{\pi}{2}}^0 \sin^n t dt = \int_0^{\frac{\pi}{2}} \sin^n x dx = I_n.$$

习 题 4.5

1. 计算下列定积分:

(1) $\displaystyle\int_0^1 \frac{xdx}{1+x^2}$;

(2) $\displaystyle\int_1^2 \frac{e^{\frac{1}{x}}}{x^2}dx$;

(3) $\displaystyle\int_0^{\frac{\pi}{2}} \sin\varphi\cos^3\varphi d\varphi$;

(4) $\displaystyle\int_0^4 \frac{dt}{1+\sqrt{t}}$;

(5) $\displaystyle\int_{\frac{3}{4}}^1 \frac{dx}{\sqrt{1-x}-1}$;

(6) $\displaystyle\int_0^{\ln 2} \sqrt{e^x-1}dx$;

(7) $\displaystyle\int_0^1 \sqrt{4-x^2}dx$;

(8) $\displaystyle\int_0^1 \frac{x^2}{(1+x^2)^2}dx$;

(9) $\displaystyle\int_1^2 \frac{\sqrt{x^2-1}}{x}dx$;

(10) $\displaystyle\int_0^3 \frac{1}{(1+x)\sqrt{x}}dx$.

2. 利用函数奇偶性计算下列积分:

(1) $\displaystyle\int_{-5}^5 \frac{x^3\sin^2 x}{x^4+2x^2+1}dx$;

(2) $\displaystyle\int_{-3}^3 (x^5\sin^2 x + x^2)dx$.

3. 计算下列积分:

(1) $\displaystyle\int_1^e \ln x dx$;

(2) $\displaystyle\int_0^{\frac{\sqrt{3}}{2}} \arccos x dx$;

(3) $\displaystyle\int_0^1 x\arctan x dx$;

(4) $\displaystyle\int_0^{\frac{\pi}{2}} x\sin x dx$;

(5) $\displaystyle\int_0^{\frac{\pi}{2}} e^x \sin x dx$;

(6) $\displaystyle\int_{\frac{1}{e}}^e |\ln x|dx$.

4. 设 $f(x)$ 在 $[a,b]$ 上连续, 证明 $\displaystyle\int_a^b f(x)dx = \int_a^b f(a+b-x)dx$.

5. 证明: $\displaystyle\int_0^1 x^m(1-x)^n dx = \int_0^1 x^n(1-x)^m dx$.

6. 设 $f(x) = \begin{cases} \dfrac{1}{1+x}, & \text{当 } x \geqslant 0 \text{ 时}, \\ \dfrac{1}{1+e^x}, & \text{当 } x < 0 \text{ 时}, \end{cases}$ 求 $\displaystyle\int_0^2 f(x-1)dx$.

7. 若 $f(x)$ 在 $[0,1]$ 上连续, 证明: (1) $\int_0^{\frac{\pi}{2}} f(\sin x)dx = \int_0^{\frac{\pi}{2}} f(\cos x)dx$, (2) $\int_0^{\pi} xf(\sin x)dx$
$= \frac{\pi}{2}\int_0^{\pi} f(\sin x)dx$; 并计算 $\int_0^{\pi} \frac{x\sin x}{1+\cos^2 x}dx$.

4.6 定积分的应用

1. 平面图形的面积

我们已经知道. 由曲线 $y = f(x)$ $(f(x) \geqslant 0)$ 及直线 $x = a, x = b$ $(a < b)$ 与 x 轴所围成的曲边梯形的面积为 $S = \int_a^b f(x)dx$(图 4-10).

同时我们可以用曲边梯形面积之差来计算 $y = f(x)$, $y = g(x)$ $(f(x) \geqslant g(x))$ 及直线 $x = a, x = b$ 之间所围图形的面积, 即 $S = \int_a^b [f(x) - g(x)]dx$ (图 4-11). 有时选取 y 为积分变量, 可以使面积计算更方便, 如图 4-12, 图 4-13 所示图形面积分别可以按下列式子计算:

$$S = \int_c^d \varphi(y)dy, \quad S = \int_c^d [\varphi(y) - \psi(y)]dy.$$

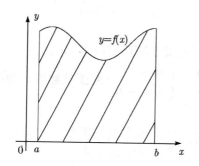

图 4-10

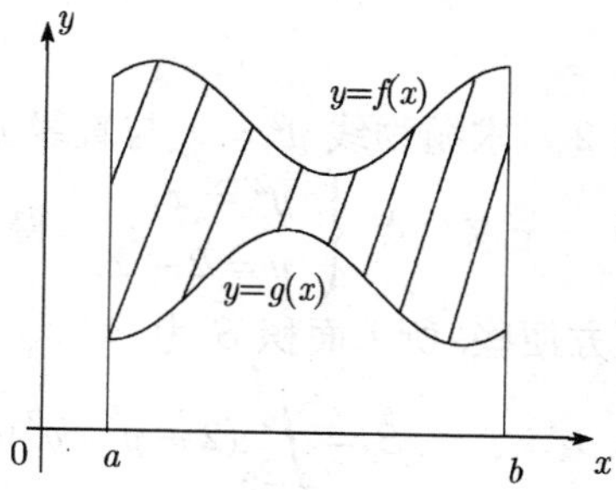

图 4-11

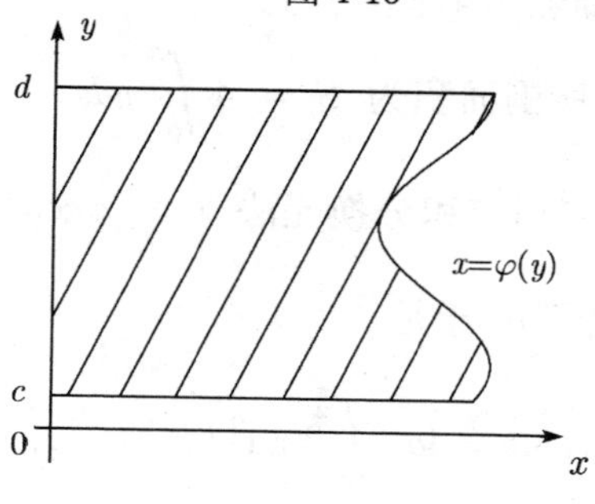

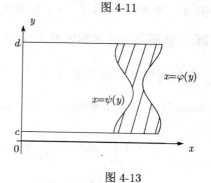

图 4-12

图 4-13

例 1　求直线 $y = 2x + 3$ 与抛物线 $y = x^2$ 所围图形面积.

解　直线与抛物线所围图形如图 4-14 所示. 为了具体定出图形的范围, 先求出它们的交点, 为此解方程组 $\begin{cases} y = 2x + 3, \\ y = x^2, \end{cases}$ 得两组解 $\begin{cases} x = -1, \\ y = 1, \end{cases}$ $\begin{cases} x = 3, \\ y = 9. \end{cases}$ 即两交点为 $(-1, 1)$, $(3, 9)$. 所以图形在 $x = -1$ 与 $x = 3$ 之间, 于是

$$s = \int_{-1}^{3} (2x + 3 - x^2)dx = \left[x^2 + 3x - \frac{x^3}{3} \right]_{-1}^{3} = \frac{32}{3}.$$

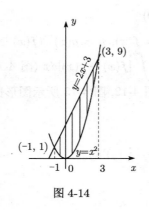

图 4-14

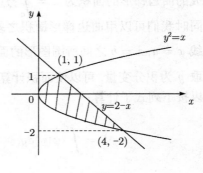

图 4-15

例 2　求抛物线 $y^2 = x$ 与直线 $y = 2 - x$ 所围成图形面积 (图 4-15).

解　先求交点 $\begin{cases} y^2 = x, \\ y = 2 - x, \end{cases}$ 得 $\begin{cases} x = 1, \\ y = 1, \end{cases}$ $\begin{cases} x = 4, \\ y = -2. \end{cases}$ 此图显然用 y 为积分变量更方便些, 所求面积 S 为

$$S = \int_{-2}^{1} (2 - y - y^2)dy = \left[2y - \frac{y^2}{2} - \frac{y^3}{3} \right]_{-2}^{1} = \frac{9}{2}.$$

例 3　求椭圆 $\dfrac{x^2}{a^2} + \dfrac{y^2}{b^2} = 1$ 所围成的图形面积 (图 4-16).

解　该椭圆与两坐标轴都对称, 所以椭圆所围面积为 $S = 4\displaystyle\int_0^a ydx$. 为了方便, 我们用椭圆的参数方程 $\begin{cases} x = a\cos t, \\ y = b\sin t, \end{cases}$ 应用定积分换元法 $x = a\cos t$, 则 $dx = -a\sin t dt$. x 由 0 变化到 a, 则 t 由 $\dfrac{\pi}{2}$ 变化到 0. 于是

$$S = 4\int_0^a ydx = 4\int_{\frac{\pi}{2}}^{0} b\sin t \cdot (-a\sin t)dt = 4ab\int_0^{\frac{\pi}{2}} \sin^2 t dt$$

$$= 4ab\int_0^{\frac{\pi}{2}} \frac{1 - \cos 2t}{2}dt = 4ab\left[\frac{t}{2} - \frac{\sin 2t}{4} \right]_0^{\frac{\pi}{2}} = \pi ab,$$

当 $a = b$ 时, $S = \pi a^2$ 即为圆面积.

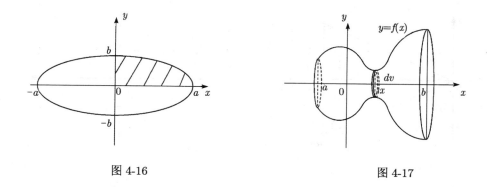

图 4-16   图 4-17

2. 旋转体与截面已知的立体体积

(1) 旋转体体积

旋转体是由一个平面图形绕这平面内一条直线旋转一周而成的立体. 图 4-17 就是曲线 $y = f(x)$ 与 $x = a$, $x = b$ 以及 x 轴所围曲边梯形面积绕 x 轴旋转所得旋转体. 取横坐标 x 为积分变量, 它的变化区间为 $[a,b]$, 在 $[a,b]$ 上任一小区间 $[x, x+dx]$ 内的窄旋转体的体积近似于以 $f(x)$ 为底半径, dx 为高的扁圆柱体的体积, 即得体积元素 $dv = \pi[f(x)]^2 dx$, 然后叠加求极限, 即在 $[a,b]$ 上作定积分, 就得到旋转体体积 $V = \displaystyle\int_a^b \pi[f(x)]^2 dx$.

例 4 求如图 4-18 所示, 直角三角形 OAC 绕 x 轴旋转所得旋转体体积 (即圆锥体体积).

解 由图 4-18 可知直线 OA 的方程为 $y = \dfrac{r}{h}x$, 所以所求旋转体体积为

$$V = \int_0^h \pi \left(\frac{r}{h}x\right)^2 dx = \frac{\pi r^2}{h^2}\left[\frac{x^3}{3}\right]_0^h = \frac{\pi r^2 h}{3}.$$

例 5 计算由椭圆 $\dfrac{x^2}{a^2} + \dfrac{y^2}{b^2} = 1$ 所围成图形绕 x 轴旋转而成旋转体 (旋转椭球体) 的体积 (图 4-19).

解 旋转椭球可以看作 $y = \dfrac{b}{a}\sqrt{a^2 - x^2}$ 及 x 轴围成图形绕 x 轴旋转而成, 所以

$$V = \int_{-a}^a \pi \left[\frac{b}{a}\sqrt{a^2 - x^2}\right]^2 dx = \frac{\pi b^2}{a^2}\int_{-a}^a (a^2 - x^2)dx$$

$$= \frac{\pi b^2}{a^2}\left[a^2 x - \frac{x^3}{3}\right]_{-a}^a = \frac{4}{3}\pi ab^2,$$

当 $a = b$ 时, 即为球体积 $V = \dfrac{4}{3}\pi a^3$.

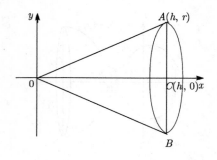

图 4-18   图 4-19

例 6   求抛物线 $y^2 = x$ 与直线 $y = 2 - x$ 所围成图形绕 y 轴旋转所得旋转体体积.

解   如图 4-15 所示, 所求旋转体体积可以看作 $y = 2 - x$ 和 $y^2 = x$ 分别与 $y = -2, y = 1$ 以及 y 轴所围图形绕 y 轴旋转所得旋转体体积之差, 所以所求体积为

$$V = \int_{-2}^{1} \pi[(2 - y)^2 - y^4]dy$$
$$= \pi\left[-\frac{(2 - y)^3}{3} - \frac{y^5}{5}\right]_{-2}^{1} = \frac{72}{5}\pi.$$

(2) 平行截面面积为已知的立体的体积

上述旋转体体积公式 $V = \displaystyle\int_a^b \pi[f(x)]^2 dx$ 中 $s(x) = \pi[f(x)]^2$ 是平行截面的面积, 如不是旋转体, 但已知任意 x 处平行截面面积 $s(x)$, 那么所求体积 (图 4-20) 为 $V = \displaystyle\int_a^b s(x)dx.$

例 7   求底面面积为 s, 高为 h 的三棱锥的体积公式 (图 4-21).

解   从顶点 o 作底面垂线为 x 轴, 记 x 处与底面平行的截面面积为 $A(x)$, 则 $\dfrac{A(x)}{s} = \dfrac{x^2}{h^2}$. 于是, $A(x) = \dfrac{s}{h^2}x^2$, 所以

$$V = \int_0^h \frac{s}{h^2}x^2 dx = \frac{s}{h^2}\left[\frac{x^3}{3}\right]_0^h = \frac{sh}{3}.$$

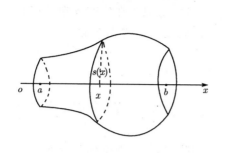

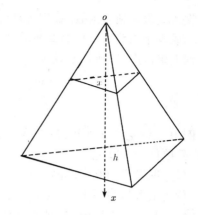

图 4-20

图 4-21

例 8 一平面经过半径为 R 的圆柱体的底圆中心, 并与底面交成角 α (图 4-22), 计算这平面截圆柱体所得立体的体积.

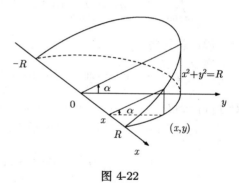

解 取这平面与圆柱体底面的交线为 x 轴, 底面上过圆中心且垂直于 x 轴的直线为 y 轴, 那么底圆方程为 $x^2 + y^2 = R^2$. 立体中过点 x 且垂直于 x 轴的截面是一个直角三角形, 其两条直角边长分别为 y 及 $y\tan\alpha$, 因而截面积为

图 4-22

$$s(x) = \frac{1}{2}y \cdot y\tan\alpha = \frac{1}{2}\sqrt{R^2 - x^2} \cdot \sqrt{R^2 - x^2}\tan\alpha$$
$$= \frac{1}{2}(R^2 - x^2)\tan\alpha,$$

所以, 所求体积为

$$V = \int_{-R}^{R} \frac{1}{2}(R^2 - x^2)\tan\alpha \, dx = \frac{1}{2}\tan\alpha \left[R^2 x - \frac{x^3}{3} \right]_{-R}^{R}$$
$$= \frac{2}{3}R^3\tan\alpha.$$

3. 定积分在经济中的应用举例

前面已经介绍过经济学中常用的几个函数 —— 成本函数、收入函数和利润函数, 它们的导函数分别称为边际成本、边际收入和边际利润函数, 给定了边际成本、

边际收入或边际利润函数, 我们可以用定积分求出增加的成本, 收入或利润, 比如已知边际成本函数为 $c'(x)$, 那么 $c(x)$ 就是成本函数, 如果现在生产 a 单位产品, 希望增加到 b 单位产品, 则增加这 $b - a$ 个单位产品时要增加的成本是

$$\int_a^b c'(x)dx = c(b) - c(a).$$

例 9 设生产 x 个产品的边际成本为 $C'(x) = 0.2x - 10$, 其固定成本为 10000 元, 产品单价为 190 元,

(1) 现生产 100 个产品, 当产品增加到 300 个时, 成本增加了多少?

(2) 生产量为多少时, 总利润 $L(x) = R(x) - C(x)$ 为最大?

解 (1) 产量从 100 增加到 300 时, 成本增加数为

$$\int_{100}^{300} C'(x)dx = \int_{100}^{300} (0.2x - 10)dx = [0.1x^2 - 10x]_{100}^{300} = 6000(元).$$

(2) 总利润

$$L(x) = 190x - [0.1x^2 - 10x + 10000] = -0.1x^2 + 200x - 10000.$$

对 $L(x)$ 求极值: $L'(x) = -0.2x + 200 = 0$, 易知, 当 $x = 1000$ 时, $L(x)$ 取得极大值. 所以, 当生产 1000 个产品时, 利润最大, 获最大利润为

$$L(1000) = -0.1 \times 1000^2 + 200 \times 1000 - 10000 = 90000(元).$$

习 题 4.6

1. 求下列各题中平面图形的面积:

(1) $y = \sqrt{x}$ 和 $y = x$ 所围图形;

(2) $y = \dfrac{1}{x}$ 与 $y = x$ 及 $x = 2$ 所围图形;

(3) $y = x^2$ 与 $y = 2 - x^2$ 所围图形;

(4) $y = \ln x$, y 轴与 $y = \ln a$, $y = \ln b$ $(b > a > 0)$ 所围图形.

2. 求 $y = x^3$, $x = 2$, $y = 0$ 所围成图形分别绕 x 轴及 y 轴旋转所得旋转体体积.

3. 求 $y = x^2$, $x = y^2$ 所围图形绕 x 轴旋转所得旋转体体积.

4. 已知某产品总产量的变化率是时间 t(单位年) 的函数 $f(t) = 2t + 5$, $t \geqslant 0$, 求第一个五年和第二个五年的总产量各为多少?

5. 已知某产品生产 x 个单位时, 总收益 R 的变化率 (边际收益) 为 $R = R'(x) = 200 - \dfrac{x}{100}$, $x \geqslant 0$. (1) 求生产了 50 个单位时的总收益. (2) 如果已经生产了 100 个单位, 求再生产 100 个单位时的总收益.

4.7 广义积分

我们讨论定积分时, 是以有限积分区间与有界函数为前提的. 但为了解决某些问题有时必须考察无限区间上积分或无限函数的积分, 这两类积分就是广义积分.

1. 无限区间上的广义积分

定义 4.4　设函数 $f(x)$ 在区间 $[a, +\infty)$ 上连续, 取 $b > a$. 如果极限 $\lim\limits_{b \to +\infty} \int_a^b f(x)dx$ 存在, 则称此极限为函数 $f(x)$ **在无穷区间 $[a, +\infty)$ 上的广义积分**. 记作 $\int_a^{+\infty} f(x)dx$, 即

$$\int_a^{+\infty} f(x)dx = \lim_{b \to +\infty} \int_a^b f(x)dx.$$

这时也称**广义积分** $\int_a^{+\infty} f(x)dx$ **收敛**; 如上述极限不存在, 就称**广义积分** $\int_a^{+\infty} f(x)dx$ **发散**. 这时虽仍用此记号, 但已不表示数值了.

类似地可定义: $(-\infty, b]$ 上和 $(-\infty, +\infty)$ 上广义积分

$$\int_{-\infty}^b f(x)dx = \lim_{a \to -\infty} \int_a^b f(x)dx,$$

$$\int_{-\infty}^{+\infty} f(x)dx = \int_{-\infty}^0 f(x)dx + \int_0^{+\infty} f(x)dx = \lim_{a \to -\infty} \int_a^0 f(x)dx + \lim_{b \to +\infty} \int_0^b f(x)dx.$$

后者两个极限都存在, 广义积分 $\int_{-\infty}^{+\infty} f(x)dx$ 才收敛.

例 1　计算广义积分 $\int_0^{+\infty} \dfrac{dx}{1 + x^2}$.

解

$$\int_0^{+\infty} \frac{dx}{1 + x^2} = \lim_{b \to +\infty} \int_0^b \frac{dx}{1 + x^2} = \lim_{b \to +\infty} \left[\arctan x\right]_0^b = \lim_{b \to +\infty} \arctan b = \frac{\pi}{2}.$$

为了方便起见, 可以把 $\lim\limits_{b \to +\infty} [F(x)]_0^b$ 记作 $[F(x)]_0^{+\infty}$, 所以上述计算过程也可以表达如下:

$$\int_0^{+\infty} \frac{dx}{1 + x^2} = \left[\arctan x\right]_0^{+\infty} = \frac{\pi}{2}.$$

这样可以与定积分有相同的表示形式, 但要注意, 上限正无穷不是代入而是取 $x \to +\infty$ 时极限.

例 2　计算广义积分 $\displaystyle\int_0^{+\infty} xe^{-x}dx$.

解

$$\int_0^{+\infty} xe^{-x}dx = -\int_0^{+\infty} xde^{-x} = [-xe^{-x}]_0^{+\infty} + \int_0^{+\infty} e^{-x}dx = -[e^{-x}]_0^{+\infty} = 1,$$

注意式中 $\left[-xe^{-x}\right]_0^{+\infty} = -\lim\limits_{x\to+\infty}\dfrac{x}{e^x} = 0$ 要用洛必达法则.

例 3　求 $\displaystyle\int_1^{+\infty}\dfrac{dx}{x^p}$,　　$p > 0$.

解　当 $p = 1$ 时,$\displaystyle\int_1^{+\infty}\dfrac{dx}{x} = \Big[\ln|x|\Big]_1^{+\infty} = +\infty$;

当 $p \neq 1$ 时,$\displaystyle\int_1^{+\infty}\dfrac{dx}{x^p} = \left[\dfrac{x^{1-p}}{1-p}\right]_1^{+\infty} = \begin{cases} +\infty, & p < 1, \\ \dfrac{1}{p-1}, & p > 1. \end{cases}$

所以,当 $p > 1$ 时广义积分收敛于 $\dfrac{1}{p-1}$;$p \leqslant 1$ 时广义积分发散.

2. 无界函数的广义积分

定义 4.5　设函数 $f(x)$ 在 $(a,b]$ 连续,而在点 a 的右邻域内无界,取 $\varepsilon > 0$, 如果极限 $\lim\limits_{\varepsilon\to+0}\displaystyle\int_{a+\varepsilon}^b f(x)dx$ 存在,则称此极限为**函数 $f(x)$ 在 $(a,b]$ 上的广义积分**. 仍记为 $\displaystyle\int_a^b f(x)dx$, 即

$$\int_a^b f(x)dx = \lim_{\varepsilon\to+0}\int_{a+\varepsilon}^b f(x)dx,$$

这时也称**广义积分** $\displaystyle\int_a^b f(x)dx$ **收敛**; 如上述极限不存在, 则称**广义积分** $\displaystyle\int_a^b f(x)dx$ **发散**.

　　类似地可以定义 $f(x)$ 在 $[a,b)$ 连续, 在 b 左邻区域内无界的广义积分为

$$\int_a^b f(x)dx = \lim_{\varepsilon\to+0}\int_a^{b-\varepsilon} f(x)dx,$$

当 $f(x)$ 在 $[a,b]$ 上除点 c $(a < c < b)$ 外连续, 在 c 邻域无界, 则广义积分为

$$\int_a^b f(x)dx = \lim_{\varepsilon\to+0}\int_a^{c-\varepsilon} f(x)dx + \lim_{\varepsilon\to+0}\int_{c+\varepsilon}^b f(x)dx.$$

这里只有当两个极限都存在时, 才收敛.

例 4　求 $\displaystyle\int_0^1\dfrac{dx}{\sqrt{1-x^2}}$.

解 $x = 1$ 为被积函数 $f(x)$ 的无穷间断点.

$$\int_0^1 \frac{dx}{\sqrt{1-x^2}} = \lim_{\varepsilon \to +0} \int_0^{1-\varepsilon} \frac{dx}{\sqrt{1-x^2}} = \lim_{\varepsilon \to +0} \left[\arcsin x\right]_0^{1-\varepsilon}$$

$$= \lim_{\varepsilon \to +0} \arcsin(1-\varepsilon) = \arcsin 1 = \frac{\pi}{2}.$$

为了方便起见, 把 $\lim\limits_{\varepsilon \to +0} [F(x)]_{a+\varepsilon}^b$ 记作 $[F(x)]_a^b$, 所以上述计算也可以如下表达:

$$\int_0^1 \frac{dx}{\sqrt{1-x^2}} = \left[\arcsin x\right]_0^1 = \frac{\pi}{2}.$$

运算表达形式完全与定积分一样, 但这是一个广义积分.

例 5 讨论广义积分 $\int_{-1}^1 \frac{dx}{x^2}$ 的收敛性.

解 被积函数 $f(x)$ 在 $[-1, 1]$ 有一无穷间断点 $x = 0$, 于是

$$\int_{-1}^1 \frac{dx}{x^2} = \int_{-1}^0 \frac{dx}{x^2} + \int_0^1 \frac{dx}{x^2} = \left[-\frac{1}{x}\right]_{-1}^0 + \left[-\frac{1}{x}\right]_0^1$$

不存在, 所以广义积分发散. 如果忽视了 $x = 0$ 这一点是 $f(x)$ 的无穷间断点, 那么就不意识到这是个广义积分, 于是会得出

$$\int_{-1}^1 \frac{dx}{x^2} = \left[-\frac{1}{x}\right]_{-1}^1 = -2$$

的错误结果.

例 6 讨论 $\int_0^1 \frac{dx}{x^q}$ 的敛散性.

解 当 $q = 1$ 时, $\int_0^1 \frac{dx}{x} = [\ln x]_0^1$ 不存在, 所以广义积分发散;

当 $q \neq 1$ 时, $\int_0^1 \frac{dx}{x^q} = \left[\frac{x^{1-q}}{1-q}\right]_0^1 = \begin{cases} \dfrac{1}{1-q}, & q < 1, \\ +\infty, & q > 1. \end{cases}$

所以, 当 $q < 1$ 时广义积分收敛于 $\dfrac{1}{1-q}$, 当 $q \geqslant 1$ 时广义积分发散.

习 题 4.7

1. 判别下列广义积分的收敛性, 如收敛, 计算广义积分值:

(1) $\int_1^{+\infty} \frac{dx}{\sqrt{x}}$;

(2) $\int_0^{+\infty} e^{-ax} dx \ (a > 0)$;

(3) $\int_0^{+\infty} x e^{-px} dx \ (p > 0)$;

(4) $\int_0^1 \frac{x dx}{\sqrt{1-x^2}}$;

(5) $\int_0^2 \frac{dx}{(1-x)^2}$;

(6) $\int_1^e \frac{dx}{x\sqrt{1-(\ln x)^2}}$.

2. 当 k 为何值时, 广义积分 $\displaystyle\int_2^{+\infty} \frac{dx}{x(\ln x)^k}$ 收敛? k 为何值时, 这广义积分发散? 又当 k 为何值时, 这广义积分取得最小值?

3. 当 k 为何值时, 广义积分 $\displaystyle\int_a^b \frac{dx}{(x-a)^k}$　$(b>a)$ 收敛? k 为何值时, 这广义积分发散?

*4.8　问题及其解

1. 已知 $\dfrac{\sin x}{x}$ 是 $f(x)$ 的一个原函数, 求 $\displaystyle\int x^3 \cdot f'(x)dx$.

解　由已知条件 $f(x)=\left(\dfrac{\sin x}{x}\right)'$,

$$\int x^3 \cdot f'(x)dx = \int x^3 df(x) = x^3 \cdot f(x) - 3\int x^2 \cdot f(x)dx$$

$$= x^3 \cdot \left(\frac{\sin x}{x}\right)' - 3\int x^2 \cdot \left(\frac{\sin x}{x}\right)' dx$$

$$= x(x\cos x - \sin x) - 3\int x^2 d\left(\frac{\sin x}{x}\right)$$

$$= x(x\cos x - \sin x) - 3x\sin x + 6\int \sin x dx$$

$$= x^2\cos x - 4x\sin x - 6\cos x + C.$$

2. 设 $f(\ln x)=\dfrac{\ln(1+x)}{x}$, 求 $\displaystyle\int f(x)dx$.

解　令 $\ln x = t$, 则 $x=e^t$, $\ln(1+x)=\ln(1+e^t)$, $f(t)=e^{-t}\cdot\ln(1+e^t)$.

$$\int f(x)dx = \int e^{-x}\cdot\ln(1+e^x)dx = -\int \ln(1+e^x)de^{-x}$$

$$= -e^{-x}\cdot\ln(1+e^x) + \int \frac{e^{-x}\cdot e^x}{1+e^x}dx$$

$$= -e^{-x}\cdot\ln(1+e^x) + \int \left(1 - \frac{e^x}{1+e^x}\right)dx$$

$$= x - (1+e^{-x})\ln(1+e^x) + C.$$

3. 设 $f(x)$ 在 $[0,1]$ 上连续, 在 $(0,1)$ 内可导, 且满足 $f(1)=k\displaystyle\int_0^{\frac{1}{k}} xe^{1-x}f(x)dx$ $(k>1)$, 证明: 至少存在一点 $\xi\in(0,1)$, 使得 $f'(\xi)=(1-\xi^{-1})f(\xi)$.

证　由 $f(1)=k\displaystyle\int_0^{\frac{1}{k}} xe^{1-x}f(x)dx$, 及积分中值定理, 知至少存在一点 $\xi_1\in\left[0,\dfrac{1}{k}\right]\subset[0,1)$, 使 $f(1)=k\displaystyle\int_0^{\frac{1}{k}} xe^{1-x}f(x)dx = \xi_1 e^{1-\xi_1}f(\xi_1)$. 在 $[\xi_1,1]$ 上, 令

$\varphi(x) = xe^{1-x}f(x)$, 那么 $\varphi(x)$ 在 $[\xi_1, 1]$ 上连续, 在 $(\xi_1, 1)$ 内可导, 且 $\varphi(\xi_1) = f(1) = \varphi(1)$. 由罗尔定理知, 至少存在一点 $\xi \in (\xi_1, 1)$ $(\subset (0, 1))$ 使得

$$\varphi'(\xi) = e^{1-\xi}[f(\xi) - \xi f(\xi) + \xi f'(\xi)] = 0,$$

即 $f'(\xi) = (1 - \xi^{-1})f(\xi)$.

4. 计算 $\displaystyle\int_{-1}^{1} \frac{x^2}{1 + e^{-x}}dx$.

解

$$\int_{-1}^{1} \frac{x^2}{1 + e^{-x}}dx = \int_{-1}^{0} \frac{x^2}{1 + e^{-x}}dx + \int_{0}^{1} \frac{x^2}{1 + e^{-x}}dx.$$

令 $t = -x$, 则

$$\int_{-1}^{0} \frac{x^2}{1 + e^{-x}}dx = -\int_{1}^{0} \frac{t^2}{1 + e^{t}}dt = \int_{0}^{1} \frac{x^2}{1 + e^{x}}dx.$$

所以

$$\int_{-1}^{1} \frac{x^2}{1 + e^{-x}}dx = \int_{0}^{1} \left(\frac{x^2}{1 + e^{x}} + \frac{x^2}{1 + e^{-x}} \right) dx = \int_{0}^{1} x^2 dx = \frac{1}{3}.$$

5. 计算 $I = \displaystyle\int_{1}^{+\infty} \frac{dx}{e^{1+x} + e^{3-x}}$.

解

$$I = \int_{1}^{+\infty} \frac{dx}{e^{1+x} + e^{3-x}} = \int_{1}^{+\infty} \frac{e^{x-3}}{e^{2(x-1)} + 1}dx = e^{-2} \int_{1}^{+\infty} \frac{e^{x-1}}{e^{2(x-1)} + 1}dx$$

$$= e^{-2}\arctan e^{x-1}|_{1}^{+\infty} = \frac{\pi}{4e^2}.$$

6. 设函数 $f(x)$ 连续, 且 $\displaystyle\int_{0}^{x} tf(2x - t)dt = \frac{1}{2}\arctan x^2$, 已知 $f(1) = 1$, 求 $\displaystyle\int_{1}^{2} f(x)dx$ 的值.

解 令 $u = 2x - t$ 则 $t = 2x - u$, $dt = -du$.

$$\int_{0}^{x} tf(2x - t)dt = -\int_{2x}^{x} (2x - u)f(u)du = 2x \int_{x}^{2x} f(u)du - \int_{x}^{2x} uf(u)du,$$

于是

$$2x \int_{x}^{2x} f(u)du - \int_{x}^{2x} uf(u)du = \frac{1}{2}\arctan x^2.$$

二边对 x 求导

$$2 \int_{x}^{2x} f(u)du + 2x[2f(2x) - f(x)] - [4xf(2x) - xf(x)] = \frac{x}{1 + x^4},$$

所以

$$2\int_x^{2x} f(u)du = \frac{x}{1+x^4} + xf(x),$$

即

$$\int_x^{2x} f(u)du = \frac{1}{2}\left[\frac{x}{1+x^4} + xf(x)\right].$$

当 $x = 1$ 时,

$$\int_1^2 f(x)dx = \frac{1}{2}\left[\frac{1}{2} + f(1)\right] = \frac{1}{2}\left(\frac{1}{2} + 1\right) = \frac{3}{4}.$$

7. (1) 抛物线 $y = 1 - x^2$ 与 x 轴所围部分的面积被抛物线 $y = ax^2$ 三等分, 求 a 的值.

(2) 当 a 取这个值时, 求两条抛物线所围平面图形绕 x 轴旋转一周所得立体的体积.

解 依题设所给区域如图 4-23 所示.

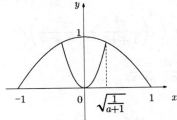

图 4-23

(1) $y = 1 - x^2$ 与 x 轴所围面积 $s_1 = 2\int_0^1 (1-x^2)dx = \frac{4}{3}$, 抛物线 $y = 1 - x^2$ 与 $y = ax^2$ 的交点的 x 坐标为 $x = \pm\sqrt{\frac{1}{a+1}}$. 由题意

$$2\int_0^{\sqrt{\frac{1}{a+1}}} (1-x^2-ax^2)dx = 2\left[x - \frac{x^3}{3} - \frac{ax^3}{3}\right]_0^{\sqrt{\frac{1}{a+1}}}$$
$$= 2\left(\frac{1}{\sqrt{a+1}} - \frac{1}{3}\frac{1}{\sqrt{a+1}}\right) = \frac{4}{3}\frac{1}{\sqrt{a+1}} = \frac{s_1}{3},$$

即 $\frac{4}{3}\frac{1}{\sqrt{a+1}} = \frac{4}{9}$, 所以 $a = 8$.

(2) $y = 1 - x^2$ 与 $y = 8x^2$ 所围图形绕 x 轴旋转得到的旋转体体积

$$V_x = 2\pi\int_0^{\frac{1}{3}} [(1-x^2)^2 - (8x^2)^2]dx = 2\pi\int_0^{\frac{1}{3}} (1-2x^2-63x^4)dx = \frac{208}{405}\pi.$$

习 题 4.8

1. 若 $\int f(x)dx = F(x) + c$, 求 $\int e^{-x} \cdot f(e^{-x})dx$.

2. 设 $f(x) = e^{-x}$, 求 $\int \dfrac{f'(\ln x)}{x}dx$.

3. 若 $\int f(x)dx = x^2 + c$, 求 $\int x \cdot f(1 - x^2)dx$.

4. $f(x)$ 有一个原函数是 $\dfrac{\sin x}{x}$, 求 $\int x \cdot f'(x)dx$.

5. $f'(\cos x + 2) = \sin^2 x + \tan^2 x$, 求 $f(x)$.

6. 计算 $\displaystyle\int_{-2}^{2} \dfrac{x + |x|}{2 + x^2}dx$.

7. 若 $f(x) = \dfrac{1}{1 + x^2} + \sqrt{1 + x^2}\displaystyle\int_{0}^{1} f(x)dx$, 计算 $\displaystyle\int_{0}^{1} f(x)dx$.

8. 计算 $\displaystyle\int_{0}^{+\infty} \dfrac{xe^{-x}}{(1 + e^{-x})^2}dx$.

9. 已知 $\displaystyle\lim_{x \to \infty} \left(\dfrac{x - a}{x + a}\right)^x = \displaystyle\int_{a}^{+\infty} 4x^2 e^{-2x}dx$, 求常数 a 的值.

10. 求极限 $\displaystyle\lim_{x \to 0} \dfrac{\displaystyle\int_{0}^{x} \left[\displaystyle\int_{0}^{u^2} \arctan(1 + t)dt\right] du}{x(1 - \cos x)}$.

11. 设 $g(x) = \displaystyle\int_{0}^{x} f(u)du$, 其中 $f(x) = \begin{cases} \dfrac{1}{2}(x^2 + 1), & 0 \leqslant x < 1, \\ \dfrac{1}{3}(x - 1), & 1 \leqslant x \leqslant 2, \end{cases}$ 则 $g(x)$ 在区间 $(0, 2)$ 内 (　).

(A) 无界　(B) 递减　(C) 不连续　(D) 连续

12. 下列广义积分发散的是 (　).

(A) $\displaystyle\int_{0}^{+\infty} x^2 e^{-x}dx$ 　　　　(B) $\displaystyle\int_{-\infty}^{+\infty} \sin x e^{|x|}dx$

(C) $\displaystyle\int_{1}^{e} \dfrac{1}{x\sqrt{1 - \ln^2 x}}dx$ 　　(D) $\displaystyle\int_{0}^{1} \ln x dx$

13. 设 $f(x)$ 在区间 $[0, 1]$ 上可微, 且满足条件 $f(1) = 2\displaystyle\int_{0}^{\frac{1}{2}} xf(x)dx$, 试证: 存在 $\xi \in (0, 1)$, 使 $f(\xi) + \xi f'(\xi) = 0$.

14. 设 $f(x), g(x)$ 在区间 $[-a, a]$ 　　($a > 0$) 上连续, $g(x)$ 为偶函数, 且 $f(x)$ 满足条件 $f(x) + f(-x) = A$ 　(A 为常数).

(1) 证明 $\displaystyle\int_{-a}^{a} f(x)g(x)dx = A\displaystyle\int_{0}^{a} g(x)dx$.

(2) 利用 (1) 的结论, 计算定积分 $\displaystyle\int_{-\frac{\pi}{2}}^{\frac{\pi}{2}} |\sin x|\arctan e^x dx$.

15. 设函数 $f(x)$ 在 $[0, +\infty)$ 上连续、单调、不减, 且 $f(0) \geqslant 0$, 试证函数

$$F(x) = \begin{cases} \dfrac{1}{x} \displaystyle\int_0^x t^n f(t) dt, & x > 0, \\ 0, & x = 0 \end{cases}$$

在 $[0, +\infty)$ 上连续, 且单调不减.

16. 若曲线 $y = \cos x$ $(0 \leqslant x \leqslant \dfrac{\pi}{2})$ 与 x 轴, y 轴所围图形的面积被 $y = a\sin x, y = b\sin x$ $(a > b > 0)$ 三等分, 求 a, b.

17. 设 D_1 是由抛物线 $y = 2x^2$ 和直线 $x = a$, $x = 2$ 及 $y = 0$ 所围成的平面区域, D_2 是由抛物线 $y = 2x^2$ 和直线 $y = 0$, $x = a$ 所围成的平面区域, 其中 $0 < a < 2$.

(1) 试求 D_1 绕 x 轴旋转而成的旋转体体积 V_1, D_2 绕 y 轴旋转而成的旋转体体积 V_2.

(2) 问当 a 为何值时, $V_1 + V_2$ 取得最大值? 试求此最大值.

第5章 多元函数

正像平面解析几何知识对学习一元函数微积分是不可缺少的一样, 空间解析几何知识对学习多元函数微积分也是必要的.

5.1 空间解析几何简介

1. 空间直角坐标系

(1) 空间直角坐标系

为了沟通空间图形与数的研究, 我们需要建立空间点与有序数组之间的联系, 这种联系通常是通过引进空间直角坐标系来实现的.

过空间一个定点 O, 作三条互相垂直的数轴 Ox、Oy、Oz, 它们都以 O 为原点, 且一般具有相同的单位长度, 并按右手规则规定 Ox、Oy、Oz 的正方向 (如图 5-1). 三条轴分别称为**x轴**(横轴), **y 轴** (纵轴), **z 轴**(竖轴), 习惯上画成如图 5-1 所示. 这样三条坐标轴就组成了一个**空间直角坐标系**, 点 O 叫做**坐标原点**(或原点), 任意二条轴确定的平面称**坐标平面**. 三坐标平面把空间划分为 8 个部分, 每个部分称为**卦限**.

(2) 空间点的坐标

对于空间任意一点 M, 过 M 作三个平面分别垂直于 x 轴、y 轴和 z 轴, 它们与 x 轴、y 轴、z 轴的交点依次为 P、Q、R, 它们在三轴上坐标分别为 x, y, z. 于是空间的一点 M 就唯一确定了一个有序数组 x, y, z; 反过来, 已知一有序数组 x, y, z, 它就确定空间中唯一的点 M, 这组数 x, y, z 就叫做**M 点的坐标**. 坐标为 x, y, z 的点 M, 通常记为 $M(x, y, z)$, 而 P, Q, R 的坐标分别为 $P(x, 0, 0)$, $Q(0, y, 0)$, $R(0, 0, z)$ (图 5-1).

(3) 空间两点间距离

给定空间两点 $M_1(x_1, y_1, z_1)$, $M_2(x_2, y_2, z_2)$, 过 M_1, M_2 各作三个平面分别垂直于三个坐标轴, 这六个平面构成一个以线段 M_1M_2 为一条对角线的长方体 (图 5-2). 由图可知

$$|M_1M_2|^2 = |M_2S|^2 + |M_1S|^2 = |M_2S|^2 + |M_1N|^2 + |NS|^2.$$

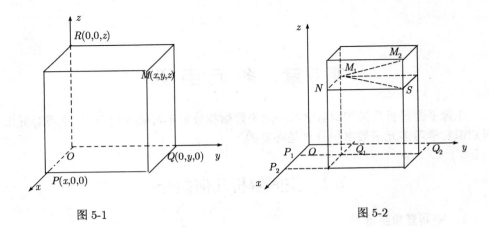

图 5-1　　　　　　　　　　　　　　　　　图 5-2

过 M_1, M_2 分别作垂直于 x 轴的平面、交 x 轴于点 P_1, P_2, 则

$$OP_1 = x_1, \quad OP_2 = x_2,$$

因此

$$|M_1N| = |P_1P_2| = |x_2 - x_1|.$$

同理可得

$$|NS| = |y_2 - y_1|, \quad |M_2S| = |z_2 - z_1|.$$

因此

$$|M_1M_2|^2 = |x_2 - x_1|^2 + |y_2 - y_1|^2 + |z_2 - z_1|^2$$
$$= (x_2 - x_1)^2 + (y_2 - y_1)^2 + (z_2 - z_1)^2.$$

于是得点 $M_1(x_1, y_1, z_1)$ 与 $M_2(x_2, y_2, z_2)$ 之间距离公式为

$$d = |M_1M_2| = \sqrt{(x_2 - x_1)^2 + (y_2 - y_1)^2 + (z_2 - z_1)^2}.$$

显然 $M(x, y, z)$ 与原点 $O(0, 0, 0)$ 之间的距离公式为

$$d = |OM| = \sqrt{x^2 + y^2 + z^2}.$$

例 1　在 y 轴上求与两点 $A(1, 7, -4)$ 和 $B(5, -2, 3)$ 等距离的点.

解　因为所求点 M 在 y 轴上, 所以可设该点坐标为 $M(0, y, 0)$, 故有

$$|MA| = |MB|,$$

即

$$\sqrt{(0-1)^2 + (y-7)^2 + (0+4)^2} = \sqrt{(0-5)^2 + (y+2)^2 + (0-3)^2}$$

解得, $y = \dfrac{14}{9}$. 所以, 所求的点为 $M\left(0, \dfrac{14}{9}, 0\right)$.

2. 曲面与方程

与平面解析几何中建立曲线与方程的对应关系一样, 可以建立空间曲面与包含三个变量的方程 $F(x,y,z)=0$ 的对应关系.

(1) 定义

定义 5.1　　如果曲面 S 上任意一点的坐标都满足方程 $F(x,y,z)=0$, 而不在 S 上的点的坐标都不满足方程 $F(x,y,z)=0$, 那么方程 $F(x,y,z)=0$ 称为**曲面S的方程**, 而曲面 S 称为方程 $F(x,y,z)=0$ 的图形 (图 5-3).

(2) 平面方程

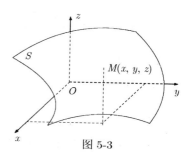

图 5-3

例 2　　一动点 $M(x,y,z)$ 与二定点 $M_1(0,1,-2)$ 与 $M_2(-1,0,3)$ 的距离相等, 求此动点 M 的轨迹方程.

解　　依题意有 $|MM_1|=|MM_2|$, 由两点距离公式得:

$$\sqrt{(x-0)^2+(y-1)^2+(z+2)^2}=\sqrt{(x+1)^2+y^2+(z-3)^2}.$$

化简后, 得 M 的轨迹方程为

$$2x+2y-10z+5=0.$$

中学立体几何中我们已知, 到二定点等距离的点的轨迹是这二点连线的垂直平分面, 因此上述所求方程是该平面的方程.

可以证明空间中任意一个平面的方程为三元一次方程:

$$Ax+By+Cz+D=0,$$

其中 A,B,C,D 均为常数, 且 A,B,C 不全为零, 一般把这方程称为平面的**一般式方程**.

对于一些特殊的三元一次方程, 应熟悉它们的图形特点:

(1) 当 $D=0$ 时, 平面方程成为 $Ax+By+Cz=0$, 它表示通过原点的平面.

(2) 当 $A=0$ 时, 方程成为 $By+Cz+D=0$, 它表示平行于 x 轴的平面. 同样 $Ax+Cz+D=0$, $Ax+By+D=0$ 分别表示平行于 y 轴, z 轴的平面.

(3) 当 $A=B=0$ 时, 方程成为 $cz+D=0$, 即 $z=-\dfrac{D}{C}$, 方程表示一个平行于 xOy 平面的平面. 例如, 方程 $z=5$, 其图形如图 5-4 所示, 它表示平行于 xOy 平面, 且相距 5 的平面. 同样 $Ax+D=0$, $By+D=0$ 分别表示平行于 yOz 面与 xOz 面的平面, 特殊情形, $x=0$, $y=0$, $z=0$ 则分别表示 yOz, xOz, xOy 三个坐标平面.

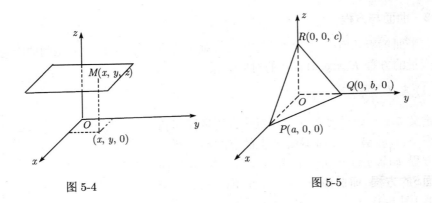

图 5-4 　　　　　　　　　　　　　　　　　　图 5-5

例 3　求通过 x 轴和点 $(-3, 4, -1)$ 的平面方程.

解　因为平面通过 x 轴, 即平面平行于 x 轴, 又过原点, 所以可设平面方程为 $By + Cz = 0$. 因为平面过 $(-3, 4, -1)$, 因此有: $4B - C = 0$, 由此得到 $C = 4B$, 将其代入所设方程, 于是

$$By + 4Bz = 0, \quad 即 y + 4z = 0.$$

例 4　设一平面与 x, y, z 轴分别交于 $P(a, 0, 0)$, $Q(0, b, 0)$, $R(0, 0, c)$ 三点 (图 5-5), 求这平面方程 $(a \neq 0, b \neq 0, c \neq 0)$.

解　设所求方程为 $Ax + By + Cz + D = 0$, 因 P, Q, R 都在平面上, 坐标应满足方程, 所以有

$$\begin{cases} aA + D = 0, \\ bB + D = 0, \\ cC + D = 0, \end{cases}$$

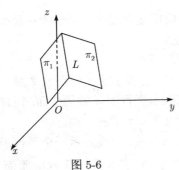

图 5-6

得: $A = -\dfrac{D}{a}$, $B = -\dfrac{D}{b}$, $C = -\dfrac{D}{c}$, 将它们代入方程, 并除以 $D(D \neq 0)$, 得平面方程:

$$\frac{x}{a} + \frac{y}{b} + \frac{z}{c} = 1.$$

称此方程为平面的截距式方程.

(3) 直线方程

空间直线 L 可以看作是二个平面 π_1, π_2 的交线 (图 5-6), 如两个相交平面 π_1, π_2 的方程分别为 $A_1 x + B_1 y + C_1 z + D_1 = 0$ 和 $A_2 x + B_2 y + C_2 z + D_2 = 0$, 那么它们的交线方程

即为

$$\begin{cases} A_1 x + B_1 y + C_1 z + D_1 = 0, \\ A_2 x + B_2 y + C_2 z + D_2 = 0, \end{cases}$$

这方程组我们称为**空间直线的一般方程**.

(4) *球方程*

例 5　建立球心在 $M_0(x_0, y_0, z_0)$, 半径为 R 的球面方程.

解：　设 $M(x, y, z)$ 是球面上任一点, 那么 $|MM_0| = R$, 即

$$\sqrt{(x - x_0)^2 + (y - y_0)^2 + (z - z_0)^2} = R$$

或

$$(x - x_0)^2 + (y - y_0)^2 + (z - z_0)^2 = R^2.$$

显然球面上的点都满足此方程, 而不在球面上的点不满足此方程, 这就是以 $M_0(x_0, y_0, z_0)$ 为球心, R 为半径的球面方程.

如以原点为球心, 则球方程为 $x^2 + y^2 + z^2 = R^2$ (图 5-7).

例 6　方程 $x^2 + y^2 + z^2 + 4x - 2y - 1 = 0$ 表示怎样的曲面?

解　通过配方, 原方程为 $(x + 2)^2 + (y - 1)^2 + z^2 = 6$ 这就是以 $M_0(-2, 1, 0)$ 为球心, $R = \sqrt{6}$ 为半径的球面.

(5) *其他曲面方程举例*

例 7　作 $x^2 + y^2 = R^2$ 的图形.

解　方程 $x^2 + y^2 = R^2$ 在 xOy 平面上表示以原点为圆心, 半径为 R 的圆. 由于方程不含 z, 意味着 z 可取任意值, 只要 x, y 满足 $x^2 + y^2 = R^2$ 即可. 因此这方程所表示的曲面是由平行于 z 轴的直线沿 xOy 平面上的圆 $x^2 + y^2 = R^2$ 移动而形成的圆柱面, $x^2 + y^2 = R^2$ 叫准线, 平行于 z 轴的直线叫母线 (图 5-8).

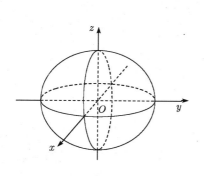

图 5-7

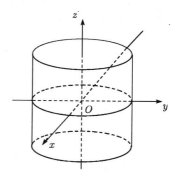

图 5-8

　　类似地可以画出 $\dfrac{x^2}{a^2} + \dfrac{y^2}{b^2} = 1$ 的椭圆柱面, $\dfrac{x^2}{a^2} - \dfrac{y^2}{b^2} = 1$ 的双曲柱面. $y = ax^2$ 的抛物柱面等等.

　　例 8　作 $z = x^2 + y^2$ 的图形.

　　解　用平面 $z = c$ 截曲面 $z = x^2 + y^2$, 其截痕方程为 $x^2 + y^2 = c$, $z = c$. $c = 0$ 时, 截得一点 $(0, 0, 0)$; $c > 0$ 时, 截痕是以点 $(0, 0, c)$ 为圆心, $\sqrt{c}$ 为半径的圆, $z = c$ 向上移动, 即 $c \geqslant 0$ 越来越大, 则截痕圆也越来越大; $c < 0$ 时, 平面与曲面无交点.

　　若用 $x = a$ 或 $y = b$ 截曲面, 则截痕为抛物线.

　　我们称 $z = x^2 + y^2$ 的图形为旋转抛物面 (图 5-9).

　　例 9　讨论 $\dfrac{x^2}{a^2} + \dfrac{y^2}{b^2} + \dfrac{z^2}{c^2} = 1$ 所表示的曲面.

　　解　由方程可知 $|x| \leqslant a$, $|y| \leqslant b$, $|z| \leqslant c$, 即曲面被包围在 $x = \pm a$, $y = \pm b$, $z = \pm c$ 的长方体内, 曲面与三个坐标面的交线为

$$
\begin{cases} \dfrac{x^2}{a^2} + \dfrac{y^2}{b^2} = 1, \\ z = 0, \end{cases}
\qquad
\begin{cases} \dfrac{y^2}{b^2} + \dfrac{z^2}{c^2} = 1, \\ x = 0, \end{cases}
\qquad
\begin{cases} \dfrac{x^2}{a^2} + \dfrac{z^2}{c^2} = 1, \\ y = 0. \end{cases}
$$

它们都是椭圆. 曲面与平行于 xOy 平面的平面 $z = z_1$ $(|z_1| < c)$ 的交线为

$$
\begin{cases} \dfrac{x^2}{\dfrac{a^2}{c^2}(c^2 - z_1)^2} + \dfrac{y^2}{\dfrac{b^2}{c^2}(c^2 - z_1)^2} = 1, \\ z = z_1, \end{cases}
$$

这是平面 $z = z_1$ 内的椭圆.

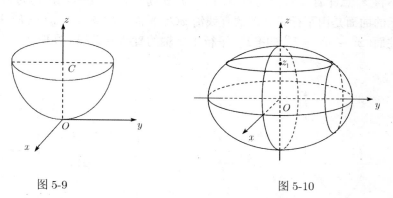

　　图 5-9　　　　　　　　　　　　　　　　　　　　　　图 5-10

　　如以 $y = y_1$ $(|y_1| \leqslant b)$, $x = x_1$ $(|x_1| \leqslant a)$ 去截可得到类似上述的结果. 这曲面称为椭球面 (图 5-10), 当 $a = b = c$ 时, $x^2 + y^2 + z^2 = 1$ 即为球面.

习 题 5.1

1. 求点 $M(4, -3, 5)$ 到各坐标轴的距离.
2. 试证明以三点 $A(4, 1, 9)$, $B(10, -1, 6)$, $C(2, 4, 3)$ 为顶点的三角形是等腰直角三角形.
3. 建立以点 $(1, 3, -2)$ 为球心, 且通过坐标原点的球面方程.
4. 方程 $x^2 + y^2 + z^2 - 2x + 4y + 2z = 0$ 表示什么曲面?
5. 画出下列各方程所表示的曲面:

(1) $\left(x - \dfrac{a}{2}\right)^2 + y^2 = \left(\dfrac{a}{2}\right)^2$;　　　　(2) $\dfrac{x^2}{9} + \dfrac{y^2}{4} = 1$;

(3) $-\dfrac{x^2}{4} + \dfrac{y^2}{9} = 1$;　　　　(4) $y^2 - z = 0$;

(5) $z = 2x^2 + y^2$.

5.2 多元函数的概念

1. 多元函数的定义

(1) 定义

单元函数 $y = f(x)$ 是因变量与一个自变量之间的关系, 即因变量的值只依赖于一个自变量. 但在许多实际问题中, 往往需要研究因变量与 n 个自变量之间的关系, 即因变量的值依赖于 n 个自变量. 例如: 某商品的价格往往与该产品的产量、需求量、运输成本等多种因素有关, 即决定该产品价格的因素不是一个, 而是多个. 为了研究这类问题, 需要引入多元函数的概念.

(1) 定义

定义 5.2 D 为一个非空的 n 元有序数组的集合, 设 f 为一对应规则, 使对于每一个有序数组 $(x_1, x_2, \cdots, x_n) \in D$, 都有唯一确定的实数 y 与之对应, 则称对应规则 f 为定义在 D 的 **n 元函数**, 记为 $y = f(x_1, x_2, \cdots, x_n)$, $(x_1, x_2, \cdots, x_n) \in D$. 变量 $x_1, x_2, \cdots, x_n$ 称 **自变量**, y 称 **因变量**, D 称 **为函数的定义域**. 对于 $(x_1^0, x_2^0, \cdots, x_n^0) \in D$ 所对应的 y 值记为 $y_0 = f(x_1^0, x_2^0, \cdots, x_n^0)$, 称 $y = f(x_1, x_2, \cdots, x_n)$ 在 $(x_1^0, x_2^0, \cdots, x_n^0)$ 的函数值, 全体函数值的集合 $\{y \mid y = f(x_1, x_2, \cdots, x_n), (x_1, x_2, \cdots, x_n) \in D\}$ 称为函数值域, 记为 E.

当 $n = 1$ 时, 即为一元函数, 记为 $y = f(x)$, $x \in D$, D 是数轴上点; 当 $n = 2$ 时, 即为二元函数, 记为 $z = f(x, y)$, $(x, y) \in D$, D 是平面上的点. 二元及二元以上函数总称为 **多元函数**.

例 1 $z = x^2 + y^2$ 是以 x, y 为自变量, z 为因变量的二元函数.

定义域: $D = \{(x, y) \mid x, y \in (-\infty, +\infty)\}$; 值域: $E = \{z \mid z \in [0, +\infty)\}$.

例 2 某工厂打算生产甲、乙两种产品, 它们单位产品的成本分别为 150 元和 80 元, 设甲产品计划生产 x 单位、乙产品计划生产 y 单位, 总的成本 (不包括固定

成本) 不能超过 40000 元, 那么总成本 z 与产量之间的关系为

$$z = 150x + 80y \qquad (x > 0, y > 0, 150x + 80y \leqslant 40000),$$

这是一个二元函数.

自变量的范围 $\{(x,y)|x > 0, y > 0, 且150x + 80y \leqslant 40000\}$; 函数 z 的范围 $\{z|z = 150x + 80y, 0 < z \leqslant 40000\}$.

(2) 二元函数定义域

二元函数 $z = f(x,y)$ 的定义域在几何上表示一个平面区域, 可以是整个 xOy 平面, 或是 xOy 平面上由几条曲线所围成部分, 也可以是个别点或曲线上的部分点. 围成平面区域的曲线称为**区域的边界**, 包括边界在内的区域称**闭区域**, 不包括边界的区域称为**开区域**. 包括部分边界的区域称为**半开区域**. 如区域延伸到无限远处则称为**无界区域**, 否则称**有界区域**. 有界区域总可以在一个以原点为圆心的相当大的圆域内.

例 3　求 $z = \ln(x + y)$ 的定义域.

解　$D = \{(x,y)|x + y > 0\}$ 是 xOy 平面上, 由直线 $x + y = 0$ 的右上方确定的无界开区域 (图 5-11).

例 4　求 $z = \arcsin \dfrac{x^2 + y^2}{4} + \dfrac{1}{\sqrt{x^2 + y^2 - 1}}$ 的定义域.

解

$$D = \{(x,y)|x^2 + y^2 \leqslant 4 \text{ 且 } x^2 + y^2 > 1\},$$

即 $D = \{(x,y)|1 < x^2 + y^2 \leqslant 4\}$ 是以原点为圆心, 1 和 2 为半径的二个圆之间的圆环, 不包括小圆的边界, 而包括大圆的边界, 是一个半开的有界区域 (图 5-12).

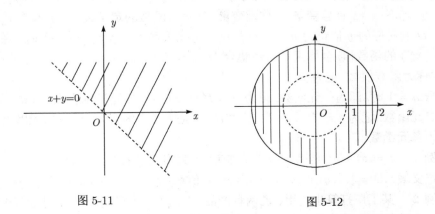

图 5-11　　　　　　　　　　　　　　　　　图 5-12

(3) 二元函数几何意义

二元函数 $z = f(x, y)$, $(x, y) \in D$, 其定义域 D 是 xOy 平面上的一个区域, 对于 D 中任意一点 $M(x, y)$, 必有唯一的数 z 与其对应, 因此三元有序数组 $(x, y, f(x, y))$ 就确定了空间的一个点 $P(x, y, f(x, y))$, 所有这样确定的点的集合就是函数 $z = f(x, y)$ 的图形, 通常是个曲面 (图 5-13).

例 5 $z = \sqrt{4 - x^2 - y^2}$, 即 $x^2 + y^2 + z^2 = 4$, 且 $z \geqslant 0$, 所以是以原点为球心, 2 为半径的上半个球面 (图 5-14).

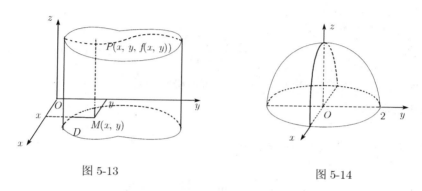

图 5-13   图 5-14

2. 二元函数极限与连续

类似于一元函数极限的定义, 给出二元函数 $f(x, y)$ 当 (x, y) 趋于 (x_0, y_0) 时的极限. 这里 (x, y) 趋于 (x_0, y_0), 用距离 $\rho = \sqrt{(x - x_0)^2 + (y - y_0)^2}$ 越来越小来描述.

(1) 极限定义

如果对于任意给定的正数 ϵ, 总存在一个正数 δ, 当 $0 < \rho = \sqrt{(x-x_0)^2+(y-y_0)^2} < \delta$ 时, $|f(x, y) - A| < \epsilon$ 恒成立, 则称当 (x, y) 趋于 (x_0, y_0) 时**函数 $f(x, y)$ 以 A 为极限**. 记作:

$$\lim_{\substack{x \to x_0 \\ y \to y_0}} f(x, y) = A \quad \text{或} \quad \lim_{\rho \to 0} f(x, y) = A.$$

注意: 这里说的当 (x, y) 趋于 (x_0, y_0) 时, $f(x, y)$ 以 A 为极限, 是指 (x, y) 以任何方式趋于 (x_0, y_0) 时 $f(x, y)$ 都趋于 A.

(2) 连续定义

设二元函数 $f(x, y)$ 满足条件:
(1) 在点 (x_0, y_0) 的某邻域有定义;
(2) 极限 $\lim\limits_{\substack{x \to x_0 \\ y \to y_0}} f(x, y)$ 存在;

(3) $\lim\limits_{\substack{x \to x_0 \\ y \to y_0}} f(x, y) = f(x_0, y_0)$.

则称函数 $f(x, y)$ **在点 (x_0, y_0) 处连续**, 否则称点 (x_0, y_0) 是函数 $y = f(x, y)$ 的**间断点**. 如果函数 $f(x, y)$ 在平面区域 D 内的每一点都连续, 则称函数 $f(x, y)$ 在**区域 D 内连续**.

与单元函数一样, 二元初等函数在其定义域内是连续的, 因此一般的二元初等函数在定义域内可运用连续性求极限, 即 $\lim\limits_{\substack{x \to x_0 \\ y \to y_0}} f(x, y) = f(x_0, y_0)$.

例 6 $\lim\limits_{\substack{x \to 1 \\ y \to 0}} \dfrac{\ln(x + e^y)}{\sqrt{x^2 + y^2}} = \ln 2$.

例 7 $\lim\limits_{\substack{x \to 0 \\ y \to 0}} \dfrac{xy}{\sqrt{xy+1}-1} = \lim\limits_{\substack{x \to 0 \\ y \to 0}} \dfrac{xy(\sqrt{xy+1}+1)}{(xy+1)-1} = \lim\limits_{\substack{x \to 0 \\ y \to 0}} (\sqrt{xy+1}+1) = 2$.

有时二元函数极限计算也可应用一元函数极限求法.

例 8 求 $\lim\limits_{\substack{x \to 0 \\ y \to 0}} \dfrac{\sin xy}{x}$.

解 用 $\lim\limits_{x \to 0} \dfrac{\sin x}{x} = 1$ 的结果,

$$\lim\limits_{\substack{x \to 0 \\ y \to 0}} \frac{\sin xy}{x} = \lim\limits_{\substack{x \to 0 \\ y \to 0}} \frac{\sin xy}{xy} \cdot y = 0.$$

例 9 求 $\lim\limits_{\substack{x \to 0 \\ y \to 0}} (1 + xy)^{\frac{1}{x}}$.

解 用 $\lim\limits_{x \to 0} (1 + x)^{\frac{1}{x}} = e$ 的结果,

$$\lim\limits_{\substack{x \to 0 \\ y \to 0}} (1 + xy)^{\frac{1}{x}} = \lim\limits_{\substack{x \to 0 \\ y \to 0}} (1 + xy)^{\frac{1}{xy} \cdot y} = e^0 = 1.$$

例 10 $z = \sin \dfrac{1}{x^2 + y^2 - 1}$ 在何处间断?

解 在 $x^2 + y^2 = 1$ 处间断, 即在 $x^2 + y^2 = 1$ 处, 曲面上有一条缝.

闭区间上连续函数性质都可以推广到多元函数, 这里不作详述.

习 题 5.2

1. 求下列各函数的定义域:

    (1) $z = \dfrac{1}{\sqrt{x+y}} + \dfrac{1}{\sqrt{x-y}}$;　　　　　(2) $z = \dfrac{\sqrt{4x - y^2}}{\ln(1 - x^2 - y^2)}$;

    (3) $z = \ln(y - x) + \dfrac{\sqrt{x}}{\sqrt{1 - x^2 - y^2}}$.

2. 求下列极限:

(1) $\lim\limits_{\substack{x \to 0 \\ y \to 1}} \dfrac{1 - xy}{x^2 + y^2}$; (2) $\lim\limits_{\substack{x \to 0 \\ y \to 0}} \dfrac{2 - \sqrt{xy + 4}}{xy}$;

(3) $\lim\limits_{\substack{x \to 0 \\ y \to 0}} \dfrac{1 - \cos(x^2 + y^2)}{(x^2 + y^2)x^2y^2}$.

3. 函数 $z = \dfrac{y^2 + 2x}{y^2 - 2x}$ 在何处间断?

5.3 多元函数微分法

1. 偏导数

现在讨论二元函数变化率问题.

函数 $z = f(x, y)$ 在点 (x_0, y_0) 的某个领域有定义. 当 x 从 x_0 取得改变量 Δx $(\Delta x \neq 0)$, 而 $y = y_0$ 保持不变时, 函数 z 得到一个改变量 $\Delta_x z = f(x_0 + \Delta x, y_0) - f(x_0, y_0)$ 称为函数 $f(x, y)$ 对 x 的偏增量. 类似地 $\Delta_y z = f(x_0, y_0 + \Delta y) - f(x_0, y_0)$ 称为函数 $f(x, y)$ 对 y 的偏增量. 对于自变量从 x_0, y_0 取得改变量 Δx, Δy, 函数 z 的相应的改变量 $\Delta z = f(x_0 + \Delta x, y_0 + \Delta y) - f(x_0, y_0)$ 称为函数 $f(x, y)$ 的全增量.

定义 5.3 设函数 $z = f(x, y)$ 在点 (x_0, y_0) 的某领域内有定义, 如果当 $\Delta x \to 0$ 时极限

$$\lim_{\Delta x \to 0} \frac{\Delta_x z}{\Delta x} = \lim_{\Delta x \to 0} \frac{f(x_0 + \Delta x, y_0) - f(x_0, y_0)}{\Delta x}$$

存在, 则称此极限值为函数 $f(x, y)$ 在点 (x_0, y_0) 处**对 x 的偏导数**, 记作

$$f'_x(x_0, y_0), \quad \text{或} \quad \frac{\partial f(x_0, y_0)}{\partial x}, \quad \frac{\partial z}{\partial x}\bigg|_{\substack{x=x_0 \\ y=y_0}}, \quad z'_x\bigg|_{\substack{x=x_0 \\ y=y_0}};$$

同样, 如极限

$$\lim_{\Delta y \to 0} \frac{\Delta_y z}{\Delta y} = \lim_{\Delta y \to 0} \frac{f(x_0, y_0 + \Delta y) - f(x_0, y_0)}{\Delta y}$$

存在, 则称此极限为函数 $f(x, y)$ 在点 (x_0, y_0) 处**对 y 的偏导数**, 记作

$$f'_y(x_0, y_0), \text{或} \quad \frac{\partial f(x_0, y_0)}{\partial y}, \quad \frac{\partial z}{\partial y}\bigg|_{\substack{x=x_0 \\ y=y_0}}, \quad z'_y\bigg|_{\substack{x=x_0 \\ y=y_0}};$$

如函数 $z = f(x, y)$ 在区域 D 内每一点 (x, y) 处对 x 的偏导数都存在, 那么这个偏导数就是 x, y 的函数, 它就称为函数 $z = f(x, y)$ **对自变量 x 的偏导函数**, 记作

$$\frac{\partial z}{\partial x}, \quad \text{或} \quad \frac{\partial f}{\partial x}, \quad z'_x, \quad f'_x(x, y);$$

类似地可以定义 $z = f(x, y)$ **对自变量 y 的偏导函数**, 记作

$$\frac{\partial z}{\partial y}, \quad \text{或} \quad \frac{\partial f}{\partial y}, \quad z'_y, \quad f'_y(x, y).$$

显然, $f'_x(x_0, y_0)$ 就是 $f'_x(x, y)$ 在 (x_0, y_0) 的函数值, $f'_y(x_0, y_0)$ 就是 $f'_y(x, y)$ 在 (x_0, y_0) 的函数值, 偏导函数常简称为**偏导数**. 因为求 $z = f(x, y)$ 的偏导数时, 只有一个变量在变化, 另一变量看作固定的, 所以只需用一元函数求导法求得.

例 1　求函数 $f(x, y) = x^3 + 2xy + y^3$ 在 $(1, 2)$ 处的偏导数.

解　把 y 看作常量 $\dfrac{\partial f}{\partial x} = 3x^2 + 2y$, $\left. \dfrac{\partial f}{\partial x} \right|_{\substack{x=1 \\ y=2}} = 7$;

把 x 看作常量 $\dfrac{\partial f}{\partial y} = 2x + 3y^2$, $\left. \dfrac{\partial f}{\partial y} \right|_{\substack{x=1 \\ x=2}} = 14$.

例 2　求 $z = e^{2x} \sin 3y$ 的偏导数 $\dfrac{\partial z}{\partial x}, \dfrac{\partial z}{\partial y}$.

解　$\dfrac{\partial z}{\partial x} = 2e^{2x} \sin 3y$, $\dfrac{\partial z}{\partial y} = 3e^{2x} \cos 3y$.

例 3　$z = x^y (x > 0, x \neq 1)$, 求 $\dfrac{\partial z}{\partial x}, \dfrac{\partial z}{\partial y}$.

解　注意 $z = x^y$ 当 y 为常量时是幂函数, 当 x 为常量时是指数函数, 所以

$$\frac{\partial z}{\partial x} = yx^{y-1}, \qquad \frac{\partial z}{\partial y} = x^y \ln x.$$

一般来说, 函数 $z = f(x, y)$ 的偏导数 $z'_x = \dfrac{\partial f(x, y)}{\partial x}$, $z'_y = \dfrac{\partial f(x, y)}{\partial y}$ 还是 x, y 的二元函数, 如这二个函数对自变量 x, y 的偏导数也存在, 则这些偏导数为函数 $f(x, y)$ 的**二阶偏导数**. 记作:

$$\frac{\partial^2 z}{\partial x^2} = \frac{\partial}{\partial x} \left(\frac{\partial z}{\partial x} \right), \qquad \frac{\partial^2 z}{\partial x \partial y} = \frac{\partial}{\partial y} \left(\frac{\partial z}{\partial x} \right),$$

$$\frac{\partial^2 z}{\partial y^2} = \frac{\partial}{\partial y} \left(\frac{\partial z}{\partial y} \right), \qquad \frac{\partial^2 z}{\partial y \partial x} = \frac{\partial}{\partial x} \left(\frac{\partial z}{\partial y} \right),$$

或 $z''_{xx}, z''_{xy}, z''_{yy}, z''_{yx}$.

仿此可定义二元函数更高阶的偏导数, 如

$$\frac{\partial}{\partial x} \left(\frac{\partial^2 z}{\partial x^2} \right) = \frac{\partial^3 z}{\partial x^3}, \quad \frac{\partial}{\partial y} \left(\frac{\partial^2 z}{\partial x^2} \right) = \frac{\partial^3 z}{\partial x^2 \partial y}, \quad \frac{\partial}{\partial x} \left(\frac{\partial^2 z}{\partial x \partial y} \right) = \frac{\partial^3 z}{\partial x \partial y \partial x}$$

等.

例 4　求 $z = x^3 + y^3 - 3xy^2$ 的各二阶偏导数及 $\dfrac{\partial^3 z}{\partial x^2 \partial y}$.

解　$\dfrac{\partial z}{\partial x} = 3x^2 - 3y^2$, $\dfrac{\partial^2 z}{\partial x^2} = 6x$, $\dfrac{\partial^2 z}{\partial x \partial y} = -6y$, $\dfrac{\partial^3 z}{\partial x^2 \partial y} = 0$;

$\dfrac{\partial z}{\partial y} = 3y^2 - 6xy$, $\dfrac{\partial^2 z}{\partial y^2} = 6y - 6x$, $\dfrac{\partial^2 z}{\partial y \partial x} = -6y$.

例 5　求 $z = \ln\sqrt{x^2 + y^2}$ 的各二阶偏导数.

解　$z = \ln\sqrt{x^2 + y^2} = \dfrac{1}{2}\ln(x^2 + y^2)$,

$$\frac{\partial z}{\partial x} = \frac{x}{x^2 + y^2}, \quad \frac{\partial^2 z}{\partial x^2} = \frac{x^2 + y^2 - 2x^2}{(x^2 + y^2)^2} = \frac{y^2 - x^2}{(x^2 + y^2)^2}, \quad \frac{\partial^2 z}{\partial x \partial y} = -\frac{2xy}{(x^2 + y^2)^2},$$

$$\frac{\partial z}{\partial y} = \frac{y}{x^2 + y^2}, \quad \frac{\partial^2 z}{\partial y^2} = \frac{x^2 - y^2}{(x^2 + y^2)^2}, \quad \frac{\partial^2 z}{\partial y \partial x} = -\frac{2xy}{(x^2 + y^2)^2}.$$

在上面两例中, 都有 $\dfrac{\partial^2 z}{\partial x \partial y} = \dfrac{\partial^2 z}{\partial y \partial x}$, 可以证明当二阶偏导数 $\dfrac{\partial^2 z}{\partial x \partial y}$, $\dfrac{\partial^2 z}{\partial y \partial x}$ 为 x, y 的连续函数时, 二者必相等.

对于三元函数 $u = f(x, y, z)$, 只要分别把二个变量看作常量就可求得偏导数: $\dfrac{\partial u}{\partial x}$, $\dfrac{\partial u}{\partial y}$, $\dfrac{\partial u}{\partial z}$.

例 6　$u = x^{\frac{y}{z}}$, 求 $\dfrac{\partial u}{\partial x}$, $\dfrac{\partial u}{\partial y}$, $\dfrac{\partial u}{\partial z}$.

解　$\dfrac{\partial u}{\partial x} = \dfrac{y}{z} x^{\frac{y}{z} - 1}$, $\quad \dfrac{\partial u}{\partial y} = x^{\frac{y}{z}} \cdot \dfrac{1}{z} \cdot \ln x = \dfrac{\ln x}{z} x^{\frac{y}{z}}$, $\quad \dfrac{\partial u}{\partial z} = -\dfrac{y \ln x}{z^2} x^{\frac{y}{z}}$.

2. 全微分

在一元函数 $y = f(x)$ 中, 如函数增量 Δy 可以表示成 $\Delta y = A\Delta x + o(\Delta x)$, 即 Δy 由 Δx 一个线性主部与一个 Δx 的高阶无穷小量组成, 则定义 $y = f(x)$ 的微分 $dy = A\Delta x$, 而且 $A = f'(x)$ 即 $dy = f'(x)dx$, 类似地我们定义二元函数的全微分.

定义 5.4　对于自变量在点 (x, y) 处的改变量 Δx, Δy, 函数 $z = f(x, y)$ 相应的改变量

$$\Delta z = f(x + \Delta x, y + \Delta y) - f(x, y)$$

可以表示为

$$\Delta z = A\Delta x + B\Delta y + o(\rho),$$

其中 A, B 是 x, y 的函数, 与 Δx, Δy 无关, $\rho = \sqrt{(\Delta x)^2 + (\Delta y)^2}$, $o(\rho)$ 表示一个比 ρ 较高阶的无穷小量, 则称 $A\Delta x + B\Delta y$ 是函数 $z = f(x, y)$ 在点 (x, y) 处的**全微分**, 记作 $dz = df(x, y) = A\Delta x + B\Delta y$, 此时也称函数 $f(x, y)$ 在 (x, y)**可微**.

定理 5.1　如果函数 $z = f(x, y)$ 在点 (x, y) 的某一领域内有连续的偏导数 $f'_x(x, y)$, $f'_y(x, y)$ 则函数 $f(x, y)$ 在点 (x, y) 处可微, 并且

$$dz = f'_x(x, y)dx + f'_y(x, y)dy$$

(证明略).

例 7　求 $z = (1 + x)^y$ 的全微分.

解　$z'_x = y(1 + x)^{y-1}$, $\quad z'_y = (1 + x)^y \ln(1 + x)$,

$$dz = y(1+x)^{y-1}dx + (1+x)^y \ln(1+x)dy$$

$$= (1+x)^y \left[\frac{y}{1+x}dx + \ln(1+x)dy \right].$$

例 8　计算 $z = e^{\frac{y}{x}}$, 在 $x = 1, y = 1$ 处的全微分.

解　$z'_x = -\dfrac{y}{x^2}e^{\frac{y}{x}}$, $z'_y = \dfrac{1}{x}e^{\frac{y}{x}}$,

$$dz = -\frac{y}{x^2}e^{\frac{y}{x}}dx + \frac{1}{x}e^{\frac{y}{x}}dy = \frac{1}{x^2}e^{\frac{y}{x}}(xdy - ydx),$$

$$dz\Big|_{\substack{x=1 \\ y=1}} = -edx + edy = e(dy - dx).$$

如 $z = f(x, y)$ 在 (x, y) 可微, 则 Δz 与 dz 仅相差一个无穷小量所以常用 dz 作为 Δz 的近似值.

例 9　有一圆柱体, 受压后发生形变, 它的半径由 20 厘米增大到 20.05 厘米, 高度由 100 厘米减少到 99 厘米, 求此圆柱体体积变化的近似值.

解　设圆柱体体积、半径、高分别为 v, r, h, 则有 $v = \pi r^2 h$, $r = 20$, $\Delta r = 0.05$, $h = 100$, $\Delta h = -1$. 体积的改变量为

$$\Delta v \approx dv = v'_r \Delta r + v'_h \Delta h = 2\pi rh\Delta r + \pi r^2 \Delta h,$$

即 $\Delta v \approx 2\pi \times 20 \times 100 \times 0.05 + \pi 20^2 \times (-1) = -200\pi$ (厘米^3). 即圆柱体在受压后体积减少了约 200π 厘米^3.

3. 多元复合函数求导法

现在将一元函数微分学中复合函数求导法, 推广到多元复合函数的情形.

定理 5.2　设函数 $u = \varphi(x, y)$, $v = \psi(x, y)$ 在 (x, y) 有偏导数. $z = f(u, v)$ 在相应的点 (u, v) 有连续偏导数, 则复合函数 $f[\varphi(x, y), \psi(x, y)]$ 在 (x, y) 有对 x, y 的偏导数:

$$\frac{\partial z}{\partial x} = \frac{\partial z}{\partial u}\frac{\partial u}{\partial x} + \frac{\partial z}{\partial v}\frac{\partial v}{\partial x};$$

$$\frac{\partial z}{\partial y} = \frac{\partial z}{\partial u}\frac{\partial u}{\partial y} + \frac{\partial z}{\partial v}\frac{\partial v}{\partial y}.$$

证　给 x 以改变量 $\Delta x(\Delta x \neq 0)$, 让 y 保持不变, 则 u, v 得到偏增量 $\Delta_x u$, $\Delta_x v$ 从而函数 $z = f(u, v)$ 也得到改变量 $\Delta_x z$, 由于 $f(u, v)$ 可微, 所以

$$\Delta_x z = \frac{\partial z}{\partial u}\Delta_x u + \frac{\partial z}{\partial v}\Delta_x v + o(\rho),$$

其中

$$\rho = \sqrt{(\Delta_x u)^2 + (\Delta_x v)^2}, \text{ 且} \lim_{\rho \to 0}\frac{o(\rho)}{\rho} = 0.$$

上式二边同除以 Δx 得

$$\frac{\Delta_x z}{\Delta x} = \frac{\partial z}{\partial u}\frac{\Delta_x u}{\Delta x} + \frac{\partial z}{\partial v}\frac{\Delta_x v}{\Delta x} + \frac{o(\rho)}{\Delta x}.$$

因为 $u = \varphi(x,y)$, $v = \psi(x,y)$ 的偏导数存在, 所以 $\Delta x \to 0$ 时 $\Delta u \to 0$, $\Delta v \to 0$, 所以 $\rho \to 0$. 对上式二边取极限:

$$\lim_{\Delta x \to 0}\frac{\Delta_x z}{\Delta x} = \frac{\partial z}{\partial u}\lim_{\Delta x \to 0}\frac{\Delta_x u}{\Delta x} + \frac{\partial z}{\partial v}\lim_{\Delta x \to 0}\frac{\Delta_x u}{\Delta x} + \lim_{\Delta x \to 0}\frac{o(\rho)}{\Delta x},$$

其中,

$$\lim_{\Delta x \to 0}\left|\frac{o(\rho)}{\Delta x}\right| = \lim_{\Delta x \to 0}\left|\frac{o(\rho)}{\rho}\right|\left|\frac{\rho}{\Delta x}\right| = \lim_{\rho \to 0}\left|\frac{o(\rho)}{\rho}\right|\lim_{\Delta x \to 0}\sqrt{\left(\frac{\Delta_x u}{\Delta_x}\right)^2 + \left(\frac{\Delta_x v}{\Delta_x}\right)^2}$$
$$= 0 \cdot \sqrt{\left(\frac{\partial u}{\partial x}\right)^2 + \left(\frac{\partial v}{\partial x}\right)^2} = 0,$$

即

$$\frac{\partial z}{\partial x} = \frac{\partial z}{\partial u}\frac{\partial u}{\partial x} + \frac{\partial z}{\partial v}\frac{\partial v}{\partial x}.$$

同理可证

$$\frac{\partial z}{\partial y} = \frac{\partial z}{\partial u}\frac{\partial u}{\partial y} + \frac{\partial z}{\partial v}\frac{\partial v}{\partial y}.$$

例 10 设 $z = u^2\ln v$, $u = \dfrac{x}{y}$, $v = 3x - 2y$, 求 $\dfrac{\partial z}{\partial x}$, $\dfrac{\partial z}{\partial y}$.

解
$$\frac{\partial z}{\partial x} = \frac{\partial z}{\partial u}\frac{\partial u}{\partial x} + \frac{\partial z}{\partial v}\frac{\partial v}{\partial x} = 2u\ln v \cdot \frac{1}{y} + \frac{u^2}{v} \cdot 3$$
$$= \frac{2x}{y^2}\ln(3x - 2y) + \frac{3x^2}{(3x-2y)y^2},$$
$$\frac{\partial z}{\partial y} = \frac{\partial z}{\partial u} \cdot \frac{\partial u}{\partial y} + \frac{\partial z}{\partial v} \cdot \frac{\partial v}{\partial y} = 2u\ln v \cdot \left(-\frac{x}{y^2}\right) + \frac{u^2}{v} \cdot (-2)$$
$$= -\frac{2x^2}{y^3}\ln(3x - 2y) - \frac{2x^2}{(3x-2y)y^2}.$$

特例 1 若 $z = f(u,v)$, $u = \varphi(x)$, $v = \psi(x)$, 则复合函数 $z = f[\varphi(x), \psi(x)]$, 关于 x 的全导数为

$$\frac{dz}{dx} = \frac{\partial z}{\partial u}\frac{du}{dx} + \frac{\partial z}{\partial v}\frac{dv}{dx}.$$

特例 2 若 $z = f(x,y)$, 而 $y = \varphi(x)$, 则 $z = f[x, \varphi(x)]$ 的全导数为

$$\frac{dz}{dx} = \frac{\partial z}{\partial x} + \frac{\partial z}{\partial y}\frac{dy}{dx}.$$

特例 3　若 $z = f(u, x, y)$, $u = \varphi(x, y)$, 则 $z = f(\varphi(x, y), x, y)$ 关于 x, y 的偏导数为

$$\frac{\partial z}{\partial x} = \frac{\partial f}{\partial x} + \frac{\partial f}{\partial u} \frac{\partial u}{\partial x},$$

$$\frac{\partial z}{\partial y} = \frac{\partial f}{\partial y} + \frac{\partial f}{\partial u} \frac{\partial u}{\partial y}.$$

例 11　$z = \dfrac{y}{x}$, $x = e^t$, $y = 1 - e^{2t}$, 求 $\dfrac{dz}{dt}$.

解　$\dfrac{dz}{dt} = \dfrac{\partial z}{\partial x} \dfrac{dx}{dt} + \dfrac{\partial z}{\partial y} \dfrac{dy}{dt} = -\dfrac{y}{x^2} \cdot e^t + \dfrac{1}{x} \cdot (-2e^{2t})$

$$= -\frac{1 - e^{2t}}{e^{2t}} \cdot e^t - \frac{2}{e^t} e^{2t} = -e^{-t} - e^t.$$

例 12　$z = e^{x - 2y}$, $y = \sin x$, 求 $\dfrac{dz}{dx}$.

解　$\dfrac{dz}{dx} = \dfrac{\partial z}{\partial x} + \dfrac{\partial z}{\partial y} \dfrac{dy}{dx} = e^{x - 2y} - 2e^{x - 2y} \cos x = e^{x - 2\sin x}(1 - 2\cos x).$

例 13　$u = f(x, y, z) = e^{x^2 + y^2 + z^2}$, $z = x^2 \sin y$, 求 $\dfrac{\partial u}{\partial x}$, $\dfrac{\partial u}{\partial y}$.

解　$\dfrac{\partial u}{\partial x} = \dfrac{\partial f}{\partial x} + \dfrac{\partial f}{\partial z} \cdot \dfrac{\partial z}{\partial x} = 2xe^{x^2 + y^2 + z^2} + 2ze^{x^2 + y^2 + z^2} \cdot 2x \sin y$

$$= 2xe^{x^2 + y^2 + x^4 \sin^2 y}(1 + 2x^2 \sin^2 y)$$

$$\frac{\partial u}{\partial y} = \frac{\partial f}{\partial y} + \frac{\partial f}{\partial z} \cdot \frac{\partial z}{\partial y} = 2ye^{x^2 + y^2 + z^2} + 2ze^{x^2 + y^2 + z^2} \cdot x^2 \cos y$$

$$= e^{x^2 + y^2 + x^4 \sin^2 y}(2y + x^4 \sin 2y).$$

例 14　$z = f(x^2 - y^2, e^{xy})$, 求 $\dfrac{\partial z}{\partial x}$, $\dfrac{\partial z}{\partial y}$.

解　我们把 $z = f(x^2 - y^2, e^{xy})$ 写成 $z = f(u, v)$, $u = x^2 - y^2$, $v = e^{xy}$. 如果我们记 $\dfrac{\partial z}{\partial u} = f_1'$, $\dfrac{\partial z}{\partial v} = f_2'$, 那么

$$\frac{\partial z}{\partial x} = f_1' \cdot 2x + f_2' \cdot ye^{xy} = 2xf_1' + ye^{xy}f_2',$$

$$\frac{\partial z}{\partial y} = f_1'(-2y) + f_2' \cdot xe^{xy} = -2yf_1' + xe^{xy}f_2'.$$

4. 隐函数求导法

(1) 单元函数隐函数求导

在一元函数中我们会用复合函数求导法, 求由 $F(x, y) = 0$ 确定的隐函数 $y = f(x)$ 的导数 $\dfrac{dy}{dx}$. 现在用偏导数方法给出公式.

设方程 $F(x, y) = 0$ 确定的函数为 $y = f(x)$, 即 $F[x, f(x)] \equiv 0$. 由复合函数求导法二边对 x 求导得:

$$\frac{\partial F}{\partial x} + \frac{\partial F}{\partial y} \cdot \frac{dy}{dx} = 0.$$

如果 $\dfrac{\partial F}{\partial y} \neq 0$, 则

$$\frac{dy}{dx} = -\frac{\dfrac{\partial F}{\partial x}}{\dfrac{\partial F}{\partial y}} \quad \text{或} \quad \frac{dy}{dx} = -\frac{F_x'}{F_y'}.$$

例 15　求由 $\sin y + e^x = xy^2$ 确定的函数 $y = f(x)$ 的导数 $\dfrac{dy}{dx}$.

解　设 $F(x, y) = \sin y + e^x - xy^2$, 于是

$$\frac{dy}{dx} = -\frac{F_x'}{F_y'} = -\frac{e^x - y^2}{\cos y - 2xy}.$$

(2) 二元函数隐函数求导

设由 $F(x, y, z) = 0$ 确定的二元函数为 $z = f(x, y)$, 即 $F[x, y, f(x, y)] \equiv 0$, 两边分别对 x 和 y 求偏导数, 得

$$\frac{\partial F}{\partial x} + \frac{\partial F}{\partial z} \cdot \frac{\partial z}{\partial x} = 0, \quad \frac{\partial F}{\partial y} + \frac{\partial F}{\partial z} \cdot \frac{\partial z}{\partial y} = 0.$$

如 $\dfrac{\partial F}{\partial z} \neq 0$, 则

$$\frac{\partial z}{\partial x} = -\frac{F_x'}{F_z'}, \quad \frac{\partial z}{\partial y} = -\frac{F_y'}{F_z'}.$$

例 16　求由 $z^3 - 3xyz = a$ 确定的函数 $z = f(x, y)$ 的偏导数 $\dfrac{\partial z}{\partial x}, \dfrac{\partial z}{\partial y}$.

解　令 $F(x, y, z) = z^3 - 3xyz - a$,

$$\frac{\partial z}{\partial x} = -\frac{F_x'}{F_z'} = -\frac{-3yz}{3z^2 - 3xy} = \frac{yz}{z^2 - xy};$$

$$\frac{\partial z}{\partial y} = -\frac{F_y'}{F_z'} = -\frac{-3xz}{3z^2 - 3xy} = \frac{xz}{z^2 - xy}.$$

习　题　5.3

1. 求下列函数的偏导数

   (1) $z = x^3y - y^3x$;　　　　　　　　(2) $z = \sin(xy) + \cos^2(xy)$;

   (3) $z = \ln \tan \dfrac{x}{y}$;　　　　　　　　(4) $z = (1 + xy)^y$;

   (5) 设 $f(x, y) = x + (y - 1)\arcsin\sqrt{\dfrac{x}{y}}$, 求 $f_x'(x, 1)$.

2. 求下列函数的 $\dfrac{\partial^2 z}{\partial x^2}, \dfrac{\partial^2 z}{\partial y^2}, \dfrac{\partial^2 z}{\partial x \partial y}$.

   (1) $z = x^4 + y^4 - 4x^2y^2$;　　　　　(2) $z = \arctan \dfrac{y}{x}$.

3. 求下列函数的全微分

 (1) $z = xy + \dfrac{x}{y}$;   (2) $z = \dfrac{y}{\sqrt{x^2 + y^2}}$;

 (3) $z = e^{\sin xy}$.

4. $z = u^2 v - uv^2$ 而 $u = x\cos y,\ v = x\sin y$, 求 $\dfrac{\partial z}{\partial x},\ \dfrac{\partial z}{\partial y}$.

5. 设 $z = \arcsin(x - y)$, 而 $x = 3t,\ y = 4t^3$, 求 $\dfrac{dz}{dt}$.

6. 设 $z = \arctan(xy)$ 而 $y = e^x$, 求 $\dfrac{dz}{dx}$.

7. 求函数 $z = f(xy^2, x^2 y)$ 的 $\dfrac{\partial z}{\partial x},\ \dfrac{\partial z}{\partial y}$ (f 具有一阶连续偏导数).

8. 设 $\ln \sqrt{x^2 + y^2} = \arctan \dfrac{y}{x}$, 求 $\dfrac{dy}{dx}$.

9. 设 $x + 2y + z - 2\sqrt{xyz} = 0$, 求 $\dfrac{\partial z}{\partial x},\ \dfrac{\partial z}{\partial y}$.

10. 设 $\dfrac{x}{z} = \ln \dfrac{z}{y}$, 求 $\dfrac{\partial z}{\partial x},\ \dfrac{\partial z}{\partial y}$.

5.4   二元函数极值

1. 二元函数的极值

(1) 定义

定义 5.5   若二元函数 $z = f(x, y)$ 对于点 (x_0, y_0) 的某一领域内的所有点, 总有

$$f(x, y) < f(x_0, y_0), \quad (x, y) \neq (x_0, y_0),$$

则称 $f(x_0, y_0)$ 是函数 $f(x, y)$ 的**极大值**. 如果总有

$$f(x, y) > f(x_0, y_0) \qquad (x, y) \neq (x_0, y_0),$$

则称 $f(x_0, y_0)$ 是函数 $f(x, y)$ 的**极小值**. 函数的极大值与极小值统称为**极值**, 使函数取得极值的点称为**极值点**. 例如函数 $z = x^2 + y^2$ 在 $(0,0)$ 有极小值 0; 函数 $z = \sqrt{1 - x^2 - y^2}$ 在 $(0,0)$ 有极大值 1, 函数 $z = xy$ 在 $(0,0)$ 无极值.

(2) 极值存在的必要条件

如果 $z = f(x, y)$ 在点 (x_0, y_0) 处有极值, 且在 (x_0, y_0) 可微, 则有

$$f'_x(x_0, y_0) = 0, \qquad f'_y(x_0, y_0) = 0.$$

证   如取 $y = y_0$, 则 $f(x, y_0)$ 是 x 的一元函数, 因为 $x = x_0$ 时, $f(x_0, y_0)$ 是 $f(x, y_0)$ 的极值, 所以 $f'_x (x_0, y_0) = 0$. 同理有 $f'_y(x_0, y_0) = 0$.

注意: 使 $f'_x(x_0, y_0) = 0$ 且 $f'_y(x_0, y_0) = 0$ 的点 (x_0, y_0) 称为驻点, 由上述必要条件可知, 极值点可能在驻点取得, 但驻点不一定是极值点, 极值点也可能是使偏导数不存在的点.

(3) 极值存在充分条件

如果函数 $f(x, y)$ 在点 (x_0, y_0) 的某一领域内存在连续的二阶偏导数, 且 (x_0, y_0) 是它的驻点, 即 $f'_x(x_0, y_0) = 0$, $f'_y(x_0, y_0) = 0$, 设 $f''_{xx}(x_0, y_0) = A$, $f''_{xy}(x_0, y_0) = B$, $f''_{yy}(x_0, y_0) = C$, 则 $f(x, y)$ 在 (x_0, y_0) 是否是极值的条件如下:

① $AC - B^2 > 0$ 时, 有极值; 且 $A < 0$ 时有极大值, $A > 0$ 时有极小值;

② $AC - B^2 < 0$ 时, 没有极值;

③ $AC - B^2 = 0$ 时, 可能有极值, 也可能无极值, 需另作讨论 (证明略).

例 1 求 $z = x^2 - xy + y^2 - 2x + y$ 的极值.

解 解方程组 $\begin{cases} z'_x = 2x - y - 2 = 0, \\ z'_y = -x + 2y + 1 = 0, \end{cases}$ 得到 $x = 1$, $y = 0$, 即 $(1, 0)$ 为驻点.

因为 $z''_{xx} = 2 = A$, $z''_{xy} = -1 = B$, $z''_{yy} = 2 = C$, 所以 $AC - B^2 = 3 > 0$ 且 $A > 0$, 所以在 $(1, 0)$ 取得极小值 $f(1, 0) = -1$.

例 2 求 $f(x, y) = e^{2x}(x + y^2 + 2y)$ 的极值.

解 解方程组 $\begin{cases} f'_x(x, y) = e^{2x}(2x + 2y^2 + 4y + 1) = 0, \\ f'_y(x, y) = e^{2x}(2y + 2) = 0, \end{cases}$ 得驻点 $\left(\dfrac{1}{2}, -1\right)$.

由 $f''_{xx} = 4e^{2x}(x + y^2 + 2y + 1)$, $f''_{xy} = 4e^{2x}(y + 1)$, $f''_{yy} = 2e^{2x}$ 得到

$$A = f''_{xx}\left(\frac{1}{2}, -1\right) = 2e, \quad B = f''_{xy}\left(\frac{1}{2}, -1\right) = 0, \quad C = f''_{yy}\left(\frac{1}{2}, -1\right) = 2e.$$

因为 $AC - B^2 = 4e^2 > 0$ 且 $A > 0$, 所以函数在点 $\left(\dfrac{1}{2}, -1\right)$ 处取得极小值: $f\left(\dfrac{1}{2}, -1\right) = -\dfrac{e}{2}$.

与一元函数类似, 求二元函数的最大值最小值, 可以求出 D 内所有驻点, 以及边界点的函数值, 其最大者为**最大值**, 最小者为**最小值**. 但这相当复杂. 在实际问题中如果根据问题性质, 知道函数 $f(x, y)$ 的最大值 (最小值) 一定在 D 内取得, 而函数在 D 内只有一个驻点, 那么可以肯定该驻点处的函数值就是 $f(x, y)$ 的最大值 (最小值).

例 3 要做一个容量为 8 米³ 的长方体箱子, 选择怎样的尺寸, 使所用材料面积最小?

解 设箱子长为 x 米, 宽为 y 米, 则高为 $\dfrac{8}{xy}$ 米, 此箱子所用材料的面积为

$$S = 2\left(xy + y \cdot \frac{8}{xy} + x \cdot \frac{8}{xy}\right) \quad (x > 0, \ y > 0),$$

即

$$S = 2\left(xy + \frac{8}{x} + \frac{8}{y}\right) \qquad (x > 0, \ y > 0),$$

S 是 x, y 的二元函数. 令

$$S'_x = 2\left(y - \frac{8}{x^2}\right) = 0,$$

$$S'_y = 2\left(x - \frac{8}{y^2}\right) = 0,$$

解此方程组, 得 $x = 2$, $y = 2$, 且 $z = \frac{8}{xy} = 2$.

因为箱子所用材料面积的最小值一定存在, 而 D 内驻点只有一个, 所以, 长、高、宽都为 2 米时, 所用材料面积 S 最小, 其大小为 $S = 24$ 米^2.

例 4   某工厂生产甲、乙两种产品, 售价分别为 10 元与 9 元. 若各生产 x 与 y 单位的总费用为 $400 + 2x + 3y + 0.01(3x^2 + xy + 3y^2)$, 问要取得最大利润, 产量应各为多少?

解   设总利润为 $L(x, y)$, 则

$$L(x, y) = 10x + 9y - [400 + 2x + 3y + 0.01(3x^2 + xy + 3y^2)]$$

$$= 8x + 6y - 0.01(3x^2 + xy + 3y^2) - 400,$$

由方程组

$$L'_x(x, y) = 8 - 0.06x - 0.01y = 0,$$

$$L'_y(x, y) = 6 - 0.01x - 0.06y = 0.$$

解得驻点 $(120, 80)$. 再由 $L''_{xx} = -0.06 = A$, $L''_{xy} = -0.01 = B$, $L''_{yy} = -0.06 = C$. 所以 $AC - B^2 > 0$, 且 $A < 0$, 所以 $L(x, y)$ 在 $x = 120$, $y = 80$ 时取得极大值 $L(100, 80) = 320$ 元, 根据题意, 最大值一定存在, 即生产甲产品 120 件, 乙产品 80 件时获最大利润 300 元.

2. 条件极值与拉格朗日乘数法

前面在求二元函数 $f(x, y)$ 的极值时, x, y 是互相独立的, 不受其他条件约束, 此时的极值称为**无条件极值**. 如果自变量 x 与 y 之间还要满足一定条件 $g(x, y) = 0$, 这条件称为**约束条件**或**约束方程**, 这时所求的极值叫做**条件极值**. 下面介绍求条件极值的拉格朗日乘数法.

求函数 $z = f(x, y)$ (称目标函数) 在约束条件 $g(x, y) = 0$ 下的极值, 步骤如下:

(1) 以常数 λ (称拉格朗日乘数) 乘以 $g(x, y)$ 与 $f(x, y)$ 相加, 得

$$F(x, y) = f(x, y) + \lambda g(x, y),$$

称为拉格朗日函数.

(2) 求 $F(x,y)$ 对 x 与 y 的一阶偏导数, 并令它们为 0, 即

$$F'_x = f'_x + \lambda g'_x = 0,$$

$$F'_y = f'_y + \lambda g'_y = 0.$$

并解关于 x, y, λ 的联立方程组 $\begin{cases} f'_x + \lambda g'_x = 0, \\ f'_x + \lambda g'_y = 0, \\ g(x,y) = 0, \end{cases}$ 函数 $f(x,y)$ 的极值可能在解出的

(x,y) 处取得 (其中 λ 不一定解出).

(3) 可以根据问题本身的性质判别 (x,y) 是否是极值点.

例 5 某产品需 A, B 二种原料, 其数量分别为 x, y 单位, 产品数量 p 与原料数量之函数关系为 $p(x,y) = 0.005x^2y$, 现用 150 元买 A, B 二种原料, 单价每单位分别为 1 元与 2 元, 问二种原料各为多少? 可使产量 p 最大.

解 此问题是求二元函数 $p(x,y) = 0.005x^2y$, 在约束条件 $x + 2y = 150$ 下的条件极值问题. 令

$$F(x,y) = 0.005x^2y + \lambda(x + 2y - 150),$$

解方程组:

$$\begin{cases} F'_x = 0.01xy + \lambda = 0 & (1) \\ F'_y = 0.005x^2 + 2\lambda = 0 & (2) \\ x + 2y - 150 = 0 & (3) \end{cases},$$

由 (1), (2) 消去 λ, 得 $y = 0.25x$, 将其代入 (3), 解得 $x = 100, y = 25$. 据题意, 当原料 A 为 100 单位, B 为 25 单位时, 产量最大, $P = 1250$ 单位.

若约束条件不止一个, 如有二个约束条件 $g_1(x,y) = 0$ 和 $g_2(x,y) = 0$, 则

$$F(x,y) = f(x,y) + \lambda_1 g_1(x,y) + \lambda_2 g_2(x,y).$$

以此类推, 若求三元函数 $u = f(x,y,z)$ 在约束条件 $g(x,y,z) = 0$ 下的条件极值, 则令

$$F(x,y,z) = f(x,y,z) + \lambda g(x,y,z),$$

由

$$\begin{cases} F'_x = f'_x + \lambda g'_x = 0, \\ F'_y = f'_y + \lambda g'_y = 0, \\ F'_z = f'_z + \lambda g'_z = 0, \\ g(x,y,z) = 0, \end{cases}$$

解出 x, y, z 则函数的极值可能在解出的 (x, y, z) 处取得, 最后判别点 (x, y, z) 是否是极值点.

例 6　在例 3 中, 如果我们令长方体箱子长宽高分别为 x, y, z, 则目标函数为 $S = 2(xy + yz + xz)$, 约束条件为 $xyz = 8$.

由拉格朗日乘数法, 令

$$F(x, y, z) = 2(xy + yz + xz) + \lambda(xyz - 8),$$

由

$$\begin{cases} F'_x = 2y + 2z + \lambda yz = 0, \\ F'_y = 2x + 2z + \lambda xz = 0, \\ F'_z = 2x + 2y + \lambda xy = 0, \\ xyz - 8 = 0, \end{cases}$$

消去 λ, 解得 $x = y = z = 2$, 与例 3 结论相同.

习　题　5.4

1. 求函数 $f(x, y) = 4(x - y) - x^2 - y^2$ 的极值.

2. 求函数 $f(x, y) = (6x - x^2)(4y - y^2)$ 的极值.

3. 从斜边之长为 l 的一切直角三角形中, 求有最大周界的直角三角形.

4. 某消费者购买两种消费品的数量 x, y 的效用函数为 $u(x, y) = 2\ln x + \ln y$, 两种消费品的价格分别为 $p_x = 2$, $p_y = 4$ 他的预算约束为 $M = 36$, 试求消费者购买两种物品的数量为多少时, 消费者的效用最大?

5.5　二 重 积 分

在一元函数积分学中我们知道, 定积分是某种确定形式的和的极限, 这种和的极限的概念推广到定义在区域上的多元函数的情形, 便得到重积分的概念, 这里我们仅介绍二重积分的概念和计算方法.

1. 二重积分的概念与性质

我们曾用曲边梯形的面积引进一元函数定积分概念, 这里我们类似地用曲顶柱体的体积来引进二重积分概念.

(1) 曲顶柱体的体积

设函数 $z = f(x, y)$ 在有界闭区域 D 上连续, 且 $f(x, y) \geqslant 0$, $\quad (x, y) \in D$ 它在几何上表示一个连续的曲面. 以此曲面为顶, 以 D 为底, 以 D 的边界曲线为准线而母线平行于 z 轴的柱面为侧面的立体叫做**曲顶柱体** (图 5-15).

类似于曲边梯形面积求法, 用分割、求和, 求极限的方法求曲顶柱体的体积.

首先把 D 分成 n 个小闭区域 $\Delta\sigma_1$, $\Delta\sigma_2$, $\cdots$, $\Delta\sigma_n$, 则原曲顶柱体体积为以 $\Delta\sigma_i$ $(i = 1, 2, \cdots, n)$ 为底, 以 $f(x, y)$ 为顶的 n 个细曲顶柱体体积之和. 在每个 $\Delta\sigma_i$ (小闭区域的面积也记作 $\Delta\sigma_i$) 中任取一点 (ξ_i, η_i) 以 $f(\xi_i, \eta_i)$ 为高, 而底为 $\Delta\sigma_i$ 的平顶柱体体积为

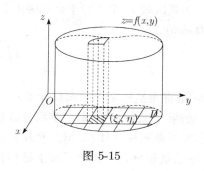

图 5-15

$$f(\xi_i, \eta_i)\Delta\sigma_i \quad (i = 1, 2, \cdots, n).$$

在很小的 $\Delta\sigma_i$ 区域内 $f(x, y)$ 变化很小, 所以这平顶柱体体积, 可以作为细曲顶柱体体积近似值. 这 n 个平顶柱体体积之和

$$\sum_{i=1}^{n} f(\xi_i, \eta_i)\Delta\sigma_i,$$

可以认为是整个曲顶柱体体积的近似值.

令 n 个小闭区域的直径中最大值 λ 趋于零, 取上述和的极限, 定义为曲顶柱体体积

$$V = \lim_{\lambda \to 0} \sum_{i=1}^{n} f(\xi_i, \eta_i)\Delta\sigma_i.$$

(2) 二重积分的定义

在许多实际问题中所求量都归结为同一形式的和的极限, 于是抽象出下述二重积分定义.

定义 5.6 设 $f(x, y)$ 是有界闭区域 D 上的有界函数, 将闭区域 D 任意分成 n 个小闭区域 $\Delta\sigma_1$, $\Delta\sigma_2$, $\cdots$, $\Delta\sigma_n$, 其中 $\Delta\sigma_i$ 表示第 i 个小闭区域, 也表示它的面积, 在每个 $\Delta\sigma_i$ 上任取一点 (ξ_i, η_i), 作乘积 $f(\xi_i, \eta_i)\Delta\sigma_i$ $(i = 1, 2, \cdots, n)$, 并作和 $\sum_{i=1}^{n} f(\xi_i, \eta_i)\Delta\sigma_i$, 如果当各小闭区域的直径中最大值 λ 趋于零时, 这和的极限存在, 则称此极限为函数 $f(x, y)$ 在闭区域 D 上的**二重积分**. 记作

$$\iint\limits_{D} f(x, y)d\sigma = \lim_{\lambda \to 0} \sum_{i=1}^{n} f(\xi_i, \eta_i)\Delta\sigma_i.$$

其中 $f(x, y)$ 称为**被积函数**, $f(x, y)d\sigma$ 称为**被积表达式**, $d\sigma$ 称为**面积元素**, x 与 y 称为**积分变量**, D 称为积分区域, $\sum_{i=1}^{n} f(\xi_i, \eta_i)\Delta\sigma_i$ 称为积分和.

如果区域 D 用平行于坐标轴的直线来划分的话, 矩形区域 $\Delta\sigma_i = \Delta x_i \cdot \Delta y_i$, $d\sigma$ 记为 $dxdy$, 即

$$\iint\limits_{D} f(x,y)dxdy,$$

$dxdy$ 是直角坐标系中的面积元素.

如果 $f(x,y) \geqslant 0$, 则二重积分就是曲顶柱体体积, 如 $f(x,y) \leqslant 0$ 二重积分绝对值仍等于曲顶柱体体积, 但二重积分是负值. 如果 $f(x,y)$ 在 D 上部分为正, 部分为负, 则二重积分是各部分区域上柱体体积的代数和.

(3) 二重积分的性质

二重积分有与定积分类似的性质, 这里不加证明地列出如下:

(1) $\iint\limits_{D} Kf(x,y)d\sigma = K\iint\limits_{D} f(x,y)d\sigma$;

(2) $\iint\limits_{D} [f(x,y) \pm g(x,y)]d\sigma = \iint\limits_{D} f(x,y)d\sigma \pm \iint\limits_{D} g(x,y)d\sigma$;

(3) 若 D 分为两个闭区域 D_1 与 D_2, 则

$$\iint\limits_{D} f(x,y)d\sigma = \iint\limits_{D_1} f(x,y)d\sigma + \iint\limits_{D_2} f(x,y)d\sigma;$$

(4) 若 D 上 $f(x,y) = 1$, σ 为 D 的面积, 则 $\iint\limits_{D} 1d\sigma = \iint\limits_{D} d\sigma = \sigma$;

(5) 若 D 上, $f(x,y) \leqslant g(x,y)$, 则有 $\iint\limits_{D} f(x,y)d\sigma \leqslant \iint\limits_{D} g(x,y)d\sigma$;

(6) 设 M, m 分别是 $f(x,y)$ 在闭区域 D 上的最大值和最小值, σ 是 D 的面积, 则有

$$m\sigma \leqslant \iint\limits_{D} f(x,y)d\sigma \leqslant M\sigma;$$

(7) 设函数 $f(x,y)$ 在闭区域 D 上连续, σ 是 D 的面积, 则在 D 上至少存在一点 (ξ,η), 使得下式成立:

$$\iint\limits_{D} f(x,y)d\sigma = f(\xi,\eta)\sigma.$$

2. 二重积分的计算法

这里介绍把二重积分化为两次定积分的计算方法.

(1) 利用直角坐标计算二重积分

设函数 $z = f(x,y)$ 在区域 D 上连续, 且 $(x,y) \in D$ 时 $f(x,y) \geqslant 0$. 区域 D 是由直线 $x = a$, $x = b$ 与曲线 $y = \varphi_1(x)$, $y = \varphi_2(x)$ 所围成 (图 5-16), 即 $D = \{(x,y)|\ a \leqslant x \leqslant b, \varphi_1(x) \leqslant y \leqslant \varphi_2(x)\}$. 则二重积分

$$\iint\limits_{D} f(x,y)d\sigma$$

是在区域 D 上以曲面 $z = f(x,y)$ 为顶的曲顶柱体体积.

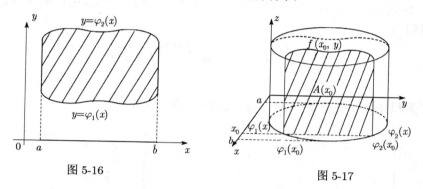

图 5-16 图 5-17

我们用平行截面面积为已知的立体的体积计算方法.

先求截面面积 (如图 5-17).

在区间 $[a,b]$ 上任取一点 x_0, 作平行于 yOz 平面的平面 $x = x_0$, 这平面截曲顶柱体所得截面是一个以区间 $[\varphi_1(x_0), \varphi_2(x_0)]$ 为底, $z = f(x_0,y)$ 为曲边的曲边梯形, 所以截面面积由定积分得

$$A(x_0) = \int_{\varphi_1(x_0)}^{\varphi_2(x_0)} f(x_0,y)dy.$$

过区间 $[a,b]$ 上任一点 x 且平行于 yOz 平面的平面截得曲边梯形面积为

$$A(x) = \int_{\varphi_1(x)}^{\varphi_2(x)} f(x,y)dy.$$

应用平行截面面积已知的立体体积计算方法, 曲顶柱体体积为

$$V = \int_a^b A(x)dx = \int_a^b \left[\int_{\varphi_1(x)}^{\varphi_2(x)} f(x,y)dy \right] dx.$$

这就是二重积分的值, 所以有

$$\iint\limits_{D} f(x,y)d\sigma = \int_a^b \left[\int_{\varphi_1(x)}^{\varphi_2(x)} f(x,y)dy \right] dx.$$

这样就把一个二重积分化为先对 y, 然后对 x 的二次积分.

先对 y 积分时把 x 当作常量；$\varphi_1(x)$, $\varphi_2(x)$ 是二积分限, 然后对 x 在 $[a, b]$ 作定积分, 通常也可写成

$$\iint\limits_D f(x, y) d\sigma = \int_b^a dx \int_{\varphi_1(x)}^{\varphi_2(x)} f(x, y) dy.$$

如果去掉上面讨论中 $f(x, y) \geqslant 0$ 的限制, 则上式也成立.

如 D 区域可表示为：$D = \{(x, y) | c \leqslant y \leqslant d, \psi_1(y) \leqslant x \leqslant \psi_2(y)\}$ (图 5-18).
则可得到

$$\iint\limits_D f(x, y) d\sigma = \int_c^d dy \int_{\psi_1(y)}^{\psi_2(y)} f(x, y) dx,$$

即将二重积分化为先对 x, 后对 y 的二次积分 (图 5-19).

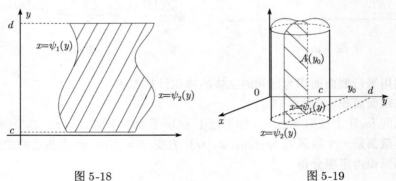

图 5-18   图 5-19

另外还经常碰到如下二种特殊情形：

1) $D = \{(x, y) | a \leqslant x \leqslant b, c \leqslant y \leqslant d\}$, 即 D 是一矩形区域, 则

$$\iint\limits_D f(x, y) dx dy = \int_a^b dx \int_c^d f(x, y) dy = \int_c^d dy \int_a^b f(x, y) dx.$$

2) $f(x, y) = f_1(x) \cdot f_2(y)$ 可积, 且 $D = \{(x, y) | a \leqslant x \leqslant b, c \leqslant y \leqslant d\}$, 则

$$\iint\limits_D f(x, y) dx dy = \left[\int_a^b f_1(x) dx \right] \left[\int_c^d f_2(y) dy \right].$$

计算二重积分的困难在于积分次序与上、下限的确定, 初学者必须画出积分区域的图形, 然后根据图形特点, 确定积分次序和积分上、下限, 使积分过程简便并不出差错.

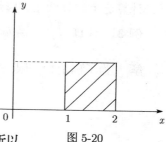

例 1 求 $\iint\limits_{D} e^{x+y}dxdy$, 其中 D 是由 $x = 1$, $x = 2, y = 0, y = 1$ 所围成的矩形 (图 5-20).

图 5-20

解 因为 D 是一个矩形区域, 且 $e^{x+y} = e^x \cdot e^y$, 所以

$$\iint\limits_{D} e^{x+y}dxdy = \left[\int_1^2 e^x dx\right] \cdot \left[\int_0^1 e^y dy\right] = [e^x]_1^2 \cdot [e^y]_0^1$$

$$= (e^2 - e)(e - 1) = e(e - 1)^2.$$

例 2 计算 $\iint\limits_{D} 3x^2y^2d\sigma$ 其中 D 是由 x 轴、y 轴和抛物线 $y = 1 - x^2$ 所围成的在第一象限内的区域.

解 若先对 y 积分, 画出积分区域 D, 见图 5-21, 则

$$\iint\limits_{D} 3x^2y^2d\sigma = \int_0^1 dx \int_0^{1-x^2} 3x^2y^2 dy = \int_0^1 [x^2y^3]_0^{1-x^2} dx$$

$$= \int_0^1 x^2(1 - x^2)^3 dx = \frac{16}{315},$$

若先对 x 积分 (图 5-22), 则

$$\iint\limits_{D} 3x^2y^2d\sigma = \int_0^1 dy \int_0^{\sqrt{1-y}} 3x^2y^2 dx = \int_0^1 [x^3y^2]_0^{\sqrt{1-y}} dy = \int_0^1 (1 - y)^{\frac{3}{2}}y^2 dy.$$

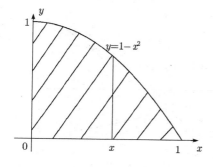

图 5-21

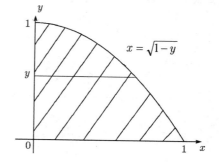

图 5-22

计算这个积分就比较麻烦, 所以积分次序要仔细选择.

例 3 计算 $\iint\limits_{D} \dfrac{\sin y}{y} d\sigma$, 其中 D 是由 $y = x$ 和 $x = y^2$ 所围区域.

解 为了确定积分限, 先由方程

$$\begin{cases} y = x, \\ x = y^2, \end{cases}$$

得交点 $(0, 0)$, $(1, 1)$ (见图 5-23).

先对 x 积分.

$$\begin{aligned}
\text{原式} &= \int_0^1 dy \int_{y^2}^y \frac{\sin y}{y} dx = \int_0^1 \frac{\sin y}{y}(y - y^2) dy \\
&= \int_0^1 (\sin y - y \sin y) dy \\
&= [-\cos y + y \cos y - \sin y]_0^1 \\
&= 1 - \sin 1.
\end{aligned}$$

例 4 计算 $\iint\limits_{D} xy d\sigma$, 其中 D 是由 $y^2 = x$ 和 $y = x - 2$ 所围区域.

解 先由

$$\begin{cases} y^2 = x, \\ y = x - 2, \end{cases}$$

得交点 $(1, -1)$, $(4, 2)$ (见图 5-24).

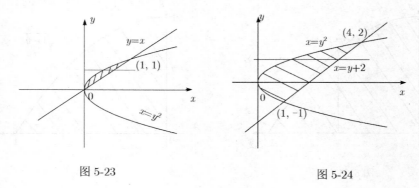

图 5-23 图 5-24

先对 x 积分.

$$
\begin{aligned}
原式 &= \int_{-1}^{2} dy \int_{y^2}^{y+2} xy dx = \int_{-1}^{2} \left[\frac{x^2 y}{2} \right]_{y^2}^{y+2} dy \\
&= \int_{-1}^{2} \frac{1}{2} [(y+2)^2 y - y^5] dy \\
&= 5\frac{5}{8}
\end{aligned}
$$

(此题如先对 y 积分, 则应分为二个区域. 原式 $= \int_{0}^{1} dx \int_{-\sqrt{x}}^{\sqrt{x}} xy dy + \int_{1}^{4} dx \int_{x-2}^{\sqrt{x}} xy dy$, 就要麻烦些了).

例 5 试改换积分 $I = \int_{1}^{e} dx \int_{0}^{\ln x} f(x,y) dy$ 的积分次序.

解 由原积分可知, 积分区域 D 为 $\{(x,y) | 1 \leqslant x \leqslant e$ 且 $0 \leqslant y \leqslant \ln x\}$, 所以 D 如图 5-25 所示, $0 \leqslant y \leqslant 1, e^y \leqslant x \leqslant e$. 所以

$$
I = \int_{0}^{1} dy \int_{e^y}^{e} f(x,y) dx.
$$

(2) 利用极坐标计算二重积分

我们把积分区域 D 放在一个极坐标系中, 且用一组同心圆 ($r =$ 常数) 和一组通过极点的射线 ($\theta =$ 常数) 将区域 D 分成很多小区域 (图 5-26), 将极角分别为 θ 和 $\theta + \Delta\theta$ 的两条半射线和半径为 r 与 $r + \Delta r$ 的两条圆弧所围成的小区域记为 $\Delta\sigma$, 则由扇形面积公式, 得

$$
\begin{aligned}
\Delta\sigma &= \frac{1}{2}(r + \Delta r)^2 \Delta\theta - \frac{1}{2} r^2 \Delta\theta \\
&= r\Delta r\Delta\theta + \frac{1}{2}(\Delta r)^2 \Delta\theta,
\end{aligned}
$$

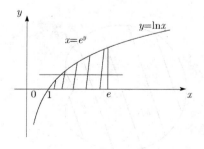

图 5-25

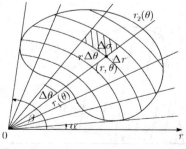

图 5-26

略去高阶无穷小 $\frac{1}{2}(\Delta r)^2\Delta\theta$ 得

$$\Delta\sigma \approx r\Delta r\Delta\theta.$$

所以面积元素是 $d\sigma = rdrd\theta$.

因为直角坐标 (x, y) 与极坐标 (r, θ) 的变换关系是

$$\begin{cases} x = r\cos\theta, \\ y = r\sin\theta, \end{cases}$$

于是可以得到直角坐标的二重积分变换成极坐标的二重积分公式为

$$\iint\limits_D f(x, y)d\sigma = \iint\limits_D f(r\cos\theta, r\sin\theta)rdrd\theta.$$

计算极坐标系下的二重积分也要化为二次积分, 有如下三种情况:

1) 极点 O 在区域 D 外 (如图 5-26), D 可表示为 $D = \{\, (r, \theta) \mid \alpha \leqslant \theta \leqslant \beta,\ r_1\,(\theta) \leqslant r \leqslant r_2\,(\theta)\, \}$, 则

$$\iint\limits_D f(r\cos\theta, r\sin\theta)rdrd\theta = \int_\alpha^\beta d\theta \int_{r_1(\theta)}^{r_2(\theta)} f(r\cos\theta, r\sin\theta)rdr.$$

2) 极点 O 在区域边界上 (如图 5-27), D 可表示为: $D = \{(r, \theta)|\alpha \leqslant \theta \leqslant \beta, 0 \leqslant r \leqslant r(\theta)\}$, 则

$$\iint\limits_D f(r\cos\theta, r\sin\theta)rdrd\theta = \int_\alpha^\beta d\theta \int_0^{r(\theta)} f(r\cos\theta, r\sin\theta)rdr.$$

3) 极点 O 在区域 D 的内部 (如图 5-28), D 可表示为: $D = \{(r, \theta)|0 \leqslant \theta \leqslant 2\pi, 0 \leqslant r \leqslant r(\theta)\}$, 则

$$\iint\limits_D f(r\cos\theta, r\sin\theta)rdrd\theta = \int_0^{2\pi} d\theta \int_0^{r(\theta)} f(r\cos\theta, r\sin\theta)rdr.$$

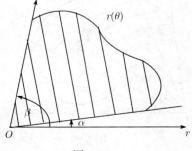

图 5-27

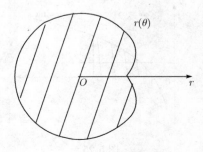

图 5-28

当区域 D 是圆或圆的一部分, 或者区域 D 的边界方程用极坐标表示较为简单, 或者被积函数为 $f(x^2 + y^2)$, $f\left(\dfrac{x}{y}\right)$, $f\left(\dfrac{y}{x}\right)$ 等形式时, 一般采用极坐标计算二重积分较为方便.

例 6 计算 $I = \displaystyle\iint\limits_{D} (x^2 + y^2)^{-\frac{1}{2}} dx dy$, 其中 D 是由 $y = x^2$ 和 $y = x$ 所围区域.

解 D 如图 5-29 所示, $y = x^2$ 的极坐标方程为 $r \sin\theta = r^2 \cos^2 \theta$, 即 $r = \tan\theta \sec\theta$. 所以 D 的极坐标表示为 $D = \{(r, \theta) \mid 0 \leqslant \theta \leqslant \dfrac{\pi}{4}, 0 \leqslant r \leqslant \tan\theta \sec\theta\}$.

$$I = \iint\limits_{D} r^{-1} r dr d\theta = \int_0^{\frac{\pi}{4}} d\theta \int_0^{\tan\theta\sec\theta} dr$$
$$= \int_0^{\frac{\pi}{4}} \tan\theta \sec\theta d\theta = \sec\theta \big|_0^{\frac{\pi}{4}} = \sqrt{2} - 1.$$

例 7 计算 $I = \displaystyle\iint\limits_{D} \dfrac{d\sigma}{\sqrt{1 - x^2 - y^2}}$, 其中区域 $D : x^2 + y^2 \leqslant \dfrac{1}{4}$.

解 $D = \left\{ (r, \theta) \mid 0 \leqslant \theta \leqslant 2\pi, 0 \leqslant r \leqslant \dfrac{1}{2} \right\}$ (图 5-30).

$$I = \iint\limits_{D} \dfrac{r dr d\theta}{\sqrt{1 - r^2}} = \int_0^{2\pi} d\theta \int_0^{\frac{1}{2}} \dfrac{r dr}{\sqrt{1 - r^2}}$$
$$= 2\pi[-\sqrt{1 - r^2}]_0^{\frac{1}{2}} = 2\pi \left(-\dfrac{\sqrt{3}}{2} + 1 \right) = \pi(2 - \sqrt{3}).$$

例 8 把 $\displaystyle\int_0^{2a} dx \int_0^{\sqrt{2ax - x^2}} f(x, y) dy$ 化为极坐标形式.

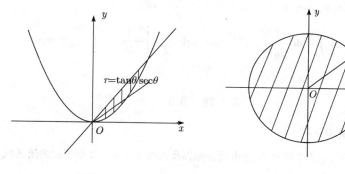

图 5-29　　　　　　　图 5-30

解 $D = \{(x, y) \mid 0 \leqslant x \leqslant 2a, 0 \leqslant y \leqslant \sqrt{2ax - x^2}\}$, 如图 5-31, 化为极坐标 $D = \left\{ (r, \theta) \mid 0 \leqslant \theta \leqslant \dfrac{\pi}{2}, 0 \leqslant r \leqslant 2a \cos\theta \right\}$.

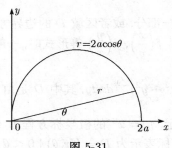

图 5-31

原式 $= \int_0^{\frac{\pi}{2}} d\theta \int_0^{2a\cos\theta} f(r\cos\theta, r\sin\theta) r dr.$

例 9　计算 $\iint\limits_D e^{-x^2-y^2} dxdy$, D 是以原点为心的单位圆域.

解　利用极坐标, 可得 $D = \{(r, \theta)|0 \leqslant \theta \leqslant 2\pi, 0 \leqslant r \leqslant 1\}$, 于是

$$\iint\limits_D e^{-x^2-y^2} dxdy = \int_0^{2\pi} d\theta \int_0^1 e^{-r^2} rdr = 2\pi \cdot \left[-\frac{1}{2}e^{-r^2}\right]_0^1 = \pi(1 - e^{-1}).$$

例 10　计算泊松积分 $I = \int_{-\infty}^{+\infty} e^{-x^2} dx.$

解　无法用初等函数表示 e^{-x^2} 的原函数, 故采用特殊技巧. 因为

$$I^2 = \left[\int_{-\infty}^{+\infty} e^{-x^2} dx\right] \cdot \left[\int_{-\infty}^{+\infty} e^{-y^2} dy\right] = \iint\limits_D e^{-x^2-y^2} dxdy,$$

其中 D 是整个坐标平面, 由于被积函数与积分区域的对称性, 只要计算它在第一象限 D_1 上的积分.

因为 $D_1 = \left\{(r, \theta), 0 \leqslant r < +\infty, 0 \leqslant \theta \leqslant \frac{\pi}{2}\right\}$, 所以

$$I^2 = 4\int_0^{\frac{\pi}{2}} d\theta \int_0^{+\infty} e^{-r^2} rdr = 4 \cdot \frac{\pi}{2} \cdot \left[-\frac{1}{2}e^{-r^2}\right]_0^{+\infty} = \pi.$$

因此得 $I = \sqrt{\pi}$.

习　题　5.5

1. 计算下列二重积分:

　　(1) $\iint\limits_D (3x + 2y) d\sigma$, 其中 D 是由两坐标轴及直线 $x + y = 2$ 所围成的闭区域;

　　(2) $\iint\limits_D x\sqrt{y} d\sigma$, 其中 D 是由两抛物线 $y = \sqrt{x}$, $y = x^2$ 所围成的闭区域;

　　(3) $\iint\limits_D xy^2 d\sigma$, 其中 D 是由圆周 $x^2 + y^2 = 4$ 及 y 轴所围成的右半闭区域;

(4) $\iint\limits_{D}(x^2+y^2-x)d\sigma$, 其中 D 是由直线 $y=2$, $y=x$ 及 $y=2x$ 所围成的闭区域;

(5) $\iint\limits_{D}xyd\sigma$, 其中 D 是由直线 $y=x$, $x=2$ 以及双曲线 $y=\dfrac{1}{x}$, $(x>0)$ 所围成的闭区域.

2. 改换下列二次积分的顺序:

(1) $\displaystyle\int_{0}^{2}dy\int_{y^2}^{2y}f(x,y)dx$;

(2) $\displaystyle\int_{1}^{2}dx\int_{2-x}^{\sqrt{2x-x^2}}f(x,y)dy$;

(3) $\displaystyle\int_{0}^{1}dy\int_{0}^{2y}f(x,y)dx+\int_{1}^{3}dy\int_{0}^{3-y}f(x,y)dx$.

3. 用极坐标计算二重积分:

(1) $\iint\limits_{D}(x^2+y^2)dxdy$, 其中 D 为 $x^2+y^2=a^2$ 和 x 轴 y 轴在第一象限所围成的闭区域;

(2) $\iint\limits_{D}\arctan\dfrac{y}{x}dxdy$, 其中 D 为由 $x^2+y^2=4$, $x^2+y^2=1$ 及直线 $y=0$, $y=x$ 所围成的在第一象限内的闭区域;

(3) $\iint\limits_{D}\sqrt{R^2-x^2-y^2}dxdy$, 其中 D 是由圆周 $x^2+y^2=Rx$ 所围成的闭区域.

4. 化积分 $\displaystyle\int_{0}^{1}dx\int_{0}^{x^2}f(x,y)dy$ 为极坐标形式.

*5.6 问题及其解

例 1 设 $z=\sin(xy)+\varphi\left(x,\dfrac{x}{y}\right)$, 其中 $\varphi(u,v)$ 具有二阶连续偏导数, 求 $\dfrac{\partial^2 z}{\partial x\partial y}$.

解 $\dfrac{\partial z}{\partial x}=y\cos(xy)+\varphi_u'+\dfrac{1}{y}\varphi_v'$,

$\dfrac{\partial^2 z}{\partial x\partial y}=\cos(xy)-xy\sin(xy)-\dfrac{x}{y^2}\varphi_{uv}''-\dfrac{1}{y^2}\varphi_v'-\dfrac{x}{y^3}\varphi_{vv}''$.

例 2 设函数 $u=f(x,y,z)$ 有连续偏导数, 且 $z=z(x,y)$ 由方程 $xe^x-ye^y=ze^z$ 所确定, 求 du.

解 设 $F(x,y,z)=xe^x-ye^y-ze^z$,

$$\frac{\partial z}{\partial x} = -\frac{F_x'}{F_z'} = -\frac{e^x + xe^x}{-e^z - ze^z} = \frac{e^x(1+x)}{e^z(1+z)} = e^{x-z}\frac{1+x}{1+z},$$

$$\frac{\partial z}{\partial y} = -\frac{F_y'}{F_z'} = -\frac{e^y(1+y)}{e^z(1+z)} = -e^{y-z}\frac{1+y}{1+z},$$

$$du = \frac{\partial u}{\partial x}dx + \frac{\partial u}{\partial y}dy = \left(\frac{\partial f}{\partial x} + \frac{\partial f}{\partial z}\frac{\partial z}{\partial x}\right)dx + \left(\frac{\partial f}{\partial y} - \frac{\partial f}{\partial z}\frac{\partial z}{\partial y}\right)dy$$

$$= \left(f_x' + f_z'e^{x-z}\frac{1+x}{1+z}\right)dx + \left(f_y' - f_z'e^{y-z}\frac{1+y}{1+z}\right)dy.$$

例 3   设生产某产品须投入两种要素, K 和 L 分别为两种要素投入量, 其价格分别为常数 P_k 和 P_L, Q 为产品的产出量, 设生产函数为 $Q = A\left(ak^\alpha + bL^\alpha\right)^{\frac{1}{\alpha}}$, 其中 $A > 0$, $\alpha > 0$, a 和 b 是参数, 且 $a + b = 1$, 当成本约束为 M 时, 试确定两种要素的投入量以使产量 Q 达到最高.

解   我们把生产函数写作

$$\left(\frac{Q}{A}\right)^\alpha = ak^\alpha + bL^\alpha,$$

作为目标函数, 它达到最大, 也即 Q 达到最大, 所以本题可在约束条件 $P_K K + P_L L = M$ 之下, 求 $\left(\frac{Q}{A}\right)^\alpha$ 的最大值.

作拉格朗日函数

$$F(K \cdot L) = \left(\frac{Q}{A}\right)^\alpha + \lambda(P_K K + P_L L - M),$$

$$F(K \cdot L) = ak^\alpha + bL^\alpha + \lambda(P_K K + P_L L - M),$$

$$\begin{cases} F_K' = a\alpha k^{\alpha-1} + \lambda P_k = 0, \\ F_L' = b\alpha L^{\alpha-1} + \lambda P_L = 0, \\ P_k K + P_L L - M = 0, \end{cases}$$

前二式移项后二边相除得 $\dfrac{ak^{\alpha-1}}{bL^{\alpha-1}} = \dfrac{P_k}{P_L}$, 即 $\left(\dfrac{k}{L}\right)^{\alpha-1} = \dfrac{bP_k}{aP_L}$, 于是 $K = L\left(\dfrac{b}{a}\right)^{\frac{1}{\alpha-1}} \cdot \left(\dfrac{P_k}{P_L}\right)^{\frac{1}{\alpha-1}}$. 令 $\dfrac{1}{\alpha-1} = s$, 将 k 的表达式代入约束条件, 则

$$P_K L\left(\frac{b}{a}\right)^s \left(\frac{P_k}{P_L}\right)^s + P_L L - M = 0.$$

解得 $L = \dfrac{Ma^s P_L^s}{a^s P_L^{1+s} + b^s P_k^{1+s}}$, 从而 $k = \dfrac{Mb^s P_k^s}{a^s P_L^{1+s} + b^s P_k^{1+s}}$, 其中 $s = \dfrac{1}{\alpha-1}$.

因驻点唯一, 且实际问题存在最大值, 所以两种要素 L 和 K 的投入量分别由上述二式给出时, 产品产量最高.

例 4 计算二重积分 $\iint\limits_{D} y dx dy$, 其中 D 是由直线 $x = -2, y = 0, y = 2$ 以及曲线 $x = -\sqrt{2y - y^2}$ 所围成的平面区域.

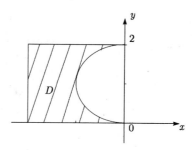

图 5-32

解 积分区域 D 如图 5-32 所示,

$$\iint\limits_{D} y dx dy = \int_0^2 dy \int_{-2}^{-\sqrt{2y-y^2}} y dx$$

$$= \int_0^2 y(-\sqrt{2y - y^2} + 2) dy$$

$$= 2\int_0^2 y dy - \int_0^2 y\sqrt{2y - y^2} dy$$

$$= 4 - \int_0^2 y\sqrt{1 - (y-1)^2} dy$$

$(令 y - 1 = \sin t, y = 1 + \sin t, dy = \cos t dt)$

$$= 4 - \int_{-\frac{\pi}{2}}^{\frac{\pi}{2}} (1 + \sin t) \cos^2 t dt$$

$$= 4 - \int_{-\frac{\pi}{2}}^{\frac{\pi}{2}} \frac{1 + \cos 2t}{2} dt + \int_{-\frac{\pi}{2}}^{\frac{\pi}{2}} \cos^2 t d \cos t$$

$$= 4 - \left[\frac{t}{2} + \frac{\sin 2t}{4} \right]_{-\frac{\pi}{2}}^{\frac{\pi}{2}} + \frac{1}{3} \cos^3 t |_{-\frac{\pi}{2}}^{\frac{\pi}{2}}$$

$$= 4 - \frac{\pi}{2}.$$

例 5 设函数 $f(x, y) = \begin{cases} x^2 y, & 若 1 \leqslant x \leqslant 2, 0 \leqslant y \leqslant x, \\ 0, & 其他, \end{cases}$ 求二重积分 $\iint\limits_{D} f(x, y) dx dy$, 其中 $D = \{(x, y) | x^2 + y^2 \geqslant 2x\}$.

解 记 $D_1 = \{(x, y) | 1 \leqslant x \leqslant 2, \sqrt{2x - x^2} \leqslant y \leqslant x\}$, 如图 5-33 所示. 则

$$\iint\limits_{D} f(x, y) dx dy = \iint\limits_{D_1} x^2 y dx dy$$

$$= \int_1^2 dx \int_{\sqrt{2x-x^2}}^{x} x^2 y dy = \int_1^2 x^2 \frac{x^2 - 2x + x^2}{2} dx$$

$$= \int_1^2 (x^4 - x^3) dx = \frac{49}{20}.$$

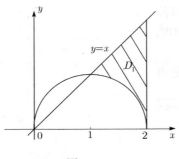

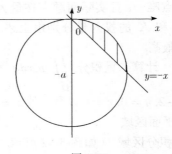

图 5-33   图 5-34

例 6   计算二重积分 $\displaystyle\iint\limits_{D}\frac{\sqrt{x^2+y^2}}{\sqrt{4a^2-x^2-y^2}}d\sigma$, 其中 D 是由曲线 $y=-a+\sqrt{a^2-x^2},\ (a>0)$ 和直线 $y=-x$ 围成的区域.

解   用极坐标, 积分区域 $D=\{(\tau,\theta)|-\dfrac{\pi}{4}\leqslant\theta\leqslant 0,0\leqslant r\leqslant -2a\sin\theta\}$ 如图 5-34 所示,

$$\iint\limits_{D}\frac{\sqrt{x^2+y^2}}{\sqrt{4a^2-x^2-y^2}}d\sigma=\int_{-\frac{\pi}{4}}^{0}d\theta\int_{0}^{-2a\sin\theta}\frac{r}{\sqrt{4a^2-r^2}}\cdot rdr.$$

令 $r=2a\sin t$, 则

$$原式=\int_{-\frac{\pi}{4}}^{0}d\theta\int_{0}^{-\theta}\frac{4a^2\sin^2 t}{2a\cos t}\cdot 2a\cos tdt.$$

$$=4a^2\int_{-\frac{\pi}{4}}^{0}d\theta\int_{0}^{-\theta}\frac{1-\cos 2t}{2}dt=2a^2\int_{-\frac{\pi}{4}}^{0}\left[-\theta+\frac{\sin 2\theta}{2}\right]d\theta$$

$$=2a^2\left[-\frac{\theta^2}{2}-\frac{\cos 2\theta}{4}\right]_{-\frac{\pi}{4}}^{0}=a^2\left(\frac{\pi^2}{16}-\frac{1}{2}\right).$$

例 7   设闭区域 D: $x^2+y^2\leqslant y,\ x\geqslant 0$, 如图 5-35 所示, $f(x,y)$ 为 D 上连续函数, 且 $f(x,y)=\sqrt{1-x^2-y^2}-\dfrac{8}{\pi}\displaystyle\iint\limits_{D}f(u,v)dudv$, 求 $f(x,y)$.

解   设 $\displaystyle\iint\limits_{D}f(u,v)dudv=A$, 则 $f(x,y)$ 在区域 D 上的二重积分为

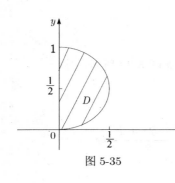

图 5-35

$$\iint\limits_{D}f(x,y)dxdy=\iint\limits_{D}\sqrt{1-x^2-y^2}dxdy-\frac{8A}{\pi}\iint\limits_{D}dxdy.$$

即 $A = \iint\limits_{D} \sqrt{1-x^2-y^2}dxdy - \dfrac{8A}{\pi} \cdot \dfrac{1}{2}\pi\left(\dfrac{1}{2}\right)^2$，所以

$$2A = \iint\limits_{D} \sqrt{1-x^2-y^2}dxdy \quad (用极坐标)$$

$$= \int_0^{\frac{\pi}{2}} d\theta \int_0^{\sin\theta} \sqrt{1-r^2}rdr = \dfrac{1}{3}\int_0^{\frac{\pi}{2}}(1-\cos^3\theta)d\theta = \dfrac{1}{3}\left(\dfrac{\pi}{2}-\dfrac{2}{3}\right),$$

$$A = \dfrac{1}{6}\left(\dfrac{\pi}{2}-\dfrac{2}{3}\right).$$

即 $f(x,y) = \sqrt{1-x^2-y^2} - \dfrac{4}{3\pi}\left(\dfrac{\pi}{2}-\dfrac{2}{3}\right).$

习 题 5.6

1. 设 $z = f\left(xy,\dfrac{x}{y}\right) + g\left(\dfrac{y}{x}\right)$，其中 f,g 均可微，求 $\dfrac{\partial z}{\partial x}$.

2. 设 $z = xyf\left(\dfrac{y}{x}\right)$，$f(u)$ 可导，求 $xz'_x + yz'_y$.

3. 设 $u = f(x,y,z)$ 有连续偏导数，$y = y(x)$ 和 $z = z(x)$ 分别由方程 $e^{xy} - y = 0$ 和 $e^z - xz = 0$ 所确定，求 $\dfrac{du}{dx}$.

4. 设 $z = (x^2+y^2)e^{-\arctan\frac{y}{x}}$，求 dz 与 $\dfrac{\partial^2 z}{\partial x\partial y}$.

5. 设 $z = f(x,y)$ 是由方程 $z - y - x + xe^{z-y-x} = 0$ 所确定的二元函数，求 dz.

6. 设 $u = f(x,y,z)$ 有连续一阶偏导数，又函数 $y = y(x)$ 及 $z = z(x)$ 分别由下列二式确定，$e^{xy} - xy = 2$ 和 $e^x = \int_0^{x-z} \dfrac{\sin t}{t}dt$，求 $\dfrac{du}{dx}$.

7. 设 $z = f(2x-y) + \varphi(x,xy)$，其中 $f(t)$ 二阶可导，$\varphi(u,v)$ 具有连续的二阶偏导数，求 $\dfrac{\partial^2 z}{\partial x\partial y}$.

8. 设 $z = f(u)$ 方程 $u = \varphi(u) + \int_y^x p(t)dt$ 确定的 u 是 x,y 的函数，其中 $f(u),\varphi(u)$ 可微，$p(t),p'(t)$ 连续且 $\varphi'(u) \neq 1$，求 $p(y)\dfrac{\partial z}{\partial x} + p(x)\dfrac{\partial z}{\partial y}$.

9. 交换二重积分的积分次序：

(1) $\displaystyle\int_0^2 dy \int_{\sqrt{y}}^{\sqrt{2-y^2}} f(x,y)dx;$

(2) $\displaystyle\int_0^{\frac{1}{4}} dy \int_y^{\sqrt{y}} f(x,y)dx + \int_{\frac{1}{4}}^{\frac{1}{2}} dy \int_y^{\frac{1}{2}} f(x,y)dx;$

(3) $\displaystyle\int_0^1 dx \int_0^x f(x,y)dy + \int_1^2 dx \int_0^{2-x} f(x,y)dy.$

10. 化 $I = \displaystyle\int_{\frac{1}{2}}^1 dx \int_{1-x}^x f(x,y)dy + \int_1^{+\infty} dx \int_0^x f(x,y)dy$ 为极坐标系下的二次积分.

11. 计算 $\displaystyle\int_0^{\frac{\pi}{6}} dy \int_y^{\frac{\pi}{6}} \dfrac{\cos x}{x}dx.$

12.　求二重积分 $\iint\limits_{D} y[1 + xe^{\frac{1}{2}(x^2+y^2)}]dxdy$ 的值, 其中 D 是由直线 $y = x$, $y = -1$ 及 $x = 1$ 围成的平面区域.

13.　设 $D = \{(x, y) | x^2 + y^2 \leqslant x\}$, 求 $\iint\limits_{D} \sqrt{x}dxdy$.

14.　计算二重积分 $\iint\limits_{D}(x + y)dxdy$, 其中 $D = \{(x, y) | x^2 + y^2 \leqslant x + y + 1\}$.

15.　设 $f(x, y)$ 连续, 且 $f(x, y) = xy + \iint\limits_{D} f(u, v)dudv$, 其中 D 由 $y = 0$, $y = x^2$, $x = 1$ 所围区域, 则 $f(x, y)$ 等于 (　　　).

(A)xy　　　(B)$2xy$　　　(C)$xy + \dfrac{1}{8}$　　　(D)$xy + 1$

16.　求 $\iint\limits_{D}(x + y)dxdy$, 其中区域 D 由曲线 $y = \sqrt{2x - x^2}$ 与直线 $x + y = 2$ 围成.

17.　某厂家生产的一种产品同时在两个市场销售, 售价分别为 p_1 和 p_2, 销售量分别为 q_1, q_2, 需求函数分别为 $q_1 = 24 - 0.2p_1$, $q_2 = 10 - 0.05p_2$, 总成本函数为 $C = 35 + 40(q_1 + q_2)$. 试问厂家如何确定两个市场的售价, 能使获得的利润最大, 最大利润为多少?

18.　某公司可通过电台及报纸两种方式做销售某种商品的广告. 根据统计资料, 销售收入 R(万元) 与电台广告费用 x_1 (万元) 及报纸广告费用 x_2 (万元) 之间关系有如下经验公式

$$R = 15 + 14x_1 + 32x_2 - 8x_1x_2 - 2x_1^2 - 10x_2^2.$$

(1)　在广告费用不限的情况下, 求最优广告策略;

(2)　若提供的广告费用为 1.5 万元, 求相应的最优广告策略.

第6章 无穷级数

6.1 无穷级数概念

1. 无穷级数

如果给定一个数列 $u_1, u_2, \cdots, u_n, \cdots$, 则由这数列构成的表达式: $u_1 + u_2 + \cdots + u_n + \cdots$, 叫做**无穷级数**, 简称**级数**, 记为 $\sum\limits_{n=1}^{\infty} u_n$. 即 $\sum\limits_{n=1}^{\infty} u_n = u_1 + u_2 + \cdots + u_n + \cdots$, 其中, 第 n 项 u_n 称为级数的**一般项**. 级数前 n 项的和 $s_n = u_1 + u_2 + \cdots + u_n$ 称为 $\sum\limits_{n=1}^{\infty} u_n$ 的**部分和**, 部分和 $s_1, s_2, \cdots, s_n, \cdots$ 构成一个数列. 如当 $n \to \infty$ 时, 部分和数列 s_n 的极限存在, 即 $\lim\limits_{n\to\infty} s_n = s$ (s 为有限实数), 则称**级数** $\sum\limits_{n=1}^{\infty} u_n$ **收敛**, s 是它的和, 并记为 $s = \sum\limits_{n=1}^{\infty} u_n = u_1 + u_2 + \cdots + u_n + \cdots$, 如果 s_n 没有极限, 则称无穷**级数** $\sum\limits_{n=1}^{\infty} u_n$ **发散**. 当级数收敛时, 其和与部分和的差, $r_n = s - s_n = u_{n+1} + u_{n+2} + \cdots$ 称为**级数的余项**. 用 s_n 作为 s 的近似值所产生的误差, 就是余项的绝对值 $|r_n|$.

例1 无穷级数

$$\sum_{n=0}^{\infty} aq^n = a + aq + aq^2 + \cdots + aq^n + \cdots$$

称为**等比级数** (或**几何级数**), 其中 $a \neq 0$, q 叫做级数的公比, 它的一般项 $u_n = aq^{n-1}$. 试讨论级数的收敛性.

解 如果 $|q| \neq 1$, 部分和 $s_n = a + aq + aq^2 + \cdots + aq^{n-1} = \dfrac{a}{1-q} - \dfrac{aq^n}{1-q}$;

如果 $|q| < 1$, 则 $\lim\limits_{n\to\infty} s_n = \dfrac{a}{1-q}$, 所以当 $|q| < 1$ 时, 等比级数收敛, 其和为 $\dfrac{a}{1-q}$, 级数的余项为 $\dfrac{aq^n}{1-q}$;

如果 $|q| > 1$, 则 $\lim\limits_{n\to\infty} s_n = \infty$, 所以它发散;

如果 $q = -1$, 则级数成为 $a - a + a - a + \cdots + a - a + \cdots$, 当 n 为偶数时 $s_n = 0$, n 为奇数时 $s_n = a$, 当 $n \to \infty$ 时 s_n 无极限, 所以它发散.

如果 $q = 1$, 则级数成为 $a + a + a + \cdots + a + \cdots$, 由于 $s_n = na$, 则 $\lim\limits_{n\to\infty} s_n = \infty$, 所以它发散, 即 $|q| = 1$ 时级数发散.

综合上面讨论得到：如果等比级数的公比绝对值 $|q| < 1$, 则级数收敛; 如果 $|q| \geqslant 1$ 时, 则级数发散.

例 2   判定级数

$$\sum_{n=1}^{\infty} \frac{1}{(2n-1)(2n+1)} = \frac{1}{1 \cdot 3} + \frac{1}{3 \cdot 5} + \cdots + \frac{1}{(2n-1)(2n+1)} + \cdots$$

的敛散性.

解   由于

$$u_n = \frac{1}{(2n-1)(2n+1)} = \frac{1}{2}\left(\frac{1}{2n-1} - \frac{1}{2n+1}\right),$$

所以

$$
\begin{aligned}
s_n &= \frac{1}{1 \cdot 3} + \frac{1}{3 \cdot 5} + \cdots + \frac{1}{(2n-1)(2n+1)} \\
&= \frac{1}{2}\left[\left(1 - \frac{1}{3}\right) + \left(\frac{1}{3} - \frac{1}{5}\right) + \cdots + \left(\frac{1}{2n-1} - \frac{1}{2n+1}\right)\right] \\
&= \frac{1}{2}\left(1 - \frac{1}{2n+1}\right),
\end{aligned}
$$

于是

$$\lim_{n \to \infty} s_n = \frac{1}{2},$$

所以级数收敛, 和为 $\frac{1}{2}$.

2. 无穷级数的基本性质

性质 1   如果级数 $\sum\limits_{n=1}^{\infty} u_n = u_1 + u_2 + \cdots + u_n + \cdots$ 与级数 $\sum\limits_{n=1}^{\infty} v_n = v_1 + v_2 + \cdots + v_n + \cdots$ 都收敛, 它们的和分别为 s 及 w, 则级数

$$\sum_{n=1}^{\infty}(u_n \pm v_n) = (u_1 \pm v_1) + (u_2 \pm v_2) + \cdots + (u_n \pm v_n) + \cdots$$

也收敛, 其和为 $s \pm w$.

证   设

$$s_n = u_1 + u_2 + \cdots + u_n \ \text{且} \ \lim_{n \to \infty} s_n = s,$$
$$w_n = v_1 + v_2 + \cdots + v_n \ \text{且} \ \lim_{n \to \infty} w_n = w,$$

则

$$
\begin{aligned}
T_n &= (u_1 \pm v_1) + (u_2 \pm v_2) + \cdots + (u_n \pm v_n) \\
&= (u_1 + u_2 + \cdots + u_n) \pm (v_1 + v_2 + \cdots + v_n) \\
&= s_n \pm w_n.
\end{aligned}
$$

因此

$$\lim_{n \to \infty} T_n = \lim_{n \to \infty} (s_n \pm w_n) = s \pm w,$$

所以

$$\sum_{n=1}^{\infty} (u_n \pm v_n) = s \pm w = \sum_{n=1}^{\infty} u_n \pm \sum_{n=1}^{\infty} v_n.$$

性质 2 如果级数 $\sum\limits_{n=1}^{\infty} u_n = u_1 + u_2 + \cdots + u_n + \cdots$ 收敛, 且和为 s, 则它的每一项都乘以一个不为零的常数 k 后, 所得到的级数

$$\sum_{n=1}^{\infty} k u_n = k u_1 + k u_2 + \cdots + k u_n + \cdots$$

也收敛, 且和为 ks. (读者可以自己完成这一证明)

性质 3 在一个级数的前面去掉 (或加上) 有限项, 级数的敛散性不变 (但其和可能会变).

证 设将级数 $u_1 + u_2 + \cdots + u_k + u_{k+1} + \cdots + u_{k+n} + \cdots$ 的前 k 项去掉, 则得级数 $u_{k+1} + u_{k+2} + \cdots + u_{k+n} + \cdots$, 于是所得的级数的部分和为 $w_n = u_{k+1} + u_{k+2} + \cdots + u_{k+n} = s_{k+n} - s_k$, 其中 s_{k+n} 是原来级数的前 $k+n$ 项的和. 因为 s_k 是常数, 所以当 $n \to \infty$ 时, w_n 与 s_{k+n} 或者同时有极限, 或者同时没有极限, 在有极限时, 有

$$w = s - s_k,$$

其中, $w = \lim\limits_{n \to \infty} w_n, s = \lim\limits_{n \to \infty} s_{k+n}$.

类似地可以证明在级数前面加上有限项也不影响级数的敛散性.

性质 4 收敛级数加括弧后所成的级数仍然收敛于原来的和.

证 设有收敛级数: $s = u_1 + u_2 + \cdots + u_n + \cdots$, 它按某一规律加括弧后所成级数设为

$$(u_1 + u_2) + (u_3 + u_4 + u_5) + \cdots.$$

用 w_m 表示第二个级数的前 m 项的和, 用 s_n 表示相应于 w_m 的第一个级数的前 n 项的和, 于是有 $w_1 = s_2, w_2 = s_5, \cdots, w_m = s_n, \cdots$. 显然当 $m \to \infty$ 时, $n \to \infty$, 因此 $\lim\limits_{m \to \infty} w_m = \lim\limits_{n \to \infty} s_n = s$.

注意:

(1) 收敛级数去括弧后所成级数不一定收敛, 例如级数 $(a - a) + (a - a) + \cdots$ 收敛于零, 但去括弧后 $a - a + a - a + \cdots$ 是发散的.

(2) 如果加括弧后所成级数发散, 则原来级数也发散. 事实上若原来级数收敛, 那么由性质 4, 加括弧后的级数应收敛了, 与条件矛盾.

3. 收敛级数的必要条件

定理 6.1　如果级数 $\sum\limits_{n=1}^{\infty} u_n = u_1 + u_2 + \cdots + u_n + \cdots$ 收敛, 则 $\lim\limits_{n \to \infty} u_n = 0$.

证　因为 $u_n = s_n - s_{n-1}$, 所以

$$\lim_{n \to \infty} u_n = \lim_{n \to \infty} (s_n - s_{n-1}) = \lim_{n \to \infty} s_n - \lim_{n \to \infty} s_{n-1} = s - s = 0.$$

由此可知, 如果级数一般项不趋于零, 则级数发散.

例如, 级数 $\dfrac{1}{2} + \dfrac{2}{3} + \dfrac{3}{4} + \cdots + \dfrac{n}{n+1} + \cdots$. 因为, $\lim\limits_{n \to \infty} \dfrac{n}{n+1} = 1 \neq 0$, 所以级数发散. 但要注意, 级数的一般项趋于零, 并不是级数收敛的充分条件. 有些级数虽然一般项趋于零, 但仍然是发散的.

例如, 调和级数 $1 + \dfrac{1}{2} + \dfrac{1}{3} + \cdots + \dfrac{1}{n} + \cdots$, 虽然 $\lim\limits_{n \to \infty} u_n = \lim\limits_{n \to \infty} \dfrac{1}{n} = 0$, 但可以证明这个级数是发散的. 我们把调和级数的 2 项, 2 项, 4 项, 8 项, $\cdots$, 2^m 项括在一起

$$\left(1 + \frac{1}{2}\right) + \left(\frac{1}{3} + \frac{1}{4}\right) + \left(\frac{1}{5} + \frac{1}{6} + \frac{1}{7} + \frac{1}{8}\right) + \cdots$$
$$+ \left(\frac{1}{2^m + 1} + \frac{1}{2^m + 2} + \cdots + \frac{1}{2^{m+1}}\right) + \cdots$$
$$> \quad \frac{1}{2} + \left(\frac{1}{4} + \frac{1}{4}\right) + \left(\frac{1}{8} + \frac{1}{8} + \frac{1}{8} + \frac{1}{8}\right) + \cdots + \left(\frac{1}{2^{m+1}} + \frac{1}{2^{m+1}} + \cdots + \frac{1}{2^{m+1}}\right)$$
$$= \quad \frac{1}{2} + \frac{1}{2} + \frac{1}{2} + \cdots + \frac{1}{2} + \cdots.$$

因此这个加括弧的级数的前 $(m+1)$ 项的和大于 $(m+1)\dfrac{1}{2}$, 当 $m \to \infty$ 时趋向无穷大, 从而这级数发散, 所以调和级数发散.

现在我们除了用 s_n 的极限来判定级数敛散性外, 还可以利用级数收敛的必要条件, 基本性质与已知级数 (等比级数、调和级数) 来判定.

例 3　判别下列级数收敛性:

(1) $\dfrac{1}{3} + \dfrac{1}{\sqrt{3}} + \dfrac{1}{\sqrt[3]{3}} + \dfrac{1}{\sqrt[4]{3}} + \cdots$;

(2) $\dfrac{1}{3} + \dfrac{1}{3} + \dfrac{1}{3^2} + \dfrac{1}{6} + \dfrac{1}{3^3} + \dfrac{1}{9} + \cdots + \dfrac{1}{3^n} + \dfrac{1}{3n} + \cdots$.

解　(1) $u_n = \dfrac{1}{\sqrt[n]{3}} = 3^{-\frac{1}{n}}$, $\lim\limits_{n \to \infty} u_n = \lim\limits_{n \to \infty} 3^{-\frac{1}{u}} = 1 \neq 0$ 不满足级数收敛的必要条件, 所以该级数发散.

(2) 原级数 $= \sum\limits_{n=1}^{\infty} \dfrac{1}{3^n} + \sum\limits_{n=1}^{\infty} \dfrac{1}{3n}$, 前者是公比为 $\dfrac{1}{3}$ 的等比级数, 收敛于 $\dfrac{1}{2}$, 后者为 $\dfrac{1}{3} \sum\limits_{n=1}^{\infty} \dfrac{1}{n}$, 是一调和级数, 所以原级数发散.

习 题 6.1

1. 根据级数收敛与发散的定义, 判别下列级数的收敛性:

(1) $\sum\limits_{n=1}^{\infty} (\sqrt{n+1} - \sqrt{n})$;

(2) $\dfrac{1}{1\cdot 2} + \dfrac{1}{2\cdot 3} + \dfrac{1}{3\cdot 4} + \cdots + \dfrac{1}{n(n+1)} + \cdots$;

(3) $\sum\limits_{n=1}^{\infty} \ln \dfrac{n+1}{n}$.

2. 判别下列级数的收敛性:

(1) $\dfrac{3}{5} - \dfrac{3^2}{5^2} + \dfrac{3^3}{5^3} - \dfrac{3^4}{5^4} + \cdots$;

(2) $\dfrac{1}{3} + \dfrac{1}{6} + \dfrac{1}{9} + \dfrac{1}{12} + \dfrac{1}{15} + \cdots$;

(3) $\dfrac{1}{2} + \dfrac{3}{4} + \dfrac{5}{6} + \dfrac{7}{8} + \cdots$;

(4) $\left(\dfrac{1}{2} + \dfrac{1}{3}\right) + \left(\dfrac{1}{2^2} + \dfrac{1}{3^2}\right) + \left(\dfrac{1}{2^3} + \dfrac{1}{3^3}\right) + \cdots$;

(5) $\dfrac{1}{2} + \dfrac{1}{10} + \dfrac{1}{4} + \dfrac{1}{20} + \cdots + \dfrac{1}{2^n} + \dfrac{1}{10n} + \cdots$.

6.2 常数项级数的审敛法

1. 正项级数及其审敛法

级数 $\sum\limits_{n=1}^{\infty} u_n = u_1 + u_2 + \cdots + u_n + \cdots$, 满足条件 $u_n \geqslant 0\ (n > 1, 2, \cdots)$, 叫正项级数, 许多级数的收敛性问题可归结为正项级数的收敛性问题. 显然正项级数部分和数列 s_n 是单调增加数列, 即

$$s_1 \leqslant s_2 \leqslant \cdots \leqslant s_{n-1} \leqslant s_n \leqslant \cdots.$$

由数列极限存在准则知道: 如果数列 s_n 有上界, 则它收敛, 否则它发散.

定理 6.2 正项级数收敛的必要充分条件是: 它的部分和数列 s_n 有界.

定理 6.3(正项级数比较审敛法) 如果有两个正项级数

$$\sum_{n=1}^{\infty} u_n = u_1 + u_2 + \cdots + u_n + \cdots, \tag{6.2.1}$$

$$\sum_{n=1}^{\infty} v_n = v_1 + v_2 + \cdots + v_n + \cdots, \tag{6.2.2}$$

那么,

(1) 如级数 (6.2.2) 收敛, 且 $u_n \leqslant v_n$, $(n = 1, 2, \cdots)$, 则级数 (6.2.1) 也收敛;

(2) 如级数 (6.2.2) 发散, 且 $u_n \geqslant v_n$, $(n = 1, 2, \cdots)$, 则级数 (6.2.1) 也发散.

证 (1) 设级数 (6.2.2) 收敛于 w, 且 $u_n \leqslant v_n$ $(n = 1, 2, \cdots)$, 则级数 (6.2.1) 的部分和

$$s_n = u_1 + u_2 + \cdots + u_n \leqslant v_1 + v_2 + \cdots + v_n \leqslant w,$$

即 s_n 有上界, 由正项级数收敛充要条件可知级数 (6.2.1) 收敛.

(2) 设级数 (6.2.2) 发散, 则部分和 $w_n \to +\infty$ $(n \to \infty)$, 又 $u_n \geqslant v_n$ $(n = 1, 2, \cdots)$, 则

$$s_n = u_1 + u_2 + \cdots + u_n \geqslant v_1 + v_2 + \cdots + v_n = w_n \to +\infty.$$

即数列 s_n 不是有界数列, 所以级数 (6.2.1) 发散.

例 1 证明级数 $\sum\limits_{n=1}^{\infty} \sqrt{\dfrac{1}{n(n+1)}}$ 是发散的.

证 因为 $n(n+1) < (n+1)^2$, 所以 $\dfrac{1}{\sqrt{n(n+1)}} > \dfrac{1}{n+1}$. 而级数

$$\sum_{n=1}^{\infty} \frac{1}{n+1} = \frac{1}{2} + \frac{1}{3} + \frac{1}{4} + \cdots + \frac{1}{n+1} + \cdots$$

是发散的. 根据比较审敛法, 原级数发散.

例 2 讨论 p 级数

$$1 + \frac{1}{2^p} + \frac{1}{3^p} + \frac{1}{4^p} + \cdots + \frac{1}{n^p} + \cdots$$

的收敛性, 其中常数 $p > 0$.

解 设 $p \leqslant 1$, 则 $\dfrac{1}{n^p} \geqslant \dfrac{1}{n}$, 但调和级数发散, 由比较审敛法, 当 $p \leqslant 1$ 时, p 级数发散.

设 $p > 1$, 则

$$\sum_{n=1}^{\infty} \frac{1}{n^p} = 1 + \left(\frac{1}{2^p} + \frac{1}{3^p} \right) + \left(\frac{1}{4^p} + \frac{1}{5^p} + \frac{1}{6^p} + \frac{1}{7^p} \right) + \left(\frac{1}{8^p} + \cdots + \frac{1}{15^p} \right) + \cdots$$

$$< 1 + \left(\frac{1}{2^p} + \frac{1}{2^p} \right) + \left(\frac{1}{4^p} + \frac{1}{4^p} + \frac{1}{4^p} + \frac{1}{4^p} \right) + \left(\frac{1}{8^p} + \cdots + \frac{1}{8^p} \right) + \cdots$$

$$= 1 + \frac{1}{2^{p-1}} + \frac{1}{2^{2(p-1)}} + \frac{1}{2^{3(p-1)}} + \cdots,$$

这是一个公比 $q = \dfrac{1}{2^{p-1}} < 1$ 的等比级数, 所以收敛.

因此, p 级数 $\sum\limits_{n=1}^{\infty} \dfrac{1}{n^p}$ 当 $p \leqslant 1$ 时发散, $p > 1$ 时收敛.

定理 6.4(正项级数的比值审敛法) 如果正项级数

$$\sum_{n=1}^{\infty} u_n = u_1 + u_2 + \cdots + u_n + \cdots, \qquad u_n > 0, n = 1, 2, \cdots$$

满足条件：$\lim\limits_{n \to \infty} \dfrac{u_{n+1}}{u_n} = \rho$; 则

(1) 当 $\rho < 1$ 时, 级数收敛;

(2) 当 $\rho > 1$ $\left(\text{或} \lim\limits_{n \to \infty} \dfrac{u_{n+1}}{u_n} = \infty\right)$ 时, 级数发散;

(3) 当 $\rho = 1$ 时, 级数可能收敛, 也可能发散.

证 (1) 当 $\rho < 1$ 时, 取一个适当小的正数 ε, 使 $\rho + \varepsilon = r < 1$, 根据极限定义, 必存在正整数 N, 当 $n \geqslant N$ 时, 有 $\left|\dfrac{u_{n+1}}{u_n} - \rho\right| < \varepsilon$. 所以

$$\frac{u_{n+1}}{u_n} < \rho + \varepsilon = r,$$

因此, $u_{N+1} < r u_N$, $u_{N+2} < r u_{N+1} < r^2 u_N$, $u_{N+3} < r u_{N+2} < r^3 u_N, \cdots$, 于是, 级数 $u_{N+1} + u_{N+2} + u_{N+3} + \cdots$ 的各项就小于收敛的等比级数

$$r u_N + r^2 u_N + r^3 u_N + \cdots \qquad (r < 1)$$

的对应项, 所以也收敛. 由于原级数仅比它多了前 N 项, 因此原级数收敛.

(2) 当 $\rho > 1$ 时, 取一个相当小的正数 ε, 使 $\rho - \varepsilon > 1$. 由极限定义, 当 $n \geqslant N$ 时, 有不等式 $\dfrac{u_{n+1}}{u_n} > \rho - \varepsilon > 1$, 所以 $u_{n+1} > u_n$, 即当 $n \geqslant N$ 时, u_n 逐渐增大, 从而 $\lim\limits_{n \to \infty} u_n \neq 0$. 由级数收敛的必要条件可知原级数发散.

(3) 当 $\rho = 1$ 时, 级数可能收敛, 也可能发散. 例如 p 级数 $\sum\limits_{n=1}^{\infty} \dfrac{1}{n^p}$ 不论 p 为何值,

$$\lim_{n \to \infty} \frac{u_{n+1}}{u_n} = \lim_{n \to \infty} \frac{\dfrac{1}{(n+1)^p}}{\dfrac{1}{n^p}} = \lim_{n \to \infty} \left(\frac{n}{n+1}\right)^p = 1.$$

但我们知道, 当 $p \leqslant 1$ 时级数发散. $p > 1$ 时级数收敛, 因此 $\rho = 1$ 不能判别级数敛散性.

例 3 判定级数 $\sum\limits_{n=1}^{\infty} \dfrac{a^n}{n}$ $(a > 0)$ 的敛散性.

解
$$\lim_{n \to \infty} \frac{u_{n+1}}{u_n} = \lim_{n \to \infty} \frac{\dfrac{a^{n+1}}{n+1}}{\dfrac{a^n}{n}} = \lim_{n \to \infty} \frac{n}{n+1} \cdot a = a.$$

级数当 $0 < a < 1$ 时收敛, $a > 1$ 时发散, $a = 1$ 时原级数为调和级数, 也发散.

例 4 判别级数 $\dfrac{1}{10} + \dfrac{1 \cdot 2}{10^2} + \dfrac{1 \cdot 2 \cdot 3}{10^3} + \cdots$ 的敛散性.

解   因 $u_n = \dfrac{n!}{10^n}$,

$$\lim_{n\to\infty}\frac{u_{n+1}}{u_n} = \lim_{n\to\infty}\frac{\dfrac{(n+1)!}{10^{n+1}}}{\dfrac{n!}{10^n}} = \lim_{n\to\infty}\frac{n+1}{10} = \infty.$$

由比值审敛法, 所给级数发散.

例 5   判别级数 $\displaystyle\sum_{n=1}^{\infty}\frac{n\cos^2\dfrac{n}{3}\pi}{2^n}$ 的敛散性.

解   由于 $\dfrac{n\cos^2\dfrac{n}{3}\pi}{2^n} \leqslant \dfrac{n}{2^n}$, 而级数 $\displaystyle\sum_{n=1}^{\infty}\frac{n}{2^n}$ 满足

$$\lim_{n\to\infty}\frac{u_{n+1}}{u_n} = \lim_{n\to\infty}\frac{\dfrac{n+1}{2^{n+1}}}{\dfrac{n}{2^n}} = \lim_{n\to\infty}\frac{n+1}{2n} = \frac{1}{2} < 1,$$

所以 $\displaystyle\sum_{n=1}^{\infty}\frac{n}{2^n}$ 收敛, 由比较法 $\displaystyle\sum_{n=1}^{\infty}\frac{n\cos^2\dfrac{n}{3}\pi}{2^n}$ 也收敛.

2. 交错级数及其审敛法

正负项相间的级数称**交错项级数**, 即

$$\sum_{n=1}^{\infty}(-1)^{n-1}u_n = u_1 - u_2 + u_3 - u_4 + \cdots + u_{2k-1} - u_{2k} + \cdots,$$

其中 $u_n > 0(n = 1, 2, \cdots)$, 或

$$\sum_{n=1}^{\infty}(-1)^n u_n = -u_1 + u_2 - u_3 + u_4 \cdots - u_{2k-1} + u_{2k} - \cdots,$$

其中 $u_n > 0 \ (n = 1, 2, \cdots)$.

定理 6.5(交错级数审敛法)   如果交错级数 $\displaystyle\sum_{n=1}^{\infty}(-1)^{n-1}u_n$ 满足条件

(1) $u_n \geqslant u_{n+1} \ \ (n = 1, 2, \cdots)$;   (2) $\displaystyle\lim_{n\to\infty}u_n = 0$.

则级数收敛, 且和 $S \leqslant u_1$.

证   我们先研究部分和 s_{2n}, 一方面

$$s_{2n} = u_1 - u_2 + u_3 - u_4 + \cdots + u_{2n-1} - u_{2n}$$
$$= (u_1 - u_2) + (u_3 - u_4) + \cdots + (u_{2n-1} - u_{2n}),$$

由已知条件, s_{2n} 是单调上升数列. 另一方面

$$
\begin{aligned}
s_{2n} &= u_1 - u_2 + u_3 - u_4 + \cdots + u_{2n-1} - u_{2n} \\
&= u_1 - (u_2 - u_3) - (u_4 - u_5) - \cdots - (u_{2n-2} - u_{2n-1}) - u_{2n} \\
&\leqslant u_1,
\end{aligned}
$$

即 s_{2n} 有界. 所以 $\lim\limits_{n\to\infty} s_{2n}$ 存在, 记此极限为 s, 且 $s \leqslant u_1$.

下面再证明前 $2n+1$ 项的和 s_{2n+1} 的极限也是 s, 事实上

$$
s_{2n+1} = s_{2n} + u_{2n+1},
$$

因为 $\lim\limits_{n\to\infty} u_n = 0$, 所以 $\lim\limits_{n\to\infty} s_{2n+1} = \lim\limits_{n\to\infty} s_{2n} = s$, 且 $s \leqslant u_1$.

如果以 s_n 作为级数和 s 的近似值, 那么其误差

$$
|r_n| = u_{n+1} - u_{n+2} + \cdots
$$

也是一个交错级数, 且满足收敛条件, 所以 $|r_n| \leqslant u_{n+1}$.

例 6 判别交错级数

$$
\sum_{n=1}^{\infty} (-1)^{n-1} \frac{1}{n} = 1 - \frac{1}{2} + \frac{1}{3} - \frac{1}{4} + \cdots + \frac{(-1)^{n-1}}{n} + \cdots
$$

的敛散性.

解 因为满足条件

(1) $u_n = \dfrac{1}{n} > \dfrac{1}{n+1} = u_{n+1}$ $(n = 1, 2, \cdots)$, (2) $\lim\limits_{n\to\infty} \dfrac{1}{n} = 0$.

所以它收敛, 且 $s < 1$, 如以 $s_n = 1 - \dfrac{1}{2} + \dfrac{1}{3} - \dfrac{1}{4} + \cdots + \dfrac{(-1)^{n-1}}{n}$ 代替 s, 则误差为 $|r_n| \leqslant \dfrac{1}{n+1}$.

3. 任意项级数 (绝对收敛, 条件收敛)

若级数 $\sum\limits_{n=1}^{\infty} u_n$ 中 u_n 是任意实数, 我们称它为**任意项级数**.

定理 6.6 若级数 $\sum\limits_{n=1}^{\infty} |u_n|$ 收敛, 则 $\sum\limits_{n=1}^{\infty} u_n$ 收敛.

证 记 $v_n = \dfrac{1}{2}(|u_n| + u_n)$, $w_n = \dfrac{1}{2}(|u_n| - u_n)$, 则 $\sum\limits_{n=1}^{\infty} v_n$ 和 $\sum\limits_{n=1}^{\infty} w_n$ 都是正项级数, 而且 $v_n \leqslant |u_n|$, $w_n \leqslant |u_n|$. 由正项级数比较审敛法可知 $\sum\limits_{n=1}^{\infty} v_n$ 和 $\sum\limits_{n=1}^{\infty} w_n$ 都收敛. 又 $u_n = v_n - w_n$, 由级数性质, 可知 $\sum\limits_{n=1}^{\infty} u_n$ 收敛.

若 $\sum\limits_{n=1}^{\infty} |u_n|$ 收敛, 则称 $\sum\limits_{n=1}^{\infty} u_n$ **绝对收敛**. 若 $\sum\limits_{n=1}^{\infty} |u_n|$ 发散, 而 $\sum\limits_{n=1}^{\infty} u_n$ 收敛, 则称

$\sum\limits_{n=1}^{\infty} u_n$ 为**条件收敛**. 如例 6 的交错级数收敛, 但 $\sum\limits_{n=1}^{\infty} |u_n| = \sum\limits_{n=1}^{\infty} \dfrac{1}{n}$ 是调和级数, 发散. 所以是条件收敛.

在讨论任意项级数 $\sum\limits_{n=1}^{\infty} u_n$ 时, 不妨先讨论正项级数 $\sum\limits_{n=1}^{\infty} |u_n|$, 若后者收敛, 则前者也收敛, 且是绝对收敛, 若后者发散, 则前者的敛散性需用另外方法判断.

例 7   判断级数 $\sum\limits_{n=1}^{\infty} (-1)^n \cdot \dfrac{n!}{n^n}$ 的敛散性.

解   我们先考虑 $\sum\limits_{n=1}^{\infty} |u_n| = \sum\limits_{n=1}^{\infty} \dfrac{n!}{n^n}$, 用正项级数比值法

$$\lim_{n\to\infty} \frac{(n+1)!}{(n+1)^{n+1}} \bigg/ \frac{n!}{n^n} = \lim_{n\to\infty} \left(\frac{n}{n+1}\right)^n = \lim_{n\to\infty} \frac{1}{\left(1+\dfrac{1}{n}\right)^n} = \frac{1}{e} < 1,$$

所以原级数绝对收敛.

例 8   判断 $\dfrac{1}{\ln 2} - \dfrac{1}{\ln 3} + \dfrac{1}{\ln 4} - \dfrac{1}{\ln 5} + \cdots$ 的敛散性, 如果收敛的话, 是绝对收敛还是条件收敛.

解 $u_n = (-1)^{n+1} \dfrac{1}{\ln(n+1)}$, $|u_n| = \dfrac{1}{\ln(n+1)} > \dfrac{1}{n+1}$, 因为 $\sum\limits_{n=1}^{\infty} \dfrac{1}{n+1}$ 发散, 所以 $\sum\limits_{n=1}^{\infty} |u_n|$ 发散. 但原级数是交错级数且满足

$$\frac{1}{\ln(n+1)} > \frac{1}{\ln(n+2)}, \quad \lim_{n\to\infty} \frac{1}{\ln(n+1)} = 0,$$

所以原交错级数收敛, 是条件收敛.

习   题   6.2

1. 用比较审敛法判别下列级数的敛散性:

   (1) $\sum\limits_{n=1}^{\infty} \dfrac{1}{2n-1}$;   (2) $\sum\limits_{n=1}^{\infty} \dfrac{1+n}{1+n^2}$;   (3) $\sum\limits_{n=1}^{\infty} \dfrac{1}{(n+1)(n+4)}$;   (4) $\sum\limits_{n=1}^{\infty} \sin \dfrac{\pi}{2^n}$.

2. 用比值审敛法判别下列级数的敛散性:

   (1) $\sum\limits_{n=1}^{\infty} \dfrac{3^n}{n \cdot 2^n}$;   (2) $\sum\limits_{n=1}^{\infty} \dfrac{n^2}{3^n}$;   (3) $\sum\limits_{n=1}^{\infty} \dfrac{2^n \cdot n!}{n^n}$;   (4) $\sum\limits_{n=1}^{\infty} n \tan \dfrac{\pi}{2^{n+1}}$;

   (5) $\sum\limits_{n=1}^{\infty} \dfrac{(n+1)!}{n^{n+1}}$.

3. 讨论下列级数的敛散性, 如收敛, 是绝对收敛还是条件收敛?

   (1) $1 - \dfrac{1}{\sqrt{2}} + \dfrac{1}{\sqrt{3}} - \dfrac{1}{\sqrt{4}} + \cdots$;   (2) $\sum\limits_{n=1}^{\infty} (-1)^{n-1} \dfrac{n}{3^{n-1}}$;

   (3) $\sum\limits_{n=1}^{\infty} (-1)^{n+1} \dfrac{1}{\pi^{n+1}} \sin \dfrac{\pi}{n+1}$.

6.3 幂 级 数

1. 函数项级数

如果给定一个定义在区间 I 上的函数列 $u_1(x)$, $u_2(x)$, $u_3(x)$, $\cdots$, $u_n(x)$, $\cdots$, 则

$$u_1(x) + u_2(x) + u_3(x) + \cdots + u_n(x) + \cdots \tag{6.3.1}$$

称为定义在区间 I 上的**函数项级数**.

对于每一确定的值 $x_0 \in I$, 函数项级数 (6.3.1) 成为常数项级数:

$$u_1(x_0) + u_2(x_0) + u_3(x_0) + \cdots + u_n(x_0) + \cdots. \tag{6.3.2}$$

这个级数 (6.3.2) 可能收敛也可能发散. 如 (6.3.2) 收敛, 称点 x_0 为 (6.3.1) 的**收敛点**, 如 (6.3.2) 发散, 称点 x_0 为 (6.3.1) 的**发散点**.

函数项级数 (6.3.1) 的所有收敛点的全体称为它的**收敛域**, 所有发散点的全体称为**发散域**.

对于收敛域内任意一个数 x, 函数项级数成为一收敛的常数项级数, 因而有一确定的和 s, 所以收敛域上函数项级数的和是 x 的函数 $s(x)$, 称 $s(x)$ 为**函数项级数的和函数**:

$$s(x) = u_1(x) + u_2(x) + u_3(x) + \cdots + u_n(x) + \cdots.$$

这函数的定义域就是级数的收敛域.

前 n 项的部分和为 $s_n(x)$, 在收敛域上 $\lim\limits_{n \to \infty} s_n(x) = s(x)$, 而余项 $r_n(x)$ 有 $\lim\limits_{n \to \infty} r_n(x) = 0$.

2. 幂级数及其收敛性

函数项级数中最常见的一类级数就是所谓**幂级数**, 它的形式是

$$\sum_{n=0}^{\infty} a_n x^n = a_0 + a_1 x + a_2 x^2 + \cdots + a_n x^n + \cdots, \tag{6.3.3}$$

其中常数 a_0, a_1, $a_2 \cdots a_n \cdots$ 叫做**幂级数的系数**.

例如: $1 + x + x^2 + \cdots + x^n + \cdots$ 就是幂级数, 因为它是以 x 为公比的等比级数, 所以 $|x| < 1$ 时, 级数收敛. $|x| \geqslant 1$ 时, 级数发散. 所以它的收敛域是 $(-1, 1)$, 发散域是 $(-\infty, -1]$ 和 $[1, +\infty)$.

下面讨论幂级数的收敛性问题, 即如何确定收敛域与发散域.

定理 6.7 如果级数 (6.3.3), 当 $x = x_0$ ($x_0 \neq 0$) 时收敛, 则适合不等式 $|x| < |x_0|$ 的一切 x 使幂级数 (6.3.3) 绝对收敛. 反之如果当 $x = x_0$ 时级数 (6.3.3) 发散, 则适合不等式 $|x| > |x_0|$ 的一切 x 使幂级数 (6.3.3) 发散.

证　设 x_0 是幂级数 (6.3.3) 的收敛点, 即级数

$$a_0 + a_1 x_0 + a_2 x_0^2 + \cdots + a_n x_0^n + \cdots$$

收敛, 则由级数收敛必要条件, 有 $\lim\limits_{n\to\infty} a_n x_0^n = 0$.

于是存在一个常数 M, 使得 $|a_n x_0^n| \leqslant M \quad (n = 0, 1, 2, \cdots)$, 这样

$$|a_n x^n| = \left| a_n x_0^n \cdot \frac{x^n}{x_0^n} \right| = |a_n x_0^n| \left| \frac{x}{x_0} \right|^n \leqslant M \left| \frac{x}{x_0} \right|^n.$$

当 $|x| < |x_0|$ 时, 等比级数 $\sum\limits_{n=0}^{\infty} M \left| \dfrac{x}{x_0} \right|^n$ 收敛 $\left(公比 \left| \dfrac{x}{x_0} \right| < 1\right)$. 所以级数 $\sum\limits_{n=0}^{\infty} |a_n x^n|$ 收敛, 也就是级数 (6.3.3) 绝对收敛.

用反证法证明定理下半部分. 倘若级数当 $x = x_0$ 时发散, 而存一点 x_1 适合 $|x_1| > |x_0|$ 使级数收敛, 则根据前面的证明. 级数当 $x = x_0$ 时应收敛, 这与假设矛盾, 定理得证.

由此定理可知, 如级数在 $x = x_0$ 处收敛, 则在 $(-|x_0|, |x_0|)$ 内任何 x 处都收敛, 如在 $x = x_0$ 发散, 则 $(-|x_0|, |x_0|)$ 外任何 x 处幂级数都发散, 所以在收敛点与发散点之间必然有一分界点. 这分界点可能是收敛点, 也可能是发散点, 而且分界点在原点二边各存一个且与原点距离相等.

由此得到这一定理的**推论**:

如果幂级数 (6.3.3) 不是仅在 $x = 0$ 一点收敛, 也不是在整个数轴上都收敛, 则必存一个完全确定的正数 R 存在, 它具有如下性质:

当 $|x| < R$ 时, 幂级数 (6.3.3) 绝对收敛.

当 $|x| > R$ 时, 幂级数 (6.3.3) 发散.

当 $x = R$ 与 $x = -R$ 时幂级数 (6.3.3) 可能收敛, 也可能发散.

R 称为幂级数 (6.3.3) 的收敛半径, 如果已知 R 和 $|x| = R$ 处的收敛性就可决定它在区间 $(-R, R), [-R, R], (-R, R]$ 或 $[-R, R)$ 上收敛, 这区间叫幂级数 (6.3.3) 的收敛区间. 如果级数仅在 $x = 0$ 处收敛, 则 $R = 0$, 如级数在一切 x 处都收敛, 则 $R = +\infty$, 收敛区间为 $(-\infty, +\infty)$.

下面给出幂级数收敛半径的求法.

定理 6.8　设 $\lim\limits_{n\to\infty} \left| \dfrac{a_{n+1}}{a_n} \right| = \rho$, 其中 a_n, a_{n+1} 是幂级数 (6.3.3) 的相邻两项系数. 如果

(1)　$\rho \neq 0$, 　　则 $R = \dfrac{1}{\rho}$;

(2)　$\rho = 0$, 　　则 $R = +\infty$;

(3)　$\rho = +\infty$, 　　则 $R = 0$.

证 幂级数 (6.3.3) 的各项取绝对值所成的级数

$$|a_0| + |a_1x| + |a_2x^2| + \cdots + |a_nx^n| + \cdots \tag{6.3.4}$$

有 $\lim\limits_{n\to\infty} \left| \dfrac{a_{n+1}x^{n+1}}{a_nx^n} \right| = \lim\limits_{n\to\infty} \left| \dfrac{a_{n+1}}{a_n} \right| |x| = \rho|x|.$

(1) 根据正项级数比值审敛法, $\rho|x| < 1 \ (\rho \neq 0)$, 即 $|x| < \dfrac{1}{\rho}$ 时, 级数 (6.3.4) 收敛. 所以级数 (6.3.3) 绝对收敛. 当 $\rho|x| > 1$, 即 $|x| > \dfrac{1}{\rho}$ 时, 级数 (6.3.4) 发散, 且从某项起 $|a_{n+1}x^{n+1}| > |a_nx^n|$, $|a_nx^n|$ 不趋于零, 所以 a_nx^n 也不趋于零, 即级数 (6.3.3) 发散, 于是 $R = \dfrac{1}{\rho}$;

(2) 当 $\rho = 0$, 则对任何 $x \neq 0$, 都有 $\lim\limits_{n\to\infty} \left| \dfrac{a_{n+1}x^{n+1}}{a_nx^n} \right| = 0 < 1$, 所以 (6.3.4) 收敛, 级数 (6.3.3) 绝对收敛, 于是 $R = +\infty$;

(3) 如 $\rho = +\infty$, 则除 $x = 0$ 处的一切 x 值, 级数 (6.3.3) 都发散, 于是 $R = 0$.

例 1 求幂级数 $x - \dfrac{x^2}{2} + \dfrac{x^3}{3} - \cdots + (-1)^{n-1}\dfrac{x^n}{n} + \cdots$ 的收敛半径与收敛区间.

解 因为

$$\rho = \lim_{n\to\infty} \left| \frac{a_{n+1}}{a_n} \right| = \lim_{n\to\infty} \frac{\frac{1}{n+1}}{\frac{1}{n}} = \lim_{n\to\infty} \frac{n}{n+1} = 1,$$

所以收敛半径 $R = 1$.

当 $x = 1$ 时, 级数为 $1 - \dfrac{1}{2} + \dfrac{1}{3} \cdots + (-1)^{n-1}\dfrac{1}{n} + \cdots$, 级数收敛.

当 $x = -1$ 时, 级数为 $-1 - \dfrac{1}{2} - \dfrac{1}{3} \cdots - \dfrac{1}{n} - \cdots$, 级数发散.

所以收敛区间是 $(-1, 1]$.

例 2 求幂级数 $\sum\limits_{n=1}^{\infty} \dfrac{x^n}{2^n n!}$ 的收敛区间.

解 因为

$$\rho = \lim_{n\to\infty} \left| \frac{a_{n+1}}{a_n} \right| = \lim_{n\to\infty} \frac{\frac{1}{2^{n+1}(n+1)!}}{\frac{1}{2^n n!}} = \lim_{n\to\infty} \frac{1}{2(n+1)} = 0,$$

所以收敛半径 $R = +\infty$, 收敛区间为 $(-\infty, +\infty)$.

例 3 求幂级数 $\sum\limits_{n=0}^{\infty} n!x^n$ 的收敛半径.

解　因为

$$\rho = \lim_{n\to\infty}\left|\frac{a_{n+1}}{a_n}\right| = \lim_{n\to\infty}\frac{(n+1)!}{n!} = \lim_{n\to\infty}(n+1) = +\infty,$$

所以收敛半径 $R = 0$, 即级数仅在 $x = 0$ 处收敛.

3. 幂级数性质

下面给出幂级数运算的几个性质, 但不予证明.

(1) 如果幂级数 $s(x) = \sum\limits_{n=0}^{\infty} a_n x^n$ 和 $w(x) = \sum\limits_{n=0}^{\infty} b_n x^n$ 的收敛半径分别为 $R_1 > 0$ 和 $R_2 > 0$, 则

$$\sum_{n=0}^{\infty} a_n x^n \pm \sum_{n=0}^{\infty} b_n x^n = \sum_{n=0}^{\infty}(a_n \pm b_n)x^n = s(x) \pm w(x),$$

其收敛半径 R 等于 R_1 与 R_2 中较小的一个.

(2) 如果幂级数 $s(x) = \sum\limits_{n=0}^{\infty} a_n x^n$ 的收敛半径 $R > 0$, 则在收敛区间 $(-R, R)$ 内它的和函数 $s(x)$ 是连续函数.

(3) 在幂级数 $s(x) = \sum\limits_{n=0}^{\infty} a_n x^n$ 的收敛区间 $(-R, R)$ 内任意一点 x, 有

$$\int_0^x s(x)dx = \int_0^x \left(\sum_{n=0}^{\infty} a_n x^n\right)dx = \sum_{n=0}^{\infty}\int_0^x a_n x^n dx = \sum_{n=0}^{\infty}\frac{a_n}{n+1}x^{n+1} \quad (-R < x < R),$$

即幂级数在其收敛区间内可以逐项积分, 并且积分后级数的收敛半径也是 R.

(4) 在幂级数 $s(x) = \sum\limits_{n=0}^{\infty} a_n x^n$ 的收敛区间 $(-R, R)$ 内任一点 x, 有

$$s'(x) = \left(\sum_{n=0}^{\infty} a_n x^n\right)' = \sum_{n=0}^{\infty}(a_n x^n)' = \sum_{n=0}^{\infty} n a_n x^{n-1} \quad (-R < x < R),$$

即幂级数在其收敛区间内可以逐项微分, 且微分后级数的收敛半径也是 R.

例 4　求幂级数 $\sum\limits_{n=1}^{\infty} n x^{n-1}$ 的收敛区间及和函数, 并求级数 $\sum\limits_{n=1}^{\infty}\frac{n}{2^n}$ 的和.

解　由 $\lim\limits_{n\to\infty}\left|\frac{a_{n+1}}{a_n}\right| = \lim\limits_{n\to\infty}\frac{n+1}{n} = 1$, 得收敛半径 $R = 1$.

当 $x = 1$ 时, 级数为 $\sum\limits_{n=1}^{\infty} n$, 一般项不趋于零, 所以发散.

当 $x = -1$ 时, 级数为 $\sum\limits_{n=1}^{\infty}(-1)^{n-1}n$, 一般项不趋于零, 所以也发散.

所以原级数的收敛区间为 $(-1, 1)$.

设和函数 $s(x) = 1 + 2x + 3x^2 + \cdots + nx^{n-1} + \cdots$, 两边由 0 到 x 积分, 得

$$\int_0^x s(x)dx = x + x^2 + x^3 + \cdots + x^n + \cdots = \frac{x}{1-x}.$$

所以 $s(x) = \dfrac{d}{dx} \displaystyle\int_0^x s(x)dx = \left(\dfrac{x}{1-x}\right)' = \dfrac{1}{(1-x)^2}$, 所以

$$s(x) = \sum_{n=1}^{\infty} nx^{n-1} = \frac{1}{(1-x)^2} \qquad (-1 < x < 1).$$

取 $x = \dfrac{1}{2}$, 则 $\displaystyle\sum_{n=1}^{\infty} n \cdot \left(\dfrac{1}{2}\right)^{n-1} = \dfrac{1}{\left(1 - \dfrac{1}{2}\right)^2} = 4$, 所以

$$\sum_{n=1}^{\infty} \frac{n}{2^n} = \sum_{n=1}^{\infty} \frac{1}{2} \cdot n \left(\frac{1}{2}\right)^{n-1} = \frac{1}{2} \times 4 = 2.$$

习　题　6.3

1. 求下列幂级数的收敛区间:

(1) $\displaystyle\sum_{n=1}^{\infty} nx^n$; 　　　　(2) $1 + \displaystyle\sum_{n=1}^{\infty} (-1)^n \dfrac{x^n}{n^2}$; 　　　　(3) $\displaystyle\sum_{n=0}^{\infty} \dfrac{1}{n!} x^n$;

(4) $\displaystyle\sum_{n=1}^{\infty} \dfrac{x^n}{n \cdot 3^n}$; 　　　　(5) $\displaystyle\sum_{n=0}^{\infty} \dfrac{x^n}{\sqrt{n+1}}$.

2. 求下列级数的和函数:

(1) $\displaystyle\sum_{n=0}^{\infty} \dfrac{x^{n+1}}{n+1}$ 　$(-1 < x < 1)$; 　　　　(2) $\displaystyle\sum_{n=0}^{\infty} (n+1)x^n$ 　$(-1 < x < 1)$.

6.4　函数展成幂级数

1. 直接展开法

我们已经知道 $\dfrac{1}{1-x} = 1 + x + x^2 + x^3 + \cdots + x^n + \cdots$ $(-1 < x < 1)$. 在区间 $(-1, 1)$ 内, 右边的级数收敛于和函数 $\dfrac{1}{1-x}$. 反之, 我们也可以把右边级数看作是由左边的函数展开而成的. 下面介绍如何将函数展成幂级数.

如果函数 $f(x)$ 存在各阶导数, 且在 $(-R, R)$ 内可以展成幂级数, 即

$$f(x) = a_0 + a_1 x + a_2 x^2 + a_3 x^3 + \cdots + a_n x^n + \cdots, \tag{6.4.1}$$

那么级数的各项系数 a_n 　$(n = 0, 1, 2 \cdots)$ 如何确定?

对 (6.4.1) 式逐项求导

$$f'(x) = a_1 + 2a_2 x + 3a_3 x^2 + \cdots + n a_n x^{n-1} + \cdots,$$
$$f''(x) = 2a_2 + 2 \cdot 3a_3 x + \cdots + n(n-1)a_n x^{n-2} + \cdots,$$
$$f'''(x) = 3! a_3 + \cdots + n(n-1)(n-2)a_n x^{n-3} + \cdots,$$
$$\cdots\cdots$$
$$f^{(n)}(x) = n! a_n + (n+1)n(n-1)\cdots 2 a_{n+1} x + \cdots.$$

把 $x = 0$ 代入以上各式, 得

$$a_0 = f(0), \quad a_1 = f'(0), \quad a_2 = \frac{1}{2!}f''(0), \quad a_3 = \frac{1}{3!}f'''(0), \quad \cdots, a_n = \frac{1}{n!}f^{(n)}(0), \cdots$$

所以

$$f(x) = f(0) + f'(0)x + \frac{f''(0)}{2!}x^2 + \frac{f'''(0)}{3!}x^3 + \cdots + \frac{1}{n!}f^{(n)}(0)x^n + \cdots, \qquad (6.4.2)$$

这称为 $f(x)$ 的 **麦克劳林级数**.

至于 $f(x)$ 可以展成幂级数的条件, 这里不讨论了.

例 1 将函数 $f(x) = e^x$ 展成 x 的幂级数.

解 因为 $f^{(n)}(x) = e^x$, $f^{(n)}(0) = 1$ $(n = 0, 1, 2, \cdots)$. 由 (6.4.2) 得:

$$e^x = 1 + x + \frac{1}{2!}x^2 + \frac{1}{3!}x^3 + \cdots + \frac{1}{n!}x^n + \cdots.$$

因为 $\lim\limits_{n \to \infty} \dfrac{\dfrac{1}{(n+1)!}}{\dfrac{1}{n!}} = \lim\limits_{n \to \infty} \dfrac{1}{n+1} = 0$, 所以 $R = +\infty$, 级数收敛区间为 $(-\infty, +\infty)$.

例 2 将函数 $f(x) = \sin x$ 展成 x 的幂级数.

解 因为 $f^{(n)}(x) = \sin\left(x + n \cdot \dfrac{\pi}{2}\right)$ $(n = 1, 2, \cdots)$, $f^{(n)}(0)$ 顺序循环地取 $0, 1,$ $0, -1, \cdots$ $(n=0, 1, 2, 3, \cdots)$. 所以

$$\sin x = x - \frac{1}{3!}x^3 + \frac{1}{5!}x^5 - \cdots + (-1)^n \frac{x^{2n+1}}{(2n+1)!} + \cdots.$$

因为

$$\lim_{n \to \infty}\left|\frac{u_{n+1}}{u_n}\right| = \lim_{n \to \infty}\left|\frac{\dfrac{x^{2n+3}}{(2n+3)!}}{\dfrac{x^{2n+1}}{(2n+1)!}}\right| = \lim_{n \to \infty}\frac{|x^2|}{(2n+2)(2n+3)} = 0,$$

其中 x 可为任何实数. 所以 $R = +\infty$, 级数收敛区间为 $(-\infty, +\infty)$.

例 3 将函数 $f(x) = (1+x)^m$ 展开成 x 的幂级数, 其中 m 为任意常数.

解 $f(x)$ 的各阶导数为

$$
\begin{aligned}
f'(x) &= m(1+x)^{m-1}, \\
f''(x) &= m(m-1)(1+x)^{m-2}, \\
f'''(x) &= m(m-1)(m-2)(1+x)^{m-3}, \\
&\cdots\cdots \\
f^{(n)}(x) &= m(m-1)(m-2)\cdots(m-n+1)(1+x)^{m-n}, \quad n=1,2,\cdots.
\end{aligned}
$$

求得

$$
f(0) = 1, \quad f'(0) = m, \quad f''(0) = m(m-1), \quad f'''(0) = m(m-1)(m-2), \cdots,
$$

$$
f^{(n)}(0) = m(m-1)(m-2)\cdots(m-n+1),
$$

所以

$$
(1+x)^m = 1 + mx + \frac{m(m-1)}{2!}x^2 + \frac{m(m-1)(m-2)}{3!}x^3 + \cdots
$$

$$
+ \frac{m(m-1)\cdots(m-n+1)}{n!}x^n + \cdots \qquad (-1 < x < 1).
$$

因为 $\lim\limits_{n\to\infty}\left|\dfrac{a_{n+1}}{a_n}\right| = \lim\limits_{n\to\infty}\left|\dfrac{m-n}{n+1}\right| = 1$. 所以展开式在 $(-1,1)$ 内收敛.

该展开式称为**二项展开式**, 当 m 为正整数时, 级数即为 x 的 m 次多项式. 这就是代数学中的二项式定理. 如果 $m = 3$, 则

$$
(1+x)^3 = 1 + 3x + \frac{3\cdot 2}{2!}x^2 + \frac{3\cdot 2\cdot 1}{3!}x^3 = 1 + 3x + 3x^2 + x^3,
$$

其中, 当 $n \geqslant 4$ 时, $a_n = 0$. 当 $m = \dfrac{1}{2}, -\dfrac{1}{2}$ 时的二项展开式分别为:

$$
\sqrt{1+x} = 1 + \frac{1}{2}x - \frac{1}{2\cdot 4}x^2 + \frac{1\cdot 3}{2\cdot 4\cdot 6}x^3 - \frac{1\cdot 3\cdot 5}{2\cdot 4\cdot 6\cdot 8}x^4 + \cdots \qquad (-1 \leqslant x \leqslant 1),
$$

$$
\frac{1}{\sqrt{1+x}} = 1 - \frac{1}{2}x + \frac{1\cdot 3}{2\cdot 4}x^2 - \frac{1\cdot 3\cdot 5}{2\cdot 4\cdot 6}x^3 + \frac{1\cdot 3\cdot 5\cdot 7}{2\cdot 4\cdot 6\cdot 8}x^4 - \cdots \qquad (-1 < x \leqslant 1),
$$

这些展开式可应用于近似计算.

以上直接用公式 $a_n = \dfrac{f^{(n)}(0)}{n!}$ 计算幂级数系数的方法称为**直接展开法**. 事实上我们常常可以利用已知的一些函数的幂级数展开式, 利用幂级数的性质, 变量变换等方法, 求出函数的幂级数展开式, 即所谓的**间接展开法**.

2. 间接展开法

例 4　分别求函数 $\dfrac{1}{1+x}$, $\dfrac{1}{1+x^2}$, $\ln(1+x)$, $\arctan x$ 的幂级数展开式.

解　已知

$$\frac{1}{1-x} = 1 + x + x^2 + \cdots + x^n + \cdots \qquad (-1 < x < 1),$$

分别用 $-x$ 和 $-x^2$ 代替上式中的 x, 则有

$$\frac{1}{1+x} = 1 - x + x^2 - \cdots + (-1)^n x^n + \cdots \qquad (-1 < x < 1),$$

$$\frac{1}{1+x^2} = 1 - x^2 + x^4 - \cdots + (-1)^n x^{2n} + \cdots \qquad (-1 < x < 1),$$

再将上面二式分别从 0 到 x 逐项积分, 得

$$\ln(1+x) = x - \frac{1}{2}x^2 + \frac{1}{3}x^3 - \cdots + (-1)^n \frac{x^{n+1}}{n+1} + \cdots \qquad (-1 < x \leqslant 1),$$

$$\arctan x = x - \frac{1}{3}x^3 + \frac{1}{5}x^5 - \cdots + (-1)^n \frac{1}{2n+1} x^{2n+1} + \cdots \qquad (-1 \leqslant x \leqslant 1),$$

上面最后一式当 $x=1$ 和 $x=-1$ 时, 成交错级数

$$\sum_{n=0}^{\infty} (-1)^n \frac{1}{2n+1} \text{ 和 } \sum_{n=0}^{\infty} (-1)^{n+1} \frac{1}{2n+1}.$$

它们都收敛, 所以收敛区间是 $[-1, 1]$.

例 5　将 $\cos x$ 展成 x 的幂级数.

解　因为

$$\sin x = x - \frac{1}{3!}x^3 + \frac{1}{5!}x^5 - \cdots = \sum_{n=0}^{\infty} (-1)^n \frac{x^{2n+1}}{(2n+1)!} \qquad (-\infty < x < +\infty),$$

所以

$$\cos x = (\sin x)' = 1 - \frac{1}{2!}x^2 + \frac{1}{4!}x^4 - \cdots = \sum_{n=0}^{\infty} (-1)^n \frac{x^{2n}}{(2n)!} \qquad (-\infty < x < +\infty).$$

例 6　将 a^x 展成 x 的幂级数.

解　因为

$$e^x = 1 + x + \frac{1}{2!}x^2 + \frac{1}{3!}x^3 + \cdots = \sum_{n=0}^{\infty} \frac{x^n}{n!} \qquad (-\infty < x < +\infty),$$

所以

$$a^x = e^{x\ln a} = 1 + (\ln a)x + \frac{(\ln a)^2}{2!}x^2 + \cdots = \sum_{n=0}^{\infty} \frac{(\ln a)^n}{n!}x^n \qquad (-\infty < x < +\infty).$$

3. 幂级数展开应用举例

例 7 计算 e 的近似值.

解 在 e^x 的展开式

$$e^x = 1 + x + \frac{1}{2!}x^2 + \cdots + \frac{x^n}{n!} + \cdots$$

中, 令 $x = 1$, 得

$$e = 1 + 1 + \frac{1}{2!} + \frac{1}{3!} + \cdots + \frac{1}{n!} + \cdots.$$

如取前 8 项作近似计算, 则

$$e \approx 1 + 1 + \frac{1}{2!} + \frac{1}{3!} + \frac{1}{4!} + \frac{1}{5!} + \frac{1}{6!} + \frac{1}{7!} \approx 2.71826.$$

例 8 计算 $\ln 2$ 的近似值, 要求误差不超过 0.0001.

解 因为

$$\ln(1+x) = x - \frac{1}{2}x^2 + \frac{1}{3}x^3 - \frac{1}{4}x^4 + \cdots + (-1)^{n-1}\frac{1}{n}x^n + \cdots \qquad (-1 < x \leqslant 1),$$

令 $x = 1$, 得

$$\ln 2 = 1 - \frac{1}{2} + \frac{1}{3} - \frac{1}{4} \cdots + (-1)^{n-1}\frac{1}{n} + \cdots.$$

如取前 n 项的和作 $\ln 2$ 的近似值, 其误差为 $|r_n| \leqslant \dfrac{1}{n+1}$, 为了保证误差不超过 10^{-4}, 即 $\dfrac{1}{n+1} = 10^{-4}$, 则 $n = 9999$, 这样的计算量太大, 为此, 下面改变方法.

因为 $\ln(1-x) = -x - \dfrac{x^2}{2} - \dfrac{x^3}{3} - \dfrac{x^4}{4} - \cdots - \dfrac{x^n}{n} - \cdots$ $(-1 \leqslant x < 1)$, 而

$$\ln\frac{1+x}{1-x} = \ln(1+x) - \ln(1-x) = 2\left(x + \frac{1}{3}x^3 + \frac{1}{5}x^5 + \cdots\right),$$

现在令 $\dfrac{1+x}{1-x} = 2$, 解出 $x = \dfrac{1}{3}$, 以 $x = \dfrac{1}{3}$ 代入最后一个展开式, 得

$$\ln 2 = 2\left(\frac{1}{3} + \frac{1}{3 \cdot 3^3} + \frac{1}{5 \cdot 3^5} + \frac{1}{7 \cdot 3^7} + \cdots\right).$$

如取前四项作为 $\ln 2$ 的近似值, 则误差为

$$|r_4| = 2\left(\frac{1}{9 \cdot 3^9} + \frac{1}{11 \cdot 3^{11}} + \frac{1}{13 \cdot 3^{13}} + \cdots\right)$$

$$< \frac{2}{3^{11}}\left[1 + \frac{1}{9} + \left(\frac{1}{9}\right)^2 + \cdots\right]$$

$$= \frac{2}{3^{11}} \cdot \frac{1}{1 - \dfrac{1}{9}} = \frac{1}{4 \cdot 3^9} < \frac{1}{70000}.$$

于是取 $\ln 2 \approx 2 \left(\dfrac{1}{3} + \dfrac{1}{3 \cdot 3^3} + \dfrac{1}{5 \cdot 3^5} + \dfrac{1}{7 \cdot 3^7} \right) \approx 0.6931$, 这样可大大减少计算量.

例 9　计算积分 $\displaystyle\int_0^1 \dfrac{\sin x}{x} dx$ 的近似值 (精确到 0.0001).

解　由于 $\displaystyle\lim_{x \to 0} \dfrac{\sin x}{x} = 1$, 所以这积分不是广义积分, 如定义被积函数在 $x = 0$ 处的值为 1, 则它在 $[0,1]$ 上连续. 因为此题不能直接积分, 所以用幂级数展开法求其近似值.

展开被积函数:

$$\dfrac{\sin x}{x} = \dfrac{1}{x} \left(x - \dfrac{x^3}{3!} + \dfrac{x^5}{5!} - \dfrac{x^7}{7!} + \cdots \right) \quad (-\infty < x < +\infty)$$

$$= 1 - \dfrac{x^2}{3!} + \dfrac{x^4}{5!} - \dfrac{x^6}{7!} + \cdots,$$

在区间 $[0,1]$ 上逐项积分, 得

$$\int_0^1 \dfrac{\sin x}{x} dx = 1 - \dfrac{1}{3 \cdot 3!} + \dfrac{1}{5 \cdot 5!} - \dfrac{1}{7 \cdot 7!} + \cdots.$$

因为 $\dfrac{1}{7 \cdot 7!} < \dfrac{1}{30000}$, 所以可以取前三项作为积分的近似值, 得到

$$\int_0^1 \dfrac{\sin x}{x} dx \approx 1 - \dfrac{1}{3 \cdot 3!} + \dfrac{1}{5 \cdot 5!} \approx 0.9461.$$

例 10　用二项展开式计算 $\sqrt[5]{245}$ 的近似值.

解　$\sqrt[5]{245} = \sqrt[5]{3^5 + 2} = 3 \left(1 + \dfrac{2}{3^5} \right)^{\frac{1}{5}}.$

令 $m = \dfrac{1}{5}$, 将 $x = \dfrac{2}{3^5} (< 1)$ 代入二项展开式, 得

$$\sqrt[5]{245} = 3 \left(1 + \dfrac{2}{3^5} \right)^{\frac{1}{5}} = 3 \left[1 + \dfrac{1}{5} \cdot \dfrac{2}{3^5} + \dfrac{1}{5} \left(\dfrac{1}{5} - 1 \right) \dfrac{1}{2!} \left(\dfrac{2}{3^5} \right)^2 + \cdots \right],$$

如取前两项作近似值, 则

$$\sqrt[5]{245} \approx 3 \left(1 + \dfrac{1}{5} \cdot \dfrac{2}{3^5} \right) \approx 3.0049.$$

因为展开式从第二项起是交错级数, 所以误差

$$|r_2| < 3 \times \dfrac{1}{5} \times \dfrac{4}{5} \times \dfrac{1}{2!} \times \dfrac{4}{3^{10}} < \dfrac{1}{50000}.$$

习　题　6.4

1. 将下列函数展开成幂级数:

    (1) $\ln(a + x)$ $(a > 0)$;　　　(2) $\sin^2 x$;　　　(3) $(1 + x)\ln(1 + x)$.

2. 利用级数展开法计算下列各式的近似值 (计算前三项):

    (1) $\sqrt[5]{240}$;　　　(2) $\int_0^{\frac{1}{2}} e^{x^2} dx$.

*6.5　问题及其解

例 1　设级数 $\sum\limits_{n=1}^{\infty}(a_n - a_{n-1})$ 收敛, $\sum\limits_{n=1}^{\infty} b_n$ 绝对收敛, 试证 $\sum\limits_{n=1}^{\infty} a_n b_n$ 绝对收敛.

证　设级数 $\sum\limits_{n=1}^{\infty}(a_n - a_{n-1})$ 收敛于 S, 其部分和

$$S_n = (a_1 - a_0) + (a_2 - a_1) + (a_3 - a_2) + \cdots + (a_n - a_{n-1})$$
$$= a_n - a_0.$$

由 $\lim\limits_{n\to\infty} S_n = S$, 得 $\lim\limits_{n\to\infty} a_n = S + a_0$. 从而 a_n 有界, 即存在 $M > 0$, 使对一切 n, 有 $|a_n| \leqslant M$. 于是 $|a_n b_n| \leqslant M|b_n|$, 而 $\sum\limits_{n=1}^{\infty} b_n$ 绝对收敛, 由比较判别法知, 级数 $\sum\limits_{n=1}^{\infty} a_n b_n$ 绝对收敛.

例 2　求 $\sum\limits_{n=1}^{\infty} \dfrac{1}{n2^n}$ 的和.

解　考虑幂级数

$$\sum_{n=1}^{\infty} \frac{x^n}{n \cdot 2^n} = \sum_{n=1}^{\infty} \frac{1}{n}\left(\frac{x}{2}\right)^n,$$

令 $s(x) = \sum\limits_{n=1}^{\infty} \dfrac{1}{n}\left(\dfrac{x}{2}\right)^n$, 则

$$S'(x) = \sum_{n=1}^{\infty}\left[\frac{1}{n}\left(\frac{x}{2}\right)^n\right]'$$
$$= \sum_{n=1}^{\infty} \frac{1}{2}\left(\frac{x}{2}\right)^{n-1} = \frac{1}{2} \cdot \frac{1}{1 - \frac{x}{2}} = \frac{1}{2 - x} \qquad \left(\left|\frac{x}{2}\right| < 1\right).$$

所以

$$S(x) = \int_0^x S'(x)dx = \int_0^x \frac{dx}{2 - x} = -\ln(2 - x)\Big|_0^x = -\ln(2 - x) + \ln 2,$$

$$\sum_{n=1}^{\infty} \frac{1}{n2^n} = S(1) = \ln 2.$$

例 3 将 $y = \ln(1 - x - 2x^2)$ 展开成 x 的幂级数, 并指出其收敛区间.

解

$$y = \ln(1 - x - 2x^2) = \ln(1 + x) + \ln(1 - 2x)$$

$$= \sum_{n=1}^{\infty} (-1)^{n-1} \frac{x^n}{n} - \sum_{n=1}^{\infty} \frac{(2x)^n}{n} = \sum_{n=1}^{\infty} \frac{(-1)^{n-1} - 2^n}{n} x^n,$$

$\ln(1 + x)$ 展开式的收敛半径是 $R_1 = 1$, $\ln(1 - 2x)$ 展开式的收敛半径是 $R_2 = \dfrac{1}{2}$, 且

$x = \dfrac{1}{2}$ 时, $\sum\limits_{n=1}^{\infty} \dfrac{2^n}{n} \cdot \left(\dfrac{1}{2}\right)^n = \sum\limits_{n=1}^{\infty} \dfrac{1}{n}$, 级数发散.

$x = -\dfrac{1}{2}$ 时, $\sum\limits_{n=1}^{\infty} \dfrac{2^n}{n} \left(-\dfrac{1}{2}\right)^n = \sum\limits_{n=1}^{\infty} (-1)^n \dfrac{1}{n}$, 级数收敛.

所以收敛区间为 $\left[-\dfrac{1}{2}, \dfrac{1}{2}\right)$.

例 4 设 $I_n = \displaystyle\int_0^{\frac{\pi}{4}} \sin^n x \cos x dx$ $(n = 0, 1, 2, \cdots)$, 求 $\sum\limits_{n=0}^{\infty} I_n$.

解

$$I_n = \int_0^{\frac{\pi}{4}} \sin^n x \cos x dx = \int_0^{\frac{\pi}{4}} \sin^n x d\sin x = \frac{1}{n+1} \sin^{n+1} x \Big|_0^{\frac{\pi}{4}}$$

$$= \frac{1}{n+1} \left(\frac{\sqrt{2}}{2}\right)^{n+1},$$

于是

$$\sum_{n=0}^{\infty} I_n = \sum_{n=0}^{\infty} \frac{1}{n+1} \left(\frac{\sqrt{2}}{2}\right)^{n+1}.$$

令 $S(x) = \sum\limits_{n=0}^{\infty} \dfrac{1}{n+1} x^{n+1}$, 则

$$S'(x) = \sum_{n=0}^{\infty} x^n = \frac{1}{1-x}, \quad |x| < 1,$$

从而

$$S(x) = \int_0^x \frac{1}{1-x} dx = -\ln(1-x),$$

所以

$$\sum_{n=0}^{\infty} I_n = \sum_{n=0}^{\infty} \frac{1}{n+1} \left(\frac{\sqrt{2}}{2}\right)^{n+1} = -\ln\left(1 - \frac{\sqrt{2}}{2}\right) = \ln(2 + \sqrt{2}).$$

例 5 设有两条抛物线 $y = nx^2 + \dfrac{1}{n}$ 和 $y = (n+1)x^2 + \dfrac{1}{n+1}$，记它们交点的横坐标的绝对值为 a_n.

(1) 求这两条抛物线所围成的平面图形的面积 S_n；

(2) 求级数 $\displaystyle\sum_{n=1}^{\infty} \dfrac{S_n}{a_n}$ 的和.

解 解方程组 $\begin{cases} y = nx^2 + \dfrac{1}{n}, \\ y = (n+1)x^2 + \dfrac{1}{n+1}, \end{cases}$ 得交点横坐标绝对值 $a_n = \dfrac{1}{\sqrt{n(n+1)}}$.

由于待求面积的图形关于 y 轴对称 (如图 6-1), 所以

$$S_n = 2 \int_0^{a_n} \left(nx^2 + \frac{1}{n} - (n+1)x^2 - \frac{1}{n+1} \right) dx$$

$$= 2 \int_0^{a_n} \left(\frac{1}{n} - \frac{1}{n+1} - x^2 \right) dx$$

$$= 2 \left[\frac{1}{n(n+1)} a_n - \frac{a_n^3}{3} \right] = \frac{4}{3} \cdot \frac{1}{n(n+1)} a_n,$$

$$\frac{S_n}{a_n} = \frac{4}{3} \cdot \left[\frac{1}{n(n+1)} \right] = \frac{4}{3} \left(\frac{1}{n} - \frac{1}{n+1} \right).$$

$$\sum_{n=1}^{n} \frac{S_n}{a_n} = \frac{4}{3} \left(1 - \frac{1}{2} + \frac{1}{2} - \frac{1}{3} + \cdots + \frac{1}{n} - \frac{1}{n+1} \right)$$

$$= \frac{4}{3} \left(1 - \frac{1}{n+1} \right),$$

$$\sum_{n=1}^{\infty} \frac{S_n}{a_n} = \lim_{n \to \infty} \frac{4}{3} \left(1 - \frac{1}{n+1} \right) = \frac{4}{3}.$$

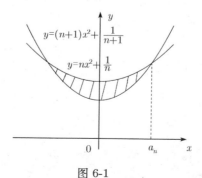

图 6-1

习　题　6.5

1. 设 $0 \leqslant a_n < \dfrac{1}{n}$ $(n = 1, 2, \cdots)$, 则下列级数中肯定收敛的是 (　　).

(A) $\displaystyle\sum_{n=1}^{\infty} a_n$ 　　(B) $\displaystyle\sum_{n=1}^{\infty} (-1)^n a_n$ 　　(C) $\displaystyle\sum_{n=1}^{\infty} \sqrt{a_n}$ 　　(D) $\displaystyle\sum_{n=1}^{\infty} (-1)^n a_n^2$

2. 设常数 $\lambda > 0$, 而级数 $\displaystyle\sum_{n=1}^{\infty} a_n^2$ 收敛, 则级数 $\displaystyle\sum_{n=1}^{\infty} (-1)^n \dfrac{|a_n|}{\sqrt{n^2 + \lambda}}$ (　　).

(A) 发散 　　(B) 条件收敛 　　(C) 绝对收敛 　　(D) 收敛性与 λ 有关

3. 下列正确的是 (　　).

(A) 若 $\displaystyle\sum_{n=1}^{\infty} u_n^2$ 和 $\displaystyle\sum_{n=1}^{\infty} v_n^2$ 都收敛, 则 $\displaystyle\sum_{n=1}^{\infty} (u_n + v_n)^2$ 收敛

(B) 若 $\displaystyle\sum_{n=1}^{\infty} u_n v_n$ 收敛, 则 $\displaystyle\sum_{n=1}^{\infty} u_n^2$ 与 $\displaystyle\sum_{n=1}^{\infty} v_n^2$ 都收敛

(C) 若正项级数 $\displaystyle\sum_{n=1}^{\infty} u_n$ 发散, 则 $u_n \geqslant \dfrac{1}{n}$

(D) 若级数 $\displaystyle\sum_{n=1}^{\infty} u_n$ 收敛且 $u_n \geqslant v_n$ $(n = 1, 2, \cdots)$, 则 $\displaystyle\sum_{n=1}^{\infty} v_n$ 也收敛

4. 已知级数 $\displaystyle\sum_{n=1}^{\infty} \dfrac{(-1)^n}{n^p}$ 与广义积分 $\displaystyle\int_0^{+\infty} e^{(p-2)x} dx$ 均收敛, 则 p 的取值范围是 (　　).

(A) $p > 2$ 　　(B) $p < 2$ 　　(C) $0 < p < 2$ 　　(D) $p > 0$

5. 设幂级数 $\displaystyle\sum_{n=1}^{\infty} a_n x^n$ 与 $\displaystyle\sum_{n=1}^{\infty} b_n x^n$ 的收敛半径为 $\dfrac{\sqrt{5}}{3}$ 与 $\dfrac{1}{3}$, 则幂级数 $\displaystyle\sum_{n=1}^{\infty} \dfrac{a_n^2}{b_n^2} x^n$ 的收敛半径为 (　　).

(A) 5 　　(B) $\dfrac{\sqrt{5}}{3}$ 　　(C) $\dfrac{1}{3}$ 　　(D) $\dfrac{1}{5}$

6. 求 $\displaystyle\sum_{n=1}^{\infty} n \left(\dfrac{1}{2} \right)^{n-1}$ 的和.

7. 将下列函数展开成 x 的幂级数:

(1) $f(x) = \dfrac{1+x}{(1-x)^2}$; 　　(2) $f(x) = \dfrac{d}{dx} \left(\dfrac{e^x - 1}{x} \right)$.

8. 设 $a_n = \displaystyle\int_0^1 x^2 (1-x)^n dx$, 讨论级数 $\displaystyle\sum_{n=1}^{\infty} a_n$ 的敛散性, 若收敛求其和.

第 7 章 微分方程与差分方程简介

7.1 微分方程的基本概念

我们在许多实际问题中, 往往需要寻求有关变量之间的函数关系, 但这种函数关系不容易直接建立起来, 却可能建立起含有待求函数的导数或微分的关系式. 这种关系式称为微分方程, 通过解微分方程得出所要求的函数.

例 1 已知曲线的切线斜率为 $2x$, 求曲线方程.

解 我们设曲线方程为 $y = f(x)$, 由题意 $\dfrac{dy}{dx} = 2x$, 这等式中含有未知函数的导数, 所以就是一个微分方程. 两边积分可得 $y = x^2 + c$, 这是一族抛物线. 为了确定任意常数 C, 往往另外要给出条件, 比如已知曲线过点 $(1,2)$, 则可确定 $c = 1$, 所求函数为 $y = x^2 + 1$.

所给确定任意常数的条件称为初始条件, 所以上述问题可以表述成如下微分方程问题:

$$\begin{cases} \dfrac{dy}{dx} = 2x, \\ y|_{x=1} = 2, \end{cases}$$

求 $y = f(x)$.

例 2 以 20 米/秒速度行驶的火车, 制动后以 -0.4米/秒^2 的加速度作减速运动. 直到停止, 求在这段时间里火车的运动规律 $s = s(t)$.

解 我们知道 $v(t) = \dfrac{ds}{dt}$, $a(t) = \dfrac{dv}{dt} = \dfrac{d^2s}{dt^2}$, 上述问题归结为 $\begin{cases} \dfrac{d^2s}{dt^2} = -0.4, \\ s|_{t=0} = 0, \\ \dfrac{ds}{dt}\Big|_{t=0} = 20. \end{cases}$

因为 $v = \dfrac{ds}{dt} = \displaystyle\int -0.4dt = -0.4t + c_1$, 所以, $s = \displaystyle\int (-0.4t + c_1)dt = -0.2t^2 + c_1 t + c_2$. 由二个初始条件确定 $c_1 = 20$, $c_2 = 0$, 所以, 所求运动规律为 $s(t) = -0.2t^2 + 20t$.

这二个例子反映了简单微分方程的建立与求解过程.

一般地, 含有未知函数, 未知函数导数 (或微分) 和自变量的方程叫做**微分方程**. 微分方程中所出现的未知函数的最高阶导数的阶数叫做**微分方程的阶**. 如例 1 是一阶微分方程, 例 2 是二阶微分方程. 又如 $y''' + xy'' + x^2 y' = x^3$ 是三阶微分方程, n 阶微分方程的一般形式是 $F(x, y, y', \cdots, y^{(n)}) = 0$. 这里必须指出, 在这一方程中, $y^{(n)}$ 必须出现, 而 $x, y, y', \cdots, y^{(n-1)}$ 等变量可以不出现, 如 $y^{(n)} - 1 = 0$.

　　由上面二例我们看到, 在研究某些实际问题时, 首先建立微分方程, 然后找出满足微分方程的函数, 即解微分方程.

　　代入微分方程能使该方程成为恒等式的函数, 叫做该**微分方程的解**. 如果微分方程的解中含有任意常数, 而且独立的任意常数的个数与微分方程的阶数相同, 这样的解叫做**微分方程的通解**. 如 $y = x^2 + c,\ s = -0.2t^2 + c_1 t + c_2$ 分别是例 1, 例 2 二微分方程的通解. 确定了通解中的任意常数后的解叫做**微分方程的特解**. 确定任意常数的条件称为**初始条件**, 一阶微分方程的初始条件为 $y|_{x=x_0} = y_0$, 二阶微分方程的初始条件为 $y|_{x=x_0} = y_0$ 和 $y'|_{x=x_0} = y_0'$. 例 1、例 2 中的 $y = x^2 + 1$ 和 $s = -0.2t^2 + 20t$ 分别是方程的特解.

　　求微分方程 $y' = f(x, y)$ 满足初始条件 $y|_{x=x_0} = y_0$ 的特解这种所谓微分方程的初值问题, 记作

$$\begin{cases} y' = f(x, y), \\ y|_{x=x_0} = y_0, \end{cases}$$

其特阶的图形是一条曲线, 称微分方程的积分曲线.

　　二阶微分方程的初值问题, 记作

$$\begin{cases} y'' = f(x, y, y'), \\ y|_{x=x_0} = y_0, \quad y'|_{x=x_0} = y_0'. \end{cases}$$

　　例 3　验证函数 $y = c_1 \sin x + c_2 \cos x$ 是 $y'' + y = 0$ 的解.

　　解　因为 $\dfrac{dy}{dx} = c_1 \cos x - c_2 \sin x,\ \dfrac{d^2 y}{dx^2} = -c_1 \sin x - c_2 \cos x$, 代入方程左边：$-c_1 \sin x - c_2 \cos x + c_1 \sin x + c_2 \cos x \equiv 0.$

　　所以所给函数是微分方程的解.

　　例 4　如 $y = c_1 \sin x + c_2 \sin x$ 是 $y'' + y = 0$ 的通解, 求满足初始条件 $y|_{x=0} = -4,\ y'|_{x=0} = 3$ 的特解.

　　解　将 $x = 0$ 时 $y = -4$, 代入 $y = c_1 \sin x + c_2 \cos x$, 得 $c_2 = -4$;

　　　　将 $x = 0$ 时 $y' = 3$, 代入 $y' = c_1 \cos x - c_2 \sin x$, 得 $c_1 = 3$.

　　所以, 所求特解为 $y = 3 \sin x - 4 \cos x$.

习　题　7.1

1.　指出下列各题中的函数是否为所给微分方程的解：

　　(1) $xy' = 2y$,　　　　　　　　$y = 5x^2$;

　　(2) $y'' - 2y' + y = 0$,　　　　$y = x^2 e^x$;

　　(3) $y'' - \dfrac{2}{x} y' + \dfrac{2y}{x^2} = 0$,　　$y = c_1 x + c_2 x^2$;

　　(4) $(x - 2y)y' = 2x - y$,　　$x^2 - xy + y^2 = c$.

2. 在下列各题中, 确定函数关系中所含常数, 使函数满足所给的初始条件.

(1) $x^2 - y^2 = c$, $\qquad y|_{x=0} = 5$;

(2) $y = (c_1 + c_2 x)e^{2x}$, $\quad y|_{x=0} = 0, y'|_{x=0} = 1$.

7.2 一阶微分方程

本节介绍一阶微分方程 $F(x, y, y') = 0$ 的一些解法.

1. 可分离变量的微分方程

如果一个一阶微分方程可以化成

$$g(y)dy = f(x)dx$$

的形式, 那么原方程就称为**可分离变量的微分方程**.

对上式两边积分 $\int g(y)dy = \int f(x)dx$, 得 $G(y) = F(x) + c$. 这就是用隐函数形式表示的原方程的通解. 形如 $\dfrac{dy}{dx} = f(x)g(x)$, $M_1(x)M_2(y)\,dx = N_1(x)N_2(y)dy$ 等类型的微分方程都可用这分离变量法来解.

例 1 解微分方程 $\dfrac{dy}{dx} = 2xy$.

解 分离变量, 得

$$\frac{dy}{y} = 2xdx,$$

两边积分

$$\int \frac{dy}{y} = \int 2xdx,$$

得 $\ln y = x^2 + c_1$. 即 $y = ce^{x^2}$ $(c = e^{c_1})$ 就是微分方程的一个通解.

例 2 解微分方程 $\dfrac{dy}{dx} = -\dfrac{x}{y}$.

解 分离变量, 得

$$ydy = -xdx,$$

两边积分 $\int ydy = \int(-x)dx$, 得 $\dfrac{1}{2}y^2 = -\dfrac{x^2}{2} + C_1$.

因此, $x^2 + y^2 = C$ $(C = 2C_1)$ 微分方程的通解为由 $x^2 + y^2 = C$ 确定的隐函数.

例 3 求微分方程 $\cos x \sin y dy = \cos y \sin x dx$ 满足初始条件 $y|_{x=0} = \dfrac{\pi}{4}$ 的特解.

解 分离变量

$$\frac{\sin y}{\cos y}dy = \frac{\sin x}{\cos x}dx,$$

两边积分得 $-\ln\cos y = -\ln\cos x - \ln c$, 即 $\cos y = c \cdot \cos x$. 因为 $y|_{x=0} = \dfrac{\pi}{4}$, 所以

$\cos\dfrac{\pi}{4} = c \cdot \cos 0$, $C = \dfrac{1}{\sqrt{2}}$.

所以, $\sqrt{2}\cos y = \cos x$ 即为微分方程满足初始条件的特解.

2. 齐次方程

形如 $y' = f\left(\dfrac{y}{x}\right)$ 的方程称为**齐次微分方程**, 例如

$$(x^2 - y^2)dy = 2xydx$$

可以化为 $\dfrac{dy}{dx} = \dfrac{2xy}{x^2 - y^2}$, 即 $\dfrac{dy}{dx} = \dfrac{2\left(\dfrac{y}{x}\right)}{1 - \left(\dfrac{y}{x}\right)^2}$, 所以是齐次微分方程.

对齐次方程 $y' = f\left(\dfrac{y}{x}\right)$, 可以引入新变量 $u = \dfrac{y}{x}$. 即 $y = ux$, 则 $y' = u + xu'$ 代入原方程得 $u + xu' = f(u)$, 即

$$x\dfrac{du}{dx} = f(u) - u.$$

可以分离变量

$$\dfrac{du}{f(u) - u} = \dfrac{dx}{x},$$

两边积分

$$\int \dfrac{du}{f(u) - u} = \int \dfrac{dx}{x},$$

所以

$$\int \dfrac{du}{f(u) - u} = \ln x + c.$$

只要求得积分 $\displaystyle\int \dfrac{du}{f(u) - u}$ 后, 用 $\dfrac{y}{x}$ 代替 u, 就得到原方程的通解.

例 4　求解微分方程 $\dfrac{dy}{dx} = \dfrac{2xy}{x^2 - y^2}$.

解　原方程即为

$$\dfrac{dy}{dx} = \dfrac{2\left(\dfrac{y}{x}\right)}{1 - \left(\dfrac{y}{x}\right)^2},$$

令 $u = \dfrac{y}{x}$, 则得

$$u + xu' = \dfrac{2u}{1 - u^2}, \qquad \dfrac{xdu}{dx} = \dfrac{u + u^3}{1 - u^2}, \qquad \dfrac{1 - u^2}{u(1 + u^2)}du = \dfrac{dx}{x},$$

即

$$\left(\frac{1}{u} - \frac{2u}{1+u^2}\right) du = \frac{dx}{x}.$$

两边积分得：$\ln u - \ln(1+u^2) = \ln x + \ln C$，即 $u = cx(1+u^2)$.

用 $\frac{y}{x}$ 代替 u，得 $y = c(x^2 + y^2)$，这就是所求微分方程的通解.

3. 一阶线性微分方程

形如 $y' + p(x)y = Q(x)$ 的微分方程称为**一阶线性微分方程**；当 $Q(x) = 0$，即 $y' + p(x)y = 0$ 时，称**一阶线性齐次方程**；当 $Q(x) \neq 0$ 时原方程称为**一阶线性非齐次方程**.

(1) 一阶线性齐次方程的通解

解　$y' + p(x)y = 0$，即 $\dfrac{dy}{dx} = -p(x)y$. 可用分离变量法：

$$\frac{dy}{y} = -p(x)dx,$$

两边积分得

$$\ln y = -\int p(x)dx + c_1.$$

即 $y = ce^{-\int p(x)dx}(c = e^{c_1})$ 就是一阶线性齐次方程的通解.

(2) 一阶线性非齐次方程的通解

先求得一阶线性非齐次方程 $y' + p(x)y = Q(x)$ 所对应的齐次方程 $y' + p(x)y = 0$ 的通解，即 $y = ce^{-\int p(x)dx}$，然后把其中任意常数 C 换成待定的函数 $u = u(x)$. 即设 $y = u(x)e^{-\int p(x)dx}$ 是非齐次方程的解，将其代入方程，等式应成立.

因为 $y' = u'(x)e^{-\int p(x)dx} - u(x)e^{-\int p(x)dx} \cdot p(x)$，代入非齐次方程：

$$u'(x)e^{-\int p(x)dx} - u(x)p(x)e^{-\int p(x)dx} + p(x)u(x)e^{-\int p(x)dx} = Q(x),$$

得：$u'(x)e^{-\int p(x)dx} = Q(x)$，$u'(x) = Q(x)e^{\int p(x)dx}$. 所以 $u(x) = \int Q(x) e^{\int p(x)dx}dx + c$.

所以非齐次方程的通解为

$$y = e^{-\int p(x)dx}\left[\int Q(x)e^{\int p(x)dx}dx + c\right].$$

上述求解线性非齐次方程的方法，称为**常数变易法**.

例 5　解一阶线性微分方程 $y' - \dfrac{2}{x+1}y = (x+1)^3$.

解　由 $y' - \dfrac{2}{x+1}y = 0$ 分离变量得 $\dfrac{dy}{y} = \dfrac{2dx}{x+1}$，积分后得

$$\ln y = 2\ln(x+1) + \ln c, \quad \text{即} \quad y = c(x+1)^2,$$

用常数变易法，令 $y = u(x)(x+1)^2$，则 $y' = u'(x)(x+1)^2 + 2u(x)(x+1)$，代入原方程得：

$$u'(x)(x+1)^2 + 2u(x)(x+1) - \frac{2}{x+1} \cdot u(x)(x+1)^2 = (x+1)^3.$$

即 $u'(x) = x+1$，所以 $u(x) = \dfrac{x^2}{2} + x + c$.

于是得原方程的通解为 $y = (x+1)^2 \left(\dfrac{x^2}{2} + x + c \right)$.

因为这里 $p(x) = -\dfrac{2}{x+1}$，$Q(x) = (x+1)^3$，所以也可以直接用公式

$$
\begin{aligned}
y &= e^{-\int p(x)dx} \left[\int Q(x) e^{\int p(x)dx} dx + c \right] \\
&= e^{2\ln(x+1)} \left[\int (x+1)^3 e^{-2\ln(x+1)} dx + c \right] \\
&= (x+1)^2 \left[\int (x+1)^3 \frac{1}{(x+1)^2} dx + c \right] \\
&= (x+1)^2 \left(\frac{x^2}{2} + x + c \right).
\end{aligned}
$$

例 6　解微分方程 $(y^2 - 6x)\dfrac{dy}{dx} + 2y = 0$.

解　原方程可以改写为 $\dfrac{dy}{dx} + \dfrac{2}{y^2 - 6x}y = 0$，它不是线性微分方程.

如果把原方程改写为 $\dfrac{dx}{dy} = -\dfrac{y^2 - 6x}{2y}$，即 $\dfrac{dx}{dy} - \dfrac{3}{y}x = -\dfrac{y}{2}$. 把 x 看作 y 的函数，则它是形如 $x' + p(y)x = Q(y)$ 的一阶线性微分方程.

先解 $\dfrac{dx}{dy} - \dfrac{3}{y}x = 0$. 分离变量 $\dfrac{dx}{x} = \dfrac{3dy}{y}$，$\ln x = 3\ln y + \ln c$，得 $x = cy^3$.

用常数变易法，令 $x = u(y) \cdot y^3$，则 $\dfrac{dx}{dy} = u'(y)y^3 + 3u(y)y^2$，代入 $\dfrac{dx}{dy} - \dfrac{3}{y}x = -\dfrac{y}{2}$，得

$$u'(y)y^3 + 3u(y)y^2 - \frac{3}{y}u(y)y^3 = -\frac{y}{2},$$

得 $u'(y) = -\dfrac{y^{-2}}{2}$，$u(y) = \dfrac{1}{2y} + c$.

所以原方程的通解为 $x = y^3 \left(\dfrac{1}{2y} + c \right)$，即 $x = \dfrac{1}{2}y^2 + cy^3$.

习 题 7.2

1. 求下列微分方程的通解或满足给定条件的特解:

(1) $xy' - y\ln y = 0$; (2) $y' = \left(\dfrac{1-y^2}{1-x^2}\right)^{\frac{1}{2}}$;

(3) $\dfrac{dy}{dx} = 10^{x+y}$; (4) $(e^{x+y} - e^x)dx + (e^{x+y} + e^y)dy = 0$;

(5) $y'\sin x = y\ln y$, $y\big|_{x=\frac{\pi}{2}} = e$; (6) $x\dfrac{dy}{dx} = y\ln\dfrac{y}{x}$;

(7) $y' = \dfrac{x}{y} + \dfrac{y}{x}$, $y|_{x=1} = 2$.

2. 求下列微分方程的通解或满足给定条件的特解:

(1) $\dfrac{dy}{dx} + y = e^{-x}$; (2) $y' + y\cos x = e^{-\sin x}$;

(3) $y' + y\tan x = \sin 2x$; (4) $(x^2 - 1)y' + 2xy - \cos x = 0$;

(5) $\dfrac{dy}{dx} + \dfrac{y}{x} = \dfrac{\sin x}{x}$, $y|_{x=\pi} = 1$; (6) $ydx + (x - y^2)dy = 0$ $(y > 0)$.

7.3 几种二阶微分方程

二阶微分方程的形式是 $F(x, y, y', y'') = 0$.

1. 形如 $y'' = f(x)$ 的微分方程

形如 $y'' = f(x)$ 的微分方程, 通解可以通过二次积分求得

例 1 解微分方程 $y'' = x - \cos x$.

解 积分一次得

$$y' = \int (x - \cos x)dx = \frac{x^2}{2} - \sin x + c_1;$$

再积分一次得

$$y = \int \left(\frac{x^2}{2} - \sin x + c_1\right) dx = \frac{x^3}{6} + \cos x + c_1 x + c_2.$$

2. 不显含未知函数 y 的二阶微分方程 $y'' = f(x, y')$

可以令 $y' = p$, $y'' = p'$, 代入原方程得 $p' = f(x, p)$. 这是以 p 为未知函数, x 为自变量的一阶微分方程. 如能求出通解 $p = \varphi(x, c_1)$, 即 $y' = \varphi(x, c_1)$. 则原方程通解为 $y = \int \varphi(x, c_1)\, dx + c_2$.

例 2 解微分方程 $y'' = y' + x$.

解　令 $y' = p$, 则原方程为 $p' = p + x$, 即 $p' - p = x$ 是一阶线性微分方程, 得

$$p = e^{\int dx} \left[\int x e^{-\int dx} dx + c_1 \right] = e^x \left[\int x e^{-x} dx + c_1 \right]$$
$$= e^x [-x e^{-x} - e^{-x} + c_1]$$
$$= c_1 e^x - x - 1,$$

$$y = \int (c_1 e^x - x - 1) dx = c_1 e^x - \frac{x^2}{2} - x + c_2.$$

3. 不显含自变量 x 的二阶微分方程　$y'' = f(y, y')$

可以令 $y' = p(y)$, 则 $y'' = \dfrac{dp}{dy} \cdot \dfrac{dy}{dx} = p \dfrac{dp}{dy}$, 于是原式为

$$p \frac{dp}{dy} = f(y, p),$$

解出通解 $p = \varphi(y, c_1)$, 然后由 $\dfrac{dy}{dx} = p = \varphi(y, c_1)$, 求得通解 $\displaystyle\int \frac{dy}{\varphi(y, c_1)} = x + c_2$.

例 3　解微分方程 $yy'' - y'^2 = 0$.

解　设 $y' = p(y)$, 则 $y'' = p \dfrac{dp}{dy}$, 原式化为: $yp \dfrac{dp}{dy} = p^2$, 即 $\dfrac{dp}{p} = \dfrac{dy}{y}$. 两边积分
得 $\ln p = \ln y + \ln c_1$. $p = c_1 y$, 即 $y' = c_1 y$.
由 $\dfrac{dy}{dx} = c_1 y$, $\dfrac{dy}{y} = c_1 dx$, 得 $\ln y = c_1 x + c_2'$, 所以 $y = c_2 e^{c_1 x}$ $(c_2 = e^{c_2'})$.

4. 二阶常系数线性微分方程

二阶常系数线性微分方程的一般形式是

$$y'' + py' + qy = f(x),$$

其中 p, q 是常数, $f(x)$ 是 x 的已知函数. 对应于这一方程的二阶常系数线性齐次方
程是

$$y'' + py' + qy = 0.$$

(1) 二阶常系数线性齐次方程

如果 y_1, y_2 是 $y'' + py' + qy = 0$ 的两个特解, 那么很容易验证 $y = c_1 y_1 + c_2 y_2$
也是此方程的解, 但是否是它的通解呢? 我们要看 $\dfrac{y_1}{y_2}$ 是否是常数, 如果是常数即
$\dfrac{y_1}{y_2} = k$ (k 是常数), 于是 $y_1 = k y_2$, 那么

$$y = c_1 y_1 + c_2 y_2 = c_1 k_1 y_2 + c_2 y_2 = (c_1 k_1 + c_2) y = c y_2 \quad (\text{其中 } c = c_1 k + c_2)$$

实质上只有一个任意常数, 二阶方程的通解应有二个任意常数, 所以这不是方程的通解. 只有当 $\dfrac{y_1}{y_2} \neq$ 常数时, $y = c_1 y_1 + c_2 y_2$ 才是原方程的通解, 此时 y_1, y_2 称为二个线性无关特解. 于是我们有如下结论:

如果 y_1 与 y_2 是 $y'' + py' + qy = 0$ 的两个特解, 且 $\dfrac{y_1}{y_2}$ 不等于常数, 则 $y = c_1 y_1 + c_2 y_2$ 为此方程的通解, 其中 c_1, c_2 为任意常数.

那么如何求 y_1, y_2 呢? 根据方程的特点, 其解应具有 $y = e^{rx}$ 的形式 (r 为常数), 把它代入方程, 得

$$e^{rx}(r^2 + pr + q) = 0.$$

因为 $e^{rx} \neq 0$, 所以要上式成立, 必须

$$r^2 + pr + q = 0.$$

这个方程是 r 的二次代数方程, 称为原微分方程的特征方程. 由此推得 $y = e^{rx}$ 是原方程的解的充要条件是常数 r 为特征方程的根. 因为特征方程根有三种情况, 需分别讨论:

①相异实根　当 $p^2 - 4q > 0$ 时,

$$r_1 = \frac{-p + \sqrt{p^2 - 4q}}{2}, \quad r_2 = \frac{-p - \sqrt{p^2 - 4q}}{2}$$

为所求两个相异实根, 二个特解为 $y_1 = e^{r_1 x}$, $y_2 = e^{r_2 x}$, 且 $\dfrac{y_1}{y_2} = e^{(r_1 - r_2)x} \neq$ 常数, 所以通解为

$$y = c_1 e^{r_1 x} + c_2 e^{r_2 x};$$

②重根　当 $p^2 - 4q = 0$ 时, 有重根

$$r_1 = r_2 = -\frac{p}{2},$$

只能得到一个特解 $y_1 = e^{r_1 x}$. 另外可以证明 $y_2 = x e^{r_1 x}$ 是另一个与 y_1 线性无关的特解. 所以通解为

$$y = c_1 e^{r_1 x} + c_2 x e^{r_1 x}, \quad 或 \quad y = (c_1 + c_2 x) e^{r_1 x};$$

③共轭复根　当 $p^2 - 4q < 0$ 时, 特征方程有二复根

$$r_1 = \alpha + i\beta, \quad r_2 = \alpha - i\beta,$$

其中 $\alpha = -\dfrac{p}{2}$, $\beta = \dfrac{\sqrt{4q - p^2}}{2}$. 可以证明 $y_1 = e^{\alpha x} \cos \beta x$ 与 $y_2 = e^{\alpha x} \sin \beta x$ 是方程的二个线性无关特解, 所以通解为

$$y = e^{\alpha x}(c_1 \cos \beta x + c_2 \sin \beta x).$$

综上所述, 求二阶常系数齐次微分方程

$$y'' + py' + qy = 0$$

的通解的步骤如下:

(i) 写出微分方程的特征方程 $r^2 + pr + q = 0$;

(ii) 求出特征方程的两个根 r_1, r_2;

(iii) 根据特征方程根的不同情况, 按下表给出微分方程的通解.

特征方程 $r^2 + pr + q = 0$ 的两个根 r_1, r_2	微分方程 $y'' + py' + qy = 0$ 的通解
两个不相等的实根 r_1, r_2	$y = c_1 e^{r_1 x} + c_2 e^{r_2 x}$
两个相等的实根 $r_1 = r_2$	$y = (c_1 + c_2 x) e^{r_1 x}$
一对共轭复根 $r_{1,2} = \alpha \pm i\beta$	$y = e^{\alpha x}(c_1 \cos \beta x + c_2 \sin \beta x)$

例 4　求方程 $y'' - 3y' - 4y = 0$ 的通解.

解　所给微分方程的特征方程为: $r^2 - 3r - 4 = 0$, 其根 $r_1 = -1, r_2 = 4$ 是两个不相等的实根, 因此所求通解为

$$y = c_1 e^{-x} + c_2 e^{4x}.$$

例 5　求方程 $y'' + 4y' + 4y = 0$ 满足初始条件 $y|_{x=0} = 2, y'|_{x=0} = 1$ 的特解.

解　所给方程的特征方程为: $r^2 + 4r + 4 = 0$, 其根 $r_1 = r_2 = -2$ 是两个相等的实根, 因此原方程的通解为

$$y = (c_1 + c_2 x) e^{-2x}.$$

因为 $y|_{x=0} = 2$, 所以 $c_1 = 2$.

$$y' = c_2 e^{-2x} - 2(2 + c_2 x) e^{-2x} = (c_2 - 4 - 2c_2 x) e^{-2x}$$

因为 $y'|_{x=0} = 1$, 所以 $c_2 = 5$.

于是所求特解为 $y = (2 + 5x) e^{-2x}$.

例 6　求方程 $y'' - 4y' + 13y = 0$ 的通解.

解　特征方程 $r^2 - 4r + 13 = 0$ 的一对共轭复根是

$$r_1 = 2 + 3i, \quad r_2 = 2 - 3i, \quad 即 \alpha = 2, \beta = 3,$$

所以所求特解为 $y = e^{2x}(c_1 \cos 3x + c_2 \sin 3x)$.

（2）**二阶常系数线性非齐次方程**

如果 y^* 是非齐次方程 $y'' + py' + qy = f(x)$ 的一个特解, $\bar{y} = c_1 y_1 + c_2 y_2$ 是对应齐次方程 $y'' + py' + qy = 0$ 的通解. 由于 $y^{*''} + py^{*'} + qy^* = f(x)$, $\bar{y}'' + p\bar{y}' + q\bar{y} = 0$, 所以很容易验证 $y = \bar{y} + y^*$ 就是非齐次方程的通解.

事实上,

$$y'' + py' + qy = (\bar{y} + y^*)'' + p(\bar{y} + y^*)' + q(\bar{y} + y^*)$$
$$= (\bar{y}'' + p\bar{y}' + q\bar{y}) + (y^{*''} + py^{*'} + qy^*) = 0 + f(x) = f(x),$$

所以 $y = \bar{y} + y^* = c_1 y_1 + c_2 y_2 + y^*$ 是非齐次方程的解, 且因为有二个任意常数, 所以就是方程的通解.

在解二阶常系数线性齐次方程的基础上, 我们只要再解出非齐次方程的一个特解, 就可得到非齐次方程的通解. 现在用常数变易法求非齐次方程 $y'' + py' + qy = f(x)$ 的特解. 设对应齐次方程 $y'' + py' + qy = 0$ 的通解为 $\bar{y} = c_1 y_1 + c_2 y_2$. 我们设 $y^* = v_1(x)y_1(x) + v_2(x)y_2(x)$ 是 $y'' + py' + qy = f(x)$ 的特解. 那么将它的一阶、二阶导数代入方程应成为恒等式.

先求一阶导数

$$y^{*'} = v_1' y_1 + v_1 y_1' + v_2' y_2 + v_2 y_2',$$

我们让 $v_1' y_1 + v_2' y_2 = 0$, 则 $y^{*'} = v_1 y_1' + v_2 y_2'$.

再求二阶导数 $y^{*''} = v_1 y_1'' + v_2 y_2'' + (v_1' y_1' + v_2' y_2')$, 把 $y^{*'}$, $y^{*''}$ 代入非齐次方程, 整理后得:

$$v_1(y_1'' + py_1' + qy_1) + v_2(y_2'' + py_2' + qy_2) + (v_1' y_1' + v_2' y_2') = f(x).$$

显然前二项为零, 所以要使 $y^* = v_1 y_1 + v_2 y_2$ 是非齐次方程的一个特解. 除了 $v_1' y_1 + v_2' y_2 = 0$ 外还需满足 $v_1' y' + v_2' y' = f(x)$, 即 $v_1(x)$, $v_2(x)$ 必须满足如下方程组

$$\begin{cases} v_1' y_1 + v_2' y_2 = 0, \\ v_1' y_1' + v_2' y_2' = f(x). \end{cases}$$

因为 $\dfrac{y_1}{y_2} \neq$ 常数, 方程组有唯一解 $v_1'(x)$ 与 $v_2'(x)$, 然后通过积分求出 $v_1(x)$ 与 $v_2(x)$, 于是非齐次方程的一个特解为

$$y^* = v_1(x)y_1(x) + v_2(x)y_2(x),$$

通解为 $y = c_1 y_1 + c_2 y_2 + y^*$.

例 7 求非齐次方程 $y'' - 3y' + 2y = xe^x$ 的通解.

解　对应齐次方程特征方程为: $r^2 - 3r + 2 = 0$, $r_1 = 1$, $r_2 = 2$. 所以对应齐次方程的通解为: $\bar{y} = c_1 e^x + c_2 e^{2x}$.

用常数变易法, 设原方程的特解为: $y^* = v_1(x) e^x + v_2(x) e^{2x}$, 则 $v_1(x)$ 和 $v_2(x)$ 应满足方程组

$$\begin{cases} v_1' e^x + v_2' e^{2x} = 0, \\ v_1' e^x + 2v_2' e^{2x} = x e^x, \end{cases} \quad \text{即} \quad \begin{cases} v_1' + v_2' e^x = 0, \\ v_1' + 2v_2' e^x = x. \end{cases}$$

解得: $v_1' = -x$, $v_2' = x e^{-x}$, 所以 $v_1 = \displaystyle\int -x\, dx = -\frac{1}{2} x^2$, $v_2 = \displaystyle\int x e^{-x} dx = -(x + 1) e^{-x}$. 于是 $y^* = -\dfrac{1}{2} x^2 e^x - (x + 1) e^{-x} \cdot e^{2x} = -\left(\dfrac{1}{2} x^2 + x + 1 \right) e^x$.

所以原方程通解为

$$y = \bar{y} + y^* = c_1 e^x + c_2 e^{2x} - \left(\frac{1}{2} x^2 + x + 1 \right) e^x.$$

习　题　7.3

1. 求下列二阶微分方程的通解, 或满足所给初始条件的特解.

   (1) $y'' = x e^x$;   (2) $y'' = 1 + y'^2$;   (3) $x y'' + y' = 0$;

   (4) $y'' = \dfrac{3}{2} y^2$, 满足初始条件 $y|_{x=3} = 1$, $y'|_{x=3} = 1$.

2. 求下列二阶常系数线性微分方程的通解或满足所给初始条件的特解.

   (1) $y'' + y' - 2y = 0$;

   (2) $4y'' + 4y' + y = 0$, 满足初始条件 $y|_{x=0} = 2$, $y'|_{x=0} = 0$;

   (3) $y'' + 4y' + 29y = 0$;

   (4) $y'' - 2y' - 3y = 3x + 1$;

   (5) $y'' - 5y' + 6y = x e^{2x}$.

7.4　差分方程简介

1. 差分

在许多实际问题中, 在连续变化的时间范围内, 变量 y 的变化速度是用 $\dfrac{dy}{dt}$ 刻画的. 但在许多场合, 变量要在一定的离散时间取值, 常用取在规定的时间区间上的差商 $\dfrac{\Delta y}{\Delta t}$ 来刻画变速度. 如选择 Δt 为 1, 那么 $\Delta y = y(t + 1) - y(t)$ 可以近似代表变量的变化速度.

一般地, 设 $y = f(x)$ (或 y_x), 当 x 取遍非负整数时, 函数值可以排成一个数列 $y_0, y_1, \cdots, y_x, \cdots$, 则差 $y_{x+1} - y_x$ 称为**函数 y_x 的差分**, 也称为**一阶差分**, 记为

Δy_x, 即 $\Delta y_x = y_{x+1} - y_x$.

$$\begin{aligned}
\Delta(\Delta y_x) &= \Delta y_{x+1} - \Delta y_x \\
&= (y_{x+2} - y_{x+1}) - (y_{x+1} - y_x) \\
&= y_{x+2} - 2y_{x+1} + y_x
\end{aligned}$$

称为**函数 y_x 的二阶差分**, 记为 $\Delta^2 y_x = \Delta(\Delta y_x) = y_{x+2} - 2y_{x+1} + y_x$. 同样可以定义各高阶差分, 如 $\Delta^3 y_x = \Delta(\Delta^2 y_x)$.

由定义容易验证差分的以下性质:

(1) $\Delta(cy_x) = c\Delta y_x$ (c 为常数);

(2) $\Delta(y_x + z_x) = \Delta y_x + \Delta z_x$.

例 1　求 $\Delta(x^2)$, $\Delta^2(x^2)$, $\Delta^3(y^2)$.

解　设 $y_x = x^2$,

$$\Delta y_x = \Delta(x^2) = (x+1)^2 - x^2 = 2x + 1;$$

$$\Delta^2 y_x = \Delta^2(x^2) = \Delta(2x+1) = [2(x+1)+1] - (2x+1) = 2;$$

$$\Delta^3 y_x = \Delta(\Delta^2 y_x) = 2 - 2 = 0.$$

列出差分表如下:

x	1	2	3	4	5	6	7
y_x	1	4	9	16	25	36	49
Δy_x	3	5	7	9	11	13	
$\Delta^2 y_x$	2	2	2	2	2		
$\Delta^3 y_x$	0	0	0	0			

2. 差分方程的一般概念

形如 $F(x, y_x, y_{x+1}, \cdots, y_{x+n}) = 0$, 或 $F(x, y_x, y_{x-1}, \cdots, y_{x-n}) = 0$, 或 $F(x, y_x, \Delta y_x, \Delta^2 y_x, \cdots, \Delta^n y_x) = 0$ 的方程都是**差分方程**, n 为差分方程的**阶数**.

差分方程的不同形式之间可以互相转化.

例 2　$y_{x+2} - 2y_{x+1} - y_x = 3^x$ 是一个二阶差分方程, 可以化为 $y_x - 2y_{x-1} - y_{x-2} = 3^{x-2}$.

因为原式左边可以写成

$$\begin{aligned}
&(y_{x+2} - y_{x+1}) - (y_{x+1} - y_x) - 2y_x \\
&= \Delta y_{x+1} - \Delta y_x - 2y_x \\
&= \Delta^2 y_x - 2y_x,
\end{aligned}$$

所以原方程也可以化为 $\Delta^2 y_x - 2y_x = 3^x$.

如果一个函数代入差分方程后, 方程两边恒等, 则称此函数为该差分方程的解.

例 3　设有差分方程 $y_{x+1} - 2y_x = 3$, 把函数 $y_x = -3 + 2^x$ 代入此方程, 则左边 $= (-3 + 2^{x+1}) - 2(-3 + 2^x) = 3 =$ 右边, 所以 $y_x = -3 + 2^x$ 是原差分方程的解.

同样可以验证 $y_x = -3 + A2^x$ 也是原差分方程的解, A 是任意常数.

如果差分方程的解中含有相互独立的任意常数的个数恰好等于方程的阶数, 则称它为差分方程的**通解**. 满足初始条件的解称**特解**.

例 3 中 $y_x = -3 + A2^x$ 即为通解, $y_x = -3 + 2^x$ 为满足 $y_x|_{x=0} = -2$ 的特解.

3. 一阶常系数线性差分方程

形如

$$y_{x+1} - ay_x = f(x) \quad (a \neq 0 \text{ 常数})$$

的方程称为**一阶常系数线性差分方程**, 其中 $f(x)$ 为已知函数, y_x 是未知函数. $f(x) \neq 0$ 时, 称为**非齐次**的, $f(x) = 0$ 时称为**齐次**的.

解差分方程就是求出未知函数 y_x. 下面介绍一阶常系数差分方程的解法.

(1) $y_{x+1} - ay_x = 0$　$(a \neq 0 \text{ 常数})$ 的解法

设已知 y_0, 将 $x = 0, 1, 2, \cdots$ 依次代入 $y_{x+1} = ay_x$ 中得

$$y_1 = ay_0, \quad y_2 = ay_1 = a^2 y_0, \quad y_3 = ay_2 = a^3 y_0, \cdots, y_x = a^x y_0.$$

用这种迭代方法得到的 $y_x = a^x y_0$, 容易验证满足差分方程. 因此是差分方程的解.

(2) $y_{x+1} - ay_x = f(x)$　$(a \neq 0 \text{ 常数})$ 的解法

设 y_x^* 是此方程的一个特解, 即 $y_{x+1}^* - ay_x^* = f(x)$, 以上二式相减得

$$(y_{x+1} - y_{x+1}^*) - a(y_x - y_x^*) = 0.$$

可见, 如令 $\bar{y}_x = y_x - y_x^*$, 则 $\bar{y}_x$ 即是对应的齐次方程 $y_{x+1} - ay_x = 0$ 的解. 容易验证 $A\bar{y}_x$ (A 是任意常数) 也是齐次方程的解, 且有一个任意常数 A, 所以是对应齐次方程的通解. 而 y_x^* 是非齐次方程的一个特解. 显然 $y_x^* + A\bar{y}_x$ 是非齐次方程的解, 而且含有一个任意常数, 故它的通解为

$$y_x = y_x^* + A\bar{y}_x.$$

1) 先求对应齐次方程 $y_{x+1} - ay_x = 0$ 的通解

设 $\bar{y}_x = \lambda^x$ $(\lambda \neq 0)$ 是此齐次方程的一个特解, 代入此式得

$$\lambda^{x+1} - a\lambda^x = 0,$$

所以 $\lambda - a = 0$ 称为特征方程, 根 $\lambda = a$ 称特征根. 故 $\bar{y}_x = a^x$ 是此齐次方程的一个特解, 因而 $\bar{y}_x = Aa^x$ (A 为任意常数) 是此方程的通解.

2) $f(x)$ 为某些特殊形式时, $y_{x+1} - ay_x = f(x)$ 的特解

(i) $f(x) = c$ (c为常数), 则方程为: $y_{x+1} - ay_x = C$.

(A) 迭代法: 设给定初值 y_0, 依次将 $x = 0, 1, 2, \cdots$ 代入方程, 得

$$y_1 = ay_0 + c$$
$$y_2 = ay_1 + c = a^2 y_0 + (c + ac) = a^2 y_0 + c(1 + a)$$
$$y_3 = ay_2 + c = a^3 y_0 + (c + ac + a^2 c) = a^3 y_0 + c(1 + a + a^2)$$
$$\cdots\cdots$$

于是

$$y_x = a^x y_0 + c(1 + a + a^2 + \cdots + a^{x-1}).$$

当 $a \neq 1$ 时, $1 + a + a^2 + \cdots + a^{x-1} = \dfrac{1 - a^x}{1 - a}$; 当 $a = 1$ 时, $1 + a + a^2 + \cdots + a^{x-1} = x$.

于是归结为: 当 $a \neq 1$ 时, $y_x = \left(y_0 - \dfrac{c}{1-a}\right) a^x + \dfrac{c}{1-a}$ ($x = 0, 1, 2, \cdots$); 当 $a = 1$ 时, $y_x = y_0 + cx$ ($x = 0, 1, 2, \cdots$).

(B) 一般解法: 设 $y_{x+1} - ay_x = c$ 具有 $y_x^* = kx^s$ 形式的特解, 当 $a \neq 1$ 时, 取 $s = 0$, 代入方程, 得 $k - ak = c$, 即 $k = \dfrac{c}{1-a}$, 即方程的特解为: $y_x^* = \dfrac{c}{1-a}$. 又对应的齐次方程的通解为 $\bar{y}_x = Aa^x$, 因此, $y_{x+1} - ay_x = c$ 的通解为: $y = \dfrac{c}{1-a} + Aa^x$ (A 是任意常数). 当 $a = 1$ 时, 取 $s = 1$, 将 $y_x^* = kx$ 代入方程得 $k = c$, 此时方程特解为 $y_x^* = cx$, $a = 1$ 时, 方程对应的齐次方程通解为: $\bar{y}_x = A$, 因而原方程通解为 $y_x = cx + A$.

例 4 求差分方程 $y_{x+1} - 2y_x = -3$ 的通解.

解 $a = 2 \neq 1$, $c = -3$, 所以原方程通解为 $y_x = \dfrac{c}{1-a} + Aa^x$, 即 $y_x = 3 + A2^x$.

(ii) $f(x) = cb^x$ (其中 c、$b \neq 1$, 均为常数), 则差分方程为 $y_{x+1} - ay_x = cb^x$.

设该方程具有形如 $y_x^* = kx^s b^x$ 的特解. 当 $b \neq a$, 取 $s = 0$, 即 $y_x^* = kb^x$, 代入原方程, 得

$$kb^{x+1} - akb^x = cb^x, \quad 即 kb - ak = c,$$

所以 $k = \dfrac{c}{b-a}$, 于是 $y_x^* = \dfrac{c}{b-a}b^x$, 从而差分方程通解为:

$$y_x = \frac{c}{b-a}b^x + Aa^x;$$

当 $b = a$ 时, 取 $s = 1$, 不难推得, 此通解为

$$y_x = cxb^{x-1} + Aa^x.$$

例 5　求差分方程 $y_{x+1} - 2y_x = 5^x$.

解　$a = 2$, $b = 5$, $c = 1$, 所以差分方程通解为 $y_x = \dfrac{c}{b-a}b^x + Aa^x$, 即

$$y_x = \frac{1}{3} \cdot 5^x + A2^x.$$

(iii) $f(x) = cx^n$ (c 为常数), 则差分方程为 $y_{x+1} - ay_x = cx^n$.

设方程具有形如 $y_x^* = x^s(B_0 + B_1x + \cdots + B_nx^n)$ 的特解. 当 $a \neq 1$, 取 $s = 0$, 把 $y_x^* = B_0 + B_1x + \cdots + B_nx^n$ 代入原方程, 比较两端同次项系数, 定出 $B_0, B_1, B_2,$ $\cdots, B_n$, 得差分方程特解. 当 $a = 1$ 时, 取 $s = 1$, 把 $y_x^* = x(B_1 + B_1x + \cdots + B_nx^n)$ 代入原方程, 比较两端同次项系数来确定 $B_0, B_1, \cdots, B_n$.

例 6　求差分方程 $y_{x+1} - 2y_x = 3x^2$ 的通解.

解　设 $y_x^* = B_0 + B_1x + B_2x^2$, 代入方程, 有

$$B_0 + B_1(x+1) + B_2(x+1)^2 - 2B_0 - 2B_1x - 2B_2x^2 = 3x^2,$$

整理得

$$(-B_0 + B_1 + B_2) + (-B_1 + 2B_2)x - B_2x^2 = 3x^2.$$

比较同次项系数得:

$$-B_0 + B_1 + B_2 = 0, \quad -B_1 + 2B_2 = 0, \quad -B_2 = 3,$$

所以 $B_0 = -9$, $B_1 = -6$, $B_2 = -3$, 所以方程特解为

$$y_x^* = -9 - 6x - 3x^2,$$

通解为

$$y_x = -9 - 6x - 3x^2 + A2^x.$$

4. 蛛网图

差分方程还有一种能直接看到迭代过程和平衡值的图解法. 这种图像蛛网一样称为**蛛网图**.

产生蛛网图的一般算法如下:

(1) 把差分方程转化为一个连续变量方程, 并在同一坐标系中画出此方程与 $y = x$ 的图形;

(2) 从 x 轴上的初值到差分方程的图形画垂直线;

(3) 从差分方程图形的点到 $y = x$ 画水平线;

(4) 从 $y = x$ 上的点到差分方程的图形画垂直线;

(5) 继续第 3、4 步直到你获得你想要得到的有关过程的观察.

例 7 对线性非齐次差分方程 $y_{x+1} + 0.5y_x = 4$, $y_0 = -4$ 作蛛网图.

解 把差分方程化为连续变量方程: $y = -0.5x + 4$, $x_0 = -4$. 在同一直角坐标系中画二条直线

$$y = -0.5x + 4 \ \text{和} \ y = x,$$

从 $x = -4$ 开始画迭代图. 从 x 轴上 $x = -4$ 到直线 $y = -0.5x + 4$ 画一条垂直线, 交点的高为 $y_1 = 6$. 从这交点画水平直线与 $y = x$ 交于点 $(6, 6)$. 然后过这点画垂直线 $x = 6$ 与直线 $y = -0.5x + 4$ 交于高 $y_2 = 1$ 的点 $(6, 1)$, 再由此点作水平线交 $y = x$ 于 $(1, 1)$, 继续相同步骤可以在图上找到迭代值 $y_1, y_2, y_3, \cdots$ 这些点的连线就是此差分方程的蛛网图 (图 7-1). 其平衡点为 $y_{x+1} = y_x$ 即为

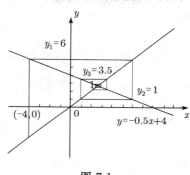

图 7-1

$$y = -0.5x + 4 \ \text{与} \ y = x \ \text{的交点},$$

即平衡值为 $y = 2.66$.

例 8 画差分方程 $y_{x+1} = (1 + r)(y_x - y_x^2)$ 关于 2 个不同 r 值, $r = 1.9, 2.4$ 的蛛网图, 其中 $y_0 = 0.2$.

解 (1) 作抛物线 $y = 2.9(x - x^2)$ 与直线 $y = x$, 从 $x = 2$ 开始画蛛网图, 如图 7-2 所示蛛网图.

(2) 作抛物线 $y = 3.4(x - x^2)$ 与直线 $y = x$, 从 $x = 0.2$ 开始画出来网图, 如图 7-3 所示, 这是一个循环蛛网结构, 在方盒形图形上来回折返.

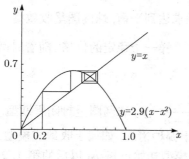

图 7-2   图 7-3

5. 蛛网模型

这里介绍经济学中的一个动态模型, 蛛网模型.

蛛网模型所考察的价格波动对下一周期产生的影响, 以及由此而产生的均衡变动, 并以其图形如蛛网而得名. 设 t 时, 商品的需求量为 $D_t = -ap_t + b$, 其中 a, b 是正常数, p_t 是市场价格, b 是最大需求量, $\dfrac{b}{a}$ 为最高价格, 此时需求量为零, 即对于这样的价格该商品已无人问津了; 设 t 时, 商品的供给量 $S_t = cp_{t-1} - d$, 这里 c, d 是正常数, p_{t-1} 是上一期的市场价格, $\dfrac{d}{c}$ 为厂方能接受的最低价格, 再低, 厂方就不愿再生产了.

我们设法求出使供求达到某种动态平衡的价格, 即均衡价格, 此时应有 $S_t = D_t$, 即 $-ap_t + b = cp_{t-1} - d$, 整理得 $p_t = -\dfrac{c}{a}p_{t-1} + \dfrac{b+d}{a}$. 这是关于价格的一阶线性差分方程. 因为 $-\dfrac{c}{a} \neq 1$, 有解 $p_t = \dfrac{\frac{b+d}{a}}{1+\frac{c}{a}} + A\left(-\dfrac{c}{a}\right)^t = \dfrac{b+d}{a+c} + A\left(-\dfrac{c}{a}\right)^t$. $t = 0$ 时, 得 $p_0 = \dfrac{b+d}{a+c} + A$, 所以 $A = p_0 - \dfrac{b+d}{a+c}$. 于是

$$p_t = \left(p_0 - \frac{b+d}{a+c}\right)\left(-\frac{c}{a}\right)^t + \frac{b+d}{a+c}.$$

若 $p_0 = \dfrac{b+d}{a+c}$, 则 $p_t = \dfrac{b+d}{a+c}$; 若 $p_0 \neq \dfrac{b+d}{a+c}$, 则

$$\lim_{t \to \infty} p_t = \begin{cases} \dfrac{b+d}{a+c} & (a > c), \\[2mm] \text{不存在} & (a \leqslant c), \end{cases}$$

其中 $a < c$ 时, $\lim\limits_{t \to +\infty} p_t = \infty$; $a = c$ 时, $p_{2t} = t_0$, $p_{2t+1} = 2 \cdot \dfrac{b+d}{a+c} - p_0$ 不趋于同一定值. 这表明:

(1) 当 $p_0 = \dfrac{b+d}{a+c}$, 或当 $p_0 \neq \dfrac{b+d}{a+c}$, 但 $a > c$ 时, $\dfrac{b+d}{a+c}$ 是均衡价格即至少经过较长时间, 存在一个稳定的价格 $\dfrac{b+d}{a+c}$, 使供求达到平衡, 蛛网图呈收敛型;

(2) 当 $p_0 \neq \dfrac{b+d}{a+c}$ 且 $a < c$ 时, 不存在这样一个稳定的价格, 随着时间的推移价格越来越背离 $\dfrac{b+c}{a+c}$, 蛛网图呈发散型;

(3) 若 $a = c$ 则 $p_{2t} = p_0$, $p_{2t+1} = 2 \cdot \dfrac{b+c}{a+c} - p_0$ 蛛网图呈封闭周期型.

例 9　(1) 指出下列市场模型分别属于哪种情况, 如属于收敛式模型, 请求出均衡价格和均衡产量; (2) 试求各市场动态模型初始价格 p_0 以后的第 1, 2, 3, 4 期的价格, 并画出蛛网图.

(1) $D_t = -10p_t + 40,$ $S_t = 5p_{t-1} - 5,$ $p_0 = 5;$

(2) $D_t = -5\rho_t + 30,$ $S_t = 5p_{t-1} - 10,$ $p_0 = 3;$

(3) $D_t = -4\rho_t + 70,$ $S_t = 8p_{t-1} - 2,$ $p_0 = 6.5.$

解 (1) $a = 10, b = 40, c = 5, d = 5, p_0 = 5.$ $\dfrac{b+d}{a+c} = \dfrac{45}{15} = 3 \neq p_0$ 但 $a > c,$ 所以是收敛型模型. $P_E = \dfrac{b+d}{a+c} = 3$ 为均衡价格. 生产量为 $S_t = 5P_E - 5 = 5 \times 3 - 5 = 10.$ 均衡方程为 $p_t = -0.5p_{t-1} + 4.5.$ 蛛网图如图 7-4, $p_0 = 5, p_1 = 2, p_2 = 3.5,$ $p_3 = 2.75, p_4 = 3.125 \cdots$ 收敛于平衡值 3;

(2) $a = 5, b = 30, c = 5, d = 10, p_0 = 3,$ $\dfrac{b+d}{a+c} = 4 \neq p_0$ 且 $a = c,$ 均衡方程 $p_t = -p_{t+1} + 8$ 是封闭的周期型, 蛛网图如图 7-5, $p_0 = 3, p_1 = 5, p_2 = 3, p_3 = 5,$ $p_4 = 3$ 循环于 $3, 5$ 之间;

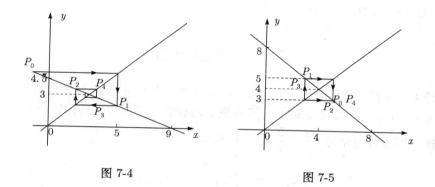

图 7-4 图 7-5

(3) $a = 4, b = 70, c = 8, d = 2, p_0 = 6.5,$ $\dfrac{b+d}{a+c} = 6 \neq p_0$ 且 $a < c.$ 均衡方程 $p_t = -2p_6 + 18$ 是发散型, 蛛网图如图 7-6, $p_0 = 6.5, p_1 = 5, p_2 = 8, p_3 = 2, p_4 = 14.$

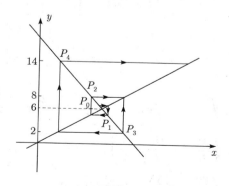

图 7-6

习　题　7.4

1. 求下列函数的差分:

  (1) $y_x = x^2$;   (2) $y_x = a^x$;   (3) $y_x = \log_a x$.

2. 求下列差分方程的通解以及在初始条件 y_0 下的特解.

  (1) $y_{x+1} - 5y_x = 3$, $y_0 = \dfrac{7}{3}$;

  (2) $y_{x+1} + y_x = 2^x$, $y_0 = 2$;

  (3) $y_{x+1} + 4y_x = 2x^2 + x - 1$, $y_0 = 1$.

3. 设某产品在时期 t 的价格, 总供给, 总需求分别为 p_t, S_t 与 D_t, 对于 $t = 0, 1, 2, \cdots$ 有 (1) $D_t = -4p_t + 5$; (2) $S_t = 2p_{t-1} - 1$; (3) $S_t = D_t$.

  (a) 求证由 (1), (2), (3) 可推出差分方程 $p_t + \dfrac{1}{2}p_{t-1} = \dfrac{3}{2}$;

  (b) 已知 p_0 时, 求上述方程的解;

  (c) 此模型属哪一种类型? 并求 $p_0 = 2$ 时, 以后 1, 2, 3, 4 期的价格, 如属收敛型, 求出平衡价格, 并画出蛛网图.

*7.5　问题及其解

  例 1　求微分方程 $xdy + (x - 2y)dx = 0$ 的一个解 $y = y(x)$, 使曲线 $y = y(x)$ 与直线 $x = 1$, $x = 2$ 以及 x 轴所围图形绕 x 轴旋转一周所得旋转体体积最小.

  解　原方程可化为 $\dfrac{dy}{dx} - \dfrac{2}{x}y = -1$, 从而

$$
\begin{aligned}
y &= e^{\int \frac{2}{x}dx}\left[\int -e^{-\int \frac{2}{x}dx}dx + c\right] \\
&= e^{2\ln x}\left[-\int e^{-2\ln x}dx + c\right] \\
&= x^2\left[-\int x^{-2}dx + c\right] \\
&= cx^2 + x,
\end{aligned}
$$

所求旋转体体积为

$$
\begin{aligned}
V(c) &= \pi\int_1^2 (cx^2 + x)^2dx = \pi\left[\frac{c^2}{5}x^5 + \frac{2c}{4}x^4 + \frac{1}{3}x^3\right]_1^2 \\
&= \pi\left(\frac{31}{5}c^2 + \frac{15}{2}c + \frac{7}{3}\right), \\
v'(c) &= \pi\left(\frac{62}{5}c + \frac{15}{2}\right),\quad 令 v'(c) = 0.
\end{aligned}
$$

则 $c = -\dfrac{75}{124}$, 而 $v''(c) = \dfrac{62}{5}\pi > 0$. 所以 $c = -\dfrac{75}{124}$, 使 v 取极小值. 于是 $y = x - \dfrac{75}{124}x^2$ 使旋转体体积最小.

例 2 设有级数 $2 + \sum\limits_{n=1}^{\infty} \dfrac{x^{2n}}{(2n)!}$,

(1) 求此级数的收敛域;

(2) 证明此级数满足微分方程 $y'' - y = -1$;

(3) 求此级数的和函数.

解 (1) $\lim\limits_{n\to\infty} \dfrac{u_{n+1}}{u_n} = \lim\limits_{n\to\infty} \dfrac{x^{2n+2}}{(2n+2)!} \cdot \dfrac{(2n)!}{x^{2n}} = \lim\limits_{n\to\infty} \dfrac{x^2}{(2n+1)(2n+2)} = 0$, 级数收敛域为 $(-\infty, +\infty)$, 即对任何 x 都收敛;

(2) 设 $y(x) = 2 + \sum\limits_{n=1}^{\infty} \dfrac{x^{2n}}{(2n)!}$, 则

$$y'(x) = \sum_{n=1}^{\infty} \frac{x^{2n-1}}{(2n-1)!},$$

$$y''(x) = \sum_{n=1}^{\infty} \frac{x^{2n-2}}{(2n-2)!} = 1 + \sum_{n=2}^{\infty} \frac{x^{2n-2}}{(2n-2)!} = 1 + \sum_{n=1}^{\infty} \frac{x^{2n}}{(2n)!}.$$

于是,

$$y''(x) - y(x) = \left(1 + \sum_{n=1}^{\infty} \frac{x^{2n}}{(2n)!}\right) - \left(2 + \sum_{n=1}^{\infty} \frac{x^{2n}}{(2n)!}\right) = -1,$$

所以级数满足方程;

(3) 解 $y'' - y = -1$ 对应齐次方程的特征方程为

$$r^2 - 1 = 0, \qquad r_{1.2} = \pm 1,$$

齐次方程通解为

$$\bar{y} = c_1 e^{-x} + c_2 e^{x}.$$

经观察易知所给方程的一个特解为 $y^* = 1$, 所以原方程, 通解为 $y = c_1 e^{-x} + c_2 e^{x} + 1$. 由级数知 $y(0) = 2, y'(0) = 0$, 可以定出 $C_1 = C_2 = \dfrac{1}{2}$. 故级数和函数为 $y = \dfrac{1}{2}(e^x + e^{-x}) + 1$. 即,

$$\frac{1}{2}(e^x + e^{-x}) + 1 = 2 + \sum_{n=1}^{\infty} \frac{x^{2n}}{(2n)!}.$$

例 3 设 $y(x)$ 是一连续函数, 且满足 $y(x) = \cos 2x + \displaystyle\int_0^x y(t) \sin t\, dt$, 求 $y(x)$.

解 两边求导, 把问题转化为解一个微分方程问题

$$y'(x) = -2\sin 2x + y(x)\sin x,$$

即化为 $\begin{cases} y' - (\sin x)y = -2\sin 2x, \\ y(0) = 1 \end{cases}$ 的微分方程初值问题. 这是一阶线性微分方程.

$$y = e^{\int \sin x dx}\left[\int -2\sin 2x e^{-\int \sin x dx}dx + c\right]$$

$$= e^{-\cos x}\left[\int -2\sin 2x \cdot e^{\cos x}dx + c\right]$$

$$= e^{-\cos x}\left[\int 4\cos x e^{\cos x}d\cos x + c\right]$$

$$= e^{-\cos x}\left[\int 4\cos x de^{\cos x} + c\right]$$

$$= e^{-\cos x}[4\cos x \cdot e^{\cos x} - 4e^{\cos x} + c]$$

$$= 4\cos x - 4 + ce^{-\cos x},$$

由 $y(0) = 1$ 得 $c = e$. 所以 $y = 4\cos x - 4 + e^{1-\cos x}$.

例 4　设有微分方程 $y' - 2y = \varphi(x)$, 其中 $\varphi(x) = \begin{cases} 2, & 若 x < 1, \\ 0, & 若 x > 1, \end{cases}$ 试求在 $(-\infty, +\infty)$ 内连续函数 $y = y(x)$, 使之在 $(-\infty, 1)$ 和 $(1, +\infty)$ 内都满足所给方程, 且满足 $y(0) = 0$.

解　当 $x < 1$ 时, 有 $y' - 2y = 2$, 其通解为

$$y = e^{\int 2dx}\left[\int 2e^{-\int 2dx}dx + c_1\right]$$

$$= e^{2x}\left[\int 2e^{-2x}dx + c_1\right]$$

$$= e^{2x}\left[-e^{-2x} + c_1\right]$$

$$= c_1 e^{2x} - 1 \quad (x < 1).$$

由 $y(0) = 0$, 得 $c_1 = 1$, 所以 $y = e^{2x} - 1 \ (x < 1)$.

当 $x > 1$ 时, 有 $y' - 2y = 0$. 用分离变量法解得通解

$$y = c_2 e^{2x} \quad (x > 1).$$

因为 $y(x)$ 在 $(-\infty, +\infty)$ 内是连续函数, 有

$$\lim_{x\to 1^+} c_2 e^{2x} = \lim_{x\to 1^-}(e^{2x} - 1) = e^2 - 1, \quad 即 c_2 e^2 = e^2 - 1,$$

所以 $c_2 = 1 - e^{-2}$, 于是 $y = (1 - e^{-2})e^{2x} \quad (x > 1)$.

只要补充定义 $y(1) = e^2 - 1$, 则在 $(-\infty, +\infty)$ 上连续函数

$$y(x) = \begin{cases} e^{2x} - 1, & \text{若 } x \leqslant 1, \\ (1 - e^{-2})e^{2x}, & \text{若 } x > 1. \end{cases}$$

显然满足题中所要求的全部条件.

例 5 已知 $f_n(x)$ 满足 $f'_n(x) = f_n(x) + x^{n-1}e^x$($n$ 为正整数), 且 $f_n(1) = \dfrac{e}{n}$, 求函数项级数 $\sum\limits_{n=1}^{\infty} f_n(x)$ 之和.

解 由已知可见 $f'_n(x) - f_n(x) = x^{n-1}e^x$ 是一阶线性微分方程, 其通解为

$$f_n(x) = e^{\int dx}\left[\int x^{n-1}e^x \cdot e^{-\int dx}dx + c\right] = e^x\left[\frac{x^n}{n} + c\right].$$

由 $f_n(1) = \dfrac{e}{n}$, 得 $c = 0$. 所以 $f_n(x) = \dfrac{x^n e^x}{n}$.

$$\sum_{n=1}^{\infty} f_n(x) = \sum_{n=1}^{\infty} \frac{x^n e^x}{n} = e^x \sum_{n=1}^{\infty} \frac{x^n}{n}.$$

记 $S(x) = \sum\limits_{n=1}^{\infty} \dfrac{x^n}{n}$, 其收敛域为 $[-1, 1)$, 当 $x \in (-1, 1)$ 时, 有 $S'(x) = \sum\limits_{n=1}^{\infty} x^{n-1} = \dfrac{1}{1-x}$. 所以 $s(x) = -\ln(1-x)$, 当 $x = -1$ 时, $\sum\limits_{n=1}^{\infty} f_n(x) = -e^{-1}\ln 2$; 于是当 $-1 \leqslant x < 1$ 时, $\sum\limits_{n=1}^{\infty} f_n(x) = -e^x \ln(1-x)$.

例 6 设函数 $f(x)$ 在 $[1, +\infty)$ 上连续, 若由曲线 $y = f(x)$, 直线 $x = 1$, $x = t$ $(t > 1)$ 与 x 轴所围成的平面图形绕 x 轴旋转一周所成施转体体积为 $V(t) = \dfrac{\pi}{3}[t^2 f(t) - f(1)]$, 试求 $y = f(x)$ 所满足的微分方程, 并求该微分方程满足条件 $y|_{x=2} = \dfrac{2}{9}$ 的解.

解 依题意: $V(t) = \pi \displaystyle\int_1^t f^2(x)dx = \dfrac{\pi}{3}[t^2 f(t) - f(1)]$, 即

$$3\int_1^t f^2(x)dx = t^2 f(t) - f(1).$$

两边对 t 求导得: $3f^2(t) = 2tf(t) + t^2 f'(t)$, 把变量 t 改为 x, 则所求微分方程为: $x^2\dfrac{dy}{dx} = 3y^2 - 2xy$, 即

$$\frac{dy}{dx} = 3\left(\frac{y}{x}\right)^2 - 2\left(\frac{y}{x}\right).$$

令 $\dfrac{y}{x} = u$, 则 $u + x\dfrac{du}{dx} = 3u^2 - 2u$,

$$x\frac{du}{dx} = 3u(u - 1).$$

分离变量

$$\frac{du}{u(u-1)} = \frac{3dx}{x},$$

$\left(\dfrac{1}{u-1} - \dfrac{1}{u}\right)du = \dfrac{3dx}{x}$, $\ln\dfrac{u-1}{u} = 3\ln x + \ln c$, $1 - \dfrac{1}{u} = cx^3$. 用 $u = \dfrac{y}{x}$ 代入,

$y - x = cx^3 y$.

因为 $y|_{x=2} = \dfrac{2}{9}$, 所以 $c = -1$, 从而所求的解为 $y - x = -x^3 y$.

习　题　7.5

1. 求微分方程 $\dfrac{dy}{dx} = \dfrac{y - \sqrt{x^2 + y^2}}{x}$ 的通解.

2. 求微分方程 $(1 + y^2)dx + (x - \arctan y)dy = 0$ 的通解.

3. 已知 $xy' + p(x)y = x$ 有解 $y = e^x$, 求方程满足 $y|_{x=\ln 2} = 0$ 的特解.

4. 求连续函数 $f(x)$, 使它满足 $f(x) + 2\displaystyle\int_0^x f(t)dt = x^2$.

5. 设函数 $f(t)$ 在 $[0, +\infty)$ 上连续, 且满足方程

$$f(t) = e^{4\pi t^2} + \iint\limits_{x^2+y^2 \leqslant 4t^2} f\left(\frac{1}{2}\sqrt{x^2 + y^2}\right)dxdy,$$

求 $f(x)$.

6. 已知连续函数 $f(x)$ 满足条件 $f(x) = \displaystyle\int_0^{3x} f\left(\frac{t}{3}\right)dt + e^{2x}$, 求 $f(x)$.

7. 求微分方程 $y'' - 2y' - e^{2x} = 0$ 满足条件 $y(0) = 1$, $y'(0) = 1$ 的特解.

8. 设函数 $y = y(x)$ 满足 $\begin{cases} y'' + 4y' + 4y = 0, \\ y(0) = 2, \quad y'(0) = -4, \end{cases}$　求广义积分 $\displaystyle\int_0^{+\infty} y(x)dx$.

9. (1) 验证函数 $y(x) = 1 + \dfrac{x^3}{3!} + \dfrac{x^6}{6!} + \dfrac{x^9}{9!} + \cdots + \dfrac{x^{3n}}{(3n)!} + \cdots$ $(-\infty < x < +\infty)$ 满足微分方程 $y'' + y' + y = e^x$.

(2) 利用 (1) 的结果求幂级数 $\displaystyle\sum_{n=0}^{\infty} \dfrac{x^{3n}}{(3n)!}$ 的和函数.

10. 某公司每年的工资总额在比上年增 20% 的基础上再追加 2 百万元, 若以 w_t 表示第七年的工资总额 (单位: 百万元), 求 w_t 满足的差分方程.

11. 求差分方程 $2y_{t+1} + 10y_t - 5t = 0$ 的通解.

12. 求差分方程 $2y_{t+1} - 6y_t = 3^t$ 的特解.

第 8 章 行 列 式

8.1 二阶与三阶行列式

实际工作中, 人们常常会遇到求解线性方程组的问题. 求解线性方程组的方法有代入消元法、消去法和行列式法. 我们首先回忆一下如何用消元法求解二元线性方程组

$$\begin{cases} a_{11}x_1 + a_{12}x_2 = b_1, \\ a_{21}x_1 + a_{22}x_2 = b_2. \end{cases} \tag{8.1.1}$$

用 a_{22} 和 $-a_{12}$ 分别乘 (8.1.1) 中第一、第二个方程的两端, 再将两方程两边相加, 可消去未知数 x_2, 得:

$$(a_{11}a_{22} - a_{12}a_{21})x_1 = b_1a_{22} - a_{12}b_2,$$

当 $a_{11}a_{22} - a_{12}a_{21} \neq 0$ 时, 则

$$x_1 = \frac{a_{22}b_1 - a_{12}b_2}{a_{11}a_{22} - a_{12}a_{21}}. \tag{8.1.2}$$

用类似的方法可消去 x_1, 得:

$$x_2 = \frac{a_{11}b_2 - a_{21}b_1}{a_{11}a_{22} - a_{12}a_{21}}. \tag{8.1.3}$$

(8.1.2)、(8.1.3) 中的分母 $a_{11}a_{22} - a_{12}a_{21}$ 是由方程组 (8.1.1) 的四个系数确定的, 把这四个数按它们在 (8.1.1) 中相应的位置, 排成二行二列的数表

$$\begin{matrix} a_{11} & a_{12} \\ a_{21} & a_{22} \end{matrix} \tag{8.1.4}$$

称数 $a_{11}a_{22} - a_{12}a_{21}$ 为数表 (8.1.4) 所确定的**二阶行列式**, 记为:

$$\begin{vmatrix} a_{11} & a_{12} \\ a_{21} & a_{22} \end{vmatrix}, \tag{8.1.5}$$

其中 $a_{ij}(i, j = 1, 2)$ 称为行列式 (8.1.5) 的**元素**. 元素 a_{ij} 的第一个下标 i 称为**行标**, 表明该元素位于第 i 行, 第二个下标 j 称为**列标**, 表明该元素位于第 j 列.

根据二阶行列式的定义,(8.1.2)、(8.1.3) 式中 x_1, x_2 的分子也可表示成二阶行列式, 即:

$$a_{22}b_1 - a_{12}b_2 = \begin{vmatrix} b_1 & a_{12} \\ b_2 & a_{22} \end{vmatrix}, \qquad a_{11}b_2 - a_{21}b_1 = \begin{vmatrix} a_{11} & b_1 \\ a_{21} & b_2 \end{vmatrix}.$$

令

$$D = \begin{vmatrix} a_{11} & a_{12} \\ a_{21} & a_{22} \end{vmatrix}, \quad D_1 = \begin{vmatrix} b_1 & a_{12} \\ b_2 & a_{22} \end{vmatrix}, \quad D_2 = \begin{vmatrix} a_{11} & b_1 \\ a_{21} & b_2 \end{vmatrix},$$

则当 $D \neq 0$ 时,(8.1.2)、(8.1.3) 式可分别记为:

$$x_1 = \frac{D_1}{D} = \frac{\begin{vmatrix} b_1 & a_{12} \\ b_2 & a_{22} \end{vmatrix}}{\begin{vmatrix} a_{11} & a_{12} \\ a_{21} & a_{22} \end{vmatrix}}, \qquad x_2 = \frac{D_2}{D} = \frac{\begin{vmatrix} a_{11} & b_1 \\ a_{21} & b_2 \end{vmatrix}}{\begin{vmatrix} a_{11} & a_{12} \\ a_{21} & a_{22} \end{vmatrix}}.$$

这样, 我们就可以利用二阶行列式来表示二元线性方程组的解, 其中 D 称为系数行列式.

例 1   求解二元线性方程组

$$\begin{cases} x_1 + x_2 = 0, \\ 2x_1 - 5x_2 = 10. \end{cases}$$

解   因为

$$D = \begin{vmatrix} 1 & 1 \\ 2 & -5 \end{vmatrix} = -7 \neq 0,$$

且

$$D_1 = \begin{vmatrix} 0 & 1 \\ 10 & -5 \end{vmatrix} = -10,$$

$$D_2 = \begin{vmatrix} 1 & 0 \\ 2 & 10 \end{vmatrix} = 10,$$

所以

$$x_1 = \frac{D_1}{D} = \frac{-10}{-7} = \frac{10}{7}, \qquad x_2 = \frac{D_2}{D} = \frac{10}{-7} = -\frac{10}{7}.$$

类似二阶行列式的定义, 可以给出三阶行列式的定义.

定义 8.1 记

$$\begin{vmatrix} a_{11} & a_{12} & a_{13} \\ a_{21} & a_{22} & a_{23} \\ a_{31} & a_{32} & a_{33} \end{vmatrix} = a_{11}a_{22}a_{33} + a_{12}a_{23}a_{31} + a_{13}a_{21}a_{32} - a_{11}a_{23}a_{32}$$

$$-a_{12}a_{21}a_{33} - a_{13}a_{22}a_{31}, \tag{8.1.6}$$

称 (8.1.6) 为三阶行列式, $a_{ij}(i,j=1,2,3)$ 为它的元素.

给定三元线性方程组

$$\begin{cases} a_{11}x_1 + a_{12}x_2 + a_{13}x_3 = b_1, \\ a_{21}x_1 + a_{22}x_2 + a_{23}x_3 = b_2, \\ a_{31}x_1 + a_{32}x_2 + a_{33}x_3 = b_3, \end{cases} \tag{8.1.7}$$

也可利用三阶行列式来表示方程组的解, 设 $D \neq 0$, 其解为:

$$x_1 = \frac{D_1}{D}, \quad x_2 = \frac{D_2}{D}, \quad x_3 = \frac{D_3}{D},$$

其中

$$D = \begin{vmatrix} a_{11} & a_{12} & a_{13} \\ a_{21} & a_{22} & a_{23} \\ a_{31} & a_{32} & a_{33} \end{vmatrix}, \quad D_1 = \begin{vmatrix} b_1 & a_{12} & a_{13} \\ b_2 & a_{22} & a_{23} \\ b_3 & a_{32} & a_{33} \end{vmatrix},$$

$$D_2 = \begin{vmatrix} a_{11} & b_1 & a_{13} \\ a_{21} & b_2 & a_{23} \\ a_{31} & b_3 & a_{33} \end{vmatrix}, \quad D_3 = \begin{vmatrix} a_{11} & a_{12} & b_1 \\ a_{21} & a_{22} & b_2 \\ a_{31} & a_{32} & b_3 \end{vmatrix}.$$

例 2 求解三元方程组

$$\begin{cases} 2x_1 + x_3 = 3, \\ x_1 - 4x_2 - x_3 = 1, \\ -x_1 + 8x_2 + 3x_3 = 0. \end{cases}$$

解 因为

$$D = \begin{vmatrix} 2 & 0 & 1 \\ 1 & -4 & -1 \\ -1 & 8 & 3 \end{vmatrix} = -4 \neq 0,$$

且

$$D_1 = \begin{vmatrix} 3 & 0 & 1 \\ 1 & -4 & -1 \\ 0 & 8 & 3 \end{vmatrix} = -4,$$

$$D_2 = \begin{vmatrix} 2 & 3 & 1 \\ 1 & 1 & -1 \\ -1 & 0 & 3 \end{vmatrix} = 1,$$

$$D_3 = \begin{vmatrix} 2 & 0 & 3 \\ 1 & -4 & 1 \\ -1 & 8 & 0 \end{vmatrix} = -4,$$

所以

$$x_1 = \frac{D_1}{D} = \frac{-4}{-4} = 1, \quad x_2 = \frac{D_2}{D} = \frac{1}{-4} = -\frac{1}{4}, \quad x_3 = \frac{D_3}{D} = \frac{-4}{-4} = 1.$$

习　题　8.1

1. 用定义计算行列式:

$$(1)\ \begin{vmatrix} 3 & -2 \\ 2 & 1 \end{vmatrix};\quad (2)\ \begin{vmatrix} 1 & 2 & 3 \\ 3 & 1 & 2 \\ 2 & 3 & 1 \end{vmatrix};\quad (3)\ \begin{vmatrix} 1 & -1 & 2 \\ 0 & 3 & -1 \\ -2 & 2 & -4 \end{vmatrix}.$$

2. 求下列方程组的解:

$$(1)\ \begin{cases} 2x - y = 5, \\ 3x + 2y = 11; \end{cases} \quad (2)\ \begin{cases} x + y + z = 0, \\ 2x - 5y - 3z = 10, \\ 4x + 8y + 2z = 4. \end{cases}$$

8.2　n 阶行列式

首先, 定义 n 阶行列式的概念.

定义 8.2　记

$$A = \begin{vmatrix} a_{11} & a_{12} & \cdots & a_{1n} \\ a_{21} & a_{22} & \cdots & a_{2n} \\ \vdots & \vdots & & \vdots \\ a_{n1} & a_{n2} & \cdots & a_{nn} \end{vmatrix}. \tag{8.2.1}$$

它由 n 行 n 列共 n^2 个元素组成, 称之为 **n 阶行列式**, 简记为 $\det(a_{ij})$, 称 a_{ij} 为行列式 $\det(a_{ij})$ 的**元素**.

特例: 当 $n = 1$ 时, 一阶行列式 $|a| = a$. 注意不要与绝对值记号相混淆.

注: n 阶行列式表示一个数.

低阶行列式的计算比高阶行列式的计算简便, 因此, 我们可以考虑用低阶行列式来表示高阶行列式, 先引入余子式和代数余子式的定义.

定义 8.3 把 n 阶行列式的第 i 行第 j 列元素划去后, 剩下的 $n-1$ 阶行列式称为元素 a_{ij} 的**余子式**, 记为 M_{ij}, 即:

$$M_{ij} = \begin{vmatrix} a_{11} & \cdots & a_{1,j-1} & a_{1,j+1} & \cdots & a_{1n} \\ \vdots & & \vdots & \vdots & & \vdots \\ a_{i-1,1} & \cdots & a_{i-1,j-1} & a_{i-1,j+1} & \cdots & a_{i-1,n} \\ a_{i+1,1} & \cdots & a_{i+1,j-1} & a_{i+1,j+1} & \cdots & a_{i+1,n} \\ \vdots & & \vdots & \vdots & & \vdots \\ a_{n1} & \cdots & a_{n,j-1} & a_{n,j+1} & \cdots & a_{nn} \end{vmatrix}.$$

记 $A_{ij} = (-1)^{i+j} M_{ij}$, 称 A_{ij} 为元素 a_{ij} 的**代数余子式**.

例 1 求四阶行列式 D 中 $a_{23} = 1$ 的余子式和代数余子式.

$$D = \begin{vmatrix} 2 & -5 & 4 & 1 \\ -2 & -1 & 1 & 0 \\ 0 & 2 & 1 & 3 \\ 3 & -1 & 5 & 1 \end{vmatrix}.$$

元素 a_{23} 的余子式为 $M_{23} = \begin{vmatrix} 2 & -5 & 1 \\ 0 & 2 & 3 \\ 3 & -1 & 1 \end{vmatrix} = -41$,

元素 a_{23} 的代数余子式为 $A_{23} = (-1)^{2+3} M_{23} = 41$.

下面利用余子式和代数余子式来定义 n 阶行列式的值, 使用的方法是递推法 (归纳法).

当 $n = 1$ 时,(8.2.1) 式为 $A = a_{11}$. 假定对 $n-1$ 阶行列式已经定义, 则对任意的 i, j, M_{ij} 是一个 $n-1$ 阶行列式, 它的值由假定是已经定义好的, 因此, 我们可以依靠 M_{ij} 按下面的方式来定义 n 阶行列式 A 的值:

$$A = a_{11}M_{11} - a_{21}M_{21} + \cdots + (-1)^{i+1}a_{i1}M_{i1} + \cdots + (-1)^{n+1}a_{n1}M_{n1}. \quad (8.2.2)$$

这样, 我们就可以利用 $n-1$ 阶行列式来表示 n 阶行列式, 同样, $n-1$ 阶行列式也可以利用相同的方法, 由 $n-2$ 阶行列式来表示,……, 最后便可求出 A 的值.

根据代数余子式的定义, (8.2.2) 式可化为如下形式:

$$A = a_{11}A_{11} + a_{21}A_{21} + \cdots + a_{n1}A_{n1}. \quad (8.2.3)$$

例 2 计算下列行列式的值:

$$(1)\ \begin{vmatrix} 1 & 2 & 3 \\ 3 & 1 & 2 \\ 2 & 3 & 1 \end{vmatrix};\qquad (2)\ \begin{vmatrix} 1 & -1 & 2 \\ 0 & 3 & -1 \\ -2 & 2 & -4 \end{vmatrix}.$$

解

$$(1)\ \begin{vmatrix} 1 & 2 & 3 \\ 3 & 1 & 2 \\ 2 & 3 & 1 \end{vmatrix} = 1 \times \begin{vmatrix} 1 & 2 \\ 3 & 1 \end{vmatrix} - 3 \times \begin{vmatrix} 2 & 3 \\ 3 & 1 \end{vmatrix} + 2 \times \begin{vmatrix} 2 & 3 \\ 1 & 2 \end{vmatrix}$$

$$= -5 - 3 \times (-7) + 2 \times 1 = 18.$$

$$(2)\ \begin{vmatrix} 1 & -1 & 2 \\ 0 & 3 & -1 \\ -2 & 2 & -4 \end{vmatrix} = 1 \times \begin{vmatrix} 3 & -1 \\ 2 & -4 \end{vmatrix} - 0 \times \begin{vmatrix} -1 & 2 \\ 2 & -4 \end{vmatrix} + (-2) \times \begin{vmatrix} -1 & 2 \\ 3 & -1 \end{vmatrix}$$

$$= -10 - 2 \times (-5) = 0.$$

例 3　求下列行列式的值:

$$A = \begin{vmatrix} a_{11} & a_{12} & \cdots & a_{1n} \\ 0 & a_{22} & \cdots & a_{2n} \\ \vdots & \vdots & & \vdots \\ 0 & 0 & \cdots & a_{nn} \end{vmatrix}.$$

此行列式称为**上三角行列式**, 它的特点是当 $i > j$ 时, $a_{ij} = 0$, 即行列式的主对角线 ($a_{11}, a_{22}, \cdots, a_{nn}$ 所占的一条对角线) 以下的元素都等于零.

解　此行列式的第一列除 a_{11} 外都为零, 因此利用 (8.2.3) 式展开时只有一项不为零, 即:

$$A = a_{11}A_{11} = a_{11} \begin{vmatrix} a_{22} & a_{23} & \cdots & a_{2n} \\ 0 & a_{33} & \cdots & a_{3n} \\ \vdots & \vdots & & \vdots \\ 0 & 0 & \cdots & a_{nn} \end{vmatrix}.$$

显然, a_{11} 的余子式 M_{11} 也是一个上三角行列式, 阶数比 A 的阶数小 1, 可用相同的方法求得

$$M_{11} = a_{22} \begin{vmatrix} a_{33} & a_{34} & \cdots & a_{3n} \\ 0 & a_{44} & \cdots & a_{4n} \\ \vdots & \vdots & & \vdots \\ 0 & 0 & \cdots & a_{nn} \end{vmatrix}.$$

按此方法做下去, 可得:

$$A = a_{11}a_{22}\cdots a_{nn},$$

即上三角行列式的值等于其主对角线上元素的乘积.

(8.2.3) 中, 行列式是按照第一列展开的, 我们的问题是, 是否可以按第二列或其它列展开行列式呢? 答案是肯定的, 见下定理.

定理 8.1　n 阶行列式等于它的任一行 (列) 的各元素与其对应的代数余子式乘积之和, 即:

$$A = a_{i1}A_{i1} + a_{i2}A_{i2} + \cdots + a_{in}A_{in} \quad (i = 1, 2, \cdots, n), \tag{8.2.4}$$

或

$$A = a_{1j}A_{1j} + a_{2j}A_{2j} + \cdots + a_{nj}A_{nj} \quad (j = 1, 2, \cdots, n). \tag{8.2.5}$$

证　我们仅证按列展开的情况.

对 D 的阶 n 用归纳法. 由于一阶行列式没有余子式的概念, 所以从 $n = 2$ 开始进行归纳.

二阶行列式按第一列展开为

$$D = \begin{vmatrix} a_{11} & a_{12} \\ a_{21} & a_{22} \end{vmatrix} = a_{11}a_{22} - a_{12}a_{21},$$

再按第二列展开为

$$A = a_{12}A_{12} + a_{22}A_{22} = (-1)^{1+2}a_{12}M_{12} + (-1)^{2+2}a_{22}M_{22},$$

而 $M_{12} = a_{21}$, $M_{22} = a_{11}$, 因此

$$A = -a_{12}a_{21} + a_{22}a_{11} = a_{11}a_{22} - a_{12}a_{21},$$

这与按第一列展开结果相同, 因此对 $n = 2$ 结论成立.

假定对 $n-1$ 阶行列式 (8.2.5) 成立, 下面证它对 n 阶行列式也成立.

由 (8.2.2) 式知

$$A = \sum_{i=1}^{n} (-1)^{i+1} a_{i1} M_{i1}, \tag{8.2.6}$$

根据归纳假设, 可对 $n-1$ 阶行列式 M_{i1} 按第 $j-1$ 列展开:

$$M_{i1} = \sum_{k=1}^{i-1} (-1)^{k+j-1} a_{kj} M_{i1(kj)} + \sum_{k=i}^{n-1} (-1)^{k+j-1} a_{k+1,j} M_{i1(k+1,j)}. \tag{8.2.7}$$

(8.2.7) 式可化为:

$$M_{i1} = \sum_{k=1}^{i-1}(-1)^{k+j-1}a_{kj}M_{i1(kj)} + \sum_{k=i+1}^{n}(-1)^{k-1+j-1}a_{kj}M_{i1(kj)}. \tag{8.2.8}$$

将 (8.2.8) 式代入 (8.2.6) 式, 得:

$$A = \sum_{i=1}^{n}(-1)^{i+1}a_{i1}\left[\sum_{k=1}^{i-1}(-1)^{k+j-1}a_{kj}M_{i1(kj)} + \sum_{k=i+1}^{n}(-1)^{k+j}a_{kj}M_{i1(kj)}\right]$$

$$= \sum_{i=1}^{n}\sum_{k=1}^{i-1}(-1)^{i+j+k}a_{i1}a_{kj}M_{i1(kj)} + \sum_{i=1}^{n}\sum_{k=i+1}^{n}(-1)^{i+j+k+1}a_{i1}a_{kj}M_{i1(kj)}.$$

不难看出, 在 (8.2.8) 式中当 $i=1$ 时第一个和式不会出现; 当 $i=n$ 时, 第二个和式不会出现, 因此, 上式中第一个二重和式中的 i 应从 2 开始, 第二个二重和式中的 i 应到 $n-1$ 为止:

$$A = \sum_{i=2}^{n}\sum_{k=1}^{i-1}(-1)^{i+j+k}a_{i1}a_{kj}M_{i1(kj)} + \sum_{i=1}^{n-1}\sum_{k=i+1}^{n}(-1)^{i+j+k+1}a_{i1}a_{kj}M_{i1(kj)}. \tag{8.2.9}$$

　　另一方面来看

$$\sum_{i=1}^{n}(-1)^{i+j}a_{ij}M_{ij} \qquad (j>1). \tag{8.2.10}$$

将 M_{ij} 按第一列展开, 得:

$$M_{ij} = \sum_{k=1}^{i-1}(-1)^{k+1}a_{k1}M_{ij(k1)} + \sum_{k=i}^{n-1}(-1)^{k+1}a_{k+1,1}M_{ij(k+1,1)}$$

$$= \sum_{k=1}^{i-1}(-1)^{k+1}a_{k1}M_{ij(k1)} + \sum_{k=i+1}^{n}(-1)^{k}a_{k1}M_{ij(k1)}. \tag{8.2.11}$$

将 (8.2.11) 式代入 (8.2.10) 式, 经适当整理得:

$$\sum_{i=1}^{n}(-1)^{i+j}a_{ij}M_{ij} = \sum_{i=2}^{n}\sum_{k=1}^{i-1}(-1)^{i+j+k+1}a_{k1}a_{ij}M_{ij(k1)}$$

$$+ \sum_{i=1}^{n-1}\sum_{k=i+1}^{n}(-1)^{i+j+k}a_{k1}a_{ij}M_{ij(k1)}. \tag{8.2.12}$$

由于

$$\sum_{i=2}^{n}\sum_{k=1}^{i-1}(-1)^{i+j+k}a_{i1}a_{kj}M_{i1(kj)} = \sum_{k=1}^{n-1}\sum_{i=k+1}^{n}(-1)^{i+j+k}a_{i1}a_{kj}M_{i1(kj)}, \tag{8.2.13}$$

把上式右端的二重和式中, k 一律换成 i, i 一律换成 k, 得:

$$\sum_{i=2}^{n} \sum_{k=1}^{i-1} (-1)^{i+j+k} a_{i1} a_{kj} M_{i1(kj)} = \sum_{i=1}^{n-1} \sum_{k=i+1}^{n} (-1)^{k+j+i} a_{k1} a_{ij} M_{k1(ij)}, \qquad (8.2.14)$$

但 $M_{k1(ij)} = M_{ij(k1)}$, 因此 (8.2.14) 式表明 (8.2.9) 式中的第一个和式等于 (8.2.12) 中的第二个和式.

同理可证得 (8.2.12) 式中的第一个和式等于 (8.2.9) 式中的第二个和式, 于是

$$A = \sum_{i=1}^{n} (-1)^{i+j} a_{ij} M_{ij} = \sum_{i=1}^{n} a_{ij} A_{ij}.$$

定理证毕.

此定理叫做**行列式按行 (列) 展开法则**, 利用此法则, 可以简化行列式的计算.

例 4 用行列式按行 (列) 展开法则计算:

$$D = \begin{vmatrix} 3 & -1 & 0 & 7 \\ 1 & 0 & 1 & 5 \\ 2 & 3 & -3 & 1 \\ 0 & 0 & 1 & -2 \end{vmatrix}.$$

解 先按第四行展开

$$D = (-1)^{4+3} \times 1 \times \begin{vmatrix} 3 & -1 & 7 \\ 1 & 0 & 5 \\ 2 & 3 & 1 \end{vmatrix} + (-1)^{8} \times (-2) \times \begin{vmatrix} 3 & -1 & 0 \\ 1 & 0 & 1 \\ 2 & 3 & -3 \end{vmatrix},$$

再按各行列式的第二列展开

$$D = -(-1)^{1+2} \times (-1) \times \begin{vmatrix} 1 & 5 \\ 2 & 1 \end{vmatrix} - 3 \times (-1)^{3+2} \times \begin{vmatrix} 3 & 7 \\ 1 & 5 \end{vmatrix}$$

$$+ (-2) \times (-1)^{1+2} \times (-1) \times \begin{vmatrix} 1 & 1 \\ 2 & -3 \end{vmatrix} + (-2) \times (-1)^{3+2} \times 3 \times \begin{vmatrix} 3 & 0 \\ 1 & 1 \end{vmatrix}$$

$$= 9 + 24 + 10 + 18 = 61.$$

习 题 8.2

1. 用定义计算下列行列式, 再按第二列展开, 比较得到的结果是否相同?

$$(1) \begin{vmatrix} -1 & 2 & 3 \\ 0 & 1 & 2 \\ -1 & 1 & 1 \end{vmatrix}; \qquad (2) \begin{vmatrix} -1 & 2 & 5 & 4 \\ 0 & 3 & 2 & 0 \\ 0 & 4 & 1 & -1 \\ 0 & 1 & 1 & 3 \end{vmatrix}.$$

2. 用定义计算下列行列式:

$$(1) \begin{vmatrix} 1 & 2 & 3 & -1 \\ 1 & -1 & 0 & 2 \\ 0 & 1 & 0 & 1 \\ 0 & 0 & -1 & 2 \end{vmatrix}; \quad (2) \begin{vmatrix} 1 & 0 & 1 & 2 \\ 4 & 0 & 3 & 4 \\ 0 & 0 & -1 & 2 \\ 5 & 1 & 2 & 3 \end{vmatrix}.$$

8.3　行列式的性质

设 D 为一个 n 阶行列式, 若将 D 的行改为列, 列改为行, 即将第一行改为第一列, 第二行改为第二列, ……, 第 n 行改为第 n 列, 仍得到一个 n 阶行列式, 称此行列式为 D 的**转置**, 记为 D^{T}, 用式子来表示即为:

$$D = \begin{vmatrix} a_{11} & a_{12} & \cdots & a_{1n} \\ a_{21} & a_{22} & \cdots & a_{2n} \\ \vdots & \vdots & & \vdots \\ a_{n1} & a_{n2} & \cdots & a_{nn} \end{vmatrix}, \quad D^{\mathrm{T}} = \begin{vmatrix} a_{11} & a_{21} & \cdots & a_{n1} \\ a_{12} & a_{22} & \cdots & a_{n2} \\ \vdots & \vdots & & \vdots \\ a_{1n} & a_{2n} & \cdots & a_{nn} \end{vmatrix}.$$

性质 1　行列式与它的转置行列式相等.

证　对行列式的阶用归纳法.

当 $n = 1$ 时显然成立. 假设对 $n - 1$ 阶行列式结论成立, 现证明对 n 阶行列式结论也成立. 设 D 为 n 阶行列式, 将 D 按第 i 列展开有:

$$D = \sum_{j=1}^{n} a_{ji} A_{ji}. \tag{8.3.1}$$

将 D 的转置 D^{T} 按第 j 列展开并注意到 D^{T} 的第 i 行第 j 列元素 $\bar{a}_{ij}$ 正好是 D 的第 j 行第 i 列元素 a_{ji}, 有:

$$D^{\mathrm{T}} = \sum_{i=1}^{n} \bar{a}_{ij} \overline{A}_{ij} = \sum_{i=1}^{n} a_{ji} \overline{A}_{ij}, \tag{8.3.2}$$

其中, $\overline{A}_{ij}$ 是 a_{ji} 在 D^{T} 中的代数余子式, 与之相应的余子式为 $\overline{M}_{ij}$.

现分析 $\overline{A}_{ij}$ 与 A_{ji} 的关系. 注意到 $\overline{M}_{ij}$ 是 D^{T} 中划去第 i 行第 j 列后剩下的元素组成的 $n-1$ 阶行列式, 它正好等于 D 划去第 j 行第 i 列后剩下的元素组成的 $n-1$ 阶行列式 M_{ji} 的转置: $\overline{M}_{ij} = M_{ji}^{\mathrm{T}}$. 根据归纳假设, $M_{ji} = M_{ji}^{\mathrm{T}}$, 因此

$$\overline{M}_{ij} = M_{ji}.$$

由于 $\overline{A}_{ij} = (-1)^{i+j} \overline{M}_{ij}, A_{ji} = (-1)^{j+i} M_{ji}$, 因此

$$\overline{A}_{ij} = A_{ji}.$$

将上式代入 (8.3.2) 得

$$D^{\mathrm{T}} = \sum_{i=1}^{n} a_{ji} A_{ji}. \tag{8.3.3}$$

现将 (8.3.1) 对 i 求和:

$$nD = \sum_{i=1}^{n} \sum_{j=1}^{n} a_{ji} A_{ji}. \tag{8.3.4}$$

再将 (8.3.3) 对 j 求和:

$$nD^{\mathrm{T}} = \sum_{j=1}^{n} \sum_{i=1}^{n} a_{ji} A_{ji}. \tag{8.3.5}$$

因此,

$$nD = \sum_{i=1}^{n} \sum_{j=1}^{n} a_{ji} A_{ji} = \sum_{j=1}^{n} \sum_{i=1}^{n} a_{ji} A_{ji} = nD^{\mathrm{T}},$$

即 $D = D^{\mathrm{T}}$, 结论成立.

由此性质可知, 行列式中的行与列具有同等的地位, 行列式的性质凡是对行成立的对列也同样成立, 反之亦然.

性质 2 行列式的某一行 (列) 中所有的元素都乘以同一数 k, 等于用数 k 乘此行列式, 即:

$$B = \begin{vmatrix} a_{11} & a_{12} & \cdots & a_{1n} \\ \vdots & \vdots & & \vdots \\ ka_{i1} & ka_{i2} & \cdots & ka_{in} \\ \vdots & \vdots & & \vdots \\ a_{n1} & a_{n2} & \cdots & a_{nn} \end{vmatrix} = k \begin{vmatrix} a_{11} & a_{12} & \cdots & a_{1n} \\ \vdots & \vdots & & \vdots \\ a_{i1} & a_{i2} & \cdots & a_{in} \\ \vdots & \vdots & & \vdots \\ a_{n1} & a_{n2} & \cdots & a_{nn} \end{vmatrix} = kD.$$

证 将行列式 B 按它的第 i 行展开, 注意到 B 中元素 ka_{ij} 的代数余子式与 D 中元素 a_{ij} 的代数余子式相同, 有:

$$B = ka_{i1}A_{i1} + ka_{i2}A_{i2} + \cdots + ka_{in}A_{in} = k(a_{i1}A_{i1} + a_{i2}A_{i2} + \cdots + a_{in}A_{in}) = kD.$$

推论 1 若行列式的某一行 (列) 的元素全为零, 此行列式的值等于零.

证 设 D 的第 i 行元素全为零, 用 2 乘以 D 的第 i 行元素, 由性质 2 知得到的行列式值为 $2D$, 但另一方面, 行列式的值没变, 仍为零, 即 $2D = D$, 因此 $D = 0$.

推论 2 行列式中某一行 (列) 的所有元素的公因子可以提到行列式符号的外面.

性质 3　互换行列式的两行 (列), 行列式的值变号, 即

$$
\begin{vmatrix}
a_{11} & a_{12} & \cdots & a_{1n} \\
\vdots & \vdots &   & \vdots \\
a_{i1} & a_{i2} & \cdots & a_{in} \\
\vdots & \vdots &   & \vdots \\
a_{j1} & a_{j2} & \cdots & a_{jn} \\
\vdots & \vdots &   & \vdots \\
a_{n1} & a_{n2} & \cdots & a_{nn}
\end{vmatrix}
= -
\begin{vmatrix}
a_{11} & a_{12} & \cdots & a_{1n} \\
\vdots & \vdots &   & \vdots \\
a_{j1} & a_{j2} & \cdots & a_{jn} \\
\vdots & \vdots &   & \vdots \\
a_{i1} & a_{i2} & \cdots & a_{in} \\
\vdots & \vdots &   & \vdots \\
a_{n1} & a_{n2} & \cdots & a_{nn}
\end{vmatrix}.
$$

证　设 B 是由行列式 A 互换第 i 行与第 j 行后得到的行列式, 下面证明 $B = -A$. 对 A 与 B 的阶 n 用归纳法.

当 $n = 2$ 时, 设

$$
\begin{aligned}
B &= \begin{vmatrix} a_{21} & a_{22} \\ a_{11} & a_{12} \end{vmatrix} = a_{21}a_{12} - a_{11}a_{22} \\
&= -(a_{11}a_{22} - a_{12}a_{21}) = - \begin{vmatrix} a_{11} & a_{12} \\ a_{21} & a_{22} \end{vmatrix} = -A,
\end{aligned}
$$

即 $n = 2$ 时结论成立. 假设对 $n - 1$ 阶行列式结论成立, 下证对 n 阶行列式结论也成立.

将 B 按除互换两行之外的第 k 行展开得:

$$
B = (-1)^{k+1}b_{k1}B_{k1} + (-1)^{k+2}b_{k2}B_{k2} + \cdots + (-1)^{k+n}b_{kn}B_{kn}, \tag{8.3.6}
$$

其中, b_{kl} 是 B 的第 k 行第 l 列元素, B_{kl} 是 b_{kl} 的余子式, 由于第 k 行不属互换的两行, 因此 $b_{kl} = a_{kl}$; 另一方面, 若设 M_{kl} 是 a_{kl} 在 A 中的余子式, 则 B_{kl} 与 M_{kl} 元素正好有两行互换了位置, 而其余各行都相同. 但 B_{kl} 与 M_{kl} 都是 $n - 1$ 阶行列式, 因此由归纳假设 $B_{kl} = -M_{kl}$, 代入 (8.3.6) 得:

$$
\begin{aligned}
B &= (-1)^{k+1}a_{k1}(-M_{k1}) + (-1)^{k+2}a_{k2}(-M_{k2}) + \cdots + (-1)^{k+n}a_{kn}(-M_{kn}) \\
&= -[(-1)^{k+1}a_{k1}M_{k1} + (-1)^{k+2}a_{k2}M_{k2} + \cdots + (-1)^{k+n}a_{kn}M_{kn}] \\
&= -A.
\end{aligned}
$$

结论得证.

推论 如果行列式有两行 (列) 完全相同, 则此行列式等于零.

证 把这两行互换, 有 $D = -D$, 故 $D = 0$.

性质 4 行列式中如果有两行 (列) 元素成比例则此行列式等于零.

证 设行列式 D 有两行成比例, 不妨设第 i 行是第 j 行的 k 倍, 即 $a_{il} = ka_{jl}(l = 1, 2, \cdots, n)$. 则由性质 2 的推论 2 知可将这个 k 提出来, 剩下的元素组成的行列式中第 i 行与第 j 行正好相等, 由性质 3 的推论知它为零, 因此 $D = 0$.

性质 5 若行列式的某一行 (列) 的元素都可以分解为两数之和, 则此行列式可分解为相应的两个行列式之和, 即:

$$
D = \begin{vmatrix} a_{11} & a_{12} & \cdots & a_{1n} \\ \vdots & \vdots & & \vdots \\ b_{i1}+c_{i1} & b_{i2}+c_{i2} & \cdots & b_{in}+c_{in} \\ \vdots & \vdots & & \vdots \\ a_{n1} & a_{n2} & \cdots & a_{nn} \end{vmatrix}
$$

$$
= \begin{vmatrix} a_{11} & a_{12} & \cdots & a_{1n} \\ \vdots & \vdots & & \vdots \\ b_{i1} & b_{i2} & \cdots & b_{in} \\ \vdots & \vdots & & \vdots \\ a_{n1} & a_{n2} & \cdots & a_{nn} \end{vmatrix} + \begin{vmatrix} a_{11} & a_{12} & \cdots & a_{1n} \\ \vdots & \vdots & & \vdots \\ c_{i1} & c_{i2} & \cdots & c_{in} \\ \vdots & \vdots & & \vdots \\ a_{n1} & a_{n2} & \cdots & a_{nn} \end{vmatrix}. \tag{8.3.7}
$$

证 将 D 按第 i 行展开得:

$$
D = a_{i1}A_{i1} + a_{i2}A_{i2} + \cdots + a_{in}A_{in} = (b_{i1}+c_{i1})A_{i1} + (b_{i2}+c_{i2})A_{i2} + \cdots + (b_{in}+c_{in})A_{in}
$$
$$
= (b_{i1}A_{i1} + b_{i2}A_{i2} + \cdots + b_{in}A_{in}) + (c_{i1}A_{i1} + c_{i2}A_{i2} + \cdots + c_{in}A_{in}) = B + C,
$$

其中, B 是 (8.3.7) 式右边第一个行列式, C 是第二个行列式, 从而结论得证.

性质 6 把行列式的某一行 (列) 的元素乘以一个常数然后加到另一行 (列) 上去, 行列式的值不变, 即:

$$
\begin{vmatrix} a_{11} & a_{12} & \cdots & a_{1n} \\ \vdots & \vdots & & \vdots \\ a_{i1} & a_{i2} & \cdots & a_{in} \\ \vdots & \vdots & & \vdots \\ ka_{i1}+a_{j1} & ka_{i2}+a_{j2} & \cdots & ka_{in}+a_{jn} \\ \vdots & \vdots & & \vdots \\ a_{n1} & a_{n2} & \cdots & a_{nn} \end{vmatrix} = \begin{vmatrix} a_{11} & a_{12} & \cdots & a_{1n} \\ \vdots & \vdots & & \vdots \\ a_{i1} & a_{i2} & \cdots & a_{in} \\ \vdots & \vdots & & \vdots \\ a_{j1} & a_{j2} & \cdots & a_{jn} \\ \vdots & \vdots & & \vdots \\ a_{n1} & a_{n2} & \cdots & a_{nn} \end{vmatrix}. \tag{8.3.8}
$$

(注：上式表示将第 i 行的每个元素乘以 k 后分别加到第 j 行的对应元素上, 而第 i 行本身不变.) 此性质的证明请读者自证.

当 k 为负数时这条性质也可叙述为: 行列式的某一行 (列) 减去另一行 (列) 的若干倍后值仍不变.

我们引入行列式的初等变换概念, 记 r_i $(i = 1, \cdots, n)$ 为行列式的第 i 行元素, 记 c_i $(i = 1, \cdots, n)$ 为行列式的第 i 列元素, 下面三种变换称为行列式的初等行变换:

(1) 对调行列式中的任意两行 (对调 i, j 两行, 记为 $r_i \leftrightarrow r_j$);

(2) 用一非零常数 k 乘行列式的某一行中的所有元素 (第 i 行乘 k, 记为 $r_i \times k$);

(3) 将行列式某一行所有元素的 k 倍加到另一行对应的元素上去 (第 j 行的 k 倍加到第 i 行上, 记为 $r_i + kr_j$).

把上述定义中的 "行" 换成 "列", 即为行列式的初等列变换的定义 (所用的记号是把 "r" 换成 "c"). 行列式的初等行变换与初等列变换统称为行列式的初等变换. 显然, 初等变换是可逆的.

根据行列式的以上性质, 可计算出其值, 请看下面例题.

例 1　计算

$$D = \begin{vmatrix} 1 & 2 & -1 & 2 \\ 3 & 0 & 1 & 5 \\ 1 & -2 & 0 & 3 \\ -2 & -4 & 1 & 6 \end{vmatrix}.$$

解

$$D \xrightarrow{(-3) \times r_1 + r_2} \begin{vmatrix} 1 & 2 & -1 & 2 \\ 0 & -6 & 4 & -1 \\ 1 & -2 & 0 & 3 \\ -2 & -4 & 1 & 6 \end{vmatrix} \xrightarrow{(-1) \times r_1 + r_3} \begin{vmatrix} 1 & 2 & -1 & 2 \\ 0 & -6 & 4 & -1 \\ 0 & -4 & 1 & 1 \\ -2 & -4 & 1 & 6 \end{vmatrix}$$

$$\xrightarrow{2 \times r_1 + r_4} \begin{vmatrix} 1 & 2 & -1 & 2 \\ 0 & -6 & 4 & -1 \\ 0 & -4 & 1 & 1 \\ 0 & 0 & -1 & 10 \end{vmatrix} = \begin{vmatrix} -6 & 4 & -1 \\ -4 & 1 & 1 \\ 0 & -1 & 10 \end{vmatrix} = 90.$$

上例介绍了计算行列式的办法, 在实际运算过程中可以不必拘泥于上述步骤, 可根据不同的情况灵活运用行列式的性质, 从而能较快地算出行列式的值来. 其原则是尽可能多地使行列式的元素变为零, 从而能将行列式降阶.

例 2 计算

$$D = \begin{vmatrix} 0 & 1 & 1 & 1 \\ 1 & 0 & 1 & 1 \\ 1 & 1 & 0 & 1 \\ 1 & 1 & 1 & 0 \end{vmatrix}.$$

解 这个行列式的特点是各行 4 个数之和都是 3, 现把第 2、3、4 列同时加到第 1 列, 提出公因子 3, 然后各行减去第一行:

$$D \xrightarrow{c_1+c_2+c_3+c_4} \begin{vmatrix} 3 & 1 & 1 & 1 \\ 3 & 0 & 1 & 1 \\ 3 & 1 & 0 & 1 \\ 3 & 1 & 1 & 0 \end{vmatrix} \xrightarrow{c_1 \div 3} 3 \begin{vmatrix} 1 & 1 & 1 & 1 \\ 1 & 0 & 1 & 1 \\ 1 & 1 & 0 & 1 \\ 1 & 1 & 1 & 0 \end{vmatrix}$$

$$\xrightarrow[r_4-r_1]{r_2-r_1, r_3-r_1} 3 \begin{vmatrix} 1 & 1 & 1 & 1 \\ 0 & -1 & 0 & 0 \\ 0 & 0 & -1 & 0 \\ 0 & 0 & 0 & -1 \end{vmatrix} = 3 \begin{vmatrix} -1 & 0 & 0 \\ 0 & -1 & 0 \\ 0 & 0 & -1 \end{vmatrix} = -3.$$

例 3 计算

$$D = \begin{vmatrix} a & b & c & d \\ a & a+b & a+b+c & a+b+c+d \\ a & 2a+b & 3a+2b+c & 4a+3b+2c+d \\ a & 3a+b & 6a+3b+c & 10a+6b+3c+d \end{vmatrix}.$$

解 从第 4 行开始, 后一行减前一行:

$$D \xrightarrow[r_2-r_1]{r_4-r_3, r_3-r_2} \begin{vmatrix} a & b & c & d \\ 0 & a & a+b & a+b+c \\ 0 & a & 2a+b & 3a+2b+c \\ 0 & a & 3a+b & 6a+3b+c \end{vmatrix}$$

$$\xrightarrow[r_3-r_2]{r_4-r_3} \begin{vmatrix} a & b & c & d \\ 0 & a & a+b & a+b+c \\ 0 & 0 & a & 2a+b \\ 0 & 0 & a & 3a+b \end{vmatrix} \xrightarrow{r_4-r_3} \begin{vmatrix} a & b & c & d \\ 0 & a & a+b & a+b+c \\ 0 & 0 & a & 2a+b \\ 0 & 0 & 0 & a \end{vmatrix} = a^4.$$

最后我们举一个比较复杂的行列式的例子, 它被称为范德蒙德 (Vandermonde) 行列式.

例 4　证明 n 阶范德蒙德行列式:

$$D_n = \begin{vmatrix} 1 & 1 & \cdots & 1 \\ x_1 & x_2 & \cdots & x_n \\ x_1^2 & x_2^2 & \cdots & x_n^2 \\ \vdots & \vdots & & \vdots \\ x_1^{n-1} & x_2^{n-1} & \cdots & x_n^{n-1} \end{vmatrix} = \prod_{n \geqslant i > j \geqslant 1} (x_i - x_j), \qquad (8.3.9)$$

证　用数学归纳法. 因为

$$D_2 = \begin{vmatrix} 1 & 1 \\ x_1 & x_2 \end{vmatrix} = x_2 - x_1 = \prod_{2 \geqslant i > j \geqslant 1} (x_i - x_j),$$

所以当 $n = 2$ 时 (8.3.9) 成立. 现假设对 $n-1$ 阶范德蒙德行列式 (8.3.9) 成立, 下证对 n 阶范德蒙德行列式 (8.3.9) 也成立.

我们设法把 D_n 降阶: 从第 n 行开始, 后一行减去前一行的 x_1 倍, 有

$$D_n = \begin{vmatrix} 1 & 1 & 1 & \cdots & 1 \\ 0 & x_2 - x_1 & x_3 - x_1 & \cdots & x_n - x_1 \\ 0 & x_2(x_2 - x_1) & x_3(x_3 - x_1) & \cdots & x_n(x_n - x_1) \\ \vdots & \vdots & \vdots & & \vdots \\ 0 & x_2^{n-2}(x_2 - x_1) & x_3^{n-2}(x_3 - x_1) & \cdots & x_n^{n-2}(x_n - x_1) \end{vmatrix},$$

按第 1 列展开, 并把每列的公因子 $x_i - x_1$ 提出, 就有

$$D_n = (x_2 - x_1)(x_3 - x_1)\cdots(x_n - x_1) \begin{vmatrix} 1 & 1 & \cdots & 1 \\ x_2 & x_3 & \cdots & x_n \\ \vdots & \vdots & & \vdots \\ x_2^{n-2} & x_3^{n-2} & \cdots & x_n^{n-2} \end{vmatrix}$$

上式右端的行列式是 $n-1$ 阶范德蒙德行列, 按归纳假设, 它等于所有 $x_i - x_j$ 因子的乘积, 其中 $n \geqslant i > j \geqslant 2$, 故

$$D_n = (x_2 - x_1)(x_3 - x_1)\cdots(x_n - x_1) \prod_{n \geqslant i > j \geqslant 2} (x_i - x_j) = \prod_{n \geqslant i > j \geqslant 1} (x_i - x_j).$$

结论得证.

习 题 8.3

1. 根据行列式的性质, 计算下列行列式的值:

$$(1)\begin{vmatrix} 1 & 0 & 2 & 1 \\ 2 & -1 & 1 & 0 \\ 1 & 0 & 0 & 3 \\ -1 & 0 & 2 & 1 \end{vmatrix}; \qquad (2)\begin{vmatrix} 3 & 1 & -1 & 2 \\ -5 & 1 & 3 & -4 \\ 2 & 0 & 1 & -1 \\ 1 & -5 & 3 & -3 \end{vmatrix};$$

$$(3)\begin{vmatrix} 7 & 3 & 2 & 6 \\ 8 & -9 & 4 & 9 \\ 7 & -2 & 7 & 3 \\ 5 & -3 & 3 & 4 \end{vmatrix}; \qquad (4)\begin{vmatrix} 4 & 1 & 2 & 4 \\ 1 & 2 & 0 & 2 \\ 10 & 5 & 2 & 0 \\ 0 & 1 & 1 & 7 \end{vmatrix}.$$

2. 计算行列式:

$$(1)\begin{vmatrix} x & y & x+y \\ y & x+y & x \\ x+y & x & y \end{vmatrix}; \qquad (2)\begin{vmatrix} 0 & 1 & 1 & a \\ 1 & 0 & 1 & b \\ 1 & 1 & 0 & c \\ a & b & c & d \end{vmatrix}.$$

8.4 克拉默法则

含有 n 个未知数 $x_1, x_2, \cdots, x_n$ 的 n 个线性方程的方程组

$$\begin{cases} a_{11}x_1 + a_{12}x_2 + \cdots + a_{1n}x_n = b_1, \\ a_{21}x_1 + a_{22}x_2 + \cdots + a_{2n}x_n = b_2, \\ \qquad \cdots\cdots\cdots \\ a_{n1}x_1 + a_{n2}x_2 + \cdots + a_{nn}x_n = b_n \end{cases} \tag{8.4.1}$$

与二、三元线性方程组类似, 它的解可以用 n 阶行列式表示.

为了下面的需要, 我们给出如下引理 (其证明留给读者).

引理 8.1 行列式某一行 (列) 的元素与另一行 (列) 的对应元素的代数余子式乘积之和等于零. 即:

$$a_{i1}A_{j1} + a_{i2}A_{j2} + \cdots + a_{in}A_{jn} = 0, \quad i \neq j,$$
$$或 \quad a_{1i}A_{1j} + a_{2i}A_{2j} + \cdots + a_{ni}A_{nj} = 0, \quad i \neq j.$$

克拉默法则 若线性方程组 (8.4.1) 的系数行列式 D 不等于零, 即

$$D = \begin{vmatrix} a_{11} & \cdots & a_{1n} \\ \vdots & & \vdots \\ a_{n1} & \cdots & a_{nn} \end{vmatrix} \neq 0,$$

则方程组 (8.4.1) 有唯一解

$$x_1 = \frac{D_1}{D}, \quad x_2 = \frac{D_2}{D}, \quad \cdots, \quad x_n = \frac{D_n}{D}, \tag{8.4.2}$$

其中, $D_j (j = 1, 2, \cdots, n)$ 是把系数行列式 D 中第 j 列的元素用方程组右端的常数项代替后所得的 n 阶行列式, 即:

$$D_j = \begin{vmatrix} a_{11} & \cdots & a_{1,j-1} & b_1 & a_{1,j+1} & \cdots & a_{1n} \\ \vdots & & \vdots & \vdots & \vdots & & \vdots \\ a_{n1} & \cdots & a_{n,j-1} & b_n & a_{n,j+1} & \cdots & a_{nn} \end{vmatrix}.$$

证　用 D 中第 j 列元素的代数余子式 $A_{1j}, A_{2j}, \cdots, A_{nj}$ 依次乘方程组 (8.4.1) 的 n 个方程, 再把它们相加, 得:

$$\left(\sum_{k=1}^{n} a_{k1} A_{kj}\right) x_1 + \cdots + \left(\sum_{k=1}^{n} a_{kj} A_{kj}\right) x_j + \cdots + \left(\sum_{k=1}^{n} a_{kn} A_{kj}\right) x_n = \sum_{k=1}^{n} b_k A_{kj},$$

根据代数余子式的性质可知, 上式中 x_j 的系数等于 D, 而其余 $x_i (i \neq j)$ 的系数均为零; 等式右端即为 D_j, 于是

$$D x_j = D_j \quad (j = 1, 2, \cdots, n). \tag{8.4.3}$$

当 $D \neq 0$ 时, 方程组 (8.4.3) 有唯一的解 (8.4.2).

由于方程组 (8.4.3) 是由方程组 (8.4.1) 经数乘与相加两种运算得到的, 故 (8.4.1) 的解一定是 (8.4.3) 的解, 现 (8.4.3) 仅有一个解 (8.4.2), 因此 (8.4.1) 如果有解就只可能是解 (8.4.2).

为证解 (8.4.2) 是方程组 (8.4.1) 的唯一解, 还需验证解 (8.4.2) 的确是方程组 (8.4.1) 的解, 也就是要证明

$$a_{i1} \frac{D_1}{D} + a_{i2} \frac{D_2}{D} + \cdots + a_{in} \frac{D_n}{D} = b_i \quad (i = 1, 2, \cdots, n).$$

为此, 考虑有两行相同的 $n+1$ 阶行列式

$$\begin{vmatrix} b_i & a_{i1} & \cdots & a_{in} \\ b_1 & a_{11} & \cdots & a_{1n} \\ \vdots & \vdots & & \vdots \\ b_n & a_{n1} & \cdots & a_{nn} \end{vmatrix} \quad (i = 1, 2, \cdots, n),$$

它的值为 0. 把它按第 1 行展开, 由于第 1 行中 a_{ij} 的代数余子式为

$$(-1)^{1+j+1} \begin{vmatrix} b_1 & a_{11} & \cdots & a_{1,j-1} & a_{1,j+1} & \cdots & a_{1n} \\ \vdots & \vdots & & \vdots & \vdots & & \vdots \\ b_n & a_{n1} & \cdots & a_{n,j-1} & a_{n,j+1} & \cdots & a_{nn} \end{vmatrix} = (-1)^{j+2}(-1)^{1-j} D_j = -D_j,$$

所以有

$$0 = b_i D - a_{i1} D_1 - \cdots - a_{in} D_n,$$

即

$$a_{i1} \frac{D_1}{D} + a_{i2} \frac{D_2}{D} + \cdots + a_{in} \frac{D_n}{D} = b_i \quad (i = 1, 2, \cdots, n).$$

例 1   用克拉默法则求解下列线性方程组

$$\begin{cases} x_1 + x_2 + x_3 - x_4 = 5, \\ 2x_1 + x_2 - 3x_3 - 14x_4 = -1, \\ -3x_1 + 2x_2 + x_3 - 5x_4 = 3, \\ 7x_1 - 4x_2 - 3x_3 + 2x_4 = -2. \end{cases}$$

解

$$D = \begin{vmatrix} 1 & 1 & 1 & -1 \\ 2 & 1 & -3 & -14 \\ -3 & 2 & 1 & -5 \\ 7 & -4 & -3 & 2 \end{vmatrix} = \begin{vmatrix} 1 & 1 & 1 & 1 \\ 0 & -1 & -5 & -12 \\ 0 & 5 & 4 & -8 \\ 0 & -11 & -10 & 9 \end{vmatrix}$$

$$= \begin{vmatrix} -1 & -5 & -12 \\ 5 & 4 & -8 \\ -11 & -10 & 9 \end{vmatrix} = -\begin{vmatrix} 1 & 5 & 12 \\ 0 & -21 & -68 \\ 0 & 45 & 141 \end{vmatrix}$$

$$= \begin{vmatrix} 21 & 68 \\ 45 & 141 \end{vmatrix} = -99,$$

$$D_1 = \begin{vmatrix} 5 & 1 & 1 & -1 \\ -1 & 1 & -3 & -14 \\ 3 & 2 & 1 & -5 \\ -2 & -4 & -3 & 2 \end{vmatrix} = -99,$$

$$D_2 = \begin{vmatrix} 1 & 5 & 1 & -1 \\ 2 & -1 & -3 & -14 \\ -3 & 3 & 1 & -5 \\ 7 & -2 & -3 & 2 \end{vmatrix} = 198,$$

$$D_3 = \begin{vmatrix} 1 & 1 & 5 & -1 \\ 2 & 1 & -1 & -14 \\ -3 & 2 & 3 & -5 \\ 7 & -4 & -2 & 2 \end{vmatrix} = -495,$$

$$D_4 = \begin{vmatrix} 1 & 1 & 1 & 5 \\ 2 & 1 & -3 & -1 \\ -3 & 2 & 1 & 3 \\ 7 & -4 & -3 & -2 \end{vmatrix} = 99,$$

于是得

$$x_1 = 1, \quad x_2 = -2, \quad x_3 = 5, \quad x_4 = -1.$$

习 题 8.4

1. 用克拉默法则求下列线性方程组的解:

(1) $\begin{cases} 2x_1 + 3x_2 + 5x_3 = 2, \\ x_1 + 2x_2 = 5, \\ 3x_2 + 5x_3 = 4; \end{cases}$
(2) $\begin{cases} x + y + z = 0, \\ 2x - 5y - 3z = 10, \\ 4x + 8y + 2z = 4; \end{cases}$

(3) $\begin{cases} x_1 + x_2 + x_3 + x_4 = 5, \\ x_1 + 2x_2 - x_3 + 4x_4 = -2, \\ 2x_1 - 3x_2 - x_3 - 5x_4 = -2, \\ 3x_1 + x_2 + 2x_3 + 11x_4 = 0; \end{cases}$
(4) $\begin{cases} 5x_1 + 6x_2 = 1, \\ x_1 + 5x_2 + 6x_3 = 0, \\ x_2 + 5x_3 + 6x_4 = 0, \\ x_3 + 5x_4 + 6x_5 = 0, \\ x_4 + 5x_5 = 1. \end{cases}$

2. 求解线性方程组

$$\begin{cases} x + y - z = a, \\ -x + y + z = b, \\ x - y + z = c. \end{cases}$$

*8.5   问题及其解

例 1   计算行列式 $D = \begin{vmatrix} 1 & b_1 & & \\ -1 & 1-b_1 & b_2 & \\ & -1 & 1-b_2 & b_3 \\ & & -1 & 1-b_3 \end{vmatrix}$ 的值.

解   将第 1 行加至第 2 行, 然后将所得行列式的第 2 行加至第 3 行, 以此类推,

得:

$$
D = \begin{vmatrix} 1 & b_1 & & \\ -1 & 1-b_1 & b_2 & \\ & -1 & 1-b_2 & b_3 \\ & & -1 & 1-b_3 \end{vmatrix} = \begin{vmatrix} 1 & b_1 & & \\ & 1 & b_2 & \\ & -1 & 1-b_2 & b_3 \\ & & -1 & 1-b_3 \end{vmatrix}
$$

$$
= \begin{vmatrix} 1 & b_1 & & \\ & 1 & b_2 & \\ & & 1 & b_3 \\ & & & 1 \end{vmatrix} = 1.
$$

例 2　计算行列式

$$
D_n = \begin{vmatrix} 3 & -2 & & & & \\ -1 & 3 & -2 & & & \\ & -1 & 3 & -2 & & \\ & & \ddots & \ddots & \ddots & \\ & & & -1 & 3 & -2 \\ & & & & -1 & 3 \end{vmatrix}.
$$

解　将第 $2, 3, \cdots, n$ 列加到第 1 列, 然后按第 1 列展开, 得:

$$
D_n = \begin{vmatrix} 3 & -2 & & & & \\ -1 & 3 & -2 & & & \\ & -1 & 3 & -2 & & \\ & & \ddots & \ddots & \ddots & \\ & & & -1 & 3 & -2 \\ & & & & -1 & 3 \end{vmatrix} = \begin{vmatrix} 1 & -2 & & & & \\ & 3 & -2 & & & \\ & -1 & 3 & -2 & & \\ & & & \ddots & \ddots & \ddots \\ & & & & -1 & 3 & -2 \\ 2 & & & & & -1 & 3 \end{vmatrix}
$$

$$
= D_{n-1} + 2(-1)^{n+1} \cdot (-2)^{n-1} = D_{n-1} + 2^n.
$$

由此递推关系得: $D_n = D_{n-1} + 2^n = D_{n-2} + 2^{n-1} + 2^n = \cdots = D_2 + 2^3 + 2^4 + \cdots + 2^n$
$= 2^{n+1} - 1$.

例 3　计算行列式

$$
D_n = \begin{vmatrix} 1+a_1 & 1 & 1 & \cdots & 1 \\ 1 & 1+a_2 & 1 & \cdots & 1 \\ 1 & 1 & 1+a_3 & \cdots & 1 \\ \vdots & \vdots & \vdots & & \vdots \\ 1 & 1 & 1 & \cdots & 1+a_n \end{vmatrix}.
$$

解　将值为 1 的各项记为 $1+0$, 利用 8.3 节性质 5 将行列式 D_n 拆开得:

$$D_n = \begin{vmatrix} 1+a_1 & 1+0 & 1+0 & \cdots & 1+0 \\ 1+0 & 1+a_2 & 1+0 & \cdots & 1+0 \\ 1+0 & 1+0 & 1+a_3 & \cdots & 1+0 \\ \vdots & \vdots & \vdots & & \vdots \\ 1+0 & 1+0 & 1+0 & \cdots & 1+a_n \end{vmatrix}$$

$$= \begin{vmatrix} a_1 & 0 & \cdots & 0 \\ 0 & a_2 & \cdots & 0 \\ \vdots & \vdots & & \vdots \\ 0 & 0 & \cdots & a_n \end{vmatrix} + \begin{vmatrix} 1 & 0 & \cdots & 0 \\ 1 & a_2 & \cdots & 0 \\ \vdots & \vdots & & \vdots \\ 1 & 0 & \cdots & a_n \end{vmatrix}$$

$$+ \begin{vmatrix} a_1 & 1 & 0 & \cdots & 0 \\ 0 & 1 & 0 & \cdots & 0 \\ 0 & 1 & a_3 & \cdots & 0 \\ \vdots & \vdots & \vdots & & \vdots \\ 0 & 1 & 0 & \cdots & a_n \end{vmatrix} + \cdots + \begin{vmatrix} a_1 & 0 & \cdots & 0 & 1 \\ 0 & a_2 & \cdots & 0 & 1 \\ \vdots & \vdots & & \vdots & \vdots \\ 0 & 0 & \cdots & a_{n-1} & 1 \\ 0 & 0 & \cdots & 0 & 1 \end{vmatrix}$$

$$= \prod_{i=1}^{n} a_i + \sum_{j=1}^{n} \frac{\prod\limits_{i=1}^{n} a_i}{a_j} = \left(\prod_{i=1}^{n} a_i \right) \left(1 + \sum_{j=1}^{a} \frac{1}{a_j} \right)$$

例 4　计算行列式

$$D_n = \begin{vmatrix} 1+x_1^2 & x_1 x_2 & \cdots & x_1 x_n \\ x_2 x_1 & 1+x_2^2 & \cdots & x_2 x_n \\ \vdots & \vdots & & \vdots \\ x_n x_1 & x_n x_2 & \cdots & 1+x_n^2 \end{vmatrix}.$$

解　对行列式 D_n "加边"

$$D_n = \begin{vmatrix} 1 & x_1 & x_2 & \cdots & x_n \\ 0 & 1+x_1^2 & x_1 x_2 & \cdots & x_1 x_n \\ 0 & x_1 x_2 & 1+x_2^2 & \cdots & x_2 x_n \\ \vdots & \vdots & \vdots & & \vdots \\ 0 & x_1 x_n & x_2 x_n & \cdots & 1+x_n^2 \end{vmatrix}$$

将上述行列式的第 1 行乘 $-x_i$ 分别加到第 $i+1$ 行, $i=1,\cdots,n$, 得:

$$D_n = \begin{vmatrix} 1 & x_1 & x_2 & \cdots & x_n \\ -x_1 & 1 & 0 & \cdots & 0 \\ -x_2 & 0 & 1 & \cdots & 0 \\ \vdots & \vdots & \vdots & & \vdots \\ -x_n & 0 & 0 & \cdots & 1 \end{vmatrix} = \begin{vmatrix} 1+\sum_{i=1}^{n}x_i^2 & x_1 & x_2 & \cdots & x_n \\ 0 & 1 & 0 & \cdots & 0 \\ 0 & 0 & 1 & \cdots & 0 \\ \vdots & \vdots & \vdots & & \vdots \\ 0 & 0 & 0 & \cdots & 1 \end{vmatrix}$$

$$=1+\sum_{i=1}^{n}x_i^2.$$

例 5 已知 $D = \begin{vmatrix} 1 & -1 & 1 & x \\ 1 & -1 & x+2 & -1 \\ 1 & x & 1 & -1 \\ x+2 & -1 & 1 & -1 \end{vmatrix} = 0$, 求 x 的值.

解 将第 2、3、4 行分别减去第 1 行, 然后将所得行列式的第 1、2、3 列加至第 4 列, 得:

$$D = \begin{vmatrix} 1 & -1 & 1 & x \\ 1 & -1 & x+2 & -1 \\ 1 & x & 1 & -1 \\ x+2 & -1 & 1 & -1 \end{vmatrix} = \begin{vmatrix} 1 & -1 & 1 & x \\ 0 & 0 & x+1 & -x-1 \\ 0 & x+1 & 0 & -x-1 \\ x+1 & 0 & 0 & -x-1 \end{vmatrix}$$

$$= \begin{vmatrix} 1 & -1 & 1 & x+1 \\ 0 & 0 & x+1 & 0 \\ 0 & x+1 & 0 & 0 \\ x+1 & 0 & 0 & 0 \end{vmatrix} = (x+1)^4 = 0,$$

则 $x = -1$(四重根).

习 题 8.5

1. 求方程 $f(x) = \begin{vmatrix} x-2 & x-1 & x-2 & x-3 \\ 2x-2 & 2x-1 & 2x-2 & 2x-3 \\ 3x-3 & 3x-2 & 4x-5 & 3x-5 \\ 4x & 4x-3 & 5x-7 & 4x-3 \end{vmatrix} = 0$ 的根的个数.

2. 计算行列式的值:

$$(1) \begin{vmatrix} a_1 & 0 & 0 & b_1 \\ 0 & a_2 & b_2 & 0 \\ 0 & b_3 & a_3 & 0 \\ b_4 & 0 & 0 & a_4 \end{vmatrix}; \qquad (2) \begin{vmatrix} a_1 & 1 & 1 & 1 \\ 1 & a_2 & 0 & 0 \\ 1 & 0 & a_3 & 0 \\ 1 & 0 & 0 & a_4 \end{vmatrix}, \quad (a_i \neq 0, \ i = 2,3,4);$$

$$(3) \begin{vmatrix} a_1 & -1 & & & \\ a_2 & x & -1 & & \\ a_3 & & x & -1 & \\ \vdots & & & \ddots & \ddots \\ a_{n-1} & & & & x & -1 \\ a_n & & & & & x \end{vmatrix}; \qquad (4) \begin{vmatrix} a_1 + b_1 & a_1 + b_2 & \cdots & a_1 + b_n \\ a_2 + b_1 & a_2 + b_2 & \cdots & a_2 + b_n \\ \vdots & \vdots & & \vdots \\ a_n + b_1 & a_n + b_2 & \cdots & a_n + b_n \end{vmatrix};$$

$$(5) \begin{vmatrix} x_1 & a_2 & a_3 & \cdots & a_n \\ a_1 & x_2 & a_3 & \cdots & a_n \\ a_1 & a_2 & x_3 & \cdots & a_n \\ \vdots & \vdots & \vdots & & \vdots \\ a_1 & a_2 & a_3 & \cdots & x_n \end{vmatrix}.$$

3. 已知 $D = \begin{vmatrix} \lambda - 3 & -2 & 2 \\ k & \lambda + 1 & -k \\ -4 & -2 & \lambda + 3 \end{vmatrix} = 0$, 求 λ 的值.

4. 已知 $\begin{vmatrix} 1 & 1 & 1 & 1 \\ 1 & -2 & 4 & -8 \\ 1 & 0 & 4 & 15 \\ 1 & x & x^2 & x^3 \end{vmatrix} + \begin{vmatrix} 1 & 1 & 1 & 1 \\ 1 & -2 & 4 & -8 \\ 0 & 3 & 5 & 12 \\ 1 & x & x^2 & x^3 \end{vmatrix} = 0$, 求 x 的值.

第9章 矩 阵

9.1 矩阵的概念

上一章我们给出了 n 阶行列式的概念, 它可以看成是由 n^2 个元素按一定的规则排成 n 行 n 列:

$$
\begin{matrix}
a_{11} & a_{12} & \cdots & a_{1n} \\
a_{21} & a_{22} & \cdots & a_{2n} \\
\vdots & \vdots & & \vdots \\
a_{n1} & a_{n2} & \cdots & a_{nn}
\end{matrix}
$$

我们在研究实际问题时, 也可以把与之类似的由若干行与列构成的矩形阵列当成一个整体来考虑, 称这样的阵列为**矩阵**.

定义 9.1 由 $m \times n$ 个数 $a_{ij}(i = 1, 2, \cdots, m, j = 1, 2, \cdots, n)$ 排成的 m 行 n 列的矩形阵列:

$$
A = \begin{pmatrix}
a_{11} & a_{12} & \cdots & a_{1n} \\
a_{21} & a_{22} & \cdots & a_{2n} \\
\vdots & \vdots & & \vdots \\
a_{m1} & a_{m2} & \cdots & a_{mn}
\end{pmatrix}
$$

称为 **m 行 n 列矩阵**, 简称 **$m \times n$ 矩阵** (或 $m \times n$ 阵). $a_{ij}(i = 1, 2, \cdots, m; j = 1, 2, \cdots, n)$ 称为矩阵 A 的元素, 第一个下标 i 表示 a_{ij} 在 A 的第 i 行, 第二个下标 j 表示 a_{ij} 在 A 的第 j 列.

元素是实数的矩阵称为**实矩阵**, 元素是复数的矩阵称为**复矩阵**. 所有的元素都是零的矩阵称为**零矩阵**, 记为 $\mathbf{0}$, 必要时也可写为 $\mathbf{0}_{m \times n}$, 这主要是为了指明矩阵是 m 行 n 列的零矩阵.

只有一行的矩阵

$$
A = (a_{11}, a_{12}, \cdots, a_{1n}),
$$

称为行矩阵或行向量; 只有一列的矩阵

$$
B = \begin{pmatrix}
a_{11} \\
a_{21} \\
\vdots \\
a_{n1}
\end{pmatrix}
$$

称为**列矩阵**或**列向量**. 当矩阵的行数与列数都仅为 1 时, 也即 A 只有一个元素 $A = (a_{11})$, 我们可以把 A 看成是一个数 a_{11}.

如果 $A = (a_{ij})_{m \times n}$ 中行数与列数相等, 即 $m = n$, 则称 A 为 n **阶方矩阵**或 n **阶方阵**. n 阶方阵 $A = (a_{ij})_{n \times n}$ 的元素 $a_{11}, a_{22}, \cdots, a_{nn}$ 称为 A 的**主对角线元素**. 若一个方阵除了主对角线上的元素外都等于零, 则称为**对角阵**, 即:

$$A = \begin{pmatrix} a_{11} & 0 & \cdots & 0 \\ 0 & a_{22} & \cdots & 0 \\ \vdots & \vdots & & \vdots \\ 0 & 0 & \cdots & a_{nn} \end{pmatrix},$$

简记为 $A = \mathrm{diag}\{a_{11}, a_{22}, \cdots, a_{nn}\}$, 此时若 $a_{11} = a_{22} = \cdots = a_{nn} = 1$, 则称 A 为 **n 阶单位阵**, 记为:

$$I_n = \begin{pmatrix} 1 & 0 & \cdots & 0 \\ 0 & 1 & \cdots & 0 \\ \vdots & \vdots & & \vdots \\ 0 & 0 & \cdots & 1 \end{pmatrix}.$$

如果 n 阶方阵的主对角线以下的元素都等于零, 即:

$$A = \begin{pmatrix} a_{11} & a_{12} & \cdots & a_{1n} \\ 0 & a_{22} & \cdots & a_{2n} \\ \vdots & \vdots & & \vdots \\ 0 & 0 & \cdots & a_{nn} \end{pmatrix},$$

则称 A 为**上三角阵**, 同样, 若 A 的主对角线上面的元素全为零, 则称 A 为**下三角阵**.

两个矩阵的行数相等、列数也相等时, 就称它们是同型矩阵. 如果 $A = (a_{ij})$ 与 $B = (b_{ij})$ 是**同型矩阵**, 并且它们的对应元素相等, 即

$$a_{ij} = b_{ij} \quad (i = 1, 2, \cdots, m; j = 1, 2, \cdots, n),$$

则称矩阵 A 与矩阵 B **相等**, 记为 $A = B$.

需注意的是, 不同型的零矩阵是不同的, 比如:

$$\begin{pmatrix} 0 & 0 \\ 0 & 0 \end{pmatrix}, \begin{pmatrix} 0 & 0 \\ 0 & 0 \\ 0 & 0 \end{pmatrix}$$

虽然都是零矩阵, 但它们是不相等的, 因为第一个零矩阵是 2×2 矩阵, 而第二个矩阵是 3×2 矩阵. 另外不同型的单位矩阵, 看上去形状差不多, 但行、列数不同, 所以也是不相等的矩阵.

对一个 n 阶方阵 $A = (a_{ij})_{n \times n}$, 可以定义 A 的行列式

$$\begin{vmatrix} a_{11} & a_{12} & \cdots & a_{1n} \\ a_{21} & a_{22} & \cdots & a_{2n} \\ \vdots & \vdots & & \vdots \\ a_{n1} & a_{n2} & \cdots & a_{nn} \end{vmatrix},$$

记作 $|A|$, 称之为**矩阵 A 的行列式**.

对于有 n 个未知数 $x_1, x_2, \cdots, x_n$ 的 m 个方程组成的线性方程组:

$$\begin{cases} a_{11}x_1 + a_{12}x_2 + \cdots + a_{1n}x_n = b_1, \\ a_{21}x_1 + a_{22}x_2 + \cdots + a_{2n}x_n = b_2, \\ \cdots\cdots\cdots\cdots \\ a_{m1}x_1 + a_{m2}x_2 + \cdots + a_{mn}x_n = b_m. \end{cases} \tag{9.1.1}$$

由它的未知数前面的系数可组成一个 $m \times n$ 矩阵:

$$A = \begin{pmatrix} a_{11} & a_{12} & \cdots & a_{1n} \\ a_{21} & a_{22} & \cdots & a_{2n} \\ \vdots & \vdots & & \vdots \\ a_{m1} & a_{m2} & \cdots & a_{mn} \end{pmatrix}$$

A 称为线性方程组 (9.1.1) 的系数矩阵, (9.1.1) 的常数项也可组成一个列矩阵, 即

$$b = \begin{pmatrix} b_1 \\ b_2 \\ \vdots \\ b_m \end{pmatrix}.$$

我们还称矩阵

$$\tilde{A} = \begin{pmatrix} a_{11} & a_{12} & \cdots & a_{1n} & b_1 \\ a_{21} & a_{22} & \cdots & a_{2n} & b_2 \\ \vdots & \vdots & & \vdots & \vdots \\ a_{m1} & a_{m2} & \cdots & a_{mn} & b_m \end{pmatrix}$$

为方程组 (9.1.1) 的**增广矩阵**.

9.2　矩阵的运算

本节中, 我们将介绍矩阵的基本运算: 加法、减法、数乘、乘法、转置与共轭.

1. 矩阵的加减法

定义 9.2　设有两个 $m \times n$ 矩阵 $A = (a_{ij})_{m \times n}$, $B = (b_{ij})_{m \times n}$, 则矩阵 A 与 B 的和记为 $A + B$, 且 $A + B$ 的第 (i, j) 元素等于 $a_{ij} + b_{ij}$, 即:

$$A + B = \begin{pmatrix} a_{11} + b_{11} & a_{12} + b_{12} & \cdots & a_{1n} + b_{1n} \\ a_{21} + b_{21} & a_{22} + b_{22} & \cdots & a_{2n} + b_{2n} \\ \vdots & \vdots & & \vdots \\ a_{m1} + b_{m1} & a_{m2} + b_{m2} & \cdots & a_{mn} + b_{mn} \end{pmatrix}$$

需注意的是, 只有两个同型矩阵才能进行加法运算.

矩阵的加法满足下列运算律: (1) 交换律: $A + B = B + A$; (2) 结合律: $(A + B) + C = A + (B + C)$; (3) $0 + A = A + 0 = A$.

例 1　$\begin{pmatrix} 1 & 3 \\ -2 & 0 \end{pmatrix} + \begin{pmatrix} 2 & -3 \\ 1 & 1 \end{pmatrix} = \begin{pmatrix} 1 + 2 & 3 + (-3) \\ -2 + 1 & 0 + 1 \end{pmatrix} = \begin{pmatrix} 3 & 0 \\ -1 & 1 \end{pmatrix}.$

设矩阵 $A = (a_{ij})$, 记

$$-A = (-a_{ij}),$$

$-A$ 称为矩阵 A 的**负矩阵**, 显然有

$$A + (-A) = 0.$$

由此定义矩阵的减法为

$$A - B = A + (-B).$$

从而, 矩阵的加法还满足 $A + (-A) = 0$, 这一运算律.

例 2

$$\begin{pmatrix} -1 & 2 & 0 \\ 5 & 2 & -3 \\ 0 & 1 & 1 \end{pmatrix} - \begin{pmatrix} 1 & -1 & 3 \\ 5 & -3 & 2 \\ -1 & 0 & 0 \end{pmatrix}$$

$$= \begin{pmatrix} -1 - 1 & 2 - (-1) & 0 - 3 \\ 5 - 5 & 2 - (-3) & -3 - 2 \\ 0 - (-1) & 1 - 0 & 1 - 0 \end{pmatrix} = \begin{pmatrix} -2 & 3 & -3 \\ 0 & 5 & -5 \\ 1 & 1 & 1 \end{pmatrix}.$$

2. 矩阵的数乘

定义 9.3 A 是一个 $m \times n$ 矩阵, 定义数 k 与矩阵 A 的乘积为 kA 或 Ak, 即：

$$kA = Ak = \begin{pmatrix} ka_{11} & ka_{12} & \cdots & ka_{1n} \\ ka_{21} & ka_{22} & \cdots & ka_{2n} \\ \vdots & \vdots & & \vdots \\ ka_{n1} & ka_{n2} & \cdots & ka_{nn} \end{pmatrix},$$

从上面定义可以看出, 一个数 k 和一个矩阵相乘, 只需用 k 乘矩阵中的每一个元素即可.

矩阵的数乘满足下列运算律：

(1) $(kl)A = k(lA)$;

(2) $(k + l)A = kA + lA$;

(3) $k(A + B) = kA + kB$;

(4) $1 \cdot A = A$;

(5) $0 \cdot A = \mathbf{0}$.

注：(5) 式中, 左边的 "0" 表示数零, 右边的 "**0**" 表示一个与 A 行数列数相同的零矩阵.

例 3

$$2 \cdot \begin{pmatrix} 1 & 7 & -1 \\ 4 & 2 & 3 \\ 2 & 0 & 1 \end{pmatrix} = \begin{pmatrix} 2 & 14 & -2 \\ 8 & 4 & 6 \\ 4 & 0 & 2 \end{pmatrix}.$$

3. 矩阵的乘法

定义 9.4 设 $A = (a_{ij})$ 是一个 $m \times s$ 矩阵, $B = (b_{ij})$ 是一个 $s \times n$ 矩阵, 定义矩阵 A 和矩阵 B 的乘积是一个 $m \times n$ 矩阵 $C = (c_{ij})$, 其中

$$c_{ij} = a_{i1}b_{1j} + a_{i2}b_{2j} + \cdots + a_{is}b_{sj}$$

$$= \sum_{k=1}^{s} a_{ik}b_{kj} \quad (i = 1, 2, \cdots, m; j = 1, 2, \cdots, n), \tag{9.2.1}$$

把此乘积记为 $C = AB$.

我们把详细的乘积矩阵的表达式写出来：

$$\begin{pmatrix} a_{11} & a_{12} & \cdots & a_{1k} \\ a_{21} & a_{22} & \cdots & a_{2k} \\ \vdots & \vdots & & \vdots \\ a_{m1} & a_{m2} & \cdots & a_{mk} \end{pmatrix} \begin{pmatrix} b_{11} & b_{12} & \cdots & b_{1n} \\ b_{21} & b_{22} & \cdots & b_{2n} \\ \vdots & \vdots & & \vdots \\ b_{k1} & b_{k2} & \cdots & b_{kn} \end{pmatrix}$$

$$= \begin{pmatrix} \sum\limits_{l=1}^{k} a_{1l}b_{l1} & \sum\limits_{l=1}^{k} a_{1l}b_{l2} & \cdots & \sum\limits_{l=1}^{k} a_{1l}b_{ln} \\ \sum\limits_{l=1}^{k} a_{2l}b_{l1} & \sum\limits_{l=1}^{k} a_{2l}b_{l2} & \cdots & \sum\limits_{l=1}^{k} a_{2l}b_{ln} \\ \vdots & \vdots & & \vdots \\ \sum\limits_{l=1}^{k} a_{ml}b_{l1} & \sum\limits_{l=1}^{k} a_{ml}b_{l2} & \cdots & \sum\limits_{l=1}^{k} a_{ml}b_{ln} \end{pmatrix}.$$

根据此定义, 一个 $1 \times s$ 行矩阵与一个 $s \times 1$ 列矩阵的乘积是一个 1 阶方阵, 即为一个数:

$$(a_{i1}, a_{i2}, \cdots, a_{is}) \begin{pmatrix} b_{1j} \\ b_{2j} \\ \vdots \\ b_{sj} \end{pmatrix} = a_{i1}b_{1j} + a_{i2}b_{2j} + \cdots + a_{is}b_{sj}$$

$$= \sum_{k=1}^{s} a_{ik}b_{kj} = c_{ij}.$$

这表明, 乘积矩阵 $AB = C$ 的第 i 行第 j 列元素 c_{ij} 就是 A 的第 i 行与 B 的第 j 列的乘积.

必须注意的是, 只有当第一个矩阵的列数等于第二个矩阵的行数时, 两个矩阵才能相乘.

例 4　求矩阵

$$A = \begin{pmatrix} 1 & 2 & 0 \\ 1 & -1 & 1 \end{pmatrix}, \qquad B = \begin{pmatrix} 1 & 3 \\ 0 & 1 \\ 1 & -1 \end{pmatrix}$$

的乘积 AB.

解　A 是 2×3 矩阵, B 是 3×2 矩阵, A 的列数等于 B 的行数, 所以矩阵 A 与 B 可以相乘, 二者乘积 $AB = C$ 是一个 2×2 矩阵.

$$C = AB = \begin{pmatrix} 1 & 2 & 0 \\ 1 & -1 & 1 \end{pmatrix} \begin{pmatrix} 1 & 3 \\ 0 & 1 \\ 1 & -1 \end{pmatrix}$$

$$= \begin{pmatrix} 1 \times 1 + 2 \times 0 + 0 \times 1 & 1 \times 3 + 2 \times 1 + 0 \times (-1) \\ 1 \times 1 + (-1) \times 0 + 1 \times 1 & 1 \times 3 + (-1) \times 1 + 1 \times (-1) \end{pmatrix}$$

$$= \begin{pmatrix} 1 & 5 \\ 2 & 1 \end{pmatrix}.$$

例 5 求矩阵

$$A = \begin{pmatrix} 2 & 0 \\ 0 & 1 \end{pmatrix}, \quad B = \begin{pmatrix} -1 & 0 \\ 1 & 1 \end{pmatrix}$$

的乘积 AB 及 BA.

解

$$AB = \begin{pmatrix} 2 & 0 \\ 0 & 1 \end{pmatrix} \begin{pmatrix} -1 & 0 \\ 1 & 1 \end{pmatrix} = \begin{pmatrix} -2 & 0 \\ 1 & 1 \end{pmatrix},$$

$$BA = \begin{pmatrix} -1 & 0 \\ 1 & 1 \end{pmatrix} \begin{pmatrix} 2 & 0 \\ 0 & 1 \end{pmatrix} = \begin{pmatrix} -2 & 0 \\ 2 & 1 \end{pmatrix}.$$

由例 5 可知, 矩阵的乘法不满足交换律, 即一般情况下, $AB \neq BA$. 不过矩阵的乘法仍满足下列运算律:

(1) $(AB)C = A(BC)$;

(2) $A(B+C) = AB + AC, (B+C)A = BA + CA$;

(3) $k(AB) = (kA)B = A(kB)$, 其中 k 为数.

对于单位矩阵 I_n, 容易验证

$$I_m A_{m \times n} = A_{m \times n}, A_{m \times n} I_n = A_{m \times n},$$

或简记为

$$IA = AI = A.$$

根据矩阵的乘法, 我们还可以定义 n 阶方阵的幂. 设 A 是 n 阶方阵, 定义

$$A^1 = A, A^2 = AA, \cdots, A^{k+l} = A^k A^l,$$

其中, k, l 是正整数. 因此, A^k 就是 k 个 A 连乘.

注: 只有方阵才能做幂运算.

方阵的幂满足下列运算律:

(1) $A^k A^l = A^{k+l}$;

(2) $(A^k)^l = A^{kl}$.

因为矩阵乘法不满足交换律, 所以对于两个 n 阶方阵 A 与 B, 一般来说, 对 $k > 1$,

$$(AB)^k \neq A^k B^k.$$

矩阵的乘法与行列式的乘法有着密切的关系, 我们有如下定理.

定理 9.1 设 A, B 都是 n 阶方阵, 则

$$|AB| = |A| \cdot |B|.$$

4. 矩阵的转置

定义 9.5　设有一个 $m \times n$ 矩阵 $A = (a_{ij})_{m \times n}$, 定义 A 的转置为一个 $n \times m$ 矩阵, 它的第 k 行是原矩阵 A 的第 k 列; 它的第 j 列是原矩阵 A 的第 j 行, 记为 A' 或 A^{T}, 即: 若

$$A = \begin{pmatrix} a_{11} & a_{12} & \cdots & a_{1n} \\ a_{21} & a_{22} & \cdots & a_{2n} \\ \vdots & \vdots & & \vdots \\ a_{m1} & a_{m2} & \cdots & a_{mn} \end{pmatrix}_{m \times n},$$

则

$$A^{\mathrm{T}} = \begin{pmatrix} a_{11} & a_{21} & \cdots & a_{m1} \\ a_{12} & a_{22} & \cdots & a_{m2} \\ \vdots & \vdots & & \vdots \\ a_{1n} & a_{2n} & \cdots & a_{mn} \end{pmatrix}_{n \times m}.$$

例 6　设

$$A = \begin{pmatrix} 1 & 3 & 0 \\ 3 & -1 & 1 \end{pmatrix},$$

则

$$A^{\mathrm{T}} = \begin{pmatrix} 1 & 3 \\ 3 & -1 \\ 0 & 1 \end{pmatrix}.$$

矩阵转置满足下列运算律:

(1) $(A^{\mathrm{T}})^{\mathrm{T}} = A$;

(2) $(A + B)^{\mathrm{T}} = A^{\mathrm{T}} + B^{\mathrm{T}}$;

(3) $(kA)^{\mathrm{T}} = kA^{\mathrm{T}}$;

(4) $(AB)^{\mathrm{T}} = B^{\mathrm{T}}A^{\mathrm{T}}$.

现证 (4) 式.

设 $A = (a_{ij})_{m \times s}$, $B = (b_{ij})_{s \times n}$, 记 $AB = C = (c_{ij})_{m \times n}$, $B^{\mathrm{T}}A^{\mathrm{T}} = D = (d_{ij})_{n \times m}$. 于是有:

$$c_{ji} = \sum_{k=1}^{s} a_{jk} b_{ki},$$

而 B^{T} 的第 i 行为 $(b_{1i}, \cdots, b_{si})$, A^{T} 的第 j 列为 $(a_{j1}, \cdots, a_{js})$, 因此

$$d_{ij} = \sum_{k=1}^{s} b_{ki} a_{jk} = \sum_{k=1}^{s} a_{jk} b_{ki},$$

所以 $d_{ij} = c_{ji}, (i = 1, 2, \cdots, n; j = 1, 2, \cdots, m)$, 即 $D = C^{\mathrm{T}}$, 也即

$$B^{\mathrm{T}} A^{\mathrm{T}} = (AB)^{\mathrm{T}}.$$

例 7 已知

$$A = \begin{pmatrix} 2 & 1 & -2 \\ 1 & 0 & 4 \\ 0 & 1 & 1 \end{pmatrix}, \quad B = \begin{pmatrix} 3 & 1 & 0 \\ 0 & 0 & 1 \\ -1 & 2 & 0 \end{pmatrix},$$

求 $(AB)^{\mathrm{T}}$.

解法 1 因为

$$AB = \begin{pmatrix} 2 & 1 & -2 \\ 1 & 0 & 4 \\ 0 & 1 & 1 \end{pmatrix} \begin{pmatrix} 3 & 1 & 0 \\ 0 & 0 & 1 \\ -1 & 2 & 0 \end{pmatrix} = \begin{pmatrix} 8 & -2 & 1 \\ -1 & 9 & 0 \\ -1 & 2 & 1 \end{pmatrix},$$

所以

$$(AB)^{\mathrm{T}} = \begin{pmatrix} 8 & -1 & -1 \\ -2 & 9 & 2 \\ 1 & 0 & 1 \end{pmatrix}.$$

解法 2

$$(AB)^{\mathrm{T}} = B^{\mathrm{T}} A^{\mathrm{T}} = \begin{pmatrix} 3 & 0 & -1 \\ 1 & 0 & 2 \\ 0 & 1 & 0 \end{pmatrix} \begin{pmatrix} 2 & 1 & 0 \\ 1 & 0 & 1 \\ -2 & 4 & 1 \end{pmatrix} = \begin{pmatrix} 8 & -1 & -1 \\ -2 & 9 & 2 \\ 1 & 0 & 1 \end{pmatrix}.$$

设 A 为 n 阶方阵, 如果满足 $A^{\mathrm{T}} = A$, 即

$$a_{ij} = a_{ji} \quad (i, j = 1, 2, \cdots, n)$$

则称 A 为**对称阵**, 如果实矩阵是对称的, 则称为**实对称阵**.

5. 矩阵的共轭

当 $A = (a_{ij})$ 为复矩阵时, 用 $\bar{a}_{ij}$ 表示 a_{ij} 的共轭复数, 记为

$$\bar{A} = (\bar{a}_{ij}),$$

称 $\bar{A}$ 为 A 的**共轭矩阵**.

共轭矩阵满足下列运算律:

(1) $\overline{A+B} = \bar{A} + \bar{B}$;

(2) $\overline{kA} = \bar{k}\bar{A}$;

(3) $\overline{AB} = \bar{A}\bar{B}$.

习　题　9.2

1. 计算:

(1) $\begin{pmatrix} 1 & 3 \\ -2 & 0 \end{pmatrix} + \begin{pmatrix} 2 & -3 \\ 1 & 1 \end{pmatrix}$;　　　　　　(2) $3 \cdot \begin{pmatrix} 1 & 5 \\ 2 & -1 \\ 0 & 1 \end{pmatrix}$;

(3) $2\begin{pmatrix} 1 & 2 \\ 0 & -1 \end{pmatrix} + \sqrt{2}\begin{pmatrix} 0 & 0 \\ 1 & 0 \end{pmatrix} - 2\begin{pmatrix} \frac{1}{2} & 1 \\ 0 & -1 \end{pmatrix}$.

2. 计算:

(1) $\begin{pmatrix} 1 & 0 & 1 \\ 2 & 1 & 0 \end{pmatrix} \begin{pmatrix} 1 & 0 & 1 & 1 \\ 1 & 1 & 2 & -1 \\ -1 & 0 & -1 & 0 \end{pmatrix}$;　(2) $(1, 0, 4)\begin{pmatrix} 1 \\ 1 \\ 0 \end{pmatrix}$;

(3) $\begin{pmatrix} 0 & 1 & -1 & 3 \\ -1 & 2 & 1 & 0 \end{pmatrix} \begin{pmatrix} 1 & 1 \\ -1 & 4 \\ 3 & 0 \\ 1 & 2 \end{pmatrix}$;

(4) $\begin{pmatrix} 2 & 1 & -2 \\ 1 & 0 & 4 \\ -3 & 1 & 0 \\ 0 & 1 & 1 \end{pmatrix} \begin{pmatrix} 3 & 1 & 0 \\ 0 & 0 & 1 \\ -1 & 2 & 0 \end{pmatrix}$.

3. 设 $A = \begin{pmatrix} 1 & 0 & 3 \\ 2 & -1 & 0 \end{pmatrix}$, $B = \begin{pmatrix} 1 & -1 \\ 2 & 3 \\ 4 & 0 \end{pmatrix}$ 试求 AB 与 BA.

4. 设 $A = \begin{pmatrix} \lambda & 1 & 0 \\ 0 & \lambda & 1 \\ 0 & 0 & \lambda \end{pmatrix}$, 求 A^k.

5. 试证: 上三角矩阵的和、差、数乘及乘积仍是上三角矩阵 (对下三角矩阵也有同样结论).

6. 求证: $(A_1 A_2 \cdots A_k)^{\mathrm{T}} = A_k^{\mathrm{T}} A_{k-1}^{\mathrm{T}} \cdots A_1^{\mathrm{T}}$.

7. 若 A, B 为同阶方阵, 且 $AB = BA$, 求证: $(AB)^k = A^k B^k$, k 为正整数.

8. $|\lambda A| = \lambda^n |A|$, A 为 n 阶方阵, λ 为数.

9.3 逆 矩 阵

定义 9.6 对于 n 阶方阵 A, 如果有一个 n 阶方阵 B, 使

$$AB = BA = I_n,$$

则称方阵 A 是**可逆矩阵**, 并把方阵 B 称为 A 的**逆阵**, 记为 $B = A^{-1}$.

定义 9.7 如果 n 阶方阵 A 无逆矩阵, 则称 A 为**奇异矩阵**. 否则称为**非奇异矩阵**.

如果方阵 A 是可逆的, 则 A 的逆阵是唯一的. 这是因为: 设 B, C 都是 A 的逆阵, 则有

$$B = BE = B(AC) = (BA)C = EC = C,$$

所以 A 的逆阵是唯一的.

求可逆矩阵的逆矩阵也是一种运算, 它满足下列运算律:

(1) 若 A 是可逆矩阵, 则 $(A^{-1})^{-1} = A$;

(2) 若 A, B 是同阶可逆阵, 则 AB 也是可逆阵, 并且

$$(AB)^{-1} = B^{-1}A^{-1};$$

(3) 若 A 是可逆阵, k 是一个不等于零的数, 则 kA 也是可逆阵且

$$(kA)^{-1} = k^{-1}A^{-1};$$

(4) 若 A 是可逆阵, 则 A 的转置 A^{T} 也是可逆阵, 且

$$(A^{\mathrm{T}})^{-1} = (A^{-1})^{\mathrm{T}}.$$

定理 9.2 若方阵 A 可逆, 则 $|A| \neq 0$.

证 A 可逆, 即存在 A^{-1}, 使 $AA^{-1} = I$. 故 $|A| \cdot |A^{-1}| = |I| = 1$, 所以 $|A| \neq 0$.

定理 9.3 n 阶方阵 A 可逆的充分必要条件是 $|A| \neq 0$, 这时

$$A^{-1} = \frac{1}{|A|}A^*,$$

其中, $A^* = \begin{pmatrix} A_{11} & A_{21} & \cdots & A_{n1} \\ A_{12} & A_{22} & \cdots & A_{n2} \\ \vdots & \vdots & & \vdots \\ A_{1n} & A_{2n} & \cdots & A_{nn} \end{pmatrix}$ 为方阵 A 的伴随阵.

证 必要性. 设 A 是可逆阵, 即 A 的逆矩阵存在, 记为 A^{-1}, 则 $AA^{-1} = I_n$, 因此 $|AA^{-1}| = |I_n| = 1$. 因为 $|AA^{-1}| = |A||A^{-1}|$, 于是 $|A||A^{-1}| = 1$, 即 $|A| \neq 0$.

充分性. 设 $|A| \neq 0$, 则可令

$$
B = \frac{1}{|A|}
\begin{pmatrix}
A_{11} & A_{21} & \cdots & A_{n1} \\
A_{12} & A_{22} & \cdots & A_{n2} \\
\vdots & \vdots & & \vdots \\
A_{1n} & A_{2n} & \cdots & A_{nn}
\end{pmatrix}.
$$

要证 $B = A^{-1}$, 只需验证 $AB = BA = I_n$.

$$
AB =
\begin{pmatrix}
a_{11} & a_{12} & \cdots & a_{1n} \\
a_{21} & a_{22} & \cdots & a_{2n} \\
\vdots & \vdots & & \vdots \\
a_{n1} & a_{n2} & \cdots & a_{nn}
\end{pmatrix}
\cdot \frac{1}{|A|}
\begin{pmatrix}
A_{11} & A_{21} & \cdots & A_{n1} \\
A_{12} & A_{22} & \cdots & A_{n2} \\
\vdots & \vdots & & \vdots \\
A_{1n} & A_{2n} & \cdots & A_{nn}
\end{pmatrix}
$$

$$
= \frac{1}{|A|}
\begin{pmatrix}
a_{11} & a_{12} & \cdots & a_{1n} \\
a_{21} & a_{22} & \cdots & a_{2n} \\
\vdots & \vdots & & \vdots \\
a_{n1} & a_{n2} & \cdots & a_{nn}
\end{pmatrix}
\begin{pmatrix}
A_{11} & A_{21} & \cdots & A_{n1} \\
A_{12} & A_{22} & \cdots & A_{n2} \\
\vdots & \vdots & & \vdots \\
A_{1n} & A_{2n} & \cdots & A_{nn}
\end{pmatrix}.
$$

现计算上式中两个矩阵的乘积. 乘积矩阵的第 (i, j) 元素为

$$
\sum_{l=1}^{n} a_{il} A_{jl} = a_{i1} A_{j1} + a_{i2} A_{j2} + \cdots + a_{in} A_{jn}.
$$

当 $i = j$ 时,

$$
a_{i1} A_{j1} + a_{i2} A_{j2} + \cdots + a_{in} A_{jn} = |A|;
$$

当 $i \neq j$ 时,

$$
a_{i1} A_{j1} + a_{i2} A_{j2} + \cdots + a_{in} A_{jn} = 0.
$$

于是

$$
AB = \frac{1}{|A|}
\begin{pmatrix}
|A| & 0 & \cdots & 0 \\
0 & |A| & \cdots & 0 \\
\vdots & \vdots & & \vdots \\
0 & 0 & \cdots & |A|
\end{pmatrix}
=
\begin{pmatrix}
1 & & & \\
& 1 & & \\
& & \ddots & \\
& & & 1
\end{pmatrix},
$$

即

$$
AB = I_n.
$$

同理可证 $BA = I_n$, 于是 $B = A^{-1}$, 定理得证.

推论 若 $AB = I_n$(或 $BA = I_n$), 则 $B = A^{-1}$.

证 $|A| \cdot |B| = |I_n| = 1$, 因此 $|A| \neq 0$, 故 A^{-1} 存在, 于是

$$B = I_n B = (A^{-1}A)B = A^{-1}(AB) = A^{-1}I_n = A^{-1}.$$

例 1 求方阵

$$A = \begin{pmatrix} 1 & 1 & -1 \\ 1 & 2 & -3 \\ 0 & 1 & 1 \end{pmatrix}$$

的逆阵.

解 求得 $|A| = 3 \neq 0$, 知 A^{-1} 存在.

$$\begin{aligned} A_{11} = 5, \quad & A_{21} = -2, \quad A_{31} = -1, \\ A_{12} = -1, \quad & A_{22} = 1, \quad A_{32} = 2, \\ A_{13} = 1, \quad & A_{23} = -1, \quad A_{33} = 1. \end{aligned}$$

于是

$$A^* = \begin{pmatrix} 5 & -2 & -1 \\ -1 & 1 & 2 \\ 1 & -1 & 1 \end{pmatrix},$$

A 的逆阵

$$A^{-1} = \frac{1}{|A|}A^* = \frac{1}{3}\begin{pmatrix} 5 & -2 & -1 \\ -1 & 1 & 2 \\ 1 & -1 & 1 \end{pmatrix} = \begin{pmatrix} \dfrac{5}{3} & -\dfrac{2}{3} & -\dfrac{1}{3} \\ -\dfrac{1}{3} & \dfrac{1}{3} & \dfrac{2}{3} \\ \dfrac{1}{3} & -\dfrac{1}{3} & \dfrac{1}{3} \end{pmatrix}.$$

例 2 设

$$A = \begin{pmatrix} 1 & 2 & 3 \\ 0 & 1 & 2 \\ 4 & 5 & 3 \end{pmatrix}, \quad B = \begin{pmatrix} 1 & 2 \\ 0 & 1 \\ -1 & 0 \end{pmatrix},$$

试求矩阵 X 使其满足

$$AX = B.$$

解 若 A^{-1} 存在, 则由 A^{-1} 左乘上式, 有

$$A^{-1}AX = A^{-1}B,$$

即

$$X = A^{-1}B.$$

因为 $|A| = -3 \neq 0$, 故 A 可逆, 且

$$A^{-1} = \begin{pmatrix} \dfrac{7}{3} & -3 & -\dfrac{1}{3} \\[2mm] -\dfrac{8}{3} & 3 & \dfrac{2}{3} \\[2mm] \dfrac{4}{3} & -1 & -\dfrac{1}{3} \end{pmatrix}.$$

于是

$$X = A^{-1}B = \begin{pmatrix} \dfrac{7}{3} & -3 & -\dfrac{1}{3} \\[2mm] -\dfrac{8}{3} & 3 & \dfrac{2}{3} \\[2mm] \dfrac{4}{3} & -1 & -\dfrac{1}{3} \end{pmatrix} \begin{pmatrix} 1 & 2 \\ 0 & 1 \\ -1 & 0 \end{pmatrix} = \begin{pmatrix} \dfrac{8}{3} & \dfrac{5}{3} \\[2mm] -\dfrac{10}{3} & -\dfrac{7}{3} \\[2mm] \dfrac{5}{3} & \dfrac{5}{3} \end{pmatrix}.$$

习　题　9.3

1. 求下列矩阵的逆阵:

(1) $\begin{pmatrix} 1 & 2 \\ 3 & 4 \end{pmatrix}$;　　　　(2) $\begin{pmatrix} 1 & 2 & 0 \\ 2 & 1 & -1 \\ 3 & 1 & 1 \end{pmatrix}$.

9.4　矩阵的初等变换

1. 初等变换

实际上, 解线性方程组的过程还可以归结为对矩阵的变换, 为此, 有必要介绍矩阵的初等变换的知识.

定义 9.8　下面三种变换称为矩阵的初等行变换:

(1) 对调矩阵中的任意两行 (对调 i, j 两行, 记为 $r_i \leftrightarrow r_j$);

(2) 用一非零常数 k 乘矩阵的某一行中的所有元素 (第 i 行乘 k, 记为 $r_i \times k$);

(3) 将矩阵某一行所有元素的 k 倍加到另一行对应的元素上去 (第 j 行的 k 倍加到第 i 行上, 记为 $r_i + kr_j$).

把上述定义中的 "行" 换成 "列", 即为矩阵的初等列变换的定义 (所用的记号是把 "r" 换成 "c"). 矩阵的初等行变换与初等列变换统称为矩阵的初等变换. 显然, 初等变换是可逆的.

定义 9.9 若矩阵 A 经过有限次初等变换变成矩阵 B, 则称矩阵 A 与矩阵 B 等价, 记为 $A \sim B$.

定理 9.4 一个矩阵 $A = (a_{ij})_{m \times n}$ 经过有限次初等变换后必可化为下面形式的 $m \times n$ 矩阵:

$$\begin{pmatrix} I_r & 0 \\ 0 & 0 \end{pmatrix},$$

其中, I_r 为一个 r 阶的单位阵.

此定理的证明请读者自证.

例 1 用初等变换将下列矩阵化为对角型矩阵, 即当 $i \neq j$ 时, $a_{ij} = 0$.

$$A = \begin{pmatrix} -1 & 0 & 1 & 2 \\ 3 & 1 & 0 & -1 \\ 0 & 2 & 1 & 4 \end{pmatrix}.$$

解

$$A \xrightarrow{(-1) \times r_1} \begin{pmatrix} 1 & 0 & -1 & -2 \\ 3 & 1 & 0 & -1 \\ 0 & 2 & 1 & 4 \end{pmatrix} \xrightarrow{r_2 - 3r_1} \begin{pmatrix} 1 & 0 & -1 & -2 \\ 0 & 1 & 3 & 5 \\ 0 & 2 & 1 & 4 \end{pmatrix}$$

$$\xrightarrow{r_3 - 2r_2} \begin{pmatrix} 1 & 0 & -1 & -2 \\ 0 & 1 & 3 & 5 \\ 0 & 0 & -5 & -6 \end{pmatrix} \xrightarrow[r_2 + \frac{3}{5}r_3]{r_1 + \frac{1}{5}r_3} \begin{pmatrix} 1 & 0 & 0 & -\dfrac{6}{5} \\ 0 & 1 & 0 & \dfrac{7}{5} \\ 0 & 0 & -5 & -6 \end{pmatrix}$$

$$\xrightarrow[\substack{c_4 - \frac{6}{5}c_3 \\ (-\frac{1}{5}) \times c_3}]{c_4 + \frac{6}{5}c_1, c_4 - \frac{7}{5}c_2} \begin{pmatrix} 1 & 0 & 0 & 0 \\ 0 & 1 & 0 & 0 \\ 0 & 0 & 1 & 0 \end{pmatrix}.$$

2. 初等阵

定义 9.10 由单位阵 I_n 经过第一、第二、第三种初等变换得到的矩阵分别称为第一种、第二种、第三种初等阵.

三种初等阵的形状如下:

(1) **第一种初等阵** (对调两行或对调两列)

$$P_{ij} = \begin{pmatrix} 1 & & & & & & & & & \\ & \ddots & & & & & & & & \\ & & 1 & & & & & & & \\ & & & 0 & \cdots & & 1 & & & \\ & & & & 1 & & & & & \\ & & & \vdots & & \ddots & & \vdots & & \\ & & & & & & 1 & & & \\ & & & 1 & \cdots & & 0 & & & \\ & & & & & & & 1 & & \\ & & & & & & & & \ddots & \\ & & & & & & & & & 1 \end{pmatrix},$$

矩阵中空白处的元素都为零. 用 P_{ij} 表示第一种初等阵, 下标 i, j 表示将单位阵 I_n 的第 i 行与第 j 行对调 $(r_i \leftrightarrow r_j)$, 也可表示将 I_n 的第 i 列与第 j 列对调 $(c_i \leftrightarrow c_j)$, 两种对调最终得到的矩阵是一样的.

(2) **第二种初等阵** (用数 k 乘某行或某列)

用非零常数 k 乘单位阵的第 i 行 (或第 i 列), 得

$$P_i(k) = \begin{pmatrix} 1 & & & & & & \\ & \ddots & & & & & \\ & & 1 & & & & \\ & & & k & & & \\ & & & & 1 & & \\ & & & & & \ddots & \\ & & & & & & 1 \end{pmatrix}$$

(3) **第三种初等阵** (用数 k 乘某行 (或列) 加到另一行 (或列) 上去)

用 k 乘单位阵的第 j 行加到第 i 行上去 (或用 k 乘单位阵的第 i 列加到第 j 列上去), 得

$$T_{ij}(k) = \begin{pmatrix} 1 & & & & & & \\ & \ddots & & & & & \\ & & 1 & & k & & \\ & & & \ddots & & & \\ & & & & 1 & & \\ & & & & & \ddots & \\ & & & & & & 1 \end{pmatrix},$$

这里 $i < j$, 我们有下面的定理.

定理 9.5 设 A 是一个 $m \times n$ 矩阵, 对 A 做一次初等行变换, 相当于在 A 的左边乘以相应的 m 阶初等阵; 对 A 做一次初等列变换, 相当于在 A 的右边乘以相应的 n 阶初等阵.

可见, 初等变换对应初等阵, 由初等变换的可逆性, 可知初等阵也是可逆的, 且此初等变换的逆变换也就对应此初等阵的逆阵.

推论 1 $P_{ij}^{-1} = P_{ij}$, $P_i(k)^{-1} = P_i(\frac{1}{k})$, $T_{ij}^{-1}(k) = P_{ij}(-k)$.

推论 2 初等变换不改变矩阵的奇异性.

推论 3 n 阶可逆阵必等价于单位阵 I_n.

证 由定理 9.4, n 阶可逆阵经若干次初等变换后可化为 n 阶对角型矩阵, 且主对角线上的元素或为 1 或为零. 但若主对角线上元素有零出现, 则这个矩阵的行列式就等于零. 而一个可逆阵经若干次初等变换后仍是可逆阵, 因此得到的对角矩阵的行列式不可能为零, 于是这个对角矩阵的主对角线上的元素必全为 1, 即为一个单位阵 I_n. 结论得证.

推论 4 任一 n 阶可逆阵 A 必可表示为若干个初等阵的乘积.

推论 5 任一可逆阵只用行初等变换或只用列初等变换就可以化为单位阵.

若 A 是可逆阵, A^{-1} 也是可逆阵, 由推论 2, 可将 A^{-1} 表示成若干个初等阵的乘积:

$$A^{-1} = Q_1 Q_2 \cdots Q_t = Q_1 Q_2 \cdots Q_t I_n, \tag{9.4.1}$$

又

$$Q_1 Q_2 \cdots Q_t A = I_n, \tag{9.4.2}$$

上面两式启发我们可以利用这样的方法来求矩阵 A 的逆阵: 做一个扩大的 $n \times 2n$ 阶矩阵 (A, I_n), 在对矩阵 A 做行初等变换的同时对 I_n 做同样的行初等变换, 当 A 变成单位阵时, 右端的单位阵就变成了 A^{-1}.

例 2　求下列矩阵 A 的逆阵:

$$A = \begin{pmatrix} 1 & 2 & 3 \\ 2 & -1 & 4 \\ 0 & -1 & 1 \end{pmatrix}.$$

解　做 $n \times 2n$ 阶阵 (A, I_n), 得

$$\begin{pmatrix} 1 & 2 & 3 & 1 & 0 & 0 \\ 2 & -1 & 4 & 0 & 1 & 0 \\ 0 & -1 & 1 & 0 & 0 & 1 \end{pmatrix}.$$

对 (A, I_n) 做初等变换:

$$(A, I_n) \xrightarrow{r_2 - 2r_1} \begin{pmatrix} 1 & 2 & 3 & 1 & 0 & 0 \\ 0 & -5 & -2 & -2 & 1 & 0 \\ 0 & -1 & 1 & 0 & 0 & 1 \end{pmatrix}$$

$$\xrightarrow{(-1)r_3} \begin{pmatrix} 1 & 2 & 3 & 1 & 0 & 0 \\ 0 & -5 & -2 & -2 & 1 & 0 \\ 0 & 1 & -1 & 0 & 0 & -1 \end{pmatrix}$$

$$\xrightarrow[r_2 + 5r_3]{r_1 - 2r_3} \begin{pmatrix} 1 & 0 & 5 & 1 & 0 & 2 \\ 0 & 0 & -7 & -2 & 1 & -5 \\ 0 & 1 & -1 & 0 & 0 & -1 \end{pmatrix}$$

$$\xrightarrow{-\frac{1}{7}r_2} \begin{pmatrix} 1 & 0 & 5 & 1 & 0 & 2 \\ 0 & 0 & 1 & \dfrac{2}{7} & -\dfrac{1}{7} & \dfrac{5}{7} \\ 0 & 1 & -1 & 0 & 0 & -1 \end{pmatrix}$$

$$\xrightarrow[r_1 - 5r_2]{r_3 + r_2} \begin{pmatrix} 1 & 0 & 0 & -\dfrac{3}{7} & \dfrac{5}{7} & -\dfrac{11}{7} \\ 0 & 0 & 1 & \dfrac{2}{7} & -\dfrac{1}{7} & \dfrac{5}{7} \\ 0 & 1 & 0 & \dfrac{2}{7} & -\dfrac{1}{7} & -\dfrac{2}{7} \end{pmatrix},$$

于是

$$A^{-1} = \begin{pmatrix} -\dfrac{3}{7} & \dfrac{5}{7} & -\dfrac{11}{7} \\[2mm] \dfrac{2}{7} & -\dfrac{1}{7} & \dfrac{5}{7} \\[2mm] \dfrac{2}{7} & -\dfrac{1}{7} & -\dfrac{2}{7} \end{pmatrix}.$$

习 题 9.4

1. 用初等变换将下列矩阵化为对角阵:

(1) $\begin{pmatrix} 1 & 2 & 3 \\ -1 & 0 & 1 \\ 0 & 2 & -3 \\ 2 & 1 & 4 \end{pmatrix}$;   (2) $\begin{pmatrix} 1 & 2 & 4 & 3 \\ 1 & -1 & 0 & -2 \\ 1 & 1 & 3 & 2 \\ 2 & 3 & 6 & 5 \end{pmatrix}$.

2. 用初等变换的方法求下列矩阵的逆阵:

(1) $\begin{pmatrix} 1 & 1 & 1 & 1 \\ 1 & 1 & -1 & -1 \\ 1 & -1 & 1 & -1 \\ 1 & -1 & -1 & 1 \end{pmatrix}$;   (2) $\begin{pmatrix} 3 & -2 & 0 & -1 \\ 0 & 2 & 2 & 1 \\ 1 & -2 & -3 & -2 \\ 0 & 1 & 2 & 1 \end{pmatrix}$.

3. 求下列 n 阶方阵 A 的逆阵:

$$A = \begin{pmatrix} 0 & a_1 & 0 & \cdots & 0 \\ 0 & 0 & a_2 & \cdots & 0 \\ \vdots & \vdots & \vdots & & \vdots \\ 0 & 0 & 0 & \cdots & a_{n-1} \\ a_n & 0 & 0 & \cdots & 0 \end{pmatrix},$$

其中, $a_i \neq 0(i = 1, 2, \cdots, n)$.

4. 确定下列矩阵的逆阵是否存在, 若存在求出来.

(1) $\begin{pmatrix} 1 & 2 & -1 \\ 3 & -1 & 0 \\ 2 & -3 & 1 \end{pmatrix}$;   (2) $\begin{pmatrix} 3 & 2 & 1 \\ 3 & 1 & 5 \\ 3 & 2 & 3 \end{pmatrix}$.

*9.5   问题及其解

例 1   设 $A^2 = A$, $A \neq I$ (单位矩阵), 证明 $|A| = 0$.

证　(反证法) $|A| \neq 0$, 则 A 可逆, 那么

$$A = A^{-1} \cdot A^2 = A^{-1} \cdot A = I.$$

这与已知条件 $A \neq I$ 矛盾, 故 $|A| = 0$.

例 2　已知 $AP = PB$, 其中 $B = \begin{pmatrix} 1 & 0 & 0 \\ 0 & 0 & 0 \\ 0 & 0 & -1 \end{pmatrix}, P = \begin{pmatrix} 1 & 0 & 0 \\ 2 & -1 & 0 \\ 2 & 1 & 1 \end{pmatrix}$, 求 A

及 A^5.

解　因为 $AP = PB$, 且 P 可逆, $P^{-1} = \begin{pmatrix} 1 & 0 & 0 \\ 2 & -1 & 0 \\ -4 & 1 & 1 \end{pmatrix}$, 所以

$$A = PBP^{-1} = \begin{pmatrix} 1 & 0 & 0 \\ 2 & -1 & 0 \\ 2 & 1 & 1 \end{pmatrix} \begin{pmatrix} 1 & 0 & 0 \\ 0 & 0 & 0 \\ 0 & 0 & -1 \end{pmatrix} \begin{pmatrix} 1 & 0 & 0 \\ 2 & -1 & 0 \\ -4 & 1 & 1 \end{pmatrix} = \begin{pmatrix} 1 & 0 & 0 \\ 2 & 0 & 0 \\ 6 & -1 & -1 \end{pmatrix},$$

又因为 $A^2 = PBP^{-1} \cdot PBP^{-1} = PB^2P^{-1}$, 故

$$A^5 = PB^5P^{-1} = PBP^{-1} = A = \begin{pmatrix} 1 & 0 & 0 \\ 2 & 0 & 0 \\ 6 & -1 & -1 \end{pmatrix}.$$

例 3　A, B 是 n 阶方阵, 满足 $AB = A + B$, 证明: $AB = BA$.

证　因为 $AB = A + B$, 故 $AB - A - B + E = E$, $(A - E)(B - E) = E$, 从而 $A - E$ 与 $B - E$ 互逆, 故有

$$(A - E)(B - E) = (B - E)(A - E) = E,$$

$$AB - A - B + E = E, \quad BA = A + B,$$

故 $AB = BA$.

例 4　设 A 是 n 阶可逆矩阵, 证明: $(A^*)^* = |A|^{n-2} \cdot A$.

证　用伴随矩阵 A^* 替换公式 $A \cdot A^* = |A|I$ 中的 A, 得

$$A^*(A^*)^* = |A^*|I.$$

由于 $|A^*| = |A|^{n-1}$, 且 A^* 可逆, 又 $(A^*)^{-1} = \dfrac{A}{|A|}$, 所以得到

$$(A^*)^* = |A^*| \cdot (A^*)^{-1} = |A|^{n-1} \frac{A}{|A|} = |A|^{n-2} \cdot A.$$

例 5 设 A, B 是同阶可逆方阵, 且 $A^{-1} + B^{-1}$ 可逆, 证明 $A + B$ 是可逆阵, 并求 $(A + B)^{-1}$.

证 因为 $A + B = A(I + A^{-1}B) = A(A^{-1} + B^{-1})B$, 由已知 A, B, $B^{-1} + A^{-1}$ 可逆, 故 $A + B$ 也可逆, 且

$$(A + B)^{-1} = [A(B^{-1} + A^{-1})B]^{-1} = B^{-1}(B^{-1} + A^{-1})^{-1}A^{-1}.$$

例 6 设 A 是 n 阶可逆方阵, 将 A 的第 i 行和第 j 行对换后得到的矩阵记为 B, 证明 B 可逆, 并求 AB^{-1}.

证 因为 $|A| \neq 0$ 且 $|B| = -|A| \neq 0$, 故 B 可逆.

设 I_{ij} 是 n 阶单位矩阵的第 i 行和第 j 行对换后得到的初等矩阵, 则

$$B = I_{ij}A,$$

故

$$AB^{-1} = A(I_{ij}A)^{-1} = AA^{-1}I_{ij}^{-1} = I_{ij}.$$

习 题 9.5

1. 设 $A = \begin{pmatrix} 1 & 1 & 1 & 1 \\ 1 & 1 & -1 & -1 \\ 1 & -1 & 1 & -1 \\ 1 & -1 & -1 & 1 \end{pmatrix}$, 求 A^2, $(A^*)^{-1}$ 的值.

2. 设 A 为 n 阶方阵, 且 $|A| = -2$, 求 $|-3A|$.

3. 已知 A 和 $E + AB$ 是可逆阵, 证明 $E + BA$ 也可逆, 并求 $(E + BA)^{-1}$.

4. 已知 A, B, C 均为 n 阶方阵, 其中 C 可逆, 且 $ABA = C^{-1}$, 证明 $BAC = CBA$.

5. 若方阵 $A = \begin{pmatrix} -8 & 2 & -2 \\ 2 & x & -4 \\ -2 & -4 & x \end{pmatrix}$ 不可逆, 求 x 的值.

第 10 章　线性方程组

10.1　n 维向量空间

我们先来定义 n 维向量的概念.

定义 10.1　n 个有序数 $a_1, a_2, \cdots, a_n$ 组成的有序数组 $\boldsymbol{\alpha} = (a_1, a_2, \cdots, a_n)$ 称为 **n 维向量**, 数 $a_1, a_2, \cdots, a_n$ 叫做**向量 $\boldsymbol{\alpha}$ 的分量**(有时称 a_i 为 $\boldsymbol{\alpha}$ 的第 i 个分量或第 i 个坐标). 当 $a_i(i = 1, 2, \cdots, n)$ 都取实数时, $\boldsymbol{\alpha}$ 称为**实 n 维向量**; 当 $a_i(i = 1, 2, \cdots, n)$ 取复数时称 $\boldsymbol{\alpha}$ 为**复 n 维向量**.

注: (1) n 维向量在定义中写成行的形式, 即 $\boldsymbol{\alpha} = (a_1, a_2, \cdots, a_n)$, 有时它也被写成列的形式:

$$\boldsymbol{\alpha} = \begin{pmatrix} a_1 \\ a_2 \\ \vdots \\ a_n \end{pmatrix}.$$

对写成行形式的向量, 称之为行向量, 对写成列形式的向量, 称之为列向量. 可根据具体情况采用行向量和列向量, 但不能把两者等同起来, 比如, $\boldsymbol{\alpha} = (1, 1)$ 与 $\boldsymbol{\alpha}^{\mathrm{T}} = \begin{pmatrix} 1 \\ 1 \end{pmatrix}$ 是不相同的.

(2) 向量是有序数组, 故各分量的次序不可任意调换. 两个 n 维向量 $\boldsymbol{\alpha} = (a_1, a_2, \cdots, a_n)$, $\boldsymbol{\beta} = (b_1, b_2, \cdots, b_n)$, 相等当且仅当 $a_1 = b_1, a_2 = b_2, \cdots, a_n = b_n$.

定义 10.2　设 V 为 n 维向量的集合, 如果集合 V 非空, 且集合 V 对于加法及数乘两种运算封闭, 则称集合 V 为**向量空间**.

所谓**封闭**是指在集合 V 中, 可以进行加法及数乘两种运算, 即: 若 $\boldsymbol{\alpha} \in V$, $\boldsymbol{\beta} \in V$, 则 $\boldsymbol{\alpha} + \boldsymbol{\beta} \in V$; 若 $\boldsymbol{\alpha} \in V, k \in \mathbf{R}$, 则 $k\boldsymbol{\alpha} \in V$.

向量的加法运算同矩阵的加法一致, 设有两个 n 维向量 $\boldsymbol{\alpha} = (a_1, a_2, \cdots, a_n)$, $\boldsymbol{\beta} = (b_1, b_2, \cdots, b_n)$, 则定义 $\boldsymbol{\alpha}$ 与 $\boldsymbol{\beta}$ 的和 $\boldsymbol{\alpha} + \boldsymbol{\beta} = (a_1 + b_1, a_2 + b_2, \cdots, a_n + b_n)$. 对列向量, 定义也是类似的, 即

$$\begin{pmatrix} a_1 \\ a_2 \\ \vdots \\ a_n \end{pmatrix} + \begin{pmatrix} b_1 \\ b_2 \\ \vdots \\ b_n \end{pmatrix} = \begin{pmatrix} a_1 + b_1 \\ a_2 + b_2 \\ \vdots \\ a_n + b_n \end{pmatrix}.$$

向量的数乘这样定义: 设 k 是一个常数, α 是一个 n 维行向量即 $\boldsymbol{\alpha} = (a_1, a_2, \cdots, a_n)$, 则 $k\boldsymbol{\alpha} = (ka_1, ka_2, \cdots, ka_n)$, 对列向量,

$$k \begin{pmatrix} a_1 \\ a_2 \\ \vdots \\ a_n \end{pmatrix} = \begin{pmatrix} ka_1 \\ ka_2 \\ \vdots \\ ka_n \end{pmatrix}.$$

若一个 n 维向量的所有分量都等于零, 则称之为 **n 维零向量**, 记为 **0**.

向量的这两种运算满足如下的运算律:

(1) $\boldsymbol{\alpha} + \boldsymbol{\beta} = \boldsymbol{\beta} + \boldsymbol{\alpha}$;

(2) $(\boldsymbol{\alpha} + \boldsymbol{\beta}) + \boldsymbol{\gamma} = \boldsymbol{\alpha} + (\boldsymbol{\beta} + \boldsymbol{\gamma})$;

(3) $\boldsymbol{\alpha} + \boldsymbol{0} = \boldsymbol{\alpha}$;

(4) $\boldsymbol{\alpha} + (-\boldsymbol{\alpha}) = \boldsymbol{0}$;

(5) $1 \cdot \boldsymbol{\alpha} = \boldsymbol{\alpha}$;

(6) $k(\boldsymbol{\alpha} + \boldsymbol{\beta}) = k\boldsymbol{\alpha} + k\boldsymbol{\beta}$;

(7) $(k + l)\boldsymbol{\alpha} = k\boldsymbol{\alpha} + l\boldsymbol{\alpha}$;

(8) $k(l\boldsymbol{\alpha}) = (kl)\boldsymbol{\alpha}$.

例 1 已知向量

$$\boldsymbol{\alpha} = (1, 1, 0, -1), \quad \boldsymbol{\beta} = (-2, 1, 0, 0), \quad \boldsymbol{\gamma} = (-1, -2, 0, 1).$$

试求下列向量:

(1) $\boldsymbol{\alpha} + \boldsymbol{\beta} + \boldsymbol{\gamma}$; (2) $3\boldsymbol{\alpha} - \boldsymbol{\beta} + 5\boldsymbol{\gamma}$.

解 (1) $\boldsymbol{\alpha} + \boldsymbol{\beta} + \boldsymbol{\gamma} = (1, 1, 0, -1) + (-2, 1, 0, 0) + (-1, -2, 0, 1) = (-2, 0, 0, 0)$.

(2) $3\boldsymbol{\alpha} - \boldsymbol{\beta} + 5\boldsymbol{\gamma} = 3(1, 1, 0, -1) - (-2, 1, 0, 0) + 5(-1, -2, 0, 1)$

$$= (3, 3, 0, -3) - (-2, 1, 0, 0) + (-5, -10, 0, 5) = (0, -8, 0, 2).$$

10.2 向量间的线性关系

向量之间除了运算关系外还存在着各种关系, 其中最主要的关系是向量组的线性相关与线性无关.

定义 10.3 对于向量 $\boldsymbol{\beta}, \boldsymbol{\alpha}_1, \boldsymbol{\alpha}_2, \cdots, \boldsymbol{\alpha}_m$, 如果有一组数 $\lambda_1, \lambda_2, \cdots, \lambda_m$, 使

$$\boldsymbol{\beta} = \lambda_1 \boldsymbol{\alpha}_1 + \lambda_2 \boldsymbol{\alpha}_2 + \cdots + \lambda_m \boldsymbol{\alpha}_m,$$

则称向量 $\boldsymbol{\beta}$ 是 $\boldsymbol{\alpha}_1, \boldsymbol{\alpha}_2, \cdots, \boldsymbol{\alpha}_m$ 的**线性组合**, 或称 $\boldsymbol{\beta}$ 可由 $\boldsymbol{\alpha}_1, \boldsymbol{\alpha}_2, \cdots, \boldsymbol{\alpha}_m$**线性表示**.

定义 10.4　设 $\alpha_1, \alpha_2, \cdots, \alpha_m$ 是 m 个 n 维向量, 如果存在一组不全为 0 的数 $\lambda_1, \lambda_2, \cdots, \lambda_m$, 使得

$$\lambda_1\alpha_1 + \lambda_2\alpha_2 + \cdots + \lambda_m\alpha_m = \mathbf{0}, \tag{10.2.1}$$

则称 $\alpha_1, \alpha_2, \cdots, \alpha_m$ 这 m 个向量**线性相关**, 否则称这 m 个向量**线性无关**.

例如向量 $\alpha_1 = (1, 2, -1)$, $\alpha_2 = (2, -3, 1)$, $\alpha_3 = (4,\ 1,\ -1)$, 由于存在不全为 0 的数 $2, 1, -1$ 使 $2\alpha_1 + 1\alpha_2 + (-1)\alpha_3 = 0$, 因此向量 α_1, α_2, α_3 线性相关.

所谓线性无关, 即是如果只有当 $\lambda_1 = \lambda_2 = \cdots = \lambda_m = 0$ 时,(10.2.1) 式才成立, 则称 $\alpha_1, \alpha_2, \cdots, \alpha_m$ **线性无关**.

例如向量 $\alpha_1 = (1, 2, -1), \alpha_2 = (2, -3, 1)$, 设有 λ_1, λ_2 两个数, 使得 $\lambda_1\alpha_1 + \lambda_2\alpha_2 = \mathbf{0}$, 即

$$\lambda_1(1, 2, -1) + \lambda_2(2, -3, 1) = (0, 0, 0),$$

也即

$$(\lambda_1 + 2\lambda_2, 2\lambda_1 - 3\lambda_2, -\lambda_1 + \lambda_2) = (0, 0, 0),$$

从而有

$$\begin{cases} \lambda_1 + 2\lambda_2 = 0, \\ 2\lambda_1 - 3\lambda_2 = 0, \\ -\lambda_1 + \lambda_2 = 0, \end{cases}$$

于是必有 $\lambda_1 = \lambda_2 = 0$. 这就表明, 对任何不全为 0 的两个数 λ_1, λ_2, 都有 $\lambda_1\alpha_1 + \lambda_2\alpha_2 \neq \mathbf{0}$, 所以向量 α_1, α_2 线性无关.

定理 10.1　设 $\alpha_1, \alpha_2, \cdots, \alpha_m$ 是一组 n 维向量, 则这 m 个向量线性相关的充分必要条件是其中至少有一个向量可以用其余向量线性表示.

证　充分性. 假设 α_1, $\alpha_2, \cdots, \alpha_m$ 中有一个向量 (不妨设为 α_m) 可用其余 $m-1$ 个向量线性表示, 即

$$\alpha_m = \lambda_1\alpha_1 + \lambda_2\alpha_2 + \cdots + \lambda_{m-1}\alpha_{m-1},$$

因此

$$\lambda_1\alpha_1 + \lambda_2\alpha_2 + \cdots + \lambda_{m-1}\alpha_{m-1} + (-1)\alpha_m = \mathbf{0},$$

因为 $\lambda_1, \lambda_2, \cdots, \lambda_{m-1}, -1$ 这 m 个数不全为 0, 所以 $\alpha_1, \alpha_2, \cdots, \alpha_m$ 线性相关.

必要性. 设 $\alpha_1, \alpha_2, \cdots, \alpha_m$ 线性相关, 即有一组不全为 0 的数 $\lambda_1, \lambda_2, \cdots, \lambda_m$ 使 $\lambda_1\alpha_1 + \lambda_2\alpha_2 + \cdots + \lambda_m\alpha_m = \mathbf{0}$. 因为 $\lambda_1, \lambda_2, \cdots, \lambda_m$ 中至少有一个不为 0, 不妨设 $\lambda_1 \neq 0$, 则有

$$\alpha_1 = \left(-\frac{\lambda_2}{\lambda_1}\right)\alpha_2 + \left(-\frac{\lambda_3}{\lambda_1}\right)\alpha_3 + \cdots + \left(-\frac{\lambda_m}{\lambda_1}\right)\alpha_m,$$

即 $\boldsymbol{\alpha}_1$ 能由其余向量线性表示.

我们通常用下面的两个命题来判别向量的线性相关或线性无关.

命题 1 设 $\boldsymbol{\alpha}_1, \boldsymbol{\alpha}_2, \cdots, \boldsymbol{\alpha}_m$ 是一组线性相关的向量, 则在这一组向量里再添加若干个向量得到的新的向量组仍是线性相关的. 换句话说, 任一组包含 $\boldsymbol{\alpha}_1, \boldsymbol{\alpha}_2, \cdots, \boldsymbol{\alpha}_m$ 的向量也一定线性相关.

证 设添加进来的向量是 $\boldsymbol{\alpha}_{m+1}, \boldsymbol{\alpha}_{m+2}, \cdots, \boldsymbol{\alpha}_{m+k}$. 由于 $\boldsymbol{\alpha}_1, \boldsymbol{\alpha}_2, \cdots, \boldsymbol{\alpha}_m$ 线性相关, 必存在不全为零的数 $\lambda_1, \lambda_2, \cdots, \lambda_m$, 使

$$\lambda_1 \boldsymbol{\alpha}_1 + \lambda_2 \boldsymbol{\alpha}_2 + \cdots + \lambda_m \boldsymbol{\alpha}_m = \mathbf{0}.$$

于是

$$\lambda_1 \boldsymbol{\alpha}_1 + \lambda_2 \boldsymbol{\alpha}_2 + \cdots + \lambda_m \boldsymbol{\alpha}_m + 0 \cdot \boldsymbol{\alpha}_{m+1} + \cdots + 0 \cdot \boldsymbol{\alpha}_{m+k} = \mathbf{0}.$$

而 $\lambda_1, \lambda_2, \cdots, \lambda_m, 0, \cdots, 0$ 这一组数当然仍不全为零, 因此 $\boldsymbol{\alpha}_1, \boldsymbol{\alpha}_2, \cdots, \boldsymbol{\alpha}_m, \boldsymbol{\alpha}_{m+1}, \cdots, \boldsymbol{\alpha}_{m+k}$ 这 $m+k$ 个向量线性相关.

推论 若 $\boldsymbol{\alpha}_1, \boldsymbol{\alpha}_2, \cdots, \boldsymbol{\alpha}_l$ 是一组线性无关的向量, 从中取出的任意若干个向量都是线性无关的.

证 如果从其中取出的若干个向量线性相关, 则由命题 1 知 $\boldsymbol{\alpha}_1, \boldsymbol{\alpha}_2, \cdots, \boldsymbol{\alpha}_l$ 线性相关, 与题设矛盾, 因此结论成立.

若 $\boldsymbol{\alpha} = (a_1, a_2, \cdots, a_k)$, 则 $\tilde{\boldsymbol{\alpha}} = (a_1, a_2, \cdots, a_k, a_{k+1}, \cdots, a_{k+1})$ 称为 $\boldsymbol{\alpha}$ 的**接长向量**.

命题 2 设 $\boldsymbol{\alpha}_1, \boldsymbol{\alpha}_2, \cdots, \boldsymbol{\alpha}_m$ 是 m 个线性无关的 k 维向量, 又 $\tilde{\boldsymbol{\alpha}}_1, \tilde{\boldsymbol{\alpha}}_2, \cdots, \tilde{\boldsymbol{\alpha}}_m$ 分别是 $\boldsymbol{\alpha}_1, \boldsymbol{\alpha}_2, \cdots, \boldsymbol{\alpha}_m$ 的 $k+l$ 维接长向量, 则 $\tilde{\boldsymbol{\alpha}}_1, \tilde{\boldsymbol{\alpha}}_2, \cdots, \tilde{\boldsymbol{\alpha}}_m$ 必线性无关.

证 设存在 m 个数 $\lambda_1, \lambda_2, \cdots, \lambda_m$ 使

$$\lambda_1 \tilde{\boldsymbol{\alpha}}_1 + \lambda_2 \tilde{\boldsymbol{\alpha}}_2 + \cdots + \lambda_m \tilde{\boldsymbol{\alpha}}_m = \mathbf{0}, \tag{10.2.2}$$

又设 $\boldsymbol{\alpha}_i = (a_{i1}, a_{i2}, \cdots, a_{ik}), i = 1, 2, \cdots, m;$

$$\tilde{\boldsymbol{\alpha}}_i = (a_{i1}, a_{i2}, \cdots, a_{ik}, a_{i,k+1}, \cdots, a_{i,k+l}), \quad i = 1, 2, \cdots, m,$$

代入 (10.2.2) 得

$$\lambda_1 (a_{11}, a_{12}, \cdots, a_{1k}, a_{1,k+1}, \cdots, a_{1,k+l})$$

$$+ \lambda_2 (a_{21}, a_{22}, \cdots, a_{2k}, a_{2,k+1}, \cdots, a_{2,k+l}) + \cdots$$

$$+ \lambda_m (a_{m1}, a_{m2}, \cdots, a_{mk}, a_{m,k+1}, \cdots, a_{m,k+l}) = \mathbf{0}.$$

整理后利用向量等于零其每个分量都为零这一事实, 可得:

$$\lambda_1 a_{11} + \lambda_2 a_{21} + \cdots + \lambda_m a_{m1} = 0,$$

$$\lambda_1 a_{12} + \lambda_2 a_{22} + \cdots + \lambda_m a_{m2} = 0,$$

$$\cdots\cdots$$

$$\lambda_1 a_{1k} + \lambda_2 a_{2k} + \cdots + \lambda_m a_{mk} = 0,$$

$$\lambda_1 a_{1,k+1} + \lambda_2 a_{2,k+1} + \cdots + \lambda_m a_{m,k+1} = 0,$$

$$\cdots\cdots$$

$$\lambda_1 a_{1,k+l} + \lambda_2 a_{2,k+l} + \cdots + \lambda_m a_{m,k+l} = 0.$$

在上面的等式中, 前面 k 个等式即表明

$$\lambda_1 \boldsymbol{\alpha}_1 + \lambda_2 \boldsymbol{\alpha}_2 + \cdots + \lambda_m \boldsymbol{\alpha}_m = \mathbf{0}. \tag{10.2.3}$$

但是 $\boldsymbol{\alpha}_1, \boldsymbol{\alpha}_2, \cdots, \boldsymbol{\alpha}_m$ 由题设是线性无关的, 因此要使 (10.2.3) 成立, 只有 $\lambda_1 = \lambda_2 = \cdots = \lambda_m = 0$. 这就证明了 $\tilde{\boldsymbol{\alpha}}_1, \tilde{\boldsymbol{\alpha}}_2, \cdots, \tilde{\boldsymbol{\alpha}}_m$ 是线性无关的.

推论   设 $\boldsymbol{\alpha}_1, \boldsymbol{\alpha}_2, \cdots, \boldsymbol{\alpha}_m$ 是 m 个 k 维向量, $\tilde{\boldsymbol{\alpha}}_1, \tilde{\boldsymbol{\alpha}}_2, \cdots, \tilde{\boldsymbol{\alpha}}_m$ 是其 $k+l$ 维接长向量, 若 $\tilde{\boldsymbol{\alpha}}_1, \tilde{\boldsymbol{\alpha}}_2, \cdots, \tilde{\boldsymbol{\alpha}}_m$ 线性相关, 则 $\boldsymbol{\alpha}_1, \boldsymbol{\alpha}_2, \cdots, \boldsymbol{\alpha}_m$ 必线性相关.

证   用反证法由命题 2 可直接推得.

例 1   设向量 $\boldsymbol{\alpha}_1, \boldsymbol{\alpha}_2, \boldsymbol{\alpha}_3$ 线性无关, $\boldsymbol{\beta}_1 = \boldsymbol{\alpha}_1 + \boldsymbol{\alpha}_2$, $\boldsymbol{\beta}_2 = \boldsymbol{\alpha}_2 + \boldsymbol{\alpha}_3$, $\boldsymbol{\beta}_3 = \boldsymbol{\alpha}_3 + \boldsymbol{\alpha}_1$, 试证 $\boldsymbol{\beta}_1, \boldsymbol{\beta}_2, \boldsymbol{\beta}_3$ 也线性无关.

证   设有 x_1, x_2, x_3 使

$$x_1 \boldsymbol{\beta}_1 + x_2 \boldsymbol{\beta}_2 + x_3 \boldsymbol{\beta}_3 = \mathbf{0},$$

即

$$x_1(\boldsymbol{\alpha}_1 + \boldsymbol{\alpha}_2) + x_2(\boldsymbol{\alpha}_2 + \boldsymbol{\alpha}_3) + x_3(\boldsymbol{\alpha}_3 + \boldsymbol{\alpha}_1) = \mathbf{0},$$

也即

$$(x_1 + x_3)\boldsymbol{\alpha}_1 + (x_1 + x_2)\boldsymbol{\alpha}_2 + (x_2 + x_3)\boldsymbol{\alpha}_3 = \mathbf{0},$$

因为 $\boldsymbol{\alpha}_1, \boldsymbol{\alpha}_2, \boldsymbol{\alpha}_3$ 线性无关, 所以

$$\begin{cases} x_1 + x_3 = 0, \\ x_1 + x_2 = 0, \\ x_2 + x_3 = 0. \end{cases}$$

此方程组的系数行列式

$$\begin{vmatrix} 1 & 0 & 1 \\ 1 & 1 & 0 \\ 0 & 1 & 1 \end{vmatrix} = 2 \neq 0,$$

故方程组只有零解 $x_1 = x_2 = x_3 = 0$, 既而 $\boldsymbol{\beta}_1, \boldsymbol{\beta}_2, \boldsymbol{\beta}_3$ 线性无关.

习 题 10.2

1. 试确定下列各组向量是线性相关还是线性无关?

    (1) $(-1, 3, 1), (2, 1, 0), (1, 4, 1)$;

    (2) $(2, 3, 0), (-1, 4, 0), (0, 0, 2)$.

2. a 取什么值时, 下列向量线性相关?

$$\boldsymbol{\alpha}_1 = \left(a, -\frac{1}{2}, -\frac{1}{2}\right), \quad \boldsymbol{\alpha}_2 = \left(-\frac{1}{2}, a, -\frac{1}{2}\right), \quad \boldsymbol{\alpha}_3 = \left(-\frac{1}{2}, -\frac{1}{2}, a\right).$$

10.3 秩

在定义秩之前, 我们先来研究极大无关组的定义.

定义 10.5 设有一族 n 维向量 (其中可能有有限个向量, 也可能含有无穷多个向量), 如在这一族向量中存在一组向量 $\boldsymbol{\alpha}_1, \boldsymbol{\alpha}_2, \cdots, \boldsymbol{\alpha}_m$ 适合如下条件:

(1) $\boldsymbol{\alpha}_1, \boldsymbol{\alpha}_2, \cdots, \boldsymbol{\alpha}_m$ 线性无关;

(2) 在原来那一族向量中任意取出一个向量 $\boldsymbol{\alpha}$ 加进去, 则 $\boldsymbol{\alpha}, \boldsymbol{\alpha}_1, \boldsymbol{\alpha}_2, \cdots, \boldsymbol{\alpha}_m$ 线性相关.

则称 $\boldsymbol{\alpha}_1, \boldsymbol{\alpha}_2, \cdots, \boldsymbol{\alpha}_m$ 是这一族向量的**极大线性无关向量组**, 简称**极大无关组**.

例 1 $A = \{(1, 0, 0), (0, 1, 0), (0, 0, 1), (2, 0, 0), (0, 2, 0)\}$, 试证 $B = \{(2, 0, 0), (0, 1, 0), (0, 0, 1)\}$ 是 A 的极大线性无关组.

证 不难证明 B 中的 3 个向量是线性无关的, 又

$$(1, 0, 0) = \frac{1}{2}(2, 0, 0), \qquad (0, 2, 0) = 2(0, 1, 0),$$

因此 B 是 A 的极大无关组.

定理 10.2 设有两个 n 维向量组 A 及 B, 其中 A 含有 r 个向量, B 含有 s 个向量, 即

$$A = \{\boldsymbol{\alpha}_1, \boldsymbol{\alpha}_2, \cdots, \boldsymbol{\alpha}_r\}, \qquad B = \{\boldsymbol{\beta}_1, \boldsymbol{\beta}_2, \cdots, \boldsymbol{\beta}_s\}.$$

如果 A 组向量线性无关, 而 A 组向量可用 B 组中的向量线性表示, 则 A 组向量的个数 r 必不大于 B 组向量的个数 s, 也就是说必有 $r \leqslant s$.

证 采用反证法, 假设 $r > s$, 目的是推出 A 组向量线性相关, 这样便推出了矛盾.

由已知, A 中的任意一个向量都可由 B 组向量线性表示. 对 $\boldsymbol{\alpha}_1$ 来说, 存在 $\lambda_1, \lambda_2, \cdots, \lambda_s$ 使得

$$\boldsymbol{\alpha}_1 = \lambda_1 \boldsymbol{\beta}_1 + \lambda_2 \boldsymbol{\beta}_2 + \cdots + \lambda_s \boldsymbol{\beta}_s. \tag{10.3.1}$$

因为 A 中向量是线性无关的, 因此 A 中的任意一个向量都不等于零向量, $\boldsymbol{\alpha}_1$ 也不例外. 故 (10.3.1) 中的 $\lambda_1, \lambda_2, \cdots, \lambda_s$ 不能全等于 0, 即其中至少有一个不为 0, 不妨

假设 $\lambda_1 \neq 0$, 由 (10.3.1) 式可解出 $\boldsymbol{\beta}_1$:

$$\boldsymbol{\beta}_1 = \frac{1}{\lambda_1}\boldsymbol{\alpha}_1 - \frac{\lambda_2}{\lambda_1}\boldsymbol{\beta}_2 - \cdots - \frac{\lambda_s}{\lambda_1}\boldsymbol{\beta}_s. \tag{10.3.2}$$

但对任意的 $\boldsymbol{\alpha}_i(i = 2, 3, \cdots, r)$, 由 $\boldsymbol{\alpha}_i$ 可由 $\boldsymbol{\beta}_1$, $\boldsymbol{\beta}_2, \cdots, \boldsymbol{\beta}_s$ 线性表示, 即

$$\boldsymbol{\alpha}_i = c_1\boldsymbol{\beta}_1 + c_2\boldsymbol{\beta}_2 + \cdots + c_s\boldsymbol{\beta}_s, \tag{10.3.3}$$

其中 $c_1, c_2, \cdots, c_s$ 都是数. 将 (10.3.2) 代入 (10.3.3) 经整理后得

$$\boldsymbol{\alpha}_i = \frac{c_1}{\lambda_1}\boldsymbol{\alpha}_1 + \left(c_2 - \frac{c_1\lambda_2}{\lambda_1}\right)\boldsymbol{\beta}_2 + \cdots + \left(c_s - \frac{c_1\lambda_s}{\lambda_1}\right)\boldsymbol{\beta}_s, \tag{10.3.4}$$

因此, A 中任一向量 $\boldsymbol{\alpha}_i(i = 1, 2, \cdots, r)$ 可用 $\boldsymbol{\alpha}_1$, $\boldsymbol{\beta}_2$, $\cdots, \boldsymbol{\beta}_s$ 线性表示.

如法可设 A 中任一向量 $\boldsymbol{\alpha}_i(i = 1, 2, \cdots, r)$ 能用 $\boldsymbol{\alpha}_1, \boldsymbol{\alpha}_2, \cdots, \boldsymbol{\alpha}_k, \boldsymbol{\beta}_{k+1}, \cdots, \boldsymbol{\beta}_s$ 线性表示, 其中 k 是实现这种表示的最大自然数; 于是必然 $k \leqslant s$. 若 $k < s$, 意味着集 $\{\boldsymbol{\beta}_{k+1}, \cdots, \boldsymbol{\beta}_s\}$ 不空, 我们设 $\boldsymbol{\alpha}_i(i = 1, 2, \cdots, r)$ 可由 $\boldsymbol{\alpha}_1, \boldsymbol{\alpha}_2, \cdots, \boldsymbol{\alpha}_k, \boldsymbol{\beta}_{k+1}, \cdots, \boldsymbol{\beta}_s$ 线性表示:

$$\boldsymbol{\alpha}_i = \mu_1^{(i)}\boldsymbol{\alpha}_1 + \mu_2^{(i)}\boldsymbol{\alpha}_2 + \cdots + \mu_k^{(i)}\boldsymbol{\alpha}_k + \mu_{k+1}^{(i)}\boldsymbol{\beta}_{k+1} + \cdots + \mu_s^{(i)}\boldsymbol{\beta}_s, \tag{10.3.5}$$

其中 $\mu_1^{(i)}, \mu_2^{(i)}, \cdots, \mu_s^{(i)}$ 是一组数, 但不全为零. 令 $i = k+1$, 则

$$\boldsymbol{\alpha}_{k+1} = \mu_1^{(k+1)}\boldsymbol{\alpha}_1 + \mu_2^{(k+1)}\boldsymbol{\alpha}_2 + \cdots + \mu_k^{(k+1)}\boldsymbol{\alpha}_k + \mu_{k+1}^{(k+1)}\boldsymbol{\beta}_{k+1} + \cdots + \mu_s^{(k+1)}\boldsymbol{\beta}_s, \tag{10.3.6}$$

我们可以断言 $\mu_{k+1}^{(k+1)}, \cdots, \mu_s^{(k+1)}$ 中至少有一个不是零, 不然的话, 就有

$$\boldsymbol{\alpha}_{k+1} = \mu_1^{(k+1)}\boldsymbol{\alpha}_1 + \mu_2^{(k+1)}\boldsymbol{\alpha}_2 + \cdots + \mu_k^{(k+1)}\boldsymbol{\alpha}_k,$$

并且 $\mu_1^{(k+1)}, \mu_2^{(k+1)}, \cdots, \mu_k^{(k+1)}$ 不全为零. 由此导致 A 的部分向量 $\boldsymbol{\alpha}_1$, $\boldsymbol{\alpha}_2, \cdots, \boldsymbol{\alpha}_k$, $\boldsymbol{\alpha}_{k+1}$ 所组成的向量组是线性相关的, 从而推出 A 为线性相关的向量组的矛盾. 因此, 不妨设 $\mu_{k+1}^{(k+1)} \neq 0$, 这样, 就可以根据 (10.3.6) 解出 $\boldsymbol{\beta}_{k+1}$:

$$\boldsymbol{\beta}_{k+1} = -\frac{\mu_1^{(k+1)}}{\mu_{k+1}^{(k+1)}}\boldsymbol{\alpha}_1 - \cdots - \frac{\mu_k^{(k+1)}}{\mu_{k+1}^{(k+1)}}\boldsymbol{\alpha}_k + \frac{1}{\mu_{k+1}^{(k+1)}}\boldsymbol{\alpha}_{k+1} - \frac{\mu_{k+2}^{(k+1)}}{\mu_{k+1}^{(k+1)}}\boldsymbol{\beta}_{k+2} - \cdots - \frac{\mu_s^{(k+1)}}{\mu_{k+1}^{(k+1)}}\boldsymbol{\beta}_s,$$

代入 (10.3.5) 式经整理后得到 $\boldsymbol{\alpha}_i$ 能用 $\boldsymbol{\alpha}_1, \boldsymbol{\alpha}_2, \cdots, \boldsymbol{\alpha}_k, \boldsymbol{\alpha}_{k+1}, \boldsymbol{\beta}_{k+2}, \cdots, \boldsymbol{\beta}_s$ 线性表示的式子:

$$\boldsymbol{\alpha}_i = \left(\mu_1^{(i)} - \frac{\mu_{k+1}^{(i)}\mu_1^{(k+1)}}{\mu_{k+1}^{(k+1)}}\right)\boldsymbol{\alpha}_1 + \left(\mu_2^{(i)} - \frac{\mu_{k+1}^{(i)}\mu_2^{(k+1)}}{\mu_{k+1}^{(k+1)}}\right)\boldsymbol{\alpha}_2 + \cdots + \left(\mu_k^{(i)} - \frac{\mu_{k+1}^{(i)}\mu_k^{(k+1)}}{\mu_{k+1}^{(k+1)}}\right)\boldsymbol{\alpha}_k$$

$$+ \frac{\mu_{k+1}^{(i)}}{\mu_{k+1}^{(k+1)}} \boldsymbol{\alpha}_{k+1} + \left(\mu_{k+2}^{(i)} - \frac{\mu_{k+1}^{(i)} \mu_{k+2}^{(k+1)}}{\mu_{k+1}^{(k+1)}} \right) \boldsymbol{\beta}_{k+2} + \cdots + \left(\mu_s^{(i)} - \frac{\mu_{k+1}^{(i)} \mu_s^{(k+1)}}{\mu_{k+1}^{(k+1)}} \right) \boldsymbol{\beta}_s.$$

而 k 并非这种线性表示的最大数, 产生矛盾, 只好 $k = s$, 于是

$$\alpha_i = k_1 \alpha_1 + k_2 \alpha_2 + \cdots + k_s \alpha_s \quad (i = 1, 2, \cdots, r),$$

其中 $k_1, k_2, \cdots, k_s$ 全为数.

既然 $r > s$, 可设 $i = s + 1$, 则 α_{s+1} 也可由向量组 $\alpha_1, \alpha_2, \cdots, \alpha_s$ 线性表示, 故 $\alpha_1, \alpha_2, \cdots, \alpha_s, \alpha_{s+1}$ 必线性相关, 由此 A 中的向量组线性相关, 与题设矛盾. 结论得证.

说明: 一个向量组的极大无关组可不唯一, 但不同极大无关组所含向量的个数是相同的.

定义 10.6 设 A 是一向量组, A 的极大线性无关组所含向量的个数称为 A 的**秩**.

若 A 是一个矩阵, 将 A 看成是它的行向量组成的向量组, 称这个向量组的秩为矩阵 A 的**行秩**; 同样将 A 看成是它的列向量组成的向量组, 这个向量组的秩称为矩阵 A 的**列秩**. 可以证明出矩阵的行秩与列秩是相等的, 故统称之为 A 的秩, 记为 $r(A)$.

例 2 A 是一个 3 维向量组,

$$A = \{(1, 2, 1), (2, 4, 2), (1, 2, 3)\}.$$

不难验证 $(1, 2, 1)$ 和 $(1, 2, 3)$ 是 A 的极大线性无关组, 因此

$$r(A) = 2.$$

例 3 求矩阵 A 的秩:

$$\begin{pmatrix} 1 & 2 & 0 \\ 0 & 1 & 1 \\ -1 & 2 & 3 \end{pmatrix}.$$

不难验证向量 $(1, 2, 0), (0, 1, 1), (-1, 2, 3)$ 线性无关. 所以矩阵 A 的秩为 3.

我们可以证明下列结论:

初等变换不改变矩阵的秩.

因此我们还可以用初等变换的方法来求矩阵的秩, 即将 A 化为对角形矩阵, 再数一下主对角线上非零元个数就得到了 A 的秩 $r(A)$.

例 4 以例 3 为例, 用初等变换的方法求矩阵 A 的秩.

解

$$\begin{pmatrix} 1 & 2 & 0 \\ 0 & 1 & 1 \\ -1 & 2 & 3 \end{pmatrix} \xrightarrow{r_3+r_1} \begin{pmatrix} 1 & 2 & 0 \\ 0 & 1 & 1 \\ 0 & 4 & 3 \end{pmatrix} \xrightarrow[r_3-4r_2]{r_1-2r_2} \begin{pmatrix} 1 & 0 & -2 \\ 0 & 1 & 1 \\ 0 & 0 & -1 \end{pmatrix} \xrightarrow{(-1)r_3} \begin{pmatrix} 1 & 0 & -2 \\ 0 & 1 & 1 \\ 0 & 0 & 1 \end{pmatrix}.$$

因此 A 的秩为 3.

例 5　求下列矩阵的秩:

$$\begin{pmatrix} 1 & 1 & 2 & 2 & 1 \\ 0 & 2 & 1 & 5 & -1 \\ 2 & 0 & 3 & -1 & 3 \\ 1 & 1 & 0 & 4 & -1 \end{pmatrix}.$$

解

$$\begin{pmatrix} 1 & 1 & 2 & 2 & 1 \\ 0 & 2 & 1 & 5 & -1 \\ 2 & 0 & 3 & -1 & 3 \\ 1 & 1 & 0 & 4 & -1 \end{pmatrix}$$

$$\xrightarrow[r_4-r_1]{r_3-2r_1} \begin{pmatrix} 1 & 1 & 2 & 2 & 1 \\ 0 & 2 & 1 & 5 & -1 \\ 0 & -2 & -1 & -5 & 1 \\ 0 & 0 & -2 & 2 & -2 \end{pmatrix} \xrightarrow[\frac{1}{2}r_2]{r_3+r_2} \begin{pmatrix} 1 & 1 & 2 & 2 & 1 \\ 0 & 1 & \frac{1}{2} & \frac{5}{2} & -\frac{1}{2} \\ 0 & 0 & 0 & 0 & 0 \\ 0 & 0 & -2 & 2 & -2 \end{pmatrix}$$

$$\xrightarrow[-\frac{1}{2}r_4]{r_1-r_2} \begin{pmatrix} 1 & 0 & \frac{3}{2} & -\frac{1}{2} & \frac{3}{2} \\ 0 & 1 & \frac{1}{2} & \frac{5}{2} & -\frac{1}{2} \\ 0 & 0 & 0 & 0 & 0 \\ 0 & 0 & 1 & -1 & 1 \end{pmatrix} \xrightarrow{r_3 \leftrightarrow r_4} \begin{pmatrix} 1 & 0 & \frac{3}{2} & -\frac{1}{2} & \frac{3}{2} \\ 0 & 1 & \frac{1}{2} & \frac{5}{2} & -\frac{1}{2} \\ 0 & 0 & 1 & -1 & 1 \\ 0 & 0 & 0 & 0 & 0 \end{pmatrix}.$$

因此, 矩阵的秩为 3.

定理 10.3　设 $A = (a_{ij})_{m \times n}$, 则 $r(A^{\mathrm{T}}) = r(A)$, 即转置矩阵与原矩阵具有相同的秩.

习　题　10.3

1. 用初等变换法求下列矩阵的秩:

$$(1)\ \begin{pmatrix} 1 & 2 & 0 \\ 0 & 1 & 1 \\ -1 & 2 & 3 \end{pmatrix}; \qquad (2)\ \begin{pmatrix} 1 & 2 & 3 & 4 \\ -1 & 2 & 0 & 1 \\ 0 & 1 & 0 & 2 \end{pmatrix};$$

$$(3) \begin{pmatrix} -1 & 2 & 3 & 1 \\ 0 & -2 & -6 & -2 \\ 1 & 2 & 1 & 1 \end{pmatrix}; \qquad (4) \begin{pmatrix} -1 & 2 & 1 & 0 \\ 1 & -2 & -1 & 0 \\ -1 & 0 & 1 & 1 \\ -2 & 0 & 2 & 2 \end{pmatrix}.$$

2. 试求下列向量组的秩:

(1) $(2,1,3,0,4),(-1,2,3,1,0),(3,-1,0,-1,4)$;

(2) $(-1,2,0,1,3),(1,2,0,5,4),(3,2,2,0,-1)$.

10.4 线性方程组的有解性判别

现在我们来讨论线性方程组

$$\begin{cases} a_{11}x_1 + a_{12}x_2 + \cdots + a_{1n}x_n = b_1, \\ a_{21}x_1 + a_{22}x_2 + \cdots + a_{2n}x_n = b_2, \\ \cdots\cdots\cdots\cdots \\ a_{m1}x_1 + a_{m2}x_2 + \cdots + a_{mn}x_n = b_m. \end{cases}$$

什么时候有解, 什么时候无解, 有解的时候有多少组解, 如何求出方程组的解.

对于以上的问题, 可以利用矩阵秩的工具, 给出令人满意的回答.

定理 10.4 设有 m 个方程, n 个未知数的线性方程组

$$\begin{cases} a_{11}x_1 + a_{12}x_2 + \cdots + a_{1n}x_n = b_1, \\ a_{21}x_1 + a_{22}x_2 + \cdots + a_{2n}x_n = b_2, \\ \cdots\cdots\cdots\cdots \\ a_{m1}x_1 + a_{m2}x_2 + \cdots + a_{mn}x_n = b_m. \end{cases} \qquad (10.4.1)$$

记 A 是这个线性方程组的系数矩阵, $\tilde{A}$ 是 A 的增广矩阵, 即

$$\tilde{A} = \begin{pmatrix} a_{11} & a_{12} & \cdots & a_{1n} & b_1 \\ a_{21} & a_{22} & \cdots & a_{2n} & b_2 \\ \vdots & \vdots & & \vdots & \vdots \\ a_{m1} & a_{m2} & \cdots & a_{mn} & b_m \end{pmatrix}.$$

则有如下结论:

(1) 若 A 与 $\tilde{A}$ 的秩相等且都等于 n, 即 $r(\tilde{A}) = r(A) = n$, 则该线性方程组有且只有唯一组解.

(2) 若 A 与 $\tilde{A}$ 的秩相等但小于 n, 即 $r(\tilde{A}) = r(A) < n$, 则该线性方程组有解且有无穷多组解.

(3) 若 A 与 $\tilde{A}$ 的秩不相等, 即 $r(\tilde{A}) \neq r(A)$, 则该线性方程组没有解.

证　(1) 设

$$\boldsymbol{\alpha}_i = \begin{pmatrix} a_{1i} \\ a_{2i} \\ \vdots \\ a_{mi} \end{pmatrix} \quad (i = 1, 2, \cdots, n), \quad \boldsymbol{\beta} = \begin{pmatrix} b_1 \\ b_2 \\ \vdots \\ b_m \end{pmatrix},$$

即 $\boldsymbol{\alpha}_i$ 是 A 的诸列向量, $\boldsymbol{\beta}$ 是 $\tilde{A}$ 的最后一个列向量. 这样方程组 (10.4.1) 就可以用向量的形式表示出来, 即

$$x_1 \boldsymbol{\alpha}_1 + x_2 \boldsymbol{\alpha}_2 + \cdots + x_n \boldsymbol{\alpha}_n = \boldsymbol{\beta}. \tag{10.4.2}$$

现假定 $r(\tilde{A}) = r(A) = n$, 由于 $r(A) = n$, 这表明向量组 $\boldsymbol{\alpha}_1, \boldsymbol{\alpha}_2, \cdots, \boldsymbol{\alpha}_n$ 线性无关. 由于 $r(\tilde{A}) = r(A) = n$, 向量组 $\boldsymbol{\alpha}_1, \boldsymbol{\alpha}_2, \cdots, \boldsymbol{\alpha}_n, \boldsymbol{\beta}$ 必线性相关, 因此 $\boldsymbol{\beta}$ 可以用 $\boldsymbol{\alpha}_1, \boldsymbol{\alpha}_2, \cdots, \boldsymbol{\alpha}_n$ 线性表示. 这就是说方程组 (10.4.1) 有解. 设这个解为 $x_1 = \lambda_1, x_2 = \lambda_2, \cdots, x_n = \lambda_n$. 假如另外还有一组解:

$$x_1 = \mu_1, x_2 = \mu_2, \cdots, x_n = \mu_n.$$

则它们都适合方程组 (10.4.1), 也应适合 (10.4.2), 即

$$\lambda_1 \boldsymbol{\alpha}_1 + \lambda_2 \boldsymbol{\alpha}_2 + \cdots + \lambda_n \boldsymbol{\alpha}_n = \boldsymbol{\beta},$$

$$\mu_1 \boldsymbol{\alpha}_1 + \mu_2 \boldsymbol{\alpha}_2 + \cdots + \mu_n \boldsymbol{\alpha}_n = \boldsymbol{\beta},$$

因此,

$$\lambda_1 \boldsymbol{\alpha}_1 + \lambda_2 \boldsymbol{\alpha}_2 + \cdots + \lambda_n \boldsymbol{\alpha}_n = \mu_1 \boldsymbol{\alpha}_1 + \mu_2 \boldsymbol{\alpha}_2 + \cdots + \mu_n \boldsymbol{\alpha}_n.$$

移项并整理得

$$(\lambda_1 - \mu_1) \boldsymbol{\alpha}_1 + (\lambda_2 - \mu_2) \boldsymbol{\alpha}_2 + \cdots + (\lambda_n - \mu_n) \boldsymbol{\alpha}_n = \boldsymbol{0}.$$

由于 $\boldsymbol{\alpha}_1, \boldsymbol{\alpha}_2, \cdots, \boldsymbol{\alpha}_n$ 线性无关, 所以

$$\lambda_1 - \mu_1 = 0, \lambda_2 - \mu_2 = 0, \cdots, \lambda_n - \mu_n = 0,$$

即

$$\lambda_1 = \mu_1, \lambda_2 = \mu_2, \cdots, \lambda_n = \mu_n.$$

这证明了线性方程组 (10.4.1) 的解是唯一的.

(2)(3) 证明请读者自证.

推论 1 当 $m < n$(即方程的个数小于未知数的个数) 时, 齐次线性方程组

$$\begin{cases} a_{11}x_1 + a_{12}x_2 + \cdots + a_{1n}x_n = 0, \\ a_{21}x_1 + a_{22}x_2 + \cdots + a_{2n}x_n = 0, \\ \qquad\cdots\cdots\cdots\cdots \\ a_{m1}x_1 + a_{m2}x_2 + \cdots + a_{mn}x_n = 0 \end{cases} \tag{10.4.3}$$

有非零解.

证 由于 (10.4.3) 式的常数项为零, 即 $\beta = 0$, 因此系数矩阵 A 与增广矩阵 $\tilde{A}$ 的秩显然相等. 当 $m < n$ 时, A 的秩至多等于 m, 因此小于 n, 由定理 10.4,(10.4.3) 式有无穷多组解, 当然也有无穷多组非零解.

推论 2 若齐次方程组 (10.4.3) 有非零解, 则它的系数矩阵 A 的秩小于 n.

证 若 A 的秩等于 n, 则 $r(\tilde{A}) = r(A) = n$, 由定理 10.4 知 (10.4.3) 有唯一组解. 而 $x_1 = x_2 = \cdots = x_n = 0$ 显然是 (10.4.3) 的解, 由唯一性知不能再有别的解, 也不可能有非零解. 产生了矛盾, 因此 $r(A) < n$.

推论 3 n 个未知数、n 个方程的线性方程组

$$\begin{cases} a_{11}x_1 + a_{12}x_2 + \cdots + a_{1n}x_n = b_1, \\ a_{21}x_1 + a_{22}x_2 + \cdots + a_{2n}x_n = b_2, \\ \qquad\cdots\cdots\cdots\cdots \\ a_{n1}x_1 + a_{n2}x_2 + \cdots + a_{nn}x_n = b_n \end{cases}$$

有唯一组解的充要条件是 $|A| \neq 0$, A 是上述方程组的系数矩阵.

证 若 $|A| \neq 0$, 则 $r(A) = n$, 而 $\tilde{A}$ 是 $n \times (n+1)$ 矩阵, $\tilde{A}$ 的秩也不超过 n, 因此 $r(\tilde{A}) = r(A) = n$, 由定理知线性方程组有唯一组解. 另一方面若 $|A| = 0$, 则 $r(A) < n$, 如 $r(\tilde{A}) \neq r(A)$, 则方程组无解; 如 $r(\tilde{A}) = r(A)$ 则方程组有无穷多组解. 不管怎样, 此时方程组解不唯一.

例 1 判断下列线性方程组是否有解, 如有解, 是否唯一?

$$\begin{cases} x_1 + x_2 - 3x_3 = -1, \\ 2x_1 + x_2 - 2x_3 = 1, \\ x_1 + x_2 + x_3 = 3, \\ x_1 + 2x_2 - 3x_3 = 1. \end{cases}$$

解 系数矩阵

$$A = \begin{pmatrix} 1 & 1 & -3 \\ 2 & 1 & -2 \\ 1 & 1 & 1 \\ 1 & 2 & -3 \end{pmatrix}.$$

对 A 用初等变换法求秩:

$$A \xrightarrow[r_4-r_1]{\substack{r_2-2r_1,r_3-r_1}} \begin{pmatrix} 1 & 1 & -3 \\ 0 & -1 & 4 \\ 0 & 0 & 4 \\ 0 & 1 & 0 \end{pmatrix} \xrightarrow{r_2+r_4} \begin{pmatrix} 1 & 1 & -3 \\ 0 & 0 & 4 \\ 0 & 0 & 4 \\ 0 & 1 & 0 \end{pmatrix}$$

$$\xrightarrow[r_3\div 4]{r_2-r_3} \begin{pmatrix} 1 & 1 & -3 \\ 0 & 0 & 0 \\ 0 & 0 & 1 \\ 0 & 1 & 0 \end{pmatrix} \xrightarrow{r_2\leftrightarrow r_4} \begin{pmatrix} 1 & 1 & -3 \\ 0 & 1 & 0 \\ 0 & 0 & 1 \\ 0 & 0 & 0 \end{pmatrix}.$$

因此 $r(A) = 3$. 再对 $\tilde{A}$ 进行初等变换

$$\tilde{A} = \begin{pmatrix} 1 & 1 & -3 & -1 \\ 2 & 1 & -2 & 1 \\ 1 & 1 & 1 & 3 \\ 1 & 2 & -3 & 1 \end{pmatrix} \sim \begin{pmatrix} 1 & 1 & -3 & -1 \\ 0 & -1 & 4 & 3 \\ 0 & 0 & 4 & 4 \\ 0 & 1 & 0 & 2 \end{pmatrix}$$

$$\sim \begin{pmatrix} 1 & 0 & -3 & -3 \\ 0 & 0 & 4 & 5 \\ 0 & 0 & 1 & 1 \\ 0 & 1 & 0 & 2 \end{pmatrix} \sim \begin{pmatrix} 1 & 0 & 0 & 0 \\ 0 & 0 & 0 & 1 \\ 0 & 0 & 1 & 1 \\ 0 & 1 & 0 & 2 \end{pmatrix} \sim \begin{pmatrix} 1 & 0 & 0 & 0 \\ 0 & 1 & 0 & 2 \\ 0 & 0 & 1 & 1 \\ 0 & 0 & 0 & 1 \end{pmatrix}.$$

因此 $r(\tilde{A}) = 4$. 由于 $r(A) \neq r(\tilde{A})$, 故原方程组无解.

设有齐次线性方程组

$$\begin{cases} a_{11}x_1 + a_{12}x_2 + \cdots + a_{1n}x_n = 0, \\ a_{21}x_1 + a_{22}x_2 + \cdots + a_{2n}x_n = 0, \\ \qquad \cdots\cdots\cdots\cdots \\ a_{m1}x_1 + a_{m2}x_2 + \cdots + a_{mn}x_n = 0. \end{cases} \qquad (10.4.4)$$

记 (10.4.4) 的系数矩阵为 $A = (a_{ij})_{m\times n}$, 且假定 $r(A) < n$, 即该齐次线性方程组有非零解. 现将 (10.4.4) 写成矩阵形式:

$$A\boldsymbol{x} = 0,$$

若 $x_1 = \xi_{11}, x_2 = \xi_{21}, \cdots, x_n = \xi_{n1}$ 为 (10.4.4) 的解, 则

$$\boldsymbol{x} = \boldsymbol{\xi}_1 = \begin{pmatrix} \xi_{11} \\ \xi_{21} \\ \vdots \\ \xi_{n1} \end{pmatrix}$$

称为方程组 (10.4.4) 的解向量.

下面我们来讨论解向量的性质.

性质 1 设 α_1, α_2 是齐次线性方程组 (10.4.4) 的解向量, 则 $\alpha_1 + \alpha_2$ 也是齐次线性方程组 (10.4.4) 的解向量.

证 因为 α_1, α_2 是解向量, 故 $A\alpha_1 = 0, A\alpha_2 = 0$. 但

$$A(\alpha_1 + \alpha_2) = A\alpha_1 + A\alpha_2 = 0 + 0 = 0.$$

这表明 $\alpha_1 + \alpha_2$ 也是线性方程组 (10.4.4) 的解向量.

性质 2 设 α 是齐次线性方程组 (10.4.4) 的解向量, k 是任意一个常数, 则 $k\alpha$ 也一定是齐次线性方程组 (10.4.4) 的解向量.

证 由 $A\alpha = 0$ 容易推得 $A(k\alpha) = k(A\alpha) = k \cdot 0 = 0$, 即 $k\alpha$ 也是解向量.

由以上两性质, 我们有下列命题.

命题 1 设 $\alpha_1, \alpha_2, \cdots, \alpha_k$ 是齐次线性方程组 (10.4.4) 的解向量, 则对任意的 k 个数 $\lambda_1, \lambda_2, \cdots, \lambda_k$,

$$\lambda_1\alpha_1 + \lambda_2\alpha_2 + \cdots + \lambda_k\alpha_k$$

也是 (10.4.4) 的解向量.

定义 10.7 设 $\{\eta_1, \eta_2, \cdots, \eta_s\}$ 是齐次线性方程组 (10.4.4) 的解向量, 它满足: (1) $\eta_1, \eta_2, \cdots, \eta_s$ 线性无关; (2) 齐次线性方程组 (10.4.4) 的任意一个解向量都可以表示为 $\eta_1, \eta_2, \cdots, \eta_s$ 的线性组合. 则称 $\{\eta_1, \eta_2, \cdots, \eta_s\}$ 是齐次线性方程组 (10.4.4) 的**基础解系**.

当 $r(A) = n$ 时, 方程组 (10.4.4) 只有零解, 因而没有基础解系; 当 $r(A) = r < n$ 时, 方程组 (10.4.4) 必有含 $n - r$ 个向量的基础解系. 设求得 $\eta_1, \eta_2, \cdots, \eta_{n-r}$ 为方程组 (10.4.4) 的一个基础解系, 则 (10.4.4) 的解可表示为

$$\boldsymbol{x} = k_1\boldsymbol{\eta}_1 + k_2\boldsymbol{\eta}_2 + \cdots + k_{n-r}\boldsymbol{\eta}_{n-r},$$

其中, $k_1, k_2, \cdots, k_{n-r}$ 为任意实数, 上式称为方程组 (10.4.4) 的通解, 此时, 解空间可表示为

$$S = \{\boldsymbol{x} = k_1\boldsymbol{\eta}_1 + \cdots + k_{n-r}\boldsymbol{\eta}_{n-r} | k_1, \cdots, k_{n-r} \in \mathbf{R}\}.$$

可见, 方程组 (10.4.4) 有非零解的充要条件为 $r(A) < n$.

例 2 求解方程组

$$\begin{cases} x_1 + x_2 + 2x_3 - x_4 = 0, \\ 2x_1 + x_2 + x_3 - x_4 = 0, \\ 2x_1 + 2x_2 + x_3 + 2x_4 = 0. \end{cases}$$

解　对系数矩阵施行行变换:

$$A = \begin{pmatrix} 1 & 1 & 2 & -1 \\ 2 & 1 & 1 & -1 \\ 2 & 2 & 1 & 2 \end{pmatrix} \sim \begin{pmatrix} 1 & 1 & 2 & -1 \\ 0 & -1 & -3 & 1 \\ 0 & 0 & -3 & 4 \end{pmatrix}$$

$$\sim \begin{pmatrix} 1 & 0 & -1 & 0 \\ 0 & 1 & 3 & -1 \\ 0 & 0 & -3 & 4 \end{pmatrix} \sim \begin{pmatrix} 1 & 0 & 0 & -\dfrac{4}{3} \\ 0 & 1 & 0 & 3 \\ 0 & 0 & 1 & -\dfrac{4}{3} \end{pmatrix}.$$

即得与原方程组同解的方程组

$$\begin{cases} x_1 = \dfrac{4}{3}x_4, \\ x_2 = -3x_4, \\ x_3 = \dfrac{4}{3}x_4 \\ x_4 = x_4. \end{cases}$$

令 $x_4 = k_1$, 把它写成通常的参数形式

$$\begin{cases} x_1 = \dfrac{4}{3}k_4, \\ x_2 = -3k_4, \\ x_3 = \dfrac{4}{3}k_4 \\ x_4 = k_4, \end{cases}$$

其中 k_1 为任意实数, 写成向量形式, 为

$$\begin{pmatrix} x_1 \\ x_2 \\ x_3 \\ x_4 \end{pmatrix} = k_4 \begin{pmatrix} \dfrac{4}{3} \\ -3 \\ \dfrac{4}{3} \\ 1 \end{pmatrix},$$

其中, $\boldsymbol{\eta}_1 = \begin{pmatrix} \dfrac{4}{3} \\ -3 \\ \dfrac{4}{3} \\ 1 \end{pmatrix}$ 即为原方程组的一个基础解系.

设有非齐次线性方程组

$$\begin{cases} a_{11}x_1 + a_{12}x_2 + \cdots + a_{1n}x_n = b_1, \\ a_{21}x_1 + a_{22}x_2 + \cdots + a_{2n}x_n = b_2, \\ \cdots\cdots\cdots\cdots \\ a_{m1}x_1 + a_{m2}x_2 + \cdots + a_{mn}x_n = b_m. \end{cases} \tag{10.4.5}$$

若方程组有解, 则称方程组是相容的, 若无解则称不相容.

将 (10.4.5) 式写为向量形式:

$$A\boldsymbol{x} = \boldsymbol{\beta}, \tag{10.4.6}$$

其中,

$$\boldsymbol{x} = \begin{pmatrix} x_1 \\ x_2 \\ \vdots \\ x_n \end{pmatrix}, \qquad \boldsymbol{\beta} = \begin{pmatrix} b_1 \\ b_2 \\ \vdots \\ b_m \end{pmatrix}.$$

当 $\boldsymbol{\beta} = 0$ 时,(10.4.5) 即为齐次方程组. 我们称 $A\boldsymbol{x} = 0$ 为与 (10.4.5) 相伴的齐次线性方程组.

定理 10.5   设有非齐次方程组 (10.4.6), 它的系数矩阵的秩与其增广矩阵的秩相等且都等于 r, 又假定 (10.4.6) 相伴的齐次线性方程组的基础解系为 $\boldsymbol{\eta}_1, \boldsymbol{\eta}_2, \cdots,$ $\boldsymbol{\eta}_{n-r}$, $\boldsymbol{\gamma}$ 是 (10.4.6) 的某个解 (通常称之为特解), 则线性方程组 (10.4.6) 的所有解都可表示为下列形式:

$$\lambda_1\boldsymbol{\eta}_1 + \lambda_2\boldsymbol{\eta}_2 + \cdots + \lambda_{n-r}\boldsymbol{\eta}_{n-r} + \boldsymbol{\gamma}, \tag{10.4.7}$$

其中 $\lambda_1, \lambda_2, \cdots, \lambda_{n-r}$ 可取任何数.

由此定理可知, 要求一个非齐次线性方程组的解, 只需求出它的某个解, 再求出相伴的齐次线性方程组的解将它们写成 (10.4.7) 的形式就可以. 在实际求解时, 我们可以用初等变换的方法把特解与相伴齐次线性方程组的基础解系都求出来.

例 3　求解下列线性方程组：

$$\begin{cases} 2x_1 + 3x_2 + x_3 = 4, \\ x_1 - 2x_2 + 4x_3 = -5, \\ 3x_1 + 8x_2 - 2x_3 = 13, \\ 4x_1 - x_2 + 9x_3 = -6. \end{cases}$$

解　对方程组的增广矩阵做初等变换：

$$\begin{pmatrix} 2 & 3 & 1 & 4 \\ 1 & -2 & 4 & -5 \\ 3 & 8 & -2 & 13 \\ 4 & -1 & 9 & -6 \end{pmatrix} \sim \begin{pmatrix} 0 & 7 & -7 & 14 \\ 1 & -2 & 4 & -5 \\ 0 & 14 & -14 & 28 \\ 0 & 7 & -7 & 14 \end{pmatrix}$$

$$\sim \begin{pmatrix} 0 & 1 & -1 & 2 \\ 1 & -2 & 4 & -5 \\ 0 & 0 & 0 & 0 \\ 0 & 0 & 0 & 0 \end{pmatrix} \sim \begin{pmatrix} 1 & 0 & 2 & -1 \\ 0 & 1 & -1 & 2 \\ 0 & 0 & 0 & 0 \\ 0 & 0 & 0 & 0 \end{pmatrix}$$

可见 $r(A) = r(B) = 2$, 故方程组有解, 即得

$$\begin{cases} x_1 = -2x_3 - 1, \\ x_2 = x_3 + 2. \end{cases}$$

取 $x_3 = 0$, 则 $x_1 = -1, x_2 = 2$, 即得方程组的一个解

$$\eta^* = \begin{pmatrix} -1 \\ 2 \\ 0 \end{pmatrix}.$$

故通解为

$$\begin{pmatrix} x_1 \\ x_2 \\ x_3 \end{pmatrix} = k_1 \begin{pmatrix} -2 \\ 1 \\ 1 \end{pmatrix} + \begin{pmatrix} -1 \\ 2 \\ 0 \end{pmatrix},$$

其中, k_1 为任意实数.

习 题 10.4

1. 求下列齐次线性方程组的基础解系:

(1) $\begin{cases} x_1 + 2x_2 + x_3 - 3x_4 + 2x_5 = 0, \\ 2x_1 + x_2 + x_3 - 3x_5 = 0, \\ x_1 + x_2 + 2x_3 + 2x_4 - 2x_5 = 0, \\ 2x_1 + 3x_2 - 5x_3 - 17x_4 + 10x_5 = 0; \end{cases}$

(2) $\begin{cases} x_1 + 2x_2 + 3x_3 - x_4 = 0, \\ 2x_1 + 4x_2 + 5x_3 - 3x_4 - x_5 = 0, \\ -x_1 - 2x_2 - 3x_3 + 3x_4 + 4x_5 = 0; \end{cases}$

(3) $\begin{cases} x_1 + 6x_2 + 3x_3 - x_4 = 0, \\ -2x_1 - 12x_2 + 5x_3 + 17x_4 = 0, \\ 3x_1 + 18x_2 - x_3 - 6x_4 = 0; \end{cases}$

(4) $\begin{cases} x_1 + 2x_2 - x_3 - x_4 = 0, \\ x_1 + 2x_2 + x_4 = 0, \\ -x_1 - 2x_2 + 2x_3 + 4x_4 = 0. \end{cases}$

2. 求解下列线性方程组:

(1) $\begin{cases} x_1 + 2x_2 - x_3 - x_4 = 0, \\ x_1 + 2x_2 + x_4 = 4, \\ -x_1 - 2x_2 + 2x_3 + 4x_4 = 5; \end{cases}$

(2) $\begin{cases} x_1 - x_2 + 2x_3 = 7, \\ 2x_1 - 2x_2 + 2x_3 - 4x_4 = -4, \\ -3x_1 + x_2 - 8x_3 - 10x_4 = -36. \end{cases}$

3. 解下列非齐次线性方程组:

$$\begin{cases} \lambda x_1 + x_2 + x_3 + x_4 = 1, \\ x_1 + \lambda x_2 + x_3 + x_4 = \lambda, \\ x_1 + x_2 + \lambda x_3 + x_4 = \lambda^2, \\ x_1 + x_2 + x_3 + \lambda x_4 = \lambda^3. \end{cases}$$

其中, λ 是某个数.

*10.5 问题及其解

例 1 已知 $\boldsymbol{\beta} = (1, 2, t)^{\mathrm{T}}$, $\boldsymbol{\alpha}_1 = (2, 1, 1)^{\mathrm{T}}$, $\boldsymbol{\alpha}_2 = (-1, 2, 7)^{\mathrm{T}}$, $\boldsymbol{\alpha}_3 = (1, -1, -4)^{\mathrm{T}}$, 若 $\boldsymbol{\beta}$ 可由 $\boldsymbol{\alpha}_1, \boldsymbol{\alpha}_2, \boldsymbol{\alpha}_3$ 线性表示, 试求 t 值.

解　$\boldsymbol{\beta}$ 可由 $\boldsymbol{\alpha}_1$, $\boldsymbol{\alpha}_2$, $\boldsymbol{\alpha}_3$ 线性表示的充要条件是线性方程组 $x_1\boldsymbol{\alpha}_1 + x_2\boldsymbol{\alpha}_2 + x_3\boldsymbol{\alpha}_3 = \boldsymbol{\beta}$ 有解, 对增广矩阵做初等变换, 得

$$
\begin{pmatrix}
2 & -1 & 1 & \vdots & 1 \\
1 & 2 & -1 & \vdots & 2 \\
1 & 7 & -4 & \vdots & t
\end{pmatrix}
\sim
\begin{pmatrix}
1 & 2 & -1 & \vdots & 2 \\
2 & -1 & 1 & \vdots & 1 \\
1 & 7 & -4 & \vdots & t
\end{pmatrix}
\sim
\begin{pmatrix}
1 & 2 & -1 & \vdots & 2 \\
0 & -5 & 3 & \vdots & -3 \\
0 & 5 & -3 & \vdots & t-2
\end{pmatrix}
$$

$$
\sim
\begin{pmatrix}
1 & 2 & -1 & \vdots & 2 \\
0 & -5 & 3 & \vdots & -3 \\
0 & 0 & 0 & \vdots & t-5
\end{pmatrix}
$$

方程组有解 $\Longleftrightarrow r(A) = r(\tilde{A})$, 故 $t = 5$.

　　例 2　已知 $\boldsymbol{\alpha}_1 = (6, k+1, 3)^{\mathrm{T}}$, $\boldsymbol{\alpha}_2 = (k, 2, -2)^{\mathrm{T}}$, $\boldsymbol{\alpha}_3 = (k, 1, 0)^{\mathrm{T}}$, k 为何值时, $\boldsymbol{\alpha}_1$, $\boldsymbol{\alpha}_2$, $\boldsymbol{\alpha}_3$ 线性无关.

　　解　$\boldsymbol{\alpha}_1$, $\boldsymbol{\alpha}_2$, $\boldsymbol{\alpha}_3$ 线性无关 $\Longleftrightarrow$ 齐次方程组

$$\boldsymbol{\alpha}_1 x_1 + \boldsymbol{\alpha}_2 x_2 + \boldsymbol{\alpha}_3 x_3 = \mathbf{0}$$

仅有零解, 即:

$$
\begin{vmatrix}
6 & k & k \\
k+1 & 2 & 1 \\
3 & -2 & 0
\end{vmatrix} \neq 0,
$$

故

$$
\begin{vmatrix}
6 & k & k \\
k+1 & 2 & 1 \\
3 & -2 & 0
\end{vmatrix}
=
\begin{vmatrix}
-k^2 - k + 6 & -k & 0 \\
k+1 & 2 & 1 \\
3 & -2 & 0
\end{vmatrix}
= -(k+4)(2k-3) \neq 0,
$$

即: $k \neq -4$ 且 $k \neq \dfrac{3}{2}$ 时, $\boldsymbol{\alpha}_1$, $\boldsymbol{\alpha}_2$, $\boldsymbol{\alpha}_3$ 线性无关.

　　例 3　已知向量组 $\boldsymbol{\alpha}_1$, $\boldsymbol{\alpha}_2$, $\cdots$, $\boldsymbol{\alpha}_t$ 是齐次方程组 $A\boldsymbol{x} = \mathbf{0}$ 的一个基础解系, 向量 $\boldsymbol{\beta}$ 不是 $A\boldsymbol{x} = \mathbf{0}$ 的解, 证明 $\boldsymbol{\beta}$, $\boldsymbol{\beta} + \boldsymbol{\alpha}_1$, $\boldsymbol{\beta} + \boldsymbol{\alpha}_2$, $\cdots$, $\boldsymbol{\beta} + \boldsymbol{\alpha}_t$ 线性无关.

　　证法 1　设

$$k\boldsymbol{\beta} + k_1(\boldsymbol{\beta} + \boldsymbol{\alpha}_1) + k_2(\boldsymbol{\beta} + \boldsymbol{\alpha}_2) + \cdots + k_t(\boldsymbol{\beta} + \boldsymbol{\alpha}_t) = \mathbf{0}. \tag{10.5.1}$$

由于 $\boldsymbol{\alpha}_i$ 是 $A\boldsymbol{x} = \boldsymbol{0}$ 的解, $\boldsymbol{\beta}$ 不是解, 有 $A\boldsymbol{\alpha}_i = \boldsymbol{0}(i = 1, 2, \cdots, t)$, $A\boldsymbol{\beta} \neq \boldsymbol{0}$, 用 A 左乘 (10.5.1) 式, 化简得

$$(k + k_1 + k_2 + \cdots k_t)A\boldsymbol{\beta} = \boldsymbol{0},$$

从而

$$k + k_1 + k_2 + \cdots + k_t = 0. \tag{10.5.2}$$

对 (10.5.1) 做恒等变形为 $(k + k_1 + k_2 + \cdots + k_t)\boldsymbol{\beta} + k_1\boldsymbol{\alpha}_1 + \cdots + k_t\boldsymbol{\alpha}_t = 0$, 将 (10.5.2) 式代入上式, 得

$$k_1\boldsymbol{\alpha}_1 + k_2\boldsymbol{\alpha}_2 + \cdots + k_t\boldsymbol{\alpha}_t = \boldsymbol{0}.$$

因为 $\boldsymbol{\alpha}_1, \boldsymbol{\alpha}_2, \cdots, \boldsymbol{\alpha}_t$ 是基础解系, 它们是线性无关的, 从而 $k_1 = k_2 = \cdots = k_t = 0$, 再代入 (10.5.2) 式得 $k = 0$, 所以 $\boldsymbol{\beta}, \boldsymbol{\beta} + \boldsymbol{\alpha}_1, \boldsymbol{\beta} + \boldsymbol{\alpha}_2, \cdots, \boldsymbol{\beta} + \boldsymbol{\alpha}_t$ 线性无关.

证法 2 因为 $\boldsymbol{\alpha}_1, \boldsymbol{\alpha}_2, \cdots, \boldsymbol{\alpha}_t$ 是齐次方程组 $A\boldsymbol{x} = \boldsymbol{0}$ 的基础解系, 它们线性无关, 故向量组的秩 $\gamma(\boldsymbol{\alpha}_1, \boldsymbol{\alpha}_2, \cdots, \boldsymbol{\alpha}_t) = t$, 又 $\boldsymbol{\beta}$ 不是 $A\boldsymbol{x} = \boldsymbol{0}$ 的解, $\boldsymbol{\beta}$ 必不能用 $\boldsymbol{\alpha}_1,$ $\boldsymbol{\alpha}_2, \cdots, \boldsymbol{\alpha}_t$ 线性表示, 从而 $\boldsymbol{\beta}, \boldsymbol{\alpha}_1, \boldsymbol{\alpha}_2, \cdots, \boldsymbol{\alpha}_t$ 线性无关, 做初等变换有

$$(\boldsymbol{\beta}, \boldsymbol{\alpha}_1, \boldsymbol{\alpha}_2, \cdots, \boldsymbol{\alpha}_t) \longrightarrow (\boldsymbol{\beta}, \boldsymbol{\beta} + \boldsymbol{\alpha}_1, \boldsymbol{\beta} + \boldsymbol{\alpha}_2, \cdots, \boldsymbol{\beta} + \boldsymbol{\alpha}_t),$$

则

$$\gamma(\boldsymbol{\beta}, \boldsymbol{\beta} + \boldsymbol{\alpha}_1, \boldsymbol{\beta} + \boldsymbol{\alpha}_2, \cdots, \boldsymbol{\beta} + \boldsymbol{\alpha}_t) = \gamma(\boldsymbol{\beta}, \boldsymbol{\alpha}_1, \boldsymbol{\alpha}_2, \cdots, \boldsymbol{\alpha}_t) = t + 1,$$

所以 $\boldsymbol{\beta}, \boldsymbol{\beta} + \boldsymbol{\alpha}_1, \boldsymbol{\beta} + \boldsymbol{\alpha}_2, \cdots, \boldsymbol{\beta} + \boldsymbol{\alpha}_t$ 线性无关.

例 4 A 是 $m \times n$ 矩阵, B 是 $n \times s$ 矩阵, 证明 $r(AB) \leqslant r(B)$.

证 构造两个齐次线性方程组

$$AB\boldsymbol{x} = \boldsymbol{0}, \tag{10.5.3}$$

$$B\boldsymbol{x} = \boldsymbol{0}, \tag{10.5.4}$$

其中 $\boldsymbol{x} = (x_1, x_2, \cdots, x_s)^{\mathrm{T}}$.

由于方程组 (10.5.4) 的解必是方程组 (10.5.3) 的解, 因此 r ((10.5.4) 的解向量) $\leqslant r$ ((10.5.3) 的解向量), 即

$$s - r(B) \leqslant s - r(AB),$$

从而 $r(AB) \leqslant r(B)$.

例 5 A 是 n 阶实对称矩阵, 且 $A^2 = 0$, 证明 $A = 0$.

证　因为 $A^{\mathrm{T}} = A$, $A^2 = 0$, 即 $AA^{\mathrm{T}} = 0$.

$$AA^{\mathrm{T}} = \begin{pmatrix} a_{11} & a_{12} & \cdots & a_{1n} \\ a_{21} & a_{22} & \cdots & a_{2n} \\ \vdots & \vdots & & \vdots \\ a_{n1} & a_{n2} & \cdots & a_{nn} \end{pmatrix} \begin{pmatrix} a_{11} & a_{21} & \cdots & a_{n1} \\ a_{12} & a_{22} & \cdots & a_{n2} \\ \vdots & \vdots & & \vdots \\ a_{1n} & a_{2n} & \cdots & a_{nn} \end{pmatrix}$$

$$= \begin{pmatrix} \sum\limits_{j=1}^{n} a_{1j}^2 & & & * \\ & \sum\limits_{j=1}^{n} a_{2j}^2 & & \\ & & \ddots & \\ * & & & \sum\limits_{j=1}^{n} a_{nj}^2 \end{pmatrix}.$$

从 $\sum\limits_{j=1}^{n} a_{1j}^2 = 0$, a_{1j} 均为实数, 知 $a_{11} = a_{12} = \cdots = a_{1n} = 0$, 同理知 $a_{2j} = 0, \cdots$ $a_{nj} = 0, \forall j = 1, 2, \cdots, n$, A 的所有元素均为 0, 所以 $A = 0$.

习　题　10.5

1. 已知 $\boldsymbol{\alpha}_1 = (1, 0, 2, 3)^{\mathrm{T}}$, $\boldsymbol{\alpha}_2 = (1, 1, 3, 5)^{\mathrm{T}}$, $\boldsymbol{\alpha}_3 = (1, -1, a, 1)^{\mathrm{T}}$, $\boldsymbol{\beta} = (1, b, 4, 7)^{\mathrm{T}}$.

(1) a 为何值时, $\boldsymbol{\alpha}_1, \boldsymbol{\alpha}_2, \boldsymbol{\alpha}_3$ 线性无关.

(2) a, b 为何值时, $\boldsymbol{\beta}$ 可由 $\boldsymbol{\alpha}_1, \boldsymbol{\alpha}_2, \boldsymbol{\alpha}_3$ 线性表示.

2. 求齐次线性组 $\begin{cases} x_1 & +x_2 & & & +x_5 & = 0 \\ x_1 & +x_2 & -x_3 & & & = 0 \\ & & x_3 & +x_4 & +x_5 & = 0 \end{cases}$ 的基础解系.

3. 已知 $\boldsymbol{\alpha}_1, \boldsymbol{\alpha}_2, \boldsymbol{\alpha}_3$ 线性无关, 证明 $2\boldsymbol{\alpha}_1 + 3\boldsymbol{\alpha}_2$, $\boldsymbol{\alpha}_2 - \boldsymbol{\alpha}_3$, $\boldsymbol{\alpha}_1 + \boldsymbol{\alpha}_2 + \boldsymbol{\alpha}_3$ 线性无关.

4. 求向量组 $\boldsymbol{\alpha}_1 = (1, 1, 4, 2)^{\mathrm{T}}$, $\boldsymbol{\alpha}_2 = (1, -1, -2, 4)^{\mathrm{T}}$, $\boldsymbol{\alpha}_3 = (-3, 2, 3, -11)^{\mathrm{T}}$, $\boldsymbol{\alpha}_4 = (1, 3, 10, 0)^{\mathrm{T}}$ 的极大线性无关组.

5. 已知 A 是 $m \times n$ 矩阵, B 是 $n \times p$ 矩阵, $r(B) = n$, $AB = 0$, 证明 $A = 0$.

6. 讨论 a, b 取何值时, 下列方程组无解, 有唯一解, 有无穷多解, 有解时求出其解:

$$\begin{cases} x_1 & & +2x_3 & +2x_4 & = 6, \\ 2x_1 & +x_2 & +3x_3 & +ax_4 & = 0, \\ 3x_1 & & +ax_3 & +6x_4 & = 18, \\ 4x_1 & -x_2 & +9x_3 & +13x_4 & = b. \end{cases}$$

第 11 章　线 性 规 划

　　线性规划问题就是满足一组线性等式 (或不等式或等式和不等式的混合), 且使某个线性式取得最大值或最小值的问题. 现实世界里有大量实际问题都可以归结为线性规划问题. 从实际问题建立线性规划数学模型, 研究线性规划的基本性质和解法是线性规划这一章的主要内容. 随着计算机科学的不断发展, 计算能力的不断提高, 目前已可以解决含有几万个线性方程的大规模线性规划问题, 而且已有解线性规划问题的专用程序. 解题时, 只要调用这专用程序, 输入有关数据, 就立即将计算结果打印或显示出来.

11.1　线性规划的例子

　　先看下述例子.

　　例 1　设有三种原料, 用来生产两种产品. 现有原料数, 单位产品所需原料及单位产品的利润数如表 11-1 所示. 问应如何安排生产才能获得最大利润?

表 11-1

原料	产品		现有原料
	B_1	B_2	
	单位产品所需原料		
A_1	1	2	10
A_2	5	2	20
A_3	6	5	30
利润	4	5	

　　解　设 x_1, x_2 分别为生产 B_1, B_2 的产量, 则此问题的数学模型为: 求 x_1, x_2 的值, 使其满足约束条件

$$\begin{cases} x_1 + 2x_2 \leqslant 10, \\ 5x_1 + 2x_2 \leqslant 20, \\ 6x_1 + 5x_2 \leqslant 30, \\ x_1 \geqslant 0, \quad x_2 \geqslant 0 \end{cases}$$

且使目标函数 (总利润)

$$y = 4x_1 + 5x_2$$

的值最大.

现在用图解法解这个问题.

把 (x_1, x_2) 看作直角坐标平面上点的坐标. 先作出直线 $x_1 + 2x_2 = 10$, $5x_1 + 2x_2 = 20$ 和 $6x_1 + 5x_2 = 30$ 的图形, 如图 11-1 所示.

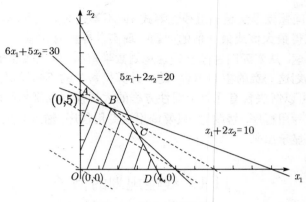

图 11-1　例 1 的可行域

因此满足约束条件的点 (x_1, x_2) 的集合就是图 11-1 中阴影部分, 即由五边形 $OABCD$ 围成的一个平面闭区域.

用 F 表示 $OABCD$ 的平面闭区域, 则问题转化为求一点 $(x_1, x_2) \in F$ 使目标函数 $y = 4x_1 + 5x_2$ 的值最大 (最大值也称为最优值). 我们称 F 为该线性规划问题的**可行域**, F 中的点称为该线性规划问题的**可行点**, 对应可行点的一组值 (x_1, x_2) 称为该线性规划的**可行解**, 而使目标函数值最大的可行解称为该线性规划问题的**最优解**.

为了在 F 中找出使目标函数值最大值的点, 可画出 $4x_1 + 5x_2 = k$ 的等值线 (图 11-1 中用虚线表示), 这些等值线可由直线 $4x_1 + 5x_2 = 0$ 平移得到. 容易看出, 随着 k 的增大, 等值线往右上方移动, 因此 B 点是可行域中使目标函数值达到最大值的点.

为求出 B 点的坐标, 可解方程组

$$\begin{cases} x_1 + 2x_2 = 10, \\ 6x_1 + 5x_2 = 30, \end{cases}$$

得

$$\begin{cases} x_1 = \dfrac{10}{7}, \\ x_2 = \dfrac{30}{7}. \end{cases}$$

对应目标函数最大值 $y = 27\frac{1}{7}$, 于是所求线性规划问题的最优解为

$$(x_1, x_2) = \left(\frac{10}{7}, \frac{30}{7}\right),$$

最优值 $y = 27\frac{1}{7}$.

例 2　求解下列线性规划问题

$$\max \quad y = \frac{3}{2}x_1 + 2x_2 + 3x_3,$$
$$\text{s.t.} \quad x_1 + x_2 + x_3 = 2,$$
$$x_i \geqslant 0, \quad i = 1, 2, 3.$$

其中 "s.t." 为英文 "subject to" 的缩写, 表示 "受限制于".

解　把 (x_1, x_2, x_3) 看作空间直角坐标中的点坐标. 容易看出满足约束条件的点的集合 F 是图 11-2 中四面体 $ABCO$. 问题转化为在 F 中求一点 (x_1, x_3, x_3), 使目标函数 $y = \frac{3}{2}x_1 + 2x_2 + 3x_3$ 最大.

为此画出 $y = \frac{3}{2}x_1 + 2x_2 + 3x_3 = k$ 的等值平面. 例如当 $k = 3$ 时画出 $\frac{3}{2}x_1 + 2x_2 + 3x_3 = 3$ 的等值平面 P,

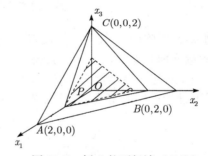

图 11-2　例 2 的可行域 $ABCO$

$P \cap F$ 是图 11-2 中阴影部分, 对任意 $(x_1, x_2, x_3) \in P \cap F$ 时, $y = 3$. 易知, 当 $k = 6$ 时, 等值平面 $\frac{3}{2}x_1 + 2x_2 + 3x_3 = 6$ 与 F 的交为 C 点. 当 (x_1, x_2, x_3) 取 C 点时, 目标函数 $y = \frac{3}{2}x_1 + 2x_2 + 3x_3$ 取最大值, 故该问题的最优解为 $(0,0,2)$, 最优值为 6.

上面两个例子中由约束条件决定的可行域, 通常称为凸多面体. 在 2 维空间中是凸多边形围成的闭区域, 在 3 维空间中是通常的多面体, 但当 $n \geqslant 4$ 时, n 维空间的凸多面体就只能用代数方法描述, 而实际图形就很难画出了. 从例 1 和例 2 看出, 若线性规划问题的最优解存在, 则必定在凸多面体 (或凸多边形) 的某个顶点达到.

下面再举两个线性规划的例子, 但这里仅建立数学模型, 而它们的求解要用后面将要学习的方法.

例 3 (饮食问题)　一个大的军队的饮食可能会提出这样的问题: 假定市场上可以买到几种不同的食品, 第 j 种食品的单价为 c_j, $j = 1, 2, \cdots, n$. 另外有 m 种营养成份. 设每天必须供应第 i 种营养成份至少为 b_i 单位, $i = 1, 2, \cdots, m$. 再假定第

j 种食品每单位含有第 i 种营养为 a_{ij} 个单位. 问如何在满足基本营养的条件下购买食品耗资最少?

解 设 x_j 为第 j 种食品购买的单位数, 则

$$\min\quad c_1x_1 + c_2x_2 + \cdots + c_nx_n,$$

(购买食品耗资最少)

$$\text{s.t.}\quad a_{11}x_1 + a_{12}x_2 + \cdots + a_{1n}x_n \geqslant b_1,$$

$$\cdots\cdots\cdots\cdots$$

$$a_{m1}x_1 + a_{m2}x_2 + \cdots + a_{mn}x_n \geqslant b_m,$$

(应满足基本的营养供给)

$$x_i \geqslant 0, \quad i = 1, 2, \cdots, n.$$

(购买食品数均为非负)

例 4(运输问题) 某种产品设有 m 个产地, 产量分别为 $a_1, a_2, \cdots, a_m$; 有销地 n 个, 销量分别为 $b_1, b_2, \cdots, b_n$. 设将产品从第 i 个产地运到第 j 个销地的单位运输成本为 c_{ij}, 对应的运输量为 $x_{ij}(i = 1, 2, \cdots, m; \ j = 1, 2, \cdots, n)$. 问如何在满足销量的情况下设计运输方案使运费最低?

$$\min\quad \sum_{i=1}^{m}\sum_{j=1}^{n}c_{ij}x_{ij},$$

(所花的总运费最少)

$$\text{s.t.}\quad \sum_{j=1}^{n}x_{ij} = a_i, \quad i = 1, 2, \cdots, m.$$

(各地发出的量等于产量)

$$\sum_{i=1}^{m}x_{ij} = b_j, \quad j = 1, 2.\cdots, n.$$

(满足各销地的需要)

$$x_{ij} \geqslant 0, \quad i = 1, 2, \cdots, m; \quad j = 1, 2, \cdots, n.$$

(运出或收到的量非负)

习 题 11.1

1. 某工厂生产 A_1, A_2 两种产品, 主要消耗甲、乙、丙三种原料, 每月可供应该厂的原料量,

生产一吨产品所获得的利润及消耗原料的吨数见下表. 问工厂应如何安排生产, 才能获得利润最大?

原料	产品		可供应原料
	A_1	A_2	
	产品的消耗		
甲	1	1	3500
乙	1	0	1500
丙	5	2	10000
利润	5	3	

2. 某食品商店生产两种糖果, 第一种每盒获利 40 分, 第二种每盒获利 50 分. 制作过程主要是混合、烹调、包装三种工作. 下表为每盒糖果在制作过程中所需平均时间, 以分钟计算. 混合设备每天至多只能用 12 机器小时, 烹调设备每天只能用 30 机器小时, 包装设备每天只能用 15 机器小时. 问如何安排生产获利最大? 作图以求其解.

	混合	烹调	包装
第一种	1 分	5 分	3 分
第二种	2 分	4 分	1 分

3. 用图解法解下列线性规划问题:

$$\min \ x_1 + x_2 + 5x_3,$$
$$\text{s.t.} \ \ x_1 + x_2 + x_3 = 1,$$
$$x_i \geqslant 0, \quad i = 1, 2, 3.$$

4. 假定有 n 个人, n 种工作, 不同的人被分派作不同的工作. 设第 i 个人做第 j 种工作须支出 c_{ij}. 问怎样分派这些人的工作使总支出最少? (仅建立模型)

提示: 令 x_{ij} 表示第 i 个人做第 j 种工作. 定义:

$$x_{ij} = \begin{cases} 1, & \text{若第 } i \text{ 个人做第 } j \text{ 种工作,} \\ 0, & \text{否则.} \end{cases}$$

11.2 线性规划的基本概念

1. 线性规划问题的标准形式

为使线性规划问题计算方便, 我们将一般线性规划问题化为标准形式.

线性规划的标准形式为

$$\min \quad z = c_1x_1 + c_2x_2 + \cdots + c_nx_n,$$
$$\text{s.t.} \quad a_{11}x_1 + a_{12}x_2 + \cdots + a_{1n}x_n = b_1,$$
$$a_{21}x_1 + a_{22}x_2 + \cdots + a_{2n}x_n = b_2,$$
$$\cdots\cdots\cdots\cdots$$
$$a_{m1}x_1 + a_{m2}x_2 + \cdots + a_{mn}x_n = b_m,$$
$$x_j \geqslant 0, \quad j = 1, 2, \cdots, n,$$

其中 b_i $(i = 1, 2, \cdots, m)$ 为非负常数, a_{ij} $(i = 1, 2, \cdots, m,\ j = 1, 2, \cdots, n)$ 和 c_j $(j = 1, 2, \cdots, n)$ 为常数. 可见, 线性规划的标准形式有以下特点:

(1) 变量 x_i 非负;

(2) 约束条件除 $x_j \geqslant 0$ 外全为等式;

(3) 常数项 b_i 非负;

(4) 求目标函数 Z 的最小值.

我们可以通过下面的方法把线性规划问题化为标准形式.

(1) 如果变量 x_j 无非负限制, 则引进两个非负变量 u_j 和 v_j 且令 $x_j = u_j - v_j$, 代入约束条件和目标函数中, 化所有变量为非负.

(2) 如果上述第二条不满足, 则可引进剩余变量或松弛变量将其化为等式. 例如,

$$a_{k1}x_1 + a_{k2}x_2 + \cdots + a_{kn}x_n \geqslant b_k,$$

则引进剩余变量 $x_{n+k} \geqslant 0$, 使

$$a_{k1}x_1 + a_{k2}x_2 + \cdots + a_{kn}x_n - x_{n+k} = b_k,$$

又如 $a_{k1}x_1 + a_{k2}x_2 + \cdots + a_{kn}x_n \leqslant b_k$, 则引进松弛变量 $x_{n+k} \geqslant 0$, 使

$$a_{k1}x_1 + a_{k2}x_2 + \cdots + a_{kn}x_n + x_{n+k} = b_k,$$

(3) 如果约束条件右端常数项为负值, 如 $b_i < 0$, 则将该式两端同乘以 -1, 变 $-b_i > 0$, 即右端为正数.

(4) 如果原问题是求目标函数 $z = c_1x_1 + \cdots + c_nx_n$ 的最大值, 则可化为求目标函数 $z' = -z = -c_1x_1 - \cdots - c_nx_n$ 的最小值.

例 1　化下面线性规划问题为标准形式:

$$\max \quad z = 2x_1 - x_2 + x_3,$$
$$\text{s.t.} \quad 2x_1 + x_2 + 2x_3 \leqslant 7, \tag{11.2.1}$$
$$x_1 + x_2 - 2x_3 \geqslant 2, \tag{11.2.2}$$
$$-x_1 + 2x_2 + 3x_3 = -5, \tag{11.2.3}$$
$$x_1, \quad x_3 \geqslant 0.$$

解 (11.2.1) 中引进松弛变量 $x_4 \geqslant 0$, (11.2.2) 中引进剩余变量 $x_5 \geqslant 0$, (11.2.3) 两边同乘以 -1. 令 $x_2 = x_6 - x_7$, $x_6 \geqslant 0$, $x_7 \geqslant 0$, 再将目标函数改为 $z' = -z$ 且求最小值. 于是得到标准形式的线性规划问题如下:

$$\min \ z' = -2x_1 - x_3 + x_6 - x_7,$$
$$\text{s.t.} \ \ 2x_1 + 2x_3 + x_4 + x_6 - x_7 = 7,$$
$$x_1 - 2x_3 - x_5 + x_6 - x_7 = 2,$$
$$x_1 - 3x_3 - 2x_6 + 2x_7 = 5,$$
$$x_j \geqslant 0, \quad j = 1, 3, 4, 5, 6, 7.$$

记 $\boldsymbol{c} = (c_1, c_2, \cdots, c_n)$,

$$A = \begin{pmatrix} a_{11} & a_{12} & \cdots & a_{1n} \\ a_{21} & a_{22} & \cdots & a_{2n} \\ \vdots & \vdots & & \vdots \\ a_{m1} & a_{m2} & \cdots & a_{mn} \end{pmatrix},$$

$$\boldsymbol{b} = \begin{pmatrix} b_1 \\ b_2 \\ \vdots \\ b_m \end{pmatrix}, \quad \boldsymbol{x} = \begin{pmatrix} x_1 \\ x_2 \\ \vdots \\ x_n \end{pmatrix},$$

则标准线性规划问题可表示为

$$\min \ \ \boldsymbol{z} = \boldsymbol{cx},$$
$$\text{s.t.} \ \ A\boldsymbol{x} = \boldsymbol{b},$$
$$\boldsymbol{x} \geqslant 0,$$

或者用求和形式表示如下:

$$\min \ \ z = \sum_{j=1}^{n} c_j x_j,$$
$$\text{s.t.} \ \ \sum_{j=1}^{n} a_{ij} x_j = b_i, \quad i = 1, 2, \cdots, m.$$
$$x_j \geqslant 0, \quad j = 1, 2, \cdots, n.$$

2. 基本可行解

前节中, 我们考察到线性规划的最优解在凸多面体 (或凸多边形) 顶点处达到. 为从代数角度来研究, 我们引入下述概念.

考虑方程组

$$Ax = b, \tag{11.2.4}$$

其中 A 是秩为 m 的 $m \times n$ 阶阵. 令 B 是由 A 的列组成的任意 $m \times n$ 阶非异子阵, 对应的 x 的分量记为 x_B, 即有下标 $j_1, j_2, \cdots, j_m, 1 \leqslant j_i \leqslant n$, 使 $B = (a_{j1}, a_{j2}, \cdots, a_{jm})$ 非异, 且记 $x_B = (x_{j1}, x_{j2}, \cdots, x_{jm})$, 则可由 $Bx_B = b$ 唯一地解出 $x_B = B^{-1}b$.

定义 11.1　令 B 表示由 A 的列所组成的任意 $m \times m$ 阶非异子阵, 令不与 B 对应的 $n - m$ 个 x 的分量都为零. 这样得到的方程组 (11.2.4) 的解, 称为该方程组关于基 B 的**基本解**. 对应于 B 的各列的 x 的分量称为**基变量**, 其余的分量称为**非基变量**.

现在, 在 (11.2.4) 中加入非负约束, 得

$$\begin{cases} Ax = b, \\ x \geqslant 0. \end{cases} \tag{11.2.5}$$

定义 11.2　称满足 (11.2.5) 的解为该约束的**可行解**. 当可行解 x 关于 $Ax = b$ 又是基本解, 则称它为**基本可行解**. 对给定的基本可行解 x, 若它有 m 个分量大于零, 则称 x 为**非退化的基本可行解**, 否则称为**退化的基本可行解**. 基本可行解所对应的基称为**可行基**.

显然对应于基 B 的基本解为基本可行解的充要条件为

$$B^{-1}b \geqslant 0,$$

基本可行解是线性规划中最重要的概念. 事实上基本可行解与对应的约束 (11.2.5) 组成的凸多边形的顶点是等价的.

例 2　将 11.1 节中例 1 的线性规划问题化为标准形式, 并求出它的约束的基本可行解.

解　11.1 节中例 1 的线性规划问题为

$$\begin{aligned} \max \quad & y = 4x_1 + 5x_2, \\ \text{s.t.} \quad & x_1 + 2x_2 \leqslant 10, \\ & 5x_1 + 2x_2 \leqslant 20, \\ & 6x_1 + 5x_2 \leqslant 30, \\ & x_1 \geqslant 0, \quad x_2 \geqslant 0. \end{aligned}$$

引入松弛变量 $x_3 \geqslant 0$, $x_4 \geqslant 0$, $x_5 \geqslant 0$, 且令 $y' = -y$, 则得标准形线性规划问题为

$$\min \quad y' = -4x_1 - 5x_2,$$
$$\text{s.t.} \quad x_1 + 2x_2 + x_3 \qquad\qquad = 10,$$
$$5x_1 + 2x_2 \quad + x_4 \qquad = 20,$$
$$6x_1 + 5x_2 \qquad\quad + x_5 = 30,$$
$$x_j \geqslant 0, \quad j = 1, 2, \cdots, 5.$$

画出关于基本可行解的图, 我们发现它与图 11.1 相重合.

图 11-3 的每条边对应于一个为零的变量, 而顶点是某两个变量同时为零所得. 计算得

$$A = (0, 5, 0, 10, 5),$$

$$B = \left(\frac{10}{7}, \frac{30}{7}, 0, \frac{30}{7}, 0 \right),$$

$$C = \left(\frac{40}{13}, \frac{30}{13}, \frac{30}{13}, 0, 0 \right),$$

$$D = (4, 0, 6, 0, 6),$$

$$O = (0, 0, 10, 20, 30).$$

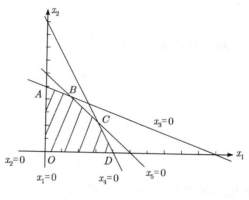

图 11-3

它们都是非退化的基本可行解.

习　题　11.2

1. 化下列问题为标准型

$$\max \quad z = x_1 + 4x_2 + x_3,$$
$$\text{s.t.} \quad 2x_1 - 2x_2 + x_3 = 4,$$
$$x_1 - x_3 = 1,$$
$$x_2 \geqslant 0, \quad x_3 \geqslant 0.$$

2. 将下列问题化为标准型

$$\max \quad z = 2x_1 + x_2 - 4x_3,$$
$$\text{s.t.} \quad x_1 + 2x_2 + x_3 \geqslant 10,$$
$$3x_1 - x_2 - x_3 \leqslant 20,$$
$$x_1 \geqslant 0.$$

11.3   线性规划的代数解法 —— 单纯形法

1. 用消去法解线性规划问题

我们仍以 11.1 节中的例 1 为例说明消去法的方法.

例 1   求解下列线性规划问题

$$\begin{aligned}
\max \ & y = 4x_1 + 5x_2, \\
\text{s.t.} \ & x_1 + 2x_2 \leqslant 10, \\
& 5x_1 + 2x_2 \leqslant 20, \\
& 6x_1 + 5x_2 \leqslant 30, \\
& x_1 \geqslant 0, \quad x_2 \geqslant 0.
\end{aligned}$$

解   此问题的标准形式为

$$\begin{aligned}
\min \ & y' = -4x_1 - 5x_2, \\
\text{s.t.} \ & x_1 + 2x_2 + x_3 = 10, \\
& 5x_1 + 2x_2 + x_4 = 20, \\
& 6x_1 + 5x_2 + x_5 = 30, \\
& x_j \geqslant 0, \quad j = 1, 2, \cdots, 5.
\end{aligned}$$

解此问题实质上是求下列方程组

$$\begin{cases}
x_3 = 10 - x_1 - 2x_2, & (11.3.1) \\
x_4 = 20 - 5x_1 - 2x_2, & (11.3.2) \\
x_5 = 30 - 6x_1 - 5x_2 & (11.3.3)
\end{cases}$$

的非负解 (即一个可行解), 且使 $y' = -4x_1 - 5x_2$ 的值最小.

显然有一个可行解是 $x_1 = 0$, $x_2 = 0$, $x_3 = 10$, $x_4 = 20$, $x_5 = 30$, 相应目标函数值 $y' = -4 \times 0 - 5 \times 0 = 0$.

再从目标函数 $y' = -4x_1 - 5x_2$ 看出, 由于 x_1, x_2 的系数均为负数, 若取 x_1 或 x_2 为正数, 都可使 y' 减小. 因此 $y' = 0$ 不是最小值. 为此把自由变量 x_1 或 x_2 换出. 为使 y' 的值减小的更快, 显然取 y' 中 x_1, x_2 的系数的绝对值大者 x_2 先换出. 因此从 (11.3.1) 得

$$x_2 = 5 - \frac{1}{2}x_1 - \frac{1}{2}x_3, \qquad (11.3.4)$$

将 (11.3.4) 代入 (11.3.2), (11.3.3) 得

$$x_4 = 10 - 4x_1 + x_3, \qquad (11.3.5)$$

$$x_5 = 5 - \frac{7}{2}x_1 + \frac{5}{2}x_3, \tag{11.3.6}$$

相应目标函数

$$y' = -4x_1 - 5\left(5 - \frac{1}{2}x_1 - \frac{1}{2}x_3\right)$$

$$= -25 - \frac{3}{2}x_1 + \frac{5}{2}x_3.$$

显然又得另一可行解 $x_1 = 0$, $x_3 = 0$, $x_2 = 5$, $x_4 = 10$, $x_5 = 5$, 相应目标函数值 $y' = -25$.

再从目标函数 $y' = -25 - \frac{3}{2}x_1 + \frac{5}{2}x_3$ 看出, 如果 x_1 不取 0, 而取正数, 则目标函数值还可以减小. 为此自由变量 x_1 换出. 此时由 (11.3.6) 得

$$x_1 = \frac{10}{7} + \frac{5}{7}x_3 - \frac{2}{7}x_5, \tag{11.3.7}$$

将 (11.3.7) 代入 (11.3.4), (11.3.5) 得

$$x_2 = \frac{30}{7} - \frac{6}{7}x_3 + \frac{1}{7}x_5, \tag{11.3.8}$$

$$x_4 = \frac{30}{7} - \frac{13}{7}x_3 + \frac{8}{7}x_5. \tag{11.3.9}$$

相应目标函数

$$y' = -25 - \frac{3}{2}\left(\frac{10}{7} + \frac{5}{7}x_3 - \frac{2}{7}x_5\right) + \frac{5}{2}x_3$$

$$= -\frac{190}{7} + \frac{10}{7}x_3 + \frac{3}{7}x_5.$$

显然又得另一可行解: $x_3 = 0$, $x_5 = 0$, $x_1 = \frac{10}{7}$, $x_2 = \frac{30}{7}$, $x_4 = \frac{30}{7}$, 相应目标函数值 $y' = -27\frac{1}{7}$.

这个例子和 11.1 节例 1 的图解法对比起来看:

第一个可行解 $x_1 = 0$, $x_2 = 0$, 对应顶点 $O(0,0)$, $y = 0$;

第二个可行解 $x_1 = 0$, $x_2 = 5$, 对应顶点 $A(0,5)$, $y = 25$;

第三个可行解 $x_1 = \frac{10}{7}$, $x_2 = \frac{30}{7}$, 对应顶点 $B\left(\frac{10}{7}, \frac{30}{7}\right)$, $y = 27\frac{1}{7}$.

由此可以看出: 线性规划最优解的获得, 从凸多面体 (或凸多边形) 的一个顶点 (基本可行解), 迭代到另一个顶点 (基本可行解), 而相应的目标函数值一次比一次好, 经过几次迭代就取得最优解 (基本最优解).

2. 单纯形法

单纯形法与消去法其实质是一样的, 不同之处在于单纯形法是通过单纯形表来实现迭代过程, 故更方便.

设标准线性规划问题

$$\min \quad z = \sum_{j=1}^{n} c_j x_j,$$

$$\text{s.t.} \quad \sum_{j=1}^{n} a_{ij} x_j = b_i, \quad i = 1, 2, \cdots, m.$$

$$x_j \geqslant 0, \quad j = 1, 2, \cdots, n.$$

不妨设线性方程组系数矩阵首 m 列线性无关, 即 $x_1, x_2, \cdots, x_m$ 为基变量. 根据线性方程组求解理论, 可将线性方程组化为

$$x_i = b_i' - \sum_{j=m+1}^{n} a_{ij}' x_j, \quad i = 1, 2, \cdots, m, \tag{11.3.10}$$

其中 $b_i'(i = 1, 2, \cdots, m)$ 为非负数, $x_{m+1}, x_{m+2}, \cdots, x_n$ 为非基变量.

令 $x_j = 0, \ j = m+1, m+2, \cdots, n, \ x_j = b_j', \ j = 1, 2, \cdots, m$ 构成一个基本可行解. 为了判断此基本可行解是否为基本最优解, 将 (11.3.10) 代入目标函数式中得

$$z = \sum_{i=1}^{m} c_i \left(b_i' - \sum_{j=m+1}^{n} a_{ij}' x_j \right) + \sum_{j=m+1}^{n} c_j x_j$$

$$= \sum_{i=1}^{m} c_i b_i' - \sum_{j=m+1}^{n} \sum_{i=1}^{m} c_i a_{ij}' x_j + \sum_{j=m+1}^{n} c_j x_j$$

$$= \sum_{i=1}^{m} c_i b_i' + \sum_{j=m+1}^{n} \left(c_j - \sum_{i=1}^{m} c_i a_{ij}' \right) x_j.$$

记 $\sigma_j = c_j - \sum_{i=1}^{m} c_i a_{ij}', \ j = m+1, m+2, \cdots, n$ 和 $z_0 = \sum_{i=1}^{m} c_i b_i'$, 则 $z = z_0 + \sum_{j=m+1}^{n} \sigma_j x_j$, 其中 σ_j 称为 x_j 的检验数, z_0 为现行目标值.

由消去法可知, 当 $\sigma_j \geqslant 0$ 时, 即 x_j 的系数均为非负数时, 只有取 $x_j = 0$ $(j = m+1, \cdots, n)$ 时, z 值最小, 此时 $x_j = b_j'$ $(j = 1, 2, \cdots, m)$, $x_j = 0$ $(j = m+1, \cdots, n)$ 为基本最优解. 若 $\sigma_j < 0$, 则取 σ_j 中最小者 σ_k 对应的非基变量 x_k 换出为基变量 (称 k 为主元列). 我们将上面的结果直观地用初始单纯形表 (表 11-2) 来描述.

表 11-2

	x_1	x_2	$\cdots$	x_m	x_{m+1}	$\cdots$	x_n	b'
c_1	1	0	$\cdots$	0	$a'_{1\ m+1}$	$\cdots$	a'_{1n}	b'_1
c_2	0	1	$\cdots$	0	$a'_{2\ m+1}$	$\cdots$	a'_{2n}	b'_2
$\vdots$	$\vdots$	$\vdots$		$\vdots$	$\vdots$		$\vdots$	$\vdots$
c_m	0	0	$\cdots$	1	$a'_{m\ m+1}$	$\cdots$	a'_{mn}	b'_m
	c_1	c_2	$\cdots$	c_m	c_{m+1}	$\cdots$	c_n	0
σ_j	0	0	$\cdots$	0	σ_{m+1}	$\cdots$	σ_n	$-z_0$

表中最末一行有 n 个判别数. 右下角为现行的目标值加负号. 前 m 个判别数 $\sigma_j = 0\ (j = 1, 2, \cdots, m)$ 是因为目标函数 z 中基变量的系数为 0. 对照前述 σ_j 和 z_0 的表达式, 最末一行可以这样得到: 将最左列的 c_i 与各对应行相乘, 再用最后第二行依次减去相乘后的各行即得. 其实, 我们可以去掉表 11-2 中之最左列, 只要将最末第二行依次减去其上各行的适当倍数, 且使对应于基本变量的判别数为零即可. 因此表 11-2 可以改为下表形式.

x_1	x_2	$\cdots$	x_m	x_{m+1}	$\cdots$	x_n	b'
1	0	$\cdots$	0	$a'_{1\ m+1}$	$\cdots$	a'_{1n}	b'_1
0	1	$\cdots$	0	$a'_{2\ m+1}$	$\cdots$	a'_{2n}	b'_2
$\vdots$	$\vdots$		$\vdots$	$\vdots$		$\vdots$	$\vdots$
0	0	$\cdots$	1	$a'_{m\ m+1}$	$\cdots$	a'_{mn}	b'_m
0	0	$\cdots$	0	σ_{m+1}	$\cdots$	σ_n	$-z_0$

当第 k 列所有系数 $a'_{ik} \leqslant 0\ (i = 1, 2, \cdots, m)$, 则 x_k 变为基变量时, x_k 的表达式中常数项为负值, 从而该问题无最优解.

当 $a'_{ik} > 0$ 时, 则将 x_k 换出为基变量时, 用 a'_{ik} 去除 b'_i, 选取 $\theta = \min\limits_{a'_{ik} > 0} \left\{ \dfrac{b'_i}{a'_{ik}} \right\}$, 如第 l 行的比值最小, 即 $\theta = \dfrac{b'_l}{a'_{lk}}$ (称 l 为主元行, a'_{lk} 为主元), 以 a'_{lk} 为主元进行迭代, 从 l 个方程解出 x_k, 代入其他方程. 这样 x_k 变为基变量, 而 x_l 变为非基变量. 这个迭代过程反映在单纯形表上即施行初等变换, 将主元列变为单位向量, 从而得到一新的单纯形表. 此单纯形表也对应一个基本可行解, 再通过检验数 σ_j 判定此基本可行解是否为最优解. 如果不是最优解, 再重复上述过程, 直至得到最优解或判定无最优解为止.

由上可见, 单纯形法是继续从基本可行解到基本可行解的旅行, 直到求出最优解或说明无最优解为止.

现将单纯形法的步骤归纳如下:

(1) 化线性规划问题为标准形式, 求出一组初始基变量, 用非基变量 (自由变量) 表示基变量, 得到初始单纯形表.

(2) 在初始单纯形表中进行判断, 如所有检验数 $\sigma_j \geqslant 0$, 得到最优解; 若有某个 $\sigma_j < 0$, 则求出 $\sigma_k = \min\limits_{1 \leqslant j \leqslant n} \{\sigma_j\}$, 从而找出主元列 k. 如主元列中所有系数 $a'_{ik} \leqslant 0$, 则无最优解; 如果 $a'_{ik} > 0$, 求出 $\theta = \min\limits_{a'_{ik} > 0} \left\{ \dfrac{b'_i}{a'_{ik}} \right\} = \dfrac{b'_l}{a'_{lk}}$, 得到主元行 l 及主元 a'_{lk}.

(3) 以 a'_{lk} 为主元进行迭代, 得到新的单纯形表, 再返回 (2), 继续判断.

下面用单纯形法解 11.1 节中例 1 所给出的问题.

例 2　用单纯形法解下列线性规划问题

$$\max \quad y = 4x_1 + 5x_2,$$
$$\text{s.t.} \quad x_1 + 2x_2 \leqslant 10,$$
$$5x_1 + 2x_2 \leqslant 20,$$
$$6x_1 + 5x_2 \leqslant 30,$$
$$x_1 \geqslant 0, \quad x_2 \geqslant 0.$$

解　该问题的标准形式为

$$\min \quad y' = -4x_1 - 5x_2,$$
$$\text{s.t.} \quad x_1 + 2x_2 + x_3 \quad\quad = 10,$$
$$5x_1 + 2x_2 \quad + x_4 \quad = 20,$$
$$6x_1 + 5x_2 \quad\quad + x_5 = 30,$$
$$x_j \geqslant 0, \quad j = 1, 2, \cdots, 5.$$

显然 x_3, x_4, x_5 构成一组基变量且用非基变量表示基变量得到

$$x_3 = 10 - x_1 - 2x_2,$$
$$x_4 = 20 - 5x_1 - 2x_2,$$
$$x_5 = 30 - 6x_1 - 5x_2.$$

于是对应的初始单纯形表 (表 11-3) 如下.

表 11-3

x_1	x_2	x_3	x_4	x_5	b
1	$< 2 >$	1	0	0	10
5	2	0	1	0	20
6	5	0	0	1	30
-4	-5	0	0	0	0

由于 $\sigma_2 = \min\limits_{1 \leqslant j \leqslant 5}\{\sigma_j\} = -5 < 0$, 故主元列为 2. 又 $a_{i2} > 0$ $(i = 1, 2, 3)$, 故 $\theta = \min\left\{\dfrac{10}{2}, \dfrac{20}{2}, \dfrac{30}{5}\right\} = 5$, 得主元行为 1, 主元为 $a_{12} = 2$. 在表 11-3 用括号括出主元. 以 a'_{12} 为主元进行迭代. 先在第 1 行各数除以 2, 然后对第 2, 3, 4 行施行初等变换, 使 x_2 对应的列变为单位向量, 得新的单纯形表 (表 11-4).

表 11-4

x_1	x_2	x_3	x_4	x_5	b
$\dfrac{1}{2}$	1	$\dfrac{1}{2}$	0	0	5
4	0	-1	1	0	10
$<\dfrac{7}{2}>$	0	$-\dfrac{5}{2}$	0	1	5
$-\dfrac{3}{2}$	0	$\dfrac{5}{2}$	0	0	25

在表 11-4 中, $\sigma_1 = -\dfrac{3}{2}$, 故主元列为 1. 又 $a_{i1} > 0$ $(i = 1, 2, 3)$, 故 $\theta = \min\left\{\dfrac{5}{\frac{1}{2}}, \dfrac{10}{4}, \dfrac{5}{\frac{7}{2}}\right\} = \dfrac{10}{7}$, 得主元行为 3, 主元 $a_{31} = \dfrac{7}{2}$, 括出主元, 再以 a_{31} 为主元进行迭代, 又得一新的单纯形表 (表 11-5).

表 11-5

x_1	x_2	x_3	x_4	x_5	b
0	1	$\dfrac{6}{7}$	0	$-\dfrac{1}{7}$	$\dfrac{30}{7}$
0	0	$\dfrac{13}{7}$	1	$-\dfrac{8}{7}$	$\dfrac{30}{7}$
1	0	$-\dfrac{5}{7}$	0	$\dfrac{2}{7}$	$\dfrac{10}{7}$
0	0	$\dfrac{10}{7}$	0	$\dfrac{3}{7}$	$27\dfrac{1}{7}$

从表 11-5 看出检验数全部非负, 故此表对应的基本可行解 $x_1 = \dfrac{10}{7}$, $x_2 = \dfrac{30}{7}$, $x_3 = 0$, $x_4 = \dfrac{30}{7}$, $x_5 = 0$ 为基本最优解. 去掉松弛变量, 原问题的最优解为

$$x_1 = \frac{10}{7}, \quad x_2 = \frac{30}{7},$$

相应的目标函数值为

$$y' = -27\frac{1}{7}, \quad \text{即 } y = 27\frac{1}{7}.$$

这同消去法和图解法得到的结论一致.

例 3   解下列线性规划问题

$$\max \ z = 2x_1 + 5x_2,$$
$$\text{s.t.} \quad -x_1 \leqslant 4,$$
$$x_2 \leqslant 3,$$
$$-x_1 + 2x_2 \leqslant 8,$$
$$x_1 \geqslant 0, \quad x_2 \geqslant 0.$$

解   此问题化为标准形如下:

$$\min \ z' = -z = -2x_1 - 5x_2,$$
$$\text{s.t.} \quad -x_1 \qquad + x_3 \qquad\qquad = 4,$$
$$x_2 \qquad\qquad + x_4 \qquad = 3,$$
$$-x_1 + 2x_2 \qquad\qquad + x_5 = 8,$$
$$x_j \geqslant 0, \quad j = 1, 2, 3, 4, 5.$$

由 x_3, x_4, x_5 构成一组基变量, 得到初始单纯形表 (表 11-6).

表 11-6

x_1	x_2	x_3	x_4	x_5	b
-1	0	1	0	0	4
0	$<1>$	0	1	0	3
-1	2	0	0	1	8
-2	-5	0	0	0	0

由于 $\sigma_2 = \min\limits_{1 \leqslant j \leqslant 5} \{\sigma_j\} = -5 < 0$, 故主元列为 2. 又因为 $a_{i2} > 0$, 故 $\theta = \min\left\{\dfrac{3}{1}, \dfrac{8}{2}\right\} = 3$, 得主元行为 2, 主元 $a_{22} = 1$, 括出主元, 以主元 $a_{22} = 1$ 迭代得新的单纯形表 (表 11-7).

表 11-7

x_1	x_2	x_3	x_4	x_5	b
-1	0	1	0	0	4
0	1	0	1	0	3
-1	0	0	-2	1	2
-2	0	0	5	0	15

由表 11-7 知, $\sigma_1 = -2$, 即主元列为 1. 又由于主元列中所有系数 $a_{i1} \leqslant 0$, 故该线性规划问题无最优解.

习　题　11.3

1. 用单纯形法解下列问题

$$\begin{aligned}
\max \quad & z = 2x_1 + 4x_2 + x_3 + x_4, \\
\text{s.t.} \quad & x_1 + 3x_2 \qquad\quad + x_4 \leqslant 4, \\
& 2x_1 + x_2 \qquad\qquad\quad \leqslant 3, \\
& \qquad\quad x_2 + 4x_3 + x_4 \leqslant 3, \\
& x_j \geqslant 0, \quad j = 1, 2, 3, 4.
\end{aligned}$$

2. 用单纯形法求解下列问题

$$\begin{aligned}
\max \quad & z = 3x_1 + x_2 + 3x_3, \\
\text{s.t.} \quad & 2x_1 + x_2 + x_3 \leqslant 2, \\
& x_1 + 2x_2 + 3x_3 \leqslant 5, \\
& 2x_1 + x_2 + x_3 \leqslant 6, \\
& x_j \geqslant 0, \quad j = 1, 2, 3.
\end{aligned}$$

11.4　初始基本可行解的寻求

对于线性规划的初始基本可行解, 有时可以直接得到, 例如在以

$$\begin{cases}
A\boldsymbol{x} \leqslant \boldsymbol{b}, \\
\boldsymbol{x} \quad\ \geqslant \boldsymbol{0}
\end{cases}$$

为约束的问题中, 其中 $\boldsymbol{b} \geqslant 0$, 对应于这个问题的初始基本可行解可以直接由松弛变量提供. 前节的例子已经作了很好的说明. 现在我们研究一般标准型约束

$$\begin{cases}
A\boldsymbol{x} = \boldsymbol{b}, \\
\boldsymbol{x} \quad\ \geqslant \boldsymbol{0},
\end{cases} \tag{11.4.1}$$

其中 $\boldsymbol{b} \geqslant \boldsymbol{0}$. 这里, 我们对 A 的秩不作假定. 为了寻求 (11.4.1) 的一个基本可行解, 我们研究人造的极小问题:

$$\begin{aligned}
\min \quad & s = \sum_{i=1}^{m} y_i, \\
\text{s.t.} \quad & A\boldsymbol{x} + I\boldsymbol{y} = \boldsymbol{b}, \\
& \boldsymbol{x} \geqslant 0, \quad \boldsymbol{y} \geqslant 0,
\end{aligned} \tag{11.4.2}$$

其中 $\boldsymbol{y} = (y_1, y_2, \cdots, y_m)^{\mathrm{T}}$ 是人工向量. 注意 (11.4.2) 式已为我们提供了一组基本可行解

$$\boldsymbol{x} = \boldsymbol{0}, \quad \boldsymbol{y} = \boldsymbol{b}.$$

并且, (11.4.2) 是一个标准的具有 $n+m$ 个变元的线性规划, 零是目标函数的一个下界. 因此 (11.4.2) 必有解. 于是我们可用单纯形法解之, 有下述可能性:

(1) 若 $\min s > 0$, 则 (11.4.1) 无可行解. 这是因为若 (11.4.1) 有可行解 $\bar{\boldsymbol{x}}$, 则 $\boldsymbol{x} = \bar{\boldsymbol{x}}, \boldsymbol{y} = \boldsymbol{0}$ 便是 (11.4.2) 的可行解, 从而对应地有 $s = 0$, 矛盾.

(2) 若 $\min s = 0$, 此时有两种可能性.

(a) 若此时基变量全为 $\boldsymbol{x}$ 变量, 即通过单纯形法中基变量的转移, 关于 $\boldsymbol{y}$ 的变量已全部离基. 在 (11.4.2) 的现行的单纯形表中去掉附加的 $\boldsymbol{y}$ 的 m 列, 这样便得到 (11.4.1) 的一组基本可行解.

(b) 若此时基变量中含有 $\boldsymbol{y}$ 变量, 比如说含有 y_r, 那么现行的单纯形表的第 r 行中, 对应于 y_r 的系数是 1, 对应于 b 列的系数是零, 其余的对应于 $\boldsymbol{x}, \boldsymbol{y}$ 作为基变量的系数 (共 $m-1$ 个) 亦为零. 写出对应的方程应是

$$y_r + \sum_{t \in T} y_{rt} y_t + \sum_{j \in J} y_{rj} x_j = 0,$$

其中 y_r 为基变量; $y_t, t \in T, x_j, j \in J$ 均为非基变量, 这时又分两种情况:

若 $y_{rj} = 0, \forall j \in J$, 这说明经过行的变换, (11.4.1) 中之 $A\boldsymbol{x} = \boldsymbol{b}$ 的第 r 个方程的系数及右端全为零, 则该第 r 个方程可以去掉. 现行的单纯形表中 (对应于 (11.4.2) 的) 第 r 行即可去之.

若某 $y_{rs} \neq 0, s \in J$, 可选择 x_s 进基, 取代 y_r.

两种情况的任一种都导致 y_r 消失, 从而在有限步内必导致情况 (a).

总之使用人工变量方法于 (11.4.1) 可以得到下列结果.

(1) (11.4.1) 无可行解;

(2) (11.4.1) 中方程组 $A\boldsymbol{x} = \boldsymbol{b}$ 中有多余的方程, 以及决定哪些方程可以去掉;

(3) 得到 (11.4.1) 的一组基本可行解.

例 1　解下列线性规划问题

$$\min \ z = 4x_1 + x_2 + x_3,$$

$$\text{s.t.} \quad 2x_1 + x_2 + 2x_3 = 4,$$

$$3x_1 + 3x_2 + x_3 = 3,$$

$$x_1 \geqslant 0, \quad x_2 \geqslant 0, \quad x_3 \geqslant 0.$$

解　以下解法称为两阶段单纯形法.

阶段 I.　引入人工变量 x_4, x_5, 求原问题的初始基本可行解.

辅助规划为

$$\min \ s = x_4 + x_5$$

$$\text{s.t.} \ \ 2x_1 + x_2 + 2x_3 + x_4 \quad = 4$$

$$3x_1 + 3x_2 + x_3 \quad + x_5 = 3$$

$$x_j \geqslant 0, \ \ j = 1, 2, 3, 4, 5.$$

初始单纯形 (表 11-8)

表 11-8

x_1	x_2	x_3	x_4	x_5	b
2	1	2	1	0	4
3	3	1	0	1	3
0	0	0	1	1	0

表中末行是目标函数之系数, b 下记为零. 为运用单纯形法, 变换最末行, 使对应于基变量 x_4, x_5 下面的元为零, 这样得表 11-9.

表 11-9

x_1	x_2	x_3	x_4	x_5	b
2	1	2	1	0	4
$<3>$	3	1	0	1	3
-5	-4	-3	0	0	-7

显然主元列为 1, 主元为 $a_{21} = 3$, 通过取主变换和相应的末行变换, 得单纯形表 11-10.

表 11-10

x_1	x_2	x_3	x_4	x_5	b
0	-1	$<4/3>$	1	$-\dfrac{2}{3}$	2
1	1	$\dfrac{1}{3}$	0	$\dfrac{1}{3}$	1
0	2	$-\dfrac{4}{3}$	0	$\dfrac{5}{3}$	-2

在表 11-10 中取主元 a_{13}, 括出主元, 经过变换得表 11-11.

表 11-11

x_1	x_2	x_3	x_4	x_5	b
0	$-\dfrac{3}{4}$	1	$\dfrac{3}{4}$	$-\dfrac{1}{2}$	$\dfrac{3}{2}$
1	$\dfrac{5}{4}$	0	$-\dfrac{1}{4}$	$\dfrac{1}{2}$	$\dfrac{1}{2}$
0	0	0	1	1	0

两个人工变量已被移出基, 目标函数值化为零, 同时得到原始问题的一个基本可行解

$$x_1 = \frac{1}{2}, \quad x_2 = 0, \quad x_3 = \frac{3}{2}.$$

阶段 II.　运用阶段 I 得到的基本可行解, 删去人工变量, 将目标函数中的系数及零作为最末行, 得原问题初始单纯形表 (表 11-12).

表 11-12

x_1	x_2	x_3	b
0	$\dfrac{3}{4}$	1	$\dfrac{3}{2}$
1	$\dfrac{5}{4}$	0	$\dfrac{1}{2}$
4	1	1	0

变换末行, 使对应于基列的分量为零, 得表 11-13.

表 11-13

x_1	x_2	x_3	b
0	$-\dfrac{3}{4}$	1	$\dfrac{3}{2}$
1	$\left\langle \dfrac{5}{4} \right\rangle$	0	$\dfrac{1}{2}$
0	$-\dfrac{13}{4}$	0	$-\dfrac{7}{2}$

括出主元, 作取主运算得表 11-14.

表 11-14

x_1	x_2	x_3	b
$\dfrac{3}{5}$	0	1	$\dfrac{9}{5}$
$\dfrac{4}{5}$	1	0	$\dfrac{2}{5}$
$\dfrac{13}{5}$	0	0	$-\dfrac{11}{5}$

判别数均非负, 故得最优解 $\left(0,\ \dfrac{2}{5},\ \dfrac{9}{5}\right)$, 最优值为 $z=\dfrac{11}{5}$.

习 题 11.4

1. 用两阶段法解下列问题

$$\min\ z = -3x_1 + x_2 + 3x_3 - x_4,$$
$$\text{s.t.}\ \ x_1 + 2x_2 - x_3 + x_4 = 0,$$
$$2x_1 - 2x_2 + 3x_3 + 3x_4 = 9,$$
$$x_1 - x_2 + 2x_3 - x_4 = 6,$$
$$x_j \geqslant 0,\ \ j = 1, 2, 3, 4.$$

*11.5 问题及其解

例 1 设某工厂有甲、乙、丙、丁四台机床, 生产 A, B, C, D, E, F 六种产品. 假定每种产品都要经两种机床加工, 根据机床性能和以前生产情况, 知道制造每一单位产品机床所需工作时数、每台机床最大工作能力以及每种产品的单价如表 11-15 所示. 问在机床能力许可的条件下, 每种产品各应生产多少才能使这个工厂的生产总值达到最大.

解 设 $x_1, x_2, \cdots, x_6$ 分别表示生产 A, B, C, D, E, F 六种产品的件数, 则有下列线性规划问题:

$$\max\ z = 0.40x_1 + 0.28x_2 + 0.32x_3 + 0.72x_4 + 0.64x_5 + 0.60x_6,$$

$$\text{s.t.}\ \ 0.01x_1 + 0.01x_2 + 0.01x_3 + 0.03x_4 + 0.03x_5 + 0.03x_6 \leqslant 850,$$
$$0.02x_1 \qquad\qquad\qquad\quad +0.05x_4 \qquad\qquad\qquad \leqslant 700,$$
$$0.02x_2 \qquad\qquad\qquad\quad +0.05x_5 \qquad\quad \leqslant 100,$$
$$0.03x_3 \qquad\qquad\qquad\quad +0.08x_6 \leqslant 900,$$
$$x_j \geqslant 0,\ \ j = 1, 2, \cdots, 6.$$

表 11-15

机床	产品						最大能力/小时
	A	B	C	D	E	F	
	制造一单位产品, 机床所需工作小时数						
甲	0.01	0.01	0.01	0.03	0.03	0.03	850
乙	0.02			0.05			700
丙		0.02			0.05		100
丁			0.03			0.08	900
单位/元	0.40	0.28	0.32	0.72	0.64	0.60	

引进松弛变量 x_7, x_8, x_9, x_{10}, 将上述问题化为标准形

$$\min \quad z' = -z = -0.4x_1 - 0.28x_2 - 0.32x_3 - 0.72x_4 - 0.64x_5 - 0.60x_6,$$

$$\text{s.t.} \quad 0.01x_1 + 0.01x_2 + 0.01x_3 + 0.03x_4 + 0.03x_5 + 0.03x_6 + x_7 = 850,$$

$$0.02x_1 + 0.05x_4 + x_8 = 700,$$

$$0.02x_2 + 0.05x_5 + x_9 = 100,$$

$$0.03x_3 + 0.08x_6 + x_{10} = 900.$$

写出初始单纯形表 (表 11-16)

表 11-16

x_1	x_2	x_3	x_4	x_5	x_6	x_7	x_8	x_9	x_{10}	b
0.01	0.01	0.01	0.03	0.03	0.03	1	0	0	0	850
0.02	0	0	$<0.05>$	0	0	0	1	0	0	700
0	0.02	0	0	0.05	0	0	0	1	0	100
0	0	0.03	0	0	0.08	0	0	0	1	900
-0.4	-0.28	-0.32	-0.72	-0.64	-0.6	0	0	0	0	0

由于　$\min\limits_{1 \leqslant j \leqslant 10} \{\sigma_j\} = -0.72 < 0$, 取主元列为 4.

又因为 $\min\left\{\dfrac{850}{0.03}, \dfrac{700}{0.05}\right\} = 14000$, 取主元行为 2, 括出主元 $a_{24} = 0.05$, 以 0.05 为主元进行迭代, 得新的单纯形表 (表 11-17).

表 11-17

x_1	x_2	x_3	x_4	x_5	x_6	x_7	x_8	x_9	x_{10}	b
-0.02	0.01	0.01	0	0.03	0.03	1	-0.06	0	0	430
$\frac{2}{5}$	0	0	1	0	0	0	20	0	0	14000
0	0.02	0	0	$<0.05>$	0	0	0	1	0	100
0	0	0.03	0	0	0.08	0	0	0	1	900
-0.112	-0.28	-0.32	0	-0.64	-0.6	0	14.4	0	0	10080

由于 $\min\limits_{1 \leqslant j \leqslant 10} \{\sigma_j\} = -0.64 < 0$, 取主元列为 5.

又 $\theta = \min\left\{\dfrac{430}{0.03}, \dfrac{100}{0.05}\right\} = 2000$, 得主元行为 3. 以 $a_{35} = 0.05$ 为主元进行迭代得新的单纯形表 (表 11-18).

表 11-18

x_1	x_2	x_3	x_4	x_5	x_6	x_7	x_8	x_9	x_{10}	b
-0.002	-0.002	0.01	0	0	0.03	1	-0.6	-0.6	0	370
$\frac{2}{5}$	0	0	1	0	0	0	20	0	0	14000
0	$\frac{2}{5}$	0	0	1	0	0	0	20	0	2000
0	0	0.03	0	0	$<0.08>$	0	0	0	1	900
-0.112	-0.024	-0.32	0	0	-0.6	0	14.4	12.8	0	11360

由于 $\min\limits_{1 \leqslant j \leqslant 10} \{\sigma_j\} = -0.6 < 0$, 取主元列为 6.

又 $\theta = \min\left\{\dfrac{370}{0.03}, \dfrac{900}{0.08}\right\} = 11250$, 得主元行为 4. 以 $a_{46} = 0.08$ 为主元进行迭代得新的单纯形表 (表 11-19).

表 11-19

x_1	x_2	x_3	x_4	x_5	x_6	x_7	x_8	x_9	x_{10}	b
-0.002	-0.002	-0.00125	0	0	0	1	-0.6	-0.6	-0.375	32.5
$<0.4>$	0	0	1	0	0	0	20	0	0	14000
0	0.4	0	0	1	0	0	0	20	0	2000
0	0	$\frac{3}{8}$	0	0	1	0	0	0	12.5	11250
-0.112	-0.024	-0.095	0	0	0	0	14.4	12.8	7.5	18110

由于 $\min\limits_{1 \leqslant j \leqslant 10} \{\sigma_j\} = -0.112 < 0$, 取主元列为 1.

又 $\theta = 0.4$, 取主元行为 2. 以 a_{21} 为主元进行迭代得新的单纯形表 (表 11-20).

表 11-20

x_1	x_2	x_3	x_4	x_5	x_6	x_7	x_8	x_9	x_{10}	b
0	-0.002	-0.00125	0.005	0	0	1	-0.5	-0.6	-0.375	102.5
1	0	0	2.5	0	0	0	50	0	0	35000
0	0.4	0	0	1	0	0	0	20	0	2000
0	0	$< \frac{3}{8} >$	0	0	1	0	0	0	12.5	11250
0	-0.024	-0.095	0.28	0	0	0	20	12.8	7.5	22030

由于 $\min\limits_{1 \leqslant j \leqslant 10} \{\sigma_j\} = -0.095 < 0$, 取主元列为 3.

又 $\theta = \frac{3}{8}$, 取元行为 4. 以 $a_{43} = \frac{3}{8}$ 为主元进行迭代得新的单纯形表 (表 11-21).

表 11-21

x_1	x_2	x_3	x_4	x_5	x_6	x_7	x_8	x_9	x_{10}	b
0	-0.002	0	0.005	0	$\frac{1}{300}$	1	-0.5	-0.6	$-\frac{1}{3}$	140
1	0	0	2.5	0	0	0	50	0	0	35000
0	$< 0.4 >$	0	0	1	0	0	0	20	0	2000
0	0	1	0	0	$\frac{8}{3}$	0	0	0	$\frac{100}{3}$	30000
0	-0.024	0	0.28	0	$\frac{19}{75}$	0	20	12.8	$\frac{32}{3}$	24880

现在以 $a_{32} = 0.4$ 为主元进行迭代得新的单纯形表 (表 11-22).

表 11-22

x_1	x_2	x_3	x_4	x_5	x_6	x_7	x_8	x_9	x_{10}	b
0	0	0	0.005	0.005	$\frac{1}{300}$	1	-0.5	-0.5	$-\frac{1}{3}$	150
1	0	0	2.5	0	0	0	50	0	0	35000
0	1	0	0	2.5	0	0	0	50	0	5000
0	0	1	0	0	$\frac{8}{3}$	0	0	0	$\frac{100}{3}$	30000
0	0	0	0.28	0.06	$\frac{19}{75}$	0	20	14	$\frac{32}{3}$	25000

在表 11-22 中, 所有检验数 $\geqslant 0$. 故最优解为 $(35000, 5000, 30000, 0, 0, 0, 150, 0, 0, 0)$, 最优值 $z' = -25000$, 即原问题最优解为:

$(35000, 5000, 30000, 0, 0, 0)$, 原问题目标函数值 $z = -z' = 25000$.

于是这个问题的最优方案是:

生产 A 种产品 35000 件, B 种产品 5000 件, C 种产品 30000 件, 而完全不生产 D, E, F 三种产品. 这时最大生产总值为 $z = 25000$ 元.

习 题 11.5

1. 用单纯形法求解下列线性规划问题:

(1)　$\min$　$z = x_2 - 3x_3 + 2x_5$,

　　s.t.　$x_1 + 3x_2 - x_3 \quad + 2x_5 \quad = 7$,

　　　　$-2x_2 + 4x_3 + x_4 \quad = 12$,

　　　　$-4x_2 + 3x_3 \quad + 8x_5 + x_6 = 10$,

　　　　$x_j \geqslant 0 \ (j = 1, 2, \cdots, 6)$;

(2)　$\max$　$z = 2x_1 + 3x_2$,

　　s.t.　$-x_1 + 2x_2 \leqslant 4$,

　　　　$x_1 + x_2 \leqslant 6$,

　　　　$x_1 + 3x_2 \leqslant 9$,

　　　　$x_j \geqslant 0 \ (j = 1, 2)$;

(3)　$\min$　$z = -3x_1 + x_2 + x_3$,

　　s.t.　$x_1 - 2x_2 + x_3 \leqslant 11$,

　　　　$-4x_1 + x_2 + 2x_3 \geqslant 3$,

　　　　$-2x_1 \quad + x_3 = 1$,

　　　　$x_j \geqslant 0 \ (j = 1, 2, 3)$.

2. 某生产队种植的某种作物, 根据当地的气候、土壤等情况, 全部生产过程中至少需 32 斤氮, 24 斤磷和不超过 42 斤的钾. 现有甲、乙、丙、丁四种肥料, 它们每斤的价格及含氮、磷、钾的数量如表 11-23 所示. 问如何配合使用这些肥料, 既能满足作物对氮、磷、钾的需要又使施肥成本最低?

表 11-23

成分	肥料			
	甲	乙	丙	丁
	所含成分数量			
氮	0.03	0.3	0	0.15
磷	0.05	0	0.2	0.1
钾	0.14	0.15	0.1	0.13
单价	0.04	0.15	0.1	0.13

第12章　概率基础知识

在自然科学, 社会科学和日常生活中的各个领域, 除了我们认为习以为常的确定性现象外, 还会出现大量的不确定现象, 也即随机现象. 这种即使我们获得并完全了解事物的所有信息之后, 我们仍然不知事物未来将呈现何种状况的问题, 一直困扰着人们. 直至 18 世纪, 人们把随机现象纳入严格的数学分析之中并取得了重大进展, 这就是概率论和统计学. 概率论是研究不确定性的概念及计量方法的数学分支, 同时也是下一章所讲的统计学的理论基础. 它的出现, 为我们提供了与其他学科完全不同的强有力的认识自然和社会现象, 探寻规律的思想方法. 在本章中我们将介绍概率论的基础知识, 并结合实际问题来展示概率论的应用.

12.1　事件与概率

1. 随机事件与样本空间

各种现象按其在一定条件下出现的可能性不同, 可分为确定性现象和随机现象两类. 在一定条件下必然出现某种结果的现象, 称为确定性现象. 例如, 汽油遇火燃烧; 从一批合格品中任取一件, 取出的必定是合格品等都是确定性现象. 在一定条件下, 可能出现的结果不止一种, 也不能预先断定会出现哪种结果的现象, 称为随机现象. 例如, 掷一颗骰子, 可能出现 1 点至 6 点中任一点数, 至于哪一点出现, 事先并不知道. 因而, 掷骰子是一个最简单, 也是最具说明性的随机现象. 例 1 给出了一些较常见的随机现象.

例 1　随机现象的例子.

(1) 抛硬币出现正面还是反面;

(2) 在某时段内, 通过某路口的车辆数;

(3) 一台电视机的使用寿命;

(4) 一天内进入某超市的顾客数;

(5) 一顾客在超市排队等候付款的时间;

(6) 一顾客在超市中消费的金额;

(7) 一盒牛奶的重量;

(8) 新产品在未来市场的占有率;

(9) 加工零件的尺寸;

(10) 某电话总机在某 10 分钟内接到的呼叫次数.

随机现象在自然界和社会生活中随处可见. 面对各种可能出现的结果或发生的事件, 我们必须作出有利抉择, 也就是要抓住机遇, 尽量降低风险, 而概率统计则是我们有效的工具. 为了认识和发现隐蔽在随机现象下的内部支配规律, 人们要进行多次重复观察或试验, 称此种观察和试验为随机试验, 它须满足下列条件.

定义 12.1 若一个试验满足以下条件:

(1) 每次试验的可能结果不止一个, 并事先明确知道试验的所有可能结果;

(2) 每次试验之前, 不能确定出现哪个结果, 但必定出现这些可能结果中的一个;

(3) 试验可以在相同条件下重复地进行.

则称该试验为**随机试验**, 简称**试验**, 记为 E.

认识一个随机现象首要的是知道它的一切可能发生的结果. 一个随机试验 E 的每一个可能结果称为**基本事件**, 或称为**样本点**, 一般用 ω 表示. 随机试验 E 的所有基本事件的全体称为**样本空间**, 简记为 Ω. 由此可知, 样本空间是由样本点全体构成的.

例 2 样本空间的例子.

(1) "抛硬币" 的样本空间 $\Omega = \{$正面, 反面$\}$;

(2) "掷骰子" 的样本空间 $\Omega = \{1, 2, 3, 4, 5, 6\}$;

(3) "从一批产品中, 抽取 10 件进行检验, 其中不合格品数" 的样本空间 $\Omega = \{0, 1, 2, \cdots, 10\}$;

(4) "某电话总机在某一段时间内接到的呼叫次数" 的样本空间 $\Omega = \{0, 1, 2, \cdots\}$;

(5) "一台电视机的寿命" 的样本空间 $\Omega = \{t | t \geqslant 0\}$ 或 $\Omega = [0, +\infty)$;

(6) "新产品的未来市场占有率" 的样本空间 $\Omega = [0, 1]$.

从例 2 可以看出, 样本空间是与随机试验相对应的, 随机试验与样本空间是对各种随机现象的基本描述, 对于所研究的随机现象, 要具有一定的抽象能力, 将问题归结为相应的概率模型, 从而加以研究.

随机现象的某些样本点组成的集合称为**随机事件**, 简称事件, 常用 A, B, C 等表示. 它们可分为基本事件和复杂事件. 基本事件是由单个样本点组成, 而复杂事件则是由若干个样本点组成的集合. 所谓事件 A 发生, 就是指事件 A 所包含的某一个样本点出现; 反之, 若在试验中出现的样本点不属于 A, 则称事件 A 未发生.

例 3 设 E 为掷骰子试验, $A=$"掷出点数 3", $B=$"掷出偶数", $C=$"掷出点数小于 5". 事件 A 为基本事件, 若掷出点数为 3, 则说事件 A 发生, 否则, 则说事件 A 未发生. 事件 B 和事件 C 均是复杂事件, $B = \{2, 4, 6\}$, $C = \{1, 2, 3, 4\}$, 事件 B 由 3 个基本事件 $\{2\}$、$\{4\}$、$\{6\}$ 所组成; 而事件 C 则是由 4 个基本事件 $\{1\}$、$\{2\}$、$\{3\}$、$\{4\}$ 所组成. 若 $\{2\}$、$\{4\}$、$\{6\}$ 中任一个基本事件发生, 则说事件 B 发生; 若没有一个发生, 则说 B 未发生.

　　显然样本空间 Ω 是一个事件, 由于其包含了所有基本事件或者说所有样本点, 又因为每次试验必出现 Ω 中的基本事件之一, 所以称 Ω 为**必然事件**. 空集 ϕ 作为 Ω 的一个子集, 它不包含任何基本事件, 所以每次试验中 ϕ 不可能出现, 故称 ϕ 为**不可能事件**. 必然事件和不可能事件虽然形式相反, 但两者的实质是相同的, 它们都属于确定性现象, 在此, 可以将必然事件和不可能事件视为随机事件的特例. 在概率论中, 我们也是将确定性现象作为随机现象的特例来处理的.

2. 事件之间的关系及其运算

　　从随机事件的定义可知, 任一事件 A 是相应样本空间 Ω 中的一个子集. 用一个长方形示意样本空间, 用长方形中的某个几何图形, 通常是圆示意事件 A, 这类图形称为维恩 (Venn) 图, 见图 12-1. 该图可以为我们提供更直观的工具, 以表示事件之间的各种关系.

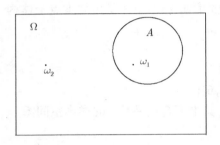

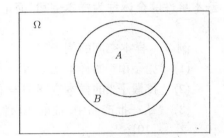

图 12-1　维恩图　　　　　　　　　　　　　图 12-2　$A \subset B$

　　在一次试验中, 事件 A 发生当且仅当 A 中某一样本点发生. 例如在掷骰子试验中, 若掷出点数 3, 则例 3 中的事件 A、C 都发生了; 若掷出 2, 则事件 A 未发生, 而事件 B、C 都发生了, 若掷出 1, 则事件 A、B 都未发生, 而事件 C 发生了; 若掷出 5, 则事件 A, B, C 都未发生. 由此可以看出, 事件之间存在着一些关系. 在实际中, 一个随机现象中的事件之间有下列三种关系:

　　(1) 事件的关系

　　(a) 包含: 在一个随机现象中有两个事件 A 与 B, 若事件 A 中任一个样本点必在 B 中, 则称 B**包含**A, 记为 $A \subset B$, 或 $B \supset A$, 这时事件 A 的发生必导致事件 B 发生, 如图 12-2 所示. 对于任一事件, 有 $\phi \subset A \subset \Omega$.

　　(b) 相等: 在一个随机现象中有两个事件 A 与 B, 若 $A \subset B$ 且 $B \subset A$, 则称事件 A 与事件 B**相等**, 记为 $A = B$. 这时 A 与 B 含有相同的样本点. 有时两个表述事件的语言表达看似不同, 但它们表示的是同一事件, 这时可以用事件相等的定义加以证明. 例如, 在掷两个骰子试验中, 设 $A=$ "点数之和为奇数", $B=$ "一个奇数,另一个偶数", 则 $A = B$.

(c) 互不相容: 在一个随机现象中有两个事件 A 与 B, 若事件 A 与 B 没有相同的样本点, 则称事件 A 与事件 B**互不相容**. 这时事件 A 与 B 不可能同时发生, 如图 12-3 所示. 例如在掷骰子试验中 "掷出小于 3 的点数" 和 "掷出大于 4 的点数" 是两个互不相容的事件. 显然任意两个基本事件是互不相容的. 特别地, ϕ 与任何事件互不相容. 若 A、B、C 为三个事件且两两互不相容, 则称 A、B、C 三个事件互不相容. 互不相容还可以推广到更多个事件的情形.

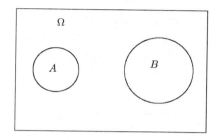
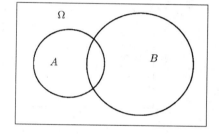

图 12-3　A 与 B 互不相容　　　　　图 12-4　A 与 B 的一般关系

一个随机现象的两个事件 A 与 B, 除了上述三种关系以外, 更一般地是 A 与 B 含有部分相同的样本点, 但又不完全相等, 如图 12-4 所示. 事件之间还可以有下列四种运算, 这样可以生成新的事件.

(2) **事件的运算**

(a) 事件 A 与 B 的并: 由事件 A 与事件 B 中所有样本点 (相同的只计算一次) 组成的新事件称为 A 与 B 的**并**, 记为 $A \cup B$, 如图 12-5 所示. 事件 $A \cup B$ 发生意味着 "事件 A 与事件 B 中至少一个发生". 不难看出: $A \subset A \cup B$, $B \subset A \cup B$. 例如, 在掷骰子试验中, $A = \{2,3\}$, $B = \{3,4\}$, 则 $A \cup B = \{2,3,4\}$. 事件的并可推广至更多事件的情形. 一般地, 设 $A_1, A_2, \cdots, A_n$ 为 n 个事件, 则其并事件记为 $A_1 \cup A_2 \cup \cdots \cup A_n$ 或 $\bigcup\limits_{i=1}^{n} A_i$.

(b) 事件 A 与 B 的交: 由事件 A 与 B 中公共的样本点组成的新事件称为事件 A 与 B 的**交**, 记为 $A \cap B$ 或 AB, 如图 12-5 所示. 事件 $A \cap B$ 发生意味着 "事件 A 与 B 同时发生". 例如, 在掷骰子中, 设 $A = \{2,3,4\}$, $B = \{3,4,5\}$ 则 $A \cap B = \{3,4\}$. 事件的交也可推广至更多事件上去. 一般地, 设 $A_1, A_2, \cdots, A_n$ 为 n 个事件, 则其交事件记为 $A_1 \cap A_2 \cap \cdots \cap A_n$ 或者 $\bigcap\limits_{i=1}^{n} A_i$.

(c) 事件 A 对 B 的差: 由在事件 A 中而不在 B 中的样本点组成的新事件称为 A 对 B 的**差**, 记为 $A - B$, 如图 12-5 所示. 事件 $A - B$ 发生意味着 "事件 A 发生且事件 B 未发生". 例如, 在掷骰子试验中, 设 $A = \{2,3,4\}$, $B = \{3,4,5\}$, 则

$A - B = \{2\}$.

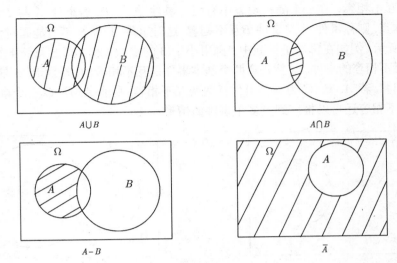

图 12-5

(d) **对立事件**：在一个随机现象中, 设 Ω 为样本空间, A 为任一事件, 则由在 Ω 中而不在 A 中的样本点组成的事件称为 A 的**对立事件**, 记为 $\bar{A}$, 如图 12-5 所示. 用语言来表示事件 $\bar{A}$ 就是事件 "A 不发生". 例如, 在掷骰子试验中, 若 $A=$ "掷出偶数", 则 $\bar{A}=$ "掷出的不是偶数", 也即 $\bar{A}=$ "掷出奇数".

又如, 若 $A=$ "抽取的 10 件产品中不合格品数小于 3 件", 则 $\bar{A}=$ "抽取的 10 件产品中不合格品数至少是 3 件".

可以证明：(1) $\bar{\bar{A}} = A$,

              (2) $\bar{\Omega} = \phi$,

              (3) $\bar{\phi} = \Omega$,

              (4) $A \cup \bar{A} = \Omega$,

              (5) $A \cap \bar{A} = \phi$.

从上述事件运算的定义可见, 事件的运算与集合的运算完全相同, 因此事件的运算也满足一系列的运算规律. 我们不加证明地给出下列运算规律. 具有集合论知识的读者, 可运用集合论的方法证明, 其他读者可利用维恩图来直观地验证这些规律的正确性, 运用这些规律求解概率问题会给我们带来很大的便利.

(3) **事件运算规律**

(a) **交换律**：$A \cup B = B \cup A$, $AB = BA$;

(b) **结合律**：$(A \cup B) \cup C = A \cup (B \cup C)$, $(AB)C = A(BC)$;

(c) **分配律**：$A(B \cup C) = AB \cup AC$, $A \cup (BC) = (A \cup B) \cap (A \cup C)$

$$A \cap (\bigcup_{i=1}^{n} A_i) = \bigcup_{i=1}^{n} AA_i, \quad A \cup (\bigcap_{i=1}^{n} A_i) = \bigcap_{i=1}^{n} (A \cup A_i) \quad (n \text{ 可以为 } \infty)$$

(d) **德摩根 (De Morgan) 定律**: $\overline{A \cup B} = \bar{A} \cap \bar{B}$, $\overline{A \cap B} = \bar{A} \cup \bar{B}$.

德摩根定律可以推广到任意有限或可数无限个事件的场合.

在研究随机事件时要学会用事件的关系及运算表示各种事件, 并学会用事件的语言来说明这些关系及运算.

例 4 在中文系的学生中任选一名学生, 设 $A = \{$该生是男生$\}$, $B = \{$该生是三年级$\}$, $C = \{$该生是运动员$\}$,

(1) 叙述事件 $AB\bar{C}$ 的意义;

(2) 在什么条件下 $ABC = C$ 成立?

(3) 什么时候 $\bar{A} = B$ 成立?

(4) 什么时候 $C \subset B$ 成立?

解 (1) 事件 A、B、$\bar{C}$ 同时发生, 即该生是三年级的男生, 但不是运动员.

(2) $ABC = C$ 等价于 $C \subset AB$, 即当该系的运动员都是三年级的男生时.

(3) $\bar{A} = B$ 等价于 $\bar{A} \subset B$ 且 $\bar{A} \supset B$, 即当该系女生都是三年级并且三年级学生都是女生时.

(4) 当该系运动员都是三年级学生时.

例 5 设 A、B、C 为三个事件, 用事件的运算表示下列事件:

(1) A 与 B 都发生而 C 不发生;

(2) 三个事件都发生;

(3) 三个事件恰好发生一个;

(4) 三个事件恰好发生二个;

(5) 三个事件中至少发生一个.

解 (1) $AB\bar{C}$ 或 $AB - C$;

(2) ABC;

(3) $A\bar{B}\bar{C} \cup \bar{A}B\bar{C} \cup \bar{A}\bar{B}C$;

(4) $AB\bar{C} \cup A\bar{B}C \cup \bar{A}BC$;

(5) $A \cup B \cup C$.

例 6 设随机试验 E 为抛两次硬币, 用 "0" 表示出现反面, 用 "1" 表示出现正面, 设事件 $A = $ "至少出现一次正面", $B = $ "第二次出现反面", 试求 Ω, A, B, $A \cup B, AB, A - B, B - A, \bar{A}, \bar{B}, \bar{A} \cup \bar{B}, \bar{A}\bar{B}$.

解　样本空间 $\Omega = \{(0,0),(0,1),(1,0),(1,1)\}$,

$$A = \{(1,0),(0,1),(1,1)\}, \qquad\qquad B = \{(0,0),(1,0)\},$$

$$A \cup B = \{(0,0),(0,1),(1,0),(1,1)\}, \quad AB = \{(1,0)\},$$

$$A - B = \{(0,1),(1,1)\}, \qquad\qquad B - A = \{(0,0)\},$$

$$\bar{A} = \{(0,0)\}, \qquad\qquad\qquad\quad \bar{B} = \{(0,1),(1,1)\},$$

$$\bar{A} \cup \bar{B} = \overline{A \bigcap B} = \{(0,0),(0,1),(1,1)\},$$

$$\bar{A}\bar{B} = \overline{A \cup B} = \phi.$$

(4) 事件的概率及性质

(a) 事件的概率

在一随机试验中, 各种事件出现的可能性的大小不尽相同. 例如, 在掷骰子试验中, 掷出 "3" 的可能性显然要比掷出 "偶数" 的可能性要小. 因此, 在研究随机事件时, 首先需解决如何度量事件在一次试验中出现的可能性的大小, 并严格地给出这种度量. 通常用术语 "概率" 来表示这种度量, 即概率是衡量随机事件在试验中发生可能性大小的度量, 用 p 来表示.

由于随机现象种类繁多, 样本空间的构成也千差万别, 所以赋予事件概率方法也是多种多样. 这样, 我们就有不同的概率模型, 简称概型. 为了建立适用于一般随机现象的概率理论, 1933 年, 前苏联数学家科尔莫戈罗夫 (Kolmogorov) 在综合了前人成果的基础上, 明确地提出了概率的公理化定义, 使概率论成为严谨的数学分支, 对概率论的迅速发展起了积极作用.

定义 12.2(概率公理化定义)　在一个随机现象中, 用来表示任一随机事件 A 发生可能性大小的实数称为该事件的概率, 记为 $P(A)$, 并要求满足如下公理:

(1) 非负性: $P(A) \geqslant 0$.

(2) 规范性: $P(\Omega) = 1$.

(3) 可列可加性: 对于可数个两两互不相容的事件 $A_1, A_2, \cdots, A_n, \cdots$ 成立

$$P(A_1 \cup A_2 \cup \cdots) = P(A_1) + P(A_2) + \cdots,$$

即

$$P\left(\bigcup_{i=1}^{\infty} A_i\right) = \sum_{i=1}^{\infty} P(A_i). \tag{12.1.1}$$

从定义可知, 概率实际上是满足上述三条公理的集合函数, 虽然缺少刻画 "可能性" 的直观性, 但正是由于它的抽象性而使其具有广泛的应用性.

(b) 概率的性质

以概率的公理化定义为基础, 可以导出概率的其他性质, 概率的主要性质如下:

性质 1

$$P(\phi) = 0. \tag{12.1.2}$$

性质 2 (有限可加性)   设 $A_1, A_2, \cdots, A_n$ 为 n 个两两互不相容的事件, 则

$$P(A_1 \cup A_2 \cup \cdots \cup A_n) = P(A_1) + P(A_2) + \cdots + P(A_n). \tag{12.1.3}$$

性质 3

$$P(\bar{A}) = 1 - P(A). \tag{12.1.4}$$

性质 4 (减法定理)   若 $A \subset B$, 则

$$P(B - A) = P(B) - P(A). \tag{12.1.5}$$

性质 5 (加法定理)

$$P(A \cup B) = P(A) + P(B) - P(AB). \tag{12.1.6}$$

性质 6   若 $A \subset B$, 则

$$P(A) \subseteq P(B). \tag{12.1.7}$$

证   (1) 因为 $\Omega = \Omega \cup \phi \cup \phi \cup \cdots$ 且 Ω 与 ϕ, ϕ 与 ϕ 互不相容, 由概率的可列可加性可得

$$P(\Omega) = P(\Omega) + P(\phi) + P(\phi) + \cdots,$$

即

$$P(\phi) + P(\phi) + \cdots = 0.$$

要使上式成立, 只有 $P(\phi) = 0$.

(2) 因为 $\bigcup\limits_{i=1}^{n} A_i = A_1 \cup A_2 \cup \cdots \cup A_n \cup \phi \cup \phi \cup \cdots$, 由 $P(\phi) = 0$ 及 (12.1.1) 式可得

$$P\left(\bigcup_{i=1}^{n} A_i\right) = P(A_1) + P(A_2) + \cdots + P(A_n) + P(\phi) + P(\phi) + \cdots = \sum_{i=1}^{n} P(A_i)$$

(3) 由于 $A \bigcup \bar{A} = \Omega, A\bar{A} = \phi$, 及性质 (2) 可知

$$P(A \cup \bar{A}) = P(A) + P(\bar{A}) = 1,$$

所以

$$P(\bar{A}) = 1 - P(A).$$

(4) 当 $A \subset B$ 时, 有

$$B = A \cup (B - A)$$

且

$$A \cap (B - A) = \phi.$$

由性质 2

$$P(B) = P(A) + P(B - A), 即 P(B - A) = P(B) - P(A).$$

(5) 因为

$$A \cup B = A \cup (B - A) = A \cup (B - AB)$$

且 $A \cap (B - AB) = \phi, AB \subset B$ 所以由性质 (2)、(4) 可得

$$P(A \cup B) = P(A) + P(B - AB) = P(A) + P(B) - P(AB).$$

(6) 由概率的非负性可知 $P(B - A) \geqslant 0,$ 又由性质 4 可得

$$P(B) = P(A) + P(B - A) \geqslant P(A),$$

即

$$P(A) \leqslant P(B).$$

3. 概率的确定方法

对于随机现象, 任意给定一个满足定义 12.1 的集合函数都可以作为该随机现象事件的概率, 可见给出的概率不是唯一的. 对于具体的某个概型, 要视其实际的含义, 给出满足三条公理的合适的概率. 下面给出三种常见概型的概率确定方法.

(1) 统计方法

设随机现象 E 允许在相同条件下大量重复试验, 对于随机事件 $A,$ 若在 n 次重复试验中出现了 μ_n 次, 则称

$$F_n(A) = \frac{\mu_n}{n} = \frac{A出现的次数}{试验次数}$$

为事件 A 在这 n 次试验中出现的**频率**.

表 12-1　历史上抛硬币试验中正面出现频率

试验者	抛硬币次数 n	出现正面次数 u_n	正面出现频率 $\frac{u_n}{n}$
德摩根	2048	1061	0.5180
蒲丰	4040	2048	0.5069
皮尔逊	12000	6019	0.5016
皮尔逊	24000	12012	0.5005
维尼	30000	14994	0.4998

频率 $F_n(A)$ 在一定程度上, 确实能反映事件 A 发生的可能性大小, 但 μ_n 是不确定的, 频率只能近似地反映事件 A 发生的可能性大小. 我们所要建立的可能性度量应是一个确定的值, 显然不能用频率来定义, 好在频率具有下列意义的稳定性: $F_n(A)$ 将会随着重复试验次数不断增加而趋于稳定, 这种现象被称为频率稳定性. 表 12-1 是历史上一些著名的抛硬币试验, 它为我们提供了频率稳定性的直观背景.

从这些试验的结果来看, 随着试验次数增加, 频率越接近 $\frac{1}{2}$. 这个 $\frac{1}{2}$ 是频率的稳定值. 它说明随机事件发生可能性大小是随机事件本身固有的一种客观属性, 因此可以对它进行度量. 有了对频率的上述认识, 现在给出概率的统计定义.

定义 12.3 设 $F_n(A)$ 是随机试验 E 中事件 A 在 n 次重复试验中出现的频率, 若当 n 增加时, 它在一个常数 p 附近摆动, 并逐渐稳定于这个常数 p, 则称 p 为事件 A 的概率, 记为 $P(A) = p$.

从定义的概率与频率的关系, 不难推出概率满足下列性质:

(1) 对任何事件 A, 有 $0 \leqslant P(A) \leqslant 1$;

(2) $P(\phi) = 0$;

(3) 若 A, B 为互不相容事件, 则 $P(A \cup B) = P(A) + P(B)$.

由于在实际中, 人们无法无限次地重复同一试验, 故用统计方法精确地获得事件的概率是不可能的. 但该定义对理解概率的本质意义具有积极作用. 例如, 若我们说: "做某件事成功的概率为 0.3", 这就意味着做 10 次这件事, 大约有 3 次成功, 或者说做 500 次这件事大约有 150 次成功.

(2) 古典方法

在实际中, 存在一种简单的随机现象, 它的随机试验结果的个数是有限的而且每一结果发生的可能性相同. 例如, 掷骰子模型, 只有 6 个结果 1, 2, 3, 4, 5, 6, 每个点数出现的可能性相同. 这类随机现象在概率论的初期即被注意和研究, 下面给出一般的定义.

定义 12.4 若随机现象具有下列两个特征:

(1) 随机试验的所有可能结果只有有限个, 譬如为 n 个, 记为 $w_1, w_2, \cdots, w_n$;

(2) 基本事件 $w_1, w_2, \cdots, w_n$ 发生的可能性是相同的.

则称这类随机现象的数学模型为**古典概型**.

由于古典概型简单、直观, 对它的讨论便于我们理解概率论中的基本概念, 因此, 它在概率论中起着重要的作用.

设古典概型的样本空间为 $\Omega = \{w_1, w_2, \cdots, w_n\}$, 此时应有 $P(w_1) = P(w_2) = \cdots = p(w_n) = \frac{1}{n}$. 设事件 A 含有 k 个样本点, 则事件 A 的概率定义为

$$P(A) = \frac{k}{n} = \frac{A\text{包含的样本点数}}{\text{样本点总数}}.$$

上述确定概率的方法称为**古典方法**, 这是因为它只适用于古典概型的场合. 可以证明由古典方法确定的概率满足性质:

(1) 对任意事件, 有 $0 \leqslant P(A) \leqslant 1$;

(2) $P(\Omega) = 1$;

(3) 设 $A_1, A_2, \cdots, A_n$ 两两互不相容, 则 $P\left(\bigcup\limits_{i=1}^{n} A_i\right) = \sum\limits_{i=1}^{n} P(A_i)$.

例 7 掷两颗骰子, 观察所得的点数, 用 (x, y) 表示样本点, 其中 x 与 y 分别是第一与第二颗骰子出现的点数, 则样本空间为: $\Omega = \{(x, y)|x, y = 1, 2, 3, 4, 5, 6\}$ 设 $A =$ "点数之和为 2", $B =$ "点数之和为 5", $C =$ "点数之和大于 9", $D =$ "点数之和大于 3, 而小于 7". 试分别求出事件 A, B, C, D 所包含的样本点及概率.

解 Ω 的包含的样本点个数为 $6 \times 6 = 36$.

$A = \{(1,1)\}$, $P(A) = \dfrac{1}{36}$,

$B = \{(1,4), (2,3), (3,2), (4,1)\}$, $P(B) = \dfrac{4}{36} = \dfrac{1}{9}$,

$C = \{(4,6), (5,5), (5,6), (6,4), (6,5), (6,6)\}$, $P(C) = \dfrac{6}{36} = \dfrac{1}{6}$,

$D = \{(1,3),(1,4)(1,5),(2,2),(2,3),(2,4),(3,1),(3,2),(3,3),(4,1),(4,2),(5,1)\}$,

$P(D) = \dfrac{12}{36} = \dfrac{1}{3}$.

在实际中, 很多具体的问题都可认为是古典概型. 如产品的质量检验, 彩票的中奖率等等. 对于古典概型, 计算事件概率的公式直观、简单, 其关键就是计算样本点总数及事件所包含的样本点总数. 然而许多古典概率的计算富有技巧, 需要熟知排列组合的公式, 现介绍如下:

排列与组合是两类计算公式, 它们的获得都基于如下两条计数原理.

(a) 乘法原理: 若做某件事需经 k 步才能完成, 其中做第一步有 m_1 种方法, 做第二步有 m_2 种方法, $\cdots$, 做第 k 步有 m_k 种方法, 则完成这件事共有 $m_1 \times m_2 \times \cdots \times m_k$ 种方法.

举例说明, 设某业务员从上海到北京洽谈业务, 但途中还要到天津停留办事. 从上海可以乘飞机、火车和轮船到达天津; 从天津可乘火车、汽车到达北京, 试问该业务员从上海到达北京一共有几种走法?

从上海到北京, 需经过二步才能完成, 第一步, 从上海到天津共有 3 种走法, 第二步, 从天津到北京共有 2 种走法, 所以从上海到北京共有 $3 \times 2 = 6$ 种走法, 见图 12-6.

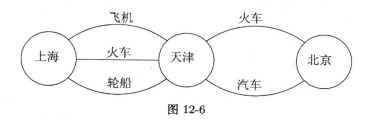

图 12-6

(b) 加法原理：若做某件事可由 k 类不同方法之一去完成, 其中在第一类方法中又有 m_1 种完成方法, 在第二类方法中又有 m_2 种完成方法, $\cdots$, 在第 k 类方法中又有 m_k 种完成方法, 则完成这件事共有 $m_1 + m_2 + \cdots + m_k$ 种方法.

例如, 设业务员从上海到北京有三种方式, 飞机、火车、汽车, 而飞机有 2 个班次, 火车有 3 个班次, 汽车有 6 个班次, 那么业务员从上海到北京共有 $2+3+6=11$ 种选择.

利用上述原理, 可以导出排列与组合的公式.

(i) 排列：从 n 个不同元素中任取 $r(r \leqslant n)$ 个元素, 进行有顺序的放置 (或者说有顺序地取出 r 个元素) 称为一个**排列**. 按乘法原理, 此种排列共有 $n \times (n-1) \times \cdots \times (n-r+1)$ 个, 记为 P_n^r. 当 $r=n$ 时, 称为**全排列**, 全排列共有 $n!$ 个, 记为 P_n. 即

$$\mathrm{P}_n^r = n(n-1)\cdots(n-r+1) = \frac{n!}{(n-r)!},$$
$$\mathrm{P}_n = n!. \tag{12.1.8}$$

(ii) 重复排列：从 n 个不同元素中每次取出一个作记录, 放回后再取下一个, 如此连续取 r 次所得的排列称为**重复排列**. 按乘法原理, 此种重复排列共有 n^r 个. 在此种情形, r 允许大于 n.

例如, 由数字 $3, 4, 5$ 所组成的 3 位数的个数为 $3^3 = 27$, 而由 $3, 4, 5$ 所组成的各位数字不同三位数个数为 $3 \times 2 \times 1 = 6$, 前者为重复排列.

(iii) 组合：从 n 个不同元素中任取 $r(r \leqslant n)$ 个元素而不考虑其顺序, 称为一个**组合**, 此种组合数, 记为 $\binom{n}{r}$ 或 C_n^r, 它等于

$$\mathrm{C}_n^r = \binom{n}{r} = \frac{\mathrm{P}_n^r}{r!} = \frac{n!}{r!(n-r)!}, \tag{12.1.9}$$

并规定 $0! = 1, \binom{n}{0} = 1$.

组合与排列都是从 n 个元素中选取 r 个, 不同的是组合不考虑元素的顺序, 也就是说, 对 r 个数的一个组合, 有 $r!$ 个不同的排列, 故有公式：$\binom{n}{r} = \dfrac{\mathrm{P}_n^r}{r!}$.

(iv) 将 n 个不同元素分成 k 个部分, 第一部分 r_1 个, 第二部分 r_2 个, $\cdots$, 第 k 部分 r_k 个, 则不同的分法共有

$$\frac{n!}{r_1! r_2! \cdots r_k!} \quad (r_1 + r_2 + \cdots + r_k = n). \tag{12.1.10}$$

它是组合数 (3) 的推广.

(v) 若在 n 个元素中, 第一种元素有 n_1 个, 第二种元素有 n_2 个, $\cdots$, 第 k 种元素有 n_k 个 $(n_1 + n_2 + \cdots + n_k = n)$, 从第一种元素中取 r_1 个, 从第二种元素中取 r_2 个, $\cdots$, 从第 k 种元素中取 r_k 个 $(r_i \leqslant n_i)$, 则不同的取法的总数为

$$\binom{n_1}{r_1} \binom{n_2}{r_2} \cdots \binom{n_k}{r_k}. \tag{12.1.11}$$

利用排列组合公式可以为概率问题的求解带来很大方便, 应能熟练地将其应用于各种具体场合. 下面举例.

例 8　一套 5 卷的选集, 随机地放到书架上, 求各册自左至右或自右至左恰成 1,2,3,4,5 的顺序的概率.

解　以 a, b, c, d, e 分别表示自左至右排列的书的卷号, 则选集放置方式可与向量 (a, b, c, d, e) 相对应. 因为 a, b, c, d, e 取值于 $1, 2, 3, 4, 5$ 且不允许重复取某一个值, 因此这种向量的总数相当于 5 个元素的全排列 $5! = 120$ 个. 又因为选集是按任意的次序放到书架上去的, 所以, 这 120 种放法是等可能的. 这样就得到一个古典概型 $\Omega = \{w_1, w_2, \cdots, w_{120}\}$, 而所求事件 A 的发生只有两种情形: 1,2,3,4,5 或者 5,4,3,2,1, 所以

$$P(A) = \frac{2}{120} = \frac{1}{60}.$$

例 9　从一批共 1000 台电视机中抽取 10 台作质量检验, 已知 1000 台中有 990 台是正品, 其余 10 台是次品, 试求: (1) 抽得的 10 台电视机都是正品的概率; (2) 抽得 8 台电视机是正品, 2 台是次品的概率.

解　(1) 从 1000 台中抽取 10 台的不同抽取方法总数为组合数 $\binom{1000}{10}$, 而从 990 台正品中抽取 10 台正品的抽取数为, $\binom{990}{10}$, 所以所求事件 (记为 A) 的概率为

$$P(A) = \frac{\binom{990}{10}}{\binom{1000}{10}} = \frac{\frac{990!}{980!10!}}{\frac{1000!}{990!10!}} = \frac{(990!)^2}{1000! 980!} = \frac{990 \times 989 \times \cdots \times 981}{1000 \times 999 \times \cdots \times 991} = 0.90396 = 0.904.$$

(2) 从 990 台正品中抽取 8 台, 从 10 台次品中抽取 2 台的抽取总数为

$$\binom{990}{8} \binom{10}{2} = \frac{990!}{982! 8!} \cdot \frac{10!}{8! 2!}.$$

所以所求事件 (记为 B) 的概率

$$P(B) = \frac{\binom{990}{8}\binom{10}{2}}{\binom{1000}{10}} = \frac{\frac{990!}{982!8!} \cdot \frac{10!}{8!2!}}{\frac{1000!}{990!10!}} = \frac{(990!)^2(10 \times 9)^2}{1000!982!2!}$$

$$= \frac{(990 \times 989 \times \cdots \times 983) \times 50 \times 81}{(1000 \times 999 \times \cdots \times 991)} = 0.0038.$$

例 10 (生日问题) 设某单位有 m 个人 ($m \leqslant 365$), 求 m 个人中至少有两个人的生日在同一天的概率.

解 假定一年为 365 天, 并假设任一天作为某人生日的可能性相同. 记事件 A = "m 个人中至少有 2 个人的生日是同一天", 则 A 的对立事件 $\bar{A}$ = "m 个人的生日都不相同". 由假设可知, 任一人的生日有 365 种可能, 由乘法原理, m 个人的生日的所有可能的总数为重复排列 365^m. 可以这样考虑事件 $\bar{A}$ 所包含的样本点数: 从 365 天中任取 m 天作为 m 个人的生日, m 个人在所取的 m 天中的不同排列数为 $m!$, 所以 m 个人生日都不同的总数为

$$\binom{365}{m} \cdot m! = \frac{365!}{(365-m)!} = 365 \times 364 \times \cdots \times (365-m+1).$$

所以

$$P(\bar{A}) = \frac{365 \times 364 \times \cdots \times (365-m+1)}{365^m}$$

$$= \frac{365}{365} \cdot \frac{364}{365} \cdots \frac{(365-m+1)}{365}.$$

从而

$$P(A) = 1 - P(\bar{A}).$$

对于不同的 m 值, 计算 $P(A)$ 如表 12-2.

表 12-2 至少有 2 个人同生日的概率

m	10	20	23	30	40	50	57
$P(A)$	0.12	0.41	0.51	0.71	0.89	0.97	0.99

从表 12-2 可以看出, 当人数达到 23 人时, 他们中至少有 2 人同一天生日的概率超过 50%, 也就是说, 在人群中任意选出 23 人, 选十组, 则在 10 组中, 大约有 5 组, 上述断言是正确的. 这与人们的直觉不太相符, 这正说明事物内在的规律仅凭 "常识" 是很难获得的.

例 11 甲、乙两人博弈, 预先约定谁先胜 3 局, 就获取全部赌注. 现在甲获胜 2 局, 乙获取 1 局, 由于某种原因而停止博弈, 设甲乙双方每局胜负的机会均等且无和局, 问应如何分配赌注?

解 由于在已结束的三局中, 甲胜 2 局, 乙胜一局, 一种想当然的分配赌注方法是: 甲分得 $\frac{2}{3}$ 的赌注, 乙分得 $\frac{1}{3}$ 的赌注. 然而, 这种分配方法是基于过去的胜负. 较合理的赌注分配方法, 应该是建立在赢得三局机会的大小上. 假设继续进行博弈, 至多只需二局即可分出胜负. 记甲胜为 1, 乙胜为 0, 则二局的所有可能基本事件构成的样本空间为 $\Omega = \{(1,1),(1,0),(0,1),(0,0)\}$, 结合已结束的三局胜负情况可知, 设事件 $A=$ "甲赢得赌注", 则

$$A = \{(1,1),(1,0),(0,1)\},$$

事件 $\bar{A}=$ "乙赢得赌注", 则

$$\bar{A} = \{(0,0)\},$$

所以

$$P(A) = \frac{3}{4}, \quad P(\bar{A}) = \frac{1}{4},$$

即在已赛三局的情况下, 甲赢的可能性为 $\frac{3}{4}$, 而乙为 $\frac{1}{4}$. 因此, 甲应分得赌注的 $\frac{3}{4}$ 而乙为 $\frac{1}{4}$, 而不是起初的 $\frac{2}{3}$ 和 $\frac{1}{3}$.

本题就是著名的分点问题, 最早出现在 1494 年路·巴巧罗的著作中. 它在概率论的发展上有着重要影响, 而本题的解法则是 1654 年帕斯卡在给费尔马的信中给出的.

(3) 几何方法

古典概型的样本空间是有限的, 人们当然想突破这个限制, 以解决更多的概率计算问题, 但这并非易事. 下面仅就具有某种等可能性的情形给出概率的几何计算方法.

假设随机现象的每一可能结果出现的可能性相等, 且可与 n 维空间中的有界区域 Ω 中的点一一对应, 而某一事件 A 所包含的样本点与 Ω 的子集 A' 的点一一对应, 则定义事件 A 的概率为

$$P(A) = \frac{A'\text{的测度}}{\Omega\text{的测度}}.$$

这一类概率称为**几何概率**. 当 Ω 是一维、二维、三维的区域时, 测度就是长度, 面积、体积. 从几何概率的定义可见, $P(A)$ 的大小与 A' 的位置和形状无关.

例 12(会面问题) 两人约定下午 5 点到 6 点在某地会面, 先到者等候另一人 25 分钟, 过时即可离去, 试求这两人能会面的概率.

解 以 x 和 y 分别表示两人到达会面地点的时间, 则能会面的充要条件是

$$|x - y| \leqslant 25.$$

在平面上建立直角坐标系如图 12-7, 则 (x, y) 的所有可能结果是边长是 60 的正方形, 而能会面的点的区域用阴影标出, 所求概率为

$$p = \frac{60^2 - 35^2}{60^2} = \frac{95}{144} \approx 0.66.$$

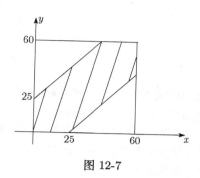

图 12-7

例 13(蒲丰投针问题) 平面上画有等距离的平行线, 平行线间的距离为 $a\,(a > 0)$, 向此平面任投一长度为 $l\,(l < a)$ 的针, 试求此针与任一平行线相交的概率.

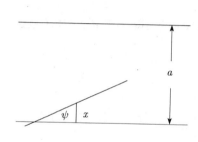 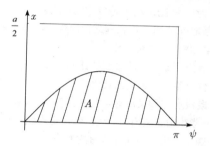

图 12-8

解 以 x 表示针的中点到最近的一条平行线的距离, ψ 表示针与平等线的交角 (见图 12-8) 易知

$$0 \leqslant x \leqslant \frac{a}{2}, \tag{12.1.12}$$

$$0 \leqslant \psi \leqslant \pi. \tag{12.1.13}$$

上两式确定 $\psi - x$ 平面上的一个矩形 Ω. 针与平行线相交的充分必要条件为 $x \leqslant \frac{l}{2}\sin\psi$, 它确定了 Ω 内的阴影部分 A, 所求概率为

$$p = \frac{A\text{的面积}}{\Omega\text{的面积}} = \frac{\int_0^\pi \frac{l}{2}\sin\psi d\psi}{\pi \cdot \frac{a}{2}} = \frac{2l}{\pi a}.$$

最后, 我们同样可以验证几何概率满足以下性质:

(1) 对任意事件 A, 有 $P(A) \geqslant 0$;

(2) $P(\Omega) = 1$;

(3) 若 $A_1, A_2, \cdots$ 两两互不相容, 则

$$P(\bigcup_{i=1}^{\infty} A_i) = \sum_{i=1}^{\infty} P(A_i).$$

习　题　12.1

1. 如果随机事件 A 与 B 是对立事件, 则事件 $\overline{A}$ 与 $\overline{B}$ 的关系是 _____.

2. 假设 A,B 是两个随机事件, 且 $AB = \bar{A}\bar{B}$, 则 $A \cup B =$ _____, $AB =$ _____.

3. 10 件产品中有 3 件是不合格品, 从中抽取 4 件, 求

(1) 恰好有 2 件是不合格品的概率;

(2) 全是合格品的概率.

4. 将一套上、中、下三册的书, 随机地放到书架上, 求自左至右或自右至左的顺序恰为上、中、下的概率.

5. 一盒内盛有四颗骰子, 进行摇点, 并计算四颗骰子点数之和, 试写出这种试验的样本空间, 若记 A_i 为一次摇出 i 点, 求 $P(A_5), P(A_{18})$.

6. 某地区对 200 户家庭进行调查, 有 80% 的家庭拥有空调; 60% 的家庭拥有电脑; 50% 的家庭既有空调又有电脑, 求

(1) 有空调或电脑的家庭的比例;

(2) 仅有空调的家庭的比例;

(3) 既没有空调又没有电脑的家庭的比例.

7. 一学生宿舍共有 4 个人, 假设每人生日在任何一个月份是等可能的, 试求

(1) 四个人生日都在九月份的概率;

(2) 四个人生日都不在九月份的概率;

(3) 四个人生日不都在九月份的概率.

12.2　条件概率与全概率公式

1.　条件概率

前面讨论了求一个随机事件 A 的方法, 当时没有给出任何附加条件. 现在, 已知某些信息, 再求事件 A 的概率, 这样的概率就是下面将讨论的条件概率.

例如, 在掷骰子试验中, 求事件 $A=\{2,3\}$ 的概率, 则 $P(A) = \dfrac{1}{3}$, 若我们已知事件 $B = \{$掷出偶数$\}$ 已经发生, 再求事件 A 的概率, 则称为已知事件 B 发生的条件下, 事件 A 发生的条件概率, 记为 $P(A|B)$. 因为在 B 发生的条件下, 所有可能结果为 $B =\{2,4,6\}$ 所包含的样本点, 而事件 $\{2\}$ 发生, 则事件 A 发生, 所以有

$$P(A|B) = \frac{1}{3} = \frac{\dfrac{1}{6}}{\dfrac{3}{6}} = \frac{P(AB)}{P(B)}.$$

上式的成立不是偶然的, 容易验证它对一般情形也成立. 对于一般的情况, 给出下列定义.

定义 12.5 设 A, B 是两个事件, 且有 $P(B) > 0$, 称

$$P(A|B) = \frac{P(AB)}{P(B)} \tag{12.2.1}$$

为在事件 B 已发生的条件下, 事件 A 发生的**条件概率**.

(12.2.1) 式表明: 条件概率可用两个特定的 (无条件) 概率之商来计算. 将 (12.2.1) 式移项可得乘法公式. 考虑到 $P(AB) = P(BA)$, 所以可用以下两个公式给出概率的乘法公式:

(1) 对任意两个事件 A 与 B 且 $P(A) > 0$, 有

$$P(AB) = P(A)P(B|A); \tag{12.2.2}$$

(2) 对任意两个事件 A 与 B 且 $P(B) > 0$, 有

$$P(AB) = P(B)P(A|B). \tag{12.2.3}$$

例 1 对于有两个孩子的家庭, 假定男女出生率相同, 记

$$A = \text{"选取的一个家庭中有一男一女"};$$
$$B = \text{"选取的一个家庭中至少有一个女孩"};$$

求: $P(A)$ 和 $P(A|B)$.

解 将两个孩子的性别依大小排列得样本空间为

$$\Omega = \{(男, 男), (男, 女), (女, 男), (女, 女)\}.$$

又因为男女出生比例相同, 所以每一样本点是等可能的, 因此它是一个古典概型, 由古典概型的计算公式可得

$$P(A) = \frac{2}{4} = \frac{1}{2}, \quad P(B) = \frac{3}{4}, \quad P(AB) = \frac{2}{4} = \frac{1}{2}, \quad P(A|B) = \frac{P(AB)}{P(B)} = \frac{\frac{1}{2}}{\frac{3}{4}} = \frac{2}{3}.$$

由于我们预先知道了信息: "所选取的家庭至少有一个女孩". 致使事件 A 发生的概率从 $\frac{1}{2}$ 增加到 $\frac{2}{3}$.

例 2 表 12-3 给出了乌龟的寿命及相应的存活概率, 记事件 $A_n = $ "乌龟活到 n 岁", 求

(1) 20 岁的乌龟能活到 80 岁的概率是多少?

(2) 120 岁的乌龟能活到 200 岁的概率是多少?

解 (1) 所求事件的概率是条件概率 $P(A_{80}|A_{20})$. 由于事件 A_{80} 发生时, A_{20} 必定发生, 即 $A_{80} \subset A_{20}$. 所以 $A_{20}A_{80} = A_{80}$.

按条件概率公式有

$$P(A_{80}|A_{20}) = \frac{P(A_{20}A_{80})}{P(A_{20})} = \frac{P(A_{80})}{P(A_{20})} = \frac{0.87}{0.92} \approx 0.95,$$

即 100 只活到 20 岁的乌龟中大约有 95 只能活到 80 岁.

(2) 同理可求

$$P(A_{200}|A_{120}) = \frac{P(A_{120}A_{200})}{P(A_{120})} = \frac{P(A_{200})}{P(A_{120})} = \frac{0.39}{0.78} = 0.50,$$

即活到 120 岁的乌龟中大约有一半能活到 200 岁.

表 12-3   乌龟的寿命表

年龄/岁	0	20	40	60	80	100	120	140	160	180	200	220	240	260
存活概率	1.00	0.92	0.90	0.89	0.87	0.83	0.78	0.70	0.61	0.51	0.39	0.08	0.04	0.0003

2. 全概率公式与贝叶斯公式

(1) 全概率公式

为了从已知的简单事件的概率推算出未知的复杂事件的概率, 我们经常会将一个复杂事件分解为若干个不相容的简单事件之并, 为此目的, 先给出样本空间的剖分的概念.

定义 12.6   设 Ω 为样本空间, 一组事件 $A_1, A_2, \cdots, A_n, P(A_i) > 0, i = 1, 2, \cdots, n$, 若满足

(1) A_i 两两互不相容, 即 $A_iA_j = \phi \ (i \neq j)$;

(2) $\bigcup_{i=1}^{n} A_i = \Omega$.

则称 $A_1, A_2, \cdots, A_n$ 为样本空间的一个**剖分**.

全概率公式   设 $A_1, A_2, \cdots, A_n$ 为样本空间 Ω 的一个剖分, 则对任一事件 B, 都有

$$P(B) = \sum_{i=1}^{n} P(A_i)P(B|A_i). \tag{12.2.4}$$

这公式称为**全概率公式**.

它是概率论的一个基本公式, 有着广泛的应用. 利用乘法公式和概率的有限可加性, 可以给出 (12.2.4) 的证明.

因为 $\bigcup_{i=1}^{n} A_i = \Omega$, 且 $A_iB, \ i = 1, 2, \cdots, n$ 也两两互不相容, 所以

$$B = \Omega B = \left(\bigcup_{i=1}^{n} A_i \right) \cap B = \bigcup_{i=1}^{n} A_iB,$$

因而

$$P(B) = \sum_{i=1}^{n} P(A_i B) = \sum_{i=1}^{n} P(A_i)P(B|A_i).$$

例 3 某工厂有甲、乙、丙三条生产线生产同一种产品, 产量各占 $\frac{1}{2}, \frac{1}{4}, \frac{1}{4}$, 它们生产的不合格品率分别为 1%, 2%, 3%, 现任取一件产品, 问取到的产品是不合格品的概率是多少?

解 记

$$A_1 = \text{“甲线生产的产品”};$$
$$A_2 = \text{“乙线生产的产品”};$$
$$A_3 = \text{“丙线生产的产品”};$$
$$B = \text{“所取产品是不合格品”}.$$

由题意可知 $\Omega = A_1 \cup A_2 \cup A_3$, 且 A_1, A_2, A_3 两两互不相容, 所以 A_1, A_2, A_3 为 Ω 的一个剖分, 又因为

$$P(A_1) = \frac{1}{2}, \quad P(A_2) = \frac{1}{4}, \quad P(A_3) = \frac{1}{4},$$

$$P(B|A_1) = 0.01, \ P(B|A_2) = 0.02, \ P(B|A_3) = 0.03,$$

由全概率公式可得

$$\begin{aligned} P(B) &= \sum_{i=1}^{3} P(A_i)P(B|A_i) \\ &= \frac{1}{2} \times 0.01 + \frac{1}{4} \times 0.02 + \frac{1}{4} \times 0.03 \\ &= 0.0175. \end{aligned}$$

事实上, 所求概率是该厂产品的总的不合格率, 它不是三条生产线的不合格率的简单算术平均.

(2) 贝叶斯 (Bayes) 公式

贝叶斯公式 设 $A_1, A_2, \cdots, A_n$ 为样本空间的一个剖分, 对任一事件 $B, P(B) > 0$, 有

$$P(A_i|B) = \frac{P(A_i)P(B|A_i)}{\sum\limits_{j=1}^{n} P(A_j)P(B|A_j)} \quad i = 1, 2, \cdots, n. \tag{12.2.5}$$

证 由乘法公式

$$P(A_i B) = P(B)P(A_i|B) = P(A_i)P(B|A_i), \quad i = 1, 2, \cdots, n,$$

后一等式移项得

$$P(A_i|B) = \frac{P(A_i)P(B|A_i)}{P(B)}, \quad i = 1, 2, \cdots, n.$$

再由全概率公式即得贝叶斯公式

$$P(A_i|B) = \frac{P(A_i)P(B|A_i)}{\sum\limits_{i=1}^{n} P(A_j)P(B|A_j)}, \qquad i = 1, 2, \cdots, n.$$

贝叶斯公式的意义在于, 当已知某种结果发生后, 可以确定致使其发生的各种原因的可能性大小. 在这里 $A_1, A_2, \cdots, A_n$ 是导致试验结果的 "原因", $P(A_i)$ 称为先验概率, 它反映了各种 "原因" 发生的可能性大小, 一般是以往经验的总结, 在试验之前已经知道. 条件概率 $P(A_i|B)$ 称为后验概率, 它是在试验出现事件 B 后, 对各种 "原因" 发生的可能性大小的认识. 下面结合例题说明贝叶斯公式的应用.

在例 3 中, 若抽取的产品是不合格品, 则要调查这件不合格品是哪条生产线生产的, 或者说, 要知道各条生产线生产该不合格品的概率分别是多少? 即求出 $P(A_1|B), P(A_2|B), P(A_3|B)$. 由贝叶斯公式

$$P(A_1|B) = \frac{P(A_1)P(B|A_1)}{P(A_1)P(B|A_1) + P(A_2)P(B|A_2) + P(A_3)P(B|A_3)}$$
$$= \frac{0.5 \times 0.01}{0.5 \times 0.01 + 0.25 \times 0.02 + 0.25 \times 0.03} = 0.2857.$$

同理可得

$$P(A_2|B) = 0.2857,$$

$$P(A_3|B) = 0.4286.$$

由计算结果可见, 该不合格品出自丙生产线的可能性最大.

例 4　在艾滋病普查中有一种血液试验法命名为 ELISA, 记 $B =$ "被检测者带有艾滋病病毒", $A =$ "用 ELISA 检测呈阳性". 已知 $P(A|B) = 0.95, P(A|\bar{B}) = 0.01$, 即 ELISA 试验能正确地测出确实带有艾滋病病毒的人中的 95% 呈阳性, 即存在艾滋病病毒, 但是把不带病毒者中的 1% 不正确地识别为存在病毒. 又假定 $P(B) = 0.001$, 即每一千人中约有 1 人携带该病毒. 若有一人 ELISA 试验呈阳性, 试求此人确实是艾滋病病毒携带者的概率.

解　所求概率即是条件概率 $P(B|A)$, 由贝叶斯公式

$$P(B|A) = \frac{P(B)P(A|B)}{P(B)P(A|B) + P(\bar{B})P(A|\bar{B})} = \frac{0.001 \times 0.95}{0.001 \times 0.95 + 0.999 \times 0.01} = 0.087,$$

即在试验呈阳性的人中确实带有艾滋病病毒者小于 9% , 也即试验呈阳性的人中多于 90% 的人实际上不带病毒. 虽然, 该法检出率 $P(A|B) = 0.95$ 较高, 误判率 $P(A|\bar{B}) = 0.01$ 较低, 但是其精确度却很低, 其原因是 $P(B) = 0.001$ 太小. 若该方法在艾滋病高危人群中应用, 将极大地提高试验的精确性 .

3. 事件独立性与独立重复试验

在已知事件 B 发生的条件下, A 发生的可能性为

$$P(A|B) = \frac{P(AB)}{P(B)}.$$

一般地 $P(A|B)$ 与 $P(A)$ 是不同的. 若事件 A 的发生不依赖于事件 B 发生与否, 即事件 A 与事件 B 之间存在某种 "独立性", 此时应有

$$P(A|B) = P(A), \tag{12.2.6}$$

即事件 A 的条件概率等于事件 A 的 (无条件) 概率, 我们用其等价的公式给出独立性的定义.

定义 12.7　对事件 A 和 B, 若

$$P(AB) = P(A)P(B), \tag{12.2.7}$$

则称事件 A 与事件 B 是相互独立的.

在 $P(B) > 0$ 时 (12.2.6) 与 (12.2.7) 是等价的. 从 (12.2.7) 可知, 独立是相互的, 而且必然事件 Ω 和不可能事件 ϕ 与任何事件相互独立. 若已知 A 与 B 是独立的, 则可以简化 $P(AB)$ 的计算. 在实践中还经常遇到多个事件之间的相互独立问题, 下面仅给出三个事件相互独立的定义, 三个以上事件相互独立的定义可以类似地给出.

定义 12.8　设 A, B, C 是三个事件, 若满足

$$P(ABC) = P(A)P(B)P(C), \tag{12.2.8}$$

$$P(AB) = P(A)P(B), \tag{12.2.9}$$

$$P(BC) = P(B)P(C), \tag{12.2.10}$$

$$P(CA) = P(C)P(A), \tag{12.2.11}$$

则称 A, B, C 相互独立.

从定义中的式 (12.2.9), (12.2.10) 和 (12.2.11) 可知, 若三个事件 A, B, C 相互独立则必定有 A, B, C 三事件两两相互独立; 反之不然, 下例就是一个反例.

例 5　设有形状相同的四张卡片上依次标有下列各组数字:

$$110, 101, 011, 000$$

任取一张卡片, 记 $A_i =$ "取到的卡片第 i 位上的数字为 1", $i = 1, 2, 3$. 试证事件 A_1, A_2, A_3 是两两相互独立的, 但三个事件不是相互独立的.

解

$$P(A_1 A_2 A_3) = 0, \quad P(A_1) = P(A_2) = P(A_3) = \frac{1}{2},$$

$$P(A_1 A_2 A_3) \neq P(A_1)P(A_2)P(A_3),$$

所以 A_1, A_2, A_3 不是相互独立的, 但可以证明它们是两两相互独立的, 验证留给读者.

例 6 设实验室标本沾有污染的概率为 0.15, 现在有三个标本独立地在实验室制作, 问三个标本都被污染的概率是多少?

解 设 $A_i = $ "第 i 个标本被污染", $i = 1, 2, 3$. 所求概率为 $P(A_1 A_2 A_3)$. 由题意可知 A_1, A_2, A_3 相互独立, 所以

$$P(A_1 A_2 A_3) = P(A_1)P(A_2)P(A_3) = (0.15)^3 = 0.003375.$$

例 7 甲、乙两人同时射击一个目标, 记 $A = $ "甲命中目标", $B = $ "乙命中目标". 若 $P(A) = 0.95, P(B) = 0.90$, 求命中目标的概率.

解 显然事件 A 与 B 相互独立, 记 $C = $ "命中目标", 则事件 C 即为甲、乙两人至少有一个人命中目标, 所以 $C = A \cup B$,

$$\begin{aligned}
P(C) &= P(A \cup B) = P(A) + P(B) - P(AB) \\
&= P(A) + P(B) - P(A)P(B) \\
&= 0.95 + 0.90 - 0.95 \times 0.90 \\
&= 0.995.
\end{aligned}$$

由此可见, 两人同时射击大大地提高了目标命中率.

例 8 在可靠性理论中的应用. 对于一个元件, 它能正常工作的概率 P, 称为它的可靠性. 由若干个元件可以组成一个系统, 系统正常工作的概率称为该系统的可靠性. 设构成系统的每个元件的可靠性为 $r, 0 < r < 1$, 且各元件能否正常工作是相互独立的. 试求附加通路系统和附加元件系统的可靠性 (分别用图 12-9(a),(b) 表示).

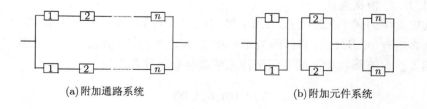

(a)附加通路系统　　　　　　　　　　　(b)附加元件系统

图 12-9

解 对于图 12-9(a)，每条通路要能正常工作，当且仅当该通路上各元件正常工作，故其可靠性为

$$R_c = r^n,$$

也即通路发生故障的概率为 $1 - r^n$，由于系统是由两通路并联而成的，两通路同时发生故障的概率为 $(1 - r^n)^2$，因此附加通路系统的可靠性为

$$R_s = 1 - (1 - r^n)^2 = r^n(2 - r^n) = R_c(2 - R_c).$$

注意到 $R_c < 1$，所以 $R_s > R_c$，所以附加通路能使系统的可靠性增加.

对于图 12-9(b) 的附加元件系统，每对并联元件的可靠性

$$R' = 1 - (1 - r)^2 = r(2 - r),$$

系统由每对并联元件串联而成，其可靠性为

$$R'_s = (R')^n = r^n(2 - r)^n.$$

显然 $R'_s > R_c$，因此用附加元件的方法同样地能增加系统的可靠性. 还可以证明 $R'_s > R_s$，因此，虽然两个系统同样有 $2n$ 个元件组成，但系统的可靠性却不一样.

在了解了事件独立性概念以后，现在来研究什么是试验的独立性. 对于随机试验 $E_1, E_2, \cdots, E_n$，若各个随机试验的结果相互独立，即任一随机试验出现何种结果不会对其他随机试验的结果产生影响，则称 $E_1, E_2, \cdots, E_n$ 相互独立. 若各个试验均为同一试验 E，且在各次试验中赋予事件的概率不变，则称为 n 重独立重复试验. 若 E 又是伯努利试验，即试验的可能结果只有二个，记为 A 和 $\bar{A}$，其概率 $P(A) = p$，$P(\bar{A}) = 1 - p$，则称为 n 重伯努利试验，记为 E^n.

n 重伯努利试验是将伯努利试验独立重复进行 n 次. 它在理论和实践两方面都具有重要地位，因为随机现象的统计规律性只有在大量试验中才会显现出来.

记

$$B_k = \text{“}n\text{重伯努利试验}A\text{恰好出现}k\text{次”}, \quad 0 \leqslant k \leqslant n,$$

$$A_i = \text{“第 } i \text{ 次试验中出现事件}A\text{”}.$$

由于各次试验的独立性，有

$$P(A_1 A_2 \cdots A_k \bar{A}_{k+1} \cdots \bar{A}_n) = P(A_1)P(A_2) \cdots P(A_k)P(\bar{A}_{k+1}) \cdots P(\bar{A}_n)$$
$$= p^k(1 - p)^{n-k}.$$

又由排列组合知识可知，n 次试验中出现 k 次 A，$n - k$ 次 $\bar{A}$ 的不同方式数为 C_n^k，且各种方式所构成的事件是互不相容的，由加法定理可得

$$P(B_k) = C_n^k p^k(1 - p)^{n-k}, \quad k = 0, 1, 2, \cdots, n. \tag{12.2.12}$$

显然 $\sum\limits_{k=0}^{n} P(B_k) = \sum\limits_{k=0}^{n} C_n^k p^k (1-p)^{n-k} = [p + (1-p)]^n = 1$ 满足概率的规范性.

例 9　某厂大批量生产的一种产品, 其不合格率为 5% , 某客户购买了 10 件, 试问在所购的 10 件产品中废品数为 (1) 恰好 2 件; (2) 不超过 2 件的概率.

解　由于产品的批量很大, 任取一件产品为不合格品的概率都为 0.05, 所以抽取 10 次产品可认为是 n 次伯努利试验.

(1) $P(恰好\ 2\ 件废品) = C_{10}^2 (0.05)^2 (0.95)^8 = 45 \times (0.05)^2 \times (0.95)^8 = 0.0746$

(2) $P(不超过\ 2\ 件废品) = P(没有废品) + P(恰好\ 1\ 件) + P(恰好\ 2\ 件废品)$

$$= C_{10}^0 (0.05)^0 \times (0.95)^{10} + C_{10}^1 (0.05)^1 \times (0.95)^9 + C_{10}^2 (0.05)^2 \times (0.95)^8$$

$$= (0.95)^{10} + 10 \times 0.05 \times (0.95)^9 + 45 \times (0.05)^2 \times (0.95)^8$$

$$= 0.9885.$$

习　题　12.2

1. 某种动物活到 20 岁的概率为 0.80 , 活到 25 岁的概率为 0.40, 求现在活到 20 岁的动物能活到 25 岁的概率.

2. 假设有两箱同种零件: 第一箱内装 50 件, 其中 10 件一等品; 第二箱内装 30 件, 其中 18 件一等品. 现从两箱中随意挑出一箱, 然后从该箱中先后不放回地取出两个零件, 试求

(1) 先取出的零件是一等品的概率 p;

(2) 在先取出的零件是一等品的条件下, 第二次取出的零件仍然是一等品的条件概率 q.

3. 10 个人用摸彩的方法决定谁得到一次出国旅游的机会, 他们依次排队摸彩, 试证明每人的机会均等.

4. 设每份新股的中签率为 0.008, 一年有 36 次机会购新股, 某人每次购买三份, 试问此人一年内从未中签的概率为多少?

5. 甲、乙两人同时射击一个目标, 甲的命中率为 0.8, 乙的命中率为 0.6, 求目标被命中的概率.

6. 假定用 P 方法诊断某疾病, 设 $A =$ "被检验者患此疾病", $B =$ "方法判定被检验者患有此病". 已知 $P(A) = 0.0004$, $P(B|A) = 0.95$, $P(B|\bar{A}) = 0.10$, 试求被 P 方法判定患病的人真的患病的概率 $P(A|B)$.

12.3　随机变量及其概率分布

1. 随机变量

很多随机试验的每一个可能结果, 即样本点或基本事件是定性的描述. 例如, 抛掷硬币试验的结果有: "正面", "反面"; 血液试验的结果有: "阳性", "阴性". 这种定性的处理方法不利于深入研究随机现象. 若将样本点定量化, 譬如, "正面" 为

1, "反面" 为 0, 再引入一个量 X, "$X=1$" 表示 "掷出正面" 这一事件, "$X=0$" 表示 "掷出反面" 这一事件, 这样不但会给我们表述带来方便, 而且可以运用数学工具来加以处理. 由于变量 X 在一次试验中取值是不确定的, 故称其为随机变量, 下面给出其严格的定义.

定义 12.9 设随机试验 E 的样本空间为 Ω, 若对于任一个 $\omega \in \Omega$, 有一个实数 $X(\omega)$ 和它对应, 则称 $X(\omega)$ 为 **随机变量**. 常用大写字母 X, Y, Z 等表示随机变量, 而随机变量的取值常用小写字母 x, y, z 等表示.

这里要注意的是 "$X = x$" 可能表示的是一个事件而不一定是基本事件.

例如, 用 X 表示掷二颗骰子所得点数之和, 则 $X = 5$ 表示事件 $A = \{(1, 4), (2, 3), (3, 2), (4, 1)\}$, 它包含了 4 个基本事件.

对于一个随机试验和它的样本空间, 赋予样本点数值或者确定随机变量取哪些值不是唯一的, 要视所研究问题而定, 不会因为赋值的不同而影响问题的实质. 例如, 在抛硬币试验中, 也可以这样赋值: "$X = 10$" 表示正面, "$X = 20$" 表示反面, 但这样可能不太方便. 在以后的例题中我们会发现这一点.

从随机试验可能出现的结果来看, 随机变量至少可以有两种不同的类型:

(1) 若随机变量 X 的所有可能取值是有限个或至多是可数无限个, 则称这种随机变量 X 为**离散型随机变量**.

(2) 若随机变量 X 的取值可取到某个区间 $[a, b]$ 或 $(-\infty, +\infty)$ 上的一切值, 则称这种随机变量为**连续型随机变量**.

例如, 设 X 是某时段内, 电话总机接到的呼叫次数, 则 $X = 0, 1, 2, \cdots$, X 的取值是可数个, 所以是离散型随机变量; 若设 Y 是某电视机的寿命, 则 Y 的取值范围为 $(0, +\infty)$, 所以 Y 是连续型随机变量.

随机变量还有更复杂的类型, 我们的研究仅限于上述两类. 另外 (2) 只是给出了连续型随机变量的直观描述.

2. 离散型随机变量的概率分布

定义 12.10 设离散型随机变量 X 的可能取值为 $x_1, x_2, \cdots, x_n, \cdots$, X 取到各个值的概率 $p_k = P(X = x_k)$ $(k = 1, 2, \cdots, n, \cdots)$, 则

$$
\begin{array}{c|cccccc}
X & x_1 & x_2 & \cdots & x_n & \cdots \\
\hline
P & p_1 & p_2 & \cdots & p_n & \cdots
\end{array}
\tag{12.3.1}
$$

称为随机变量 X 的概率分布或分布列, 简洁地说

$$p_k = P(X = x_k), \quad k = 1, 2, \cdots, n, \cdots$$

称为分布列.

根据概率的定义, 容易知道 p_k 必须满足以下两式:

(1) $p_k \geqslant 0, \quad k = 1, 2, \cdots, n, \cdots;$ (12.3.2)

(2) $\sum\limits_{k=1}^{\infty} p_k = 1.$ (12.3.3)

若我们知道一个离散型随机变量的分布列, 则对该随机现象就有了一个全面的了解.

例 1   掷两颗骰子试验, 其样本空间为

$$\Omega = \{(u, v) | u = 1, 2, 3, 4, 5, 6, v = 1, 2, 3, 4, 5, 6\}.$$

考察两个与这个随机现象有关的随机变量:

(1) 设 X 表示 "掷两颗骰子, 6 点出现的个数", 它的分布为

X	0	1	2
P	$\dfrac{25}{36}$	$\dfrac{10}{36}$	$\dfrac{1}{36}$

(2) 设 Y 表示 "掷两颗骰子, 点数之和", 其分布为

Y	2	3	4	5	6	7	8	9	10	11	12
P	$\dfrac{1}{36}$	$\dfrac{2}{36}$	$\dfrac{3}{36}$	$\dfrac{4}{36}$	$\dfrac{5}{36}$	$\dfrac{6}{36}$	$\dfrac{5}{36}$	$\dfrac{4}{36}$	$\dfrac{3}{36}$	$\dfrac{2}{36}$	$\dfrac{1}{36}$

X 与 Y 都是从一个侧面表示随机现象的一种结果, 从上例我们知道对于一个随机现象, 可以有不止一种方法来构造随机变量, 这取决于我们研究的目的. 在上例中, 我们还可以定义另一个随机变量 Z, 它表示 "掷两颗骰子, 点数之积". 从中我们可以体会到引入随机变量给我们带来的便利.

常用的离散分布

(a) **0-1 分布**(又称**二点分布**): 设 E 为伯努利试验, $\Omega = \{A, \bar{A}\}$, $P(A) = p$, $P(\bar{A}) = 1 - p$, "$X = 1$" 表示事件 A, "$X = 0$" 表示事件 $\bar{A}$, 则 X 的概率分布

$$P(X = 1) = p, \quad P(X = 0) = 1 - p$$

称为 0-1 分布, 或称 X 服从 0-1 分布, 记为 $X \sim$ 0-1分布.

对于仅有两个结果的试验, 例如, 正面与反面, 合格品与不合格品, 命中与不命中, 具有某特性与不具有某特性等. 这类试验常称为成败型试验. 可用取值 1, 0 的随机变量来表示, 此时该随机变量服从 **0-1 分布**.

(b) **二项分布**:   设 X 表示 n 重伯努利试验中 A(成功) 发生的次数, 则 X 取值 $0, 1, 2, \cdots, n$, 其概率分布为

$$P(X = k) = C_n^k p^k (1 - p)^{n-k}, \quad k = 0, 1, 2, \cdots, n,$$ (12.3.4)

其中 $p = P(A)$, 这个分布称为**二项分布**, 记为 $B(n, p)$.

在例 9 中, 令 X 表示 "10 件产品中的废品数", 则 X 服从 $B(10, 0.05)$, 其中所求概率为:

$$P(X = 2) = C_{10}^2 (0.05)^2 \times (0.95)^8 = 0.0746,$$
$$\begin{aligned} P(X \leqslant 2) &= P(X = 0) + P(X = 1) + P(X = 2) \\ &= C_{10}^0 (0.05)^0 \times (0.95)^{10} + C_{10}^1 (0.05)^1 \times (0.95)^9 + C_{10}^2 (0.05)^2 \times (0.95)^8 \\ &= 0.9885. \end{aligned}$$

例 2 某学生凭猜测做 5 道选择题, 每道题有 4 个备选答案, 其中仅有一个是正确的, 试求:

(1) 该生能答对 3 题的概率;

(2) 该生能答对 3 题以上 (包括 3 题) 的概率.

解 设 X 表示该生答对的题数, 则 $X \sim B(5, 0.25)$.

(1) $P(X = 3) = C_5^3 (0.25)^3 \cdot (0.75)^2 = 0.0879.$

(2) $\begin{aligned} P(X \geqslant 3) &= P(X = 3) + P(X = 4) + P(X = 5) \\ &= C_5^3 (0.25)^3 \times (0.75)^2 + C_5^4 (0.25)^4 \times (0.75) + C_5^5 (0.25)^5 \times (0.75)^0 \\ &= 0.0879 + 0.0146 + 0.00098 = 0.1035. \end{aligned}$

由此可见学生要凭猜测做对 3 题以上的概率相当小, 仅 $\dfrac{1}{10}$.

例 3 设某车间共有 10 台车床, 每台车床工作是间歇性的而且是相互独立的, 若每台机床的开工率为 20%, 试问有 7 台或 7 台以上车床同时开工的概率是多少?

解 在任一时刻, 某一车床是否开工是随机的, 因此可以认为是一次试验, 记事件 $A =$ "开工". 由题设可知 $P(A) = 0.20$, 它是一个伯努利试验, 又由于 10 台机床是否开工是相互独立的, 所以可以认为是 10 重伯努利试验. 设 X 表示任一时刻开工的机床数, 则 $X \sim B(10, 0.20)$ 而所求概率为

$$\begin{aligned} P(X \geqslant 7) &= P(x = 7) + P(X = 8) + P(X = 9) + P(X = 10) \\ &= C_{10}^7 (0.2)^7 (0.8)^3 + C_{10}^8 (0.2)^8 (0.8)^2 + C_{10}^9 (0.7)^9 (0.8)^1 + C_{10}^{10} (0.2)^{10} (0.8)^0 \\ &= 120 \times (0.2)^7 (0.8)^3 + 45 \times (0.2)^8 (0.8)^2 + 10 \times (0.2)^9 \times 0.8 + (0.2)^{10} \\ &= 0.000864 \approx 0.0009. \end{aligned}$$

这一结果说明, 只有万分之九的可能性会发生 7 台或 7 台以上的机床同时开动, 换句话说, 在一个工作日的 8 小时内, 约有 26 秒时间会有 7 台或 7 台以上的机器同时开动. 因此只须给该车间供应 6 台机器的电力, 就可以以 0.9991 概率保证车间的正常生产.

(c)**泊松分布**: 设随机变量 X 的取值为 $0, 1, 2, \cdots, n, \cdots$, 其概率分布为

$$P(X = k) = \frac{\lambda^k}{k!} e^{-\lambda}, \quad k = 0, 1, 2, \cdots \tag{12.3.5}$$

则称 X 服从参数为 λ 的**泊松分布**, 简记为 $X \sim P(\lambda)$.

注意到 $\sum\limits_{k=0}^{\infty} \dfrac{\lambda^k}{k!} e^{-\lambda} = e^{-\lambda} \cdot e^{\lambda} = 1$ 满足概率的条件.

泊松分布可用来描述社会生活和物理领域中很多随机现象的概率分布, 而且与计数过程关系密切.

例如:

(1) 在一定时间内, 车站的候车人数;

(2) 在一定时间内, 软件发生的故障数;

(3) 在一定时间内, 电话总机接错的电话数;

(4) 一平方米玻璃上气泡的个数;

(5) 一年内, 某城市车祸伤亡人数;

(6) 一件产品被擦伤留下的痕迹个数.

以上各例均是在一定时间内, 或一定区域内或一定单位内的计数, 它们都可以用泊松分布来刻画.

例 4　某城市一天内重大交通事故死亡人数 X 服从参数 $\lambda = 1.2$ 的泊松分布, 试求

(1) 在一天内交通事故死亡 1 人的概率;

(2) 在一天内交通事故死亡人数超过 2 人的概率.

解　(1)　$P(X = 1) = \dfrac{1.2}{1!} e^{-1.2} = 0.362$,　即一天内死亡人数为 1 的概率为 0.362, 类似地还可以计算 X 取其他值的概率, 得

X	0	1	2	3	4	5	6	7	$\cdots$
P	0.301	0.362	0.216	0.087	0.026	0.006	0.002	0.000	$\cdots$

当 X 的取值超过 7 以后, 其概率前三位小数都为 0, 已无多大实际意义, 当作不可能事件处理, 故不再列出.

(2)　$\begin{aligned}P(X > 2) &= P(X = 3) + P(X = 4) + \cdots \\ &= 1 - [P(X = 0) + P(X = 1) + P(X = 2)] \\ &= 1 - [0.301 + 0.362 + 0.216] = 0.121,\end{aligned}$

即一天内死亡人数超过 2 人的可能性约为 12%.

3. 连续型随机变量的概率分布

在许多实际问题中, 随机变量的取值是无限不可列的. 对于这些非离散型随机变量, 不能用分布列来刻画它的概率分布, 因此在处理方法上与离散型随机变量有较大的差异. 在许多情形下, 非离散型随机变量取指定值的概率为 0, 所以一般用 X 落在某一区间的概率 $P(a \leqslant X \leqslant b)$ 来给出其概率分布. 下面给出的分布函数概

念是关于所有随机变量的.

(1) 随机变量的分布函数

定义 12.11 设 X 是一个随机变量, x 为任意实数, 函数

$$F(x) = P(X < x) \tag{12.3.6}$$

称为随机变量 X 的分布函数.

从定义容易看出分布函数 $F(x)$ 其实就是事件 "$X < x$" 的概率. 有了概率分布函数 $F(x)$, 就可以非常方便地计算事件 "$a \leqslant X < b$" 的概率 $P(a \leqslant x < b)$, 即

$$P(a \leqslant X < b) = P(X < b) - P(X < a) = F(b) - F(a). \tag{12.3.7}$$

分布函数 $F(x)$ 具有下列基本性质:

(1) 单调性: 若 $x_1 < x_2$, 则有

$$F(x_1) \leqslant F(x_2). \tag{12.3.8}$$

(2) $0 \leqslant F(x) \leqslant 1$ 且

$$F(-\infty) = \lim_{x \to -\infty} F(x) = 0, \tag{12.3.9}$$

$$F(+\infty) = \lim_{x \to +\infty} F(x) = 1. \tag{12.3.10}$$

(3) 左连续性: $F(x - 0) = \lim_{u \to x^-} F(u) = F(x)$.

以上性质的证明从略, 读者可以作直观的理解, 分布函数 $F(x)$ 不但可以用来计算事件 "$a \leqslant X < b$" 的概率, 还可以用来计算其他类型的概率:

$$P(X \leqslant a) = F(a + 0), \tag{12.3.11}$$

$$P(X = a) = F(a + 0) - F(a), \tag{12.3.12}$$

$$P(X > a) = 1 - F(a + 0), \tag{12.3.13}$$

$$P(X \geqslant a) = 1 - F(a), \tag{12.3.14}$$

$$P(a \leqslant X \leqslant b) = F(b + 0) - F(a), \tag{12.3.15}$$

$$P(a < X \leqslant b) = F(b + 0) - F(a + 0), \tag{12.3.16}$$

$$P(a < X < b) = F(b) - F(a + 0). \tag{12.3.17}$$

综上所述, 在引进了分布函数及随机变量以后, 使计算事件概率的问题转化为函数运算, 从而可以利用数学分析的方法来研究概率论问题.

(2) 连续型随机变量

现在给出连续型随机变量的精确定义.

定义 12.12　设 $F(x)$ 为随机变量 X 的分布函数, 若存在非负可积函数 $p(x)$, 使对于任意实数 x, 有

$$F(x) = \int_{-\infty}^{x} p(u)du, \tag{12.3.18}$$

则称 X 为连续型随机变量, 其中 $p(x)$ 称为 X 的概率密度函数, 简称**密度函数**.

由数学分析知识可知, 连续型随机变量的分布函数 $F(x)$ 是连续函数. 从而由 (12.3.12) 可得, $P(X = a) = 0$, 即连续型随机变量取个别值的概率为零, 且可推得:

$$P(a \leqslant X < b) = P(a < X \leqslant b) = P(a \leqslant X \leqslant b) = P(a < X < b) = F(b) - F(a).$$

密度函数具有下列性质:

(1) $p(x) \geqslant 0$, \tag{12.3.19}

(2) $\displaystyle\int_{-\infty}^{+\infty} p(x)dx = 1$, \tag{12.3.20}

(3) $P(a \leqslant x < b) = \displaystyle\int_{a}^{b} p(x)dx$. \tag{12.3.21}

常用的连续型分布

(a) **均匀分布**　设随机变量 X 在有限区间 $[a, b]$ 上取值, 其概率密度函数为

$$p(x) = \begin{cases} \dfrac{1}{b-a}, & a \leqslant x \leqslant b, \\ 0, & \text{其他,} \end{cases} \tag{12.3.22}$$

则称 X 服从**均匀分布**, $[a, b]$ 上的均匀分布记为 $U[a, b]$.

容易求得均匀分布的分布函数为

$$F(x) = \begin{cases} 0, & x < a, \\ \dfrac{x-a}{b-a}, & a \leqslant x \leqslant b, \\ 1, & x > b, \end{cases} \tag{12.3.23}$$

均匀分布 $U[a, b]$ 的密度函数和分布函数的图形如图 12-10.

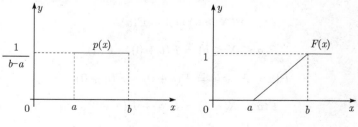

图 12-10

均匀分布的密度函数在 $[a, b]$ 上的函数值为常数, 反映了随机变量 X 取值的等可能性, 也即一种均匀性, 故称这种分布为均匀分布.

例 5 每隔 8 分钟有一趟轨道列车经过车站, 一位乘客随机地到达车站, 试求他候车时间不超过 5 分钟的概率.

解 由于这位乘客到达车站的时间是随机的, 不妨设在 $[0, 8]$ 这一时间间隔内的任一时刻到达. 设 X 为该乘客的候车时间, 由到达时间的等可能性可知, X 服从 $[0, 8]$ 上的均匀分布, 设 $p(x)$ 为其概率密度, 则

$$p(x) = \begin{cases} \dfrac{1}{8}, & 0 \leqslant x \leqslant 8, \\ 0, & 其他. \end{cases}$$

候车时间不超过 5 分钟的概率为

$$P(X < 5) = \int_0^5 p(x)dx = \int_0^5 \frac{1}{8}dx = \frac{5}{8}.$$

(b) **指数分布**: 设随机变量 X 的密度函数为

$$p(x) = \begin{cases} \dfrac{1}{\theta}e^{-\frac{x}{\theta}}, & x \geqslant 0, \\ 0, & x < 0, \end{cases} \tag{12.3.24}$$

其中 θ 为一个正实数, 则称 X 服从参数为 θ 的**指数分布**, 记为 $\exp(\dfrac{1}{\theta})$, 如图 12-11, 指数分布的分布函数为

$$F(x) = \begin{cases} 1 - e^{-\frac{x}{\theta}}, & x > 0, \\ 0, & x \leqslant 0. \end{cases} \tag{12.3.25}$$

指数分布常用来描述产品的寿命分布以及随机服务系统中服务时间的分布, 指数分布中的参数 θ 也具有其实际意义, 它是产品的平均寿命或平均服务时间.

例 6 设某仪器寿命 (小时) 服从参数 $\theta = 30000$ 的指数分布, 试求该仪器正常运行一年以上的概率 (一天运行 5 小时).

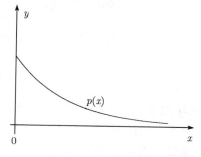

图 12-11 指数分布的密度函数

解 一年合 $365 \times 5 = 1825$ 小时, 设 X 表示正常运行的时间, 所求概率为

$$P(X \geqslant 1825) = 1 - P(X < 1825)$$
$$= 1 - F(1825)$$
$$= 1 - (1 - e^{-\frac{1825}{30000}}) = e^{-\frac{1825}{30000}} \approx 0.94.$$

(c) **正态分布**：　设随机变量 X 的密度函数为

$$p(x) = \frac{1}{\sqrt{2\pi}\sigma} e^{-\frac{(x-u)^2}{2\sigma^2}}, \quad -\infty < x < +\infty, \tag{12.3.26}$$

其中 $\sigma > 0$, μ 和 σ 是参数, 则称 X 服从参数为 μ, σ^2 的**正态分布**, 记为 $X \sim N(\mu, \sigma^2)$, 如图 12-12. 正态分布的分布函数为

$$F(x) = \frac{1}{\sqrt{2\pi}\sigma} \int_{-\infty}^{x} e^{-\frac{(t-\mu)^2}{2\sigma^2}} dt \quad (-\infty < x < +\infty). \tag{12.3.27}$$

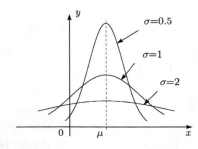

图 12-12　正态分布的密度函数

正态分布在实际中有广泛的应用, 一般地, 若影响某一随机变量的因素很多, 而每一个因素都不起决定性作用, 且这些影响可以互相叠加和抵消, 则该随机变量就可认为是服从正态分布. 例如, 测量的误差、人体的身高、体重, 学生的成绩等都被认为服从正态分布.

特别地, 当 $\mu = 0, \sigma = 1$ 时, 称为**标准正态分布**, 记为 $N(0,1)$. 其密度函数和分布函数分别为

$$\phi(x) = \frac{1}{\sqrt{2\pi}} e^{-\frac{x^2}{2}} \qquad (-\infty < x < +\infty), \tag{12.3.28}$$

$$\Phi(x) = \frac{1}{\sqrt{2\pi}} \int_{-\infty}^{x} e^{-\frac{t^2}{2}} dt \quad (-\infty < x < +\infty). \tag{12.3.29}$$

当 $x \geqslant 0$ 时, 编制了 $\Phi(x)$ 的函数值表 (见附表), 当 $x < 0$ 时, 可通过下式得到

$$\Phi(-x) = 1 - \Phi(x), \tag{12.3.30}$$

从 $\phi(x)$ 关于 $x = 0$ 对称, 不难理解上式的正确性.

对于一般的正态分布 $N(\mu, \sigma^2)$, 可将其化为标准正态分布 $N(0,1)$, 从而利用标准正态分布表来计算其概率.

设 $X \sim N(\mu, \sigma^2)$, 令 $Z = \dfrac{X - \mu}{\sigma}$, 我们来证明 $Z \sim N(0,1)$.

$$P(Z < x) = P\left(\frac{X - \mu}{\sigma} < x\right) = P(X < \sigma x + \mu)$$

$$= F(\sigma x + \mu) = \int_{-\infty}^{\sigma x + \mu} \frac{1}{\sqrt{2\pi}\sigma} e^{-\frac{(t-\mu)^2}{2\sigma^2}} dt,$$

作积分变换 $t = \sigma s + \mu$, 则 $s = \dfrac{t - \mu}{\sigma}$, $dt = \sigma ds$, 从而可得

$$P(Z < x) = \int_{-\infty}^{x} \frac{1}{\sqrt{2\pi}\sigma} e^{-\frac{s^2}{2}} \sigma ds = \int_{-\infty}^{x} \frac{1}{\sqrt{2\pi}} e^{-\frac{s^2}{2}} ds,$$

所以 $Z \sim N(0,1)$, 也即 $\dfrac{X - \mu}{\sigma} \sim N(0,1)$. 这样可推得

$$P(X < x) = P\left(\frac{X - \mu}{\sigma} < \frac{x - \mu}{\sigma}\right) = \Phi\left(\frac{x - \mu}{\sigma}\right),$$

即

$$F(x) = \Phi\left(\frac{x - \mu}{\sigma}\right). \tag{12.3.31}$$

若要计算概率 $P(X < x)$, 只要查标准正态分布表 $\Phi\left(\dfrac{x - \mu}{\sigma}\right)$.

例 7 设 $Z \sim N(0,1)$, 试计算 $P(|Z| < 1), P(|Z| < 2), P(|Z| < 3)$.

解 $P(|Z| < 1) = P(-1 < Z < 1) = P(Z < 1) - P(Z < -1)$

$$= \Phi(1) - \Phi(-1) = \Phi(1) - (1 - \Phi(1))$$

$$= 2\Phi(1) - 1 = 0.6827.$$

同理,

$$P(|z| < 2) = 2\Phi(2) - 1 = 0.9545,$$

$$P(|Z| < 3) = 2\Phi(3) - 1 = 0.9973.$$

例 8 设 $X \sim N(\mu, \sigma^2)$, 试求 $P(|x - \mu| < \sigma), P(|x - \mu| < 2\sigma), P(|x - \mu| < 3\sigma)$.

解 $P(|X - \mu| < \sigma) = P(-\sigma < X - \mu < \sigma) = P\left(-1 < \dfrac{X - \mu}{\sigma} < 1\right)$

$$= \Phi(1) - \Phi(-1) = 2\Phi(1) - 1 = 0.6827.$$

同理可得

$$P(|X - \mu| < 2\sigma) = 0.9545,$$

$$P(|X - \mu| < 3\sigma) = 0.9973.$$

上例说明若 $X \sim N(\mu, \sigma^2)$, 则其落在以 μ 中心, 以 3σ 为半径的区间内的概率为 0.9973, 而落在该区间以外的可能性相当小.

例 9 设 $X \sim N(3,4)$, 求 $P(0 \leqslant X < 3)$.

解 $P(0 \leqslant X < 3) = P\left(-\dfrac{3}{2} < \dfrac{X - 3}{2} < 0\right)$

$$= \Phi(0) - \Phi(-1.5)$$

$$= \Phi(0) - (1 - \Phi(1.5))$$
$$= 0.5 - (1 - 0.93319)$$
$$= 0.43319.$$

在学生考试成绩评定中, 通常的方法是以各门课程的总分高低决定名次的前后. 各门课程的分数被认为服从正态分布, 但其中的参数 μ, σ^2 可能不尽相同, 这就造成了各门课程分数的价值不同. 另外各门课程满分值也不全相同, 因而以原始分总分决定名次的方法缺乏科学性. 合理的评判方法是将各门课程的原始分转化为标准分, 然后相加得到标准分总分, 这样的总分消除了课程间的难易差别和满分值的不同, 可以作为择优的依据.

设随机变量 X 为原始分, $X \sim N(\mu, \sigma^2)$, 令

$$Z = \frac{X - \mu}{\sigma},$$

则称 Z 为**标准分**.

因为 $Z \sim N(0,1)$, 所以各门课程标准分数值处于同等的地位. 下面举例说明.

例 10　甲、乙、丙三位同学的高考的数学、语文、外语的原始分及正态分布的参数值见表 12-4, 试给甲、乙、丙排名次.

表 12-4

课程	数学	语文	外语	总分
甲	80	65	70	215
乙	78	60	78	216
丙	84	60	72	216
μ	76	65	72	
σ	10	6	8	

解　设 $X_i (i = 1, 2, 3)$ 分别为数学、语文、外语的原始分, $Z_i (i = 1, 2, 3)$ 分别为标准分, 则

同学甲的标准分:

$$Z_1 = \frac{80 - 76}{10} = 0.4, \qquad Z_2 = \frac{65 - 65}{6} = 0, \qquad Z_3 = \frac{70 - 72}{8} = -0.25.$$

用同样方法可得乙、丙的三门课程的标准分列表 12-5:

表 12-5

课程	数学	语文	外语	总分
甲	0.4	0	-0.25	0.15
乙	0.2	-0.83	0.75	0.12
丙	0.8	-0.83	0	-0.03

从标准分可看出, 同学甲排名第一, 而原来并列的乙、丙也分出了高低, 乙排列第二, 丙排列最后.

4. 随机变量的数学期望与方差

随机变量的分布列或分布函数全面地描述了该随机变量的统计规律, 然而它们却不能简洁地给出随机变量某些数学特征, 诸如平均值, 离散程度等. 而这些数字特征在实际应用中, 常常从某个侧面为我们了解随机变量提供帮助. 数字特征中最为重要的是数学期望和方差.

(1) 数学期望

设某人进行了 100 次实弹射击, 其成绩如表:

击中环数 k	0	1	2	3	4	5	6	7	8	9	10
频数 n_k	0	1	3	2	4	7	12	25	20	21	5

则他平均每次击中的环数为:

$$m = \frac{1}{100}(0 \times 0 + 1 \times 1 + 2 \times 3 + 3 \times 2 + 4 \times 4 + 5 \times 7 + 6 \times 12 + 7 \times 25$$
$$+ 8 \times 20 + 9 \times 21 + 10 \times 5) = \frac{710}{100} = 7.1(\text{环}),$$

即

$$m = \frac{1}{100}\sum_{k=0}^{10} k n_k = \sum_{k=0}^{10} k\frac{n_k}{100} = \sum_{k=0}^{10} k f_k,$$

其中 $f_k = \dfrac{n_k}{100}$ 为击中 k 环的频率. 由于频率的稳定值为概率 p_k, 故在计算平均每次击中环数的公式中, 应以 p_k 代替频率 f_k, 因而理论上的平均射击环数应为

$$m = \sum_{k=0}^{10} k \cdot p_k.$$

令随机变量 X 为击中的环数, 其分布列为 $P(X = k) = p_k$, 若射击 n 次, 则平均每次的击中环数即是 X 的平均取值, 所以 X 的平均取值为 $\sum\limits_{k=0}^{n} k p_k$, X 取值的平均数又称为 X 的数学期望, 下面给出数学期望的一般定义.

定义 12.13　设离散型随机变量 X 的分布列为

X	x_1	x_2	$\cdots$	x_n	$\cdots$
P	p_1	p_2	$\cdots$	p_n	$\cdots$

若

$$\sum_{i=1}^{\infty} |x_i| p_i < \infty,$$

则称

$$\sum_{i=1}^{\infty} x_i p_i \qquad (12.3.32)$$

为随机变量 X 的 **数学期望** 或**均值**, 记为 $E(X)$.

定义中的条件 $\sum_{i=1}^{\infty} |x_i| p_i < \infty$ 是为了保证 $\sum_{i=1}^{\infty} x_i p_i$ 绝对收敛, 这样可以在改变 x_i 的顺序时, $\sum_{i=1}^{\infty} x_i p_i$ 仍然收敛且其和不变. 对于连续型的随机变量 X, 其数学期望的定义如下.

定义 12.14　设连续型随机变量 X 的概率密度函数为 $p(x)$, 若

$$\int_{-\infty}^{\infty} |x| p(x) dx < \infty,$$

则称

$$\int_{-\infty}^{\infty} x p(x) dx \qquad (12.3.33)$$

为随机变量 X 的**数学期望**或**均值**, 记为 $E(X)$.

数学期望的基本性质

设 a, b, c 为常数, X, X_1, X_2 为随机变量, 则有

(1) $E(C) = C$, $\qquad\qquad\qquad\qquad\qquad\qquad\qquad\qquad$ (12.3.34)

(2) $E(aX) = aE(X)$, $\qquad\qquad\qquad\qquad\qquad\qquad\qquad$ (12.3.35)

(3) $E(X + b) = E(X) + b$, $\qquad\qquad\qquad\qquad\qquad\qquad$ (12.3.36)

(4) $E(X_1 + X_2) = E(X_1) + E(X_2)$. $\qquad\qquad\qquad\qquad$ (12.3.37)

常数 C 可看作一个特殊的随机变量, 即只取一个值的随机变量, 这种分布称为退化分布或单点分布, 当然取值 C 的概率为 1, 所以期值为 $1 \cdot C = C$, 由性质 (2),(3),(4) 可推得更综合的二个性质

$$E(aX + b) = aE(X) + b, \qquad (12.3.38)$$

$$E(aX_1 + bX_2) = aE(X_1) + bE(X_2). \qquad (12.3.39)$$

设随机变量 Y 是随机变量 X 的函数, $Y = g(X)$, 其中 g 为连续函数. 若要计算 Y 的数学期望, 由定义需知道 Y 的分布列或密度函数, 而这往往不是十分容易. 下面给出了直接计算数学期望的方法.

定理 12.1　若随机变量 Y 是随机变量 X 的函数 $Y = g(X)$, 其中 g 为连续函数, 则

(1) 若 X 为离散型随机变量, 其分布列为 $p_k = P(X = x_k)$, 且 $\sum\limits_{k=1}^{\infty} |g(x_k)|p_k < +\infty$, 则

$$E(Y) = \sum_{i=1}^{\infty} g(x_k)p_k. \tag{12.3.40}$$

(2) 若 X 连续型随机变量, 其密度函数为 $p(x)$, 且 $\int_{-\infty}^{+\infty} |g(x)|p(x)dx < +\infty$, 则

$$E(Y) = \int_{-\infty}^{+\infty} g(x)p(x)dx. \tag{12.3.41}$$

例 11   设 X 为掷一颗骰子所得的点数, 试求 X 的数学期望.
解 $E(X) = \dfrac{1}{6}(1 + 2 + 3 + 4 + 5 + 6) = 3.5.$

(2) *方差*

数学期望反映了随机变量的平均取值, 然而数学期望相同的两个随机变量取值的集中程度会有很大的差异. 下面引入的方差给出了离散程度或集中程度的度量.

定义 12.15   设 X 为随机变量, 若 $E[X - E(X)]^2$ 存在, 则称它为随机变量 X 的方差, 记为 $D(X)$, 并称 $\sqrt{D(X)}$ 为 X 的标准差. 即

$$D(X) = E[X - E(X)]^2. \tag{12.3.42}$$

上式在计算方差时不是十分方便, 注意到 $E(X)$ 是一个常数及 $[X - E(X)]^2$ 是一个随机变量, 利用定理 12.1 及数学期望的性质可得方差的计算公式

$$\begin{aligned}
D(X) &= E[X - E(X)]^2 = E[X^2 - 2E(X)X + (E(X))^2] \\
&= E(X^2) - 2E(X)E(X) + (E(X))^2 \\
&= E(X^2) - (E(X))^2.
\end{aligned}$$

方差的基本性质:
设 a, b, c 为常数, X, Y 为随机变量
(1) $D(C) = 0,$ $\qquad\qquad\qquad\qquad\qquad\qquad\qquad\qquad$ (12.3.43)
(2) $D(aX) = a^2 D(X),$ $\qquad\qquad\qquad\qquad\qquad\qquad$ (12.3.44)
(3) $D(X + b) = D(X),$ $\qquad\qquad\qquad\qquad\qquad\qquad$ (12.3.45)
(4) 若 X 与 Y 相互独立, 则 $D(X + Y) = D(X) + D(Y).$ $\quad$ (12.3.46)
由于没有给出两随机变量 X 与 Y 相互独立的严格定义, 这里给出其直观的解释: X 取什么值不影响 Y 的取值, 这相当于两个试验的独立性.
例 12   设 X 为掷一颗骰子所得点数, 试求 X 的方差 $D(X)$ 及标准差 $\sqrt{D(x)}$.

解　随机变量 X^2 的期望值为

$$E(X^2) = \frac{1}{6}(1 + 4 + 9 + 16 + 25 + 36) = 15.17,$$

又知 $E(X) = 3.5$, 所以方差为

$$D(X) = E(X^2) - (E(X))^2 = 15.17 - (3.5)^2 = 2.92,$$
$$\sqrt{D(X)} = 1.71.$$

(3) 常用随机变量的数学期望与方差

(a)　**0-1 分布**

设 X 服从 0-1 分布, 其分布列为

$$P(X = 1) = p, \quad P(X = 0) = 1 - p = q, \quad 0 < p < 1,$$

则

$$E(X) = 1 \times p + 0 \times (1 - p) = p, \tag{12.3.47}$$

$$D(X) = E(X^2) - (E(X))^2 = p - p^2 = p(1 - p) = pq. \tag{12.3.48}$$

(b)　**二项分布**

设 $X \sim B(n, p)$, 其分布列为

$$P(X = k) = C_n^k p^k (1 - p)^{n-k}, \quad k = 0, 1, 2, \cdots, n,$$

可以直接按定义求 $E(X)$, $D(X)$, 不过计算太复杂, 利用期望与方差的性质计算 $E(X)$, $D(X)$, 则显得较简便.

记

$$X_i = \begin{cases} 1, & \text{第 } i \text{ 次伯努利试验 } A \text{ 出现,} \\ 0, & \text{第 } i \text{ 次伯努利试验 } \bar{A} \text{ 出现,} \end{cases} \quad i = 1, 2, \cdots, n,$$

$$P(X_i = 1) = p, \quad P, (X_i = 0) = 1 - p, \quad i = 1, 2, \cdots, n,$$

$X_i \sim$ (0-1) 分布且相互独立.

$$E(X_i) = p,$$
$$D(X_i) = p(1 - p), \quad i = 1, 2, \cdots, n.$$

因为 $X \sim B(n, p)$, 所以 $X = \sum\limits_{i=1}^{n} X_i$,

$$E(X) = E\left(\sum_{i=1}^{n} X_i\right) = \sum_{i=1}^{n} E(X_i) = np,$$

$$D(X) = D\left(\sum_{i=1}^{n} X_i\right) = \sum_{i=1}^{n} D(X_i) = np(1 - p),$$

即

$$E(X) = np, \qquad (12.3.49)$$

$$D(X) = npq \quad (q = 1 - p). \qquad (12.3.50)$$

(c) 泊松分布

设 $X \sim P(\lambda)$, 其分布列为

$$p_k = P(X = k) = \frac{\lambda^k}{k!} e^{-\lambda}, \qquad k = 0, 1, 2, \cdots, n, \cdots,$$

$$E(X) = \sum_{i=0}^{\infty} k p_k = \sum_{k=0}^{\infty} \frac{k \lambda^k}{k!} e^{-\lambda} = \lambda e^{-\lambda} \sum_{k=1}^{\infty} \frac{\lambda^{k-1}}{(k-1)!} = \lambda e^{-\lambda} e^{\lambda} = \lambda,$$

$$E(X^2) = \sum_{k=0}^{\infty} k^2 p_k = \sum_{k=0}^{\infty} \frac{k^2 \lambda^k}{k!} e^{-\lambda} = \lambda \sum_{k=1}^{\infty} k \frac{\lambda^{k-1}}{(k-1)!} e^{-\lambda}$$

$$= \lambda \sum_{k=1}^{\infty} (k - 1 + 1) \frac{\lambda^{k-1}}{(k-1)!} e^{-\lambda}$$

$$= \lambda^2 \sum_{k=2}^{\infty} \frac{\lambda^{k-2}}{(k-2)!} e^{-\lambda} + \lambda \sum_{k=1}^{\infty} \frac{\lambda^{k-1}}{(k-1)!} e^{-\lambda}$$

$$= \lambda^2 + \lambda,$$

$$D(X) = E(X^2) - (E(X))^2 = \lambda^2 + \lambda - \lambda^2 = \lambda.$$

即

$$E(X) = \lambda, \qquad (12.3.51)$$

$$D(X) = \lambda, \qquad (12.3.52)$$

(d) 均匀分布

设 $X \sim U(a, b)$, 其密度函数为

$$p(x) = \begin{cases} \dfrac{1}{b-a}, & a \leqslant x \leqslant b, \\ 0, & \text{其他}. \end{cases}$$

$$E(X) = \int_a^b \frac{x}{b-a} dx = \frac{1}{b-a} \frac{b^2 - a^2}{2} = \frac{a+b}{2},$$

$$E(X^2) = \int_a^b \frac{x^2}{b-a} dx = \frac{1}{3}(b^2 + ab + a^2),$$

$$D(X) = E(X^2) - (E(X))^2 = \frac{b^2 + ab + a^2}{3} - \left(\frac{a+b}{2}\right)^2 = \frac{(b-a)^2}{12},$$

即

$$E(X) = \frac{a+b}{2}, \tag{12.3.53}$$

$$D(X) = \frac{(b-a)^2}{12}. \tag{12.3.54}$$

(e) 指数分布

设 $X \sim \exp(\frac{1}{\theta})$, 其密度函数为

$$p(x) = \begin{cases} \dfrac{1}{\theta} e^{-\frac{x}{\theta}}, & x \geqslant 0, \\ 0, & x < 0, \end{cases} \quad \theta > 0,$$

$$
\begin{aligned}
E(X) &= \int_0^{+\infty} \frac{x}{\theta} e^{-\frac{x}{\theta}} dx \\
&= -x e^{-\frac{x}{\theta}} \big|_0^{+\infty} + \int_0^{+\infty} e^{-\frac{x}{\theta}} dx \\
&= -\theta e^{-\frac{x}{\theta}} \big|_0^{+\infty} = \theta,
\end{aligned}
$$

$$
\begin{aligned}
E(X^2) &= \int_0^{+\infty} \frac{x^2}{\theta} e^{-\frac{x}{\theta}} dx = -x^2 e^{-\frac{x}{\theta}} \big|_0^{+\infty} + 2 \int_0^{+\infty} x e^{-\frac{x}{\theta}} dx \\
&= 2\theta^2, \\
D(X) &= 2\theta^2 - \theta^2 = \theta^2,
\end{aligned}
$$

即

$$E(X) = \theta, \tag{12.3.55}$$

$$D(X) = \theta^2, \tag{12.3.56}$$

可见指数分布中的参数 θ 是随机变量的数学期望, 在产品寿命分布中, θ 为平均寿命.

(f) 正态分布

设 $X \sim N(\mu, \sigma^2)$, 其密度函数为

$$p(x) = \frac{1}{\sqrt{2\pi}\sigma} e^{-\frac{(x-\mu)^2}{2\sigma^2}}, \qquad -\infty < x < +\infty,$$

$$E(X) = \int_{-\infty}^{+\infty} x p(x) dx = \frac{1}{\sqrt{2\pi}\sigma} \int_{-\infty}^{+\infty} x e^{-\frac{(x-\mu)^2}{2\sigma^2}} dx,$$

令 $t = \dfrac{x-\mu}{\sigma}$, 则上式等于

$$\frac{1}{\sqrt{2\pi}} \int_{-\infty}^{+\infty} (\sigma t + \mu) e^{-\frac{t^2}{2}} dt = \frac{\mu}{\sqrt{2\pi}} \int_{-\infty}^{+\infty} e^{-\frac{t^2}{2}} dt = \mu.$$

同理可得

$$D(X) = \sigma^2,$$

即

$$E(X) = \mu,$$
$$D(X) = \sigma^2.$$

正态分布中的两个参数均有其概率的意义, μ 表示数学期望, σ^2 表示方差, 并且这两个参数唯一决定该正态分布.

习　题　12.3

1. 袋中装有大小相同的 10 只球, 编号为 $0, 1, 2, \cdots, 9$, 从中任取一只, 观察其号码, 按 "大于 5", "等于 5", "小于 5" 三种情况定义一个随机变量 X, 并写出 X 的分布列和分布函数.

2. 设随机变量 $X \sim B(6, 0.3)$, 试计算

(1) $P(X = 0)$;

(2) $P(X > 5)$;

(3) $P(2 \leqslant X \leqslant 6)$.

3. 一张考卷中有 10 道选择题, 每题有 4 个可能答案, 其中只有一个是正确答案, 一考生随机地答题, 试求:

(1) 全部答错的概率;

(2) 至少答对两题的概率.

4. 某车间有 12 台机床, 如果每台机床的使用状况是相互独立的且每台机床的开工率为 40%, 每台机床开动时需耗电 2 千瓦, 为保证车间以 90% 以上的概率正常工作, 试问车间应申请多少电能?

5. 设 $Z \sim N(0, 1)$, $X \sim N(100, 10^2)$, 求下列概率:

(1) $P(Z \leqslant 0.50)$, $P(Z < 1.64)$, $P(Z \geqslant 2.33)$,
$P(Z \geqslant -1.50)$, $P(Z < -1.96)$, $P(0.55 \leqslant Z \leqslant 0.70)$;

(2) $P(X \geqslant 110)$, $P(X \leqslant 95)$, $P(85 < X < 130)$.

6. 设 X 为一种有奖彩票的可能中奖金额, 其分布列为

$X/$元	0	20	100	500
p	0.9775	0.02	0.002	0.0005

若募集资金为 M 元, 发行 N 张彩票, 试问彩票的发行价应该是多少元?

7. 掷三颗均匀的骰子, 求所得点数之和的数学期望和方差.

8. 设 $p(x) = \begin{cases} cx^2, & 0 < x < 3, \\ 0, & \text{其他}, \end{cases}$

(1) 求常数 c, 使得 $p(x)$ 为一概率密度;

(2) 求 $p(1 < x < 2)$.

9. 设 X_1, X_2, X_3 相互独立且同分布, 均值为 μ, 方差为 σ^2, 设 $Y = \dfrac{1}{6}(X_1 + 2X_2 + 3X_3)$, 试求 $E(Y), D(Y)$.

*12.4　问题及其解

例 1　设事件 E 表示两个事件 A 与 B 至少有一个发生, 试给出 E 的不同表示方式.

解　$(1)E = A \cup B$,

$(2)E = \Omega - \overline{A \cup B} = \Omega - \bar{A} \cup \bar{B}$,

$(3)\ E = (A - B) \cup AB \cup (B - A)$,

$(4)\ E = (A \cap \bar{B}) \cup B = (\bar{A} \cap B) \cup A$.

上述表示方式很容易从维恩图中看出.

例 2　一个正六面体相对的两面涂有相同的颜色, 分别为红色、黄色和绿色. 将它切割为大小相同的 27 个小立方体, 从中任取一块, 求取到的小正方体上至少涂有两种不同颜色的概率.

解　设 $A_i = $ "取到的小正方体上涂有 i 种不同的颜色", $i = 0, 1, 2, 3$. 若 $m(A_i)$ 表示事件 A_i 包含的基本事件个数, 则有

$$m(\Omega) = 27, \quad m(A_0) = 1, \quad m(A_1) = 6.$$

又因为 $A_i\ (i = 0, 1, 2, 3)$ 两两互不相容且 $A_0 \cup A_1 \cup A_2 \cup A_3 = \Omega$. 所以

$$P(A_2 \cup A_3) = 1 - P(A_0) - P(A_1) = 1 - \frac{1}{27} - \frac{6}{27} = \frac{20}{27}.$$

例 3　已知 $P(A) = P(B) = P(C) = 0.25$, 计算 $P(A \cup B \cup C)$,

(1) 若 A, B, C 两两互不相容;

(2) 若 A, B, C 相互独立.

解　(1) 根据概率的有限可加性, 有

$$P(A \cup B \cup C) = P(A) + P(B) + P(C) = 0.75.$$

(2) 根据对立事件的概率及德摩根定律, 有

$$\begin{aligned}
P(A \cup B \cup C) &= 1 - P(\overline{A \cup B \cup C}) = 1 - P(\bar{A}\bar{B}\bar{C}) \\
&= 1 - P(\bar{A})P(\bar{B})P(\bar{C}) = 1 - (0.75)^3 \\
&= 0.421875.
\end{aligned}$$

例 4　设随机事件 A 与 B 为互不相容事件, 且 $P(A) > 0, P(B) > 0$, 证明 A 与 B 不独立.

证 倘若 A 与 B 相互独立, 则有

$$P(AB) = P(A)P(B),$$

由已知条件 $P(AB) = 0, P(A)P(B) > 0$, 上式不成立.

所以 A 与 B 不独立.

例5 某种电子产品由三个元件组成. 假设各个元件质量互不影响且它们的优质品率分别为 0.8,0.7 和 0.9. 已知若三个元件都是优质品, 则组成的电子产品一定合格; 若有一个元件不是优质品, 则电子产品的合格率为 0.8; 若有两个元件不是优质品, 则电子产品的合格率为 0.4; 若有三个元件不是优质品, 则电子产品的合格率仅为 0.1.

(1) 求电子产品的不合格率;

(2) 若已知一件电子产品不合格, 问它有几个元件不是优质品的概率最大.

解 记事件

$$B = \text{“电子产品不合格”},$$
$$A_i = \text{“电子产品上有 } i \text{ 个元件不是优质品”}, \qquad i = 0, 1, 2, 3.$$

显然 $A_i\ (i = 0, 1, 2, 3)$ 两两互不相容且 $A_0 \cup A_1 \cup A_2 \cup A_3 = \Omega$, 由题设条件可得

$$P(B|A_0) = 0, P(B|A_1) = 0.2, P(B|A_2) = 0.6, P(B|A_3) = 0.9,$$
$$P(A_0) = 0.8 \times 0.7 \times 0.9 = 0.504,$$
$$P(A_1) = 0.2 \times 0.7 \times 0.9 + 0.8 \times 0.3 \times 0.9 + 0.8 \times 0.7 \times 0.1 = 0.398,$$
$$P(A_3) = 0.2 \times 0.3 \times 0.1 = 0.006,$$
$$P(A_2) = 1 - P(A_0) - P(A_1) - P(A_3) = 0.092.$$

(1) 运用全概率公式可得

$$
\begin{aligned}
P(B) &= \sum_{i=0}^{3} P(A_i)P(B|A_i) \\
&= 0.5040 \times 0 + 0.398 \times 0.2 + 0.092 \times 0.6 + 0.006 \times 0.9 \\
&= 0.1402,
\end{aligned}
$$

即电子产品的不合格率为 14.02%.

(2) 运用贝叶斯公式可得

$$P(A_0|B) = \frac{P(A_0)P(B|A_0)}{P(B)} = 0,$$

$$P(A_1|B) = \frac{P(A_1)P(B|A_1)}{P(B)} = \frac{796}{1402} = 0.5678,$$

$$P(A_2|B) = \frac{P(A_2)P(B|A_2)}{P(B)} = \frac{552}{1402} = 0.3937,$$

$$P(A_3|B) = \frac{P(A_3)P(B|A_3)}{P(B)} = \frac{54}{1402} = 0.0385.$$

从结果可知, 若一件电子产品不合格, 则该产品有一个元件不是优质品的概率最大 (0.5678).

例 6 调查某地区考生的数学成绩 X 近似地服从正态分布, 平均成绩为 72 分, 96 分以上的占考生总数的 2.3%, 试求:

(1) 考生的数学成绩在 60 分至 84 分之间的概率;

(2) 该地区数学考试的及格率;

(3) 若已知第五名的成绩是 96 分, 求不及格人数.

解 正态分布的参数 $\mu = 72$, σ 未知, 由题设条件

$$0.023 = P(X > 96) = 1 - p(X \leqslant 96) = 1 - \Phi\left(\frac{96 - 72}{\sigma}\right),$$

即 $\Phi\left(\dfrac{24}{\sigma}\right) = 0.977$, 查表可得

$$\frac{24}{\sigma} = 2, \quad \sigma = 12.$$

(1) $P(60 \leqslant X \leqslant 84) = P\left(\dfrac{|X - 72|}{12} \leqslant 1\right) = 2\Phi(1) - 1 = 0.6827.$

(2) $P(X \geqslant 60) = 1 - \Phi\left(\dfrac{60 - 72}{12}\right) = 1 - \Phi(-1) = \Phi(1) = 0.8413 = 84.13\%.$

(3) 设考生总人数为 n, 则 $n = 4/0.023$, 不及格率为 15.87%, 所以不及格人数为 $0.1587n = 0.1587 \times \dfrac{4}{0.023} \approx 28(人).$

例 7 设随机变量 X 服从参数为 3 的指数分布, $Y = 1 - e^{-3X}$, 求随机变量 Y 的分布函数 $F_Y(y)$ 与概率密度 $f_Y(y)$.

解 当 $X > 0$ 时, $0 < Y < 1$, 所以 $P(Y \leqslant 0) = P(Y \geqslant 1) = 0$.

当 $0 < y < 1$ 时,

$$\begin{aligned}
F_Y(y) &= P(Y < y) = P(1 - e^{-3X} < y) \\
&= P(e^{-3X} > 1 - y) = P\left(X < -\frac{1}{3}\ln(1 - y)\right) \\
&= F_X\left(-\frac{1}{3}\ln(1 - y)\right)
\end{aligned}$$

由于 X 服从参数 $\lambda = 3$ 的指数分布

$$F_X(x) = \begin{cases} 0, & x \leqslant 0, \\ 1 - e^{-3x}, & x > 0. \end{cases}$$

因此

$$F_Y(y) = F_X\left(-\frac{1}{3}\ln(1 - y)\right) = 1 - e^{-3(-\frac{1}{3}\ln(1-y))} = y.$$

从而得到

$$F_Y(y) = \begin{cases} 0, & y \leqslant 0, \\ y, & 0 < y < 1, \\ 1, & y \geqslant 1, \end{cases} \qquad f_Y(y) = \begin{cases} 1, & 0 < y < 1, \\ 0, & \text{其他}. \end{cases}$$

也即 Y 服从 $(0,1)$ 上的均匀分布.

例 8 某养鹿场 500 头鹿的平均重量是 151 千克, 假设重量服从正态分布. 试求

(1) 重量在 120 千克和 155 千克之间的鹿的数量;

(2) 重量超过 185 千克的鹿的数量.

解 (1) 若记录重量时四舍五入以千克为单位, 则记录的重量在 120~155 千克, 实际上它可以是 119.5~155.5 中的任何一个值.

119.5 千克化为标准单位是 $(119.5-151)/15=-2.10$,

155.5 千克化为标准单位是 $(155.5-151)/15=0.30$,

所求比率 $=\Phi(0.30) - \Phi(-2.1) = 0.6$, 所以重量在 120 和 155 千克之间鹿的数量为

$$0.6 \times 500 = 300(\text{头}).$$

(2) 重量超过 185 千克的鹿, 其重量至少超过 185.5 千克. 185.5 千克化为标准单位是 $(185.5-151)/15=2.30$,

$$\text{所求比率} = 1 - \Phi(2.30) = 0.0107,$$

所以重量超过 185 千克的鹿的数量为

$$0.0107 \times 500 = 5.$$

若用 X 表示随机选取的一头鹿的重量, 则上述结果可以写成

$$P(119.5 \leqslant X \leqslant 155.5) = 0.6, \qquad P(X \geqslant 185.5) = 0.0107.$$

习 题 12.4

1. 试述下列基本概念:

(1) 概率; (2) 互不相容事件; (3) 独立性; (4) 条件概率.

2. 设 A, B, C 是三个随机事件, $P(A) = P(B) = P(C) = \dfrac{1}{4}$, $P(AB) = P(BC) = 0$, $P(AC) = \dfrac{1}{8}$, 试求 A, B, C 至少有一个事件发生的概率.

3. 调查 100 位成年市民所喜欢的杂志类型以及他们的受教育程度, 资料如表.

(1) 试指出下列集合的成员数:

(a) N;　　(b) $P \cup C$;　　(c) $\bar{S}$;　　(d) $V \cap B$;　　(e) A;　　(f) $S \cap C$.

(2) 试求下列事件的概率:

(a) $P(A)$;　　(b) $P(S|B)$;　　(c) $P(SB)$.

杂志类型	受教育程度		
	高中 A	大学 B	初中 C
一般新闻 N	3	8	19
体育杂志 P	15	8	17
旅行杂志 V	6	5	13
文学杂志 S	6	7	3

4. 设某种产品的不合格率为 $p = 0.05$, 现随机地抽取 100 件, 求下列事件的概率:

(1) 不少于 5 件是不合格品;

(2) 不合格品在 5 件至 10 件.

5. 设 X 服从二项分布 $B(n, 0.8)$, 已知 $EX = 3.2$, 求 EX^2.

6. 设随机变量 X 的分布列为:

X	-1	0	1	$\sqrt{2}$	$\sqrt{3}$	2
p	0.1	0.1	0.1	0.3	0.2	0.2

令 $Y = \cos \pi X^2$, 求随机变量 Y 的分布列.

7. 设随机变量 X 服从 $N(2, \sigma^2)$, 且 $P(2 < X < 4) = 0.3$, 试求 $P(X < 0)$.

8. 设连续型随机变量 X 的分布函数为

$$F(x) = \begin{cases} A + Be^{-\lambda x}, & x > 0, \\ 0, & x \leqslant 0 \end{cases} \quad (\lambda > 0),$$

求 (1) 常数 A, B 的值;　　(2) $P\{-1 < X < 1\}$.

9. 制造一种零件可采用两种工艺, 第一种工艺有三道工序, 每道工序的废品率分别为 0.1, 0.2, 0.3; 第二种工艺有两道工序, 每道工序的废品率都是 0.3. 如果采用第一种工艺, 在合格零件中, 一级品率为 0.9; 而采用第二种工艺, 合格品中的一级品率只有 0.8, 试问哪一种工艺能保证得到一级品的概率较大.

10. 有三箱同型号产品, 分别装有合格产品 20 件, 12 件, 15 件, 不合格产品 5 件, 4 件, 5 件, 任意打开一箱, 并从箱内任取一件进行检验. 由于检验误差, 每件合格品被检验为不合格品的概率是 0.04, 每件不合格品被误验为合格品的概率也是 0.04, 试求:

(1) 取到的一件产品经检验为合格品的概率;

(2) 若已知取到的一件产品被验为合格品, 那么它确实是合格品的概率.

第13章　统计基础知识与数据整理

统计学是研究有关数据资料的收集、整理、分析和推断的学科. 统计的历史可以追溯到公元前, 它是随着社会生产发展和适应国家管理的需要而产生发展起来的. 统计学经历了古典统计学、近代统计学和现代统计学三个时期. 随着统计方法的不断完善, 统计学得到不断发展. 作为现代统计学, 它的历史只有一百多年, 它的主要特征是统计推断, 其基本思想方法是运用随机抽样理论, 从局部推断总体. 现代统计学已经建立了一套系统而严格的理论, 其应用的广度和深度在不断的发展.

13.1　样本与统计量

1. 总体与个体

在一个统计问题中, 我们把研究对象的全体称为**总体**, 构成总体的每个对象称为**个体**. 我们一般关心的是研究对象的某个标志值, 用 X 表示, 显然 X 是一个随机变量. 将 X 的具体取值 x 称为个体, 这样, 总体就是 X 的取值的全体 (即一堆数). 这堆数有一个分布, 从而总体可用一个分布来描述. 为了研究的方便, 以后就将 X 或 X 的分布称为**总体**.

例如, 研究某个工业部门的企业总产值时, 该部门的所有工业企业可以作为一个总体, 而各个工业企业则是个体, 也可以视各个企业的产值为个体, 所有产值构成一个总体. 又譬如, 在研究某种牌号电视机使用寿命时, 该种牌号电视机的使用寿命构成了一个总体.

若一个统计总体所包含的个体总数是有限的, 则称为**有限总体**; 若一个统计总体所包含的个体总数是无限的, 则称为**无限总体**. 构成总体必须具备三个特性: 即大量性、同质性和变异性. 极少数个体是不能构成总体的. 一个总体中的个体必须具有某种同质性, 例如, 同一牌号的电视机, 一年级大学生, 钢铁生产企业等, 同时, 各个个体的某一标志值必须具有变异性, 否则就没有必要进行统计调查和推断了. 例如电视机的寿命不尽相同; 一年级大学生的身高有差异, 各钢铁企业的钢产量有多有少.

对于一个总体, 统计的主要任务是研究该总体服从什么分布和该总体 (分布) 的数字特征, 例如均值、方差是多少?

2. 样本

为了了解总体的分布, 必须对个体进行统计调查, 由于受人力、时间、经费有限的限制, 不可能对所有个体进行全面调查, 而只能抽取部分个体进行调查. 我们将从总体中抽取部分个体所组成的集合称为**样本**. 样本所含个体的个数称为**样本容量**, 记为 n. 对于样本中的个体, 我们关心的只是个体的某一标志值. 设从总体 X 中抽取 n 个个体, 这 n 个个体的标志值分别记为 $X_1, X_2, \cdots, X_n$. 由于抽取样本的不确定性, 可知 $X_1, \cdots, X_n$ 是 n 个随机变量, 称 $X_1, X_2, \cdots, X_n$ 是来自总体 X 的一个样本. 对于一次特定的实际抽样, 可以得到 $X_1, X_2, \cdots, X_n$ 的一组观测值, 用 $x_1, x_2, \cdots, x_n$ 表示. 这也是我们常说的数据, 有时为方便起见, 不分大写与小写, 样本及其观测值都用 $x_1, x_2, \cdots, x_n$ 表示.

人们从总体中抽取样本是为了认识总体. 即从样本的数量指标推断总体的数量指标, 譬如, 用样本的均值推断总体的均值, 用样本的方差推断总体的方差等. 为了保证这种推断的有效性, 样本的抽取方法需满足一定的要求.

定义 13.1　满足下列条件的样本称为**简单随机样本**, 简称**样本**.

(1) 随机性: 总体中每个个体被抽取的机会相等.

(2) 独立性: 从总体中抽取的每个个体对其他样本个体的抽取无任何影响.

设 $X_1, X_2, \cdots, X_n$ 是简单随机样本, 由随机性可知 X_i $(i = 1, 2, \cdots, n)$ 与总体 X 具有相同的分布, 而由独立性可知 $X_1, X_2, \cdots, X_n$ 相互独立, 因而 $X_1, X_2, \cdots, X_n$ 是 n 个相互独立, 同分布的随机变量.

抽样方法分为放回抽样与不放回抽样, 前者是抽取一个个体, 记录其标志值后放回, 再抽取下一个个体, 记录其标志值后放回, $\cdots$ 直至抽取 n 个个体. 后者则是抽取一个个体, 记录其标志值后不再放回, $\cdots$ 直至抽满 n 个个体. 显然, 对于不放回抽样, 任一个体至多只有一次被抽取的可能.

若总体是无限的, 抽样方法不会影响 $X_1, X_2, \cdots, X_n$ 的独立性, 若是放回抽样, 无论总体是有限或无限, 也不影响独立性. 只有在对有限总体进行不放回抽样时, 才会影响抽样的独立性. 但是, 若当总体总数 N 相对于样本容量 n 相当大时, 各次抽样之间的影响就很微小, 可以认为是相互独立的.

3. 统计分组与频数分布

对于通过调查得到的资料, 在分析之前必须加以整理. 否则, 由于数据杂乱无章, 往往不能从中寻找规律. 统计整理的任务就是分组和编制频数分布表.

统计分组就是根据统计研究的需要, 将总体或样本按某一标志划分为若干组, 以达到组内的同质性和组间的差异性.

在统计分组的基础上, 将总体或样本中所有个体进行分组整理, 所形成的个体数在各组的分布, 称为频数分布, 分布在各组的个体数称为频数, 各组的频数与总体总数或样本容量之比称为**频率**. 下面通过一个例子说明统计分组及频数分布表的编制.

例 1 从某地区一次数学统测的成绩中, 随机抽取 50 名学生的考试成绩如下, 试编制成绩分布表

$$
\begin{array}{cccccccccc}
79 & 88 & 78 & 50 & 70 & 71 & 90 & 54 & 72 & 58 \\
72 & 80 & 91 & 95 & 91 & 81 & 72 & 61 & 73 & 82 \\
97 & 83 & 74 & 61 & 62 & 63 & 74 & 74 & 99 & 84 \\
84 & 64 & 75 & 65 & 75 & 66 & 75 & 85 & 67 & 68 \\
69 & 75 & 86 & 59 & 76 & 88 & 69 & 77 & 87 & 51 \\
\end{array}
$$

对于 50 名学生组成的抽样总体 (样本), 数学统测成绩是所要研究的标志, 按此标志进行分组, 在分组之前要确定组距和组数, 先计算全距 R, 它是最大值与最小值的差.

$$R = M - m = 99 - 50 = 49(\text{分})$$

根据研究目的, 将组数定为 5, 组距 = 全距 ÷ 组数 = 9.8(分), 近似地取组距为 10(分). 表 13-1 给出了 50 名学生统测成绩频数分布表, 后二列为累积频数与累积频率, 它们分别表示该组及前几组的频数之和以及频率之和.

表 13-1　50 名学生数学统测成绩分布表

成绩/分	频数/人	频率 (%)	累积频数/人	累积频率 (%)
50~60	5	10	5	10
60~70	11	22	16	32
70~80	17	34	33	66
80~90	11	22	44	88
90~100	6	12	50	100
合计	50	100		

4. 频数分布的图示法

用统计图形表示频数分布, 常用的有直方图, 它可以使人们直观地了解频数在各组的波动规律. 在平面直角坐标系上, 以横轴表示所要考察的变量, 纵轴表示频数. 直方形的宽表示组距, 直方形的高表示频数. 图 13-1 表示的是例 1 的频数分布直方图, 同理可以画出频率分布直方图.

我们还可以画出频率密度直方图, 即以组距为宽, 以频率密度为高的直方图, 其中频率密度 = 频率 ÷ 组距. 当组距变得很小, 则频率密度直方图就是近似的概率密度函数的曲线.

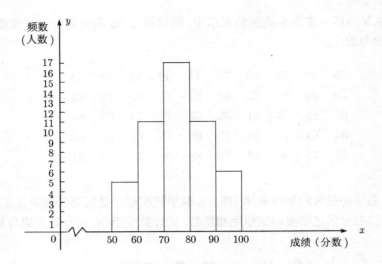

图 13-1　50 名学生数学统测频数分布直方图

5. 统计量与抽样分布

样本来自总体, 因此样本中包含了有关总体的丰富的信息, 抽取样本的目的就是为了通过对样本信息的分析来对总体的特征作出推断. 然而样本的信息是分散的, 需要对样本进行加工, 一种有效的方法就是构造样本的函数. 不同的函数可以反映总体的不同的特征.

定义 13.2　设 $X_1, X_2, \cdots, X_n$ 为来自总体 X 的样本, $T(X_1, X_2, \cdots, X_n)$ 为样本的函数, 且不含任何未知参数, 则称 $T(X_1, X_2, \cdots, X_n)$ 为**统计量**.

显然, 统计量是一个随机变量, 它的概率分布称为**抽样分布**. 在用统计量对总体特征进行推断时, 知道其抽样分布是十分必要的.

例 2　从均值为 μ, 方差为 σ^2 的总体中抽得一个容量为 n 的样本 $X_1, X_2, \cdots, X_n$, 其中 μ, σ^2 未知.

那么 $\dfrac{X_1 + X_2}{2}$, $\min\{X_1, X_2, \cdots, X_n\}$, 是统计量; 而 $X_1 + X_2 - \mu, (X_1 - \mu)/\sigma$, 都不是统计量.

6. 常用统计量

常用统计量可分为两类：一类是用来推断总体的中心位置; 另一类是用来推断总体的离散程度.

设 $x_1, x_2, \cdots, x_n$ 是从总体 X 中随机抽取的容量为 n 的样本, 将它们从小到大排列为：$x_{(1)} \leqslant x_{(2)} \leqslant \cdots \leqslant x_{(n)}$, 称为有序样本, 其中 $x_{(1)}$ 是样本中的最小观测值, $x_{(n)}$ 是样本中的最大观测值.

(1) 样本均值

设 $X_1, X_2, \cdots, X_n$ 为来自总体 X 的样本, 则

$$\overline{X} = \frac{1}{n} \sum_{i=1}^{n} X_i \qquad (13.1.1)$$

称为**样本均值**.

样本观测值有大有小, 样本均值 $\overline{X}$ 处于样本的中间位置, 它可以反映总体分布的均值, 对于 $X_1, X_2, \cdots, X_n$ 的一组观测值 $x_1, x_2, \cdots, x_n$ 可以得到 $\overline{X}$ 的观测值

$$\bar{x} = \frac{1}{n} \sum_{i=1}^{n} x_i.$$

在例 1 中, 样本均值

$$\bar{x} = \frac{1}{50} \sum_{i=1}^{50} x_i = \frac{1}{50}(79 + 88 + \cdots + 51) = 74.8(\text{分}).$$

这样可以知道该地区数学统测平均成绩近似为 74.8 分.

(2) 样本中位数

$$M_e = \begin{cases} X_{(\frac{n+1}{2})}, & n\text{为奇数}, \\ \frac{1}{2}[X_{(\frac{n}{2})} + X_{(\frac{n}{2}+1)}], & n\text{为偶数}, \end{cases} \qquad (13.1.2)$$

称为**样本中位数**.

在例 1 中的样本中位数

$$M_e = \frac{1}{2}[x_{(25)} + x_{(26)}] = \frac{1}{2}[74 + 75] = 74.5(\text{分}).$$

(3) 样本众数

数据中出现次数最多的值称为**众数**, 记为 M_0.

在例 1 中 "74" 共出现 4 次, 是出现次数最多的分数, 所以 $M_0 = 74(\text{分})$.

样本的众数是样本中出现可能性最大的值, 不过它不一定唯一. 另外, 当数据个数较少时, 众数没有意义.

(4) 样本极差

$$R = X_{(n)} - X_{(1)}, \qquad (13.1.3)$$

称为**样本极差**或者**全距**.

它粗略地反映了数据变动的程度. 但是, 它容易受极端值的影响, 往往不能反映数据的实际离散程度. 在例 1 中, $R = 99 - 50 = 49$.

(5) 样本 (无偏) 方差

$$S^2 = \frac{1}{n-1} \sum_{i=1}^{n} (X_i - \overline{X})^2, \tag{13.1.4}$$

称为**样本方差**.

对于样本的一组观测值 $x_1, x_2, \cdots, x_n$, 可以得到 S^2 的观测值

$$s^2 = \frac{1}{n-1} \sum_{i=1}^{n} (x_i - \bar{x}), \tag{13.1.5}$$

样本方差的简化公式　$S^2 = \frac{1}{n-1} \left[\sum_{i=1}^{n} X_i^2 - n\overline{X}^2 \right].$

例 1 中的样本方差

$$s^2 = \frac{1}{n-1} \sum_{i=1}^{n} (x_i - \bar{x})^2 = \frac{1}{49}[(79 - 74.8)^2 + (88 - 74.8)^2 + \cdots + (51 - 74.8)^2]$$
$$= 6669.2/49 = 136.11.$$

(6) 样本标准差

$$S = \sqrt{S^2} \tag{13.1.6}$$

称为**样本标准差**.

例 1 中的样本标准差 $s = \sqrt{136.11} = 11.67(分)$.

7. 几个常用的抽样分布

统计量的分布称为**抽样分布**, 这样的分布在区间估计, 假设检验中经常使用, 当样本来自某个正态总体时, 下列三个统计量的分布已被导出, 这里不加证明地作一个简单介绍, 以下总假设样本 $X_1, X_2, \cdots, X_n$ 是来自正态总体 $N(\mu, \sigma^2)$ 的简单随机样本. 这种样本简称为正态样本.

(1) 正态样本均值 $\overline{X}$ 服从正态分布 $N\left(\mu, \dfrac{\sigma^2}{n}\right)$, 即

$$\overline{X} = \frac{1}{n} \sum_{i=1}^{n} X_i \sim N\left(\mu, \frac{\sigma^2}{n}\right). \tag{13.1.7}$$

对于从非正态总体随机抽样的样本均值, 若 $E(X) = \mu, D(X) = \sigma^2$, 由中心极限定理可知, 当 n 较大时, $\overline{X}$ 近似地服从 $N\left(\mu, \dfrac{\sigma^2}{n}\right)$.

(2) 正态样本方差 S^2 除以总体方差 σ^2 的 $n-1$ 倍服从自由度为 $n-1$ 的 χ^2 分布, 记为 $\chi^2(n-1)$, 即

$$\frac{(n-1)S^2}{\sigma^2} = \sum_{i=1}^{n}(X_i - \overline{X})^2/\sigma^2 \sim \chi^2(n-1). \tag{13.1.8}$$

自由度为 $n-1$ 的 χ^2 分布的概率密度函数见图 13-2.

(3) 正态样本均值 $\overline{X}$ 的标准化变换中用样本标准差代替总体标准差后的分布是自由度为 $n-1$ 的 t 分布, 记为 $t(n-1)$, 即

$$\frac{\sqrt{n}(\overline{X} - \mu)}{S} = \frac{\sqrt{n}(\overline{X} - \mu)}{\sqrt{\dfrac{1}{n-1}\sum_{i=1}^{n}(X_i - \overline{X})^2}} \sim t(n-1). \tag{13.1.9}$$

自由度为 $n-1$ 的 t 分布的概率密度函数与 $N(0,1)$ 的概率密度函数相比, 它们均为对称分布, t 分布的峰比 $N(0,1)$ 的峰略低一些, 而两侧尾部要比 $N(0,1)$ 的两侧尾部略粗厚一些, 图 13-3 给出的是 $n-1=3$ 的 t 分布概率密度函数曲线.

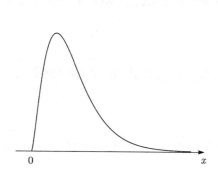

图 13-2　$\chi^2(n-1)$ 的概率密度曲线

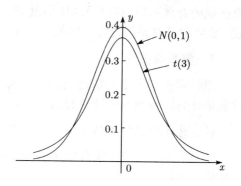

图 13-3　$t(3)$ 与 $N(0,1)$ 的密度函数

习　题　13.1

1. 抽样分哪两种方法?

2. 什么是简单随机样本?

3. 在某次考试的学生中, 随机抽取 50 名学生的考试成绩如下:

50	70	71	72	73	73	72	71	60	68
69	70	70	81	82	75	76	78	77	80
81	83	84	85	90	92	95	86	87	83
89	90	92	93	94	78	79	81	76	73
55	72	69	70	80	81	84	67	68	69

(1) 对数据进行统计分组 (组数 $k = 5$) 并编制频数和频率分布表;

(2) 画出频数直方图;

(3) 计算样本均值、样本方差和样本标准差.

4. 自己动手收集一批数据 (例如: 学生身高, 某一门课程的考试成绩, 某单位职工年龄, 学生月伙食费支出, 每周参加体育锻炼的时间等) 并进行统计分组、画出频数直方图.

13.2 参 数 估 计

有了前面关于总体和样本的概念以及统计量和抽样分布的理论, 现在可以讨论统计推断问题了. 所谓统计推断, 就是从总体中抽取一个样本获得信息后, 对总体作出推断. 由于抽取样本的随机性和样本信息的有限性, 作出的推断不可能绝对准确, 总含有一定程度的不确定性, 而所出现的不确定性可以用概率的大小来衡量. 我们称这种以一定概率作出的推断为统计推断.

设 θ 是总体的一个未知参数, $x_1, x_2, \cdots, x_n$ 是容量为 n 的样本, 那么用来估计未知参数 θ 的统计量 $\hat{\theta} = \hat{\theta}(x_1, x_2, \cdots, x_n)$ 称为 θ 的**估计量**, 或称为 θ 的**估计**. 这里所说的总体参数, 可以是总体均值 $E(X)$、总体方差 $D(X)$、总体 X 分布中的参数、总体中具有某种特性个体的比例等.

1. 参数点估计

用样本的一组观测值得到的估计量的具体数值称为**估计值**. 点估计就是用估计值估计总体参数的一种参数估计方法.

(1) 总体均值的点估计

设 $X_1, X_2, \cdots, X_n$ 来自总体 X 的一个样本, $E(X) = \mu$. 用样本均值 $\overline{X}$ 估计总体均值 μ, 即

$$\hat{\mu} = \bar{X} = \frac{1}{n} \sum_{i=1}^{n} X_i. \tag{13.2.1}$$

因为 $X_1, X_2, \cdots, X_n$ 独立同分布, 所以 $E(\hat{\mu}) = \mu$. 这表明估计量 $\hat{\mu}$ 的数学期望等于被估计的参数 μ.

例 1   从某厂生产的一批铆钉中随机抽取 12 个, 测得其头部直径分别为 (单位: mm):

    13.30 13.38 13.40 13.43 13.32 13.48 13.51 13.31 13.34 13.47 13.44 13.50

试求铆钉头部直径总体均值 μ 的估计.

解   用样本均值 $\overline{X}$ 估计 μ 可得

$$\hat{\mu} = \overline{X} = \frac{1}{n} \sum_{i=1}^{n} x_i = \frac{1}{12}(13.30 + 13.38 + \cdots + 13.50) \approx 13.41,$$

即该批铆钉头部直径均值估计为 13.41mm.

(2) 总体方差和标准差的点估计

设 $X_1, X_2, \cdots, X_n$ 为来自总体 X 的一个样本, $E(X) = \mu$, $D(X) = \sigma^2$. 用样本方差 S^2 估计 σ^2, 用 S 估计 σ, 即

$$\hat{\sigma}^2 = S^2 = \frac{1}{n-1} \sum_{i=1}^{n} (X_i - \overline{X})^2, \tag{13.2.2}$$

$$\hat{\sigma} = S = \sqrt{\frac{1}{n-1} \sum_{i=1}^{n} (X_i - \overline{X})^2}. \tag{13.2.3}$$

可以证明 $E(\hat{\sigma}^2) = \sigma^2$, 证明留给读者.

例 2 试求例 1 中总体方差和总体标准差的估计.

解

$$\hat{\sigma}^2 = s^2 = \frac{1}{12-1}[(13.30 - 13.41)^2 + (13.38 - 13.41)^2 + \cdots + (13.50 - 13.41)^2]$$
$$= 0.0058(\text{mm}^2),$$

$$\hat{\sigma} = s = \sqrt{s^2} = \sqrt{0.0058} = 0.0762(\text{mm}).$$

(3) 总体比例的估计

设总体中具有某种特性的个体的比例为 p, 定义随机变量 X 为

$$X = \begin{cases} 1, & \text{具有某种特性}, \\ 0, & \text{否则}, \end{cases}$$

则 $X \sim B(1, p)$, 其中 $B(1, p)$ 为两点分布, $E(X) = p$, $D(X) = p(1-p)$, 所以总体比例 p 的估计为 $\overline{X}$, 即:

$$\hat{p} = \overline{X} = \frac{1}{n}(X_1 + X_2 + \cdots + X_n) = \frac{k}{n}, \tag{13.2.4}$$

其中 k 为样本中具有某种特性的个体个数, 显然 $E(\hat{p}) = p$.

例 3 试用 13.1 节中例 1 的数据给出该地区数学统测成绩的平均成绩、标准差和及格率的估计.

解 平均成绩估计 $\hat{\mu} = \overline{X} = \frac{1}{50}(79 + 88 + \cdots + 51) = 74.8(\text{分})$;

方差估计 $\hat{\sigma}^2 = S^2 = 136.11 \text{分}^2$;

标准差估计 $\hat{\sigma} = 11.67 \text{分}$;

及格率　$\hat{p} = \dfrac{k}{n} = \dfrac{45}{50} = 0.9 = 90\%$.

计算表明, 该地区数学统测的平均成绩为 74.8 分, 标准差为 11.67 分, 及格率为 90%.

例 4　设某电子产品寿命服从指数分布, 现抽取 6 个产品作寿命试验, 测得失效时间分别为: 450,820,530,1400,120,2000(小时), 求该电子产品平均寿命 θ 的估计.

解　设该种电子产品的寿命 $X \sim \exp\left(\dfrac{1}{\theta}\right)$, 因为 $E(\hat{X}) = \theta$, 故 θ 的估计为样本均值 $\overline{X}$, 即 $\hat{\theta} = \overline{X}$,

$$\begin{aligned}
\hat{\theta} = \overline{X} &= \frac{1}{6}(450 + 820 + 530 + 1400 + 120 + 2000)\\
&= 886.67(\text{小时})
\end{aligned}$$

例 5　从均匀分布 $U(a,b)$ 随机抽取一个容量为 5 的样本, 4.7　4.0　4.5　4.2　5.0, 试估计 a, b.

解　设 $X \sim U(a,b)$, 则 $E(X) = \dfrac{a+b}{2}$, $D(X) = \dfrac{(b-a)^2}{12}$, 用样本均值 $\overline{X}$ 估计 $\dfrac{a+b}{2}$, 用样本方差 S^2 估计 $\dfrac{(b-a)^2}{12}$, 即:

$$\begin{cases}
\dfrac{\hat{a} + \hat{b}}{2} = \overline{X},\\[2mm]
\dfrac{(\hat{b} - \hat{a})^2}{12} = S^2.
\end{cases}$$

解得: 　$\hat{a} = \overline{X} - S\sqrt{3}$, $\hat{b} = \overline{X} + S\sqrt{3}$. 对于给定的样本观测值可以算得

$$\hat{a} = 4.48 - 0.3962\sqrt{3} = 3.79,$$
$$\hat{b} = 4.48 + 0.3962\sqrt{3} = 5.17.$$

2. 点估计优劣评判标准

对于总体参数的估计可能不止一个, 例如, 总体均值的估计可以用样本均值, 也可以用样本中位数. 至于孰优孰劣, 应有一个评判标准, 常用的点估计的评判标准如下:

(1) 无偏性

由于参数 θ 的估计 $\hat{\theta}$ 是样本的函数, 而且样本的取值也不一定相同, 这样就有多个 θ 的估计值, 因此, 评价其优劣不能从一个估计值去评判, 而应该从多次使用的平均来评定.

定义 13.3　设 $\hat{\theta}$ 是总体参数 θ 的一个估计量, 若 $E(\hat{\theta}) = \theta$, 则称 $\hat{\theta}$ 是参数 θ 的**无偏估计**.

无偏估计的等价形式是 $E(\hat{\theta} - \theta) = 0$, 其中 $\hat{\theta} - \theta$ 是估计量 $\hat{\theta}$ 与真值 θ 的偏差. 这种偏差是随机的, 它可大可小, 可正可负. 无偏估计的含义是: 每次使用 $\hat{\theta}$ 估计 θ 是会有偏差, 但多次使用它, 偏差的平均值为零.

在点估计中, 样本均值 $\overline{X}$ 是总体均值 μ 的无偏估计; 样本方差 S^2 是总体方差 σ^2 的无偏估计. 但样本标准差 S 不是总体标准差 σ 的无偏估计, 这是因为 $E(S) \neq \sigma$.

(2) 有效性

总体参数 θ 的无偏估计往往有多个, 如何评判它们的优劣呢?

定义 13.4 设 $\hat{\theta}_1, \hat{\theta}_2$ 都是 θ 的无偏估计量, 若对一切 θ 的可能取值有 $D(\hat{\theta}_1) \leqslant D(\hat{\theta}_2)$ 且至少有一个 θ_0, 严格不等号成立, 则 $\hat{\theta}_1$ 比 $\hat{\theta}_2$ **有效**.

有效性是针对两个无偏估计的方差进行比较, 其中方差较小意味着估计值更为集中地分布在真值 θ 的附近. 因此, 它产生一个接近于真值 θ 的估计值的可能性就更大.

例 6 设 $X_1, X_2, \cdots, X_n$ $(n \geqslant 10)$ 是来自总体 X 的一个样本, $E(X) = \mu, D(X) = \sigma^2$, 则

$$\overline{X} = \frac{1}{10} \sum_{i=1}^{10} X_i \ \text{与} \ \overline{X'} = \frac{1}{2} \sum_{i=1}^{2} X_i$$

为两个统计量, 其均值 $E(\overline{X}) = E(\overline{X'}) = \mu$, 因此 $\overline{X}, \overline{X'}$ 均是总体均值 μ 的无偏估计, 但是它们的方差却不同.

$$D(\overline{X}) = \frac{\sigma^2}{10}, \ \ D(\overline{X'}) = \frac{\sigma^2}{2}.$$

可见, $\overline{X}$ 比 $\overline{X'}$ 有效. 因此, 在对 μ 进行估计时, 用 $\overline{X}$ 效果更好.

(3) 一致性

定义 13.5 设 $\hat{\theta}_n(X_1, X_2, \cdots, X_n)$ 为 θ 的估计量, 若对任意的 $\varepsilon > 0$, 均成立

$$\lim_{n \to \infty} P(|\hat{\theta}_n - \theta| < \varepsilon) = 1,$$

则称 $\hat{\theta}_n$ 为 θ 的一致估计.

一致估计的含义是: 当样本容量增大时, 估计量的值越来越接近于被估计的参数. 如果一个估计量是一致估计量, 那么, 采用大样本就更加可靠; 否则, 采用大样本只会造成浪费.

3. 区间估计

参数估计有两种形式, 当获得一个具体的样本后, 点估计仅仅给出参数一个具体的估计值, 它与参数的真值有多大的差距无从知晓, 即没有给出估计的精度, 为此提出了参数估计的第二种形式 —— 区间估计.

(1) 置信区间

定义 13.6　设 θ 是总体的一个待估参数, $X_1, X_2, \cdots, X_n$ 为来自这个总体的样本. 对于给定的 α, $(0 < \alpha < 1)$, 由样本确定的两个统计量 $\theta_l = \theta_l(X_1, X_2, \cdots, X_n)$, $\theta_u = \theta_u(X_1, X_2, \cdots, X_n)$, 若

$$P(\theta_l < \theta < \theta_u) = 1 - \alpha, \tag{13.2.5}$$

则称随机区间 $[\theta_l, \theta_u]$ 是 θ 的**置信水平**为 $1 - \alpha$ 的**置信区间**, 也简称 $[\theta_l, \theta_u]$ 是 θ 的 $1 - \alpha$ 置信区间, θ_l 与 θ_u 分别称为 $1 - \alpha$ 的**置信下限**与**置信上限**.

$1 - \alpha$ 置信区间的意义为: 所构造的一个随机区间 $[\theta_l, \theta_u]$ 能复盖住未知参数 θ 的概率为 $1 - \alpha$. 由于这个随机区间会随样本观测值的不同而不同, 它有时包含了参数 θ, 有时不包含 θ, 但是用这种方法作区间估计时, 100 次中大约有 $100(1 - \alpha)$ 个区间包含未知参数 θ. 譬如, 取 $\alpha = 0.05$, 在作 100 次估计中, 有 95 个区间包含未知参数 θ.

显然, $P(\theta < \theta_l \text{或} \theta > \theta_u) = \alpha$, 若 $P(\theta < \theta_l) = P(\theta > \theta_u) = \dfrac{\alpha}{2}$, 则称这种置信区间为**等尾置信区间**. 下面讨论的均是等尾置信区间.

(2) 分位数

设 $Z \sim N(0,1)$, 若 $P(Z < C) = \alpha$, 则称 C 为 $N(0,1)$ 分布的α **分位数** (如图 13-4), 将 C 记作 z_α. 即

$$P(Z < z_\alpha) = \alpha$$

或

$$P(Z \geqslant z_\alpha) = 1 - \alpha.$$

在求置信区间时, 会遇到给定一个概率 p, 求常数 C, 使得 $P(|Z| \leqslant C) = p$ 的问题. 因为 $N(0,1)$ 为对称分布, 所以

$$P(|Z| \leqslant C) = P(Z \leqslant C) - P(Z < -C)$$

$$= P(Z \leqslant C) - (1 - P(Z \leqslant C))$$

$$= 2P(Z \leqslant C) - 1 = p,$$

$$P(Z \leqslant C) = \frac{1+p}{2}, \tag{13.2.6}$$

故所求 C 应是 $N(0,1)$ 的 $\dfrac{1+p}{2}$ 分位数, 即 $C = z_{\frac{1+p}{2}}$.

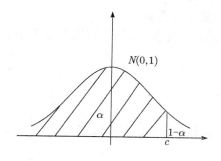
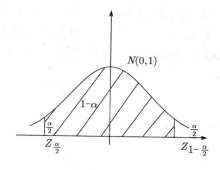

图 13-4 $N(0, 1)$ 的 α 分位数   图 13-5

若令 $p = 1 - \alpha$, 则 $C = z_{1-\frac{\alpha}{2}}$, 即:

$$P(|Z| \leqslant z_{1-\frac{\alpha}{2}}) = 1 - \alpha. \tag{13.2.7}$$

通常 α 取为 0.05, 0.01, 0.10, 相应的 $z_{1-\frac{\alpha}{2}}$ 依次为 $z_{0.975} = 1.96$, $z_{0.995} = 2.58$, $z_{0.95} = 1.645$ (如图 13-5).

由于 t 分布也是对称分布, 类似地可得到与 $N(0,1)$ 相同的结果. 设 $t_\alpha(n-1)$ 为自由度为 $n-1$ 的 t 分布的 α 分位数. 设 $T \sim t(n-1)$, 则

$$P(|T| \leqslant t_{1-\frac{\alpha}{2}}(n-1)) = 1 - \alpha.$$

(3) 总体均值 μ 的区间估计

(a) 设总体 $X \sim N(\mu, \sigma^2)$, σ 已知, 估计总体均值 μ.

设 $X_1, X_2, \cdots, X_n$ 为来自总体 X 的样本, 由抽样分布理论可知, $\overline{X} = \dfrac{1}{n}\sum\limits_{i=1}^{n} X_i \sim N\left(\mu, \dfrac{\sigma^2}{n}\right)$, 作变换可得

$$\frac{\overline{X} - \mu}{\sigma/\sqrt{n}} \sim N(0,1).$$

对于给定的置信水平 $1 - \alpha$, 由标准正态分布表查得 $1 - \dfrac{\alpha}{2}$ 分位数 $z_{1-\frac{\alpha}{2}}$ 得

$$P\left(\left|\frac{\overline{X} - \mu}{\sigma/\sqrt{n}}\right| \leqslant z_{1-\frac{\alpha}{2}}\right) = 1 - \alpha,$$

即

$$P\left(\overline{X} - z_{1-\frac{\alpha}{2}}\frac{\sigma}{\sqrt{n}} \leqslant \mu \leqslant \overline{X} + z_{1-\frac{\alpha}{2}}\frac{\sigma}{\sqrt{n}}\right) = 1 - \alpha.$$

这样就得到总体参数 μ 的 $1 - \alpha$ 置信区间

$$\left[\overline{X} - z_{1-\frac{\alpha}{2}}\frac{\sigma}{\sqrt{n}}, \ \overline{X} + z_{1-\frac{\alpha}{2}}\frac{\sigma}{\sqrt{n}}\right]. \tag{13.2.8}$$

(b) 设总体 $X \sim N(\mu, \sigma^2)$, σ 未知, 估计总体均值 μ.

设 $X_1, X_2, \cdots, X_n$ 为来自总体的样本, 因为 σ 未知, 用样本标准差 S 代替总体标准差 σ. 由抽样分布理论可知

$$\frac{\sqrt{n}(\overline{X} - \mu)}{S} \sim t(n-1).$$

对于给定的置信水平 $1-\alpha$, 由 $t(n-1)$ 分布表查得 $1 - \dfrac{\alpha}{2}$ 的分位数 $t_{1-\frac{\alpha}{2}}(n-1)$, 得到

$$P\left(\left| \frac{\sqrt{n}(\overline{X} - \mu)}{S} \right| \leqslant t_{1-\frac{\alpha}{2}}(n-1) \right) = 1-\alpha,$$

即

$$P\left(\overline{X} - t_{1-\frac{\alpha}{2}}(n-1)\frac{S}{\sqrt{n}} \leqslant \mu \leqslant \overline{X} + t_{1-\frac{\alpha}{2}}(n-1)\frac{S}{\sqrt{n}} \right).$$

这样就得到总体参数 μ 的 $1-\alpha$ 置信区间

$$\left[\overline{X} - t_{1-\frac{\alpha}{2}}(n-1)\frac{S}{\sqrt{n}}, \ \overline{X} + t_{1-\frac{\alpha}{2}}(n-1)\frac{S}{\sqrt{n}} \right]. \tag{13.2.9}$$

当 $n > 30$ 时, $t(n-1)$ 与 $N(0,1)$ 相差甚微, 可以认为

$$\frac{\sqrt{n}(\overline{X} - \mu)}{S} \sim N(0,1),$$

所以, 此时 μ 的 $1-\alpha$ 置信区间可写为

$$\left[\overline{X} - z_{1-\frac{\alpha}{2}}\frac{S}{\sqrt{n}}, \ \overline{X} + z_{1-\frac{\alpha}{2}}\frac{S}{\sqrt{n}} \right] \tag{13.2.10}$$

(c) 设总体 X 服从一般的非正态分布, $E(X) = \mu$, $D(X) = \sigma^2$, 估计总体均值 μ.

设 $X_1, X_2, \cdots, X_n$ 为取自该总体的大样本 $(n > 30)$, 由抽样分布理论,

$$\overline{X} = \frac{1}{n}\sum_{i=1}^{n} X_i \sim N\left(\mu, \frac{\sigma^2}{n} \right).$$

当 σ 已知时,

$$\frac{\overline{X} - \mu}{\sigma/\sqrt{n}} \sim N(0,1),$$

μ 的 $1-\alpha$ 置信区间为

$$\left[\overline{X} - z_{1-\frac{\alpha}{2}}\frac{\sigma}{\sqrt{n}}, \ \overline{X} + z_{1-\frac{\alpha}{2}}\frac{\sigma}{\sqrt{n}} \right]; \tag{13.2.11}$$

当 σ 未知时, 由于 n 较大, $t(n-1)$ 与 $N(0,1)$ 相差很微, 所以

$$\frac{\overline{X} - \mu}{S/\sqrt{n}} \sim N(0,1),$$

μ 的 $1-\alpha$ 置信区间为

$$\left[\overline{X} - z_{1-\frac{\alpha}{2}} \frac{S}{\sqrt{n}}, \quad \overline{X} + z_{1-\frac{\alpha}{2}} \frac{S}{\sqrt{n}} \right]. \tag{13.2.12}$$

(4) **总体比例 p 的区间估计**

设 $X \sim B(1,p)$, 设 $X_1, X_2, \cdots, X_n$ 为来自 $B(1,p)$ 的样本, 在大样本场合 $(n > 30)$, 由抽样分布理论

$$\overline{X} = \frac{1}{n} \sum_{i=1}^{n} X_i = \frac{k}{n} \sim N\left(p, \frac{p(1-p)}{n} \right),$$

其中 k 为 X_i, $i = 1, 2, \cdots, n$ 中取 1 的个数, 因为 $p(1-p)$ 未知, 用样本标准差 $\sqrt{\overline{X}(1-\overline{X})}$ 代替总体标准差 $\sqrt{p(1-p)}$. 又因为 n 较大, 所以用 $N(0,1)$ 代替 $t(n-1)$, 因此有下式

$$\frac{\sqrt{n}(\overline{X} - p)}{\sqrt{\overline{X}(1-\overline{X})}} \sim N(0,1).$$

对于给定的置信水平 $1-\alpha$, 可得

$$P\left(\left| \frac{\sqrt{n}(\overline{X} - p)}{\sqrt{\overline{X}(1-\overline{X})}} \right| \leqslant z_{1-\frac{\alpha}{2}} \right) = 1-\alpha,$$

即

$$P\left(\overline{X} - z_{1-\frac{\alpha}{2}} \sqrt{\frac{\overline{X}(1-\overline{X})}{n}} \leqslant p \leqslant \overline{X} + z_{1-\frac{\alpha}{2}} \sqrt{\frac{\overline{X}(1-\overline{X})}{n}} \right) = 1-\alpha,$$

因此 p 的 $1-\alpha$ 置信区间为:

$$\left[\overline{X} - z_{1-\frac{\alpha}{2}} \sqrt{\frac{\overline{X}(1-\overline{X})}{n}}, \quad \overline{X} + z_{1-\frac{\alpha}{2}} \sqrt{\frac{\overline{X}(1-\overline{X})}{n}} \right]. \tag{13.2.13}$$

当取定样本观测值 $x_1, x_2, \cdots, x_n$ 后, (13.2.8)~(13.2.13) 中的 $\overline{X}$, S 分别用 $\overline{x}$, s 代替以求得置信区间.

例 7 某厂生产的轴承直径 $X \sim N(\mu, \sigma^2)$, 已知 $\sigma^2 = 0.0625$, 现从中随机抽取 5 个轴承, 测得它们的直径分别为 (单位: 毫米): 13.6, 14.0, 14.2, 13.9, 14.3, 取 $\alpha = 0.05$, 求 μ 的 $1-\alpha$ 置信区间.

解　$\bar{x} = \dfrac{1}{5}(13.6 + 14.0 + 14.2 + 13.9 + 14.3) = 14,$

$z_{1-\frac{\alpha}{2}} = z_{0.975} = 1.96,$

由 (13.2.8) 得 μ 的 95% 的置信区间为

$$\left[14 - 1.96\dfrac{0.25}{\sqrt{5}}, \quad 14 + 1.96\dfrac{0.25}{\sqrt{5}} \right],$$

即

$$[13.78, \quad 14.22].$$

例 8　某种合金的膨胀系数服从正态分布, 抽取 T 件近期生产的这种合金, 测得膨胀系数数据为 3.08　3.10　2.97　3.06　3.12　2.90　3.01, 试给出合金膨胀系数均值的 95% 置信区间.

解　因为正态分布的方差 σ^2 未知, 且是小样本, 故用 (13.2.9)

$$\bar{x} = \dfrac{1}{7}(3.08 + 3.10 + 2.97 + 3.06 + 3.12 + 2.90 + 3.01)$$

$$= 3.034,$$

$$s^2 = \dfrac{1}{7-1}[3.08^2 + 3.10^2 + 2.97^2 + 3.06^2 + 3.12^2 + 2.90^2 + 3.01^2 - 7 \times (3.034)^2]$$

$$= 0.0061,$$

$$s = 0.078,$$

查 t 分布表得 $t_{1-\frac{\alpha}{2}}(n-1) = t_{0.975}(6) = 2.447.$

所以膨胀系数均值 μ 的 95% 置信区间为

$$\left[3.034 - 2.447 \times \dfrac{0.078}{\sqrt{7}}, \quad 3.034 + 2.447 \times \dfrac{0.078}{\sqrt{7}} \right],$$

即

$$[2.962, \quad 3.106].$$

例 9　试求 13.1 节例 1 中数学统测平均成绩 99% 的置信区间.

解　$\overline{X} = 74.8$, $s = 11.67$, $n = 50$ 为大样本, $z_{1-\frac{\alpha}{2}} = z_{0.995} = 2.58$, 利用式 (13.19) 得 99% 置信区间为

$$\left[74.8 - 2.58 \times \dfrac{11.67}{\sqrt{50}}, \quad 74.8 + 2.58 \times \dfrac{11.67}{\sqrt{50}} \right],$$

即为

$$[70.5, 79.1].$$

从本题可以看出, 置信水平过高, 估计的精度会降低.

例 10 某地电话询问服务站对所接每一个电话的通话时间都作有记录, 从中随机抽取 225 个, 其平均通话时间 $\bar{x} = 134.6$ 秒, 方差 $s^2 = 900$秒^2, 试计算所有通话时间的平均值 μ 的 90% 的置信区间.

解 虽然我们不知道通话时间服从什么分布, 由于 $n = 225$ 为大样本, 故可利用式 (13.21) 计算 μ 的 90% 置信区间为

$$\left[134.6 - 1.645 \times \frac{30}{15}, \quad 134.6 + 1.645 \times \frac{30}{15} \right],$$

即

$$[131.31, \quad 137.89].$$

例 11 设一个物体的重量 μ 未知, 为估计其重量, 可以用天平去称, 所得称重 (测量值) 与实际重量间是有误差的, 设称重服从正态分布. 若已知称重的误差的标准差为 0.1 克, 为使 μ 的 95% 的置信区间的长度不超过 0.1, 问至少应该称多少次?

解 在 $\sigma = 0.1$ 已知的条件下, μ 的 95% 的置信区间为

$$\left[\overline{X} - z_{1-\frac{\alpha}{2}} \frac{\sigma}{\sqrt{n}}, \quad \overline{X} + z_{1-\frac{\alpha}{2}} \frac{\sigma}{\sqrt{n}} \right],$$

区间长度为

$$2 z_{1-\frac{\alpha}{2}} \frac{\sigma}{\sqrt{n}} = 2 \times 1.96 \times 0.1 / \sqrt{n} = 0.392 / \sqrt{n},$$

为使 $0.392\sqrt{n} \leqslant 0.1$, 得 $n \geqslant 15.3664$, 即至少应称 16 次.

例 12 在某电视节目的收视率调查中, 调查了 400 人, 其中 100 人收看了该节目, 试对该节目收视率 p 作置信水平为 0.95 的区间估计.

解

$$n = 400, \quad \overline{X} = 100/400 = 0.25, \quad z_{0.975} = 1.96,$$

由式 (13.2.13) 可得 p 的 0.95 置信区间为

$$\left[\bar{x} - z_{0.975}\sqrt{\bar{x}(1-\bar{x})/n}, \quad \bar{x} + z_{0.975}\sqrt{\bar{x}(1-\bar{x})/n} \right],$$

即 $\left[0.25 - 1.96 \times \sqrt{0.25(1-0.25)/400}, \quad 0.25 + 1.96 \times \sqrt{0.25 - (1-0.25)/400} \right]$, 即

$$[0.2076, \quad 0.2924].$$

例 13 某公司为了解其产品的用户是否满意, 随机地调查了 256 家用户, 其中满意的为 192 家用户, 试估计用户满意率 p 以及 p 的 0.99 置信区间.

解 p 的点估计

$$\hat{p} = \frac{192}{256} = 0.75,$$

由 (13.2.13) 得到 p 的 0.99 置信区间为

$$\left[0.75 - 2.58 \times \sqrt{0.75 \times 0.25/256}, \quad 0.75 + 2.58 \times \sqrt{0.75 \times 0.25/256}\right],$$

即

$$[0.68, \quad 0.82].$$

调查表明：有 99% 的把握断言，对该公司产品满意的用户比例在 68% 至 82% 之间.

习　题　13.2

1. 什么是统计推断?

2. 从某高校一年级男生中任意抽取 12 名，测得他们的身高如下 (单位 cm)：

$$171, 165, 174, 175, 168, 164, 174, 178, 168, 170, 172, 169,$$

试估计该年级男生的平均身高，方差和标准差.

3. 某种合金钢的含碳量服从 $N(\mu, \sigma^2)$，根据以往资料知道 $\sigma^2 = 0.08^2$，随机抽查 6 炉钢水，其含碳量分别为 $1.24, 1.16, 1.21, 1.18, 1.14, 1.25$，若取置信水平为 0.95，试给出 μ 的置信区间.

4. 某种型号灯泡寿命服从正态分布，现抽取 5 只做寿命试验，测得它们的寿命为：$1510, 1340, 1480, 1390, 1450$(小时)，求置信度为 0.95 的平均寿命的置信区间 (置信度即为置信水平).

5. 为考察汽车厂生产的 G 型汽车 1 公升汽油的行驶里程，随机抽取 100 辆汽车做试验，测得它们 1 公升汽油的平均里程为 13.8 公里，标准差为 0.52 公里，试在置信水平为 0.99 下，求出平均里程的置信区间.

6. 对某批产品的重量进行估计，已知总体方差 $\sigma^2 = 5.456$ 千克，现准备对这批产品进行简单随机抽样检查，要求置信水平为 99.73%，置信区间长度不超过 1.8 千克. 试问：需要抽多少产品进行检查?

13.3　一元线性回归

1. 相关关系与回归关系

变量之间的关系一般可分为两类：一类是**函数关系**，即一个变量 y 能被另一个变量 x 按某一规律唯一确定. 例如，圆的面积 S 与半径 R 之间存在函数关系 $S = \pi R^2$. 另一类是**相关关系**，即 y 与 x 之间客观存在的，但在取值上并非一一对应的依存关系. 例如，粮食亩产量与施肥量之间的关系，粮食亩产量与施肥量之间存在着依存关系，但是这种关系不是一一对应的，也就是说施肥量相同的田块，粮食产量仍会有差异.

　　另外, 两个变量之间确实有函数关系, 但由于测量误差, 试验误差等因素, 难以得出它们之间的确定性的函数关系而表现为**相关关系**.

　　相关关系有两个显著特点: 一是变量之间确实存在着一定的依存关系, 而不是臆造的, 偶然的; 二是对于其中一个变量的每一个取值, 另一个变量可以有不同的取值与之对应, 一般这些取值围绕其均值上下波动. 相关关系可分为正相关和负相关. 当一种现象的变量增加 (或减少) 时, 另一种现象的变量也增加 (或减少), 则称为**正相关**; 当一个变量增加 (或减少) 时, 另一个变量减少 (或增加), 则称为**负相关**. 若两个变量之间的关系近似地表现为一条直线, 则称为**线性相关**; 若变量之间的关系近似地表现为一条曲线, 则称为非线性相关. 两种现象之间的相关关系称为一元相关, 三种或三种以上现象之间的相关关系称为多元相关. 这里我们仅讨论一元线性相关.

　　一般地, 相关关系的两个变量都是随机的. 如果两个变量中的一个变量是可以控制的, 非随机的, 简称控制变量; 另一个变量是随机的, 而且随着控制变量的变化而变化, 则这两个变量之间的关系就称为**回归关系**. 如果两个变量都是随机的, 则它们之间的关系称为**相关关系**. 二者的差异在于将自变量是视为随机变量还是控制变量, 但在应用中常常忽略其区别. 我们总将自变量认定为是确定性的.

　　一般当两个变量有相关关系时, 对于自变量 X 的每一个取值 x, 因变量 Y 有许多值与之对应. 为找出 X 和 Y 之间的定量关系, 一个自然的想法是, 取 $X = x_0$ 时, 所有 Y 取值的平均值, 记为 $\hat{y}_0$, 作为对应 $X = x_0$ 时的 Y 的代表值, 亦即取 $\hat{y}_0 = E(Y|X = x_0)$. 其中 $E(Y|X = x_0)$ 表示在 $X = x_0$ 条件下, Y 的条件期望值. 一般地, 对于任何一个 X 的可能取值 x, 取 $\hat{y} = E(Y|X = x)$, 当 x 变化时, $\hat{y}$ 是 x 的函数, 可以记为

$$\hat{y} = f(x) = E(Y|X = x) \tag{13.3.1}$$

上式称为 Y 关于 X 的**回归方程**.

2. 一元线性回归方程

　　一元线性回归就是因变量 Y 与自变量 X 成线性关系. 此时 (13.3.1) 可写成

$$\hat{y} = E(Y|X = x) = a + bx. \tag{13.3.2}$$

对于 x, 观察值 y 以平均数 $E(Y|X = x)$ 为中心上下波动, 即有等式:

$$y = a + bx + \varepsilon, \tag{13.3.3}$$

其中 a, b 是未知常数, 称为**回归系数**, ε 是随机误差, 它表示许多未考虑的因素的综合影响, 且假设其服从均值为 0 的正态分布. (13.3.3) 称为一元线性回归模型; 而称 $\hat{y} = a + bx$ 为回归直线方程, 它是 (13.3.3) 的估计关系式.

对于给定的 n 组数据 (x_i, y_i), $i = 1, 2, \cdots, n$, 画出它们的散布图, 粗略地观察这些点是否在一条直线的附近. 若呈线性趋势, 则求出回归直线方程. 只要根据数据 (x_i, y_i), $i = 1, 2, \cdots, n$, 估计出 a, b 的值, 即可求得回归直线. 对于 x_i, 观察值 y_i 与回归值 $\hat{y}_i = a + bx_i$ 的偏差为 $\Delta y_i = y_i - \hat{y}_i = y_i - (a + bx_i)$, $i = 1, 2, \cdots, n$, 我们希望求得的直线 (即确定 a 与 b) 使这种偏差的平方和达到最小. 记 $Q(a, b)$ 为偏差平方和, 它的值由 a, b 所确定.

$$Q(a, b) = \sum_{i=1}^{n} (y_i - a - bx_i)^2. \tag{13.3.4}$$

由微分学原理, 使上式达到最小的 a, b 为下列方程的解:

$$\begin{cases} \dfrac{\partial Q}{\partial a} = -2 \displaystyle\sum_{i=1}^{n} (y_i - a - bx_i) = 0, \\ \dfrac{\partial Q}{\partial b} = -2 \displaystyle\sum_{i=1}^{n} (y_i - a - bx_i) x_i = 0. \end{cases} \tag{13.3.5}$$

解 (13.3.5) 可得 a, b 的表达式为

$$b = \frac{\displaystyle\sum_{i=1}^{n} x_i y_i - \frac{1}{n} \sum_{i=1}^{n} x_i \cdot \sum_{i=1}^{n} y_i}{\displaystyle\sum_{i=1}^{n} x_i^2 - \frac{1}{n} \left(\sum_{i=1}^{n} x_i \right)^2}, \tag{13.3.6}$$

$$a = \bar{y} - b\bar{x}. \tag{13.3.7}$$

若令

$$l_{xx} = \sum_{i=1}^{n} (x_i - \bar{x})^2 = \sum_{i=1}^{n} x_i^2 - \frac{1}{n} \left(\sum_{i=1}^{n} x_i \right)^2,$$

$$l_{xy} = \sum_{i=1}^{n} (x_i - \bar{x})(y_i - \bar{y}) = \sum_{i=1}^{n} x_i y_i - \frac{1}{n} \sum_{i=1}^{n} x_i \sum_{i=1}^{n} y_i, \tag{13.3.8}$$

$$l_{yy} = \sum_{i=1}^{n} (y_i - \bar{y})^2 = \sum_{i=1}^{n} y_i^2 - \frac{1}{n} \left(\sum_{i=1}^{n} y_i \right)^2,$$

则

$$b = \frac{l_{xy}}{l_{xx}}, \quad a = \bar{y} - b\bar{x}. \tag{13.3.9}$$

(13.3.9) 称为最小二乘估计, 因为运用的方法是最小二乘法.

例 1 设两个变量 x, y 的数据如表 13-2 第 2、3 列所示, 试求 y 关于 x 的回归方程.

解 将 (x, y) 看作是直角坐标系中的一个点, 并画出 n 个点, 称之为散布图. 见图 13-6, 从图中可以看出, x 与 y 之间确实呈线性趋势, n 个点在一条直线附近波动, 因此可假设它们之间存在线性相关关系, 设一元线性回归方程为

$$\hat{y} = a + bx.$$

经计算可得

$$\sum_{i=1}^{12} x_i^2 = 31.94, \quad \sum_{i=1}^{12} x_i y_i = 959.25,$$

表 13-2 两变量 x 与 y 的数据

序号	x_i	y_i	x_i^2	$x_i y_i$	y_i^2
1	1	42.0	1.00	42.00	1764.00
2	1.1	43.5	1.21	47.85	1892.25
3	1.2	45.0	1.44	54.00	2025.00
4	1.3	45.5	1.69	59.15	2070.25
5	1.4	45.0	1.96	63.00	2025.00
6	1.5	47.5	2.25	71.25	2256.25
7	1.6	49.0	2.56	78.40	2401.00
8	1.7	53.0	2.89	90.10	2809.00
9	1.8	50.0	3.24	90.00	2500.00
10	2.0	55.0	4.00	110.00	3025.00
11	2.1	55.0	4.41	115.50	3025.00
12	2.3	60.0	5.29	138.00	3600.00
合计	19	590.5	31.94	959.25	29392.75

由式 (13.3.6) 和 (13.3.7) 可得

$$b = \frac{\sum x_i y_i - \frac{1}{n} \sum x_i \sum y_i}{\sum x_i^2 - \frac{1}{n} \left(\sum X_i \right)^2} = \frac{959.25 - \frac{1}{12} \times 19 \times 590.5}{31.94 - \frac{1}{12} \times (19)^2} = 13.0835,$$

$$a = \frac{\sum y_i}{n} - b \frac{\sum x_i}{n} = \frac{590.5}{12} - 13.0835 \times \frac{19}{12} = 28.4928,$$

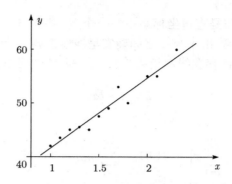

图 13-6　例 1 的数据点的散布图

所以得一元线性回归方程为

$$\hat{y} = 28.4928 + 13.0835x.$$

3. 相关系数及其显著性检验

在前例中, 我们仅是根据散布图, 作出了 x 与 y 之间具有线性关系. 即使对平面上一堆完全杂乱无章的散布图, 也可以根据式 (13.3.6),(13.3.7) 求出一个直线回归方程. 显然这样所求的直线是毫无意义的. 因此, 就需要给出一个数量性的指标来衡量两个变量之间线性关系的密切程度. 这个量称为相关系数, 记为 r, 它的严格定义如下.

定义 13.7　对两个变量 X,Y 进行 n 次观测, 得到数据 $(x_1,y_1), \cdots, (x_n,y_n)$ 则

$$r = \frac{\sum (x_i - \bar{x})(y_i - \bar{y})}{\sqrt{\sum (x_i - \bar{x})^2 \sum (y_i - \bar{y})^2}} = \frac{l_{xy}}{\sqrt{l_{xx}l_{yy}}} \tag{13.3.10}$$

称为 X 与 Y 之间的样本相关系数, 简称相关系数.

可以证明 $|r| \leqslant 1$ 且 $r = b\sqrt{\dfrac{l_{xx}}{l_{yy}}}$.

当 $r = \pm 1$ 时, n 个点在一条直线上, 这时两个变量间完全线性相关;

当 $r = 0$ 时, 称两个变量不相关, 这时 n 个点可能毫无规律, 也可能两个变量间有某种曲线的趋势.

当 $r > 0$ 时, 称两个变量具有正相关; 当 $r < 0$ 时, 称两个变量负相关.

一般地, $|r|$ 越接近 1, 线性相关程度越密切, 但是 $|r|$ 为多大时, 才能认为两个变量间存在一定程度的线性相关关系呢? 由假设检验的结论可知: 当数据个数为 n,

显著性水平为 α 时, 若 $|r| \geqslant r_\alpha(n-2)$, 则说明两变量间线性相关关系是显著的; 若 $|r| < r_\alpha(n-2)$, 则说明两变量间线性相关关系不显著. 其中 $r_\alpha(n-2)$ 是显著水平为 α, 自由度为 $n-2$ 的相关系数临界值 (见附表).

例 2 试求例 1 两变量的相关系数, 在显著水平为 $\alpha = 0.05$ 时, 检验两变量间的线性相关关系是否显著.

解 由表 13-2, 可得

$$\sum x_i^2 = 31.94, \qquad \sum x_i y_i = 959.25, \qquad \sum y_i^2 = 29392.75,$$

所以

$$r = \frac{\sum x_i y_i - \frac{1}{n} \sum x_i \sum y_i}{\sqrt{\left[\sum x_i^2 - \frac{1}{n}\left(\sum x_i\right)^2\right]\left[\sum y_i^2 - \frac{1}{n}\left(\sum y_i\right)^2\right]}} = \frac{24.291667}{24.948122} = 0.9737.$$

再根据 $\alpha = 0.05$, $n = 12$ 查附表得相关系数临界值 $r_{0.05}(10) = 0.576$,

$$r > r_{0.05}(10) = 0.576,$$

所以 x 与 y 之间的线性相关关系是显著的, 或者说两个变量之间具有线性相关关系.

习 题 13.3

1. 什么是相关关系? 请举出三个相关的例子.

2. 何谓正相关? 何谓负相关? 请各举两个例子.

3. 假设某地区的货运量与工业产值的资料如下:

序号	货运量 y_i/亿吨	工业产值/10 亿元
1	2.8	25
2	2.9	27
3	3.2	29
4	3.2	32
5	3.4	34
6	3.2	36
7	3.3	35
8	3.7	39
9	3.9	42
10	4.2	45

试求:

(1) 确定回归直线方程;

(2) 求相关系数并作 $\alpha = 0.05$ 的显著性检验.

*13.4   问题及其解

例 1   设 $X_1, X_2, \cdots, X_n$ 是来自总体 $N(\mu, \sigma^2)$ 的样本, 记 $Z = \dfrac{1}{n}\sum\limits_{i=1}^{n}|X_i - \mu|$, 试证:

$$E(Z) = \sqrt{\frac{2}{\pi}}\sigma, \quad D(Z) = \left(1 - \frac{2}{\pi}\right)\frac{\sigma^2}{n}.$$

证   记 $Y_i = X_i - \mu$, 则 $Y_i \sim N(0, \sigma^2)$, $i = 1, 2, \cdots, n$,

$$E(|X_i - \mu|) = E(|Y_i|) = \frac{1}{\sqrt{2\pi}\sigma}\int_{-\infty}^{+\infty}|y|e^{-\frac{y^2}{2\sigma^2}}\,dy$$

$$= \frac{2}{\sqrt{2\pi}\sigma}\int_{0}^{+\infty}ye^{-\frac{y^2}{2\sigma^2}}\,dy = -\frac{2\sigma}{\sqrt{2\pi}}e^{-\frac{y^2}{2\sigma^2}}|_0^{+\infty}$$

$$= \sqrt{\frac{2}{\pi}}\sigma,$$

$$D(|X_i - \mu|) = D(|Y_i|) = E(Y_i^2) - [E(|Y_i|)]^2$$

$$= D(Y_i) + (E(Y_i))^2 - \left(\sqrt{\frac{2}{\pi}}\sigma\right)^2 = \sigma^2 + 0 - \frac{2}{\pi}\sigma^2 = \left(1 - \frac{2}{\pi}\right)\sigma^2.$$

例 2   设总体 $X \sim N(\mu, \sigma^2)(\sigma > 0)$, 从该总体中抽取简单随机样本 $X_1, X_2, \cdots,$ $X_{2n}(n \geqslant 2)$, 其样本均值为 $\overline{X} = \dfrac{1}{2n}\sum\limits_{i=1}^{2n}X_i$, 求统计量 $Y = \sum\limits_{i=1}^{n}(X_i + X_{n+i} - 2\overline{X})^2$ 的数学期望 EY.

解   方法一   由于 $X_i + X_{n+i}$ 服从 $N(2\mu, 2\sigma^2)$, $i = 1, 2, \cdots, n$ 且 $X_1 + X_{n+1}, X_2 + X_{n+2}, \cdots, X_n + X_{2n}$ 相互独立, 因此可将它们视为取自正态总体 $N(2\mu, 2\sigma^2)$ 的简单随机样本, 其样本均值与样本方差分别为

$$\frac{1}{n}\sum_{i=1}^{n}(X_i + X_{n+i}) = \frac{1}{n}\sum_{i=1}^{2n}X_i = 2\overline{X}$$

与

$$\frac{1}{n-1}\sum_{i=1}^{n}(X_i + X_{n+i} - 2\overline{X})^2 = \frac{Y}{n-1}.$$

由于样本方差是总体方差的无偏估计, 即

$$E\frac{Y}{n-1} = 2\sigma^2,$$

所以有

$$EY = 2(n-1)\sigma^2.$$

方法二　记 $\overline{X}_{(1)} = \dfrac{1}{n}\sum\limits_{i=1}^{n} X_i,\ \overline{X}_{(2)} = \dfrac{1}{n}\sum\limits_{i=1}^{n} X_{n+i}$, 则有

$$2\overline{X} = \frac{1}{n}\sum_{i=1}^{n}(X_i + X_{n+i}) = \frac{1}{n}\sum_{i=1}^{n} X_i + \frac{1}{n}\sum_{i=1}^{n} X_{n+i} = \overline{X}_{(1)} + \overline{X}_{(2)},$$

$$EY = E\sum_{i=1}^{n}(X_i + X_{n+i} - 2\overline{X})^2 = E\sum_{i=1}^{n}(X_i - \overline{X}_{(1)} + X_{n+i} - \overline{X}_{(2)})^2$$

$$= E\left[\sum_{i=1}^{n}(X_i - \overline{X}_{(1)})^2 + 2\sum_{i=1}^{n}(X_i - \overline{X}_{(1)})(X_{n+i} - \overline{X}_{(2)}) + \sum_{i=1}^{n}(X_{n+i} - \overline{X}_{(2)})^2\right].$$

注意到 X_i 与 $X_{n+i}(i = 1, 2, \cdots, n)$ 相互独立, 有 $E\sum\limits_{i=1}^{n}(X_i - \overline{X}_{(1)})(X_{n+i} - \overline{X}_{(2)}) = 0$,
所以

$$EY = E\sum_{i=1}^{n}(X_i - \overline{X}_{(1)})^2 + E\sum_{i=1}^{n}(X_{n+i} - \overline{X}_{(2)})^2$$

$$= (n-1)\left[E\frac{1}{n-1}\sum_{i=1}^{n}(X_i - \overline{X}_{(1)})^2 + E\frac{1}{n-1}\sum_{i=1}^{n}(X_{n+i} - \overline{X}_{(2)})^2\right]$$

$$= 2(n-1)\sigma^2.$$

例 3　设总体 $X \sim N(62, 100)$, 为使样本均值大于 60 的概率不小于 0.95, 问样本容量 n 至少应取多大?

解　设满足要求的样本容量为 n, 则

$$\frac{\overline{X} - \mu}{\sigma\sqrt{n}} \sim N(0, 1),$$

$$P(\overline{X} > 60) = P\left(\frac{\overline{X} - 62}{10}\sqrt{n} > \frac{60 - 62}{10}\sqrt{n}\right)$$

$$= P\left(\frac{\overline{X} - 62}{10}\sqrt{n} > -0.2\sqrt{n}\right)$$

$$= 1 - \Phi(-0.2\sqrt{n})$$

$$= \Phi(0.2\sqrt{n}) \geqslant 0.95.$$

查标准正态分布表, 得 $\Phi(1.64) = 0.95$. 所以 $0.2\sqrt{n} \geqslant 1.64$,

$$n \geqslant \left(\frac{1.64}{0.2}\right)^2 = 67.24,$$

故样本容量 n 至少应取 68.

例 4　设 $X_1, \cdots, X_n$ $(n \geqslant 2)$ 是正态总体 $N(\mu, \sigma^2)$ 的一个简单随机样本, 试选择常数 c, 使 $Q = c\sum_{i=1}^{n-1}(X_{i+1} - X_i)^2$ 为 σ^2 的无偏估计.

解　因为

$$
\begin{aligned}
E(X_{i+1} - X_i)^2 &= D(X_{i+1} - X_i) + [E(X_{i+1} - X_i)]^2 \\
&= D(X_{i+1}) + D(X_i) + 0 = 2\sigma^2, \qquad i = 1, 2, \cdots, n-1,
\end{aligned}
$$

所以

$$
EQ = Ec\sum_{i=1}^{n-1}(X_{i+1} - X_i)^2 = 2(n-1)c\sigma^2 = \sigma^2, \quad c = \frac{1}{2(n-1)}.
$$

例 5　在一指定地区的选民中, 随机挑选 100 个选民作民意测验, 其中有 55% 的选民对某个候选人是满意的. 求在所有选民中对这位候选人满意的比例 p 的 95%, 99% 的置信区间, 为了能以 95% 的把握断言对该候选人的满意比例在 0.5 至 1 之间, 应至少抽查多少选民进行调查?

解　由已知条件可知: 总体满意的比例 p 的点估计为 $\hat{p} = 0.55$.

总体满意比例 p 的 95% 的置信区间为

$$
\hat{p} \pm 1.96\sqrt{\frac{\hat{p}(1-\hat{p})}{100}} = 0.55 \pm 1.96\sqrt{\frac{0.55 \times 0.45}{100}} = 0.55 \pm 0.10,
$$

即

$$
[0.45, 0.65].
$$

总体满意比例 p 的 99% 的置信区间为

$$
0.55 \pm 2.58\sqrt{\frac{0.55 \times 0.45}{100}} = 0.55 \pm 0.13,
$$

即

$$
[0.42, 0.68].
$$

因为 $\dfrac{\sqrt{n}(\hat{p} - p)}{\sqrt{\hat{p}(1-\hat{p})}}$ 近似地服从 $N(0.1)$, 所以

$$
P\left(\frac{\sqrt{n}(\hat{p} - p)}{\sqrt{\hat{p}(1-\hat{p})}} < \beta\right) \approx \Phi(\beta),
$$

而

$$
P\left(\frac{\sqrt{n}(\hat{p} - p)}{\sqrt{\hat{p}(1-\hat{p})}} < \beta\right) = P(p > \hat{p} - \beta\sqrt{\hat{p}(1-\hat{p})/n}),
$$

取 $\beta = 1.645$ 时, $\Phi(\beta) = 0.95$, 所以上式变为

$$P(p > \hat{p} - 1.645\sqrt{\hat{p}(1-\hat{p})/n}) \approx 0.95,$$

与 $P(p > 0.50) = 0.95$ 比较可得

$$\hat{p} - 1.645\sqrt{\hat{p}(1-\hat{p})/n} = 0.50,$$

代入 $\hat{p} = 0.55$, 可得

$$n = \hat{p}(1-\hat{p}) \Big/ \left(\frac{\hat{p} - 0.50}{1.645}\right)^2$$
$$= 0.55(1 - 0.55) \Big/ \left(\frac{0.55 - 0.50}{1.645}\right)^2 \approx 268.$$

即应至少抽取 268 名选民进行民意测验, 才能以 95% 的把握断言对该候选人的满意度超过 50%.

例 6 设父子身高的数据如表所示, 求 y 关于 x 的回归方程并且在显著水平 $\alpha = 0.05$ 下, 检验父子身高的线性相关关系的显著性.

（单位：英寸）

父亲身高(x)	65	63	67	64	68	62	70	66	68	67	69	71
儿子身高(y)	68	66	68	65	69	66	68	65	71	67	68	70

解 由表中的数据可计算得

$$\sum x_i = 800, \quad \sum y_i = 811, \quad \sum x_i^2 = 53418, \quad \sum x_i y_i = 54107, \quad \sum y_i^2 = 54849,$$

$$b = \frac{\sum x_i y_i - \dfrac{1}{n}\sum x_i \sum y_i}{\sum x_i^2 - \dfrac{1}{n}\left(\sum x_i\right)^2} = \frac{54107 - \dfrac{1}{12} \times 800 \times 811}{53418 - \dfrac{1}{12} \times 800^2} = 0.476,$$

$$a = \overline{y} - b\overline{x} = \frac{811}{12} - 0.476 \times \frac{800}{12} = 35.82,$$

所求回归方程为

$$y = 35.82 + 0.476x.$$

y 与 x 的相关系数为

$$
\begin{aligned}
r &= \frac{\sum x_i y_i - \frac{1}{n}\sum x_i \sum y_i}{\sqrt{\left[\sum x_i^2 - \frac{1}{n}\left(\sum x_i\right)^2\right]\left[\sum y_i^2 - \frac{1}{n}\left(\sum y_i\right)^2\right]}} \\
&= \frac{54107 - \frac{1}{12}\times 800 \times 811}{\sqrt{[53418 - \frac{1}{12}\times 800^2][54849 - \frac{1}{12}\times 811^2]}} \\
&= 0.7027.
\end{aligned}
$$

查相关系数临界值表得 $r_{0.05}(10) = 0.576$, 因为 $r > r_{0.05}(10)$, 所以 x 与 y 之间, 即父子身高之间具有线性相关关系.

习　题　13.4

1. 试叙述下列概念:

　　(1) 总体;　　　　　　　　　　(2) 统计量;

　　(3) 样本均值和样本方差;　　　(4) 点估计和置信区间.

2. 为了解小学生花在看电视上的时间, 随机地调查 64 名小学生, 要求他们记下每周花在看电视上的时间. 从记录结果计算出 64 名学生每周看电视的平均时间为 15 小时, 标准差为 6 小时, 试给出总体均值的 95% 置信区间.

3. 为估计某电视连续剧的收视率, 随机抽查 200 户进行调查, 发现有 40 户收看该电视剧, 取置信水平为 95%, 求该电视剧收视率的置信区间.

4. 已知总体 X 的密度函数为 $p(x) = \begin{cases} \theta x^{\theta-1}, & 0 < x < 1, \\ 0, & \text{其他}, \end{cases}$　$X_1, X_2, \cdots, X_n$ 为简单随机样本, 求 θ 的估计量.

5. 在测量反应时间中, 假设反应时间服从正态分布, 一心理学家估计的标准差是 0.05 秒. 为了以 95% 的置信水平使他对平均反应时间的估计误差不超过 0.01 秒, 应取的样本容量为多少?

6. 假定某企业的产品产量与单位成本资料如下:

月份	产量/千件	单位成本/(元/件)
1	2	73
2	3	72
3	4	71
4	3	73
5	4	69
6	5	68

试求:

(1) 回归直线方程;   (2) 相关系数;

(3) 作显著水平为 $\alpha = 0.05$ 的相关系数检验;

(4) 预测当产量为 6000 件时的单位成本.

第14章 图 论

自然界和人类社会中的大量事物以及事物间的关系, 常可用图形来描述. 例如, 物质结构, 电气网络, 城市规划, 交通运输, 信息传递, 工作调配, 事物关系等等都可用点和线连接起来的图模拟. 研究图的基本性质、图的理论及其应用, 构成图论的主要内容.

图论是研究自然科学、工程技术、经济管理以及社会问题的一个重要工具.

14.1 基 本 定 义

定义 14.1 一个图 G 由一个非空集合 $V(G)$ 和 $V(G)$ 中一些元素的无序对的一个重集 $E(G)$ 所构成的二元组 $(V(G), E(G))$. $V(G)$ 中的元素叫做**顶点**, $E(G)$ 中的元素叫做**边**. 若 $V(G)$ 和 $E(G)$ 都是有限集, 则称 G 为**有限图**, 否则称为**无限图**.

以下只讨论有限图.

例 1 图 $G = (V(G), E(G))$, 这里 $V(G) = \{v_1, v_2, v_3, v_4, v_5\}$, $E(G) = \{e_1, e_2, e_3, e_4, e_5, e_6, e_7, e_8\}$, 其中 $e_1 = v_1 v_2$, $e_2 = v_2 v_3$, $e_3 = v_3 v_3$, $e_4 = v_3 v_4$, $e_5 = v_2 v_4$, $e_6 = v_4 v_5$, $e_7 = v_2 v_5$, $e_8 = v_2 v_5$.

采用图这一名称, 是因为它们可以用图形来表示, 而这种图形表示有助于我们理解图的许多性质. 每个顶点用平面上的点来表示 (通常画成小圆圈), 每条边用线来表示, 此线连接着代表该边端点的点. 一个图的画法并不是唯一的, 表示顶点的点和表示边的线相对位置是无关紧要的. 图 14-1 给出了例 1 中图 G 的两种图形.

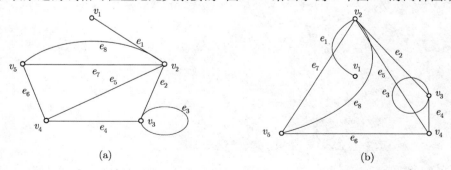

图 14-1

若 $e = uv$ 是图 G 的一条边, 则称边 e 连接 u 和 v, 顶点 u 和 v 称为边 e 的端点, 且称顶点 u, v 与边 e **相互关联**. 当 $u = v$ 时, 称 e 为**环**. 若两个顶点 u 和 v 被一

条边连接, 则称 u 和 v 是**相邻的**, 否则称为**不相邻的**. 若两条边 e_i 和 e_j 有一个公共端点, 则称 e_i 和 e_j 是**相邻的**, 否则称为**不相邻的**. 若两个不同的顶点之间有多于一条边连接, 称这些边为**重边**. 没有环和重边的图称为**简单图**. 只有一个顶点的图称为**平凡图**. 图 G 的顶点数和边数分别用符号 $\nu(G)$ 和 $\varepsilon(G)$ 表示. 在只讨论一个图 G 时, 可以用 ν, ε, V, E 代替 $\nu(G)$, $\varepsilon(G)$, $V(G)$ 和 $E(G)$.

定义 14.2　设 H 和 G 是两个图. 若 $V(H) \subseteq V(G)$, $E(H) \subseteq E(G)$, 则称 H 是 G 的**子图**, 记为 $H \subseteq G$. 若 $H \subseteq G$ 且 $H \neq G$, 则称 H 是 G 的**真子图**. 若 $H \subseteq G$ 且 $v(H) = v(G)$, 则称 H 是 G 的**生成子图**.

已知图 $G = (V, E)$, V' 是 V 的一个非空子集, 以 V' 为顶点集, 以两端点均在 V' 中的边的全体为边集组成的子图, 称为由 V' 导出的 G 的子图, 记作 $G[V']$, 简称 $G[V']$ **为 G 的导出子图**.

已知图 $G = (V, E)$, E' 是 E 的一个非空子集, 以 E' 为边集, 以 E' 中边的全体端点为顶点集所组成的子图, 称为由 E' 导出的子图, 记作 $G[E']$, 简称 $G[E']$ **是 G 的边导出子图**.

定义 14.3　图 G 的顶点 v 的度是该顶点关联边的数目, 记为 $d_G(v)$. 度数为奇数的顶点称为**奇点**, 度数为偶数的顶点称为**偶点**. 度数为 0 的顶点为**孤立顶点**. 注意, 在计算一个顶点的度时, 每个环被计算 2 次.

定理 14.1　对任何图 G, 有 $\displaystyle\sum_{v \in V(G)} d_G(v) = 2\varepsilon(G)$

证　在计算图 G 的总度数时, 每条边被计算 2 次, 故定理成立.

推论　在任何图 G 中, 奇点个数为偶数.

证　设 V_1 和 V_2 分别是 G 的奇点集和偶点集, 则

$$\sum_{v \in V_1} d_G(v) + \sum_{v \in V_2} d_G(v) = \sum_{v \in V(G)} d_G(v) = 2\varepsilon(G).$$

因 $\displaystyle\sum_{v \in V_2} d_G(v)$ 是偶数, 故 $\displaystyle\sum_{v \in V_1} d_G(v)$ 也是偶数. 由于对每个 $u \in V_1$, $d_G(u)$ 是奇数, 故必有 $|V_1|$ 是偶数, 证毕.

例 2　晚会上大家握手言欢, 试证握过奇次手的人数是偶数.

证　构作图 G, $V(G)$ 为晚会上人的集合, $V(G)$ 中两个顶点相邻当且仅当相应两人握过手. 于是每个人握手的次数就是相应顶点的度数. 由推论 14.1, 奇点个数为偶数, 即握过奇次手的人数为偶数.

例 3　空间中不可能有这样的多面体存在, 它们有奇数个面, 而每个面有奇数条边.

证　用反证法. 假设这样的多面体存在, 则以此多面体的面的集合为 $V(G)$ 构作图 G 使 $V(G)$ 中两顶点相邻当且仅当相应的两个面有一条公共棱. 依题意, $|V(G)|$

为奇数, 而且对任意 $v \in V(G)$,　$d_G(v)$ 为奇数, 从而

$$\sum_{v \in V(G)} d_G(v)$$

也是奇数, 与定理 14.1 矛盾. 因此这样的多面体不存在.

以后我们把 $d_G(v) \equiv k$ 的图 G 称为 **k 正则图**. 我们也经常使用下面的符号:

$$\delta(G) = \min_{v \in V(G)} \{d_G(v)\}, \quad \Delta(G) = \max_{v \in V(G)} \{d_G(v)\}.$$

任何两个顶点相邻的简单图称为**完全图**. ν 个顶点的完全图记为 K_v, K_v 是 $v-1$ 正则图.

定义 14.4　$W = v_0 e_1 v_1 e_2 v_2 \cdots e_k v_k$, 其中 $e_i \in E(G)$, $i = 1, 2, \cdots, k$; $v_j \in V(G)$, $j = 0, 1, \cdots, k$; e_i 与 v_{i-1}, v_i 相关联, 则称 W 是图 G 的一条 (v_0, v_k) **途径**, v_0 称为**起点**, v_k 称为**终点**, k 为途径的长, $v_i (1 \leqslant i \leqslant k-1)$ 称为**途径的内点**. 在简单图中, 途径 W 可用顶点序列 $v_0 v_1 \cdots v_k$ 替代. 各边相异的途径称为**迹**. 顶点各异的途径称为**路**. 起点和终点重合的途径称为**闭途径**. 起点和终点重合的迹称为**闭迹**. 起点和终点重合的路称为**圈**. 具有 k 条边的圈称为 k **圈**, 记为 C_k.

定义 14.5　若两顶点 u, v 间存在路, 则称 u 和 v 是**连通的**, 否则称为**不连通**. 若图 G 中任两个顶点都连通, 则称 G 是**连通图**. 若 $V(G) = \bigcup_{i=1}^{\omega} V_i, V_i \bigcap V_j = \emptyset$ (对 $i \neq j$) 又当且仅当两个顶点同属于一个集 V_i 时, 此两顶点连通, 则称 $G[V_i]$ ($i = 1, 2, \cdots \omega$) 为 G 的**连通分支**, ω 称为 G 的**连通分支数**. 显然 G 连通当且仅当 $\omega(G) = 1$.

例 4　有 $2n$ 个电话交换台, 每个台与至少 n 个台有直通线路, 则其中任两台之间可以通话.

证　构作图 G, 用 $2n$ 个顶点表示 $2n$ 个电话交换台, 两顶点相邻当且仅当相应两个交换台有直通线路. 依题意, $\forall v \in V(G), d_G(v) \geqslant n$. 于是 G 是连通图 (否则, G 至少有两个分支, 其中至少有一个分支设为 G_1, 使 $v(G_1) \leqslant n$, 从而对 $\forall v \in V(G_1)$ 有 $d_G(v) = d_{G_1}(v) \leqslant n-1$, 矛盾), 即任两个交换台之间可以通话.

例 5　若图 G 只有两个奇点, 则它们必连通.

证　(用反证法) 若此两点在 G 中不连通, 则它们分属于 G 的两个不同分支, 而每个分支看成图时, 恰有一个奇点, 矛盾.

例 6　设 $\delta(G) \geqslant 2$, 则 G 含圈.

证　若 G 有环, 则结论已成立. 现设 G 无环. 设 $P = v_0 v_1 v_2 \cdots v_k$ 是 G 的一条最长路, 其长为 k. 倘若 G 无圈, 由于 $d_G(v_k) \geqslant 2$, 因此存在 $x \in V(G)$ 使 $v_k x \in E(G)$ 且 $x \notin V(P)$. 于是 G 中存在比 P 更长的路 $v_0 v_1 v_2 \cdots v_k x$, 其长为 $k+1$. 矛盾.

例 7　$2n (n \geqslant 2)$ 个人中每个人至少同其中 n 个人相识, 则其中至少有四个人, 使得这四人围圆桌而坐时, 每个人旁边是他认识的人.

证 构作图 G 使 $V(G)$ 是人的集合, 两个顶点相邻当且仅当相应两人相识. 于是 $\forall v \in \bigvee(G)$, $d_G(v) \geqslant n$, 问题转化为证明 G 有 4 圈.

若 G 中任两点都相邻, 则 G 是完全图, 因而 G 中必有 4 圈. 若 G 中存在两点 u, v 使 $uv \notin E(G)$. 设 X 是 u 的邻点集, Y 是 v 的邻点集, 则 $|X| \geqslant n$, $|Y| \geqslant n$, 显然 $|X \bigcap Y| \geqslant 2$. 因此存在 $x, y \in X \bigcap Y$. 于是 $xuyvx$ 是 G 的一个 4 圈.

习 题 14.1

1. K_4 有多少生成子图?

2. 已知图 $G = (V(G), E(G))$, $V(G) = \{v_1, v_2, v_3, v_4, v_5\}$, $E(G) = \{e_1, e_2, e_3, e_4, e_5, e_6, e_7, e_8, e_9\}$, 其中 $e_1 = v_1 v_2$, $e_2 = v_2 v_2$, $e_3 = v_2 v_3$, $e_4 = v_1 v_3$, $e_5 = v_3 v_4$, $e_6 = v_4 v_5$, $e_7 = v_2 v_5$, $e_8 = v_1 v_5$, $e_9 = v_1 v_5$. 画出图 G 且作出图 $G[V']$ 和 $G[E']$, 其中 $V' = \{v_1, v_2, v_5\}$, $E' = \{e_1, e_3, e_4, e_5\}$.

3. 求证: 每个顶点的度为 2 的连通图是圈.

4. 平面上有 100 个点, 其中任何两点的距离都不小于 3, 现将距离恰好等于 3 的每两点都连一条线段. 试证: 这样的线段不会多于 300 条.

5. n 个运动队之间安排一项竞赛, 已赛完 $n + 1$ 局. 求证: 存在一个队, 它已至少参加过 3 局比赛.

6. 任何两个以上的人组成的人群中, 至少有两个人, 他们的朋友数一样多.

14.2 最短路问题

对图 G 的每一条边 e, 可赋予一个实数 $w(e)$, 称为 e 的**权**. G 连同它边上的权称为**赋权图**. 赋权图经常出现在图论的应用中. 例如在友谊图中, 权可以表示友谊的深度; 在通讯图中, 权可以表示各种通讯线路的建造费用.

若 H 是赋权图的一个子图, 则 H 的权 $W(H)$ 是指它的各边的权和 $\displaystyle\sum_{e \in E(H)} w(e)$. 许多最优化问题相当于要在一个赋权图中找出某类具有最小 (最大) 权的子图, 其中之一就是最短路问题: 给出一个连接各城镇的铁路网络, 在这个网络的两个指定城镇之间试确定一条最短路线.

这就是要在一个赋权图的两个指定顶点 u_0 和 v_0 之间找出一条具有最小权的路; 这里的权指的是直接相连的城镇之间的铁路距离, 当然是非负的. 图 14-2 的图 G 中粗线指明的路是最小权 (u_0, v_0) 路.

下面给出计算各顶点到 u_0 的最短路的 Dijkstra 算法.

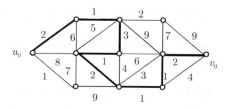

图 14-2

Dijkstra 算法：

第 1 步：置 $l(u_0) = 0$；对 $v \neq u_0$，$l(v) = \infty$；$S_0 = \{u_0\}$ 且 $i = 0$.

第 2 步：若 $i = \nu - 1$，则停止. 若 $i < \nu - 1$，转第 3 步.

第 3 步：对每个 $v \in \overline{S}_i$，用 $\min\{l(v), l(u_i) + w(u_i v)\}$ 代替 $l(v)$. 计算 $\min\limits_{v \in \overline{S}_i}\{l(v)\}$，

并用 u_{i+1} 记达到这最小值的某一点，置 $S_{i+1} = S_i \bigcup \{u_{i+1}\}$，用 $i+1$ 代替 i 转入第 2 步. 当算法结束时，从 u_0 到 v 的距离由标号 $l(v)$ 的终值给出.

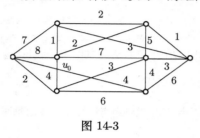

图 14-3

例 1　求图 14-3 中由顶点 u_0 到各顶点的最短路和距离.

解　应用 Dijkstra 算法，得到 u_0 到其余各点 u_i 的最短路，见图 14-4，相应方框 "□" 内的数字表示该点到 u_0 的距离，该点到 u_0 的最短路由一些唯一确定的粗边组成.

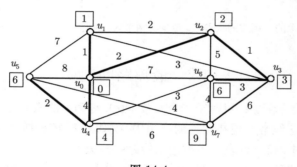

图 14-4

定义 14.6　一个图论算法是好的，若在任何图上完成这个算法所需的计算量，由 ν 和 ε 的一个多项式为其上界.

可以算出，Dijkstra 算法所需计算量约 $\dfrac{5}{2}\nu^2$，因此该算法是好算法.

虽然最短路问题能用好算法予以解决，但在图论中还有许多问题并不存在已知的好算法.

例 2　两人有一只容积为 8 加仑的酒瓶盛满了酒，还有两只容积分别为 5 和 3 加仑的空瓶，问平分酒的最简单的方法应当怎样？

解　设 x_1, x_2, x_3 分别表示 8, 5, 3 加仑酒瓶中的酒量，则非负整数向量 (x_1, x_2, x_3)

满足不等式组:

$$\begin{cases} x_1 + x_2 + x_3 = 8, \\ x_1 \leqslant 8, \\ x_2 \leqslant 5, \\ x_3 \leqslant 3. \end{cases}$$

容易求出装酒的各种可能情况, 共 24 种. 现在构作图 G: 对 24 种可能情况 (24 个整数解) 用 24 个顶点表示, 两顶点间相邻当且仅当两种情况可通过倒酒方法互相转换. 如果 G 的各边赋权为 1, 于是问题化为在图 G 上求顶点 $(8, 0, 0)$ 到 $(4, 4, 0)$ 的最短路. 图 14-5 表示 G 的一个连通分支, 用 Dijkstra 算法得到结果如下:

$$(8, 0, 0) \rightarrow (3, 5, 0) \rightarrow (3, 2, 3) \rightarrow (6, 2, 0) \rightarrow (6, 0, 2) \rightarrow (1, 5, 2) \rightarrow (1, 4, 3) \rightarrow (4, 4, 0)$$

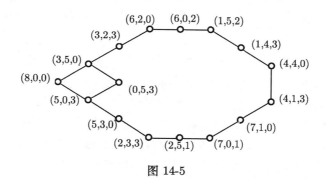

图 14-5

下面我们讨论中国邮递员问题的解法.

一个邮递员每天要从邮局出发, 在他投递范围内经过每条街道至少一次递送邮件, 再回到邮局, 希望选择一条尽可能短的路线. 这个问题名为中国邮递员问题, 它首先是由中国数学家管梅谷先生 (1962 年) 提出的.

为了研究这个问题的解法, 我们先引入几个概念.

定义 14.7　经过 G 的每条边的迹, 称为 G 的**Euler 迹**. 经过 G 的每条边至少一次的闭途径, 称为 G 的**环游**. 经过 G 的每条边恰好一次的环游, 称为 G 的**Euler 环游**. Euler 环游就是闭的 Euler 迹. 包含 Euler 环游的图, 称为**Euler 图**.

定义 14.8　G 中互不相邻的边的集合 M, 称为 G 的**对集**. 若 $G[M]$ 是 G 的生成子图, 则称 M 是 G 的**完美对集**.

中国邮递员问题实际上就是在具有非负权的连通网络中找出一条最小权的环游 C(称为最优环游), 即求环游 C 使 $\sum\limits_{e \in E(C)} w(e)$ 尽可能小.

若 G 是 Euler 图, 显然任一 Euler 环游是 G 的最优环游, 此时问题已解决.

若 G 不是 Euler 图, 此时我们在 G 中添加一些边得到赋权 Euler 图 G^*(称为 G 的**生成母图**) 使 $\displaystyle\sum_{e\in E(G^*)-E(G)} w(e)$ 尽可能小. 然后求出 G^* 的 Euler 环游, 就得到 G 的最优环游.

Edmonds 和 Johnson (1973 年) 给出了这个问题的好算法. 现介绍思路如下:

若 G 恰有两个奇点 u,v. 设 G^* 是由 G 通过添加一些重复边方法得到的 G 的 Euler 生成母图, 并把 $E(G^*)$ 记为 E^*. 显然 G^* 的生成子图 $G^* - E(G)$ 也只有两个奇点 u,v. 从定理 14.1 的推论知, u,v 在 $G^* - E(G)$ 的同一个分支里, 因而它们由一条 (u,v) 路 P^* 连接着. 显然

$$\sum_{e\in E^*-E} w(e) \geqslant W(P^*) \geqslant W(P),$$

这里, P 是 G 的一条最短 (u,v) 路. 于是当 G^* 是由 G 的沿最短 (u,v) 路上添加重复边所得到的图时, $\displaystyle\sum_{e\in E^*-E} w(e)$ 就达到最小值. 此时 G^* 的 Euler 环游就是 G 的最优环游.

对一般的情形, 先求出 G 中任两个奇点间最短路的长, 构造一个新的完全网络图 H, H 的点集由 G 的所有奇点构成, 每条边的权对应这两点在原网络中最短路的长. 由于任意图的奇点个数为偶数, 所以 H 中存在完美对集. 求出 H 的具有最小权的完美对集 M, 对应于 M 的每条边求出它的端点在 G 中的最短路 P, 沿 P 的每条边添加重复边、所得母图的 Euler 环游就是 G 的最优环游.

例 3 求图 14-6(a) 的中国邮路问题 (y 为邮局).

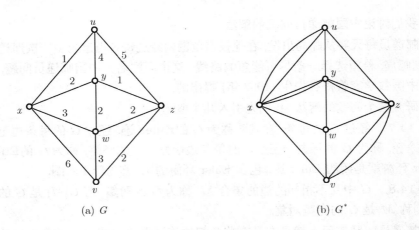

(a) G (b) G^*

图 14-6

解 (1) 图 G 的奇点集 $\{u,v\}$.
(2) 求出最短 (u,v) 路 $P = uxyzv$ 和 $W(P) = 6$.

(3) 沿 P 添加重复边 (见图 14-6(b)).

(4) 求出 G^* 的 Euler 环游即为 G 的最优环游 (最优邮递员路线)

$$C = yuxuzvzwvxwyxyzy.$$

(5) 最优邮递员路线长 $W(C) = 37$.

习 题 14.2

1. 求图 14-7 中从 v_0 到其余各点的最短路及距离.

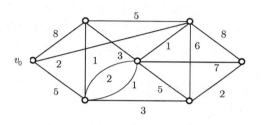

图 14-7

2. 一只狼, 一头山羊和一箩卷心菜在河的同侧. 一个摆渡人要将它们运过河去, 但由于船小, 他一次只能载三者之一过河. 显然不管是狼和山羊, 还是山羊和卷心菜, 都不能在无人监视的情况下留在一起, 问摆渡人应该怎样把它们运过河去?

3. 求图 14-8 所示的网络图 G 的最优邮递员路线 (其中 u 是邮局).

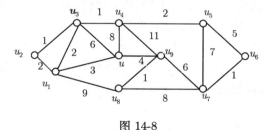

图 14-8

14.3 树 与 圈

树与圈是图论中基本和重要的概念. 在 14.1 节中我们已定义了圈与连通图的概念. 下面我们引入树的概念.

定义 14.9 无圈连通图称为**树**.

定义 14.10 若 T 是 G 的生成子图且 T 是树, 则称 T 是 G 的**生成树**.

下面给出树 T 的几个性质.

定理 14.2 若 G 是树, 则 G 中任两点均有唯一路连接.

证   (用反证法) 设 G 是树. 若 G 中存在两条不同的 (u,v) 路 P_1 和 P_2, 则存在 P_1 的一条边 $e = xy$, 它不是 P_2 的边. 令 $G_1 = (P_1 \bigcup P_2) - e$, 显然 G_1 是连通的, 所以 G_1 中包含一条 (x, y) 路 P, 于是 $P + e$ 是 G 的圈, 矛盾.

定理 14.3   若 G 是树, 则 $\varepsilon = \nu - 1$.

证   对 ν 用归纳法. 当 $\nu = 1$ 时, 定理显然成立. 假设定理对少于 ν 个顶点的所有树均成立, 并设 G 是具有 $\nu \geqslant 2$ 个顶点的树. 设 $uv \in E$. 因 uv 是 G 中唯一的 (u, v) 路, 所以 $G - uv$ 不包含 (u, v) 路. 从而 $G - uv$ 不连通且 $\omega(G - uv) = 2$. 显然 $G - uv$ 的分支 G_1 和 G_2 都是无圈连通图, 因而是树. 又 G_1 和 G_2 的顶点数均 $< \nu$. 所以由归纳假设 $\varepsilon(G_i) = \nu(G_i) - 1$, $i = 1,2$. 从而 $\varepsilon(G) = \varepsilon(G_1) + \varepsilon(G_2) + 1 = \nu(G_1) + \nu(G_2) - 1 = \nu(G) - 1$, 所以定理成立.

定理 14.4   设 T 是连通图 G 的生成树且 e 是 G 的不在 T 中的一条边, 则 $T + e$ 包含唯一的圈.

证   设 $e = uv$ 且 $e \in E(G)$ 但 $e \notin T$, 则 T 中有唯一的一条 (u, v) 路 P. 于是 $P + e$ 是 $T + e$ 的唯一圈.

树在计算机、电网络、化学、管理学等学科中有广泛应用. 下面我们举一个应用的例子.

假设需要建造一个连接若干城镇的铁路网络. 已知城镇 v_i 和 v_j 之间直通线路的造价为 c_{ij}. 试设计一个总造价最小的铁路网络, 这个问题名为连线问题.

我们把每个城镇用一个点表示, 两个城镇 v_i 和 v_j 之间的直通线路用一条边 $v_i v_j$ 表示, 该直通线路的造价 c_{ij} 称为边 $v_i v_j$ 的权 (即 $w(v_i v_j) = c_{ij}$), 于是得到一个赋权的图 G(称为赋权图). 于是连线问题转化为: 在赋权图 G 中, 找出具有最小权的连通生成子图. 由于权表示造价, 因而是非负的. 易知最小权生成子图是 G 的一棵生成树. 因此问题变为求赋权图 G 的一棵最小权生成树 (也称最优树).

下面给出非平凡赋权连通图中寻找最优树的一个算法, 从而解决了连线问题.

Kruskal 算法:

第 1 步: 选择非环的边 e_1, 使 $w(e_1)$ 尽可能小.

第 2 步: 若已选定边 $e_1, e_2, \cdots, e_i$, 则从 $E - \{e_1, e_2, \cdots, e_i\}$ 中选取 e_{i+1} 使

(I) $G[\{e_1, e_2, \cdots, e_{i+1}\}]$ 为无圈图;

(II) $w(e_{i+1})$ 是满足 (I) 的尽可能小的权.

第 3 步: 当第 2 步不能继续执行时停止.

例 1   图 14.9(a) 表示世界六大城市 (伦敦 (L), 墨西哥 (MC), 纽约 (NY), 巴黎 (Pa), 北京 (Pe) 和东京 (T)) 之间的航空线路图, 每条边上的数字表示两城市之间的距离 (以百英里为单位).

应用 Kruskal 算法容易得到一棵最优树 T, 见图 14-9(b), 其最优值为 $W(T) = 122$.

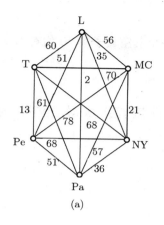 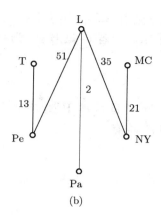

(a) (b)

图 14-9

阶为 ν 的图 G 的圈长分布是序列 $(c_1, c_2, \cdots, c_\nu)$, 其中 c_i 是 G 中长为 i 的圈的数目. 若对 $i = 1, 2, \cdots, \nu$, 所有 $c_i = 0$, 则称 G 是森林. 显然树是连通的森林, 因此树是森林的特例. 若对 $i = 1, 2$, 有 $c_i = 0$, 则 G 是简单图. 对给定图 G, 计算图 G 的圈长分布是一个未解决的困难的问题.

设图 G 的圈长分布 $(c_1, c_2, \cdots, c_\nu)$ 满足 $c_1 = c_2 = 0$, 且 $c_i = 1$, 对 $i = 3, 4, \cdots, \nu$, 这样的图 G 称为唯一泛圈图. 到目前为止, 我们仅发现这样的图只有七个 (见图 14-10). 因此我们有下列猜想:

猜想: 唯一泛圈图有且仅有七个.

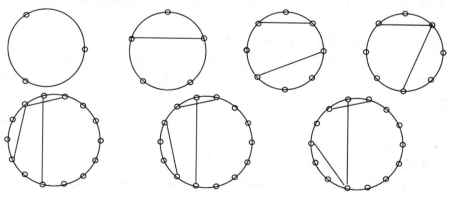

图 14-10 七个唯一泛圈图

与圈长分布有关的另一个问题是什么样的图具有 $c_\nu \neq 0$, 即寻找 $c_\nu \neq 0$ 的充要条件是图论中一个未解决的热门的课题.

具有 $c_\nu \neq 0$ 的图称为 **Hamilton 图**(哈密顿图), 简称为 **H 图**. 虽然我们没有判断一个图是 H 图的好的充要条件, 但一些必要条件和一些充分条件已经被得到. 下面先给出一个简单而有用的必要条件.

定理 14.5 若 G 是 H 图, 则对 $V(G)$ 的每个非空真子集 S, 均有 $G-S$ 的分支数

$$\omega(G-S) \leqslant |S|. \tag{14.3.1}$$

证 设 C 是 G 的 H 圈 (即经过 G 的每个顶点的圈). 则对于 $V(G)$ 的每个非空真子集 S, 均有

$$\omega(C-S) \leqslant |S|,$$

同时 $C-S$ 是 $G-S$ 的生成子图, 因而

$$\omega(G-S) \leqslant \omega(C-S),$$

定理得证.

图 14-11 G 是非 H 圈

作为上述定理的一个应用, 考察图 14-11 的图 G, 这个图有九个顶点; 删去黑点所示的三个顶点, 剩下四个分支, 所以不满足 (14.3.1), 因此这个图不是 H 图.

现在讨论图 G 是 H 图的充分条件.

定理 14.6 若 G 是 $\nu \geqslant 3$ 的简单图且对任意不相邻的顶点对 u, v 有 $d(u) + d(v) \geqslant \nu$, 则 G 是 H 图.

证 (用反证法) 假设定理不成立. 设 G 是 $\nu \geqslant 3$ 且对任意两个不相邻的顶点 u, v 有 $d_G(u) + d_G(v) \geqslant \nu$ 的非 H 简单图. 添加边到 G 中去得图 G' 使 G' 是极大非 H 简单图. 由于 $\nu \geqslant 3$, 所以 G' 不是完全图. 设 u, v 是 G' 中不相邻的顶点, 则 $G'+uv$ 是 H 图且 $G'+uv$ 的每个 H 圈必包含边 uv. 于是在 G' 中存在起点为 $u = v_1$ 和终点为 $v = v_\nu$ 的 H 路 $v_1 v_2 \cdots v_\nu$. 令 $S = \{v_i | uv_{i+1} \in E(G')\}$, $T = \{v_i | v_i v \in E(G')\}$.

由于 $v_\nu \notin S \bigcup T$, 故 $|S \bigcup T| < \nu$ 且 $|S \bigcap T| = 0$(否则设 $v_i \in S \bigcap T$, 则 G' 有 H 圈 $v_1 v_2 \cdots v_i v_\nu v_{\nu-1} \cdots v_{i+1} v_1$, 与假设矛盾). 于是 $d_G(u) + d_G(v) \leqslant d_{G'}(u) + d_{G'}(v) = |S| + |T| = |S \bigcup T| + |S \bigcap T| < \nu$, 矛盾.

推论 若 G 是简单图且 $\nu \geqslant 3$, $\delta \geqslant \dfrac{\nu}{2}$, 则 G 是 H 图.

一个旅行售货员想去访问若干城镇, 然后回到他的出发地, 给定各城镇之间所需的旅行时间后, 应怎样计划他的路线, 使他能对每个城镇恰好进行一次访问而总时间最短? 这个问题名为旅行售货员问题 (或货郎担问题). 用图论术语说, 就是在一个赋权完全图中, 找出一个有最小权的 H 圈, 称这种圈为**最优圈**. 与最短路问题

和连线问题相反, 目前还没有求解旅行售货员问题的有效算法. 这里介绍一个求较好解的方法.

首先求一个 H 圈 $C = v_1 v_2 \cdots v_\nu v_1$, 对于所有适合 $1 < i+1 < j < \nu$ 的 i 和 j, 我们能得到一个新的 H 圈: $C_{ij} = v_1 v_2 \cdots v_i v_j v_{j-1} \cdots v_{i+2} v_{i+1} v_{j+1} v_{j+2} \cdots v_\nu v_1$, 它是由 C 中删除边 $v_i v_{i+1}$ 和 $v_j v_{j+1}$, 添加边 $v_i v_j$ 和 $v_{i+1} v_{j+1}$ 而得到的, 如图 14-12 所示. 若对于每对 i 和 j 有 $w(v_i v_j) + w(v_{i+1} v_{j+1}) < w(v_i v_{i+1}) + w(v_j v_{j+1})$, 则圈 C_{ij} 将是圈 C 的一个改进.

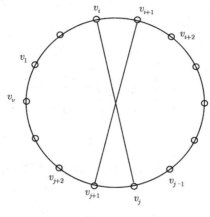

图 14-12

在接连进行上述的一系列修改之后, 最后得到的一个圈, 不能再用此法改进了, 这个最后的圈几乎可以肯定不是最优的, 但有理由认为它常常是比较好的. 为了得到更高的精确度, 这个程序可以重复几次, 每次都从不同圈开始. 上述方法称为**二边交换法**.

例 2   用二边交换法解图 14-9(a) 的图 G 的旅行售货员问题.

解   开始用圈 $C_0 =$L(MC)(NY)PaPeTL, 然后用边 LPa 和 (MC)Pe 代替边 L(MC) 和 PaPe 得圈 $C_1 =$LPa(NY)(MC)PeTL, 再用边 LPe 和 T(MC) 代替边 TL 和 Pe(MC) 得圈 $C_2 =$LPa(NY)(MC)TPeL, 最后用边 L(NY) 和 PaPe 代替边 Pa(NY) 和 PeL 得圈 $C_3 =$LPaPeT(MC)(NY)L, 最终得到的圈 C_3 的权为 192(见图 14-13).

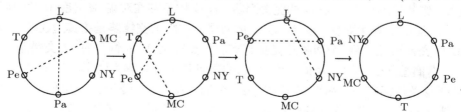

图 14-13

习　题　14.3

1. 证明: 若无环图 G 的任意两个顶点均由唯一路所连接, 则 G 是树.

2. 试设计一个具有 9 个站的局部网的最小费用树. 这 9 个站的直角坐标是:

$a(0,15)$,　$b(5,20)$,　$c(16,24)$,　$d(20,20)$,　$e(33,25)$,　$f(23,11)$,　$g(35,7)$,　$h(25,0)$,
$i(10,3)$.

规定两站 (x_1, y_1) 和 (x_2, y_2) 之间的直通线路的费用为 $|x_2 - x_1| + |y_2 - y_1|$.

3. 求图 14-14 中网络图 G 的最优树及其权.

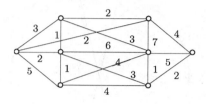

图 14-14

4. 用二边交换法求旅行售货员问题的近似解. 该问题的距离矩阵 D 如下:

$$
\begin{array}{c}
\begin{array}{ccccc}
v_1 & v_2 & v_3 & v_4 & v_5
\end{array}\\
\begin{array}{c}
v_1 \\ v_2 \\ v_3 \\ v_4 \\ v_5
\end{array}
\left(
\begin{array}{ccccc}
0 & 34 & 2 & 50 & 59 \\
34 & 0 & 36 & 68 & 67 \\
2 & 36 & 0 & 51 & 60 \\
50 & 68 & 51 & 0 & 13 \\
59 & 67 & 60 & 13 & 0
\end{array}
\right)
\end{array}
$$

14.4　对　　集

1. 最大对集

若 $M \subseteq E(G)$, M 中无环且任意两边不相邻, 则称 M 是 G 的**对集**(或匹配). M 中一条边的两个端点称为在 M 下是**配对的**. 若对集 M 的某条边与顶点 v 关联, 则称 M 饱和顶点 v, 并且称 v 是 M **饱和的**, 否则称 v 是 M **非饱和的**. 若 G 的每个顶点均是 M 饱和的, 则称 M 是 G 的**完美对集**. 若 G 中不存在对集 M' 使 $|M'| > |M|$, 则称 M 是 G 的**最大对集**. 设 M 是 G 的对集, G 的 M **交错路**是指其边在 $E - M$ 和 M 中交错出现的路. M **可扩路**是指起点和终点都是 M 非饱和的 M 交错路.

所谓**偶图**(或二部图) 是指一个图, 它的顶点集可以分解为两个非空子集 X 和 Y, 使得每条边都有一个端点在 X 中, 另一个端点在 Y 中; 这样的一个分类 (X, Y) 称为图的一个**二分类**. **完全偶图**是具有二分类 (X, Y) 的简单偶图, 其中 X 的每个顶点都与 Y 的每个顶点相连; 若 $|X| = m$, $|Y| = n$, 则完全偶图记为 $K_{m,n}$.

定理 14.7 G 的对集 M 是最大对集当且仅当 G 不包含 M 可扩路.

证 设 M 是 G 的最大对集, 并假设 G 包含 M 可扩路 $v_0 v_1 \cdots v_{2m+1}$. 定义 $M' \subseteq E$ 且 $M' = (M - \{v_1 v_2, v_3 v_4, \cdots, v_{2m-1} v_{2m}\}) \bigcup \{v_0 v_1, v_2 v_3, \cdots, v_{2m} v_{2m+1}\}$, 则 M' 是 G 的对集, 且 $|M'| = |M| + 1$. 因而 M 就不是最大对集, 矛盾.

反之, 假设 M 不是 G 的最大对集, 且令 M' 是 G 的最大对集, 则 $|M'| > |M|$. 置 $H = G[M \Delta M']$, 这里 $M \Delta M' = (M \bigcup M') - (M \bigcap M')$. 由于 H 中每个顶点最多只能与 M 的一条边以及 M' 的一条边关联, 因此 H 中每个顶点的度不是 1 就是 2, 从而 H 的每个分支或是其边在 M 和 M' 中的交错圈, 或是其边在 M 和 M' 中的交错路. 由于 $|M'| > |M|$, 因此必定有 H 的一条路组成的分支 P 开始于 M' 的边且终止于 M' 的边即 P 是起点和终点在图 G 中就是 M 非饱和的, 即 P 是 G 的一条 M 可扩路, 矛盾.

问题: 某公司有 m 个缺位 $y_1, y_2, \cdots, y_m$ 和 n 个申请者 $x_1, x_2, \cdots, x_n$, 已知每个申请者胜任一个或几个职位. 确定由胜任的申请者可以担任的最多职位数, 并给出具体安排.

构作一个具有二分类 (X, Y) 的偶图 G, 这里 $X = \{x_1, x_2, \cdots, x_n\}, Y = \{y_1, y_2, \cdots, y_m\}$, 并且 x_i 和 y_j 相连当且仅当申请者 x_i 胜任职位 y_j, $i = 1, 2, \cdots, n$, $j = 1, 2, \cdots, m$. 于是问题转化为寻找 G 的最大对集.

下面给出偶图的最大对集算法 (标号法).

设 $G = (X, Y)$ 是偶图, 这里 $X = \{x_1, x_2, \cdots, x_n\}$ 和 $Y = \{y_1, y_2, \cdots, y_m\}$. 令 M 是任一对集. 用 $(*)$ 标记 X 中 M 非饱和的顶点. 采用下面两种标记过程 I 和 II, 以 I 开始并交替地使用 I 与 II 直至不能再进行标记为止:

I. 选取 X 中新近标记的顶点, 比方说 x_i, 用 (x_i) 标记 Y 中所有顶点使它们由不在 M 中的边连接着, 并且在前面未曾标记过. 对 X 的所有新标记的顶点重复进行.

II. 选取 Y 中新近标记的顶点, 比方说 y_i, 用 (y_i) 标记 X 的所有顶点使它们由 M 中的边连接着, 并且在前面未曾标记过. 对 Y 的所有新近标记的顶点重复进行.

标记结束时有两种情况:

(i) Y 中新近标记的顶点不与 M 中边关联 (这叫做临界);

(ii) 临界不出现 (这叫做非临界).

若临界出现, 成功地找到 M 可扩路 P, 令 $\overline{M} = M \Delta E(P)$, 置 $\overline{M} \rightarrow M$, 重复应用算法.

若非临界出现, 则 M 是 G 的最大对集.

例 1 已知偶图 $G = (X, Y)$ 表示在图 14-15(a) 中, 求 G 的最大对集.

解 开始令 $M = \{x_2 y_2, x_3 y_3, x_4 y_4\}$ (见图 14-15(a), M 中的边用粗线表示).

用 $(*)$ 标记 X 中 M 非饱和的顶点 x_1, x_5, x_6 (见图 14-15(a)), 然后交替地使用 I

和 II 直至不能再进行标记为止 (见图 14-15(a)). 标记结束时, 情况 (i) 出现即临界出现, 找到 M 可扩路 $P = y_1 x_2 y_2 x_3 y_3 x_1$. 令 $\overline{M} = M \Delta E(P) = \{x_1 y_3, x_3 y_2, x_2 y_1, x_4 y_4\}$, 置 $\overline{M} \to M$　(见图 14-15(b)), 重复应用算法见图 14-15(b). 标记结束时, 情况 (ii) 出现, 即非临界出现, 则 $M = \{x_1 y_3, x_3 y_2, x_2 y_1, x_4 y_4\}$ 是 G 的最大对集.

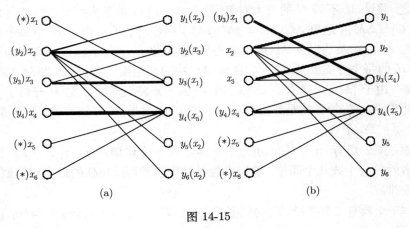

图 14-15

2. 最优分派问题

设有 n 个工人 $x_1, x_2, \cdots, x_n$ 和 n 件工作 $y_1, y_2, \cdots, y_n$, 已知工人 x_i 做工作 y_j 的效率为 w_{ij}, $i, j = 1, 2, \cdots, n$. 问如何分派工作使工人们的总效率达到最大. 寻找这种分派问题名为**最优分派问题**.

考察一个具有二分类 (X, Y) 的赋权完全偶图, 其中 $X = \{x_1, x_2, x_3, \cdots, x_n\}$, $Y = \{y_1, y_2, y_3, \cdots, y_n\}$, 边 $x_i y_j$ 的权 $w_{ij} = w(x_i y_j)$ 表示工人 x_i 做工作 y_j 的效率, 最优分派问题等价于在这个赋权图中寻找一个最大权的完美对集, 我们称这种对集为最优对集.

例 2　设有 5 个人进行 5 种工作, 其效率矩阵如下, 求最优分派.

$$
\begin{array}{c}
\begin{array}{ccccc} y_1 & y_2 & y_3 & y_4 & y_5 \end{array} \\
\begin{array}{c} x_1 \\ x_2 \\ x_3 \\ x_4 \\ x_5 \end{array}
\left(
\begin{array}{ccccc}
3 & 5 & 5 & 4 & 1 \\
2 & 2 & 0 & 2 & 2 \\
0 & 4 & 4 & 1 & 0 \\
0 & 1 & 1 & 0 & 0 \\
1 & 2 & 1 & 3 & 3
\end{array}
\right)
\end{array}
$$

该矩阵对应的赋权偶图见图 14-16, 其中一个最优分派即最优对集为 $\{x_1 y_2, x_2 y_1, x_3 y_3, x_4 y_4, x_5 y_5\}$, 对应到矩阵中是用圆圈圈起来的五个不同行不同列的元素, 因此上述最优分派问题实际上是在 n 阶非负矩阵中求 n 个不同行不同列的元素使其和达到最大.

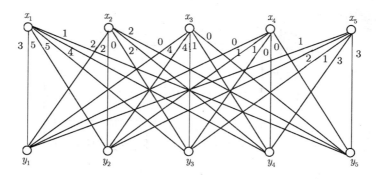

图 14-16

$$\begin{bmatrix} 3 & ⑤ & 5 & 4 & 1 \\ ② & 2 & 0 & 2 & 2 \\ 0 & 4 & ④ & 1 & 0 \\ 0 & 1 & 1 & ⓪ & 0 \\ 1 & 2 & 1 & 3 & ③ \end{bmatrix}$$

类似的问题有: 设有 n 部机器, 加工 n 个产品, 由于不同机器加工同一产品所需时间不同, 求一个最优分派使每部机器加工一个产品且总时间最少? 这就是在 n 阶非负矩阵中求 n 个不同行不同列的元素使其和达到最小.

定义 14.11　n 阶矩阵中 n 个两两不同行不同列的元素组成的集合称为这个矩阵的一条对角线, 对角线的权是指它的 n 个元素之和.

求最大权对角线与求最小权对角线可以互相转换, 例如求例 2 中矩阵记为 A 的最大权对角线可以考虑求下列矩阵 B 的最小权对角线.

$$B = \begin{bmatrix} 5 & 5 & 5 & 5 & 5 \\ 2 & 2 & 2 & 2 & 2 \\ 4 & 4 & 4 & 4 & 4 \\ 1 & 1 & 1 & 1 & 1 \\ 3 & 3 & 3 & 3 & 3 \end{bmatrix} - A = \begin{bmatrix} 2 & 0 & 0 & 1 & 4 \\ 0 & 0 & 2 & 0 & 0 \\ 4 & 0 & 0 & 3 & 4 \\ 1 & 0 & 0 & 1 & 1 \\ 2 & 1 & 2 & 0 & 0 \end{bmatrix}$$

当 B 的最小权对角线求出后在 A 的相应位置上就得到了一条最大权对角线.

下面给出求矩阵 B 的最小权对角线的算法:

第 1 步: 求 B 的最多个数的 0 元素使它们中任二个不同行不同列 (采用方法: 用尽可能少的横线或竖线划去矩阵中所有 0, 最少线数 = 不同行不同列的 0 元素的最多个数). 若 0 元素个数等于 B 的阶, 则可以找到最小权对角线, 停止. 否则转入第 2 步.

第 2 步: 求未划线元素的最小元 α 且在每个未划线元素中减去 α, 对划双线的每个元素加上 α, 其余元素不变, 得到新矩阵 $\overline{B}$ 用 $\overline{B}$ 代替 B, 转入第 1 步.

在我们的例子中

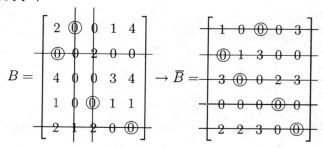

不同行不同列的 0 元素的最多个数为 4. 此时 $\alpha = 1$, 得到 $\overline{B}$.

用 $\overline{B}$ 代替 B, 此时不同行不同列的 0 元素最多个数为 5(已用圆圈圈起一条 0 元素对角线), 对应于 B 得到一个最小权对角线, 对应于 A 得到最大权对角线, 从而得到例 2 的一个最优分派 (最优对集) $M = \{x_1y_3, x_2y_1, x_3y_2, x_4y_4, x_5y_5\}$.

3. 排课表问题

无环图 G 的一个 **k 边着色** 是指 k 种颜色 $1, 2, \cdots, k$ 对于 G 的各边的一个分配. 若没有两条相邻边具有相同的颜色, 则称着色是**正常的**.

换句话说, 一个 k 边着色可以看作 E 的一个分类 $(E_1, E_2, \cdots, E_k)$. 这里 E_i(可能是空的) 表示染有颜色 i 的 E 的子集. 一个**正常的 k 边着色**就是每个 E_i 均为对集的 k 的边着色 $(E_1, E_2, \cdots, E_k)$.

无环图 G 的**边色数** $\chi'(G)$ 是指使 G 有正常的 k 边着色的那些 k 的最小值

易知任意无环图 $G, \chi'(G) \geqslant \Delta(G)$.

例 3　已知图 G(见图 14-17), 证明 $\chi'(G) = 4$.

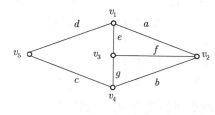

图 14-17

证　由于 $\Delta = 3$, 故 $\chi'(G) \geqslant 3$. 若 $\chi'(G) = 3$, 设颜色集为 $\{1, 2, 3\}$. 不妨设 e, f, g 分配颜色依次为 $1, 2, 3$, 则必有 a 分配颜色 $3, b$ 分配颜色 1, 于是 d 必定分配颜色 2, 此时 c 无论分配给它什么颜色都使 G 不能是正常着色, 矛盾. 因此 $\chi'(G) \geqslant 4$, 易知 G 有一个 4 边的正常着色 $(\{e, b\}, \{d, f\}, \{a, g\}, \{c\})$, 因此 $\chi'(G) = 4$.

定理 14.8　若 G 是偶图, 则 $\chi' = \Delta$.

定理 14.9　若 G 是简单图, 则 $\chi' = \Delta$ 或 $\chi' = \Delta + 1$.

在一所学校里有 m 位教师 $x_1, x_2, \cdots, x_m$ 和 n 个班级 $y_1, y_2, \cdots, y_n$, 在明确教师 x_i 需要给班级 y_j 上 p_{ij} 节课之后, 要求制订一张课时尽可能少的完善的课表, 这个问题名为**排课表问题**.

构作偶图 $G = (X, Y)$, 其中 $X = \{x_1, x_2, \cdots, x_m\}$, $Y = \{y_1, y_2, \cdots, y_n\}$, x_i 与 y_j 由 p_{ij} 条边连接着, 这里我们假定在任一课时里, 一位教师最多能教一个班级, 并且每个班级最多只能由一位教师讲课.

显然关于一个课时的教学时间表对应于图 G 中的一个对集, 反之每一个对集对应于在一节课时里教师们到班级里去的一种分派. 因此我们的问题就是把 G 的边划分成对集而使得对集的个数尽可能地少, 或等价地, 把 G 的边用尽可能少的颜色正常着色. 由于 G 是偶图, 而 $\chi'(G) = \Delta$. 即用 Δ 课时的课程表安排即可.

假定只有有限个教室可供利用, 在这一附加约束下, 安排一张完善的课程表需要多少课时呢?

假设总共有 l 节课, 安排在一张 p 课时的课表里, 由于这张课表对于每一课时而言, 平均要求开出 l/p 节课. 显然在每一课时里至少需要 $\{l/p\}$ 个教室. 可以证明: 在一张 p 课时的课表里总能安排 l 节课, 使得在一节课时里最多占用 $\{l/p\}$ 个教室, 这一结论是由下面的定理得出的. 现在先建立一个引理.

引理　设 M 和 N 是 G 的两个不相交的对集, 并且 $|M| > |N|$, 则存在 G 的不相交的对集 M' 和 N', 使得 $|M'| = |M| - 1$, $|N'| = |N| + 1$ 且 $M' \bigcup N' = M \bigcup N$.

证　考察图 $H = G[M \bigcup N]$. 易知 H 的每个分支或者是一条其边在 M 和 N 中交错的偶圈, 或者是一条其边在 M 和 N 中的交错路. 由于 $|M| > |N|$, 所以 H 中一定有一个分支 P, 它是开始于 M 也终止于 M 的交错路. 设 $P = v_0 e_1 v_1 \cdots e_{2n+1} v_{2n+1}$, 且置

$$M' = (M - \{e_1, e_3, \cdots, e_{2n+1}\}) \bigcup \{e_2, e_4, \cdots, e_{2n}\},$$

$$N' = (N - \{e_2, e_4, \cdots, e_{2n}\}) \bigcup \{e_1, e_3, \cdots, e_{2n+1}\},$$

则 M' 和 N' 是 G 的对集且满足引理的条件.

定理 14.10　若 G 是偶图, 且 $p \geqslant \Delta$, 则存在 G 的 p 个不相交的对集 $M_1, M_2, \cdots, M_p$, 使得 $E = M_1 \bigcup M_2 \bigcup \cdots \bigcup M_p$, 并且对 $1 \leqslant i \leqslant p$ 有 $[\varepsilon/p] \leqslant |M_i| \leqslant \{\varepsilon/p\}$.

证　设 G 是偶图, G 的边可以划分为 Δ 个对集 $M_1', M_2', \cdots, M_\Delta'$, 所以对于任意 $p \geqslant \Delta$, 存在 p 个不相交的对集 $M_1', M_2', \cdots, M_p'$ (对 $i > \Delta$ 有 $M_i' = \emptyset$) 使得 $E = M_1' \bigcup M_2' \bigcup \cdots \bigcup M_p'$.

对于这些对集中边数相差超过 1 的任何两个对集反复应用引理, 最后就得到 G 的 p 个满足定理要求的不相交的对集 $M_1, M_2, \cdots, M_p$.

例 4　有 4 位教师 5 个班级, 教学要求矩阵 $P = [p_{ij}]$ 如下

$$\begin{array}{c@{\quad}ccccc} & y_1 & y_2 & y_3 & y_4 & y_5 \\ \begin{matrix} x_1 \\ x_2 \\ x_3 \\ x_4 \end{matrix} & \left(\begin{matrix} 2 & 0 & 1 & 1 & 0 \\ 0 & 1 & 0 & 1 & 0 \\ 0 & 1 & 1 & 1 & 0 \\ 0 & 0 & 0 & 1 & 1 \end{matrix}\right) \end{array}$$

(i) 要求排一张尽可能少的课时的课表.

(ii) 要求排一张尽可能少的课时且占用尽可能少的教室的课表.

(iii) 若只有 2 个教室可利用, 排一张尽可能少的课时的课表.

解 作出相应的偶图 $G = (X, Y)$, 其中 $X = \{x_1, x_2, x_3, x_4\}$, $Y = \{y_1, y_2, y_3, y_4, y_5\}$, x_i 与 y_j 由 p_{ij} 条边连接着 (见图 14-18).

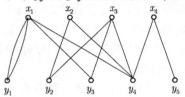 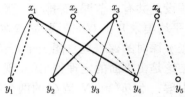

图 14-18 图 14-19

(i) 由于 $\Delta(G) = 4$, 因此可以排一张 4 课时的课表, 将 $E(G)$ 划分为 4 个对集 M_1, M_2, M_3 和 M_4(见图 14-19).

$$M_1 = \{x_1y_1, x_2y_2, x_3y_3, x_4y_4\},$$
$$M_2 = \{x_1y_1, x_3y_4, x_4y_5\},$$
$$M_3 = \{x_1y_3, x_2y_4\},$$
$$M_4 = \{x_1y_4, x_3y_2\}.$$

画出对应的课表

	1	2	3	4
x_1	y_1	y_1	y_3	y_4
x_2	y_2	—	y_4	—
x_3	y_3	y_4	—	y_2
x_4	y_4	y_5	—	—

(ii) 由于总课时为 11, $\{11/4\} = 3$, 故可以排一张 4 课时 3 教室课表. 令 $H = G[M_1 \bigcup M_4]$(见图 14-20).

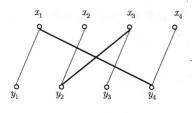

图 14-20

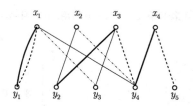

图 14-21

存在交错路 $P = y_1 x_1 y_4 x_4$, 于是得到 $M_1' = \{x_2 y_2, x_3 y_3, x_1 y_4\}$, $M_4' = \{x_1 y_1, x_3 y_2,$ $x_4 y_4\}$ (见图 14-21).

从而有 4 课时 3 教室课表如下:

	1	2	3	4
x_1	y_4	y_1	y_3	y_1
x_2	y_2	—	y_4	—
x_3	y_3	y_4	—	y_2
x_4	—	y_5	—	y_4

(iii) 由 $\{11/p\} = 2$ 得出 $p = 6$. 如 (ii) 一样反复做几次, 最后得 6 课时 2 教室课表如下:

	1	2	3	4	5	6
x_1	y_4	y_3	y_1		y_1	
x_2	y_2	y_4				
x_3			y_4	y_3	y_2	
x_4				y_4		y_5

习 题 14.4

1. 一公司有 7 个缺位 $p_1, p_2, \cdots, p_7$ 和 10 个申请者 $a_1, a_2, \cdots, a_{10}$. 每个申请者胜任职位集合分别为 $\{p_1, p_5, p_6\}$, $\{p_2, p_6, p_7\}$, $\{p_3, p_4\}$, $\{p_1, p_5\}$, $\{p_6, p_7\}$, $\{p_3\}$, $\{p_2, p_3\}$, $\{p_1, p_3\}$, $\{p_1\}$, $\{p_5\}$. 确定由胜任的申请者可以担任的最多职位数.

2. 求具有下列权矩阵的最优分派问题:

$$\begin{bmatrix} 4 & 5 & 8 & 10 & 11 \\ 7 & 6 & 5 & 7 & 4 \\ 8 & 5 & 12 & 9 & 6 \\ 6 & 6 & 13 & 10 & 7 \\ 4 & 5 & 7 & 9 & 8 \end{bmatrix}.$$

3. 有 7 位教师 6 个班级, 教学要求矩阵 $P = [p_{ij}]$ 如下, 这里 p_{ij} 是教师 x_i 必须教班级 y_j 的课时数.

(1) 要求排一张尽可能少的课时的课表. 求最小课时数.

(2) 要求排一张尽可能少的课时且占用尽可能少的教室的课表. 求最小教室数.

(3) 若只有 3 个教室可利用, 排一张尽可能少的课时的课表. 求最小课时数.

$$
\begin{array}{c c}
& \begin{array}{c c c c c c} y_1 & y_2 & y_3 & y_4 & y_5 & y_6 \end{array} \\
\begin{array}{c} x_1 \\ x_2 \\ x_3 \\ x_4 \\ x_5 \\ x_6 \\ x_7 \end{array} &
\left(\begin{array}{c c c c c c}
2 & 1 & 2 & 0 & 2 & 2 \\
1 & 2 & 0 & 0 & 3 & 2 \\
3 & 0 & 3 & 0 & 0 & 0 \\
1 & 0 & 1 & 2 & 1 & 2 \\
2 & 0 & 1 & 1 & 0 & 3 \\
3 & 3 & 0 & 0 & 3 & 3 \\
1 & 2 & 3 & 3 & 3 & 0
\end{array}\right)
\end{array}
$$

*14.5 问题及其解

例 1 试证明: 非平凡树的最长路的起点和终点均是 1 度点.

证 若命题不成立. 设 u, v 是树 T 中一条最长路 P 的起点和终点, 则 $d(u) \geqslant 2$ 或 $d(v) \geqslant 2$. 因 G 无圈, 故存在 xu 使 $x \notin V(P)$, 于是 T 中存在比 P 更长的路 xuP, 矛盾, 故 $d(u) = 1$, 同理 $d(v) = 1$.

例 2 1 个 2 正则图 G 可 1-因子分解 (1 个完美对集称为 1-因子) 当且仅当 G 是偶图.

证 易知 2 正则图的每个分支是圈. 若 G 可分解为 2 个 1-因子, 这两个 1-因子的边交错地沿一圈出现, 故 G 的每个圈是偶圈, 因而 G 是偶图.

反之, 若 G 是偶图, 则 G 的每个分支是偶圈, 于是对每个偶圈的边交错地用红蓝两色染色, 则红色边集组成一个 1-因子, 蓝色边集组成另一个 1-因子, 故 G 可 1-因子分解.

例 3 有 8 个问题出现于一科学期刊上, 对于每个问题收到两个正确的解. 编辑部发现 16 个解由 8 个人寄来, 每人两解. 求证能对每个问题发表一个解, 并使 8 个人中每一个恰好采用一个解.

证 构作图 G: 用 8 个顶点对应于 8 个解题者, 并用 8 个顶点对应于 8 个问题, 两个顶点相邻当且仅当相应的解题者解出了相应的问题. 由题意 G 是一个 2 正则偶图, 因而 G 可分解为两个 1-因子. G 的任一个 1-因子提供了一种发表方式即 8 个人给出 8 个解, 每人一解.

例 4 在一个集会上有 1982 个人且任何四个人中至少有一个人认识其余三个人, 试问在这个集会上, 认识全体到会者的人至少有多少位?

解 用 1982 个顶点表示 1982 个人, 两顶点相邻当且仅当相应两人互不认识, 得图 G. 设 $e = uv$ 和 $e' = u'v'$ 是 G 的两条边. 显然 e 和 e' 相邻 (否则 e 和 e' 不相邻, 此时对应于 u, v, u', v' 的四个人不满足已知条件即有一人认识其余三个人, 矛盾). 令 e 和 e' 关联于 u(即 $u' = u$). 任取 $x \in V(G) - \{u, v, v'\}$, 则 x 不能与 u, v, v'

中任一点相邻, 于是除 u, v, v' 之间有边连接外, 无其他的边即除 u, v, v' 外的其余顶点所对应的人认识所有的人, 即认识全体到会者的人至少有 1979 个.

例 5 某工厂有六种颜色的纱, 要生产双色布, 在生产过程中, 每种颜色的纱和其他三种颜色的纱搭配, 证明可以选出三种不同的双色布, 它们包含所有六种颜色.

证 用六个点表示六种颜色的纱, 两个顶点相邻当且仅当相应的两种纱可以搭配. 由题意, G 是六个顶点的图, 且每个顶点的度 $\geqslant \dfrac{6}{2} = 3$, 于是 G 是 H 图. 设 C 是 G 的 H 圈, 显然 C 是偶圈. 因此 C 可以分解为二个完美对集. 令 M 是 G 的一个完美对集, 显然 M 中每条边对应一种双色布, 因此可以选出三种不同的双色布, 它们包含所有 6 种颜色.

<h2 style="text-align:center">习 题 14.5</h2>

1. 证明: 若 G 是简单图且 $\delta \geqslant k$, 则 G 有长为 k 的路.

2. 在国际象棋棋盘 64 个方格中, 标出 16 个方格使得 8 行中每一行和 8 列中每一列都有两个标出的方格. 证明可以把 8 个黑子和 8 个白子放在标出的方格上 (每格放一子) 使得每一行和每一列有一白子和黑子.

3. 国王阿杜拉在王宫里召见了 $2n$ 个武士, 但是在某些武士之间互相有怨仇. 已知每个武士的仇人不超过 $n - 1$ 人. 证明: 米尔林 (国王阿杜拉的谋臣) 能够让这些武士坐在圆桌周围, 使每一个武士相邻坐位上都不是自己的仇人.

4. 大厅中聚会了 100 个客人, 他们中每人至少认识 67 人. 证明在这些客人中一定可以找到 4 个人, 他们之中任何两人彼此相识.

5. 九位数学家在一次国际会议上相遇, 他们之中任意三个人中, 至少有两个会说同种语言, 如果每一位数学家最多只能说三种语言, 试证明至少有三位数学家能用同种语言交谈.

6. 求下列网络图 G 从 u_0 到其余点的最短路及距离.

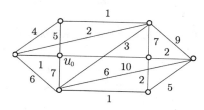

7. 求下列赋权图的最优树.

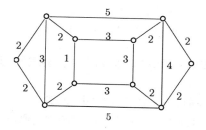

8. 求下列网络图的最优邮递员路线 (其中 u 为邮局) 及其长.

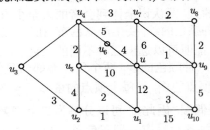

9. 设有 5 个城镇 v_1, v_2, v_3, v_4, v_5, 其中 v_1 是出发的城镇, v_2, v_3, v_4, v_5 是要去卖货的城镇. 已知距离矩阵 D 如下. 求此旅行售货员问题的近似解.

$$D = \begin{bmatrix} 0 & 34 & 20 & 50 & 40 \\ 34 & 0 & 36 & 30 & 67 \\ 20 & 36 & 0 & 51 & 60 \\ 50 & 30 & 51 & 0 & 13 \\ 40 & 67 & 60 & 13 & 0 \end{bmatrix}.$$

10. 求下列偶图的最大对集.

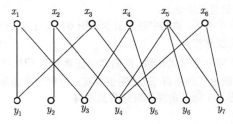

11. 设有 5 个人进行 5 项工作, 其效益矩阵如下, 求最优分派.

$$\begin{array}{c} \\ x_1 \\ x_2 \\ x_3 \\ x_4 \\ x_5 \end{array}
\begin{array}{ccccc} y_1 & y_2 & y_3 & y_4 & y_5 \\ \end{array}
\left(\begin{array}{ccccc}
7 & 2 & 1 & 9 & 4 \\
9 & 6 & 9 & 5 & 5 \\
3 & 8 & 3 & 1 & 8 \\
7 & 9 & 4 & 2 & 2 \\
8 & 4 & 7 & 4 & 8
\end{array}\right)$$

12. 有 5 位教师 5 个班级, 教学要求矩阵 $[p_{ij}]$ 如下. 这里 p_{ij} 是教师 x_i 必须教班级 y_j 的课时数.

(1) 要求排一张尽可能少的课时的课表. 求最小课时数.

(2) 要求排一张尽可能少的课时且占用尽可能少的教室的课表. 求最小教室数.

(3) 若只有 3 个教室可利用, 排一张尽可能少的课时的课表. 求最小课时数.

$$
\begin{array}{c c}
& \begin{array}{c c c c c} y_1 & y_2 & y_3 & y_4 & y_5 \end{array} \\
\begin{array}{c} x_1 \\ x_2 \\ x_3 \\ x_4 \\ x_5 \end{array} &
\begin{pmatrix}
2 & 1 & 2 & 0 & 2 \\
1 & 2 & 0 & 0 & 3 \\
3 & 0 & 3 & 0 & 0 \\
1 & 0 & 1 & 2 & 1 \\
2 & 0 & 1 & 1 & 0
\end{pmatrix}
\end{array}
$$

参 考 文 献

[1] 高等数学. 同济大学数学教研室. 北京：高等教育出版社, 1988

[2] 微积分程序教程. 张建亚, 陈永明. 上海：上海科学技术文献出版社, 1983

[3] 微积分学教程. Γ. F. 菲赫金哥尔茨. 北京；人民教育出版社, 1959

[4] 高等数学（一）微积分. 高汝熹. 武汉：武汉大学出版社, 2000

[5] 线性代数（第二版）. 同济大学数学教研室. 北京：高等教育出版社, 1991

[6] 数学规划导论. 徐增堹. 北京：科学出版社, 2000

[7] 线性整数规划的数学基础. 马仲蕃. 北京：科学出版社, 1998

[8] Modern Graph Theory. B. Bollobas. Springer, 1998

[9] Graph Theory with Applications. Bondy, J. A. and Murty, U.S.R.. Macmillan Press,1976

[10] 概率论与数理统计教程. 华东师范大学. 北京：高等教育出版社, 1982

[11] 概率论. 复旦大学. 北京：高等教育出版社, 1979

部分习题参考答案

第 1 章

习题 1.1

1. (1) $-4 < x < 4$;　(2) $0.9 < x < 1.1$;　(3) $(-2.2, -2) \cup (-2, -1.8)$.

2. $f(-1) = 2$,　$f(0) = 1$,　$f(1) = 2$,　$f(a+b) = a^2 + 2ab + b^2 + 1$.

3. $f(-1) = 0$,　$f(-0.001) = -6$,　$f(100) = 4$.

4. $f(-2) = -1$,　$f(-1) = 0$,　$f(0) = 1$,　$f(1) = 2$,　$f(2) = 4$.

5. $f(0) = 1$,　$f(-x) = \dfrac{1+x}{1-x}$,　$f(x+1) = \dfrac{-x}{x+2}$,　$f(x)+1 = \dfrac{2}{1+x}$,　$f\left(\dfrac{1}{x}\right) = \dfrac{x-1}{x+1}$,
$\dfrac{1}{f(x)} = \dfrac{1+x}{1-x}$.

6. $f(0) = 0$,　$f\left(\dfrac{1}{2}\right) = 0$,　$f(1) = \dfrac{1}{2}$,　$f\left(\dfrac{5}{4}\right) = 1$.

7. $\varphi(3) = 2$,　$\varphi(2) = 1$,　$\varphi(0) = 2$.

8. (1) $\left[-\dfrac{4}{3}, +\infty\right)$;　(2) $(-\infty, 0) \cup (0, 1)$;　(3) $[-4, -\pi] \cup [0, \pi]$;
(4) $[1, 5]$;　(5) $(-1, 2) \cup (2, 4]$.

9. $f(f(x)) = \dfrac{x-1}{x}$,　$f(f(f(x))) = x$.

10. $f(x) = x^2 - 5x + 6$.

11. $f(x) = x^2 - 2$.

12. $f(\varphi(x)) = 4^x$,　$\varphi(f(x)) = 2^{x^2}$.

13. $f(\cos x) = 3 + \cos 2x$.

14. $f\left(\dfrac{1}{2}\right) = -3$.

15. (1) $y = \dfrac{x}{2} - \dfrac{3}{2}$;　(2) $y = \dfrac{1-x}{1+x}$;　(3) $y = \begin{cases} x, & -\infty < x < 1, \\ \sqrt{x}, & 1 \leqslant x \leqslant 16, \\ \log_2 x, & 16 < x < +\infty. \end{cases}$

16. (1) 偶函数;　(2) 偶函数;　(3) 奇函数.

习题 1.2

2. (1) 1;　(2) $n > 4$.

6. (1) $\dfrac{1}{2}$;　(2) $\dfrac{6}{5}$;　(3) 0;　(4) $\dfrac{3}{2}$;　(5) 1; (6) $\dfrac{1-b}{1-a}$;　(7) $-\dfrac{1}{2}$;　(8) $\dfrac{1}{3}$;

(9) $\displaystyle\lim_{n\to\infty} \dfrac{1 - x^{2n+1}}{2 + x^{2n}} = \begin{cases} -x, & -\infty < x < -1, \\ \dfrac{2}{3}, & x = -1, \\ \dfrac{1}{2}, & -1 < x < 1, \\ 0, & x = 1, \\ -x, & 1 < x < +\infty. \end{cases}$

习题 1.4

1. (1) -9; (2) $\dfrac{6}{13}$; (3) 4; (4) $\dfrac{1}{2}$; (5) $\dfrac{-\sqrt{2}}{4}$; (6) $\dfrac{2}{3}\sqrt{2}$; (7) $\dfrac{1}{2\sqrt{x}}$; (8) n;

(9) 0; (10) 1; (11) $\dfrac{3}{2}$; (12) 3; (13) 0; (14) $\dfrac{m}{n}$; (15) $-\dfrac{1}{2}$.

2. $\lim\limits_{x \to 0} f(x)$不存在, $\lim\limits_{x \to 1} f(x) = 1$

3. $\lim\limits_{x \to 0} f(x)$不存在, $\lim\limits_{x \to 1} f(x) = 2, \lim\limits_{x \to 2} f(x) = 1$

习题 1.5

1. (1) 3;　　(2) 5;　　(3) $\dfrac{3}{4}$;　　(4) $\sqrt{2}$;　　(5) $\sqrt{2}$;　　(6) 1;　　(7) 4;

(8) $\dfrac{1}{\beta}$;　　(9) e^3; (10) e^{-2};　　(11) e^{-4};　　(12) 1;　　(13) e^3; (14) e^{-2}.

习题 1.6

1. (1) $x \to \infty$为无穷小,　　$x \to 1$为无穷大;

(2) $x \to 1$为无穷小,　　$x \to +0$及$x \to +\infty$为无穷大;

(3) $x \to -0$为无穷小,　　$x \to +0$为无穷大;

(4) $x \to k\pi(k = 0, \pm1, \pm2, \cdots)$为无穷小, $x \to k\pi + \dfrac{\pi}{2}(k = 0, \pm1, \pm2, \cdots)$为无穷大.

4. (1) 高阶;　　(2) 高阶;　　(3) 等价;　　(4) 高阶;　　(5) 同阶;　　(6) 低阶.

习题 1.7

1. $\Delta x = -0.009$, $\Delta y = 990000$.　　2. $\Delta x = 999$, $\Delta y = 3$.　　3. $\Delta y = a\Delta x$.

6. 在$x = 1$间断.　　7. 在$x = 1$连续.　　8. 在$x = \dfrac{1}{2}$连续, 在$x = 1$间断, 在$x = 2$连续.

9. (1)$x = 1, x = 2$;　　(2)$x = k\pi$ $(k = 0, \pm1, \pm2, \cdots)$;

(3)$x = 0, x = (2k+1)\dfrac{\pi}{4}$ $(k = 0, \pm1, \pm2, \cdots)$.

10. $a = 3$.

11. $a = 1, b = 2$.

12. $x = \pm1$为间断点.

13. (1) 2;　　(2) $\log_a 3$;　　(3) 1;　　(4) 1.

14. (1) e^3;　　(2) e^{-1};　　(3) $e^{-\frac{1}{2}}$;　　(4) $e^{-\frac{1}{2}}$.

16. 设 $F(t) = f(t) - g(t), F(t)$ 在 $[a, b]$ 上连续, $F(a) < 0, F(b) > 0$, 由零点存在定理存在 $x \in (a, b)$ 使 $F(x) = 0$.

习题 1.8

1. 由 $a_n \to a$, 任给 $\varepsilon > 0$, 存在 N, 当 $n > N, |a_n - a| < \varepsilon$. 因为 $n + K > n > N$, 所以 $|a_{n+K} - a| < \varepsilon$, 即 $a_{n+k} \to a, n \to \infty$.

2. 任给 $\varepsilon > 0$, 存在 N, 当 $n > N, |a_n - a| < \varepsilon$. 因为 $||a_n| - |a|| \leqslant |a_n - a| < \varepsilon$ 故 $|a_n| \to |a|$. 反之不成立, 例如 $a_n = (-1)^n, |a_n| \to 1$ 但 $\{(-1)^n\}$ 无极限.

3. 由 $|a_n| \to 0$, 任给 $\varepsilon > 0$, 存在 N, 当 $n > N, ||a_n| - 0| < \varepsilon$. 又 $|a_n - 0| = ||a_n| - 0| < \varepsilon$, 即 $a_n \to 0$

4. 不能断定. $\{x_n\} : 1, 0, 1, 0, \cdots$ 发散, $\{y_n\} : 0, 1, 0, 1, \cdots$ 发散, 但 $\{x_n \cdot y_n\}$ 收敛于 0.

5. (1) $1, 0, 2, 0, \cdots, n, 0, \cdots$;　　(2) $1, -1, 1, -1, \cdots$;　　(3) $1, \dfrac{1}{2}, 2, \dfrac{1}{3}, 3, \dfrac{1}{4}, \cdots$.

6. 任给 $\varepsilon > 0$, 因为 $x_{2k} \to a(k \to \infty)$, 存在 K_1, 当 $2k > 2K_1$ 有 $|x_{2k} - a| < \varepsilon$, 因为 $x_{2k+1} \to a(k \to \infty)$ 存在 K_2, 当 $2k + 1 > 2K_2 + 1$, 有 $|x_{2k} - a| < \varepsilon$ 取 $N = \max\{2K_1, 2K_2 + 1\}$, 当 $n > N$ 有 $|x_n - a| < \varepsilon$.

7. (1) 反证法, 若 $\lim\limits_{x \to x_0}[f(x) + g(x)]$ 存在, 则 $\lim\limits_{x \to x_0}g(x) = \lim\limits_{x \to x_0}[f(x) + g(x) - f(x)]$ 存在, 矛盾;

(2) $\lim\limits_{x \to x_0}[f(x) \cdot g(x)]$ 可能存在.

例 $\lim\limits_{x \to 0}x^2 = 0$, $\lim\limits_{x \to 0}\dfrac{1}{x} = \infty$, $\lim\limits_{x \to 0}\left(x^2 \cdot \dfrac{1}{x}\right) = 0$.

8. $f(0) = 1 + \beta$, $\lim\limits_{x \to -0}f(x) = 1 + \beta$, $\lim\limits_{x \to +0}x^\alpha \cdot \sin\dfrac{1}{x} = \begin{cases} 0, & \alpha > 0, \\ \text{不存在}, & \alpha \leqslant 0. \end{cases}$

(1) $\begin{cases} \alpha > 0, \\ 1 + \beta = 0, \end{cases}$ $\begin{cases} \alpha > 0, \\ \beta = -1, \end{cases}$ $f(x)$在$x = 0$连续.

(2) $\begin{cases} \alpha > 0, \\ 1 + \beta \neq 0, \end{cases}$ $\begin{cases} \alpha > 0, \\ \beta \neq -1, \end{cases}$ $f(x)$在$x = 0$间断.

(3) $\alpha \leqslant 0$　　$f(x)$ 在 $x = 0$ 间断.

9. 设 $\lim\limits_{x \to \infty}f(x) = A$, 取 $\varepsilon = 1$, 存在 $X > 0$, 当 $|x| > X$, 有 $|f(x)| - |A| \leqslant |f(x) - A| < 1$, 即 $|f(x)| \leqslant 1 + |A|$. 又 $f(x)$ 在 $I = [-X - 0.1, X + 0.1]$ 上连续, 故有 $m \leqslant f(x) \leqslant M$, $x \in I$ (m, M 分别为 $f(x)$ 在 I 上的最小值与最大值).

取 $K = \max\{1 + |A|, |m|, |M|\}$, 则 $|f(x)| \leqslant K$, $x \in (-\infty, +\infty)$.

10. 设 $\xi_1 = \min\{x_1, x_2, \cdots, x_n\}$, $\xi_2 = \max\{x_1, x_2, \cdots, x_n\}$, 则 $f(x)$ 在 $[\xi_1, \xi_2]$ 上连续, 因而有最大值 M 及最小值 m.

$$n \cdot m \leqslant f(x_1) + f(x_2) + \cdots + f(x_n) \leqslant n \cdot M,$$

$$m \leqslant \frac{f(x_1) + f(x_2) + \cdots + f(x_n)}{n} \leqslant M.$$

由介值定理, 存在 $\xi \in (\xi_1, \xi_2)$ 使

$$f(\xi) = \frac{1}{n}[f(x_1) + f(x_2) + \cdots + f(x_n)].$$

第 2 章

习题 2.1

1. $\Delta s/\Delta t = 14 + 3\Delta t$, $S'|_{t=2} = 14$.

2. (1) $K_{AA'} = 4 + \Delta x$, 　1) 5, 　2) 4.1, 　3) 4.01. 　(2) 4.

4. (1) $-f'(a)$; 　　　(2) $3f'(a)$.

5. $f'(a)$.

6. $y' = 1 - 2x$, $y'(0) = 1$, $y'\left(\dfrac{1}{2}\right) = 0$, $y'(1) = -1$, $y'(-10) = 21$.

7. -2.

8. $x = 1$.

9. $f(x)$ 在 $x = 0$ 连续, $f'(0) = 1$.

10. $f'(x) = \begin{cases} 2^{x-1} \cdot \ln 2, & x > 1, \\ -2^{1-x} \cdot \ln 2, & x < 1. \end{cases}$

习题 2.2

1. (1) $-\sin x + 2x$; (2) $3x^2 + \dfrac{1}{x\ln 3}$; (3) $\cos x + 1$;

   (4) $30x^5$; (5) $\dfrac{-1}{2}\sin x$; (6) $12(2x+1)^5$;

   (7) $3\cos 3x$; (8) $\cot x$; (9) $(2x+1)\cos(x^2+x+1)$;

   (10) $\dfrac{1}{x\ln x}$; (11) $\dfrac{7}{2x}$; (12) $-15\cos^4 3x \cdot \sin 3x$.

2. (1) $\dfrac{-\sin(x+y)}{1+\sin(x+y)}$; (2) $-\sqrt[3]{\dfrac{y}{x}}$; (3) $\dfrac{y}{y-1}$; (4) $\dfrac{\cos(x+y)}{1-\cos(x+y)}$.

3. (1) $\dfrac{x}{x+1}$; (2) $\dfrac{1}{1+e^x}$; (3) $\dfrac{\sqrt{1-x^2}}{e^{\arcsin x}}$; (4) x^2-1.

4. (1) $x(2\sin x + x\cos x)$; (2) $\cos 2x$; (3) $x^2(3\ln x + 1)$;

   (4) $\dfrac{-2}{(x-1)^2}$; (5) $\dfrac{-2}{x(1+\ln x)^2}$; (6) $\dfrac{-2\cos x}{(1+\sin x)^2}$;

   (7) $2x\cos\dfrac{1}{x} + \sin\dfrac{1}{x}$; (8) $\dfrac{2\arcsin x}{\sqrt{1-x^2}}$; (9) $\dfrac{1}{\sqrt{x^2-4}}$;

   (10) $e^{\frac{1}{x}}(2x-1) - \dfrac{a^x(2x\ln\ a-1)}{2\sqrt[3]{x^2}}$; (11) $\dfrac{-\arccos x}{x^2}$;

   (12) $(\sin x)^x[\ln(\sin x) + x\cot x]$; (13) $2x^{\ln x - 1}\cdot \ln x$;

   (14) $(\sin x)^{\cos x}[-\sin x\cdot \ln(\sin x) + \cos x\cdot\cot x]$; (15) $x\sqrt{\dfrac{1-x}{1+x}}\left(\dfrac{1}{x} - \dfrac{1}{1-x^2}\right)$;

   (16) $\left(\dfrac{b}{a}\right)^x\cdot\left(\dfrac{b}{x}\right)^a\cdot\left(\dfrac{x}{a}\right)^b\left(\ln\dfrac{b}{a} - \dfrac{a}{x} + \dfrac{b}{x}\right)$.

5. (1) $\dfrac{t-1}{t+1}$; (2) $\dfrac{t(2-t^3)}{1-2t^3}$; (3) $\dfrac{t}{2}$; (4) $\dfrac{\sin t}{1-\cos t}$.

习题 2.3

1. $\dfrac{x(3+2x^2)}{\sqrt{(1+x^2)^3}}$; 2. $2e^{-x^2}(2x^2-1)$; 3. $\dfrac{1}{x}$;

4. $a^x(\ln a)^n$; 5. $\dfrac{(-1)^n 2n!}{(1+x)^{n+1}}$; 6. $a_0 n!$.

习题 2.4

1. $\Delta f(1) = \Delta x + 3(\Delta x)^2 + (\Delta x)^3$, $df(1) = \Delta x$. 对 $\Delta x = 1, 0.1, 0.01$:

   对应的 $\Delta f(1)$ 分别为 5, 0.131, 0.010301,

   对应的 df 分别为 1, 0.1, 0.01.

2. $\Delta x = 20\Delta t + 5(\Delta t)^2$, $dx = 20\Delta t$. 对 $\Delta t = 1, 0.1, 0.001$:

   Δx 分别为 25, 2.05, 0.020005,

   dx 分别为 20, 2, 0.02.

3. (1) $\dfrac{dx}{\sqrt{a^2-x^2}}$; (2) $e^x(1+x)dx$; (3) $x\sin x dx$;

   (4) $\dfrac{2-\ln x}{2\sqrt{x^3}}dx$; (5) $\dfrac{e^y}{1-xe^y}dx$; (6) $\dfrac{y^2\sin x + 3a^2\cos 3x}{2y\cos x}dx$.

4. 1.0025π; π.

习题 2.5

2. (1) $f'_-(a) = \lim\limits_{x\to a-0}\dfrac{(a-x)F(x)}{x-a} = -F(a)$, $f'_+(a) = \lim\limits_{x\to a+0}\dfrac{(x-a)F(x)}{x-a} = F(a)$,

   $f'_-(a) \neq f'_+(a)$, $f'(a)$ 不存在;

(2) $f'(a) = \lim\limits_{x \to a} \dfrac{(x-a)F(x)}{x-a} = F(a)$.

3. (1) 当 $\alpha > 0$, $\lim\limits_{x \to 0} f(x) = f(0)$, $f(x)$ 在 $x = 0$ 连续;

(2) 当 $\alpha > 1$, $\lim\limits_{\Delta x \to 0} \dfrac{f(0 + \Delta x) - f(0)}{\Delta x} = \lim\limits_{\Delta x \to 0} (\Delta x)^{\alpha - 1} \cdot \sin \dfrac{1}{\Delta x} = 0$, $f'(0) = 0$;

(3) $f'(x) = \alpha \alpha^{\alpha - 1} \sin \dfrac{1}{x} - x^{\alpha - 2} \cdot \cos \dfrac{1}{x}$ $(x \neq 0)$, 当 $\alpha > 2$, $\lim\limits_{x \to 0} f'(x) = 0 = f'(0)$,

所以 $\alpha > 2$, $f'(x)$ 在 $x = 0$ 连续.

4. 设 $f'_+(a) > 0$, $f'_-(b) > 0$,

$f'_+(a) = \lim\limits_{x \to a+0} \dfrac{f(x) - f(a)}{x - a} = \lim\limits_{x \to a+0} \dfrac{f(x)}{x - a} > 0$,

$f'_-(b) = \lim\limits_{x \to b-0} \dfrac{f(x) - f(b)}{x - b} = \lim\limits_{x \to b-0} \dfrac{f(x)}{x - b} > 0$,

由保号性, 存在 $\delta_1 > 0$, $\delta_2 > 0$, $x \in (a, a + \delta_1)$, $x \in (b - \delta_2, b)$, 且 $a + \delta_1 < b - \delta_2$

有 $\dfrac{f(x)}{x - a} > 0$, $\dfrac{f(x)}{x - b} > 0$. 取 $c_1 \in (a, a + \delta_1)$, $c_2 \in (b - \delta_2, b)$, 有 $\dfrac{f(c_1)}{c_1 - a} > 0$, $\dfrac{f(c_2)}{c_2 - b} > 0$.

因为 $c_1 - a > 0$, $c_2 - b < 0$, 所以 $f(c_1) > 0$, $f(c_2) < 0$. $f(x)$ 在 $[c_1, c_2]$ 上连续,

且 $f(c_1) \cdot f(c_2) < 0$, 因此存在 $\xi \in (c_1, c_2)$ 使 $f(\xi) = 0$.

5. $f'(0) = \lim\limits_{x \to 0} \dfrac{f(x) - f(0)}{x} = 0$,

当 $x \neq 0$, $f'(x) = 4x^3 \cdot \sin \dfrac{1}{x} - x^2 \cos \dfrac{1}{x} - \sin x$.

$f''(0) = \lim\limits_{x \to 0} \dfrac{f'(x) - f'(0)}{x} = -1$,

当 $x \neq 0$, $f''(x) = 12x^2 \cdot \sin \dfrac{1}{x} - 4x \cos \dfrac{1}{x} - 2x \cos \dfrac{1}{x} + \sin \dfrac{1}{x} - \cos x$.

6. 当 $x_1 = 1$, $x_2 = 1$ 时, 得 $f(1) = 0$.

$x \neq 0$, $0 = f(1) = f\left(x \cdot \dfrac{1}{x}\right) = f(x) + f\left(\dfrac{1}{x}\right)$, 所以 $f(x) = -f\left(\dfrac{1}{x}\right)$.

$$f'(x) = \lim\limits_{h \to 0} \dfrac{f(x + h) - f(x)}{h} = \lim\limits_{h \to 0} \dfrac{f(x + h) + f\left(\dfrac{1}{x}\right)}{h} = \lim\limits_{h \to 0} \dfrac{f\left(\dfrac{x + h}{x}\right)}{h}$$

$$= \lim\limits_{h \to 0} = \dfrac{f\left(1 + \dfrac{h}{x}\right)}{h/x} \cdot \dfrac{1}{x} = \dfrac{1}{x} \cdot \lim\limits_{h \to 0} \dfrac{f\left(1 + \dfrac{h}{x}\right) - f(1)}{h/x} = \dfrac{1}{x} \cdot f'(1) = \dfrac{1}{x}.$$

7. 当 $\beta = 0$, $f(x) = 0$, 显然 $f'(0) = 0$.

当 $\beta \neq 0$, $\lim\limits_{x \to 0} f(x) = 0 = f(0)$, $f(x)$ 在 $x = 0$ 连续.

$$f'(0) = \lim\limits_{x \to 0} \dfrac{f(x) - f(0)}{x}$$

$$= \lim\limits_{x \to 0} \dfrac{[\varphi(-\alpha + \beta x) - \varphi(-\alpha)] - [\varphi(-\alpha - \beta x) - \varphi(-\alpha)]}{x}$$

$$= \beta \varphi'(-\alpha) + \beta \varphi'(-\alpha) = 2\beta \varphi'(-\alpha).$$

8. $y' = -\dfrac{1}{2} x^{-\frac{3}{2}}$, 切线: $y - \dfrac{1}{\sqrt{\alpha}} = -\dfrac{1}{2\sqrt{\alpha^3}}(x - \alpha)$.

切线与 x, y 轴交点分别为 $(3\alpha, 0)$, $\left(0, \dfrac{3}{2\sqrt{\alpha}}\right)$.

面积 $S = \dfrac{1}{2} \cdot 3\alpha \cdot \dfrac{3}{2\sqrt{\alpha}} = \dfrac{9}{4}\sqrt{\alpha}$, $\lim\limits_{\alpha \to +\infty} S = +\infty$, $\lim\limits_{\alpha \to +0} S = 0$.

9. 立方抛物线在点 (x, y) 处切线斜率

$y' = A[(x-b)(x-c)+(x-a)(x-c)+(x-a)(x-b)];$

$y'|_{x=a} = A(a-b)(a-c) = K_1$ (1)

$y'|_{x=b} = A(b-a)(b-c) = K_2$ (2)

解方程组 (1)(2), 得 $A = \dfrac{K_1+K_2}{(a-b)^2}$, $C = \dfrac{aK_2+bK_1}{K_1+K_2}$.

10. 要求二曲线在接点 $|x| = c$ 处连续, 故

$$a + bc^2 = \frac{m^2}{|c|}. \qquad (1)$$

又要求二曲线在 $|x| = c$ 处斜率相等, 故

$$2bc = -\frac{m^2}{c^2}. \qquad (2)$$

解方程组 (1)(2), 得 $a = \dfrac{3m^2}{2c}$, $b = -\dfrac{m^2}{2c^3}$.

第 3 章

习题 3.1

4. 设 $f(x) = \arctan x$ 在 $[a,b]$ 上连续, 在 (a,b) 由可导

$$\left| \frac{\arctan b - \arctan \alpha}{b-a} \right| = |f'(\xi)| = \frac{1}{1+\xi^2} \leqslant 1, \quad \xi \in (a,b).$$

5. 设 $f(t) = \ln t$ 在 $[1, 1+x]$ 上连续, 在 $(1, 1+x)$ 上可导,

$$\frac{\ln(1+x) - \ln 1}{(1+x) - 1} = f'(\xi) = \frac{1}{\xi}, \quad \xi \in (1, 1+x),$$

$$\frac{1}{1+x} < \frac{1}{\xi} < 1, \qquad \frac{1}{1+x} < \frac{\ln(1+x)}{x} < 1.$$

6. 设 $f(x) = ax^4 + bx^3 + cx^2 - (a+b+c)x$, 则 $f'(x) = 4ax^3 + 3bx^2 + 2cx - (a+b+c)$.

$f(x)$ 在 $[0,1]$ 上连续, 在 $(0,1)$ 内可导, $f(0) = f(1)$, 由罗尔定理, 存在 $\xi \in (0,1)$ 使 $f'(\xi) = 0$.

习题 3.2

1. (1) 3;   (2) $\dfrac{m}{n}a^{m-n}$;   (3) 1;   (4) 1;   (5) 3;   (6) 1; (7) 0;   (8) ∞;   (9) 1;   (10) $\dfrac{2}{\pi}$;

(11) $\dfrac{1}{2}$;   (12) $-\dfrac{1}{2}$; (13) 0;   (14) 1;   (15) 1;   (16) e;   (17) $e^{-\frac{1}{6}}$;   (18) 1.

习题 3.3

1. $(-\infty, -1)$ ↗, $(-1, 3)$ ↘; $(3, +\infty)$ ↗.

2. $\left(0, \dfrac{1}{2}\right)$ ↘, $\left(\dfrac{1}{2}, +\infty\right)$ ↘.

3. (1) 令 $f(x) = x - \ln(1+x)$, $f'(x) > 0$, $f(0) = 0$, $f(x)$ ↗, $x > 0$, $f(x) > f(0) = 0$.

(2) 令 $f(x) = x - \sin x$, $f'(x) \geqslant 0$, $f(0) = 0$, $f(x)$ ↗, $x > 0$, $f(x) > f(0) = 0$.

令

$$g(x) = \sin x - \left(x - \frac{x^3}{6}\right), \quad g'(x) = \cos x - 1 + \frac{1}{2}x^2, \quad g''(x) = x - \sin x > 0, \quad x > 0.$$

$g'(x)$ ↗ $g'(0) = 0$,   因为 $g'(x) > g'(0) = 0$, $x > 0$.

$g(x)$ ↗ $g(0)=0$, 当 $x > 0$ $g(x) > g(0) = 0$.

4. (1) 极大值 $\dfrac{4}{27}$, 极小值 0;

  (2) 极大 $y(2) = 4e^{-2}$ 极小 $y(0) = 0$;

  (3) 无极值;

  (4) 无极值;

  (5) 极大 $y\left(\dfrac{12}{5}\right) = \dfrac{1}{24}$.

5. (1) $y_{\max} = 13$, $y_{\min} = 4$; (2) $y_{\max} = \dfrac{\pi}{2}$, $y_{\min} = -\dfrac{\pi}{2}$;

  (3) $y_{\max} = \dfrac{3}{5}$, $y_{\min} = -1$; (4) $y_{\max} = 2$, $y_{\min} = 0$.

6. (1) 拐点 $\left(\dfrac{5}{3}, \dfrac{-250}{27}\right)$, 在 $\left(-\infty, \dfrac{5}{3}\right)$ 向上凸, 在 $\left(\dfrac{5}{3}, +\infty\right)$ 向下凸;

  (2) 拐点 (b, a), 在 $(-\infty, b)$ 向上凸在 $(b, +\infty)$ 向下凸;

  (3) 拐点 $(-1, \ln 2)$, $(1, \ln 2)$, 在 $(-\infty, -1)$, $(1, +\infty)$ 向上凸, 在 $(-1, 1)$ 向下凸;

  (4) 拐点 $\left(\dfrac{1}{2}, e^{\arctan \frac{1}{2}}\right)$, 在 $\left(\dfrac{1}{2}, +\infty\right)$ 向上凸, 在 $\left(-\infty, \dfrac{1}{2}\right)$ 向下凸.

7. (1) $y = 0$; (2) $y = 3$ 及 $x = 1$; (3) $x = 0, y = 0$.

8. 答案见图.

(1)
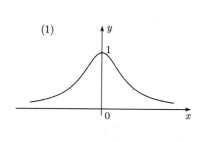

(2)
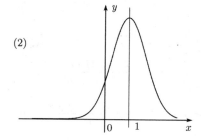

(3)
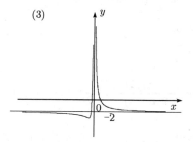

(4)
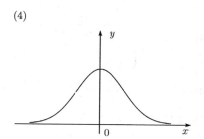

习题 3.4

1. $f(x)$ 在 $[1,2]$ 上连续, 在 $(1,2)$ 内可导, 且 $f(1) = f(2)$. 由罗尔定理, 存在 $\xi_1 \in (1, 2)$, 使 $f'(\xi_1) = 0$. 同理, 存在 $\xi_2 \in (2, 3)$, 存在 $\xi_3 \in (3, 4)$, 使 $f'(\xi_2) = 0, f'(\xi_3) = 0$.
    又 $f'(x) = 0$ 是三次方程, 只能有三个实根, 现已求得三个根 ξ_1, ξ_2, ξ_3.

2. 令 $f(x) = \dfrac{a_0}{n+1}x^{n+1} + \dfrac{a_1}{n}x^n + \cdots + \dfrac{a_{n-1}}{2}x^2 + a_n x$. $f(0) = f(1) = 0$ 由罗尔定理, 存在 $\xi \in (0,1)$ 使 $f'(\xi) = 0$, 即 $a_0\xi^n + a_1\xi^{n-1} + \cdots + a_{n-1}\xi + a_n = 0$.

3. (1) 令 $\Phi(x) = f(x) - x$, $\Phi(1) = -1 < 0$, $\Phi\left(\dfrac{1}{2}\right) = \dfrac{1}{2} > 0$.   由介值定理,   存在 $\eta \in \left(\dfrac{1}{2}, 1\right)$ 使 $\Phi(\eta) = 0$, 即 $f(\eta) = \eta$.

(2) 令 $F(x) = e^{-\lambda x} \cdot \Phi(x) = e^{-\lambda x}[f(x) - x]$;

则对 $F(x)$ 在 $[0,\eta]$ 上用罗尔定理, 存在 $\xi \in (0,\eta)$, 使 $F'(\xi) = 0$.

$$e^{-\lambda\xi}\{f'(\xi) - \lambda[f(\xi) - \xi] - 1\} = 0,$$

从而 $f'(\xi) - \lambda[f(\xi) - \xi] = 1$.

4. 取 $\mu \in (0,1)$, 由介值定理, 存在 $c \in (0,1)$ 使 $f(c) = \mu$ 在 $[0,c]$, $[c,1]$ 上分别用拉格朗日中值定理, 有

$$f'(\xi) = \frac{f(c) - f(0)}{c - 0} = \frac{\mu}{c}, \quad 0 < \xi < c,$$

$$f'(\eta) = \frac{f(1) - f(c)}{1 - c} = \frac{1 - \mu}{1 - c}, \quad c < \eta < 1,$$

$\mu \neq 0, 1 - \mu \neq 0$. 所以 $f'(\xi) \neq 0, f'(\eta) \neq 0$.   由上两式得

$$\frac{a}{f'(\xi)} + \frac{b}{f'(\eta)} = \frac{ac}{\mu} + \frac{(1-c)b}{1 - \mu},$$

取 $\mu = \dfrac{a}{a+b}$ $(0 < \mu < 1)$, 得 $\dfrac{a}{f'(\xi)} + \dfrac{b}{f'(\eta)} = a + b$, $0 < \xi < \eta < 1$.

5. $x \neq a$, $g'(x) = \dfrac{(x-a)f'(x) - f(x)}{(x-a)^2}$;

$x = a$, $g'(a) = \lim\limits_{x \to a} \dfrac{g(x) - g(a)}{x - a} = \lim\limits_{x \to a} \dfrac{\dfrac{f(x)}{x - a} - f'(a)}{x - a}$

$$= \lim\limits_{x \to a} \frac{f(x) - (x-a)f'(a)}{(x-a)^2} = \lim\limits_{x \to a} \frac{f'(x) - f'(a)}{2(x-a)} = \frac{1}{2}f''(a);$$

所以 $g'(x) = \begin{cases} \dfrac{(x-a)f'(x) - f(x)}{(x-a)^2}, & x \neq a, \\[3mm] \dfrac{1}{2}f''(a), & x = a. \end{cases}$

$\lim\limits_{x \to a} g'(x) = \lim\limits_{x \to a} \dfrac{(x-a)f'(x) - f(x)}{(x-a)^2} = \lim\limits_{x \to a} \dfrac{(x-a)f''(x)}{2(x-a)} = \dfrac{1}{2}f''(a) = g'(a)$.

所以 $g'(x)$ 在 $x = a$ 连续.

6. 设 $\varphi(x) = f(x + x_2) - f(x) - f(x_2)$, $x \geqslant 0$, $\varphi(x) = 0$, $\varphi'(x) = f'(x + x_2) - f'(x)$. 由 $x + x_2 > x$, $f''(x) < 0$, 故 $f'(x) \searrow$, $f'(x + x_2) - f'(x) < 0$, 从而 $\varphi'(x) < 0$. $\varphi(x) \searrow$ 当 $x > 0$, $\varphi(x) < 0$, 以 $x = x_1$ 代入 $\varphi(x)$, 即得证.

7. 因为 $f(x)$ 连续且具有一阶导数, 所以由 $\lim\limits_{x \to 0} \dfrac{f(x)}{x} = 1$ 知 $f(0) = 0$.

$$f'(0) = \lim\limits_{x \to 0} \frac{f(x) - f(0)}{x} = \lim\limits_{x \to 0} \frac{f(x)}{x} = 1,$$

令 $F(x) = f(x) - x$, 则 $F(0) = 0$.

$F'(x) = f'(x) - 1, F'(0) = 0, F''(x) = f''(x) > 0.$

知 $F(0)$ 是 $F(x)$ 的极小值, $F'(x)$ 单调, 故 $F(x)$ 只有一个驻点, 从而 $F(0)$ 是 $F(x)$ 的最小值, 所以 $F(x) \geqslant F(0) = 0$.

8. (1) 当 $x \neq 0$, $f'(x) = \dfrac{x[g'(x) + e^{-x}] - g(x) + e^{-x}}{x^2} = \dfrac{xg'(x) - g(x) + (x+1)e^{-x}}{x^2}$.

当 $x = 0$, $f'(0) = \lim\limits_{x \to 0} \dfrac{g(x) - e^{-x}}{x^2} = \lim\limits_{x \to 0} \dfrac{g'(x) + e^{-x}}{2x} = \lim\limits_{x \to 0} \dfrac{g''(x) - e^{-x}}{2}$

$= \dfrac{g''(0) - 1}{2}.$

$$f'(x) = \begin{cases} \dfrac{xg'(x) - g(x) + (x+1)e^{-x}}{x^2}, & x \neq 0, \\ \dfrac{g''(0) - 1}{2}, & x = 0. \end{cases}$$

(2) 在 $x = 0$ 处,

$$\lim_{x \to 0} f'(x) = \lim_{x \to 0} \frac{g'(x) + xg''(x) - g'(x) + e^{-x} - (x+1)e^{-x}}{2x}$$

$$= \lim_{x \to 0} \frac{g''(x) - e^{-x}}{2} = \frac{g''(0) - 1}{2} = f'(0),$$

且 $f'(x)$ 在 $x \neq 0$ 处是连续函数, 所以 $f'(x)$ 在 $(-\infty, +\infty)$ 上连续.

9. 令 $g(x) = e^x$, $g(x)$ 与 $f(x)$ 在 $[a, b]$ 上满足柯西中值定理条件, 所以存在 $\eta \in (a, b)$

使得 $\dfrac{f(b) - f(a)}{e^b - e^a} = \dfrac{f'(\eta)}{e^\eta}$, 即 $\dfrac{f(b) - f(a)}{b - a} = \dfrac{(e^b - e^a)e^{-\eta}}{b - a} \cdot f'(\eta)$, 又 $f(x)$ 在 $[a, b]$

上由拉格朗日中值定理, 存在 $\xi \in (a, b)$, 使 $\dfrac{f(b) - f(a)}{b - a} = f'(\xi)$. 由 $f'(\xi) \neq 0$, 知

$f'(\eta) \neq 0$. 从而 $\dfrac{f'(\xi)}{f'(\eta)} = \dfrac{e^b - e^a}{b - a} \cdot e^{-\eta}$.

10. 设 $\varphi(x) = \dfrac{f(x) - f(a)}{x - a}$, $\varphi'(x) = \dfrac{(x - a)f'(x) - [f(x) - f(a)]}{(x - a)^2}$

$$= \frac{(x - a)f'(x) - f'(\xi)(x - a)}{(x - a)^2} = \frac{f'(x) - f'(\xi)}{x - a},$$

因为 $f'(x) \nearrow$, 所以 $f'(x) > f'(\xi)$, $\varphi'(x) > 0$, $\varphi(x) \nearrow$. 因此, 当 $a < x < b$,

$\varphi(x) < \varphi(b)$, 即 $\dfrac{f(x) - f(a)}{x - a} < \dfrac{f(b) - f(a)}{b - a}$.

第 4 章

习题 4.1

1. $2^x \cdot \ln 2 + 2x$.   2. $\sin(1 - 2x) + c$.   3. $a^{x^2 - 3x} dx$.   4. $f(2x)$.   5. $\dfrac{1}{2} f(2x) + c$.

6. $\cos x + c$.   7. $\sin x$.

8. (1) $\dfrac{2^x}{\ln 2} + \dfrac{1}{4} x^4 + c$;   (2) $x - \arctan x + c$;   (3) $\dfrac{8}{15} x^{\frac{15}{8}} + c$;

(4) $\sin x + \cos x$;   (5) $-\cot x - \tan x + c$;   (6) $\arcsin x + c$.

9. $y = x^2 + 1$.

10. $s(t) = \dfrac{1}{12} t^4 + \dfrac{1}{2} t^2 + t$.

习题 4.2

1. (1) $-e^{-x} + c$;　　(2) $\frac{1}{14}(2x-1)^7 + c$;　　(3) $\frac{1}{5}e^{5x+1} + c$;　　(4) $\frac{1}{5}\sin 5x + c$;

(5) $\frac{1}{2}\ln^2|x| + c$;　　(6) $-\frac{1}{4}\cot 4x + c$;　　(7) $\frac{1}{4}\sin^4 x + c$;　　(8) $-\frac{2}{3}(\cos x)^{\frac{3}{2}} + c$;

(9) $\frac{1}{3}e^{x^3} + c$;　　(10) $\frac{2}{3}(\tan x - 1)^{\frac{3}{2}} + c$;　　(11) $-\frac{3}{4}(\cot x - 1)^{\frac{4}{3}} + c$;

(12) $-2(\tan x + 2)^{-\frac{1}{2}} + c$;　　(13) $\frac{1}{2}(\arcsin x)^2 + c$;　　(14) $\ln|\arctan x| + c$;

(15) $2\sqrt{\ln x} + c$;　　(16) $-e^{-\sin x} + c$;　　(17) $\frac{1}{\sqrt{2}}\arctan\left(\frac{\tan x}{\sqrt{2}}\right) + c$;

(18) $\frac{1}{2}\ln(x^2 + 2x + 3) - \frac{3}{\sqrt{2}}\arctan\frac{(x+1)}{\sqrt{2}} + c$;

(19) $\frac{1}{2}\ln(x^2 + 4x + 13) - \frac{1}{3}\arctan\frac{(x+2)}{3} + c$;

(20) $-\sqrt{4 - x^2} + c$;　　(21) $\sqrt{x^2 - 9} + c$;　　(22) $8\arcsin\frac{x}{4} - \frac{x}{2}\sqrt{16 - x^2} + c$;

(23) $\sqrt{x^2 - 25} - 5\arccos\frac{5}{x} + c$;　　(24) $\ln|x + \sqrt{x^2 + a^2}| + c$;

(25) $\frac{1}{15}(3x+1)^{\frac{5}{3}} + \frac{1}{3}(3x+1)^{\frac{2}{3}} + c$;　　(26) $\frac{1}{9}\frac{\sqrt{x^2 - 9}}{x} + c$;　　(27) $\sqrt{x^2 + 1} + \frac{1}{\sqrt{x^2 + 1}} + c$;

(28) $-\frac{1}{45}\frac{\sqrt{(9 - x^2)^5}}{x^5} + c$;　　(29) $\sin x - x\cos x + c$;　　(30) $-(x^2 + 2x + 2)e^{-x} + c$;

(31) $-\frac{1}{2}e^{-x}(\cos x + \sin x) + c$;　　(32) $3e^{\sqrt[3]{x}}(\sqrt[3]{x^2} - 2\sqrt[3]{x} + 2) + c$;

(33) $-\frac{1}{x}\ln^3 x - \frac{3}{x}\ln^2 x - \frac{6}{x}\ln x - \frac{6}{x} + c$;　　(34) $x\tan x + \ln|\cos x| - \frac{x^2}{2} + c$;

(35) $x(\arcsin x)^2 + 2\sqrt{1 - x^2}\arcsin x - 2x + c$;　　(36) $x\cdot\ln(x + \sqrt{1 + x^2}) - \sqrt{1 - x^2} + c$.

2. (1) $-\frac{x}{e^x - 1} + \ln|1 + e^{-x}| + c$;　　(2) $\frac{1}{4}\ln^2\left|\frac{1+x}{1-x}\right| + c$.

3. $f(u) = \ln\frac{u+1}{u-1}$,　$f[\varphi(x)] = \ln\frac{\varphi(x)+1}{\varphi(x)-1} = \ln x$,　$\varphi(x) = \frac{x+1}{x-1}$,

$$\int \varphi(x)dx = \int \frac{x+1}{x-1}dx = x + 2\ln|x-1| + c.$$

4. 原式 $= \int \ln[f(x)\cdot f'(x)]d[f(x)\cdot f'(x)] = \int \ln t\, dt, [t = f(x)\cdot f'(x)]$

$= t[\ln|t| - 1] + c = f(x)\cdot f'(x)[\ln|f(x)\cdot f'(x)| - 1] + c.$

5. 令 $x - y = t$,　$(x - t)t^2 = x$.　$x = \frac{t^3}{t^2 - 1}$,　$y = \frac{t}{t^2 - 1}$.

$$\int \frac{dx}{x - 3y} = \int \frac{t}{t^2 - 1}dt = \frac{1}{2}\ln|(x - y)^2 - 1| + c.$$

习题 4.3

1. (1) $\frac{1}{2}(b^2 - a^2)$;　　(2) $e - 1$.

2. (1) $>$;　　(2) $<$;　　(3) $<$.

习题 4.4

1. (1) $-xe^{-x}$;　　(2) $\frac{2x}{\sqrt{1 + x^4}}$;　　(3) $2xe^{x^2} - 3x^2e^{x^3}$.

2. (1) 1;　　(2) 0.

3. 提示：求 $F'(x)$，并应用积分中值定理.

4. 提示: (2) 证 $F(a), F(b)$ 异号, 且 $F(x)$ 在 (a,b) 单调.

5. $\varphi(x) = \begin{cases} 0, & \text{当 } x < 0 \text{ 时,} \\ \dfrac{1}{2}(1 - \cos x), & \text{当 } 0 \leqslant x \leqslant \pi \text{ 时,} \\ 1, & \text{当 } x > \pi \text{ 时.} \end{cases}$

6. (1) -2; (2) 12; (3) $\dfrac{\pi}{6}$; (4) $\dfrac{\pi}{6}$; (5) 4; (6) $\dfrac{\pi}{2}$; (7) $\dfrac{8}{3}$.

习题 4.5

1. (1) $\dfrac{1}{2}\ln 2$; (2) $e - \sqrt{e}$; (3) $\dfrac{1}{4}$; (4) $2(2 - \ln 3)$; (5) $1 - 2\ln 2$; (6) $2 - \dfrac{\pi}{2}$;

(7) $\dfrac{\pi}{3} + \dfrac{\sqrt{3}}{2}$; (8) $\dfrac{\pi}{8} - \dfrac{1}{4}$; (9) $\sqrt{3} - \dfrac{\pi}{3}$; (10) $\dfrac{2}{3}\pi$.

2. (1) 0; (2) 18.

3. (1) 1; (2) $\dfrac{\sqrt{3}\pi}{12} + \dfrac{1}{2}$; (3) $\dfrac{\pi}{4} - \dfrac{1}{2}$; (4) 1; (5) $\dfrac{1}{2}(e^{\frac{\pi}{2}} + 1)$; (6) $2(1 - e^{-1})$.

4. 提示: 令 $x = a + b - t$.

5. 提示: 令 $x = 1 - t$.

6. $\ln(1 + e)$.

7. (1) 提示: 令 $x = \dfrac{\pi}{2} - t$;

(2) 提示: 令 $x = \pi - t$, 用 (2) 的结论: $\dfrac{\pi^2}{4}$.

习题 4.6

1. (1) $\dfrac{1}{6}$; (2) $\dfrac{3}{2} - \ln 2$; (3) $\dfrac{8}{3}$; (4) $b - a$.

2. $\dfrac{128}{7}\pi$, $\dfrac{64}{5}\pi$. 3. $\dfrac{3\pi}{10}$. 4. 50, 100. 5. (1) 9987.5; (2) 19850.

习题 4.7

1. (1) 发散; (2) $\dfrac{1}{a}$; (3) $\dfrac{1}{p^2}$; (4) 1; (5) 发散; (6) $\dfrac{\pi}{2}$.

2. $k > 1$ 收敛于 $\dfrac{(\ln 2)^{1-k}}{k-1}$, $k \leqslant 1$ 发散, 当 $k = 1 - \dfrac{1}{\ln\ln 2}$ 时, 取得最小值.

3. 当 $k < 1$ 时, 收敛于 $\dfrac{(b-a)^{1-k}}{1-k}$, $k \geqslant 1$ 时发散.

习题 4.8

1. $-F(e^{-x}) + c$. 2. $\dfrac{1}{x} + c$. 3. $-\dfrac{1}{2}x^4 + x^2 + c$. 4. $\dfrac{x\cos x - 2\sin x}{x} + c$.

5. $-\dfrac{1}{3}(x - 2)^3 - \dfrac{1}{x-2} + c$.

6. $\ln 3$.

7. $A = \dfrac{\pi}{4 - \pi}$ (提示: 设 $A = \displaystyle\int_0^1 f(x)dx$).

8. $\ln 2$.

9. $a = 0$ 或 $a = -1$.

10. $\dfrac{\pi}{6}$ (提示: 用洛必达法则).

11. D.   12. B.

13. 提示：设 $F(x) = xf(x)$，并应用积分中值定理及罗尔定理.

14. (1) 提示：用换元法；   (2) $\dfrac{\pi}{2}$.

15. 提示：先证 $F(x)$ 在 $x > 0$ 时连续，且在 $x = 0$ 处右连续，然后对 $x \in (0, +\infty)$
    求 $F'(x)$，并应用积分中值定理.

16. $a = \dfrac{4}{3}$, $b = \dfrac{5}{12}$.

17. (1) $\dfrac{4\pi}{5}(32 - a^5)$, πa^4; (2) $a = 1$ 时, 取得最大值 $\dfrac{129}{5}\pi$.

第 5 章

习题 5.1

1. $\sqrt{34}$, $\sqrt{41}$, 5.

3. $x^2 + y^2 + z^2 - 2x - 6y + 4z = 0$.

4. 以 $(1, -2, -1)$ 为球心，$\sqrt{6}$ 为半径的球面.

习题 5.2

1. (1) $D = \{(x, y) | x + y > 0 \text{ 且 } x - y > 0\}$;   (2) $D = \{(x, y) | y^2 \leqslant 4x \text{ 且 } 0 < x^2 + y^2 < 1\}$;
(3) $D = \{(x, y) | x \geqslant 0 \text{ 且 } y - x > 0, x^2 + y^2 < 1\}$.

2. (1) 1;   (2) $-\dfrac{1}{4}$;   (3) $+\infty$.

3. $y^2 - 2x = 0$ 处间断.

习题 5.3

1. (1) $z'_x = 3x^2 y - y^3$, $z'_y = x^3 - 3y^2 x$;

   (2) $z'_x = y[\cos(xy) - \sin(2xy)]$, $z'_y = x[\cos(x, y) - \sin(2xy)]$;

   (3) $z'_x = \dfrac{2}{y}\csc\dfrac{2x}{y}$, $z'_y = -\dfrac{2x}{y^2}\csc\dfrac{2x}{y}$;

   (4) $z'_x = y^2(1 + xy)^{y-1}$, $z'_y = (1 + xy)^y \left[\ln(1 + xy) + \dfrac{xy}{1 + xy}\right]$;

   (5) $f'_x(x, 1) = 1$.

2. (1) $z''_{xx} = 12x^2 - 8y^2$, $z''_{yy} = 12y^2 - 8x^2$, $z''_{xy} = -16xy$;

   (2) $z''_{xx} = \dfrac{2xy}{(x^2 + y^2)^2}$, $z''_{yy} = -\dfrac{2xy}{(x^2 + y^2)^2}$, $z''_{xy} = \dfrac{y^2 - x^2}{(x^2 + y^2)^2}$.

3. (1) $dz = \left(y + \dfrac{1}{y}\right)dx + \left(x - \dfrac{x}{y^2}\right)dy$;

   (2) $dz = -\dfrac{x}{(x^2 + y^2)^{\frac{3}{2}}}(ydx - xdy)$;

   (3) $dz = e^{\sin xy}\cos xy(ydx + xdy)$.

4. (1) $\dfrac{\partial z}{\partial x} = 3x^2 \sin y \cos y(\cos y - \sin y)$,

   $\dfrac{\partial z}{\partial y} = -2x^3 \sin y \cos y(\sin y + \cos y) + x^3(\sin^3 y + \cos^3 y)$.

5. $\dfrac{dz}{dt} = \dfrac{3(1 - 4t^2)}{\sqrt{1 - (3t - 4t^3)^2}}$.

6. $\dfrac{dz}{dx} = \dfrac{e^x(1+x)}{1+x^2e^{2x}}$.

7. $\dfrac{\partial z}{\partial x} = y^2 f_1' + 2xy f_2'$, $\dfrac{\partial z}{\partial y} = 2xy f_1' + x^2 f_2'$.

8. $\dfrac{dy}{dx} = \dfrac{x+y}{x-y}$.

9. $\dfrac{\partial z}{\partial x} = \dfrac{yz - \sqrt{xyz}}{\sqrt{xyz} - xy}$, $\dfrac{\partial z}{\partial y} = \dfrac{xz - 2\sqrt{xyz}}{\sqrt{xyz} - xy}$.

10. $\dfrac{\partial z}{\partial x} = \dfrac{z}{x+z}$, $\dfrac{\partial z}{\partial y} = \dfrac{z^2}{y(x+z)}$.

习题 5.4

1. 极大值 $f(2, -2) = 8$.

2. 极大值 $f(3, 2) = 36$.

3. 直角边为 $\dfrac{\sqrt{2}}{2}l$ 的等腰直角三角形.

4. $x = 12$, $y = 3$.

习题 5.5

1. (1) $\dfrac{20}{3}$; (2) $\dfrac{6}{55}$; (3) $\dfrac{64}{15}$; (4) $\dfrac{13}{6}$; (5) $\dfrac{1}{2}\left(\dfrac{15}{4} - \ln 2\right)$.

2. (1) $\displaystyle\int_0^4 dx \int_{\frac{x}{2}}^{\sqrt{x}} f(x,y)dy$;   (2) $\displaystyle\int_0^1 dy \int_{2-y}^{1+\sqrt{1-y^2}} f(x,y)dx$;

   (3) $\displaystyle\int_0^2 dx \int_{\frac{x}{2}}^{3-x} f(x,y)dy$.

3. (1) $\dfrac{\pi}{8}a^4$;   (2) $\dfrac{3}{64}\pi^2$;   (3) $\dfrac{R^3}{3}\left(\pi - \dfrac{4}{3}\right)$.

4. $\displaystyle\int_0^{\frac{\pi}{4}} d\theta \int_{\sec\theta \tan\theta}^{\sec\theta} f(r\cos\theta, r\sin\theta)r dr$.

习题 5.6

1. $\dfrac{\partial z}{\partial x} = y f_1' + \dfrac{1}{y} f_2' - \dfrac{y}{x^2}y'$.

2. $2z$.

3. $\dfrac{du}{dx} = f_x' + \dfrac{y^2}{1-xy}f_y' + \dfrac{z}{xz-x} - f_z'$.

4. $dz = e^{-\arctan\frac{y}{x}}[(2x+y)dx + (2y-x)dy]$, $\dfrac{\partial^2 z}{\partial x \partial y} = \dfrac{y^2 - xy - x^2}{x^2 + y^2}e^{-\arctan\frac{y}{x}}$.

5. $dz = \dfrac{1 + xe^{z-y-x} - e^{z-y-x}}{1 + xe^{z-y-x}}dx + dy$.

6. $\dfrac{du}{dx} = \dfrac{\partial f}{\partial x} - \dfrac{y}{x}\dfrac{\partial f}{\partial y} + \left[1 - \dfrac{e^x(x-z)}{\sin(x-z)}\right]\dfrac{\partial f}{\partial z}$.

7. $z_x' = 2f' + \varphi_1' + y\varphi_2'$, $z_{xy}'' = -2f'' + x\varphi_{12}'' + \varphi_2' + xy\varphi_{22}''$.

8. 0 $\left(\text{提示：求出 } \dfrac{\partial u}{\partial x}, \dfrac{\partial u}{\partial y} \text{和} \dfrac{\partial z}{\partial x}, \dfrac{\partial z}{\partial y}\right)$.

9. (1) $\displaystyle\int_0^1 dx \int_0^{x^2} f(x,y)dy + \int_1^{\sqrt{2}} dx \int_0^{\sqrt{2-x^2}} f(x,y)dy$;

   (2) $\displaystyle\int_0^{\frac{1}{2}} dx \int_{x^2}^{x} f(x,y)dy$;   (3) $\displaystyle\int_0^1 dy \int_y^{2-y} f(x,y)dx$.

10. $\displaystyle\int_0^{\frac{\pi}{4}} d\theta \int_{\frac{1}{\cos\theta+\sin\theta}}^{+\infty} f(r\cos\theta, r\sin\theta)r\,dr.$

11. $\dfrac{1}{2}.$ 12. $-\dfrac{2}{3}.$ 13. $\dfrac{8}{15}.$

14. $\dfrac{3}{2}\pi$ $\left(\text{提示：令} x - \dfrac{1}{2} = r\cos\theta, y - \dfrac{1}{2} = r\sin\theta\right).$

15. C $\left(\text{提示：令} f(x,y) = xy + A, \text{并二边在 } D \text{ 上作二重积分，得} A = \dfrac{1}{8}\right).$

16. $\dfrac{\pi}{4} - \dfrac{1}{6}.$

17. $P_1 = 80, P_2 = 120,$ 最大利润为 605.

18. (1) $x_1 = 0.75$ 万元, $x_2 = 1.25$ 万元; (2) $x_1 = 0, x_2 = 1.5$ 万元.

第 6 章

习题 6.1

1. (1) 发散;   (2) 收敛;   (3) 发散.

2. (1) 收敛;   (2) 发散;   (3) 发散;   (4) 收敛;   (5) 发散.

习题 6.2

1. (1) 发散;   (2) 发散;   (3) 收敛;   (4) 收敛.

2. (1) 发散;   (2) 收敛;   (3) 收敛;   (4) 收敛;   (5) 收敛.

3. (1) 条件收敛;   (2) 绝对收敛;   (3) 绝对收敛.

习题 6.3

1. (1) $(-1,1);$ (2) $[-1,1];$ (3) $(-\infty,+\infty);$ (4) $[-3,3];$ (5) $[-1,1).$

2. (1) $-\ln(1-x);$ (2) $\dfrac{1}{(1-x)^2}.$

习题 6.4

1. (1) $\ln a + \displaystyle\sum_{n=1}^{\infty} (-1)^{n-1} \dfrac{1}{na^n} x^n,$ $(-a,a];$

(2) $\displaystyle\sum_{n=1}^{\infty} (-1)^{n-1} \dfrac{2^{2n-1}}{(2n)!} x^{2n},$ $(-\infty,+\infty);$

(3) $x + \displaystyle\sum_{n=2}^{\infty} \dfrac{(-1)^n x^n}{n(n-1)},$ $(-1,1].$

2. (1) 2.9926;   (2) 0.5448.

习题 6.5

1. D.   2. C.   3. A.   4. C.   5. A.   6. 4.

7. (1) $\displaystyle\sum_{n=0}^{\infty} (2n+1)x^n,$ $|x| < 1$ $\left(\text{提示：} f(x) = \dfrac{2}{(1-x)^2} - \dfrac{1}{1-x}\right).$

(2) $\displaystyle\sum_{n=1}^{\infty} \dfrac{n-1}{n!} x^{n-2},$ $(-\infty,+\infty)$ $\left(\text{提示：} \dfrac{e^x-1}{x} = \displaystyle\sum_{n=1}^{\infty} \dfrac{x^{n-1}}{n!}\right).$

8. 收敛于 $S = \dfrac{1}{6}$ $\left(\text{提示：利用} \displaystyle\int_0^1 x^2(1-x)^n dx = \int_0^1 x^n(1-x)^2 dx, \ a_n = \dfrac{1}{n+1} - \dfrac{2}{n+2} + \dfrac{1}{n+3} < 2 \cdot \dfrac{1}{n^3}\right).$

第 7 章

习题 7.1

1. (1) 是;   (2) 不是;   (3) 是;   (4) 是.

2. (1) $C = -25$;   (2) $C_1 = 0, C_2 = 1$.

习题 7.2

1. (1) $y = e^{cx}$;   (2) $\arcsin y = \arcsin x + c$;

   (3) $y = -\lg(-10^x + c)$;   (4) $(e^x + 1)(e^y - 1) = c$;

   (5) $y = e^{\tan \frac{x}{2}}$;   (6) $y = xe^{cx+1}$.

   (7) $y^2 = 2x^2(\ln x + 2)$.

2. (1) $y = e^{-x}(x + c)$;   (2) $y = e^{-\sin x}(x + c)$;

   (3) $y = c\cos x - 2\cos^2 x$;   (4) $y = \dfrac{\sin x + c}{x^2 - 1}$;

   (5) $y = \dfrac{\pi - 1 - \cos x}{x}$;   (6) $4xy = y^4 + c$.

习题 7.3

1. (1) $y = (x - 2)e^x + c_1 x + c_2$;   (2) $y = -\ln\cos(x + c_1) + c_2$;

   (3) $y = c_1 \ln x + c_2$;   (4) $y = \dfrac{4}{(x - 5)^2}$.

2. (1) $y = c_1 e^x + c_2 e^{-2x}$;   (2) $y = e^{-\frac{x}{2}}(2 + x)$;

   (3) $y = e^{-2x}(c_1 \cos 5x + c_2 \sin 5x)$;   (4) $y = c_1 e^{-x} + c_2 e^{3x} - x + \dfrac{1}{3}$;

   (5) $y = c_1 e^{2x} + c_2 e^{3x} - \dfrac{1}{2}(x^2 + 2x)e^{2x}$.

习题 7.4

1. (1) $\Delta y_x = 2x + 1$;   (2) $\Delta y_x = (a - 1)a^x$;   (3) $\Delta y_x = \log_a\left(1 + \dfrac{1}{x}\right)$.

2. (1) $y_x = -\dfrac{3}{4} + A5^x$, $A = \dfrac{37}{12}$;

   (2) $y_x = \dfrac{1}{2}2^x + A(-1)^x$, $A = \dfrac{5}{3}$;

   (3) $y_x = -\dfrac{36}{125} + \dfrac{1}{25}x + \dfrac{2}{5}x^2 + A(-4)^x$, $A = \dfrac{161}{125}$.

3. (b) $P_t = (P_0 - 1)\left(-\dfrac{1}{2}\right)^t + 1$;

   (c) 收敛型, $P_1 = \dfrac{1}{2}$, $P_2 = \dfrac{5}{4}$, $P_3 = \dfrac{7}{8}$, $P_4 = \dfrac{17}{16}$,   平衡价格为 1.

习题 7.5

1. $y + \sqrt{x^2 + y^2} = C \quad (x > 0)$.

2. $x = \arctan y - 1 + ce^{-\arctan y}$ $\left(\text{提示：方程改写为 } \dfrac{dx}{dy} + \dfrac{1}{1+y^2}x = \dfrac{\arctan y}{1+y^2}\right)$.

3. $y = e^x(1 - e^{-x - \frac{1}{2}})$.

4. $f(x) = \dfrac{1}{2}e^{-2x} + x - \dfrac{1}{2}$(提示：两边对 x 求导).

5. $f(x) = (4\pi x^2 + 1)e^{4\pi x^2}$ $\left(\text{提示：} f(t) = e^{4\pi t^2} + 2\pi \displaystyle\int_0^{2t} rf\left(\dfrac{1}{2}r\right) dr \text{ 然后解两边求导后}\right.$
所得微分方程$\Big)$.

6. $f(x) = 3e^{3x} - 2e^{2x}$.

7. $y = \dfrac{1}{4} + \dfrac{1}{4}(3 + 2x)e^{2x}$.

8. 1.

9. (2) $y = \dfrac{2}{3} e^{-\frac{x}{2}} \cos \dfrac{\sqrt{3}}{2} x + \dfrac{1}{3} e^x$ (提示：(1) 中微分方程在 $y(0) = 1, y'(0) = 0$ 时特解，即为所求).

10. $W_t = 1.2 W_{t-1} + 2$.

11. $y_t = c(-5)^t + \dfrac{5}{12} t - \dfrac{5}{72}$.

12. $y_t^* = \dfrac{1}{2} t 3^{t-1}$.

第 8 章

习题 8.1

1. (1) 7;   (2) 18;   (3) 0.

2. (1) $x = 3, y = 1$;   (2) $x = 2, y = 0, z = -2$.

习题 8.2

1. (1) 0;   (2) 14.

2. (1) 0;   (2) -6.

习题 8.3

1. (1) 12;   (2) 40;   (3) 150;   (4) 0.

2. (1) $-2(x^3 + y^3)$;   (2) $(c - a - b)^2 + 2(d - 2ab)$.

习题 8.4

1. (1) $x_1 = -1, x_2 = 3, x_3 = -1$;   (2) $x = 2, y = 0, z = -2$;

   (3) $x_1 = 1, x_2 = 2, x_3 = 3, x_4 = -1$;

   (4) $x_1 = \dfrac{1507}{665}, x_2 = -\dfrac{1145}{665}, x_3 = \dfrac{703}{665}, x_4 = -\dfrac{395}{665}, x_5 = \dfrac{212}{665}$.

2. $x = \dfrac{1}{2}(a + c), y = \dfrac{1}{2}(a + b), z = \dfrac{1}{2}(b + c)$.

习题 8.5

1. 根的个数为 2.

2. (1) $(a_3 a_2 - b_3 b_2)(a_1 a_4 - b_1 b_4)$;   (2) $a_2 a_3 a_4 \left(a_1 - \displaystyle\sum_{i=2}^{4} \dfrac{1}{a_i} \right)$.

   (3) $a_1 x^{n-1} + a_2 x^{n-2} + \cdots + a_{n-1} x + a_n$;   (4) $D_n = \begin{cases} a_1 + b_1, & n = 1, \\ (a_1 - a_2)(b_1 - b_2), & n = 2, \\ 0, & n \geqslant 3; \end{cases}$

   (5) $D_n = \left(1 + \displaystyle\sum_{i=1}^{n} \dfrac{a_i}{x_i - a_i} \right) \prod_{i=1}^{n} (x_i - a_i)$.

3. $\lambda = 1, \quad \lambda = -1$(二重根).

4. $x = 1, -2, 3$.

第 9 章

习题 9.2

1. (1) $\begin{pmatrix} 3 & 0 \\ -1 & 1 \end{pmatrix}$;   (2) $\begin{pmatrix} 3 & 15 \\ 6 & -3 \\ 0 & 3 \end{pmatrix}$;   (3) $\begin{pmatrix} 1 & 2 \\ \sqrt{2} & 0 \end{pmatrix}$.

2. (1) $\begin{pmatrix} 0 & 0 & 0 & 1 \\ 3 & 1 & 4 & 1 \end{pmatrix}$; (2) 1; (3) $\begin{pmatrix} -1 & 10 \\ 0 & 7 \end{pmatrix}$; (4) $\begin{pmatrix} 8 & -2 & 1 \\ -1 & 9 & 0 \\ -9 & -3 & 1 \\ -1 & 2 & 1 \end{pmatrix}$.

3. $AB = \begin{pmatrix} 13 & -1 \\ 0 & -5 \end{pmatrix}$, $BA = \begin{pmatrix} -1 & 1 & 3 \\ 8 & -3 & 6 \\ 4 & 0 & 12 \end{pmatrix}$.

4. $\lambda^{k-2} \begin{pmatrix} \lambda^2 & k\lambda & \dfrac{k(k-1)}{2} \\ 0 & \lambda^2 & k\lambda \\ 0 & 0 & \lambda^2 \end{pmatrix}$.

5. 按矩阵运算的定义证明.

6. 对 k 用数学归纳法 (从 $k=2$ 开始).

7. 用数学归纳法证.

8. 根据矩阵的数乘定义证明.

习题 9.3

(1) $-\dfrac{1}{2} \begin{pmatrix} 4 & -2 \\ -3 & 1 \end{pmatrix}$; (2) $-\dfrac{1}{8} \begin{pmatrix} 2 & -2 & -2 \\ -5 & 1 & 1 \\ -1 & 5 & -3 \end{pmatrix}$.

习题 9.4

1. (1) $\begin{pmatrix} 1 & 0 & 0 \\ 0 & 1 & 0 \\ 0 & 0 & 1 \\ 0 & 0 & 0 \end{pmatrix}$; (2) $\begin{pmatrix} 1 & 0 & 0 & 1 \\ 0 & 1 & 0 & 1 \\ 0 & 0 & 1 & 0 \\ 0 & 0 & 0 & 1 \end{pmatrix}$.

2. (1) $\begin{pmatrix} \dfrac{1}{4} & \dfrac{1}{4} & \dfrac{1}{4} & \dfrac{1}{4} \\ \dfrac{1}{4} & \dfrac{1}{4} & -\dfrac{1}{4} & -\dfrac{1}{4} \\ \dfrac{1}{4} & -\dfrac{1}{4} & \dfrac{1}{4} & -\dfrac{1}{4} \\ \dfrac{1}{4} & -\dfrac{1}{4} & -\dfrac{1}{4} & \dfrac{1}{4} \end{pmatrix}$; (2) $\begin{pmatrix} 1 & 1 & -2 & -4 \\ 0 & 1 & 0 & -1 \\ -1 & -1 & 3 & 6 \\ 2 & 1 & -6 & -10 \end{pmatrix}$.

3. $A^{-1} = \begin{pmatrix} 0 & 0 & 0 & \cdots & 0 & \dfrac{1}{a_n} \\ \dfrac{1}{a_1} & 0 & 0 & \cdots & 0 & 0 \\ 0 & \dfrac{1}{a_n} & 0 & \cdots & 0 & 0 \\ 0 & 0 & 0 & \cdots & \dfrac{1}{a_{n-1}} & 0 \end{pmatrix}$.

4. (1) 不存在逆阵; (2) $\begin{pmatrix} \dfrac{7}{6} & \dfrac{2}{3} & -\dfrac{3}{2} \\ -1 & -1 & 2 \\ -\dfrac{1}{2} & 0 & \dfrac{1}{2} \end{pmatrix}$.

习题 9.5

1. $A^2 = 4I = \begin{pmatrix} 4 & 0 & 0 & 0 \\ 0 & 4 & 0 & 0 \\ 0 & 0 & 4 & 0 \\ 0 & 0 & 0 & 4 \end{pmatrix}$; $(A^*)^{-1} = -\dfrac{1}{16}A$.

2. $(-1)^{n+1} \times 6 \times 3^{n-1}$.

3. $(E + BA)^{-1} = A^{-1}(E + AB)^{-1}A$.

4. 由 C^{-1} 可知 A, B 均可逆, 且 $A(BAC) = E$.

5. $x = 4$ 或 $x = -5$.

第 10 章

习题 10.2

1. (1) 线性相关;   (2) 线性无关.

2. $a = 1$ 或 $a = -\dfrac{1}{2}$, $\boldsymbol{\alpha}_1, \boldsymbol{\alpha}_2, \boldsymbol{\alpha}_3$ 线性相关.

习题 10.3

1. (1) 3;   (2) 3;   (3) 3;   (4) 2.

2. (1) 2;   (2) 3.

习题 10.4

1. (1) $\begin{pmatrix} 9 \\ -11 \\ 5 \\ 0 \\ 4 \end{pmatrix}$;   (2) $\begin{pmatrix} -2 \\ 1 \\ 0 \\ 0 \\ 0 \end{pmatrix}, \begin{pmatrix} -5 \\ 0 \\ 1 \\ -2 \\ 1 \end{pmatrix}$;   (3) $\begin{pmatrix} -6 \\ 1 \\ 0 \\ 0 \end{pmatrix}$; (4) $\begin{pmatrix} -2 \\ 1 \\ 0 \\ 0 \end{pmatrix}$.

2. (1) $\lambda \begin{pmatrix} -2 \\ 1 \\ 0 \\ 0 \end{pmatrix} + \begin{pmatrix} 3 \\ 0 \\ 2 \\ 1 \end{pmatrix}$;   (2) $\lambda \begin{pmatrix} 1 \\ -3 \\ -2 \\ 1 \end{pmatrix} + \begin{pmatrix} -\dfrac{25}{2} \\ -\dfrac{3}{2} \\ 9 \\ 0 \end{pmatrix}$.

3. $\lambda \neq 1, \lambda \neq -3$ 时, $\begin{cases} x_1 = \dfrac{1}{\lambda - 1} - \dfrac{1}{(\lambda - 1)(\lambda + 3)}(1 + \lambda)(1 + \lambda^2), \\[2mm] x_2 = \dfrac{\lambda}{\lambda - 1} - \dfrac{1}{(\lambda - 1)(\lambda + 3)}(1 + \lambda)(1 + \lambda^2), \\[2mm] x_3 = \dfrac{\lambda^2}{\lambda - 1} - \dfrac{1}{(\lambda - 1)(\lambda + 3)}(1 + \lambda)(1 + \lambda^2), \\[2mm] x_4 = \dfrac{\lambda^3}{\lambda - 1} - \dfrac{1}{(\lambda - 1)(\lambda + 3)}(1 + \lambda)(1 + \lambda^2); \end{cases}$

$\lambda = 3$,   方程组无解;

$$\lambda = 1, \quad k_1 \begin{pmatrix} 1 \\ -1 \\ 0 \\ 0 \end{pmatrix} + k_2 \begin{pmatrix} 0 \\ 1 \\ -1 \\ 0 \end{pmatrix} + k_3 \begin{pmatrix} 0 \\ 0 \\ 1 \\ -1 \end{pmatrix} + \begin{pmatrix} 1 \\ 0 \\ 0 \\ 0 \end{pmatrix}.$$

习题 10.5

1. (1) $a \neq 1$ 时, $\alpha_1, \alpha_2, \alpha_3$ 线性无关;

(2) $a \neq 1$ 时, $\beta = -\alpha_1 + 2\alpha_2$; $a = 1$ 时, $\beta = (-2t-1)\alpha_1 + (t+2)\alpha_2 + t\alpha_3$, 表法不唯一. $b = 2$

2. $\xi_1 = (-1, 0, -1, 0, 1)^{\mathrm{T}}$, $\xi_2 = (1, -1, 0, 0, 0)^{\mathrm{T}}$.

4. α_1, α_2 是一个极大线性无关组.

第 11 章

习题 11.1

1. 最优解 (1000,2500), 最大利润 12500.

2. 最优解 (120,300), 最大利润 19800(分).

3. 最优解 $(a, 1-a, 0)$, 其中 $a \in [0,1]$, 最小值为 1.

4. $\min \sum\limits_{i=1}^{n} \sum\limits_{j=1}^{n} c_{ij} x_{ij}$,

$\text{s.t} \sum\limits_{j=1}^{n} x_{ij} = 1, i = 1, 2, \cdots, n,$

$\sum\limits_{i=1}^{n} x_{ij} = 1, j = 1, 2, \cdots, n.$

$x_{ij} = 0, 1, i = 1, 2, \cdots, n; j = 1, 2, \cdots, n$

习题 11.2

1. $\min z' = x_1'' - x_1' - 4x_2 - x_3$,

$\text{s.t. } 2x_1' - 2x_1'' - 2x_2 + x_3 = 4,$

$x_1' - x_1'' \qquad - x_3 = 1,$

$x_1' \geqslant 0, x_1'' \geqslant 0, x_2 \geqslant 0, x_3 \geqslant 0.$

其中 $x_1 = x_1' - x_1''$, $z' = -z$.

2. $\min z' = -2x_1 - x_2' + x_2'' + 4x_3' - 4x_3''$,

$\text{s.t. } x_1 + 2x_2' - 2x_2'' + x_3' - x_3'' - x_4 = 10,$

$3x_1 - x_2' + x_2'' - x_3' + x_3'' + x_5 = 20,$

$x_1 \geqslant 0, x_2' \geqslant 0, x_2'' \geqslant 0, x_3' \geqslant 0, x_3'' \geqslant 0,$

$x_4 \geqslant 0, x_5 \geqslant 0,$

其中 $x_2 = x_2' - x_2''$, $x_3 = x_3' - x_3''$, $z' = -z$.

习题 11.3

1. 最优解 $\left(1, 1, \dfrac{1}{2}, 0\right)$, 最优值 $\dfrac{13}{2}$.   2. 最优解 $\left(\dfrac{1}{5}, 0, \dfrac{8}{5}\right)$, 最优值 $\dfrac{27}{5}$.

习题 11.4

1. 最优解 (1,1,3), 最优值 7.

习题 11.5

1. (1) 最优解 $(0,4,5,0,0,11)$, 最优值 -11;

 (2) 最优解 $\left(\dfrac{9}{2},\dfrac{3}{2}\right)$, 最优值 $\dfrac{27}{2}$;

 (3) 最优解 $(4,1,9)$, 最优值 -2.

2. 施甲肥 300 斤, 乙肥 $\dfrac{230}{3}$ 斤, 丙肥 45 斤, 不施丁肥; 最低成本为 28 元.

第 12 章

习题 12.1

1. 相互独立.　2. $\Omega,\emptyset$.　3. (1) $\dfrac{3}{10}$;　 (2) $\dfrac{1}{6}$.　4. $\dfrac{1}{3}$.

5. $\Omega=\{(w_1,w_2,w_3,w_4)|w_i=1,2,\cdots,6,i=1,2,3,4\}$.

6. (1) 90%;　 (2) 30%;　 (3) 10%.

7. (1) 0.00005;　 (2) 0.70607;　 (3) 0.99995.

习题 12.2

1. 0.5.　2. (1) $p=\dfrac{2}{5}$;　 (2) $q=0.486$.

3. 每人的机会均为 $\dfrac{1}{10}$.　4. 0.42.　5. 0.92.　6. 0.0038.

习题 12.3

1.

X	0	1	2
P	0.4	0.1	0.5

$$F(x)=\begin{cases} 0, & x\leqslant 0,\\ 0.4, & 0<x\leqslant 1,\\ 0.5, & 1<x\leqslant 2,\\ 1, & x>2, \end{cases}$$

其中 "$X=0$" 表示 "号码大于 5",　 "$X=1$" 表示 "号码等于 5",

 "$X=2$" 表示 "号码小于 5".

2. (1) 0.117649;　 (2) 0.000729;　 (3) 0.579825.

3. (1) 0.05631;　 (2) 0.75598.

4. 14 千瓦.

5. 0.6915　0.9495　0.009903　0.93319　0.025　0.0492　0.1587　0.3085　0.93184.

6. $\dfrac{M}{N}+0.85$ 元.　7. 10.5　8.75.

8. (1) $C=\dfrac{1}{9}$;　 (2) $\dfrac{2}{27}$.　9. $E(Y)=\mu$,　 $D(Y)=\dfrac{7}{18}\sigma^2$.

习题 12.4

2. 0.625.　3. (1) 30　65　84　5　30　3;　 (2) 0.30　0.25　0.07.

4. (1) 0.5;　 (2) 0.489.　5. 10.88.

6.

y	-1	1
p	0.4	0.6

7. 0.2.　8. (1) $A=1$, $B=-1$;　　(2) $1-e^{-\lambda}$.

9. 第一种工艺得到一级品的概率 (0.4536) 较大.　10. (1) 0.745;　(2) 0.987.

第 13 章

习题 13.1

3. (1) 2, 7, 19, 15, 7;　(3) $\bar{x} = 77.28$, $S^2 = 95.471$, $S = 9.77$ 分.

习题 13.2

2. 170.67　17.33　4.16.　3. [1.1327, 1.2607].　4. [1348.62, 1523.38].

5. [13.67, 13.93].　6. $n = 61$ 件.

习题 13.3

1. (1) $\hat{y} = 1.1464 + 0.06493x$;

(2) $r = 0.9565$, $r_{0.05}(8) = 0.632$, $r > r_{0.05}(8)$,　　y 与 x 具有线性相关关系.

2. [13.53, 16.47].　3. [0.1445, 0.2555].　4. $\hat{\theta} = \dfrac{\bar{x}}{1-\bar{x}}$.　5. $n \geqslant 97$.

6. (1) $\hat{y} = 77.36 - 1.82x$;　(2) $r = -0.91$;

(3) $r_{0.05}(4) = 0.811$, $|r| > r_{0.05}(4)$,　具有线性相关关系;

(4) 当 $x=6$ 时, $\hat{y} = 66.44$(元).

第 14 章

习题 14.1

1. 2^6.

3. 应用公式 $\sum d(v) = 2\varepsilon(G)$, 推出 $\varepsilon(G) = v(G)$, 故 G 含圈 C. 然后证 $G=C$, 否则存在边 $e \notin E(C)$ 使 e 与圈 C 上某点 v 关联, 于是 $d_G(v) \geqslant 3$, 矛盾.

5. 以运动队为顶点, 两队赛一局 $\Longleftrightarrow$ 相应两队之间连一条边, 得图 G. 由题意 $\varepsilon(G) = n+1$. 应用公式 $\sum\limits_{v \in V(G)} d(v) = 2\varepsilon(G)$ 推出 G 至少有一点 v 使 $d_G(v) \geqslant 3$.

6. 以人为顶点, 两人为朋友 $\Longleftrightarrow$ 相应两点连一条边, 得图 G. 若任二人朋友数相异, 则 $\Delta(G) \geqslant v-1$(v 为 G 的顶点数), 而 $\Delta = v-1$ 时, 必有 $\delta \geqslant 1$, 从而 $\Delta - \delta + 1 < v$, 这与各顶点度相异矛盾, 而 $\Delta > v-1$ 是不可能的.

习题 14.2

1. v_0 到各点的距离依次为 2,3,4,5,7,9.

2. 河一侧只能有人狼羊菜、人狼羊、人狼菜、人羊菜、人羊、狼菜、菜、羊、狼、空 10 种状态, 以每种状态为顶点, 通过摆渡可以互相转化的两种状态之间连一条边, 边权取 1, 得赋权图 G. 再用 Dijkstra 算法得最短路即两种渡河办法:

人狼羊菜 $\longrightarrow$ 狼菜 $\longrightarrow$ 人狼菜 $\begin{array}{c} \nearrow \text{狼} \longrightarrow \text{人狼羊} \searrow \\ \searrow \text{草} \longrightarrow \text{人羊菜} \nearrow \end{array}$ 羊 $\longrightarrow$ 人羊 $\longrightarrow$ 空

3. 最优邮递员路线 $C = uu_1u_2u_3u_1u_3uu_4u_3u_4u_5u_6u_7u_5u_4u_9u_7u_8u_9u_8u_1uu_9u$(注：$C$ 不
   唯一)，其长为 90.

习题 14.3

1. 只要证 G 无圈. 若 G 有圈，设为 C，则 C 不是环，因而 C 上存在不同两点 u 和 v，于
   是 G 有两条不同的 (u, v) 路，矛盾.

2. $E(T) = \{ab, bc, cd, de, df, fg, fh, hi\}$。最小费用为 110.

3. $W(T)=12$.

4. 最优圈 $C = v_1v_3v_4v_5v_2v_1$，$\quad W(C) = 167$.

习题 14.4

1. 最多职位数为 7.

2. 用 x_1, x_2, x_3, x_4, x_5 表示行，用 y_1, y_2, y_3, y_4, y_5 表示列. 最优分派
$$M = \{x_1y_5, x_2y_2, x_3y_1, x_4y_3, x_5y_4\}.$$
   $W(M) = 47$.

3. (i) 13;   (ii) 5;   (iii) 21.

习题 14.5

6. u_0 到各点的距离分别为 1,3,4,6,7,9,11.

7. $W(T) = 18$.

8. 最优邮递员路线 $C = uu_1u_2u_1u_5u_1u_{10}uu_{10}u_9uu_9u_8u_7u_9u_7u_4u_7uu_6u_4u_5u_2u_3u_4u_5u$，
   其长为 90(注：C 不唯一).

9. 最优圈 $C = v_1v_3v_2v_4v_5v_1$，其长为 139.

10. $M = \{x_1y_1, x_2y_2, x_3y_5, x_4y_3, x_5y_6, x_6y_7\}$.

11. 最优分派 $M = \{x_1y_4, x_2y_3, x_3y_5, x_4y_2, x_5y_1\}$，$W(M)=43$.

12. (i) 9;   (ii) 4;   (iii) 10.

附 表

标准正态分布函数表 $\Phi(x)$

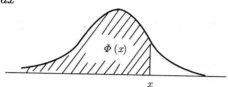

$$\Phi(x) = \int_{-\infty}^{x} \frac{1}{\sqrt{2\pi}} e^{-\frac{x^2}{2}} dx$$

x	0.00	0.01	0.02	0.03	0.04	0.05	0.06	0.07	0.08	0.09
0.0	0.5000	0.5040	0.5080	0.5120	0.5160	0.5199	0.5239	0.5279	0.5319	0.5359
0.1	0.5398	0.5438	0.5478	0.5517	0.5557	0.5596	0.5636	0.5675	0.5714	0.5753
0.2	0.5793	0.5832	0.5871	0.5910	0.5948	0.5987	0.6026	0.6064	0.6103	0.6141
0.3	0.6179	0.6217	0.6255	0.6293	0.6331	0.6368	0.6406	0.6443	0.6480	0.6517
0.4	0.6554	0.6591	0.6628	0.6664	0.6700	0.6736	0.6772	0.6808	0.6844	0.6879
0.5	0.6915	0.6950	0.6985	0.7019	0.7054	0.7088	0.7123	0.7157	0.7190	0.7224
0.6	0.7257	0.7291	0.7324	0.7357	0.7389	0.7422	0.7454	0.7486	0.7517	0.7549
0.7	0.7580	0.7611	0.7642	0.7673	0.7704	0.7734	0.7764	0.7794	0.7823	0.7852
0.8	0.7881	0.7910	0.7939	0.7967	0.7995	0.8023	0.8051	0.8079	0.8106	0.8133
0.9	0.8159	0.8186	0.8212	0.8238	0.8264	0.8289	0.8315	0.8340	0.8365	0.8389
1.0	0.8413	0.8438	0.8461	0.8485	0.8508	0.8531	0.8554	0.8577	0.8599	0.8621
1.1	0.8643	0.8665	0.8686	0.8708	0.8729	0.8749	0.8770	0.8790	0.8810	0.8830
1.2	0.8849	0.8869	0.8888	0.8907	0.8925	0.8944	0.8962	0.8980	0.8997	0.9015
1.3	0.9032	0.9049	0.9066	0.9082	0.9099	0.9115	0.9131	0.9147	0.9162	0.9177
1.4	0.9192	0.9207	0.9222	0.9236	0.9251	0.9265	0.9279	0.9292	0.9306	0.9319
1.5	0.9332	0.9345	0.9357	0.9370	0.9382	0.9394	0.9406	0.9418	0.9429	0.9441
1.6	0.9452	0.9463	0.9474	0.9484	0.9495	0.9505	0.9515	0.9525	0.9535	0.9545
1.7	0.9554	0.9564	0.9573	0.9582	0.9591	0.9599	0.9608	0.9616	0.9625	0.9633
1.8	0.9641	0.9649	0.9656	0.9664	0.9671	0.9678	0.9686	0.9693	0.9700	0.9706
1.9	0.9713	0.9719	0.9726	0.9732	0.9738	0.9744	0.9750	0.9756	0.9761	0.9767
2.0	0.9773	0.9778	0.9783	0.9788	0.9793	0.9798	0.9803	0.9808	0.9812	0.9817
2.1	0.9821	0.9826	0.9830	0.9834	0.9838	0.9842	0.9846	0.9850	0.9854	0.9857
2.2	0.9861	0.9864	0.9868	0.9871	0.9875	0.9878	0.9881	0.9884	0.9887	0.9890
2.3	0.9893	0.9896	0.9898	0.9901	0.9904	0.9906	0.9909	0.9911	0.9913	0.9916
2.4	0.9918	0.9920	0.9922	0.9925	0.9927	0.9929	0.9931	0.9932	0.9934	0.9936
2.5	0.9938	0.9940	0.9941	0.9943	0.9945	0.9946	0.9948	0.9949	0.9951	0.9952
2.6	0.9953	0.9955	0.9956	0.9957	0.9959	0.9960	0.9961	0.9962	0.9963	0.9964
2.7	0.9965	0.9966	0.9967	0.9968	0.9969	0.9970	0.9971	0.9972	0.9973	0.9974
2.8	0.9974	0.9975	0.9976	0.9977	0.9977	0.9978	0.9979	0.9979	0.9980	0.9981
2.9	0.9981	0.9982	0.9983	0.9983	0.9984	0.9984	0.9985	0.9985	0.9986	0.9986

x	0.0	0.1	0.2	0.3	0.4	0.5	0.6	0.7	0.8	0.9
3.0	$0.9^2 8650$	$0.9^3 0324$	$0.9^3 3129$	$0.9^3 5166$	$0.9^3 6631$	$0.9^3 7674$	$0.9^3 8409$	$0.9^3 8922$	$0.9^4 2765$	$0.9^4 5190$
4.0	$0.9^4 6833$	$0.9^4 7934$	$0.9^4 8665$	$0.9^5 1460$	$0.9^5 4587$	$0.9^5 6602$	$0.9^5 7887$	$0.9^5 8699$	$0.9^6 2067$	$0.9^6 5208$
5.0	$0.9^6 7133$	$0.9^6 8302$	$0.9^7 0036$	$0.9^7 4210$	$0.9^7 6668$	$0.9^7 8101$	$0.9^7 8928$	$0.9^8 4010$	$0.9^8 6684$	$0.9^8 8192$
6.0	$0.9^9 0136$									

标准正态分布的 α 分位数表

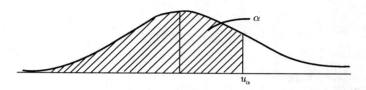

α	0.00	0.01	0.02	0.03	0.04	0.05	0.06	0.07	0.08	0.09
0.00	—	−2.33	−2.05	−1.88	−1.75	−1.64	−1.55	−1.48	−1.41	−1.34
0.10	−1.28	−1.23	−1.18	−1.13	−1.08	−1.04	−0.99	−0.95	−0.92	−0.88
0.20	−0.84	−0.81	−0.77	−0.74	−0.71	−0.67	−0.64	−0.61	−0.58	−0.55
0.30	−0.52	−0.50	−0.47	−0.44	−0.41	−0.39	−0.36	−0.33	−0.31	−0.28
0.40	−0.25	−0.23	−0.20	−0.18	−0.15	−0.13	−0.10	−0.08	−0.05	−0.03
0.50	0.00	0.03	0.05	0.08	0.10	0.13	0.15	0.18	0.20	0.23
0.60	0.25	0.28	0.31	0.33	0.36	0.39	0.41	0.44	0.47	0.50
0.70	0.52	0.55	0.58	0.61	0.64	0.67	0.71	0.74	0.77	0.81
0.80	0.84	0.88	0.92	0.95	0.99	1.04	1.08	1.13	1.18	1.23
0.90	1.28	1.34	1.41	1.48	1.55	1.64	1.75	1.88	2.05	2.33

α	0.001	0.005	0.010	0.025	0.050	0.100
u_α	−3.090	−2.576	−2.326	−1.960	−1.645	−1.282
α	0.999	0.995	0.990	0.975	0.950	0.900
u_α	3.090	2.576	2.326	1.960	1.645	1.282

t 分布的 α 分位数表

df	$t_{0.60}$	$t_{0.70}$	$t_{0.80}$	$t_{0.90}$	$t_{0.95}$	$t_{0.975}$	$t_{0.99}$	$t_{0.995}$
1	0.325	0.727	1.376	3.078	6.314	12.706	31.821	63.657
2	0.289	0.617	1.061	1.886	2.920	4.303	6.965	9.925
3	0.277	0.584	0.978	1.638	2.353	3.182	4.541	5.841
4	0.271	0.569	0.941	1.533	2.132	2.776	3.747	4.604
5	0.267	0.559	0.920	1.476	2.015	2.571	3.365	4.032
6	0.265	0.553	0.906	1.440	1.943	2.447	3.143	3.707
7	0.263	0.549	0.896	1.415	1.895	2.365	2.998	3.499
8	0.262	0.546	0.889	1.397	1.860	2.306	2.896	3.355
9	0.261	0.543	0.883	1.383	1.833	2.262	2.821	3.250
10	0.260	0.542	0.879	1.372	1.812	2.228	2.764	3.169
11	0.260	0.540	0.876	1.363	1.796	2.201	2.718	3.106
12	0.259	0.539	0.873	1.356	1.782	2.179	2.681	3.055
13	0.259	0.538	0.870	1.350	1.771	2.160	2.650	3.012
14	0.258	0.537	0.868	1.345	1.761	2.145	2.624	2.977
15	0.258	0.536	0.866	1.341	1.753	2.131	2.602	2.947
16	0.258	0.535	0.865	1.337	1.746	2.120	2.583	2.921
17	0.257	0.534	0.863	1.333	1.740	2.110	2.567	2.898
18	0.257	0.534	0.862	1.330	1.734	2.101	2.552	2.878
19	0.257	0.533	0.861	1.328	1.729	2.093	2.539	2.861
20	0.257	0.533	0.860	1.325	1.725	2.086	2.528	2.861
21	0.257	0.532	0.859	1.323	1.721	2.080	2.518	2.831
22	0.256	0.532	0.858	1.321	1.717	2.074	2.508	2.819
23	0.256	0.532	0.858	1.319	1.714	2.069	2.500	2.807
24	0.256	0.531	0.857	1.318	1.711	2.064	2.492	2.797
25	0.256	0.531	0.856	1.316	1.708	2.060	2.485	2.787
26	0.256	0.531	0.856	1.315	1.706	2.056	2.479	2.779
27	0.256	0.531	0.855	1.314	1.703	2.052	2.473	2.771
28	0.256	0.530	0.855	1.313	1.701	2.048	2.467	2.763
29	0.256	0.530	0.854	1.311	1.699	2.045	2.462	2.756
30	0.256	0.530	0.854	1.310	1.697	2.042	2.457	2.750
40	0.255	0.529	0.851	1.303	1.684	2.021	2.423	2.704
60	0.254	0.527	0.848	1.296	1.671	2.000	2.390	2.660
120	0.254	0.526	0.845	1.289	1.658	1.980	2.358	2.617
∞	0.253	0.524	0.842	1.282	1.645	1.960	2.326	2.576

χ^2 分布的 α 分位数表

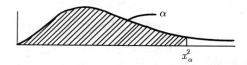

df	$x^2_{0.005}$	$x^2_{0.01}$	$x^2_{0.025}$	$x^2_{0.05}$	$x^2_{0.10}$	$x^2_{0.90}$	$x^2_{0.95}$	$x^2_{0.975}$	$x^2_{0.99}$	$x^2_{0.995}$
1	0.000039	0.00016	0.00098	0.0039	0.0158	2.71	3.84	5.02	6.63	7.88
2	0.0100	0.0201	0.0506	0.1026	0.2107	4.61	5.99	7.38	9.21	10.60
3	0.0717	0.115	0.216	0.352	0.584	6.25	7.81	9.35	11.34	12.84
4	0.207	0.297	0.484	0.711	1.064	7.78	9.49	11.14	13.28	14.86
5	0.412	0.554	0.831	1.15	1.61	9.24	11.07	12.83	15.09	16.75
6	0.676	0.872	1.24	1.64	2.20	10.64	12.59	14.45	16.81	18.55
7	0.989	1.24	1.69	2.17	2.83	12.02	14.07	16.01	18.48	20.28
8	1.34	1.65	2.18	2.73	3.49	13.36	15.51	17.53	20.09	21.96
9	1.73	2.09	2.70	3.33	4.17	14.68	16.92	19.02	21.67	23.59
10	2.16	2.56	3.25	3.94	4.87	15.99	18.31	20.48	23.21	25.19
11	2.60	3.05	3.82	4.57	5.58	17.28	19.68	21.92	24.73	26.76
12	3.07	3.57	4.40	5.23	6.30	18.55	21.03	23.34	26.22	28.30
13	3.57	4.11	5.01	5.89	7.04	19.81	22.36	24.74	27.69	29.82
14	4.07	4.66	5.63	6.57	7.79	21.06	23.68	26.12	29.14	31.32
15	4.60	5.23	6.26	7.26	8.55	22.31	25.00	27.49	30.58	32.80
16	5.14	5.81	6.91	7.96	9.31	23.54	26.30	28.85	32.00	34.27
18	6.26	7.01	8.23	9.39	10.86	25.99	28.87	31.53	34.81	37.16
20	7.43	8.26	9.59	10.85	12.44	28.41	31.41	34.17	37.57	40.00
24	9.89	10.86	12.40	13.85	15.66	33.20	36.42	39.36	42.98	45.56
30	13.79	14.95	16.79	18.49	20.60	40.26	43.77	46.98	50.89	53.67
40	20.71	22.16	24.43	26.51	29.05	51.81	55.76	59.34	63.69	66.77
60	35.53	37.48	40.48	43.19	46.46	74.40	79.08	83.30	88.38	91.95
120	83.85	86.92	91.57	95.70	100.62	140.23	146.57	152.21	158.95	163.64

对于大的自由度，近似有 $x^2_\alpha = \frac{1}{2}(u_\alpha + \sqrt{2V-1})^2$

其中 $V = $ 自由度，u_α 是标准正态分布的分位数

检验相关系数的临界值表

$n-2$	5%	1%	$n-2$	5%	1%	$n-2$	5%	1%
1	0.997	1.000	16	0.468	0.590	35	0.325	0.418
2	0.950	0.990	17	0.456	0.575	40	0.304	0.393
3	0.878	0.959	18	0.444	0.561	45	0.288	0.372
4	0.811	0.917	19	0.433	0.549	50	0.273	0.354
5	0.754	0.874	20	0.423	0.537	60	0.250	0.325
6	0.707	0.834	21	0.413	0.526	70	0.232	0.302
7	0.666	0.798	22	0.404	0.515	80	0.217	0.283
8	0.632	0.765	23	0.396	0.505	90	0.205	0.267
9	0.602	0.735	24	0.388	0.496	100	0.195	0.254
10	0.576	0.708	25	0.381	0.487	125	0.174	0.228
11	0.553	0.684	26	0.374	0.478	150	0.159	0.208
12	0.532	0.661	27	0.367	0.470	200	0.138	0.181
13	0.514	0.641	28	0.361	0.463	300	0.113	0.143
14	0.497	0.623	29	0.355	0.456	400	0.095	0.123
15	0.482	0.606	30	0.349	0.449	1000	0.062	0.081